U0166574

书山有路勤为径，优质资源伴你行

注册世纪波学院会员，享精品图书增值服务

新产品开发/产品经理国际资格认证（NPDP）伴读图书

产品设计与开发
PRODUCT DESIGN AND DEVELOPMENT

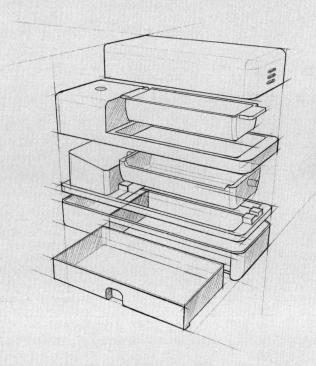

缪宇泓 · 著

电子工业出版社·
Publishing House of Electronics Industry
北京 · BEIJING

图书在版编目（CIP）数据

产品设计与开发 / 缪宇泓著. —北京：电子工业出版社，2022.8

ISBN 978-7-121-44022-9

Ⅰ. ①产⋯ Ⅱ. ①缪⋯ Ⅲ. ①产品设计②产品开发 Ⅳ. ①TB472②F273.2

中国版本图书馆 CIP 数据核字（2022）第 132619 号

责任编辑：杨洪军

印　　刷：三河市良远印务有限公司

装　　订：三河市良远印务有限公司

出版发行：电子工业出版社

　　　　　北京市海淀区万寿路 173 信箱　　邮编 100036

开　　本：880×1230　1/16　印张：29　字数：882 千字

版　　次：2022 年 8 月第 1 版

印　　次：2022 年 8 月第 1 次印刷

定　　价：128.00 元

凡所购买电子工业出版社图书有缺损问题，请向购买书店调换。若书店售缺，请与本社发行部联系，联系及邮购电话：（010）88254888，88258888。

质量投诉请发邮件至 zlts@phei.com.cn，盗版侵权举报请发邮件至 dbqq@phei.com.cn。

本书咨询联系方式：（010）88254199，sjb@phei.com.cn。

前 言

产品设计与开发是一个古老但又极富生命力的研究课题。人类与其他很多物种的一个标志性差异就是人类善于使用工具，而这些工具就是具有产品属性的特殊物品。整个人类的文明史几乎可以被认为是产品的演化发展史。

从无数次的产品设计与开发实践中，人们提炼出各种各样的工具或方法论来尝试对产品开发进行归纳总结。我们看到市场上有大量图书和资料在描述产品设计与开发过程中可被应用的各种工具，但由于产品的种类繁多，不同类别的产品之间差异巨大，多年以来，没有哪个产品设计与开发的方法论适用于所有产品的设计与开发。所以这些工具往往难以相互关联，很多年轻的设计师面对这些工具无从下手，即便通晓了各种工具，依然无法顺利开发出理想的产品。准确地说，产品开发的概念比产品设计更大，涵盖了产品从无到有的全过程，而产品设计专注于产品功能的实现，是产品开发的核心部分。我们常常把产品设计与开发一起讨论是因为两者在产品诞生的过程中密不可分。本书在未加特别说明的情况下，产品开发泛指产品设计与开发，而在涉及产品设计的章节中会对其进行单独说明。

现代社会对产品的开发需求快速膨胀，企业对于成体系的产品开发诉求日益加深，人们依然希望能找到普遍适用多数产品开发的通用路径。随着产品全生命周期理念的逐渐成熟，产品的前世今生逐渐透明化，相应的开发方法体系也渐渐清晰。本书尝试着将产品开发的全过程展现在大家面前，虽然无法覆盖所有的产品，但基本适用于绝大多数类型的产品开发，并对产品开发过程提供较高维度的指导性意见。

本书规划为 23 章，除绪论外，被分成四篇。图 0-1 为全书的结构导图。

- 基础篇：这是产品设计与开发的基础建设，是所有产品开发的前提和准备。该篇主要描述产品开发所需的组织角色和基本的方法论。

- 设计与开发过程篇：这是产品设计与开发的主体过程，大致按产品设计与开发的前后顺序被分为需求与创意、功能实现、辅助设计和交付运营四个阶段。其中，需求与创意是企业获取客户需求并形成产品概念的过程；功能实现是产品初步满足客户需求并实现既定功能的过程；辅助设计是产品性能优化的过程，可能应用各种特定的技术与工具；交付运营是企业将产品量产实现产业化和产品价值的过程。

- 其他篇：该篇是产品设计与开发过程中始终需要关注的要素。其中，知识产权是产品的独特价值创造，产品的生命周期管理涉及产品实现社会价值的全过程以及产品生命后期的可持续发展理念。

- 设计差异化篇：这是本书的特别篇。本书的产品设计与开发过程介绍基于两大原则，其一，整个介绍以实物类产品设计与开发为基调，因为实物类产品的设计与开发涉及的工具和方法论相对更完整；其二，整个过程及方法论遵循了六西格玛产品设计的基础理念。六西格玛设计是非常先进的产品设计方法论，仅在第 16 章略做介绍，这样是为了避免破坏本书的叙述结构。由于前文以实物类产品开发为基础，因此在特别篇中，对服务类产品和软件类产品做了特定的差异化介绍。

图 0-1　全书的结构导图

本书会涉及大量的工具和方法论。由于篇幅限制，本书会对部分工具和方法论进行提纲挈领的介绍。虽然在本书的叙述过程中尽量以产品设计与开发的自然过程为时间线，但很多工具和方法论可以被应用在多个阶段或多种复杂的场景中。因为产品设计与开发过程是多样的，所以工具应用也如此。

鉴于作者本身能力有限，书中方法与理念为一家之言，错误在所难免，欢迎读者朋友指出以帮助我斧正。对于书中涉及的工具和方法论的深入讨论，也欢迎大家与我交流。以下是我的联系方式：

电话与微信号：18817895178

邮箱：yuhongmiao2020@163.com

注 1：

在本书的第 2~20 章末尾，我将采用一个实物类产品开发的实例贯穿全书。该开发项目是由我发起并提供开发资金的一个虚拟开发项目。在项目收尾时，项目团队成功地开发出了符合预期的实物类产品。该项目参与人员均来自网络，项目执行的方式以网络远程交流加多地协同开发为主。项目核心成员和观摩过程中的观众近 80 人，绝大多数项目参与人员是我的学员和好友。在整个产品开发的过程中，大多数开发活动和相关资料曾在网络上直播和共享，受众不计其数。在此，感谢所有参与该开发项目的朋友。表 0-1 是参与该项目的部分核心成员，衷心感谢他们的支持与参与。由于篇幅限制，这里未显示所有参与人员。除核心成员外，特别感谢（以下均为网络 ID）小孙、Sean、Nick、Peter、咚咚西红柿、小篮子、晓辰、浆果控、葫芦小金刚、Nick、超越自己、童话、Candy、小风等扩展成员的支持。

表 0-1　虚拟开发项目团队的核心成员（部分）

项目角色	实际参与功能	本次项目中的网络 ID	实名（自愿公布）
项目发起人及项目辅导	提供项目资金，辅导项目执行，讲解工具和开发方法，决策项目节点，管理和评价整个开发项目	Starry	缪宇泓
项目经理	带领团队完成交付物、实物开发的任务，制订项目开发计划，识别项目风险，协调项目资源，制定项目决策，推进项目进度，保证项目质量，制作相应的交付物	哲彬	—
项目助理	上传下达项目发起人和项目团队之间的信息，组织会议并记录会议纪要，管控项目资金，制作并收集交付物，参与项目决策，协助推进项目进度	小道	聂大鹏
机械结构设计	主导概念方案设计，产品结构的架构设计，旋转机构、外壳等部分的三维、二维详细设计，制作功能框图、BOM（物料清单）和 DFMEA（设计失效模式与影响分析）等交付物	小新	黄新峰
机械结构设计	参与概念方案设计，旋转机构、风扇等部分的三维详细设计	阳光明	杨光明
电控设计	参与概念方案设计，硬件与软件的架构设计、详细设计和测试，制作功能框图、DFMEA 等交付物	Ray	—
测试工程	参与概念方案设计，组装并测试先导功能平台、非功能样机、功能样机，反馈产品问题，制作测试大纲和测试报告等交付物	融凡	—
采购/供应链	参与概念方案设计，规划项目采购方案，开发供应商，询价和采购物料，管控采购成本，制作采购决策表和供应商审核表等交付物	Light	时昕光
质量工程	参与概念方案设计，规划项目质量方案，制作产品检测报告、控制计划、测量系统分析和过程能力报告等交付物	驽马十驾	管其军
工艺设计	参与概念方案设计，规划项目工艺方案，制作过程流程图、PFMEA（过程失效模式与影响分析）、DFMEA 和 SOP（标准作业指导书）等交付物	晓康	梁晓康

续表

项目角色	实际参与功能	本次项目中的网络 ID	实名（自愿公布）
工业设计	参与概念方案设计，主导产品造型设计，完成产品的建模渲染，协助机械结构工程师保证产品的可行性	十字路口	王洲

注2：

由于长期伏案工作，我身体出现了一些状况，因此在本书成稿之后，我邀请一些好友共同完成了本书的初步修订工作。表 0-2 是在此过程中支持和协助我的好友名单，在此我对他们表示衷心的感谢！

表 0-2 修订者名单

章　节	修订者	全书校对与确认
第 1~4 章	聂大鹏	
第 5~8 章	赵琳	
第 9~11 章	甘蕾	
第 13~14 章及术语表	李洁	李洁
第 15~18 章	杨光明	
第 12 章、第 19~23 章	戴鹏	

缪宇泓

2021 年秋

目 录

第 1 章

绪论

1.1 产品与产品开发

产品，顾名思义，就是某个过程产出的东西。产品可以是有形的，也可以是无形的。产品具有天然的市场属性，即可作为一种商品在市场上流通，被使用或消费，是可满足客户某种特定需求的功能组合。

产品是现代工业社会所衍生出的独特产物，是为了满足现代社会环境下客户的广泛需求而诞生的。早期人类社会的各个阶段都存在类似于现代产品属性的产物，它们大致被分成两类。一类为体现中央集权的统治阶级意志的产物，如宫殿、史书、陵墓、纪念碑、战争物资等。这类产物个体差异性很大，且统治阶级往往不考虑其物品价值，获取方式也以权力或暴力居多，完全不具备市场属性。另一类为民间日常用品。虽然这类物品已经具备现代产品的部分特征，但由于产量和流通性的差异，因此依然与现代社会所关注的产品属性有很大区别。

在当今社会，几乎所有我们目力范围内的非自然产物都被纳入了产品范畴。产品涉及我们生活的方方面面，且种类繁多。产品的自然属性包括产品功能、价值传递、可流通性、可循环性等诸多方面，这些属性都是借由产品开发活动来实现的。

产品开发是实现产品的过程，即产品从最原始的客户需求到最终实现，并且上市流通的过程。广义的产品开发也包括产品生命周期管理。产品的种类繁多，因此并没有哪种方法论可以统一被用于所有产品的开发过程。

实现产品既定功能是产品开发的目标。不难理解，产品的需求一旦被确定，在不做变更的前提下，这个目标几乎是不变的。但产品开发则是一个包罗万象的过程，条条大路通罗马，即便面对同一个目标，不同团队也可能采用完全不同的开发形式。仅仅单纯以实现客户需求或产品价值来评价产品开发过程是不科学的。根据产品的不同特性，实现系统化开发是本书研究的重点。

产品设计是产品开发团队从产品原始需求开始直到完成设计、出产品并完成合格样品的一系列技术工作。产品设计的主要工作内容是制定产品需求并且实现需求中的产品开发要求（如产品的性能、规格、外观、架构、质量、可靠性、适用性和企业财务收益等）。

从业务范围来看，产品开发是范围更大的一个过程，不仅包括产品设计的具体动作，也包括前期规划和产品生命周期管理。产品设计虽然是产品开发的一部分，但承载了产品开发过程中最重要的部分，即产品"从无到有"的具体过程，所以产品设计往往被特别关注。在本书中的大多数场合，产品开发泛指产品设计与开发的相关过程，仅在产品的详细设计、工业设计和工程设计等相关主题下将产品设计进行特别说明。同理，本书后文的产品开发团队泛指负责产品设计与开发所有相关任务的实施团队。

在本书范围内研究的产品大致被归纳成实物类产品、软件类产品和服务类产品。在后续章节中将以实物类产品开发为基础理念。这样规划是因为根据目前的产品开发方法论的归纳总结，实物类产品开发的过程最完整，涉及的工具也更多，开发体系也更成熟。服务类产品和软件类产品可以完全参照实物类产品的开发过程来实现。在实际工作中，服务类产品和软件类产品由于产品特征与参数存在差异，因此在具体实施细节上有各种删减、简化、衍生与拓展等差异化应用，这些细节将在特别篇中进行详细介绍。

1.2　产品开发过程的特征

产品开发过程的基本目标是实现产品既定的功能需求，同时完成产品的价值传递。在这个过程中，产品开发的所有活动都要聚焦于客户需求的实现，其中，产品价值传递也是客户的典型需求之一。客户需求可能是明示的，也可能是隐含的。产品和产品开发的所有特征都被包含在这些需求中。

产品特征一般由客户决定，这不随企业的意志而转移。企业获取产品原始需求的渠道有很多，可能包括主动获取的市场信息或客户需求，也可能包括被动的客户采购需求。无论哪种情况，客户需求或产品特征都是特定的。企业可以影响客户，从而对产品特征做出调整，但除垄断型企业外，其他企业很难直接并且主动变更客户需求。

产品开发过程则不然，原则上多数客户并不关心供货企业的开发过程。但实际上，很多客户会介入供货企业的开发设计或运营过程，其根本原因是客户期望供货企业在产品功能上和在产品交付过程中不要出现偏差。基于这个原因，产品开发过程的特征主要基于两个方面：产品的适用性和客户的满意度。这也是评价产品质量的重要维度。

产品的适用性，即产品本身呈现的价值属性，这与客户的应用场景有关。常见的产品适用性可以从以下几个方面来评价：产品性能、功能特征、可靠性、安装性能、可维护性、耐用性、美学、人体工学、认知质量等。这些赋予人们对一个产品的外观、使用和适用场景进行综合评价。产品适用性评价是非常客观的，通常以客观指标作为衡量标准。

客户的满意度，即客户主观对于产品和产品开发过程的满意程度。这主要包括产品满足既定需求的程度、产品交付的速度、客户服务的效率、变更响应等。这些评价主要来自客户的主观感受。虽然可以事先以既定的某些标准来衡量交付的质量，但这些标准通常都具有较大的调整空间，甚至有些标准本身就是不合理的。

产品开发过程的优化主要以改善客户满意度为目标，而优秀的产品质量则是稳健的产品开发过程所产生的自然结果。

产品开发过程与产品特征有关，通常具备以下特征：

- 经济性。在保证产品质量的前提下，产品开发过程要尽可能实现产品的低成本化和开发过程的低成本化。
- 广义性。不仅关注产品的质量，也关注开发体系的有效性、过程交付物的质量和客户服务的质量。
- 时效性。产品开发对时效性非常敏感，很多产品仅在特定的窗口期内有存在价值。另外，企业对客户的需求变更响应速度与效率也是对开发过程时效性的重要评价。
- 相对性。产品差异化决定产品开发过程同样存在差异化，不同产品应采用适当的开发过程，以实现以上特性或者保证企业的利益最大化。

1.3　评价产品设计与开发的指标

评价产品设计与开发的指标多数与产品开发过程有关，它们决定了产品设计与开发的成功与否。所谓指标，就是指衡量组织对于其人员、知识、项目、运营或创新能力等各个维度的目标的测度方法。它是判断组织行为收益、衡量组织盈利能力的工具（无论是财务上还是非财务上的收益），其中，盈利能力不仅考察企业的绝对收益，还考察企业战略盈利和心理预期的一致性。合理的指标可以反映企业设计与开发产品的能力，包括研发速度和开拓市场的真实能力等。

新产品设计与开发对应的指标往往伴随在产品开发的生命周期内，它们由产品开发的体系或流程所决定，由产品开发过程中的各种交付物或特征所体现。为了提升评价的有效性，这些指标通常都会有严格的定义和清晰的计算方式，便于管理者清楚且公正地看待它们，可以让管理者在第一时间内对产品开发过程中出现的问题进行纠偏，及时采取行动，以避免更大的损失。

合理的设计与开发指标为企业评价产品开发团队的竞争力提供了依据，使企业在未来的发展中形成持续自我学习和自我评价，也可实现企业内部和外部的对标管理，让企业了解到自身与同行业甚至跨行业之间的差距，成为企业自我改善的另一种动力。

1. 产品设计与开发指标的特点

产品设计与开发指标通常具备以下几个特点：

- 清晰的定义和计算公式；

- 明确的度量指标、承接对象或负责团队；

- 明确的度量目标和评价方式。

这些定义和评价通常都会被描述在企业产品开发的主流程文件内，或者被定义在相应的子流程文件内，并且在产品开发生命周期的各个里程碑或重大节点，企业对其进行必要的评审。

在新产品开发过程中，这些指标在不同阶段或场景有不同的应用。例如：

- 产品开发启动前，评估该产品开发可能为企业带来的预期收益等。

- 产品开发过程中，对开发质量和过程执行质量进行管控、对组织过程资产进行管理等。

- 产品开发结束上市后，监控市场的盈利能力和实施客户管理等。

- 企业综合产品开发实力的评估（与产品开发时间无关，如卓越绩效管理等）。

2. 产品设计与开发指标的种类

产品开发的度量指标有很多，通常划分成财务类指标和非财务类指标，或者结果类指标和过程类指标等。各种划分方式根据企业自身的特点决定，没有对错之分。以下为常见的开发指标。

1）财务类指标

财务类指标是衡量产品开发对企业增值的直接表现，是评价产品开发是否成功的重要依据。企业通过产品开发过程的投入与产出的差值来实现企业盈利目标。表 1-1 是常见的产品开发项目的财务类指标。

表 1-1　常见的产品开发项目的财务类指标

指　　标	说　　明
投资回报期	投资项目投产后获得的收益总额达到该投资项目投入的投资总额所需要的时间（年限）。该指标与产品盈亏时间点类似，但主要用于评估开发资金周转效率，对于一定时期内企业的现金流有较大影响。通常情况下，投资回报期短意味着更小的资金风险和更高的盈利
投资回报率	回报额与投资额的比值，小型企业大于 100% 即可，大型企业会提升该比值，大于 300% 也很常见。该指标体现了产品开发项目的总体盈利能力，其缺点是没有时间维度，故企业在使用该指标时通常会搭配投资回报期来综合考虑
净现值	当前流入现金价值与当前流出现金价值的差值。在新产品开发项目中，该指标通常用于投资分析或项目的盈利能力分析
销售额	新产品开发项目的销售总额。通常指在特定时间段内（从新产品上市时起到评估日为止），由新产品开发项目带来的实际产品销售总额。除销售总额外，有的企业也会依据销售额的变化趋势来评估产品的退市时间。销售额因受时间变化可能存在淡季和旺季之分，多数企业会使用一段时间的滚动值（移动平均）的方法来稳定这个指标

指 标	说 明
利润率	新产品开发项目的利润率。通常指在特定时间段内（从新产品上市时起到评估日为止），由新产品开发项目带来的实际毛利润总额与其成本的比值。该指标主要用于评价产品的盈利能力、产品设计的合理性和生产运营的配合能力
客户获取成本	企业为了说服潜在客户购买商品/服务时所产生的成本。一般指在一定时期内，为了使某一特定商品/服务赢得新客户所产生的平均成本，包括但不限于促销、市场调查和激励计划等过程所产生的成本
失败成本	在新产品开发项目立项之后到交付客户之前的任意阶段内，由于内部或外部原因终止项目，导致产品最终无法上市所产生的成本。例如，在产品开发过程中，由于客户破产导致项目终止，在这个过程中所产生的总费用，即失败成本
产品生命周期成本	产品生命周期的开发/管理成本，包括但不限于规划、概念生成、研发、工程化、测试、发布、量产、售后和退市等过程中所产生的成本。这个成本在产品开发过程中即开始被测量，通常在项目的预测损益表内体现，作为产品开发阶段评审的重要依据

2）非财务类指标

产品开发并不仅仅以财务盈利来评价其价值。非财务类指标通常会从企业战略一致性角度来评估企业产品开发的内部能力和应对市场挑战的综合能力。这些指标通常不能直接为企业带来增值，甚至有些指标会增加一些开发成本。但如果从企业整体考虑，这些指标可以实现企业的财务稳健并增强持续产品开发创新的能力。表 1-2 是常见的产品开发项目的非财务类指标。

表 1-2　常见的产品开发项目的非财务类指标

指 标	说 明
知识产权数量	描述在特定产品开发过程中，新增的知识产权数量，通常可以用于评估企业的创新能力。知识产权数量并非越多越好，过多的知识产权也意味着庞大的维护开支。很多知识产权的申请出于战略保护或技术防卫
开发成本占比	描述开发成本（固定成本和可变成本）占企业所有部门总支出的百分比，或者描述为分配给开发的成本占企业同期利润/销售总额的百分比。该指标通常与企业的定位相一致，反映企业对于新产品研发的关注度、企业的创新能力和企业的类型
上市时间	从业务机会输入开始，到产品完成初步功能，可以进行客户试用或市场测试为止的项目周期长度。该指标比项目平均周期要短。对于企业而言，更短的上市时间通常意味着更短的项目周期、更低的成本、更灵活的改进
生产验证时间	从业务机会输入开始，到产品可以通过小批量试制所经历的时间。该指标的起始时间与产品上市时间相同，结束时间晚于上市时间。该指标考察产品开发的能力，包括工艺流程的匹配能力，通常由项目团队（工程团队）承担。该指标预示着新产品可以开始产生市场价值回报的时间点

续表

指 标	说 明
评审一次通过率	评估前一段时间内（如一年），在新产品项目阶段评审的过程中，第一次评审通过的比率。新产品开发在阶段评审或技术评审点上出现设计迭代、项目迭代的可能性较高，这也是项目周期拖延的主要原因。事实上，受到人员、资金、技术等诸多因素的影响，很少有项目一次就通过所有评审。该指标体现了设计和评审的综合效率
单位时间内通过的里程碑数	评估前一段时间内（如一年），新产品开发项目总共通过的里程碑数量。该指标在大型企业，或者项目数量较多、整体规模较大的情况下使用，与项目里程碑的设置有关。该指标不适用于单个产品开发项目，是组合管理和企业级绩效评估所使用的指标
设计重用性	计算在一段时间内（如一年），新产品有多少个核心模块被重复利用，通常用比值表示：重用模块数/总模块数。该指标越大越好，更多的重用是模块化设计的良好体现，也减少了重复设计的资源浪费。该指标是六西格玛设计的重要指标，也广泛被其他设计开发流程所引用
需求满足度	新产品满足客户所有需求的程度，常以百分比表示。通常，客户的明示需求会得到百分之百的满足，但其隐含需求视企业实际情况来决定。该指标也常用于客户需求的趋势变化等研究
客户抱怨数	通常计算新产品上市后第一年或前两年的客户抱怨数。部分企业会区分非正式抱怨和正式抱怨。该指标真实反映了客户对产品的接受程度。非正式抱怨通常不会引起严重后果，但体现了客户对产品微小瑕疵的容忍度；而正式抱怨往往会对企业的声誉、业务产生影响，甚至在个别行业会产生重大的资金冲击
产品生命周期	新产品的平均生命周期。一般来说，产品生命周期越长越好，但并非绝对。生命周期越长代表产品的盈利能力越强。一些使用量大，但变化很小的产品符合这个特点，如肥皂。但长期稳定的产品会使得产品的创新能力受阻，所以部分企业会强制设定退市计划，以刺激业务团队保持新产品开发和创新的活力
生命周期内单位时间销量	新产品在生命周期的单位时间内的销量。由于部分企业会设定产品的生命周期，以提升产品的创新速度，因此该指标体现了产品的预期时间内的盈利能力，而超出既定生命周期的销量不计算在内。该指标可以用于研究市场的反应能力
峰值年市场份额	产品的销量符合一定的数据分布形态。该指标考察的是产品在销量最大的那一年（峰值年）的市场份额，以评估企业在业内的市场地位，并制定相应的产品发展规划。该指标通常适用于行业的龙头企业，可以显示龙头企业与其他几个行业领军者之间的差异，并制定相应对策。小企业因市场份额太小，故很少采用

3. 评价产品设计与开发指标的注意事项

产品设计与开发的指标是对企业产品能力的评价，因此要注意其评价的有效性、结果的公正性、过程的透明性和可追溯性。

1）评价的有效性

所有评价都要基于有效的数据采集，应在正确的时间点上进行。评价所生成的结果要及时反映到实际产品开发过程中。

涉及计算公式的指标，对其公式要有合理的解释和必要的边界条件。要充分考虑度量指标涉及的各种可能性。例如，某企业为衡量产品开发的准确率，设定的公式是：（一年内）无显著错误的开发项目数/出错的项目数。其认为该比值越大越能体现开发的准确率，但其忽略了一种可能性，即一年内如果没有产品开发项目出错，那么该比值将变成无穷大。此时这个指标的数值就会出现与从其他时期获得的数值相比不合理的差异。

2）结果的公正性

对于开发指标所覆盖范围内的产品开发项目要一视同仁，使用统一的衡量标准。产品本身虽具有一定的独特性，但产品开发的方法论是相近的，只要其参照的标准或应用的体系相同，那么在衡量时也应使用相同的标准。对产品独特性方面，可以在评价时略做调整，但不应影响指标的度量和计算。如果产品之间的差异性过大，如某 IT 企业的产品既有软件 App，又有部分硬件产品，那么应选用不同的产品开发体系或流程，因此对应的度量指标也可以不同。如果选用了相同的度量指标，就要遵守既定的规则。

3）过程的透明性

产品开发的指标一般都是公开的指标，这种指标是可以作为企业文化的一部分与开发团队的成员一起分享的。很多企业都有公共在线系统，如企业内网会在显著位置或专门通道让企业成员看到这些指标的实时状态。有时，这些状态数据也会附上相应的评价结果。

对于部分敏感的商业指标，如企业的财务数据，有可能在短期内选择不向全员公开。这可以根据企业管理的实际需要进行选择，不会影响度量指标的公正性。

4）可追溯性

所有的度量指标都有可追溯性，甚至有些企业的度量指标可以追溯到几十年前。良好的追溯性可以作为企业健康程度的判断依据。以史为鉴，也可以避免企业一些短期的冲动行为。例如，近年来频发的不同行业、不同规模的行业危机，对一些企业造成了影响。部分企业会盲目采取事业线缩减、重组甚至裁员的动作，但实际上如果有对应的长期衡量指标，从更长的时间维度来看企业的绩效指标，很多所谓危机其实是一种自然波动，企业应冷静地看待企业的未来。

可追溯性也体现了指标自身的变化。企业为了衡量某一个开发行为的效率，可能在不同时期使用不同的指标。例如，为了衡量产品开发的速度，可能之前使用产品开发周期，后来发现市场对响应速度要求高，之后改为了产品上市时间。但事实上，在这两个指标中有部分数据是重合的，它们只是企业为了达成一个目的而使用的两种不同的手段。与产品开发相关的指标的可追溯性通常是由某个特定的系统进行管理的。

1.4 产品开发的工具集

产品开发是一个极其复杂的过程，其中涉及大量工具或知识点。这里提及的工具，一般指开发过程中与方法论相关的工具，而非实物工具（如锤子、扳手等）。一般情况下，这些工具分成开发过程类工具与产品（或行业）特定工具两大类。鉴于产品之间的差异化严重，产品（或行业）特定工具之间可能完全不具备任何可比较性。例如，对于同为开发用的软件，机械产品开发需要计算机辅助设计软件，硬件电路设计需要线路布局工具，软件行业需要自动代码生成软件等，它们之间没有通用性。本节主要叙述开发过程类工具。

产品开发工具根据产品开发的不同阶段和企业扮演的不同角色而有所差异，这些典型工具或知识点如表 1-3 所示。

表 1-3　产品开发的典型工具或知识点

阶　　段	分　　类	典型工具或知识点
全生命周期	组织与角色	企业战略规划与分解、PESTLE 模型、SWOT 分析
	数据分析	财务基础、统计学基础
	项目管理	RACI 矩阵、甘特图、项目计划、项目损益表、项目质量评估、人力资源模型、风险概率矩阵、干系人、沟通管理、采购管理、范围管理
	产品规划	平台规划、架构设计、模块化设计
	产品开发流程	集成产品开发、门径管理、同步工程、敏捷方法
	知识产权	专利搜索、专利申请与规避
	生命周期管理	走向市场模型、盈亏点分析、4P 模型、跨越鸿沟理论、可持续发展设计、退市计划
需求与创意	市场信息收集	初级市场研究、次级市场研究、拜访技术、调研技术
	需求管理	客户之声、产品需求文件、质量功能展开、需求亲和图、因果矩阵
	创意过程	TRIZ、头脑风暴、脑力书写法、德尔菲技术、奔跑法则、六顶思考帽、强制链接法
	概念选择	方案列表、概念列表、概念选择矩阵
功能实现	设计工具	计算机辅助设计、公理设计、TRIZ、FMEA
	原型与评估	功能型产品、非功能型产品、MVP、初始评估
	测试验证	计算机辅助工程模拟评估工具、功能性测试、性能优化测试、市场测试
辅助设计	测试验证与优化	基础统计学、试验设计、田口方法、蒙特卡洛法
	可靠性设计	可靠性框图、可靠性模型、（加速）寿命试验
	工业设计	产品外观设计、产品接口设计、交互设计、人体工学
	DFX	面向测试、环境、制造、组装等的各种专项设计
交付运营	工业化过程	小批量试生产、内部客户反馈、黄金样品封样、性能提升、作业指导书、控制计划
	产品设计交付	设计图纸、产品规格、过程规范、产品最终评估、PPAP、运维计划

产品开发涉及的工具和知识点非常多，表 1-3 仅仅罗列了很小一部分，其中大部分工具都会在本书后续章节中提及并做必要介绍。

全生命周期的工具主要以产品开发所需的基础知识为主，涉及企业的基本设置、产品开发的基础流程与方法论，以及产品上市后的全生命周期规划等。这些工具基本贯穿产品开发的全过程，也可认为是企业时刻需要思考和认真对待的主题，甚至即便在非产品开发过程中也应关注其中的部分模块。

需求与创意阶段是项目的前期阶段，是企业完成产品需求梳理和初始创意的阶段。部分企业将其作为产品开发项目之前的准备，部分企业将其作为项目开始后的前期工作阶段。这个阶段分成两个部分：需求管理和创意管理。需求管理主要研究市场或客户的原始需求，并对这些需求做初步分析。需求管理的工具以收集、整理、分解、传递客户需求为主，期望企业内部团队可以获得清晰且易于理解的产品需求。创意管理是解读客户需求并形成解决方案的过程，所应用的工具注重新产品诞生的理念和方法，期望系统性地获得多种解决方案并通过科学合理的评估来确定最终的实施概念。应用创意管理工具主要是为了提升产品设计团队的创新能力。

功能实现阶段的工具主要是为了帮助团队实现一个产品从无到有的过程，是解决产品功能实现的关键步骤。这些工具改变了人们传统拍脑袋的创新模式，把一个随机性的产品开发过程变成了有序且可计算的过程，并通过科学的数据处理评价产品功能的满足程度。

辅助设计（严格来说）并不是一个设计阶段，而是产品性能的优化过程。辅助设计工具的专业性很强，而且它们之间没有相关性。这些工具可以从多个维度来帮助产品开发团队实现产品设计参数的优化，尤其提升了产品的可制造性和可维护性。合理应用这些工具可以大幅度提升产品的综合质量，并使企业获得更高的客户满意度。

交付运营是产品实现企业增值的关键步骤。企业通过本阶段的工具应用，保证了产品从设计到运营交付的平稳过渡。这些工具多数以控制用工具或审查类工具居多，以确保产品设计和参数可以被完美地批量生产或运营。

不可以将工具本身标签化，因为不少工具可以被应用于多个阶段或多个不同场景下。例如，FMEA（失效模式与影响分析）是著名的风险管理工具，既可以在项目最初进行产品功能的失效模式判断，也可以在项目收尾时作为经验教训总结的一部分。事实上，在产品的全生命周期中都可以使用该工具及时对产品设计或过程进行风险管理。

无论什么工具，其作用仅仅是为了实现产品的期望功能，不应为了应用工具而应用。产品设计的过程应尽可能保持简洁，使用最少的工具来满足客户需求。

第2章

产品开发的组织与角色

2.1 产品开发的组织特征

产品开发是典型的人类活动输出，必须是以人的活动为主要载体。产品开发根据产品的类型和复杂程度对人类活动的要求有所不同。最简单的产品开发可以由个人完成，这是人类历史长河中最常见的开发形式。时至今日，以手工艺品为代表的简单或小型化产品依然保持着这种形式。时下不少小型软件产品的开发也常常由个人来完成。但针对具有一定复杂性的产品来说，一个组织或一个开发团队是必需的。本章将分享典型的产品开发团队或组织的特征与要求。

产品开发是满足客户需求的过程，这个客户是指广义的客户，即在开发过程（组）中所有过程的输出对象都是客户。这使得企业不仅要面对业务上的客户，还要面对自身的员工。那么，要保证开发过程的顺利进行，产品开发组织应满足所有客户的各种需求，这就对企业自身的组织环境提出了相应的要求。

产品开发组织要应对至少两方面的基本诉求，一是企业需要打通产品走向市场的全过程，二是企业本身需要满足一个开发团队的基本要求。

打通产品走向市场的全过程是企业进行产品开发的先决条件。如果产品最终无法走向市场，那么产品开发就是没有意义的。很多企业会先获得市场或客户的明确需求，确保产品在生命周期中可以获得预期利润，然后再进行产品开发。部分技术领先的企业会主动进行技术开发，并在开发过程中寻找市场机会，以保证产品开发完成时有充分的市场销售份额来满足财务预期。这种做法存在一定风险，但开拓型企业依然倾向这种做法，以博取市场的初始份额。任何产品开发活动最终都以营利为主要目的。

产品开发组织是一个多元化的开发团队。现代管理学对团队的定义至少包含两个特征：由跨职能团队组成，以及具有共同的目标。这两个特征为开发团队定下基本的工作形式，也就是一群具有不同技能且肩负不同责任的专业人员为了实现一个共同的目标而组成的临时性群体。如果这个目标长期存在，如产品开发项目源源不断，那么这个群体也可以从临时性群体变为永久性群体。如果产品的复杂程度足够高，那么每一个职能角色可能还存在扩展团队。在扩展团队中，团队成员以满足该职能的产品开发任务为主要目标。这种分层的团队结构构成了产品开发组织的最基本形式。开发团队是产品诞生的摇篮，没有这个团队，产品不可能凭空出现。

根据以上诉求，从企业组织的表现形式上，一个产品开发组织应至少表现出以下特征：

- 明确的创新动力或要求；
- 稳定的开发资源；
- 弹性的供应链；
- 稳健的销售渠道；
- 充分的开发能力；
- 高质量产品的交付能力；
- 良好的客户关系；
- 有效的内部管理能力。

开发组织与个人的最大区别在于角色分工，开发组织需要足够的分工来满足产品开发从需求输入到上市增值的全过程。如果以上特征缺失，或者部分特征不能达到相应的能力水平，那么这样的开发组织很难开发出优秀的产品。

通常，企业可以通过管理行为来干预、调整和优化组织的这些特征。如果出现较大的市场冲击，如遭遇全球金融危机，那么企业很可能放弃部分特征，选择保守运营，此时新产品开发往往会第一个受到影响。保守的组织可能放弃新产品开发。虽然不少实例证明，勇于开发产品是突破逆境的重要手段，但同时也伴随着极高的风险。所以在特殊时期，产品开发组织可能变得保守和难以理解，但通常这仅仅是企业应对风险冲击的临时表现。

2.2　技术或产品开发的必要环境

企业的商务活动往往是独立的，这些活动为产品开发提供了基础信息。而企业内部的职能团队需要处理这些信息，相互协作，共同构成产品开发的企业环境。在产品开发所需的企业环境中，不同职能团队需要明确分工，但不同企业内的产品开发团队很可能因为产品本身的差异而截然不同。

在产品开发团队中并不只有产品开发人员，它是一个多工种、多职能的集合体。所有企业或多或少都有一些类似的职能团队，如财务、人事、采购等。这些职能团队是产品开发的辅助团队，是产品开发人员的有力后勤保障。不同企业的开发人员与辅助团队的配比和构成有差异，这些差异构成了各自开发团队独特的开发环境。

高绩效的产品开发要求企业给开发团队足够的发挥空间，企业需要为开发团队营造一个适合产品开发的环境，通常，这个环境包括以下几点内容。

1. 清晰的市场定位

企业要有明确的市场定位才可能发起产品开发项目。在产品开发项目立项前，企业的业务团队需要根据企业的经营战略，规划符合企业发展、市场和客户需求的产品平台。产品在符合市场定位、明确存在价值的前提下，才可能被立项并开发。

2. 支持开发活动的流程

产品开发通常是复杂的跨职能团队活动，需要采用一定的开发流程来规划开发过程。所有产品开发活动在这个开发流程中都有迹可循。既定的开发流程不仅统一了所有开发相关人员的工作语言、交流方式和价值标准，也确定了产品开发的进程、形式和预期结果。

3. 足够的资源支持

资源是企业一切活动的基本要素。交付产品是企业的利润来源，但产品开发活动本身则是纯粹的资源消耗。企业在面对产品开发时必须对其过程中可能消耗的物质资源和人力资源进行准备。其中，物质资源主要指企业现有设备、设施、物料、软件等资源，而人力资源主要指确保产品开发的人员和职能团队。资源应具有一定的拓展性，包括对未来的投资，如新采购的设备、物料和新招聘的技术专家等。产品开发所需的资金也是物质资源的一部分，需要提前规划，并保证一定的余量作为风险储备。

4. 可应用的技术储备

企业应具备开发产品的基础技术能力。如果企业当前的自身基础能力不足以应对新产品开发的要求，那么常见的应对方式有两种：一是，企业规划新技术的开发，包括新的专业人员的培养和招募；二是，企业通过商业手段，对具备成熟技术条件的外部组织进行并购或联合开发，以弥补企业的技术空白。无论哪种方式，都应考虑企业的长期技术发展路线。

5. 正确的产品开发评价标准

产品开发具有一定的风险，不能简单地把产品是否成功上市作为唯一的评价标准。产品开发评价应基于产品自身的质量和产品开发过程的质量。其中，产品的质量主要指产品符合客户或市场期望的程度及产品的适应性，而产品开发过程的质量主要指如何高效、快速、准确地完成产品开发项目。

6. 优秀的产品开发人员

产品开发人员的自身能力直接决定了开发项目的成败。开发人员的专业技能是实现产品基础功能的保障。企业要为开发项目准备足够且充分的专业开发人员，或者寻找必要的外部资源。另外，产品开发是协同作战，因此开发人员的沟通能力至关重要，独狼型技术专家或个性鲜明的开发人员应尽量少用。

7. 重视项目管理

企业应遵循开发项目的一般规律，重视项目管理方法论，赋予项目经理充分的授权，以项目结果为主要绩效考评依据。项目应依据成熟可靠的产品开发流程，在项目经理带领下层层推进。企业应从公正公平的视角看待项目的成败，不能接受项目失败可能性的企业不会取得成功。

以上这些要求有可能被记录在开发组织的配置管理文件中，该文件可以成为组织管理、规划、执行和评估项目的重要依据。很难说技术或产品开发需要做多少准备，这取决于企业的资源投入量和预期结果。

2.3　产品开发的组织形式

因为产品开发以项目执行为（过程）载体，所以产品开发的组织形式也与项目管理的形式相同。通常，产品开发团队在开发过程中需要一个项目经理（产品开发活动的负责人）来推动整个开发进程。该角色可以是企业指定的任何人，不需要与开发职能团队的负责人相同，通常需要具备足够的项目管理技能。该角色的权力与定位与开发的组织形式有关。

在传统企业中，企业的组织形式多为纵向职能型的，这种组织形式可以实现产品开发的职能，但在实践经验中这种组织形式的开发效率往往不高。随着项目管理方法论的逐渐成熟，项目管理或者类似的横向驱动形式似乎更符合产品开发的组织需求。图 2-1 显示了两种组织形式的关系。

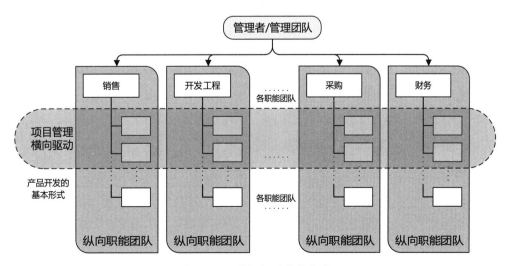

图 2-1　两种组织形式的关系

在产品开发组织中，纵向与横向两股管理的驱动力始终在相互较劲。即便再成熟的企业，也不得不面对两者之间的平衡问题。根据纵向与横向两种驱动力的比例，企业的项目开发组织被分成职能型、矩阵型（弱矩阵、平衡矩阵与强矩阵）和项目型。

企业的实际情况要比理论复杂得多。大量实践表明，在这些组织中，项目经理的权力是不同的。表 2-1 显示了这些组织形式之间的差异。

表 2-1　不同开发组织形式的比较

组织形式	职能型	矩阵型			项目型
		弱矩阵	平衡矩阵	强矩阵	
项目经理权力	很小/没有	有限	低/中等	中等/高	高/全权
资源可利用性	低/没有	有限	低/中等	中等/高	高
控制项目预算的角色	职能经理	职能经理	混合	项目经理	项目经理
项目经理角色	兼职	兼职	全职	全职	全职
项目管理行政人员	兼职	兼职	兼职	全职	全职

企业究竟选择哪种开发组织形式并没有统一定论，因为实践证明，虽然强化项目经理的权力，采取项目型组织形式，似乎更利于产品开发，但实际上这些组织形式各有优缺点。例如，在职能型组织中存在部门壁垒，跨部门之间的交流非常困难，但职能经理对部门内部的资源有绝对的分配权和驱动权，使得部分项目执行效率提升；在项目型组织中单个项目的推进高效、迅速，但与此同时，在多个开发项目团队中可能存在资源重复、资源利用率不高、企业整体效益下降、团队成员没有归属感等问题；在矩阵型组织中，虽然平衡了资源的利用率，但员工面对双线领导常常陷入左右为难、不知听谁指挥的困境。

确定合适的产品开发组织形式是企业管理者优先要解决的难题，这不仅要考虑企业自身产品的特征，还要考虑企业的人文环境，甚至当地员工的习惯等诸多因素。

2.4　必要的角色

开发所需的角色分成决策领导团队与职能角色两部分。其中，决策领导团队决定了项目的走向并对项目及时进行评估，而职能角色是构成产品开发的基础要素。

为保证开发项目与企业的发展策略保持一致，开发组织自上而下应具备一系列决策机制，对应的组织角色如图 2-2 所示。

最高管理团队一般由企业各职能团队的关键角色（包括企业业主或董事会）组成，代表企业的最高意志。该团队对开发项目的推进提供决策与资源支持，换言之，为了满足企业战略一致性的需要，该团队可以决定产品是否存在。

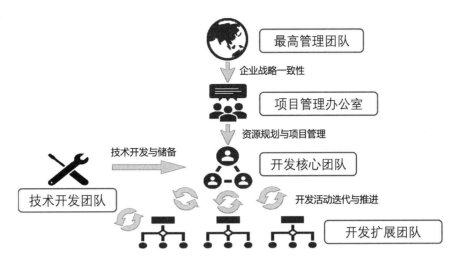

图 2-2　开发组织自上而下对应的角色

项目管理办公室（Project Management Office，PMO）是对多项目管理的团队，当面对单个项目时，也可行使单个项目管理的职能。该团队的主要作用是规划管理多项目之间的优先级并使资源利用最大化。项目管理办公室对项目经理进行管理，并提供必要的项目支持。

项目经理（Project Manager，PM）是开发项目的必要角色，担任开发项目团队领导人的角色，对产品开发项目的结果负责。项目经理并非企业的必需角色，只要产品开发项目具有项目经理职能的角色即可，也就是该角色可由其他职能成员兼职。同样地，项目管理办公室也并非强制存在的部门，很多企业由总经理办公室或者类似组织代为行使该权力。

开发核心团队（Core Team，CT）是产品开发的核心单位组织。虽然通常有指定的项目经理作为该团队的领导者，但该团队的交付才是项目的最主要输出。该团队通常是指产品开发团队（Product Development Team，PDT）。

开发扩展团队（Extend Team，ET）是产品开发的有力支持者。由于核心团队往往无法覆盖产品开发的方方面面，在面对复杂产品时，扩展团队可以补足其职能缺失。该团队没有固定的组成人员，可以由任意职能角色按组织需要构成。该团队与核心团队的频繁沟通保障了产品开发的顺利进行。

技术开发团队（Technology Development Team，TDT）是企业开发产品的前提和保证。该团队一方面可以提前为产品开发提供技术储备，另一方面为开发过程中的技术难题提供解决方案。企业是否具有强大开发能力和产品市场竞争力往往就取决于该团队的技术实力。

除个人小型产品开发外，现代社会的主要工业品都是团队合作的结晶。开发组织中产品开发人员可能占据多数的核心位置，但也需要其他辅助团队的配合。按职能团队来划分，一个产品开发团队需要各种角色，如图 2-3 所示。即便非制造业的产品开发团队，也具备类似的结构，只是生产制造职能可能由其他团队来替代，如运营团队或交付团队等。

任何核心职能的缺失都将导致产品开发在某个阶段面临重大风险，或者出现产品无法交付的情况。扩展团队与核心团队同样重要，鉴于产品开发的核心成员不宜太多，所以核心团队往往由各职能块的代表组成。在开发过程的各个重要里程碑评审过程中，所有核心职能代表都应提供其专业的意见，以保证开发顺利进行。

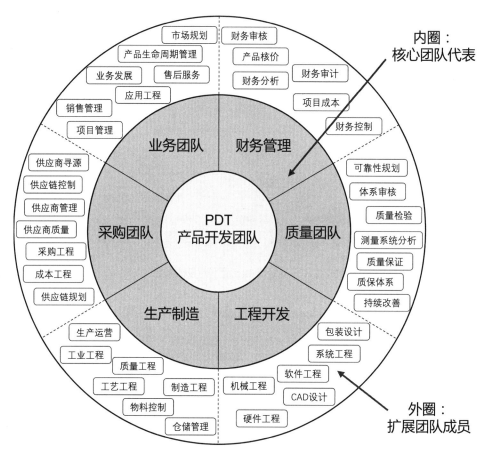

图 2-3 产品开发团队的角色配置（部分）

实际的产品开发团队可能根据产品特点或行业特征衍生出更多特别的职能角色，具体角色由企业自行决定。

2.5 典型挑战与应对

产品开发对组织的诉求主要体现在组织对开发项目的支持活动上，这些支持活动针对的都是项目推进过程中的各种冲突与阻碍。虽然不同的开发项目会产生截然不同的冲突风险，但从大量开发项目的实例中可以总结出以下一些类似的经验。

1. 客户需求的转化

客户的原始需求往往都是模糊的，尤其是从市场直接获取的需求可能无法直接为项目所用。例如，我需要一个漂亮的手机；那个软件不好用；这支笔写起来不舒服等。客户在多数场合下并不能清晰地表达其诉求，也无法对这些需求进行更多定量的描述。企业就需要将这些需求转化成企业内部可以识别的语言。在这个过程中，存在需求转化的正确性或一致性风险。当客户需求在企业内部多个部门间流转时，很可能出现需求转移或范围变化，此时必要的需求管理可以帮助团队保证需求传递的一致性。相关内容将在后续章节分享。

2. 项目环境的变化

项目是一种临时性工作，任何项目都存在窗口期，也就是说，项目仅仅在其窗口期内交付才能产生价值。而这个窗口期往往会持续变化，这使得某些项目在推进过程中突然出现项目失去价值的风险。例如，在 20 世纪末，VCD 的出现大大改善了家庭影音娱乐的品质，所以国内大量企业开始生产 VCD。但让诸多企业始料未及的是 DVD 仅仅在 VCD 问世 1~2 年内就开始普及，使得当初花巨大成本投入 VCD 产品开发的项目变得毫无意义。技术变化、客户投资转移、政府政策变化、市场流行趋势变化等都会导致项目环境的变化，时刻关注这些环境因素的变化趋势是规避这种风险的最佳方式。

3. 客户需求与企业能力的矛盾

企业在追求利润的过程中会尽可能获取业务，但其中部分业务可能超出企业当前的技术能力或交付能力。例如，客户需要 5G 通信设备，但企业当前只具备提供 4G 通信设备的能力。虽然企业可能说服客户并提前获取相关订单，但在实际开发时不得不解决这些技术或交付上的问题。对于技术能力，企业可以通过自身发展或者外部专业资源获取的方式来弥补；对于交付能力，企业可以通过业务拓展或者委外交付的形式来补足。但无论采用哪种形式，都会打破企业的舒适区，影响其现有的运营模式。企业在获取这类业务时，应充分考虑商业计划和后续开发模式，避免出现拿到业务却交付不了产品的尴尬局面。

4. 项目预算不足

项目预算是产品开发之前就获得的资金承诺，这是项目推进的基础保障。通常，开发项目都会对其开发过程中所需的所有成本进行测算和控制，但由于项目的不确定性，几乎所有开发项目都会存在一些意外。这些意外往往很难在项目分解的过程中被识别，也就不会有对应的预算来支持。尽管合理的项目管理会准备一部分风险储备资金来应对这些意外，但依然可能出现项目超支的情况。此时，对企业进行管理是巨大的考验。如果继续追加投资，可能面临更多的亏损，但如果放弃追加投资，可能之前的所有消耗都将变为沉默成本。项目管理团队不可能在预算管理时准备高额的风险管理储备，企业自身需要提前制定规则来处理这种风险与成本的平衡。

5. 人员内部沟通障碍

在开发项目的非技术风险中，沟通是影响程度最大的因素。由于团队成员的背景复杂，职能不同，开发经验天差地别，因此要把产品开发团队紧紧捏合在一起是项目管理的难点。尤其是在新组建的产品开发团队中，个性鲜明的团队成员往往会对团队产生极为负面的影响。利用贝尔宾团队理论、塔可曼模型、情境领导等人力资源技术，并配合马斯洛需求分析等方法可以帮助团队管理者调整人员结构，缓解开发团队内部的矛盾。在项目团队组建之初就构建合理的团队结构和沟通模式是最佳实践之一。

6. 管理问题

管理问题是几乎所有企业都普遍存在的问题。其表现主要有三点：干系人的不合理干预，团队疏于管理，以及管理稳定性差。

1）干系人的不合理干预

不合理干预主要来自管理者强烈的自我意识，其表现为在一些项目关键节点上管理者个人非理性的干预。例如，某开发项目预计某产品一年内上市，公司总经理认为客户虽然接受这个上市时间，但为了提升客户满意度，应在六个月内将产品交付给客户。本质上这是管理者对开发团队的不信任，实则是管理理念的问题。尤其是一些私人企业存在一言堂的现象，而事实上这些企业的业主并非产品开发的专家，其个人意见往往起到负面作用。

2）团队疏于管理

过度放纵团队与过于激烈管理都是团队疏于管理的表现。项目存在自然推进的属性，所以即便在有些国企内，在没有管理团队的情况下，产品依然可以被开发出来。这种懒散的项目推进就是一种过度放纵的管理形式。过度放纵团队可能极大地浪费团队资源，也可能使项目最终失败。过于激烈管理是项目管理或企业管理能力缺失的表现，此时团队过于强调个人能力和最终结果，从而放弃了对开发过程的管理。这同样是疏于管理造成的，这种团队也可能出现项目失败和团队解散的结果。

3）管理稳定性差

管理手段频繁变更、朝令夕改是消耗团队士气的主要原因。开发类项目要求团队具有高度凝聚力，团队的精力应尽可能用在产品开发过程中，而非用来应付企业的各种管理要求。例如，某企业开发工程师采用弹性工作制，由团队自身决定上下班时间，保证开发活动的交付即可。但人事团队认为开发团队应与其他团队保持一致，严格遵守统一的上下班时间，故对此进行了调整。结果开发团队不得不为了应对新的人事要求，调整了绝大部分开发活动的时间和顺序。在这个过程中开发效率大幅下降，团队成员怨声载道。就在团队好不容易适应新制度后，人事团队又决定恢复弹性工作制，团队不得不再次重新调整项目计划。在这个过程中，人事团队似乎没有做错什么，但实际上无论是团队效率还是士气都受到了极大影响。

管理问题在产品开发过程中层出不穷，但这些问题主要来自管理团队。如果管理团队可以充分信任开发团队，使用合理的流程和评估方式，那么绝大多数管理问题都可以得到缓解甚至避免。

以上仅仅是一小部分最常见的风险。在实际的产品开发过程中，绝大多数风险都可以通过前期合理的风险预分析、预判断、预控制和风险储备来进行管理。应用风险管理中的风险规避、开拓、转移、减轻和接收原则可以将开发过程中的风险控制在最低限度。

企业管理者应清楚地认识到开发项目的潜在风险，并给予团队最大程度的支持与鼓励，理性看待项目阶段性的绩效波动，公平公正透明地评价整个项目团队。

案例展示

本书自本章起使用一个完整产品开发案例贯穿全书。该产品是由作者带领的一个网络虚拟（远程）团队独立开发的一款小家电产品。为了配合本案例，团队虚拟了一家设计与制造小型消费类电子产品的公司并设定了公司的背景信息（这些背景信息为读者了解开发型组织的构成所单独拟定，不影响后续案例的真实性）。

星彗科技（Stellus Tech，取自星辰的拉丁语翻译），坐落于美丽的海滨城市，成立于 2011 年，是设计、生产、制造、服务一体化的公司，为客户提供一条龙解决方案，其主营产品为消费类电子产品及周边产品。公司拥有完整的设计团队、工厂和物流仓储系统。

公司规模不大，故未设立单独的项目管理部门，项目经理通常由研发部的资深人员担任。公司每年在项目开发上所投入的资金为年净利润的 4%，常年维持的产品开发项目数量约为 16 个（同一时刻正在开发的项目）。对此，公司设立项目管理审批团队，由总经理和各部门负责人组成，其构成如图 2-4 所示。该团队在新产品开发项目发起时任命项目经理。项目经理向该团队定期汇报项目进度，并执行管理团队的最终决策。汇报会议由总经理办公室召开并主持。

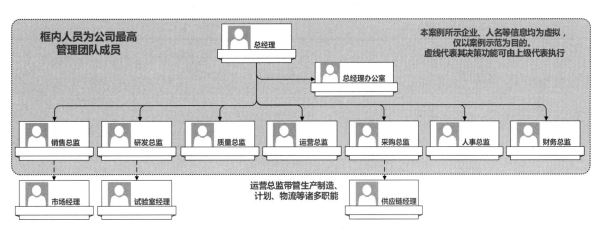

图 2-4 星彗科技最高管理团队

通常情况下，项目经理在获得管理团队的任命和预授权后会从相关团队中挑选人员，组建项目的核心团队，团队成员主要来自这些部门：市场部、研发部、质量部、采购部和生产制造部。扩展成员由项目核心团队与项目经理共同从职能团队中获得。

公司内部产品开发（相关）资源如表 2-2 所示，扩展成员基本由表内的团队成员按项目需要临时构成。

表 2-2 星彗科技内部部分团队配置（不含管理团队成员）

部　门	人员配置	所在位置	说　明
市场部	产品经理 6 人； 助理 2 人	各区域	人员按全球区域划分

部　　门	人员配置	所在位置	说　　明
销售部	销售 17 人	本部	按全球区域划分，多数销售分散在各地
研发部	技术研发专家 6 人； 设计工程师 36 人； 技师 4 人	本部	设计工程师按机械、电子硬件、控制和系统工程进行划分。项目经理定位于研发部内，由项目条件决定
试验室	技术专家 2 人； 测试工程师 7 人； 技师 4 人	本部	有自己的实验室，常规设备齐全，但无法进行电磁兼容性（EMC）等大型测试和特殊测试
质量部	质量工程师 QA 4 人； 质检工程师 7 人； 技师 4 人	本部	质量保证覆盖质量体系、审核认证、售后质保等领域；现场质量由质检工程师保证
采购部	采购工程师 7 人； 供应链管理 2 人	本部	人员按采购对象特征划分，有完整的供应商资源列表，但有待整合
生产制造部	制造工程师 9 人； 工艺工程师 7 人； 计划及物流工程师 8 人； 一线员工 360 多人	非本部，同一座城市的加工区内，独立工厂	有完整的组装流水线，但加工设备不齐备；产线与公司成品仓库（出货仓库）不在本部，而在同一城市的出口贸易区（保税区）租赁的一个一体化生产基地

公司根据市场部的反馈，发现桌面小型清洗设备有一定的潜在市场需求，所以公司开始研究该产品的可行性，并着手开发该产品……

第**3**章

产品规划

3.1　产品战略与平台规划

　　战略是为了实现企业某些特定目标而产生的，通常会覆盖企业的愿景、使命、规划、核心价值观和价值主张等一系列标准模块。其典型特征为：目标导向，注重长期效应，正视冲突互动，资源规划与承诺。世界范围内并没有统一的定义来解释战略。单从字面上解读，战略就是作战的谋略，是一种经过规划用以克敌制胜的方法。目前，各大企业都普遍认同战略规划对企业的重要性并将其作为企业管理的主要模块之一。

　　战略在企业或组织的各个层面和维度均可存在，而且良好的战略规划通常自上而下具有一定的可分解性和传递性。常见的战略包括企业战略、运营战略、销售战略、供应链战略等，其中也包括产品战略。

1. 产品战略

　　产品战略是针对产品开发的整体规划，其描述了企业如何整合组织的资源、技能与能力来规划产品在未来一段时间内的发展趋势和交付产出，以获得市场竞争优势。产品战略通常都需要技术发展路线作为支撑，具有较长的时间跨度，是为实现企业自我定位和长远目标而制定的规划。

　　产品战略应承接企业的经营战略，且在各职能战略支持下发挥其作用。图 3-1 显示了产品战略在企业战略层级中的位置，向下可分解至新产品开发项目战略，水平展开由各职能部门提供战略支持并相互影响。

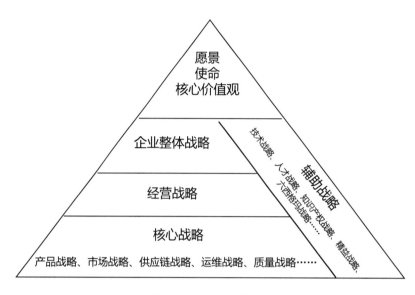

图 3-1 产品战略的位置

产品战略的位置、核心战略和辅助战略的关系根据企业的实际需求自行决定。不同类型的企业在不同开发团队风格的影响下，会制定出不同的产品开发策略。通常，企业会先根据产品特性制定相应的产品战略，在产品战略的影响下制定不同的产品策略。由于产品开发需要相应的技术支持，但企业不一定始终满足新产品开发的所有技术储备，因此企业需要对现有技术进行整理、集成、改进等一系列活动，甚至包括开发全新技术等，这些活动的输出就形成了企业的技术整备策略。从产品策略到技术整备策略需要企业技术战略的支持，可认为这是产品战略的进一步延伸。图 3-2 显示了企业类型与产品策略、技术整备策略之间的关系。

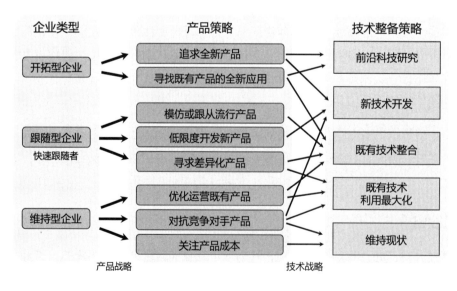

图 3-2 企业类型、产品策略与技术整备策略的关系

如图 3-2 所示，开拓型企业会给市场带来冲击性的影响，但其开发风险较高，并非所有前沿科技研究都会成功，所以这个类型的企业数量并不多。多数企业属于跟随型企业，这种企业更倾向于

采用较为保守的策略，将既有技术整合并加以创新是一种成本和风险都较低的模式。维持型企业则更为保守，这种企业对产品的产量更为敏感，普遍将精力用于寻找低成本化的量产方式。所以维持型企业对技术的追求度相对较低，这种企业会采用最保守的技术整备策略，将产品开发的风险和投入降至最低。这些策略在企业面对新产品开发时发挥着不同的指向性作用。

2. 产品平台规划

产品战略规划的直接输出之一是产品平台规划。产品平台是企业对产品的市场定位，受客户需求、市场反馈、技术制约和成本压力等一系列因素影响，通常以产品家族库的形式展现在企业内部与外部。

良好的产品平台具有这样一些特征：产品特征具有可延展性，易于实现模块化设计，可快速进行家族库产品开发设计，后续开发低成本化，产品特性可继承等。在同一平台内的产品，无论在外观上还是功能上都可能具有高度相似性。例如，最简单的就是办公室里的打印纸，无论是 A4、B5 还是 A3 等仅仅是尺寸的变化，另外，纸张的重量（克数）不同，也可以形成新的产品家族。

产品平台规划可以提升企业的资源利用率，在实现平台产品（该产品平台/家族中第一款产品）时可能会耗费较多的企业资源，但在开发后续衍生产品时，其资源消耗量会大幅度降低。根据经验，有些企业甚至可以将衍生产品的开发速度提升 80%，并将资源消耗降低 70% 以上。

实现产品平台规划并将其可视化的重要工具就是产品开发路线图。

3.2　产品开发路线图

产品平台是产品开发战略规划的产物，它与客户需求和市场定位强相关，但企业通常无法在短时间内满足所有的需求。在单个产品开发项目中，企业可以想方设法满足客户当前的需求，但随着时间的推移，这些需求在不断变化，企业也不得不调整产品策略来适应这些变化。所以规划产品平台是一个动态的过程，需要一个可视化的蓝图来展现企业的产品发展路径，即产品开发路线图。

产品开发路线图（简称产品路线图）是一张一览图，展现了企业从当下至未来一段时间内（通常是数年）的产品开发规划。这些规划包括产品各平台或家族库的开发过程。典型的产品路线图会显示在什么时间、以什么样的方式、由什么样的团队来完成相应开发。产品路线图是一张错综复杂的图，不同产品被开发的前后顺序代表了企业在当时的发展重心和运营战略。

产品路线图是企业的高阶文件，通常由产品规划团队完成。该图向企业最高管理团队展示以获取必要的开发资源，向下展示以统一开发团队的认识并提升团队士气。所以该图不仅是一份重要的组织过程资产，也是企业管理的重要工具之一。

产品路线图没有统一的绘制方法，可以使用企业自定义的符号或示意方式。图 3-3 展示了一张典型的产品路线图。该图为某小家电开发商在 2020 年的基础上对未来五年的产品路线规划，不仅考虑了几条主要产品线的降本和新品开发规划，也考虑了低竞争力产品（换气扇）的退市计划。在该图上，制作者可以自行标注和定义任何有助于其他人理解和统一认识的描述、标识、图解或引用。有数据作为支撑的规划将更具有说服力。

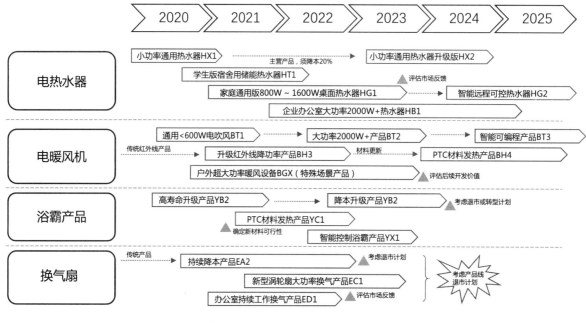

图 3-3　产品路线图示例

产品路线图并不单独存在，也不仅仅是一张示意图。它在承接企业的产品开发战略后，需要产品开发团队依照该图将这些产品逐一实现。开发团队需要考虑使用何种技术将其实现，这在很大程度上取决于企业的技术实力。对于企业现有技术可实现的产品可以优先考虑开发，企业只需考虑资源的投入组合即可。而对于当前技术不能实现的产品，企业需要考虑该技术是否外部获取或自行研发。根据这两种情况，企业的技术发展也相应变成了一个动态过程，这同样需要一张蓝图来规划企业技术的发展路线，即技术路线图。

技术路线图的作用、形式和绘制方式与产品路线图极为相似，但其发展的主体对象是产品相应的技术。这张图与产品路线图交织在一起，并且相互影响。产品规划时需要考虑企业技术发展的匹配性，反之，技术发展应为产品开发服务。严格来说，这两张图并不存在谁先谁后的说法。在企业实操过程中，由于市场和产品规划团队往往占据主导位置，所以多数企业倾向于先制定产品路线图，然后由开发团队匹配并绘制技术路线图。这并不绝对，一些以技术领先为企业战略的企业，可能会先进行技术开发（先制定技术路线图），然后再形成产品家族库与之对应。

在绘制过程中，可以将技术路线图单独绘制在一张图上，但考虑到其与产品路线图之间千丝万缕的关系，也有企业将两者结合在一起绘制。图 3-4 是一张技术路线图，但这张图显示了与产品路线图共同绘制且相互影响的方式。该图中的产品路线图沿用了图 3-3 且被淡化。

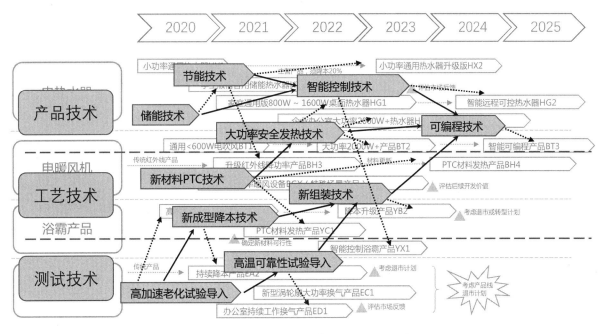

图 3-4　技术路线图和产品路线图的关系

在图 3-4 中，技术分类的规划与产品平台无关，但某类技术的发展可能对跨技术分类的其他技术产生影响。与产品平台相比，技术发展路线更强调顺序性，这符合科学技术发展的基本规律。图 3-4 中的实线箭头表示各技术之间可能存在的前后顺序。企业开发或整备技术能力时，应考虑这些技术与产品路线图之间的关系。图 3-4 中的虚线箭头表明该技术对后续哪个产品可能产生显著影响。如果一个产品在产品路线图和技术路线图中都是孤立的，那么开发团队需要慎重评估是否应该开发该产品。在技术路线图上同样可以添加企业自定义的各种符号或标识来描述技术的未来状态。

产品路线图中的产品是顺序开发的，技术路线图中的技术的顺序更为严格。通常，在一个正确的技术路线图上所有技术开发都应顺序进行。如果出现前一个时间点所需的技术需要后一个时间点的技术作为前置研究，就说明前一个时间点的技术不可实现，这样的技术路线图就是不可实现的。技术路线图通常由技术开发团队完成，所以该团队要从技术可行性上保证该图的合理性。

产品路线图是企业管理和规划产品及产品家族平台的重要工具，该工具与技术路线图应定期由产品开发团队共同评审和更新，以保证企业持续开发符合市场需求的产品。

3.3　产品架构设计

架构设计（Architecture Design）是将产品从整体到局部的规划。与其说它是一种设计，不如将其描述为一种划分产品结构的理念。

实现一个产品其实就是满足客户需求、实现这些需求所承载的设计信息的过程。一个系统通常由很多不同组件构成，而这些组件如何形成、相互之间如何发生作用，是实现产品之前需要定义的重要信息。架构设计被赋予这个使命，成为向开发团队解释该产品未来可能呈现出的结构形式。

架构设计源于建筑领域，自古以来人们一直在研究建筑和人类的关系。人类构建建筑物，同时这些建筑物也会影响人类。这好比人类的生长取决于骨骼的发育，而发育的骨骼又决定了人的最终形态。很多产品如果在前期不进行架构设计，那么在完成具体的细节设计之后，会发现这些细节设计在开发后期几乎无法改变。而良好的架构设计可以指导产品未来的细节设计，并避免出现这种情况。

简单产品可能不需要架构设计，但凡是达到一定复杂程度的产品都需要架构设计。不同功能分类的设计可能还需要按系统层级划分成系统架构设计、机械架构设计、软件架构设计等。

架构设计没有统一的表现形式，不一定需要一张具体的图。它可能是一张粗糙的手绘草图，可能是简单拼凑的几何图形，可能是高度简练的相关性描述，也可能是具有树状结构的关系图。不同功能分类的架构设计图存在显著差异，例如，机械架构设计常常以产品高阶爆炸图为主，电子硬件架构设计常以拓扑图为主，而软件架构设计常以服务流或数据流的结构图为主等。几乎所有架构设计都多多少少具备树状分支架构的部分特征，因为这是显示系统与组件之间关系的最佳表现形式。

图 3-5 显示了一部传统手机的机械架构设计，左侧是高阶爆炸图（无细节），右侧为粗略的树状结构描述（图仅显示分解两层，是否需要继续分解，取决于团队的决定）。如果配以充分的解释说明，那这两侧都可以分别作为架构设计的表现形式。机械或物理系统的架构设计是产品物料清单（Bill of Materials，BOM）的原始输入，但两者不能等同，因为架构设计是粗糙的，不涉及产品的细节。

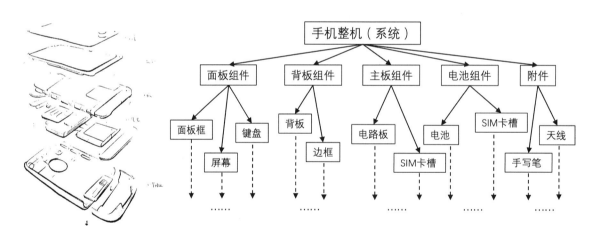

图 3-5　机械架构设计示例（手机产品）

软件架构设计与机械架构设计有显著不同，这是因为软件产品（内在构造）的不可见性。图 3-6 显示了典型的软件架构设计理念。虽然软件产品千变万化，但其基本架构逻辑的差异性并不大。绝大多数软件都是由主程序向下分解成若干子模块，这些子模块分别对应一群服务组合（服务子模块之间可以相互组合），这些服务组合需对原始数据进行分析或处理，由服务器完成后台访问或计算后将数据返回服务组合，并经由子模块传递回主程序。工具组合实现了这些服务组合以及子模块的构建，并与数据库产生数据交互。

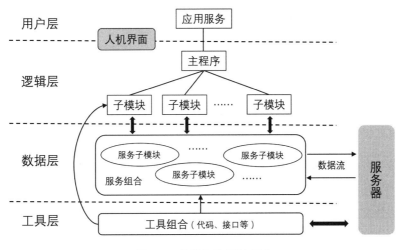

图 3-6　软件架构设计理念

　　撇开产品战略和路线图等上层建筑，在具体的产品开发过程中，开发活动自上而下的一般顺序为概念设计、架构设计、细节设计等。其中，概念设计将从第 8 章开始介绍，原则上架构设计应在概念设计之后。但之所以在本章就提前导入架构设计的理念，是因为产品的架构设计对产品平台的构建有重大影响。通常，架构设计至少要完成这样几项任务：完成系统的初级分解，考虑产品的模块化设计，规划产品平台，研究产品的可拓展性，规划产品的可靠性等。这几项任务不仅对单个产品开发项目有效，也会极大地影响企业的产品路线规划。

1. 完成系统的初级分解

　　架构设计将作为系统与子系统之间的桥梁，这是梳理产品结构层次的过程。开发团队无法武断地决定初级分解到什么层次是合适的，但该分解可以让开发团队洞悉产品的内在逻辑关系，这不仅为后续详细设计指明了方向，也可以判断该产品是否和企业产品平台规划相一致。

2. 考虑产品的模块化设计

　　合理的架构设计可以将产品的功能或特征分解到最小可实现、可测试的模块。如果将这些模块标准化，那么企业就可以实现产品平台化，并实现模块化设计。模块化设计可以使用当前标准化的模块来迅速满足客户需求，大幅度减少后续产品的开发。以软件行业为例，今天已经很少有软件工程师从基础代码开始构建原始代码，而大量引用既有成熟模块已经是这个行业的典型做法。

3. 规划产品平台

　　产品被模块化分解之后，企业就可以通过这些（标准）模块的各种组合来构建自己的产品平台或优化现有平台。在同一平台内的多个产品可能具有不完全相同的功能，但其架构设计几乎完全相同。

　　所以优秀的产品架构设计促进了企业产品平台的构成，并使产品实现模块化设计。根据企业的大量实操经验，架构设计活动是实现产品持续开发和改进的最佳实践之一，其输出也是重要的组织过程资产。

3.4 产品开发类型

产品开发依据产品的特征被分为了不同的类型，这些开发类型之间具有显著的差异性，无论是资源消耗量还是开发风险等，都显著不同，所以需要区别对待。产品开发类型划分属于项目类型的划分，这是一种自然属性划分，与产品自身没有太大的关联。

影响产品开发类型划分的主要因素为开发资源的投入量（包括人力资源与开发资金）、开发的技术难度和市场的接受程度等。典型的产品开发类型分为五大类：全新产品开发、平台级产品开发、扩展（衍生）产品开发、维持型产品开发、独立产品开发。

1. 全新产品开发

全新产品开发是指企业开发一款全新且独特的产品，其英语描述为 New to the world Product。该产品不一定是世界范围内全新的创造，但至少对企业来说是一个突破性的全新产品，没有任何接近、相似或可借鉴的既有产品供参考。从这个描述中可见其开发的复杂程度和困难程度。

全新产品开发对企业资源的消耗量极高，且具有极大的风险。因为此类产品往往面临当前技术不成熟、某些功能存在瓶颈、具有极高市场价值但窗口期极短等各种挑战。与之对应地，企业往往可以从成功的全新产品开发活动中获取非常高的收益，而且可能对企业在相当长一段时间内都产生积极的推动作用。有些全新产品开发不仅是行业技术上的突破，甚至可以推动社会的发展进步，为企业带来良好的社会声誉。因为并非所有企业都愿意承担全新产品开发带来的风险，所以通常只有开拓型企业会积极在此类项目上投资。全新产品开发项目的数量或者占企业所有产品开发项目的比例是较为常见的企业开发能力的指标之一。

与独立产品开发不同，全新产品后续可以类似于平台级产品，建立属于自己的产品平台，以扩展产品开发的收益。

2. 平台级产品开发

平台级产品特指企业内新产品平台（家族）中第一个产品。这类产品的开发难度低于全新产品开发。作为新产品平台的首个产品，一般也没有太多可借鉴的内部参考，但由于产品平台之间或多或少有一些关联，该产品也可能得到其他资源的支持。平台级产品开发是企业内部的常规开发活动，几乎所有类型的企业都会进行这类产品的开发。由于该产品开发消耗的资源仅次于全新产品开发，因此这类开发占企业所有产品开发项目的比例不会太高。

平台级产品开发可以由既有产品的经验或技术拓展过来，也可以通过外部对标获得相应的技术或知识来完成。作为平台家族内的第一个产品，该产品要充分考虑其架构设计的可拓展性，合理划分子系统与底层模块，以便后续该产品家族内其他产品的衍生开发。

平台级产品开发的时间较长，不亚于全新产品开发，所以同样面临巨大风险。企业会较为严格和谨慎地评审这类项目在各个开发节点上的交付质量。

3. 扩展（衍生）产品开发

扩展（衍生）产品开发是企业开拓市场、主动获取客户、创造新盈利点的重要主体活动。该类产品开发建立在全新产品开发或平台级产品开发的基础上，可利用现有平台的技术和经验，通过平台既有的模块重新组合成新的产品。在该产品开发过程中可以加入部分新的技术和模块来适应客户对该产品的需求，但产品开发团队需要控制新技术或新模块的比例。如果比例太高，那产品类型很可能转变为新的平台级产品或独立产品开发。

扩展（衍生）产品开发所需的资源相对于平台级产品开发会大幅减少。有些企业的实操经验显示，前期一个良好的平台级产品开发可以使后续的扩展（衍生）产品开发资源消耗降低 70%~80%。多数扩展（衍生）产品开发应来自平台级产品开发活动的知识传承。

扩展（衍生）产品可以快速丰富企业的产品家族列表，并且满足客户的各种新需求，企业也由此获得最大化的经济收益。无论是全新产品还是平台级产品，都应考虑如何通过扩展（衍生）产品来延续产品的生命周期。扩展（衍生）产品是企业最主要的经济来源。对于多数企业，该类开发项目的数量应占企业所有产品开发项目的绝大多数。

4. 维持型产品开发

维持型产品开发，也称持续产品开发，是对现有产品的快速更新设计。在产品进入稳定的量产阶段后，多数产品开发团队会结束开发活动，并释放资源以支持其他开发活动。但客户或市场对产品的需求变化依然没有停止，在很多产品上市很久之后，企业依然会收到客户的变更需求。虽然这些变更需求往往是很小的变化，但企业还是要应对这些需求。企业内部也可能出现变更的诉求。例如，为了提高产品质量、过程稳定性或产能等目的，运营团队可能改进某些设计来满足这些诉求。此时维持型产品开发随之诞生，开发团队将组建一个小型快速响应团队来进行专项研究或产品开发。这种开发团队可以是全职的或兼职的，取决于企业的规模与维持型产品开发的数量。有些企业采用开发终身制，即原产品开发团队应对产品后续的维持型产品开发负责。

维持型产品开发会对现有产品的某些设计或参数进行修改，通常不会影响该产品的定位或产品家族的归属。维持型产品开发的范围定义模糊，如果维持型产品开发的变更过大，就应重新建立项目并按扩展（衍生）产品开发或独立产品开发执行。

维持型产品开发是企业内部最常见的活动之一，其影响范围极广。根据一些企业的经验，该类产品开发可占企业全部产品开发的 85%以上。该类产品开发过程烦琐，但是企业延长产品生命周期和获取长期收益的主要保障。

5. 独立产品开发

独立产品开发是指该产品开发既不属于全新产品开发，也不属于任何产品平台或家族的产品开发。不难看出，这类产品的定位非常尴尬。它可能是其他企业优势产品的复制，也可能是企业自主开发的尝试品，还可能是被客户指定的特殊产品。原则上，独立产品开发不是企业产品开发的主要类型，企业也不应将主要资源和精力放在该类产品开发上。但该类产品开发往往与企业的临时战略有关，甚至不以营利为目的（针对该类产品开发）。例如，某企业为了某战略客户研发了某款特殊产品，目前该产品不属于企业内部任何一个产品平台，未来也不会成为企业的主要产品，但因为该产品，企业获得了该客户较高的满意度以及与其后续的合作意向，所以企业就可以开发该产品。该产品不会为企业带来较高的经济收益，而且与企业的产品开发战略可能关联不紧密。从产品平台的角度来看，这类产品显得非常不合群，企业应严格控制这类产品开发的数量。

各产品开发对企业均可能产生不同的影响，所以它们不应单独存在企业内。对于健康发展的成熟企业，企业内部可能存在多种不同类型的产品开发。表 3-1 是根据一些企业实践后获得的经验总结，显示了这些产品开发类型在企业内的比例和关系。

表 3-1　产品开发类型之间的比较

特　　征	全新产品	平台级产品	扩展（衍生）产品	维持型产品	独立产品
开发难度	极高	高	中/高	低	不确定
企业收益	极高	高	高	低/中	限战略意义
资源消耗	极高	高/极高	低/中	低	不确定
风险程度	极高	高	低	低	不确定
开发周期	很长	长	短	很短	不确定
所占比例或数量控制	视企业战略决定，不宜太多，通常少于 5%	10%~15%	70%~80%	覆盖超过 85% 的其他各类项目	越少越好

从企业发展的时间线来看，多数企业在发展前期都会通过开发一些全新产品以构建企业的竞争力，或者开发一些独立产品以获得企业短期的现金流或建立客户关系。在度过企业发展的瓶颈期之后，企业将进入快速发展阶段，此时其重心会转移到多个全新产品开发和扩展（衍生）产品开发，并借此契机扩大企业的市场份额，建立更加稳固的业务模式。当从爆发阶段转变到稳定发展阶段时，企业将逐步少量建设新的产品平台并通过大量维持型产品开发来实现企业的长期收益。多数企业的发展轨迹服从经典的 S 曲线。图 3-7 显示了企业发展阶段与产品开发类型之间的典型关系。

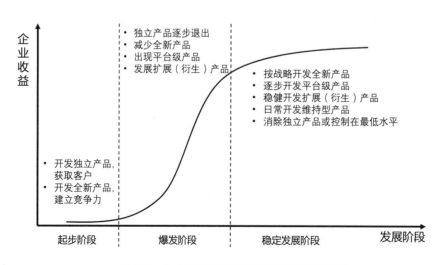

图 3-7　企业在不同发展阶段的产品开发策略

随着时代发展，企业的运营模式日益复杂和多样。企业应根据自身的产品战略构建产品平台，并确定产品类型的比例和资源投入量。在此过程中，外部经验仅作为参考，其他企业的经验不可复制。

3.5　开发资源准备

具备足够的开发资源是产品开发活动的前提条件。资源通常至少包括两方面：人力资源与开发资金。两者各自还具有更详细的资源分类。

1. 人力资源

企业在产品开发前应为开发团队配备足够的人力资源，其配备形式取决于企业的组织形式。例如，传统的功能型组织，开发团队负责人在获得授权之后会与各功能或职能团队负责人沟通，然后获取足够的资源；项目型组织，开发团队负责人可能直接在相应的功能池（按功能划分的人才储备池）中选取合适的人选；矩阵型组织，开发团队可能需要采用多样的沟通活动来获取必要资源。

无论哪种获取资源的形式，都涉及资源消耗量。开发团队始终会面对一个问题：什么时间（段）需要使用多少资源，需要什么样的资源？所以开发团队负责人需要一份资源计划来规划、获取和管理资源。

资源计划是在产品开发前期就要求开发团队思考，且在整个开发过程中需要一直更新的计划性文件。它描述了产品开发对不同功能资源的预期需求和获取方式。它可以用来向企业管理团队申请资源，也可以用来调整和平衡开发团队内部的工作负荷。图 3-8 显示了一份简易的资源计划，由堆叠柱状图构成，其中资源对应数字代表全职员工的人数。

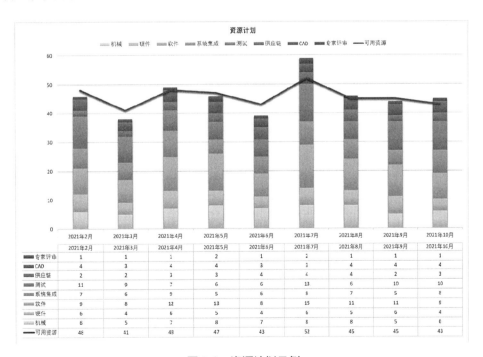

	2021年2月	2021年3月	2021年4月	2021年5月	2021年6月	2021年7月	2021年8月	2021年9月	2021年10月
专家评审	1	1	1	2	1	2	1	1	1
CAD	4	3	4	4	3	4	4	4	4
供应链	2	2	3	3	4	4	4	2	3
测试	11	9	7	6	6	13	6	10	10
系统集成	7	6	9	5	6	8	7	5	8
软件	9	8	12	13	8	15	11	11	9
硬件	6	4	6	5	4	6	5	6	4
机械	6	5	7	8	7	8	8	5	6
可用资源	48	41	43	47	43	52	45	45	43

图 3-8　资源计划示例

在图 3-8 中，各功能所需的预期资源罗列在其中，企业需要评估当前（时间维度可自行定义）可用的资源，再分配给团队。这是一个动态管理的过程，是开发团队或职能团队管理者时刻需要关注的内容。资源计划通常以单个开发项目为单位进行编制。资源计划中的资源可以用全职员工的人数或工时等形式来表现。该计划允许出现小数点,因为可能部分资源(员工)会和其他项目分享他的个人工时。此时只要保证多个开发项目的资源计划中的资源总和是整数即可。

资源总需求量(图 3-8 中每根柱子的总高度)和企业可用资源之间的关系非常微妙。通常,资源总需求量并非一定要小于可用资源。长期以来,多数企业形成了以下规则:

- 如资源总需求量小于可用资源,代表企业资源有富余,人员负荷不足。
  - 如单月或很短时间内出现差异量小于 20%,则企业无须调整人事策略。
  - 如单月或很短时间内出现差异量大于 20%,则企业可考虑安排休假等,以减少工时的临时安排。
  - 如连续数月甚至更长时间内出现差异量大于 20%,则企业应考虑减员计划。
- 如资源总需求量等于可用资源,代表资源恰好可用。该情况属于特殊情况,不可能长期出现或维持。
- 如资源总需求量大于可用资源,代表企业可用资源不足,可能无法满足开发需求。
  - 如单月或很短时间内出现差异量小于 20%,则企业无须调整人事策略。多数企业认为,这是理想的资源使用状态,是将企业资源利用最大化的表现。
  - 如单月或很短时间内出现差异量大于 20%,则企业可考虑安排加班或临时外包等临时安排。
  - 如连续数月甚至更长时间内出现差异量大于 20%,则企业应考虑招聘新员工。

如何管理企业的人力资源,已经超出了本书的研究范围,这由企业的人力资源管理战略决定。

除了资源数量的计划,企业还应考虑开发人员的技能满足程度。人们普遍认为,产品开发人员是企业内部技术实力最强的专业人员,他们需要极高的综合技术能力,包括其自身对应的专业技术能力、团队组织与协调能力、沟通能力等。即便普通的开发工程师,也应具备足够的软技能,以成为一个合格的开发团队成员。为了满足这样的能力要求,多数企业采用开发人员的竞争力模型来规划和管理,其中典型的工具为雷达图。图 3-9 是一个竞争力模型/雷达图示例。企业应开发匹配本企业开发人员特点的竞争力维度来定制该工具,如设定各竞争力维度的重要等级、当前或未来的发展目标等。

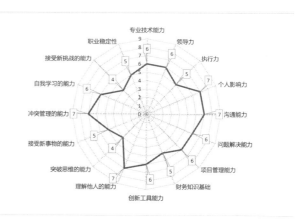

模块	重要度	当前能力	中长期目标
专业技术能力	A	6	8
领导力	B	6	8
执行力	A	5	9
个人影响力	B	7	8
沟通能力	B	7	9
问题解决能力	A	6	10
项目管理能力	A	6	10
财务知识基础	A	5	8
创新工具能力	C	6	9
理解他人的能力	B	7	9
突破思维的能力	B	4	8
接受新事物的能力	B	5	9
冲突管理的能力	B	7	9
自我学习的能力	A	6	9
接受新挑战的能力	B	4	9
职业稳定性	A	5	9

图 3-9　竞争力模型/雷达图示例

对于企业内部无法满足的资源需求，企业应在项目开始之前就完成相应的资源获取计划，如从外部招聘临时专家或部分业务外包等。

2. 开发资金

在产品开发过程中企业会消耗大量资金。在产品没有成功上市获取市场收益之前，这些资金将作为纯开发投入被消耗在开发过程中。如果一个产品最终没能成功上市，那么这些开发资金很可能就直接变成了沉没成本。产品开发资金主要被用于两个方面：开发相关的直接投资与开发过程中需要消耗的资金。

开发相关的直接投资与产品类型和相关技术等方面有关，这里涉及产品本身的投资或与开发环境的基础建设有关的投资。

- 产品本身的投资包括产品过程或工艺所需的一些设施或设备投资，如在实物开发过程中常见的模具、生产车间的建设、仓库的建设、产线设备的投资等。这些投资与单个产品开发项目挂钩，往往具有金额高、采购或建设时间长、应用时间长等特点。所以企业常将此类投资视为固定资产投资，需要企业财务等专业团队进行管控。
- 与开发环境的基础建设有关的投资，可能包括购置开发人员的计算机、购买和维护专业开发软件、购置特殊开发测试设备等。对开发软件的投资可能不亚于对实物类产品的投资，而且同样需要专业团队来评估和管控。这类投资需求可能由单个产品开发项目提出，但实际上可以为多个产品开发活动服务，所以不与单个项目挂钩。

直接投资的资产项目往往都是企业长期维护和重点管理的对象，这类投资不宜太多。这类投资占用企业的资金比例越高，则企业在一定时间范围内的负担越高。企业可能需要通过很多年的财务折旧才能将其摆脱，较高的此类投资会使企业不得不面对短期内无法转型或者应对业务风险能力下降等问题。

开发过程中需要消耗的资金则与当前开发项目强相关。这些资金消耗的类别往往是固定的，由开发流程和项目计划决定，而且具有明显的行业特征。例如，实物类产品开发大致都会经历定义、概念、设计、验证等阶段。在制订项目计划时，在某些特定的里程碑节点上，开发团队会计划制作原型的费用、制作小批量样品的费用和各种测试费用等，它们的区别仅仅在于金额会随着不同的项目和目的而不同。这种资金不需要提前投入，一般以开发费用的形式体现在开发项目的财务报表中，金额相对直接投资小很多。所以这类资金通常由开发团队负责人管理，定期由财务部门审计。此类资金需要准备一定数量的额外资金作为管理储备，以应对项目开发过程中的各种风险，通常这笔额外资金不超过总资金规划的 10%。

3.6　技术准备与前期技术开发

任何产品开发都离不开相关技术的支持，其他资源准备仅仅是为产品开发扫清执行层面的障碍。开发团队是否具备开发能力是由企业的相关技术实力决定的。

在产品开发之前，开发团队应仔细研究该产品开发所需的应用技术。通常从以下几个维度考察企业当前技术的匹配程度。

1. 产品路线图与技术路线图

这是最直接的技术匹配度检查。在产品路线图中找到将要开发产品的相应位置，在定位其产品平台之后，与相应的技术路线图进行比对，开发团队即可确认该产品是否存在于企业的技术发展路线上。同时，开发团队也可确定该技术是否成熟，是否需要进一步的技术开发。

2. 当前企业技术能力盘点

大多数企业的产品技术都是由多种技术组合而成的。新产品开发时，虽然可能出现当前企业的技术没有完全可匹配或可直接应用的情况，但有时在当前技术能力盘点之后，可以通过当前技术的再次组合、改进和裁剪等方式使之匹配新产品开发的要求。

3. 当前企业高潜力技术人才盘点

几乎没有企业将企业技术人才全部潜力都发挥出来。拥有多种技能的技术人才比比皆是，但企业往往仅发挥了其部分能力。通过企业技术人才盘点，企业可以获知某些技术人才的专长可能尚未应用，但这些专长可能在未来某个特定的产品开发项目上大放异彩。

4. 现有技术的历史风险记录

企业在长期开发过程中积累了大量的组织过程资产，如设计失效模式与影响分析（DFMEA）等文件描述了各种开发技术在以往产品开发过程中的各种应用经验。通过对这些历史经验或者风险记录的研究，可增加开发团队对该技术再次应用并获得成功的信心，同时也可以规避很多已经发生过的技术风险。

5. 客户满意度反馈

客户是最好的检验师，他们对企业现有技术存在的风险和应用成熟度最有发言权。通过对历史客户的调研反馈，开发团队可以获知当前技术的缺陷，尤其是应用场景下的各种风险，并据此评估企业当前技术与新产品开发的匹配程度。

如果企业当前的技术实力满足新产品开发的要求，就是最理想的情况。但在很多情况下，企业可能不具备开发新产品的技术实力。虽然可以通过商业手段从外部获取必要的技术能力，但很多企业会选择进行技术开发，以提升自身技术实力的方式来满足新产品开发的要求。这种技术开发活动被称为前期技术开发，是一种特殊的开发活动。

前期技术开发是指企业在确定产品开发的方向之后，在具体产品开发开始之前进行的技术开发活动。如果把该技术作为一种产品，那么前期技术开发也是一种特殊的产品开发。

前期技术开发流程与新产品开发流程相似，但由于其前期需求模糊等特点，其流程会相对简单。新产品开发流程将在第 4 章介绍。图 3-10 显示了典型的前期技术开发项目流程与交付物示例。

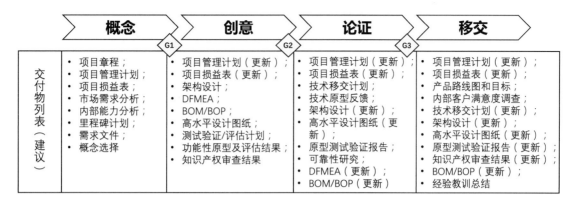

图 3-10　前期技术开发项目流程与交付物示例

由图 3-10 可见，此类流程大致被分为四阶段，分别是概念、创意、论证和移交，各阶段（除移交阶段）结束前都要进行阶段评审。前期技术开发的交付物与新产品开发的交付物有很高的相似性，但这些交付物都是针对企业内部的交付，可能与后续实际产品有关，也可能无关。这些交付物仅仅是为了实现当前技术开发所准备的过程知识储备。企业应自行定义技术开发的交付物列表内容。很多前期技术开发也需要制作相应的原型样品，但这种原型样品与后期要交付的产品样品并非同一个东西。

1. 概念阶段

概念阶段关注可行性分析和高阶概念设计的选择。概念阶段首先需要完成技术开发需求的收集、整理和转换工作，将开发需求转化为工程人员能够理解的语言，以确保技术开发团队正确理解这些需求。技术开发团队依据转换后的需求完成初始概念设计、相关的概念选择和技术评审。

形成初始概念后，技术开发团队启动初始的内部能力分析，对当前的设计、开发、资源可用性和生产能力等进行初步评估，以确保团队有足够的资源和能力完成项目。技术开发团队需要在进行内部能力分析的同时获取必要的资源承诺。企业需要在本阶段评审前完成商务可行性分析，对开发风险进行分析和评估，以确保业务机会真实存在、可获得且值得去做。

2. 创意阶段

创意阶段需要完成主要的技术开发和功能验证工作。技术开发团队在本阶段前期应完成符合概念设计的技术开发工作，并完成相应的分析、评估和选择。随后技术开发团队即可启动与知识产权相关的审查工作，主要包含知识产权的申请和保护，以及评估是否涉及知识产权侵权等内容。

在确认概念设计的可用性之后，技术开发团队应完成包含子系统在内的各种架构设计，形成高水平设计图纸或方案，并启动可靠性规划工作。高水平设计图纸或方案通过技术评审后可进行原型开发或技术功能测试。

风险分析与评估工作贯穿整个创意阶段。风险分析与评估包含两个部分，一是对技术功能的风险分析，用于识别当前设计可能存在的风险和应对计划，技术开发团队可以使用简单的风险分析矩阵或初始的失效模式与影响分析来实现该分析。二是对技术开发活动的执行风险分析与评估，技术开发团队应使用风险列表或其他等同的风险评估工具，对执行过程中的范围、进度、成本、质量、人力资源和其他可能影响项目推进的风险因素进行评估，并制订合适的应对计划。

3. 论证阶段

论证阶段主要完成所有的设计验证。这是技术开发团队熟练掌握新开发技术和熟练应用该技术的阶段，也是资源消耗量最大的阶段。技术开发团队在本阶段的主要工作是进行子系统功能验证，完成原型测试分析、可靠性研究等测试验证工作，并依据测试验证结果进行详细参数的优化和整体设计的迭代更新。此时，质量团队和运营团队应参与其中并完成必要的后续规划。

技术开发团队除了完成必要的知识产权保护工作，还应进行风险评估内容的更新，并完成与技术相关的初始设计失效模式与影响分析。如果该技术开发涉及原型样品，则需要制作原型样品，并获取市场对原型样品的反馈。

完成以上工作后，技术开发团队对技术开发活动进行最终评估，以确定是否可以将技术移交给常规的产品开发团队。

4. 移交阶段

移交阶段完成（新）技术向产品开发团队移交的过程。严格来说，本阶段并不是一个阶段，而是一个过渡期。本阶段没有严格的收尾过程，以产品开发团队接收（新）技术并可将其应用于新产品开发项目为准。技术开发团队应向产品开发团队交付所有可支持（新）技术应用的交付物，它通常是一个交付包。

在企业中，技术开发团队可以是独立的永久团队，也可以是从产品开发团队中临时抽取资源组建的团队，这取决于企业对于技术开发的战略规划。开拓型企业或大量追求全新产品开发的企业往往在技术开发活动上投入巨大的精力和资源。技术开发活动并非总是成功的，而且伴随着非常高的风险。

本章叙述的是产品开发的前期准备工作，是企业进行正式产品设计与开发前的必修功课。

 # 案例展示

星彗科技的产品以消费类电子产品为主，随着市场竞争日趋激烈，公司在不断寻找新的产品类型和细分市场。根据既有的产品家族和传承的技术经验，公司更新了未来 3~5 年的产品战略规划和产品路线图。产品路线图如图 3-11 所示。

在星彗科技的产品路线图中有多种产品开发的需求。根据当下市场的热点，公司决定开发桌面清洗设备，而该产品也符合公司产品平台的规划。该产品平台会根据当前开发的成果决定未来产品平台的具体规划。

针对该产品的市场现状，开发团队分析了业务失效模式，以尝试识别潜在的业务风险。其业务失效模式与影响分析（BFMEA）参见表 3-2，该分析帮助公司初步确定了产品的开发风险。

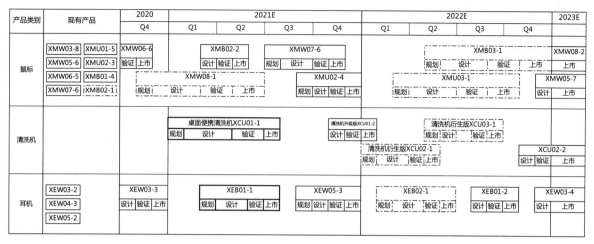

图 3-11　星彗公司的产品路线图

表 3-2　桌面便携清洗机开发项目的业务失效模式与影响分析（部分）

风险种类	潜在失效模式	潜在失效后果	严重度	潜在失效原因	发生度	风险优先级系数	控制	触发	反应	责任人
法律法规	使用了不符合法律法规的零部件	政府部门处罚	9	不了解法律法规和行业标准	2	18	1.组织法律法规的相关培训 2.与供应商签订相关协议 3.对供应商进行严格评审	政府/客户/内部评审发现任何不符合项时	立即更换零部件，对供应商再次评审	Light
	未在时间节点内完成3C认证	延长产品上市时间	6	进度延误	2	12	设定里程碑，按节点回顾，提前识别延误风险	进度不满足里程碑要求时	加资源，赶进度	哲彬
技术	侵犯他人专利	专利拥有人索赔	6	不了解相关专利	3	18	根据相关专利检索体系，提前搜索相关专利，规避专利	无法规避现有专利时	购买相关专利	小道
	产品更新迭代	产品被市场淘汰	8	技术更新慢	4	32	技术上完善平台构架，增强平台的可扩展性	市场部反馈市场占有率有下滑趋势时	加快新产品投放进度	哲彬
竞争	产品被山寨模仿	市场份额减少	6	专利意识薄弱	7	42	及时申请专利,建立前期核心专利识别和申请制度	市场部发现有侵权者时	上诉模仿者侵权	小道
	竞品价格低	市场份额减少	6	产品设计成本高	6	36	1.竞品分析，了解竞品优缺点 2.多概念设计选择 3.减少客户不关心的功能	市场部反馈价格高时	开发减配版	哲彬

续表

风险种类	潜在失效模式	潜在失效后果	严重度	潜在失效原因	发生度	风险优先级系数	控 制	触 发	反 应	责任人
场地	仓库场地不足	产能不足	4	前期规划不足	2	8	项目评审	当前承租方反馈空间不足时	第三方仓库	小道
	生产场地不足	产能不足	4	前期规划不足	2	8	项目评审	生产制造部提出外协申请时	外协	晓康
供应商	原材料来源困难	交期不能满足	6	被美国制裁	1	6	项目评审	国际环境有重大变化时	寻找替代供应商	Light

同时，产品开发团队还对市场已经存在的产品进行竞品分析，以研究公司现在的技术能力是否具备足够的市场竞争力。表3-3显示了该分析的部分内容。

表3-3　市场竞品分析（部分）

项　　目	品牌A	品牌B	品牌C
名称	消毒干衣盒	超声波清洗机	（无线）超声波清洗机
型号	ACQ-03	DXM-S002	XGD-T1
售价	119元	115.13元	229元
功率	135W	50W	18W
电池	无	无	2500mAh
颜色	浅绿	白色	象牙白
长宽高	315mm×198mm×115mm	213mm×107mm×95mm	190mm×105mm×64mm
时间	1分钟定时	180/300/480/90秒	3分钟自动定时
净重	385g	510g	486g
适用清洗对象	餐具、水杯、手机、口罩、钥匙、眼镜、母婴用品、贴身衣物、美妆用品	眼镜、珠宝首饰、手表、钢笔、牙套、奶嘴、餐具、剃须刀、梳子、指甲刀、化妆工具、口哨	眼镜、珠宝首饰、手表、钢笔、牙套、奶嘴、餐具、剃须刀、梳子、指甲刀、化妆用具、口哨
主要材料	ABS	ABS、SUS304不锈钢	PP
功能	一键触摸，UV杀菌99.97%，巴氏消毒，热风烘干，双层设计，PTC智能加热	触屏设计，超声清洗，98%清洁率，4段定时，46kHz高频	灵敏触控，一键启停，电量显示，超声清洗，46kHz高频
容量	510mL	700mL	430mL
槽内尺寸	182mm×70mm×53mm	160mm×75mm×50mm	178mm×62mm×46mm
产品优势	采用模块化设计，杀菌效果好	具有多档清洗功能，价格便宜	造型美观，方便携带
产品劣势	价格高，噪声大，无清洗功能	清洗效果一般，220V的电源输入存在安全隐患，无风干功能	价格高，不易上手，无风干功能

项　目	品牌 A	品牌 B	品牌 C
需求满足度	低	中	中
应用场景	家用	家用或办公场所	家用或办公场所
分析结论	我司新开发产品要具有自动清洗、干燥、消毒等功能，而且要外形美观、清洗效果好、噪声低，市场售价在 150 元左右		

　　产品技术开发团队在项目开始之前对公司当前的技术和历史经验进行了扫描，并且初步与开发团队的设计师进行商讨，对潜在的技术要求和技术满足程度进行了可行性分析。该可行性分析采用检查表的形式，其部分内容参见表 3-4。

表 3-4　技术可行性分析检查表（部分）

技术可行性分析检查项目	是/否
产品需求是否被充分定义，以进行可行性评估？	是
工程性能规范是否能够被满足？	是
安全性设计要求是否能够被实现？	是
产品需求文档要求的产品外观和表面处理是否能够被满足？	是
材料工艺是否能够满足环境法规或耐久试验？	是
产品需求文档要求的产品是否能够被制造出来？	是
实现产品功能的机械结构是否能够被制造出来？	是
是否有足够的能力生产出可用的产品？	是
是否每个质量特征的工艺能力都是可想象的？	是
在生产过程中是否可预见或可想象所有的质量特征都是能够被检验的？	是
在生产过程中是否可预见或可想象所有的下一步工艺和特征都是能够被检验的？	是
是否有特性、材料或工艺通过分析和改变以降低成本？	是

第 **4** 章

产品开发流程

4.1 产品开发的必要阶段

产品开发流程是企业用于管理和规范开发活动的依据与准则，是保证产品开发过程有序进行，并实现企业最终商务目标的神兵利器。产品开发流程是一个年轻且有活力的工具，虽然无法确定它具体出现的时间节点，但普遍认为它是近几十年来由大量企业内部实践获得的经验总结。

在产品开发流程这个概念问世之前，企业对于产品开发的认识是模糊的，很多企业把产品开发简单地理解为满足客户需求。这个想法固然没有错，但太过于简单和粗糙，当实际上面对客户需求的时候，企业却往往发现无从下手。当时的企业在完成产品开发任务时，出现了大量的资源浪费、反复迭代、重复开发等一系列现象。产品开发的过程基于一系列的产品开发活动。在经历痛苦和漫长的产品开发之后，企业逐渐认识到产品开发活动的一些特点，并尝试从中找出解决方案。这些特点包括以下几点。

- 产品开发活动通常都很漫长。产品开发活动的持续时间从数周到数年不等，有的会更久。虽然这与产品类型和规模有关，但多数产品不是一朝一夕就可以开发完成的。现在多数工业品的开发时间都在几个月到两年之间。如何保证在这么长的时间跨度内产品开发可实现预期目标是企业管理团队的难题。

- 产品开发活动充满了各种风险。产品开发活动对企业的资源消耗量极大。在这么长的开发周期内，可能出现各种资源浪费和阻碍活动，管理团队自身也可能出现各种权力更替导致产品开发出现目标偏移等问题。有些风险可以在早期被识别，但更多风险无法被识别且随时可能出现在产品开发中。

- 产品开发活动具有不确定性。产品开发活动是有时间属性的活动，具有渐进明细的特点。在开发早期，产品开发团队即便在有明确的客户需求的情况下，依然可能无法预知开发过程中可能遇到的各种困难。这使得管理团队无法在开发前期就制定非常完整且适用于整个开发周期的活动计划，而且不得不经常对该开发计划进行修正。

- 需要专业的领导者或明确的开发指令。产品开发团队是一个"大杂烩"，其成员来自各个职能团队，而且个性组合复杂和业务能力不平衡，使得团队极难管理。简单派发任务而不进行详细追踪的管理形式很难管理好这样的团队。需要专业的领导者在合适的时间节点上对团队进行评审和管理，以免出现万马脱缰的态势。

这些特点对传统的企业管理形式提出了挑战。一竿子到底、只看结果不看过程的管理形式已经无法满足现代产品开发的需求。所以人们开始尝试将产品开发活动进行拆分，将它们按一定的逻辑或阶段特征分成若干个子阶段，并定义各个子阶段的交付，以便更好地进行管理，这就是产品开发流程的雏形。

由于产品的多样性，产品开发流程的阶段划分也五花八门，凡是可以很好地被用于支持和管理企业产品开发活动的阶段划分都是适用的，没有统一的标准。但在这么多年的实操经验中，有一些典型的阶段划分已经具有一定的通用性。图 4-1 就是典型的实物类产品开发阶段划分，这种划分方式是在实物类产品开发过程中被提炼出来的最佳实践之一。

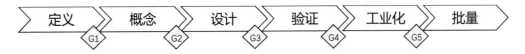

图 4-1　实物类产品开发阶段划分

在图 4-1 所示的阶段划分中，各个阶段都有着典型的特征意义，并且除最后的阶段外，每个阶段结束时都有一个阶段评审对本阶段的成果进行评估，该评估即关卡决策（图中的 G1,G2…），具体内容将在后文介绍。

1. 定义阶段

这是产品开发团队获取客户需求，将其翻译、理解、整理并转化为企业内部文件，以此作为后续产品开发目标的过程。该阶段典型的通过条件为客户需求冻结；完整可用的客户需求文件是本阶段的标志性交付物。

2. 概念阶段

这是将客户需求进行初步规划和实现的过程。产品开发团队需要从较高层级（理论上）实现客户预期的功能，并形成原始概念设计。该阶段极富创造力，典型的通过条件是概念设计冻结；可实施的架构设计是本阶段的标志性交付物。

3. 设计阶段

这是产品开发团队实现产品功能和客户需求的主体过程。产品开发团队需要完成初步的产品细节设计，包括初始的产品图纸、软件代码等交付物。该阶段典型的通过条件为设计冻结；初步的产品规格书或设计规格书是本阶段的标志性交付物。

4. 验证阶段

测试验证团队需对产品/样本进行完整的功能与性能测试，以确保产品在各种预期场景下满足客户的需求。该阶段内测试验证团队与设计团队之间可能有大量互动，反复更新、迭代产品设计，不断提升产品性能。该阶段典型的通过条件是设计发布；发布状态的图纸、代码、流程、测试验证报告等设计成果是本阶段的标志性交付物。

5. 工业化阶段

这是产品满足企业批量运营或交付上市的过程。产品需要满足企业持续生产或持续交付的要求。产品开发团队可以对产品设计或过程参数提出改进要求，以提升产品质量和其他各种性能指标。该阶段典型的通过条件是通过产品生产批准程序或产品上市批准程序；本阶段的标志性交付物包括生产批准（签字文件）、可销售的软件或其他可上市产生商业价值的产品等。

6. 批量阶段

这是产品持续产生商业价值的阶段。本阶段没有严格的结束节点，多数产品开发团队会在产品顺利完成以及首批产品交付后释放大部分开发资源，并在约定的项目评估节点结束项目。一小部分资源会被保留，以满足后续性能提升、客户服务等需求。

事实上，第 3 章介绍的技术开发活动之所以划分成四个阶段，也是依据类似的理念，根据实践获得的经验总结。

如果产品开发团队忽视开发阶段的划分，那么管理团队很可能无法在第一时间掌握开发进度和风险状态。即便有项目经理进行团队管理，依然可能出现很多本可以避免的不必要风险。管理团队也无法通过有效的管理手段来调整资源分配，以实现企业利益最大化。

开发阶段的划分虽然有利于对开发活动进行管理，但也存在潜在风险。阶段划分会增加必要的评审节点，这些节点会消耗很多管理资源。同时，为了匹配这些评审节点的发生时间，部分项目不得不额外等待一些时间，这些时间从几天到数个月不等。如果开发活动的阶段被过度划分，那么企业会面临高昂的额外成本，项目执行的效率也会大大降低。例如，不少汽车行业的企业将开发阶段划分成十几个阶段是非常低效的管理形式，如果仔细查看它们的阶段划分，就会发现它们将一些里程碑、重要交付物（成果）或重要开发活动都定义成了开发阶段。虽然这些企业会强调车辆开发的复杂性，但实际上这是对产品开发流程不熟悉而导致的不专业的做法。

如何合理划分开发阶段是一门艺术，需要结合产品规模、企业战略、行业特征等很多因素。企业必须对产品开发阶段进行划分，但又不能过度划分，而且划分需要根据明确的开发需求来确定。

开发阶段的划分是产品开发流程的基础和前提，是产品开发流程的理念雏形。在此基础上，企业不断研究和深化管理产品开发活动的方法，最终逐渐形成了今天的产品开发流程。由于几乎所有产品开发都以项目的形式出现在企业中，因此产品开发流程也就是产品开发项目的流程。

4.2　典型的开发流程

目前我们无法确定产品开发流程的起源，但人们普遍认为现代产品开发流程的早期雏形源于 20 世纪 60 年代前后的化工行业。当时在化工行业出现了产品开发项目的阶段划分。如果用今天的眼光来审视这个阶段划分，那么它是粗糙且简陋的，但这种将开发项目进行阶段划分的形式给后来的产品开发流程建设奠定了基础。今天企业内部广泛流传的产品开发流程也是基于这种形式逐步成型的。

4.2.1　门径管理系统

多年来，很多学者都在研究如何帮助企业建立一套行之有效的产品开发流程。其中，罗伯特·库珀（Robert G. Cooper）先生可以说是最杰出的世界顶级专家。库珀先生于 20 世纪 80 年代建立了一套产品开发流程的管理技术，即门径管理系统（Stage-Gate System，SGS）。该管理技术被广泛应用于世界范围内各大企业的新产品开发流程的建设与管理，是一种非常有效的开发流程管理工具。

门径管理系统是库珀先生从很多企业的产品开发项目实例中提炼出来的，它的核心思想是希望企业可以集中资源将产品开发的效率提升至最大化。其有两个核心理念：

- 做正确的（产品开发）项目。企业严格筛选项目机会，只做符合企业战略，以及能为企业发展带来积极意义的（产品开发）项目。
- 把（产品开发）项目做正确。开发团队利用跨职能团队的资源，双方积极合作，准确把握客户需求，开发符合客户或市场需求的产品，同时减少浪费。

在门径管理系统中有三个最基本的要素，分别为阶段、关卡、关卡决策。

1. 阶段

阶段（Stage），即门径管理系统中的"径"，是指产品开发流程被划分后的各个过程组。这些阶段各自有各自的使命，是产品开发的主要增值过程。产品开发团队在各个阶段内执行产品开发的各项活动，完成指定的阶段交付物，逐步实现产品的功能，以满足客户需求。

2. 关卡

关卡（Gate），即门径管理系统中的"门"，是指在产品开发流程各个阶段的尾端对该产品开发的可交付成果的评审活动。该评审活动是企业管理团队对产品开发团队在某个阶段的产品开发的整体评价，评价对象包括但不限于产品开发的财务指标、市场环境、客户需求满足度、交付物质量、项目风险等。不满足阶段交付目标的产品开发不能通过该关卡，也就是说，产品开发在本阶段的交付如果不能通过关卡的评审活动，那么将不能进入下一阶段。每个阶段的关卡都有自己独特的评审标准。

3. 关卡决策

关卡决策（Gate Decision）是关卡评审活动的输出结果。企业管理团队在评审了产品开发团队的阶段交付成果之后，根据评审结果，将做出通过（Go）或不通过（No-Go）的决策。这对于产品开发有着至关重要的影响。例如，不通过关卡决策的项目，将不能进入下一阶段，该项目还可能面临暂停（Pending）或被中止（Kill）的风险。在某些特殊条件下，产品开发项目可能带条件地通过（Conditional Go）当前关卡，这种特殊条件由企业自行决定。

在门径管理系统的核心思想指导下，该系统将产品开发流程分成若干个阶段，这些阶段具有明确的时间属性，是有前后顺序的。具体阶段划分如图4-2所示。

图 4-2　根据门径管理系统划分的产品开发流程

在门径管理系统里，各个阶段分别被赋予不同的核心任务，并前后串联形成完整的产品开发流程。这些阶段的核心任务如下：

（1）发现阶段：这是产品开发需求的收集阶段。企业获取客户需求或市场需求，并将其转化为业务机会。本阶段的关卡评审以创意筛选为主。

（2）阶段 1：定义范围。这是确定新产品范围的阶段。企业将定义产品开发的主要目标，并确定该产品开发与企业战略的一致性问题。本阶段的关卡评审以确认项目是否可实施为主。

（3）阶段 2：商业论证。这是企业对产品开发的商业价值判断，根据对客户和市场的整体判断，确认该产品是否能为企业带来预期价值。本阶段的关卡评审以评估该产品是否值得开发为主。

（4）阶段 3：开发。这是产品开发团队实施产品开发的主体阶段，也是实现产品基本功能的阶段。本阶段的关卡评审以产品（原型/样品）是否满足预期的基本功能为主。

（5）阶段 4：测试与验证。这是产品不断被测试，并且根据测试结果不断修正、改进、优化的过程，直至产品通过完整的验证环节。本阶段的关卡评审以确认产品完全满足客户需求为主。

（6）阶段 5：上市。这是产品流向市场并为企业带来价值的过程。由于这是一个持续的过程，所以没有明确设定该阶段的关卡。一般情况下，产品开发在本阶段结束。

（7）上市后审查：严格来说，这不是一个阶段，而是产品开发结束后，企业在一个预定的时间点进行项目后期评审的活动。该评审主要是为了考察产品开发是否达到了预期效果，主要是进行财务上的符合性评审。

门径管理系统对后来各种产品开发流程的建设有重大意义。几乎可以认为，今天各企业内部的产品开发流程或多或少都有门径管理系统的影子，这些流程都可认为是门径管理系统的衍生应用。

4.2.2 PACE 系统

在早期的门径管理系统中，产品开发的阶段被划分了，但由于产品的多样性，仅使用一套阶段划分方法不可能满足所有产品的开发。如何规划这些阶段的划分，并且保证这些阶段可以帮助企业更好地管理产品开发流程成为一个新课题。

在 20 世纪 80 年代中后期，美国 PRTM 公司（Pittiglio Rabin Todd & Mcgrath，一家全球领先的研发咨询机构）提出了产品及周期优化法（Product And Cycle-time Excellence，PACE），即 PACE 系统。

PACE 系统是对门径管理系统的一种补充。在门径管理系统的基础上，该系统构建起一种评价和管理项目的机制，并且用这种机制来实现产品开发过程的优化。这些优化包括企业如何正确地划分项目阶段，如何有效地利用跨职能团队的资源，如何确保设计的有效性等。

与其说它是一种与产品开发流程相关的系统，不如说它更像一套管理开发流程的基本准则。在 PACE 系统中有七个要素，这些要素结合在一起，形成一个产品开发的通用框架，可普遍适用于各种产品的开发过程。PACE 系统的七个要素分别用于项目管理和跨项目管理。表 4-1 显示了这些要素的具体内容和特点。

表 4-1 PACE 系统的七个要素

应用领域	对应要素	特 征	对应门径管理系统的理念
用于项目管理的要素	• 阶段评审流程与高效决策； • 项目组织的核心团队法； • 结构化的产品开发； • 设计技术和自动开发工具	它们是 PACE 系统的基础。通过掌握这些要素可以缩短产品的面市时间，准确安排项目进度，提高开发效率	把（产品开发）项目做正确
用于跨项目管理的要素	• 产品战略； • 技术管理； • 管道管理	它们提供了必要的基本管理框架来综合管理所有的产品开发。企业借此更好地评价项目机会，并根据企业战略来分配项目资源	做正确的（产品开发）项目

PACE 系统中的这七个要素不能单独工作，必须有机地结合在一起共同发挥作用。

1. 阶段评审流程与高效决策

PACE 系统要求组织形成一个可以对项目进行管理和决策的管理团队，称为产品或项目评审委员会（Product/Project Approval Committee，PAC）。该团队在项目阶段的尾端，即关卡评审时，通过 PAC 会议对项目进行评审。该评审是代表组织对新产品开发过程的主动决策，在整个产品开发周期内来认可、修改或否决产品开发的阶段成果。

PAC 成员不宜过多，通常在 10 人以内，一般都由各个职能团队的最高负责人和业务团队的关键负责人组成。PAC 会议是有机制、有规则的结构化决策会议，而不是简单地发布命令或纯粹的项目汇报。

PAC 会议通常分成两部分。第一部分为项目团队的工作汇报，聚焦于产品开发在当前阶段的成果和项目对客户需求的满足程度。同时，项目团队应陈述当前风险和团队力所能及的改善措施，并向 PAC 请求进一步的资源支持和其他各种形式的帮助。第二部分为 PAC 对项目的评审和决策，聚焦于项目是否可以进入下一阶段。PAC 应结合企业的产品战略和资源消耗情况，做出合理的判断，并分配新的资源。如果存在多个开发项目的资源争夺问题，PAC 应协调各个团队，并做出必要的项目取舍。PAC 会议的决策通常就是对项目做出通过（Go）或不通过（No-Go）的决策。

2. 项目组织的核心团队法

PACE 系统建议项目团队建立核心团队和扩展团队。核心团队，也称产品开发团队，是产品开发团队中的核心小团队。产品开发团队通常由各职能团队的项目参与者或代表组成，这些人都是各自职能团队的核心人物，或者对本项目来说是关键角色。扩展团队是项目团队中除去核心团队成员外的其他相关人员或团队的统称，他们来自更多的职能团队，分别在产品开发过程中扮演相应的角色，是最终实现产品交付的中坚力量。

PACE 系统希望核心团队成员来自不同的职能团队，那么在产品开发过程中，他们就相当于小型化的 PAC，在项目团队内部行使任务分配、管理和执行等工作。核心团队成员都是被各自职能团队所授权的人员，他们可以在各自的职能团队内获取或调动一些资源来支持项目。项目经理对核心团队成员发布主要任务，并通过他们再与各职能团队的成员（含扩展团队成员）进行协作来实现产品交付。在这个过程中，各职能团队可以并行工作。PACE 系统要求各职能团队的负责人充分信任项目团队并且支持他们的工作。

3. 结构化的产品开发

PACE 系统要求产品开发在执行时进行分层次的管理。这种做法类似于制造企业现场质量管理体系中的分层审核机制，即不同层级的员工分别要对产品开发项目做出贡献。这是一种结构化的产品开发机制，要求产品开发计划至少划分成三个不同的层次：管理层、核心团队层和执行层。其中，管理层的工作计划聚焦于项目的综合治理，把握项目的整体绩效；核心团队层的工作计划则聚焦于项目执行过程中的任务分配，核心成员将分解项目的核心任务并将其落实到各职能团队；执行层的工作计划则聚焦于项目的工作细节，即如何具体地将产品开发出来，或者如何更好地满足客户需求。

4. 设计技术和自动开发工具

PACE 系统强调科学开发产品的重要性，并要求产品开发过程中尽可能应用先进的设计或开发技术，包括计算机辅助设计类的开发工具。PACE 系统要求减少人类活动的主观影响，即尽可能采用已被验证的可自动进行产品开发的工具。

在产品开发过程中，产品开发团队可以使用计算机绘图等手段来取代传统的手工绘图的模式，使用计算机辅助设计（Computer Aided Design，CAD）进行物理模型绘制，使用计算机辅助工程（Computer Aided Engineering，CAE）求解分析复杂产品的各种物理性能，以实现应用模拟和优化设计的目的。

产品开发团队可采用先进的项目管理方法以优化项目执行过程。人力资源管理、供应链管理等都是有效促进产品开发过程的工具。

5. 产品战略

企业需要制定有效的产品战略。在 PACE 系统中，企业开发什么产品并不是由管理层拍脑袋来决定的，而是根据企业既定的产品战略来决定的。那么，企业需要制定从产品战略到产品平台、从产品平台到具体产品的一系列开发活动。这些开发活动应系统化存在于企业的发展计划中，并通过产品路线图和技术路线图来指导具体的产品开发项目。

在制定产品战略时，企业应考虑项目的选择标准，以减轻企业的资源负担。一些项目筛选的方法，如战略水桶法（自上而下的选择）或标准列表法（自下而上的选择）可以保证产品开发项目与产品战略的一致性。这两种方法的具体内容将在第 5 章分享。

6. 技术管理

技术管理是企业持续开发产品的动力源泉。我们可以把技术管理的理念与前期技术开发（见 3.6 节）结合起来。企业为了更好地开发产品，需要足够的技术储备。在产品开发之前，企业需要根据既定的技术战略来研究开发产品所需的技术基础。这个过程就是典型的前期技术开发和技术转移的过程。虽然前期技术开发会耗费企业巨大的资源，但这是产品开发成功的关键因素。无论什么样的技术开发，一旦形成可交付成果，技术开发团队就要将技术平稳转移到产品开发团队，并应用于新产品开发过程。

7. 管道管理

管道管理是平衡企业资源、试图将企业资源利用率最大化的管理手段。在有些企业中，管道管理也称队列管理，因为资源的限制，企业不可能同时启动所有的开发项目，总有一些项目在排队等待启动或继续执行。管道管理常用漏斗状的图示来表示客户需求或设计概念被优化、排序、筛选的过程，在这个过程中，这些需求或概念的数量在不断减少。

管道管理可以体现管理团队的意志，有些企业的高级管理者可能根据个人喜好来决定项目队列中的优先级。但在 PACE 系统中，企业应采用先进的 IT 手段，使用资源计算等方法，并配合产品战略的一致性评审，从而形成决定项目优先级的最佳方式。

PAC 对管道管理负主要责任，需要平衡管道流量（进行中的项目数量）和企业当前的资源消耗量，不盲目扩张，同时将错过项目窗口期（项目仅在该期限内完成交付才产生价值）的潜在损失降到最低。

如果用今天的眼光来看待 PACE 系统，我们会发现该系统存在很多不成熟的地方。但瑕不掩瑜，PACE 系统为产品开发流程规划了非常细致且可执行的方案，其中的很多设置被一直沿用至今，并成为各大企业产品开发流程管理的核心配置方案。著名的集成产品开发（IPD 方法）就是在 PACE 系统的基础上衍生出来的。

4.2.3 IPD 方法

在产品开发流程的历史上还有一个非常著名的开发流程，即集成产品开发（Integrated Product Development，IPD），即 IPD 方法。IPD 方法最早也源于 PACE 系统，强调产品开发是一项投资决策，强调产品创新；要求研发一开始就把事情做正确；强调跨职能的产品开发团队有效协同工作，通过采用异步开发模式（也称并行工程）来提升开发效率。该方法主张结构化的产品开发流程，并提倡通过产品结构的重用性等方式来优化产品设计，降低开发风险。

IPD 方法是一套产品开发的模式、理念与方法，是结合门径管理系统和 PACE 系统核心理念的开发管理方法。它具备了门径管理系统和 PACE 系统的典型特征，并在此基础上进行了扩展，使之成为可匹配绝大多数产品开发的具体流程。

IPD 方法最早（20 世纪 90 年代初期）被 IBM 公司应用并获得了巨大成功。在国内，华为公司是最早引入该方法的企业之一。华为公司通过长期的内部整理、消化和发展等一系列过程，形成了具有华为特色的 IPD 方法。国内很多企业也以华为公司推行 IPD 方法的经验作为参考来推行 IPD 方法，这个做法可行但不推荐。因为 IPD 方法需要与企业的管理组织深化融合，需要一整套管理配置来发生作用，无法通过简单地对其他企业进行复制来获得成功。

图 4-3 是 IPD 方法的典型配置示例。在实际应用的过程中，几乎所有企业都对 IPD 方法进行了深度定制，以满足本企业的业务特征。由于 IPD 方法建立在 PACE 系统和门径管理系统基础上，因此 IPD 方法基本满足了这两个系统的所有特征，只是在具体实现方式上略有差异。在图 4-3 中，一些团队配置分别与 PACE 系统中的一些配置对应，这些配置大致被分成四个团队和三个过程，以及各种子流程模块与工具。

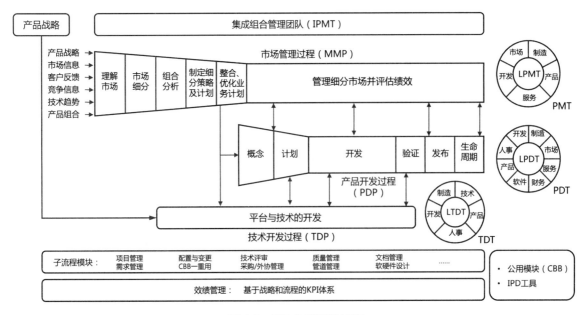

图 4-3　IPD 典型配置示例

1. 集成组合管理团队（Integrated Portfolio Management Team，IPMT）

集成组合管理团队，即 PACE 中的 PAC，实现产品组合的综合治理，对开发项目的阶段成果进行评价与决策，同时管理产品/项目的组合管理战略。集成组合管理团队是企业管理产品开发的最高管理团队，通常由企业各职能团队的负责人与企业的最高管理者组成。

集成组合管理团队的负责人通常是企业的最高管理者，也称集成组合管理团队主席。

2. 产品管理团队（Product/Portfolio Management Team，PMT）

产品管理团队是企业内对产品开发进行规划和管理的团队，通常由面向客户或市场的相关团队核心成员组成，如市场、销售、产品和服务等。该团队负责企业的产品战略和产品路线图，并通过集成组合管理团队的管理活动将产品开发需求传递到产品开发团队。

产品管理团队的负责人为 LPMT，其中 L 的意思为领导者（Leader），下同。

3. 产品开发团队（Product Development Team，PDT）

产品开发团队与 PACE 系统中定义的同名团队完全一致，通常还特指产品开发团队中的核心团队。该核心团队由各职能团队的指定项目参与者构成，是承接项目任务并指导产品开发团队的其他成员（含拓展团队成员）完成具体开发细节的管理团队。

产品开发团队的负责人为 LPDT。

4. 技术开发团队（Technology Development Team，TDT）

技术开发团队，即传统意义上的技术开发团队，通常负责前期技术开发，是产品开发的前期开拓者。技术开发团队负责产品开发过程中的技术支持，包括新技术的开发与转移，以及解决产品开发过程中的技术难题。有时技术开发团队也需要面对产品售后服务过程中收到的各种客户反馈（技术类故障反馈等）。

技术开发团队的负责人为 LTDT。

5. 市场管理过程（Market Management Process，MMP）

这是产品管理团队对市场需求或客户需求管理的过程，该过程贯穿整个产品开发的生命周期，远长于单个产品的开发过程。产品管理团队在研究市场信息的过程中，确定企业的客户细分市场，制定相应的产品开发战略，并将其作为产品开发过程的重要原始输入。该过程的前端呈现漏斗状的区域，即典型的管道管理之一。在这个过程中，大量的原始市场需求在通过产品管理团队的层层筛选之后，数量逐渐变少但可行性得到提升。

6. 产品开发过程（Product Development Process，PDP）

这是产品开发的核心过程，即具体实现产品功能、满足客户需求的过程。该过程也是本书分享的主体内容。产品开发团队通过各种开发活动，运用各种开发工具，以最终实现产品交付。在该过程的前端呈现漏斗状的区域，是典型的开发项目的管道管理。产品开发团队在对实现客户需求的概念设计进行研究和评审后，概念设计的数量逐渐减少，最终成为确定的产品设计。

7. 技术开发过程（Technology Development Process，TDP）

这是产品前期的技术开发过程，通常早于产品开发过程。技术开发过程的提前量取决于企业的技术开发战略。有的企业会在技术开发过程结束后，即技术确定开发完毕且应用成熟之后，再启动产品开发过程。但依据 IPD 方法的理念，这种方式会使产品开发过于漫长，建议产品开发活动在技术开发过程的后期论证阶段就逐步介入。如果技术开发过程的成果转移（技术转移）可以同步于产品开发过程进入产品开发和验证阶段，那么其开发效率是最高的。当然，这样做会增加一部分产品开发的风险，需要技术开发团队提前规划和考虑。

除以上配置外，IPD 方法还非常强调公用模块（Common Building Block，CBB）的建设。公用模块即多个产品可共用的设计模块。合理运用模块化设计，可以提升部分产品（模块）的复用率，从而大幅度提升产品开发的效率。这部分理念与前文 3.3 节产品架构设计的理念一致。

IPD 方法是指导企业进行具体产品开发的经典方法。当今，各大企业几乎都具有等同于 IPD 方法所描述的产品开发流程，只是它们各自的名称不同，如 LEANPD、PCP、M-Gates、GPD 和 EPD 等。这些方法虽然称呼不同，但本质都是类似的，都是企业实现产品开发的有效手段。

4.3 开发阶段的任务与交付物

由于产品的多样性，各企业采用的开发方法各不相同，其对应的开发流程也五花八门。但这些开发流程几乎都符合门径管理系统的特征，或多或少也都有 PACE 系统和 IPD 方法的影子。从这些开发流程中，我们可以提炼出一些共性，作为普遍适用于多数产品开发的配置管理形式。

4.3.1 典型的阶段设置

以实物类产品开发为例，多数企业的产品开发流程被分成了定义、设计、验证、工业化和量产阶段。图 4-4 显示了典型的产品开发的阶段划分及其主要任务。

定义	设计	验证	工业化	量产
• 收集客户需求并翻译成企业内部语言 • 理解客户需求并形成需求列表 • 定义产品应满足的各项属性或指标 • 确定产品的交付标准和接收准则 • 确定产品开发所需要的环境和资源 • 规划产品开发过程中的风险及应对	• 完成产品的原始创意阶段 • 产生足够多的概念设计并进行遴选 • 完成设计风险评估并准备必要的应对计划 • 完成设计可行性评估 • 确认设计满足客户需求的程度 • 完成产品的基本设计，包括图纸、代码以及实施细节	• 验证产品功能与客户需求的满足程度 • 验证产品设计的稳健性 • 验证关键设计以及过程参数的有效性 • 验证产品的基础性能，包括可制造性、可维护性、可靠性等 • 验证产品与法律法规的一致性 • 产品设计阶段性冻结	• 进行产品小批量试生产，优化过程能力 • 优化和完善产品连续交付的能力 • 制订改善计划并改善产品品质 • 确认产品的市场准入条件 • 确认客户接收产品或认可产品设计 • 完成生产批准许可 • （针对非实物产品）确认产品可交付	• 产品开发完成主体开发工作 • 完成产品从开发到生产或交付的过渡 • 产品进入常态化连续交付的阶段 • 进入产品运维阶段，保证客户服务的及时性和满意度提升 • 制订产品中长期的质量控制计划以及产能爬升计划

图 4-4　产品开发的阶段划分及其主要任务

简单来说，图 4-4 中的五个阶段都有各自非常明确的阶段目标。

- 定义：定义产品需求，以产品需求冻结为阶段目标。
- 设计：设计并实现产品的基本功能，以概念设计冻结为阶段目标。
- 验证：验证产品满足客户需求的程度，以（详细）设计冻结为阶段目标。
- 工业化：验证产品可连续交付的能力，以生产批准许可为阶段目标。
- 量产：持续生产并为企业获取利润，企业根据产品生命周期规划决定停产时间。

实际上，各个企业在规划产品的阶段和任务时会根据产品自身的特点进行差异化定制。这些差异有多个不同的考量维度。

在定义阶段，企业的主要任务是获取客户需求并转化成企业内部可执行的需求。由于需求的来源非常复杂，因此本阶段对应的需求管理过程存在很大差异。对于承接客户需求再进行开发的企业来说，它们需要主动从客户那里获取产品开发需求，并通过需求管理工具将需求翻译成内部可识别的语言。在这个过程中，非常容易出现需求失真的情况（见第 6 章）。对于自主开发产品的企业，产品需求很可能由企业自行鉴别或提出。企业可以通过第三方的数据或自身主观判断形成产品需求列表，并以此作为后续产品开发的依据（见第 7 章）。为了避免客户需求被错误解读或在企业内部传递过程中发生偏差，企业可以在定义阶段增加一些评审活动，以控制这个风险。企业希望在定义阶段能冻结产品需求。该冻结并不意味着产品需求不可更新，而是企业在一段时间内应固化当前的产品需求，以便产品开发团队具备充分的时间去设计产品。

在设计阶段，企业有多种更为细化的阶段划分方式。常见的细化阶段分成概念设计阶段和详细设计阶段，或者系统设计阶段和组件设计阶段。这两种划分方式的区分在于，前者按产品设计的层级来划分，后者则根据产品的物理结构来划分。

- 概念设计是产品从理论上满足客户需求的初始设计。它具有一定的前瞻性，并且可能是高度抽象的设计理念。概念设计是指导产品设计开发的重要过程，可以被分为高水平概念设计（见第 8 章）和低水平概念设计（见第 9 章）。从高水平概念设计到低水平概念设计的过程就是高度抽象的概念向逐渐细化的概念发展的过程。

- 详细设计（见第 10 章）从产品的概念设计发展而来。详细设计通常自上而下进行，通常经历架构设计、系统设计、组件设计和模块设计等。因为架构设计与低水平概念设计比较接近，所以有些企业不区分高水平和低水平的概念设计，而在概念设计之后，将架构设计作为详细设计的前置设计过程。详细设计是产品初步实现客户功能的过程，是具体的开发设计过程。

- 系统设计是详细设计的一部分。因为有些产品的复杂度不高或客户有明确的产品需求，所以企业不设概念设计阶段，而直接进行详细设计。此时，系统设计作为产品的整体设计应满足客户的指定要求。系统设计通常不涉及具体组件或模块的设计。

- 组件设计或模块设计是详细设计的底层设计，它们是具体实现产品功能和参数的底层单位。组件设计或模块设计是针对产品实现客户需求的具体实施方法，该设计阶段是实现产品从无到有的具体过程。

在设计阶段，产品开发团队需要对初步实现的产品进行评估。该评估的形式多种多样，多数以制作产品原型并对其评估为主要手段。产品原型可分为非功能型原型和功能型原型（见第 11 章），它们分别为改进产品性能提供有效的支持。

在验证阶段，企业也存在多种阶段划分方式。验证阶段（见第 12 章）最常用的验证模型是 V 模型，但 V 模型有多种不同形式，而实物类产品开发和软件类产品开发的 V 模型也不相同，所以不同企业在验证阶段往往会定制符合自身产品特点的验证方式。在验证阶段，产品开发团队根据客户需求，逐一对产品的样品进行测试，并给出指导性意见。验证报告将帮助开发团队优化产品性能，并最终完全满足客户需求。产品优化的过程多种多样，需要考虑各种因素，包括产品参数的稳健性、可靠性、可制造性和可操作性等（见第 13~16 章）。

在工业化阶段，开发团队需要完成产品从小规模制作到大批量生产的准备工作。在工业化阶段（见第 17 章），开发团队需要进一步优化产品的性能，尽力完成与工业化相关的匹配工作。例如，开发团队应开发准备量产所需的工装和设备等。在本阶段，开发团队需要将产品设计以受控的形式传递到生产运营团队手中。对于非实物类产品，开发团队需要将已测试完成且具备上市能力的产品交付至客户或运营团队。

量产阶段（见第 18 章）是企业持续获利的阶段。多数企业对于该阶段的要求是类似的，其阶段任务主要以提升产能、提高产品质量、维护客户关系等为主。量产阶段的时间由产品规划的生命周期和退市计划决定。对于非实物类产品，企业在本阶段的主要任务为客户服务和运营维护。

4.3.2 常见的阶段交付物

交付物（Deliverables）是项目活动的典型输出物。通常，阶段交付物分成过程交付物和结果交付物。过程交付物是产品在项目推进过程中产生的交付物，这类交付物是为了保证项目的健康运作而产生的。结果交付物是项目在该阶段需要达成的目标交付物，是体现阶段目标满足程度的标志。从客户角度，客户更关心结果交付物，企业往往也把管控重点放在结果交付物上。但大量实践证明，产品开发是一个复杂的过程，如果开发团队忽视过程交付物，那么很可能最终无法达成开发目标，即无法获得令客户满意的结果交付物。

交付物的要求来自多个方面，通常包括客户（含内部客户与外部客户）指定的交付物、项目的一般要求、产品的独特性要求、体系或法律法规的要求等。

1. 客户指定的交付物

通常，这类交付物与项目目标有关，即与产品要实现的功能或性能有关。此类常见的交付物包括产品代码、外观设计、成本构成、试验报告和完整产品等。有些客户为了确保供应商在开发过程中的稳健性，也会要求供应商提供部分过程交付物。此类交付物通常都属于体系要求的交付物。

2. 项目的一般要求

这类交付物并未由客户直接提出，但对于产品开发来说，开发团队需要满足开发项目的一般要求。这些交付物常常由项目管理的方法决定，比较常见的交付物包括项目章程、人员技能与分工安排、阶段评审报告、经验教训总结和项目计划等。这些交付物是企业用于管理和监控项目进程的重要依据。

3. 产品的独特性要求

每个产品开发都具有独特性，这与产品自身的特点有关。不同产品在开发过程中会产生一些仅与自身产品有关的交付物。例如，电子硬件产品在开发过程中需要提供拓扑图，而在机械结构的产品开发过程中则没有拓扑图。再如，对于露天工作的电子产品往往要求进行密封性测试，而对于屋内使用的电子产品很可能没有此项要求。

4. 体系或法律法规的要求

体系要求通常指企业的质量体系或行业体系。企业自身可指定产品开发的体系要求，指定开发过程需要提供的交付物列表。不同行业可以拥有自己的行业体系，并在这些体系中指明开发团队需要提供的交付物。例如，汽车行业常用标准 IATF 16949 要求企业明确成文的信息；ASPICE 体系要求软件开发团队提供配置管理文件等。法律法规要求和体系要求一样，都是企业产品开发必须遵守的要求。

交付物的来源众多，这导致在产品开发过程中的交付物数量很多，这些交付物组合在一起就成了交付物清单。如果交付物清单上的内容过多，那么对于产品开发来说也是一种负担。原则上，交付物清单上的交付物都需要一一准备，但在实际产品开发过程中，企业会根据产品的复杂度和项目的规模调整交付物清单。也就是说，在同一家企业内，产品开发的交付物清单并非一成不变，同时可能存在多张交付物清单。

另外，在产品开发过程中可能存在多种开发模式，应用的开发工具更是五花八门，所以企业即便针对同一类产品开发的交付物清单也会进行必要的剪裁。在剪裁过程中，企业又担心过度剪裁可能导致开发过程失控，所以会保留一些模棱两可（重要但不一定会触发）的交付物并将其定义为可选交付物。因此，在多数企业的交付物清单上，交付物被分为了强制交付物和可选交付物。

为了确保所有交付物都及时交付且交付质量被追溯，通常在交付物清单上会注明交付物的相关负责人。有的交付物清单甚至会与 RACI 矩阵结合使用。

由于产品开发的各阶段有各自明确的使命，因此各阶段的交付物也显著不同。表 4-2 显示了产品开发各阶段的典型交付物，这就是一份典型的交付物清单。其中，交付物的分类和要求实际上由企业自行确定，此处仅供参考。

表 4-2 各阶段的典型交付物

阶 段	交付物清单	常用工具	状态备注	负责人（角色）	交付要求	交付类型
定义	项目章程	Charter	—	项目经理	强制	结果
	商业论证	SWOT	—	产品经理	可选	结果
	技术可行性分析	—	—	研发经理	可选	结果
	业务风险分析及减轻计划	BFMEA	—	项目经理	强制	结果
	项目职责分配	RACI	—	项目经理	可选	过程
	项目计划	—	实时更新	项目经理	强制	过程
	客户需求列表	PRD	—	产品经理	强制	过程
	阶段评审报告	—	—	项目经理	强制	结果
概念	客户报价或成本分析	RFQ	—	产品经理	强制	结果
	组件级开发需求	PRD	更新	研发	可选	过程
	概念选择报告	Pugh Matrix	—	研发	可选	过程
	产品概念设计	Concept Design	—	研发	强制	过程
	产品架构设计	Architecture Design	—	研发	可选	过程
	产品验证计划	—	—	研发（测试）	强制	过程
	自制/外购分析	—	—	采购	强制	结果
	产品原型计划	Prototype	—	研发	可选	过程
	知识产权审查报告	IP Check	初版	研发	强制	结果
	质量功能展开 1.0	QFD1.0	—	产品经理/研发	可选	过程
	阶段评审报告	—	—	项目经理	强制	结果
设计	物料清单	BOM	初版	研发	强制	过程
	产品详细设计（图纸等）	Drawing, Models	初版	研发	强制	结果
	设计失效模式与影响分析	DFMEA	—	研发	强制	过程
	质量功能展开 2.0	QFD2.0	—	研发	可选	过程
	质量功能展开 3.0	QFD3.0	—	制造	可选	过程
	功能验证报告	Verification Report	—	研发（测试）	强制	过程
	产品初始过程清单	BOP	—	制造	强制	过程
	过程流程图	Flow Chart	—	制造	强制	过程
	过程失效模式与影响分析	PFMEA	—	制造	可选	过程
	关键投资需求报告	P&L	—	项目经理	可选	过程

续表

阶　段	交付物清单	常用工具	状态备注	负责人（角色）	交付要求	交付类型
设计	价值流图	VSM	初版	制造	强制	结果
	供应链分析报告	—	—	采购及供应链	强制	过程
	产品原型	Prototype	—	研发	强制	结果
	阶段评审报告	—	—	项目经理	强制	结果
验证	测试验证大纲	—	—	研发（测试）	可选	过程
	性能验证报告	Validation Report	—	研发（测试）	强制	过程
	物料清单	BOM	更新	研发	强制	过程
	上市计划	Go to Market	—	产品经理	可选	过程
	预生产发布	—	—	制造	强制	过程
	客户图纸或对外可公布的设计	Customer Drawings	—	研发	可选	过程
	质量检验计划	QIP	—	质量	强制	过程
	控制计划	CP	初版	质量	强制	过程
	测量系统分析	MSA	—	制造	可选	过程
	设备规格与清单	—	—	制造	可选	过程
	过程规格书	—	初版	制造	可选	过程
	供应商选择	Decision Letter	—	采购	强制	结果
	供应商档案	—	—	采购	可选	过程
	供应商风险评估	—	—	采购	强制	结果
	合规性报告	—	初版	法务或产品经理	强制	结果
	生产预授权	—	—	制造	可选	过程
	阶段评审报告	—	—	项目经理	强制	结果
工业化	物料清单	BOM	更新	制造	强制	过程
	产品合格报告	Qualification	—	质量	强制	结果
	可靠性测试报告	—	—	研发及制造	可选	过程
	生产件批准程序	PPAP	—	制造	强制	结果
	首件批准	FAA	—	质量	可选	过程
	过程规格书	—	更新	制造	可选	过程
	价值流图	VSM	更新	制造	强制	过程
	过程能力报告	Cpk	—	制造	强制	结果
	生产安全移交	Safe Launch	—	项目经理	可选	过程
	客户服务计划	—	—	制造及运维	可选	过程
	合规性报告	—	更新	法务或产品经理	强制	结果
	知识产权审查报告	—	更新	法务及制造	强制	结果
	控制计划	—	更新	质量	强制	过程
	阶段审查报告	—	—	项目经理	强制	结果

阶　段	交付物清单	常用工具	状态备注	负责人（角色）	交付要求	交付类型
量产	降本计划	—	—	制造	可选	过程
	产能提升计划	Ramp up	—	制造	强制	过程
	中长期质量监控	SPC	—	质量	强制	过程
	结项分析报告	—	—	项目经理	强制	结果

交付物具有较强的时间属性，不少交付物仅在特定的开发节点前完成才具备相应的意义。在项目开发过程的交付物中，有些交付物有前后顺序，也有些交付物可能并行触发，还有些交付物没有相互关联，所以无法用一张统一的图表来表明所有交付物的逻辑关系。开发团队应注重交付物的前置输入与后续输出的对象，在合理的开发节点上制作这些交付物。

交付物是企业或客户对项目（阶段）成果评审的重要依据。如果当前交付物的质量不满足本阶段的交付要求，则代表产品开发不满足本阶段的开发要求。此时，开发团队应继续工作，更新交付物直至达到阶段要求。

4.3.3　阶段评审形式

产品开发能否进入下一阶段是根据产品开发是否满足当前阶段的要求来决定的，这需要企业对产品开发项目进行评价。最典型的评价方式是项目的阶段评审，执行阶段评审是产品开发阶段划分的主要目的之一。

阶段评审由一系列活动组成且具有一定的规则。阶段评审需要由企业指定的评审委员会来执行。通常，这个评审委员会由企业最高管理团队或其授权代表组成，其职能覆盖范围与前文介绍的产品开发团队类似。

阶段评审是项目最重要的里程碑，也是强制里程碑，所以项目经理在项目计划中应明确制定阶段评审的日期。即便项目计划频繁被更新，阶段评审的要求也应及时传递给评审委员会成员。一般来说，评审委员会的角色较为固定，主要由各职能团队的负责人组成，但根据项目特点，最高管理团队可以指派额外的技术专家或其他关键干系人参与评审。

项目评审多数以会议决策的方式进行。只有当评审委员会全体成员一致同意项目进入下一阶段时（一票否决制），项目才可以被推进到下一阶段。但企业根据项目的实际情况，可以制定一些特殊规则。

在评审会议上，一般由项目经理进行项目汇报。此时，项目经理应尽可能提供必要和准确的信息，以供评审委员会做出判断。而评审委员会为了做出相对准确的决策，通常至少完成三方面的评审：交付物状态的评审、项目风险的评审、项目健康程度的评审。交付物状态的评审往往在会前可以通过其他形式来完成。如果交付物未达到阶段要求，那么项目经理不会召集项目阶段评审。因此，在评审会议上评审委员会通常仅查看交付物清单的更新情况。项目风险的评审是项目管理的基本要求。评审委员会会审查项目的财务、技术、市场和资源的各种潜在风险，并做出相应的应对措施。项目健康程度的评审较为笼统，这是对项目整体实施过程的分析判断，可能包括项目人员的技能匹配度、绩效成果、资金使用合理性、项目发展趋势等诸多方面。以上这些信息的评审需要一定的规则来实现，所以企业一般会制作一张阶段检查表来作为阶段评审的指导方向。该检查表常以问题列表的形式出现。该检查表会覆盖以上各检查项，而且与阶段交付物紧密关联，以帮助评审委员会做出准确判断。表 4-3 是典型的阶段检查表示例。

表 4-3　阶段检查表示例

阶　　段	检查表问题
定义	是否有明确的市场需求或客户需求？
	是否已提供市场份额估计？
	是否存在关键的技术问题？
	项目投资额是否已经被预估？
	客户是否可能撤销开发需求？
	项目投资回报期是否超过两年？
	客户需求是否被冻结？
	项目是否存在资源问题？
	……
概念	产品概念设计是否被冻结？
	产品是否存在潜在知识产权问题？
	产品验证计划是否已经完成？
	是否需要进行特殊的产品测试？
	自制外购策略是否已确定？
	客户是否要求提供原型或要求试用？
	项目是否存在资源问题？
	项目财务分析是否发生变化？
	项目是否出现了新的重大风险？
	……
设计	是否已获得初始物料清单？
	是否已完成初始的过程清单？
	设计失效模式与影响分析是否已完成？
	过程失效模式与影响分析是否已完成？
	是否需要重大投资？
	供应链是否存在重大风险？
	客户是否认可产品设计？
	产品原型是否已完成？
	项目是否存在资源问题？
	项目财务分析是否发生变化？
	项目是否出现了新的重大风险？
	……

阶　　段	检查表问题
验证	产品性能测试是否已完成？
	产品上市计划是否已完成？
	是否需要提供试用品给客户？
	是否需要进行市场试销或市场测试？
	是否准备了客户图纸？
	供应商选择是否已完成？
	是否完成了产品封样？
	合规性检查是否出现了重大风险？
	产品质量计划是否已完成？
	项目是否存在资源问题？
	项目财务分析是否发生了变化？
	项目是否出现了新的重大风险？
	……
工业化	可靠性测试是否已完成？
	生产件批准程序是否已完成？
	初始价值流图是否已完成？
	安全生产移交是否已完成？
	客户服务计划是否已制订？
	控制计划是否已完成？
	合规性检查是否出现了重大风险？
	项目是否存在资源问题？
	项目财务分析是否发生变化？
	项目是否出现了新的重大风险？
	……
量产	降本计划是否开始实施？
	产能提升计划是否被制订并开始实施？
	质量计划是否按计划开始实施？
	项目财务分析是否与预期一致？
	项目是否存在其他重大风险？
	……

通过对阶段检查表的评审，评审委员会要做出项目能否进入下一阶段的判断。这个判断通常包括通过、不通过、有条件通过、重审、项目暂停和项目中止等结果。

不管项目被判断为哪种情况，项目团队均应尊重这个决策结果，并相信评审委员会是出于企业的综合利益做出的判断，应严格遵照评审结果执行后续动作。多次未通过项目评审的项目很可能面临项目中止的风险。

4.4 开发流程的建设与管理

产品开发流程是一个自然的过程，是随着时间推进而自然发生的过程。在过去几千年中，即便在没有专业产品开发流程技术的指导下，人类依然完成了各种卓越的产品开发，虽然这种开发模式非常低效，不符合现在企业对于产品开发的诉求。

企业通过长期积累的开发经验，同时辅以相关的流程技术，可以制定符合企业特色的产品开发流程。随之而来的两个问题分别是：企业是否只需制定一套产品开发流程？是否存在通用的产品开发流程可被用于不同企业？答案显然是否定的，但这两个问题并非那么简单。

产品类型有很多种，有些超大型企业甚至需要一本厚厚的产品手册才能罗列其产品的类型。显然，企业很难使用一套产品开发流程来满足这么多类型的产品开发，但如果企业制定并使用多种产品开发流程，就会使企业管理变得混乱。为了避免这种情况，企业依然倾向于使用一套产品开发流程，但在该流程中设立多种应用场景，并分别为这些应用场景制定有差异性的应用规则。这种做法在最大程度上保证了企业内产品开发方法的一致性，并兼顾了不同产品开发流程的独特性。

在不同企业之间，开发流程则无法通用。曾有些企业希望从其他企业"购买"开发流程，并希望简单复制到自身企业，结果几乎都失败了。不同企业的内部环境不同，这决定了其开发流程必然有独特性，不可能直接沿用其他企业的流程。企业应针对自身特点来建设开发流程，可以借鉴其他企业的经验。

开发流程的建设有较为成熟的方法。图 4-5 是常见的开发流程建设的步骤，企业按照该步骤即可建设具有自身特色的开发流程。该图显示的建设步骤是通用步骤，可普遍用于各种流程的开发与建设活动。

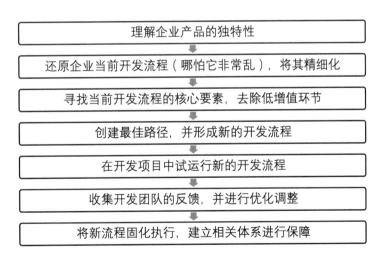

图 4-5 开发流程建设的步骤

任何企业的开发流程都需要定期维护与升级，优秀的企业会设立专职岗位或团队进行开发流程的管理维护工作。开发流程的升级与企业产品的变化息息相关。例如，某企业常年以机电类产品为主要产品，但随着时代发展，嵌入式软件产品逐渐成为该企业的常规产品，那么该企业原先的开发体系很可能不再适用，企业应根据新的产品组合考虑新的开发流程。企业的开发流程建设也要与相关的行业规范和体系要求相匹配，与之同步升级。

为了保证开发流程可以用统一的标准来指导企业内各类开发项目的实施过程，企业应建立适当的开发指标对开发流程进行评价。与产品开发相关的指标在第 1 章中已经分享过，这里不再赘述。相关指标众多，企业应适当取舍，不应盲目求多求全，以免给开发团队带来不必要的负担。

4.5　开发流程的最佳实践

在实际的产品开发过程中，很多开发活动前后关联，不少交付物也并非独立。企业在结合前文各种开发流程的特点之后，建设了符合自身需求的产品开发流程。虽然这些定制的开发流程无法统一，但通过大量的实践，我们可以发现一些典型的操作流程。图 4-6 是推荐的产品开发流程示例，其中的流程步骤适用于大多数实物类产品的开发过程。对于非实物类开发或小型产品开发项目，企业可对该开发流程进行适当的剪裁，以匹配实际需求。出于篇幅的限制，图 4-6 仅显示开发过程中与设计团队相关的最重要的开发活动和交付物，实际开发过程中的活动和交付物远远多于图中所示内容。

图 4-6 所示的各种开发活动、工具、交付物在本书后续章节中均会一一介绍，所以这里不再展开（读者在阅读后续章节时也可参照本图所示内容进行对比）。图中流程框周边的文字表示补充说明，斜体字表示典型（并非全部）的交付物，实线箭头表示常见的前置与后续关系，虚线箭头表示潜在（根据项目实际情况决定）的相互关系。在实际开发过程中，不同企业可能还有更多的行业标准来规范企业的产品开发活动，这些标准通常作为行业的强制标准，企业应优先满足这些标准。图 4-6 所示的开发活动顺序不仅符合绝大多数体系和标准的要求，而且匹配产品开发的一般逻辑，所以不建议企业改变其中的顺序。图 4-6 所示的流程已经被大量企业实践，并在诸多企业中获得了较好的实践效果，可以被借鉴和推广。

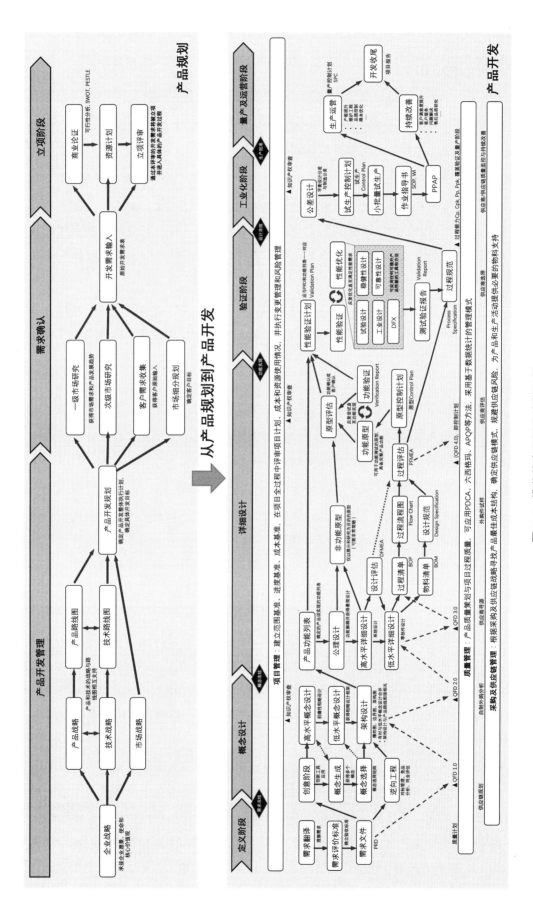

图 4-1 推荐的产品开发流程示例

案例展示

星彗科技具有完整的产品开发流程，其产品开发主要分成六个阶段，分别是定义、概念、设计、验证、工业化和量产。各阶段的主要任务分别如下：

1. 定义

在本阶段，开发团队要对项目的可行性进行研究，进行市场或客户调查，收集潜在的需求和对产品的要求。这个阶段结束前，开发团队需要完成项目潜在商业价值的分析，技术可行性评估，项目所需的时间、资金和人力投入的初步评估，以及项目的投资回报等财务指标的初步评估。

2. 概念

在本阶段，产品的开发需求进一步得到澄清，产品的概念设计被构建，在对构建的多个产品概念设计进行评估、优化后，最终设计方案被选定。客户对产品的开发需求应全部体现在选定的设计方案上。

3. 设计

在本阶段，开发团队在概念设计的基础上完成产品的详细设计，并构建必要的产品原型。这个阶段结束前，所有的初版设计资料已经齐备，产品设计要求被冻结，初版设计方案被冻结。依据设计方案，项目所需的固定资产投资已经被详细而准确地计算出来。

4. 验证

在本阶段，开发团队要完成未来产品生产所需的设备、模具和测量设备等固定资产的购买或建造。产品在本阶段通过反复的测试和验证以优化产品的功能和性能。在本阶段，开发团队可能反复制作样品来满足测试和优化的需求，产品设计也可能多次被更新。在本阶段结束前，产品设计需要被冻结。

5. 工业化

在本阶段，开发团队要构建产品的量产能力，并验证产品线连续生产产品的能力。产品线需要被完整地建立，并进行试生产调试。各项文件准备和 ERP 系统准备工作已完成。产品应通过了完整的性能测试，并取得了市场销售所需的各种资格认证，市场推广计划得以实施。在本阶段结束前，设计团队将产品的开发成果向运营团队进行交接，设计团队的职能转向产品维护工程团队。

6. 量产

本阶段是新产品的正式量产阶段，该阶段的持续时间由产品生命周期决定。为了配合开发资源的管理，公司设置六个月的时间对量产状况进行观察——在商业价值上是否实现了当初的设定和期望。在满足预期目标后，开发团队释放本产品的开发资源，以投入其他产品开发活动中。

星彗科技根据既定的产品流程管理新产品开发项目，并在各阶段的重要里程碑节点设置了必要的评审。表 4-4 显示了产品在概念设计阶段的部分设计评审清单（评审表还包括该设计评审的评估结果）。

表 4-4　产品在概念设计阶段的设计评审清单（部分）

序号	对于每项：检查其状态是 Y、N 或 N/A，并在注释部分提供简短说明，必须对行为条目做跟踪直至完成	是否完成			备　　注	是否有后续行动
		Y	N	N/A		Y/N
A. 产品经理						
1	保密协定文件或技术数据保密协定已经提交法务部门了吗？	✓				需要法务部门确认
2	有必要签署专利使用权转让协定吗？如果有，已经开始了吗？		✓			无专利风险
3	产品需求文件中是否记录了设计涉及的国际、国家、地方、行业及团体或客户的标准？	✓			记录在产品需求文件中	
4	若此系列产品可能产生一个新标准，是否已考虑制定一个新的标准？		✓			
5	是否需要做竞品分析？如果是，要记录在哪里？	✓			有单独竞品分析报告	
6	能否列出可以赋予公司竞争优势的产品特征？	✓				需要阶段评审
B. 核心团队领导者						
7	所有与项目相关的任务项是否都已完成并记录在项目设计历史文档内？	✓				
8	所有原材料和采购零部件具备可接受的成本和交货期吗？		✓			部分供应商仍需确认
9	交货期和数量能否符合零件类型的要求（样品、原型、测试零件等）？	✓				
10	初步的成本预估（包括包装）是否支持计划的产品价格？	✓				需要持续跟踪成本变化
11	现有的模具能否用于新设计？如果能，模具在哪里？		✓			
C. 开发工程师						
12	是否记录了关于产品外形、符合性、功能、质量、可靠性、测试、包装和成本方面的设计要求和目标？	✓				
13	概念设计图纸/草图是否已经完成并可用于设计审查？	✓				
14	初步发明披露已经提交了吗？			✓		尚未鉴别出专利机会
15	是否研究了竞争对手的类似产品？如果是，是否记录了结果并用于促进改善？是否记录了竞争优势（百万分之缺陷率、客户抱怨、设计优势、FMEA、现场故障、测试数据等）？	✓			在竞品分析报告中	
16	设计中是否存在挑战或高风险部分？若有，请列出。	✓			在设计评审报告中	需要阶段评审

续表

序号	对于每项：检查其状态是 Y、N 或 N/A，并在注释部分提供简短说明，必须对行为条目做跟踪直至完成	是否完成			备注	是否有后续行动
		Y	N	N/A		Y/N
17	是否存在公司现有能力无法完成的产品电气、结构和物理测试验证？	✓				
18	是否考虑产品环境符合性要求？	✓			已进行初步的DFE评估	
19	产品的设计是否满足工艺要求？			✓		还需要与现有产线确认
20	是否进行了可重用零件/特征的设计，最大化地使用成熟的解决方案？			✓		DFM/DFA还需要确认
21	设计评审的内容是否已经包含客户或供应商的输入？	✓			与产品需求文件相一致	

星彗科技的产品开发评审由一个特定的项目评审委员会（Project Approval Committee，PAC）来完成。该委员会由一个跨功能团队组成，其成员如表4-5所示。

表4-5　团队成员

职 位	姓 名	备 注
主席	小道	成员
财务负责人	融凡	成员
市场负责人	咚咚西红柿	成员
销售负责人	小篮子	成员
研发负责人	小新	成员
质量负责人	驽马十驾	成员
采购负责人	Light	成员
生产负责人	晓康	成员
项目经理	哲彬	汇报人

PAC在项目的各阶段评审点上对项目进行评审。星彗科技制定了标准的评审规则来规范产品开发评审的过程。其评审阶段分为准备阶段、评审阶段和会后阶段。各阶段的主要工作如下：

1. 准备阶段

● 阶段评审材料提前一周传递给PAC成员进行预审。

● 评审材料审核通过后，PAC秘书确定会议时间、地点、参会人员和议程等，并提前三个工作日发出会议通知。

2. 评审阶段

● PAC主席主持会议开始，PAC秘书做会议记录。

● 项目经理进行阶段评审材料的汇报。汇报期间，PAC成员对材料中存在的问题点进行提问，项目经理如实回答，并提供必要的证据。

- PAC 主席根据"阶段评审问题清单"对项目经理进行提问，项目经理仅进行"Yes"或"No"的回答，无须做过多解释。对于答案为"No"的问题，PAC 主席需要确认是否有后续行动。
- PAC 成员根据汇报情况和问题清单的完成情况，投票表决该阶段评审是否通过。
- PAC 主席根据 PAC 成员的投票结果，最终对项目进行"Go、No-Go、Redirect"的决策。在 PAC 成员的投票结果中，当无人反对时，项目阶段评审结果可以为"Go"，即该阶段评审通过，项目可进入下一阶段；如果出现反对意见（无论反对人数多少），且理由充分，那么项目阶段评审结果可以为"No-Go"，即项目不能进入下一阶段；如果 PAC 认为项目材料准备不充分，项目评审就需要重新进行，即"Redirect"。

3. 会后阶段

- PAC 秘书于会后三个工作日内发布会议纪要，项目团队执行相应的评审决策。
- 项目团队需要定期向 PAC 汇报行动项的实施结果，对于上一次会议的行动项必须在下一次会议中进行汇报和澄清。
- 在项目执行阶段，当出现重大问题时，项目团队可以要求临时召开会议进行决策。

每次的阶段评审都需要留下相应的评审记录。表 4-6 是定义阶段的部分评审会议纪要。该表对应的项目阶段评审并未通过。因为 PAC 成员认为部分项目数据存疑，需要重新收集数据后再次进行评审，所以团队后续更新了项目资料并递交了 PAC 进行评审。该产品每个阶段均执行类似的评审，直至所有阶段评审都通过 PAC 的批准，方可进入下一阶段。

表 4-6　桌面便携清洗机项目定义阶段评审会议纪要（部分）

会议主题：桌面便携清洗机项目 G1 阶段评审会议	
会议日期：2021-02-23	参与人员：PAC 团队

会议记录：

一、项目阶段评审内容

介绍项目背景：开发一款小型便携清洗消毒一体设备

业务合理性：3 年占领 10% 的市场份额，年销售额人民币 1 亿元

项目高阶计划

定义	概念	设计	验证	工业化	量产
2021-02-08	2021-03-21	2021-04-30	2021-06-30	2021-08-11	2021-10-05

样品需求时间：2021-03-15，客户交样时间：2021-06-15

商业论证/竞争力分析

市　　场	竞争性	产品差异性
3年占领10%的市场份额,销售额人民币1亿元。年销量约100万台。 年需求量约100万台,根据《国民视觉健康》,2020年中国近视总人口约4.8亿,根据调查问卷,约6.47%的人愿意使用超声波清洗机洗眼镜,目标市场份额设定为10%)。 根据TB平台的销售数据,超声波等类似小型清洗机,月销量12.7万台,年销量150万台。据推测,TB平台的销售约占全部电商平台的30%,线上(电商)和线下(门店)各占总量的50%,故清洗机全年销量约为910万台	根据市场调查,同类产品性能不能满足多数用户需求。 目标产品能解决客户痛点。 随机调查显示,77.69%的人考虑过购买该产品;使用过类似产品的人中有77%觉得当前产品功能过于单一,70%~80%的人认为超声波清洗机需要增加除水和杀菌功能(我们开发的一体式桌面便携清洗机迎合了这一市场)	与市场现有同类产品相比,增加自动除水和杀菌消毒的功能。 相比同类产品的售价,本项目的产品售价在满足公司目标利润率的基础上,可低于市场平均价格的10%~15%。

项目SWOT分析

Strengths 优势	Weaknesses 劣势
星彗科技有工业清洗机的技术沉淀和成熟的研发体系	不能完全照搬现有工业清洗机的技术,可能有一些技术难题
星彗科技的组织架构扁平,文化氛围包容,有利于创新	引入新的供应商和客户不利于供应链的安全稳定
星彗科技执行能力强,团队有凝聚力	投资新业务有风险,会影响公司整体的财务安全
Opportunities 机遇	Threats 威胁
蓝海领域,没有垄断巨头,星彗科技有机会转型成为佼佼者	桌面便携清洗机行业壁垒不高,竞争激烈且水平参差不齐
随着消费者对生活品质要求的提高,桌面便携清洗机有较大的需求空间	目前终端消费者对桌面便携清洗机的满意度不高,对星彗科技打开产品市场有一定的挑战
大客户有丰富的销售渠道等资源	目前消费者没有养成使用桌面便携清洗机的习惯
SO战略（增长型战略）	ST战略（多元化战略）
在市场容量快速增长的背景下,凭借领先的技术、稳定的团队和成熟的产品开发体系迅速推出新颖的产品,并通过快速迭代逐步完善产品形成平台化产品体系,让自己的产品比竞争对手早一步到达消费者手中,争取成为超声波清洗机领域的领先者	通过技术和管理体系的优势研发高品质的产品
依托技术和供应链优势、丰富的产品线,满足不同消费者的需求,同时通过规模化竞争策略降低成本,巩固行业地位,提升行业门槛	加强市场调研工作,了解目前消费者的痛点

续表

WO 战略（扭转型战略）	WT 战略（防御型战略）
成立专项团队，引入新的专业人才（如电控、软件等）	聚焦竞品暂未涉及的细分市场并快速推出新产品，避免正面竞争
引入新的供应商进入体系，防范供应链风险	缩短产品线，聚焦核心技术优势的开发迭代，用有限资金保持技术领先
做好新业务的财务风险评估工作	寻找新的商业模式和销售模式

初始财务分析

财务指标	单　位	项目财务
营业收益率	%	19
净现值	元	32 565 906
内部收益率	%	88.20
平均毛利率	%	21
投资回报期	月	4

项目风险分析

	#	风险或问题	实施控制措施前		措　施	实施控制措施后	
			发生率	影响		发生率	影响
风险	1	在产品开发过程中，控制/电子部分难度大	高	高	招募控制/电子领域人才	低	高
	2	同类产品较多，且技术壁垒低，容易被复制	高	中	申请专利，制造技术壁垒	低	中
	3	产品上市时间要求紧	中	中	采用并行工程，应用创新方法缩短开发时间	低	中

阶段评审检查表

序号	对于每项：检查其状态是 Y、N 或 N/A，并在注释部分提供简短说明，必须对行为条目做跟踪直至完成	是否完成		
		Y	N	N/A
1	该项目在战略上是否与产品平台相匹配？	✓		
2	是否完成产品生命周期规划？	✓		
3	客户交付时间可实现吗？	✓		
4	客户需求是否被冻结？	✓		
5	我们的产品是否比主流的竞品更有优势？	✓		
6	目标市场是否确定？	✓		
7	未来 3 年的年销售量及产品生命周期内的总销售量是否确定？	✓		
8	项目风险点是否得到明确识别？风险控制措施是否得到必要的考虑？	✓		
9	项目的投资回报是否确定？	✓		

二、与会意见

开发团队和质量团队都表示开发风险较高，目前的 SWOT 分析过于乐观。根据公司以往同类产品的表现，不仅实际销售量可能低于当前的预估，而且产品的质量问题会带来一定的成本损失，所以两个团队均表示目前的财务收益预期偏高。

采购团队认为本产品涉及的原材料价格波动较大，在设计尚未定型的情况下，采购团队无法确认当前预估的产品售价是否合理。采购团队建议财务部门进行更长时间的收益预估，以减少供应链的风险。

研发团队认为当前既有的技术储备可满足新产品开发的条件，产品开发需求基本明确，本项目可推进至下一阶段。

其他团队对本项目未质疑。

三、会议决策

经投票表决，本项目未获得全票通过，即本次评审未通过 G1 阶段评审，需要整改后重新评审。

四、行动计划

	行动措施	责任人	完成时间
1	更新产品需求文件（PRD）、项目综合计划、阶段评审报告	哲彬	2021-03-02
2	更新 SWOT 分析，强化竞争力和市场分析	咚咚西红柿	2021-02-26
3	更新市场信息和预期财务数据	咚咚西红柿/小篮子	2021-02-28
4	重新申请发起本阶段的阶段评审	哲彬	2021-03-05

第5章

项目管理

5.1 项目管理与产品开发的关系

产品开发以项目为载体来实现，产品开发团队的组成方式也与项目管理有很大关系。

关于项目，其定义并不统一，不同的机构或标准对项目做出了不同的定义。部分较为知名的机构或标准对项目的定义如下：

- 美国项目管理协会（Project Management Institute，PMI）认为，项目是指为完成某一独特的产品或服务所做的一次性努力，或者项目是指为了创造独特的产品、服务或成果而进行的临时性工作。

- 德国工业标准 DIN 69901 认为，项目是指在总体上符合一系列条件（具有预定的目标，具有时间、财务、人力和其他限制条件，具有专门的组织）的唯一性任务。

- 国际标准化组织的 ISO 10006（项目管理质量指南）认为，项目具有独特的过程、开始和结束日期，并由一系列相互协调和受控的活动组成。

- 中国项目管理知识体系纲要（2002 版）认为，项目是指创造独特产品、服务或其他成果的一次性工作任务。

虽然项目的定义存在多种描述，但我们可以从中提炼出一些共性，包括一次性、独特性、目标明确性、临时性等。

- 一次性：项目通常只进行一次，不会重复进行。这也是项目与运营活动的最大区别。

- 独特性：不存在完全相同的项目，即项目的输出或交付不可能完全相同。即便有些项目非常类似，甚至部分活动是相同的，但项目最终的交付成果一定是独一无二的。

- 目标明确性：项目的输出包含产品、服务和流程等，这些都是具体且明确的项目目标。事实上，服务和流程等无实物形态的交付也属于特殊形态的产品。

- 临时性：项目活动是有时间限制的，即项目存在明确的开始和结束时间，并不是一直持续进行的。

我们由这些特性可以看出，产品开发符合典型项目的特征，即在一段特定的时间内，根据客户指定的要求，产出客户希望实现的功能产品。执行一个产品开发活动可以理解为一个项目执行的过程，而管理一个产品开发活动可以理解为一个产品开发的项目管理活动。

我们通常认为，项目管理是第二次世界大战的产物（如曼哈顿计划）。在 1950 年至 1980 年，项目管理主要被应用于建筑工程领域和国防建设领域。所以在项目管理最初的理念中，项目管理的工作就是单纯地完成既定的任务。大概从 20 世纪 80 年代开始，项目管理被广泛用于产品开发领域，不仅包括实物类产品开发领域，也包括电子通信、金融、保险和酒店服务等领域。

产品开发流程是一种将项目的特定活动依据某些特定逻辑和规则串联起来的执行步骤。这种具有特定逻辑和规则的执行步骤常常基于成熟的工具和方法而制定，对于项目管理有积极正面的帮助。产品开发流程与项目管理相互补充、相互制约、相互影响。例如，项目管理可以引用产品开发流程的阶段划分作为项目管理的时间节点。所以，随着 20 世纪 80 年代的 PACE 系统问世之后，项目管理的方法也逐渐开始正式化和系统化。现在世界范围内知名的一些项目管理方法，都或多或少借鉴了产品开发流程的相关理念。

从某种意义上，产品开发的成败几乎等同于产品开发项目的成败。之所以在产品开发过程中强调项目管理，是因为产品开发并非易事，很少有企业能够达到 50%以上的成功率。因为企业不愿意接受如此高的失败率，而产品开发团队又面对着重大挑战，所以企业需要应用项目管理来提升产品开发的成功率。

产品开发团队在应用项目管理来执行开发项目时，应根据企业既定的产品开发流程来制定项目计划，确定项目里程碑，规划项目交付清单，制定阶段评价标准等。企业也应为项目的执行提供必要的组织环境，包括项目管理团队、可用的开发资源、公正的项目评审团队等。项目管理是独立学科，独立存在于企业中，但在产品开发过程中，项目管理需要尊重产品开发的一般规律，在执行方式上不可生搬硬套或简单复制其他项目的经验。

在许多企业中，企业将项目经理和开发团队的负责人合二为一。这种做法有利有弊，对于项目管理和产品开发相结合并提高资源利用率而言，这是提高项目效率的有效方法；但开发团队的负责人会因为开发过程中遇到的某些困难而使项目管理活动做出让步（如验证资源不足就减少验证活动），这会影响到项目质量或产品质量。在大型企业中，我们依然推荐企业将项目经理和开发团队的负责人分离开，各司其职，强化两者之间的合作关系。这样企业才可以提高产品开发的成功率。

5.2　项目管理的核心理念

项目管理的理念一直都在发生变化，这与项目管理的发展历程有关。

在项目管理形成的初期（20 世纪 50 年代），项目管理仅仅作为任务追踪的一种手段，此时项目管理还不是一个完全独立的概念。在实际应用过程中，使用者发现需要使用一些方法来实现任务追踪的目的，所以美国人发明了计划评审技术（Program Evaluation and Review Technique，PERT）。该技术第一次提出，项目管理需要建立完整的项目计划并采用统计分析的理念来预测计划达成的可能性。这对于原本松散无序的项目管理来说，无疑是一种飞跃。光有项目计划和预测还远远不够，人们开始考虑项目推进过程的合理性，并且意识到项目活动可能存在多条推进路线，这为预测计划带来了挑战。在计划评审技术出现不久后，杜邦公司发明了一个类似的模型，称为关键路径方法（Critical Path Method，CPM）。在这个方法中，项目活动的多条推进路线均被估算，使用者可以从中寻找一条耗时最长的路径，并以该路径预测项目完成的时间。至此，项目管理从粗放的管理形式，变成了对项目时间非常敏感的管理形式。而在随后的岁月中，项目管理的使用者发现计划评审技术对项目范围的管控不足，于是工作分解结构（Work Breakdown Structure，WBS）诞生了。WBS 充分分解了项目需求，并将其控制在最小可执行的活动层级。此时，项目管理又将重心放在了项目范围的管理和项目活动的细节分配上。这样类似的管理方法创新活动在过去的这些年里从来没有停止过，也正是因为有了这些管理方法的创新活动，项目管理才逐渐形成了现在的管理理念。

现在，项目管理的核心理念大致包括项目活动的合理性、项目基本属性的管控、风险管理、变更控制、团队建设等。

1. 项目活动的合理性

这是企业或项目管理者对项目活动的深刻思考。虽然项目是由一系列项目活动产生的，但这些项目活动并非都有价值或值得去做。在已经获得大量实践经验的基础上，多数企业都会形成符合自身特点的项目管理流程，并要求所有项目都遵照这些流程去执行。但由于项目的独特性，实际上并不存在哪一套固定流程可以满足所有项目的需求。开发团队直接沿用历史经验做法或者套用既有流程，很可能导致有些必要的活动缺失或活动冗余。所以管理团队要求在开始规划的阶段对所有项目都要进行必要的裁剪，去除非增值的项目活动，添加本项目必要的项目活动，以保证项目活动处于最简化和最合理的状态。

2. 项目基本属性的管控

关于项目基本属性的分类并不统一，绝大多数项目管理理论都认为项目的范围、成本和进度是项目最基本的三大要素，俗称铁三角。有些理论将项目质量和项目资源计划等也作为基本属性，这也是合理的。因为项目执行会受到项目诸多因素的制约，所以凡是影响项目进程的因素都可以被认为是项目的基本属性。显然，上述这些因素都会显著地影响项目进程，所以它们不仅可以被认为是项目的基本属性，也是企业需要管控的对象。管控这些因素的最直接方式，就是建立相应的目标基准，然后将项目的实际执行情况与目标基准进行对比，寻找差异值。例如，项目原本的预算是 100 万元，这个数字即成本基准；项目完成后，开发团队发现实际成本为 120 万元，那么有 20 万元的差异。管理团队需要开发团队对这 20 万元的额外成本做出解释。这并不是一个很好的例子，因为这个管控活动在项目过程中就在持续开展，并没有等到项目结束后才进行。具体的项目属性在下一节介绍。

3. 风险管理

项目是存在失败风险的，开发团队无论如何都不希望自己的项目失败。但风险是客观存在的，不会随着企业或开发团队的意志而改变。很久以前，人们就已经意识到项目风险对项目活动的重要性了。但早期的项目管理方法并没有将风险管理作为最重要的对象，这是时至今日项目管理没有找到哪种完美方式来管理风险的原因。尽管如此，越来越多的实践发现，项目管理必须对项目风险进行管控，即便使用较为粗放的管理形式。所以风险管理是目前项目管理的核心内容之一，但其可使用的分析和管理工具仍以主观判断的形式为主。近年来，人们开始使用一些数据化的分析方式，如风险概率矩阵或蒙特卡洛法等，这些分析方式使风险管理在一定程度上变得更有效。在应对项目风险时，开发团队准备管理储备（为了应对风险所准备的额外项目资金）是最常见的应对方法。

4. 变更控制

与风险管理一样，变更控制不是早期项目管理的核心理念，但与风险管理不同的是，人们忽视变更控制往往是因为不愿意面对变更活动。项目管理者通过制订项目计划来管理项目活动，从而减少企业管理者对企业未来发展趋势的担忧。为了做出一份相对可靠的最合理的项目计划，项目管理者需要预演未来可能发生的各种场景。显然，项目未来的发展不可能与计划一样，而且随着时间的推移，这种偏差会越来越大。因此项目不得不面对变更活动，纠正已经发生的偏差。这对项目管理者和项目团队都是一种挑战，一方面项目管理者似乎要"弥补"自己的"过失"，另一方面项目团队对项目管理者产生了类似于"朝令夕改"的厌倦感。虽然这样的描述不那么准确，但实际上，企业从上到下都不太愿意面对变更活动。随着管理方法的发展，无论人们是否愿意面对变更，变更控制的重要性都不言而喻。变更控制已经成为项目管理的核心关注对象之一，也是质量管理体系的核心审核对象之一。

5. 团队建设

人类活动是项目活动的基础要素，所以一个强有力的项目团队是实现项目目标的前提。在产品开发中，产品开发团队是项目团队的主要组成部分。和任何团队建设一样，项目团队也会经历团队的融合阶段（磨合期）。在这个过程中，团队成员会产生思想上的碰撞，只有顺利度过融合阶段的团队才可能获得成功。按照传统的做法，参与项目的成员可能来自多个团队，包括开发团队、财务团队、市场团队和制造团队等，而不同职能团队在运作项目的过程中不可避免地会产生摩擦。如果项目管理者放任这些碰撞行为，项目成本无疑会增加，这将大大影响项目实施的效率。在项目管理的理念中，项目团队成员之间要相互尊重对方。而项目管理者通过有效的计划、组织、指挥、协调、控制和评价，将团队成员的能力最大程度地发挥出来。

项目管理是一门综合学科，在上述这些核心理念之下，项目管理方法可以使得产品开发活动变得有序且高效，不仅可以实现开发活动的可视化管理，也可以实现开发数据的可追溯性。项目管理活动的输出或项目阶段的交付物可以和产品开发的交付物相结合，相互影响、相互制约。如果企业建立了自己的项目管理体系，那么可以对多个产品开发项目进行组合管理，这样可使企业资源利用率最大化，是产品开发的最佳实践形式。

5.3　项目的基本属性与评价方法

美国项目管理协会的项目管理知识体系（PMBOK），将项目分成了五大过程组（启动、规划、执行、监控和收尾），以此整体性地描述项目生命周期的大致框架。之所以称之为过程组，是因为每个过程组都是由一系列子过程组成的。五大过程组是对项目管理过程的逻辑分组，项目管理过程可能分别在这五个过程组内执行，也可能在不同过程组内重复发生，而过程组不会重复发生。例如，每个过程组内都可能存在"财务审查"这个过程，而"收尾"过程组只可能出现一次。

1. 启动过程组

启动过程组是定义一个新项目或现有项目的一个新阶段，并授权开始该项目或阶段的一组过程。所有与回答"需要做什么"问题的相关活动，都在这个阶段内。启动过程组不包括与项目实际工作有关的活动，而包括建立项目成功标准，用来回答"如何判断项目是否成功"的问题。启动过程组主要包括（不限于）以下内容：确定项目经理人选、职权，以及关键相关方的清单；确定高层级需求和范围边界，以及主要的可交付成果；确定项目的总体里程碑进度计划；确定项目的总体预算；确定可测量的目标、审批要求、成功标准和退出标准；确定项目的整体风险；确定项目的其他内容，如项目发起人及其权限等。

2. 规划过程组

规划过程组是指明确项目范围，优化目标，为实现目标制定行动方案的一组过程。所有与回答"怎样做"问题相关的活动，都在这个阶段内。规划过程组主要包括（不限于）以下内容：定义所有的项目工作；估算完成工作的具体时间、所需成本、所需要求和所需资源；对工作的活动进行排序，并建立项目进度计划；分析、优化并调整项目进度计划；建立范围管理计划、进度管理计划、成本管理计划、质量管理计划和风险管理计划等，并将它们整合进项目管理计划；项目管理计划最终呈报管理层审批等。

3. 执行过程组

执行过程组是指完成项目管理计划确定的工作，以满足项目要求的一组过程。执行过程组的主要任务是项目的落地实施，包括（不限于）以下内容：组建项目团队并获取相应实物资源；组建管理项目团队；管理质量与沟通及相关方参与；实施采购；实施风险应对等。

4. 监控过程组

监控过程组是指跟踪、审查和调整项目的进展与绩效，识别必要的计划变更并启动相应变更的一组过程。监控过程组的主要任务是项目的监督和控制，包括（不限于）以下内容：控制范围、进度、成本、质量、资源和采购；监督沟通、风险和相关方参与；确认范围；全面监控项目工作；实施整体变更控制等。

5. 收尾过程组

收尾过程组是指正式完成或结束项目、阶段或合同所执行的一组过程。所有与项目或阶段结束相关的工作都在这个阶段内。收尾过程组主要包括（不限于）以下内容：项目整体验收并移交可交付成果；调查客户满意度并得到客户的认可；编写项目最终报告；组织项目后评价；经验教训总结及存档；项目资源释放等。

对于任何项目来说，启动和收尾都是相对清晰的，这两个过程组易于规划与管理。规划和执行是项目实施过程中的难点，这两个过程组相互制约，其中的项目活动经常交织在一起。监控贯穿整个项目生命周期，是项目风险管理和变更控制的主要手段。

如果对项目过程组中的项目活动进行归纳提炼，可以发现一些共有的属性，这些属性是实际项目管理的对象。对于这些属性，不同的项目管理方法有不同的定义，但其中有一些被普遍认可的分类和定义方式。较为常见的属性包括范围、成本、进度（时间）、质量和资源等。有些管理方法把成本、质量和时间，或成本、范围和时间称为项目的"铁三角"，如图 5-1 所示。

图 5-1 项目的"铁三角"

之所以会出现所谓的"铁三角"，是因为项目同时受到这些属性的制约。随着项目管理方法的发展，越来越多的属性被关注。在现在的项目管理中，已经不再只是"铁三角"之间相互制约，而形成了多种属性的多重制约。项目管理需要考虑这些属性的制约，可以认为，评价项目的绩效就是评价这些属性。

通常在新产品开发项目中，在评价这些制约因素是否符合预期时，主要使用战略水桶法和标准列表法。

战略水桶法，也称自上而下法，是从企业愿景与战略出发，根据企业当前的资源所做出的评价方法。在这种管理思路下，企业预先将资源分配到不同的项目中，如突破型项目 20%、平台型项目 50%、衍生型项目 20%、支持型项目 10%。那么在各类项目中，只有业绩出众的项目才有可能获得资源并被推进下去。这种方法对企业的综合发展很有利，且与企业的战略高度一致。但该方法的缺点也很明显，因为资源被机械地预分配，所以如果在不同项目中，同类项目的质量差异很大，则可能出现不公平的现象。例如，A 类项目都是高质量的项目，而 B 类项目的质量普遍较差，则可能出现 A 类项目中有一些排名靠后但实际上质量优于 B 类项目的项目无法获得资源的情况。

标准列表法，也称自下而上法，是将项目的属性状态与既定的标准逐一比较，从而判断项目健康程度的一种方法。标准列表法较为传统，是常见的项目评价方法。标准列表法对每个项目都很公平，因为项目无论大小都可以受到关注，员工的参与程度也较高。但由于该方法很难为各种规模和类型的项目设定资源比例，因此企业经常面临资源不足、难以取舍（必然有一些项目无法执行）的窘境。

根据自身的实际情况，有些企业将上述两种方法结合起来使用，这也是可行的。及时评价项目并且引导项目按既定的方向发展是项目管理的关键任务。新产品开发项目符合项目的一般方法，所以也可以采用上述方法来评价项目的绩效。

5.4　典型的项目文件

在产品开发项目中有很多文件，这些文件都是项目的交付物。通常，这些文件被分成两大类：项目文件与产品开发过程文件。在第 4 章表 4-2 各阶段的典型交付物中的文件就可以被分成这两类。其中，产品开发过程文件与产品开发密切相关，是产品开发项目的主要输出。这些内容将在后续各章中陆续分享，这里不再展开。本节主要分享项目文件及其典型作用。

项目文件，从广义上来说，代表项目所包含的所有文件，但本节所指的项目文件特指项目管理所要求的特定文件。这些特定文件是项目管理的必要文件，记录了项目管理与活动执行的过程。由于篇幅限制，本节仅介绍项目文件中最具典型意义的文件。

1. 项目章程

项目章程（Charter）是项目的总纲性文件，从项目开始之初就被创建，贯穿整个项目，是企业管理团队评价项目、管理项目、追踪项目的重要文件。

通常，项目章程最早是由企业内部的需求提出方草拟的。例如，市场部或产品经理等在产品开发需求被确定后就开始草拟项目章程。项目章程主要包含项目的必要背景信息、市场或客户需求、企业的预期收益、项目执行的技术或资金风险、项目的资源配置等信息。为获取这些信息，需求提出方需要先完成必要的技术可行性分析和商业论证等工作，并将这些信息作为项目章程的原始输入。

项目章程由项目发起人带至项目评审委员会进行立项审批，其中的信息是评审委员会批准立项的主要依据。一旦评审委员会批准项目立项，就意味着项目可以获得必要的启动资源并获得必要的授权。通常，在项目章程中会预分派项目经理以及必要的核心资源，批准项目章程的同时，也是项目经理获取这些资源承诺的时候。注：预分派的项目经理有可能被正式批准的项目经理所取代。

在立项审批之后，项目章程就会被转移给项目经理，由其去维护和管理。章程内的信息对整个项目的后续活动有最高的指导性意义。如果项目发生变更，项目经理应及时更新项目章程，并提交评审委员会审批。图 5-2 为项目章程的目录示例，实际内容可由各企业定制。

1. **Executive Summary** 综述
   - Product Overview 产品概述
   - Market Opportunity 市场机会
   - Product Strategic Fit 产品策略
   - Recommendations 建议
2. **Marketplace Understanding** 理解市场
   - Target Market Segment Overview 目标市场细分概述
   - Environmental Analysis 市场环境分析
   - Customer Analysis 客户分析
   - Competitor Analysis 竞争对手分析
3. **Overall Product/Solution Strategy** 产品/解决方案策略
   - Portfolio Analysis 组合分析
   - Target Selection 目标选择
   - Overall Strategy and Rationale 总体策略及其理由
   - Strategic Analysis of Brand Equity 品牌资产策略分析
4. **Product Overview** 产品概述
   - Description of the Product 产品描述
   - Product Requirements 产品需求
   - Product Design 产品设计
5. **Financial Assessment** 财务评估
6. **Product Proposal and Plan Highlights** 产品交付建议和计划要点
   - Distribution Plan 分销计划
   - Intellectual Property Plan 知识产权计划
   - Life Cycle Plan 生命周期计划
   - Master validation plan 主验证计划
   - External Cooperation Strategy 对外合作策略
   - Pricing/Terms 定价/条款
   - Product Information Security Plan 产品信息安全计划
   - Quality Plan 质量计划
   - Sourcing Plan 采购计划
   - Training Plan 培训计划
7. **Manufacturing Analysis** 制造分析
8. **Customer Service and Support Strategy** 客户服务和支持策略
9. **Project Schedule and Resources** 项目进度和资源
   - Project Milestones and Key Activities Chart 项目里程碑和关键活动表
   - Key Dependencies and Assumptions 关键的依赖和假设
   - Development Team Membership 开发团队成员
   - Staffing and Skills Requirements Summary 人员和技能需求汇总
   - Critical Success Factors 关键成功因素
10. **Risk Assessment and Management** 风险评估和管理
11. **Recommendations and Alternatives** 建议和可能的选择

图 5-2　项目章程目录示例

2. RACI 矩阵

RACI 矩阵，即责任分配矩阵，是项目管理的基础工具，主要用于项目角色的职能分配。该工具最早在项目章程中出现，在项目执行过程中，必要时可以发生变更。

RACI 矩阵将项目成员与项目活动相互关联，至少被分配成四个不同的角色（RACI 矩阵的名称也来自这四个角色的英语单词首字母组合）。

1）负责人（Responsibility，R）

负责人是实际负责完成项目活动的角色，即执行或完成（Act/Do）项目活动的人。给每个项目活动分配相应的负责人，是完成项目交付的前提条件。要给每个项目活动至少分配一个负责人。

2）责任人（Accountability，A）

责任人是对项目活动的交付结果负责的角色，也可将其视为该项目活动的主人（Owner）。责任人同样可以参与项目活动的实际交付过程，也就是说，项目活动的责任人可以是活动的负责人之一。无论项目活动的负责人有多少个，原则上，项目活动的责任人有且只有一个。负责人与责任人之间不一定存在工作汇报关系。

3）咨询者（Consultant，C）

咨询者是项目活动在执行之前需被告知且听取其意见的角色。咨询者一般都是具有特定职能、特定专业技能或特定身份的人，如企业的法务、财务、技术专家或公司总经理等。在重要活动执行前，项目团队需要听取相关咨询者的意见，并根据其意见做出判断。咨询者的意见非常重要，很大程度上可左右项目活动的进程。咨询者不是 RACI 矩阵的必需角色。

4）被告知者（Inform，I）

被告知者是需要被告知项目活动输出结果的角色。通常，被告知者无须采取特别的行动，他们只需知道项目的进展或活动的输出结果即可。常见的被告知者往往是活动的执行对象或上层管理者。例如，在产品完成了设计发布后，开发团队向设计师和公司总经理告知这个消息，此时设计师和总经理只需接收这个信息即可。被告知者不是 RACI 矩阵的必需角色。

表 5-1 是简单的 RACI 矩阵示例，示例的责任分配数量可能远远多于该表所示。

表 5-1 RACI 矩阵示例

项目活动	角色							
	项目经理	产品经理	设计师 A	设计师 B	供 应 链	质 量	运 营	物 流
确认客户需求	R	A	R		I	R	I	
可行性分析	R	A	C			C		
起草项目章程	R	A	C	I	I	I	I	
制订项目计划	A/R	I	R	R	R	R	R	R
规划产品概念设计	I	C	A/R	R		I	I	I
制订质量计划	I	I	I	R	I	A/R	I	I
设计包装和物流方案	I	I	I	R	R	C	R	A/R
产线布置及规划产能	I	I	I	I	R	C	A/R	R
……	……	……	……	……	……	……	……	……

所有项目成员都被分配成这四个角色，而有的企业还会增加一个新的角色——支持者（Support，S），然后将 RACI 矩阵升级为 RACIS 矩阵。通常情况下，支持者的项目参与程度比负责人和咨询者略低。

3. 项目活动分解

项目活动分解是项目管理的最基础动作，将项目活动分解至最小且可执行和管理的层级，以便项目经理进行工作任务分配。项目活动分解是项目经理的典型工作，分解时常用工具是工作分解结构（Work Breakdown Structure，WBS）。

WBS 是将项目所涉及的活动按指定的维度进行分解。该维度可以有多种考量方式，比较常见的是按项目的阶段分解、按项目涉及的职能团队分解、按项目目标的属性分类分解等。无论哪种考量方式，分解后的项目活动的输出总和就等于项目目标。也就是说，分解后，不可以出现项目目标被遗漏的情况。如果出现部分项目活动的交付有重复现象，那么说明有的项目资源被浪费了，也说明分解存在问题。

在分解时很可能无法一次就将项目活动分解到最合适的底层活动，所以 WBS 允许进行分层分解，项目经理与团队应自行考虑活动分解的层级。通常，不建议进行多层级的分解，因为这会增加项目管理的难度。WBS 分解的程度因企业、项目规模和人员能力而不同，并没有统一标准。通常，WBS 分解到项目成员可执行的具体动作为止。例如，当某项目活动的 WBS 分解到"完成验证试验"时，项目经理会考量团队中的设计师是否能独立负责并完成该验证试验。如果设计师可以完成任务，那么该分解到此为止。如果设计师无法完成任务（因为这个验证试验不仅需要内部团队验证，还需要外部第三方验证），那么项目经理要识别该问题，并进一步将该活动继续分解到下一层，即包括内部验证、外部第三方验证等其他更细致的活动。

由于 WBS 存在层级结构，因此多数 WBS 看起来就像一个树状结构。其实 WBS 就是特殊形式的鱼骨图。通常，鱼骨图的鱼头向右（找原因），而在用于 WBS 时，鱼头向上（显示层级结构）。图 5-3 是一个按功能分解的 WBS，图中仅显示了两层结构。如果任务较为复杂，可继续向下分解。

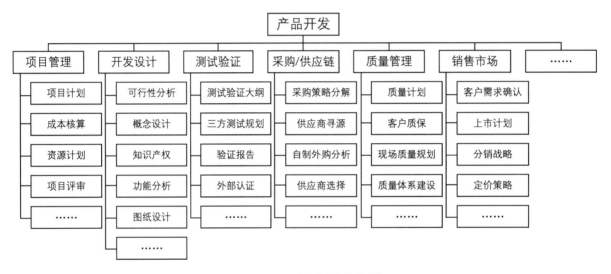

图 5-3　WBS 示例（按功能分解）

如果对 WBS 分解后的每个活动都分配相应的资源，并且限定其预期的交付时间（如设计团队需要在 8 月 1 日之前完成概念设计），WBS 就会演化成资源计划，并成为项目计划的重要组成部分。

4. 项目计划（综合管理计划）

项目计划是一个宽泛的概念。狭义上，项目计划特指项目活动的推进计划，也就是项目的整体完成度计划或综合管理计划。广义上，项目计划是一个计划组，包括项目进度计划、成本计划、质量计划、资源计划、沟通计划、采购计划和客服计划等一系列子计划。也就是说，一个项目可能存在很多项目子计划，而通常所说的项目计划（整体完成度计划）其实是这些子计划的集合。本节将介绍狭义上的项目计划，其他子计划请参见项目管理的专业书籍。

项目计划是一份具体的项目活动完成度一览表。最简单的项目计划就是项目里程碑计划，该计划可以非常简单，仅罗列项目中最重要的几个里程碑节点以及相应预估的完成时间。例如，最简单的项目计划可能是这样的：定义在 6 月 1 日之前完成，设计在 8 月 1 日之前完成，验证在 10 月 1 日之前完成……项目在 12 月 30 日之前结束。

在实际应用中，过于简单的项目计划可能无法用于指导项目推进，所以企业往往将项目活动进一步细化。这个细化过程与 WBS 强相关，多数企业会直接使用 WBS 作为项目计划的原始输入。由于多数 WBS 存在层级结构，因此项目计划也会相应地分层。通常，项目计划会被分成主计划（Master Plan）和子计划（Sub Plan）。项目经理更专注于主计划。主计划通常包含项目里程碑、阶段评审等项目最重要的节点；子计划则视情况而定，有的子计划由项目经理制订，有的子计划由项目核心成员来完成，然后向项目经理汇报进度。

为了使项目计划具备可操作性和指导意义，多数企业的项目计划是复杂的。这些项目计划集合了 WBS、里程碑计划、资源计划和交付计划等，这使得项目计划很庞大，导致项目经理不得不使用一面墙来展示整个项目计划。制订项目计划时，常使用甘特图（Gantt Chart），这是一种既包含 WBS 和资源计划等信息，又将这些分解后的活动与日历结合在一起的图形，可以给项目团队和管理者提供可视化管理的渠道。甘特图有多种画法，绘制时不应拘泥于工具，而应注重该工具的实际应用意义。图 5-4 是一份较为简化的甘特图示例（未显示紧前工作及紧后工作关系，相关方法请参考项目管理专业书籍）。

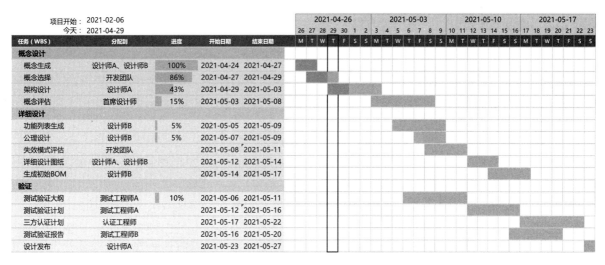

图 5-4 甘特图示例（部分）

项目计划是项目经理用于管理项目的重要工具，项目成员也应尽可能配合项目计划完成指定的交付成果。如果项目实施过程中出现重大的进度偏差，项目经理应及时更新项目计划，并与项目成员沟通变化点。如果项目主计划发生变更，就要获得项目评审委员会的批准。

5. 项目报告

项目报告，也称项目结项报告，是项目团队在项目正式关闭前的总结报告。项目团队完成该报告就意味着项目进入收尾和资料归档阶段。项目报告的内容非常广泛，通常由项目经理完成。一般来说，项目经理在项目报告中至少要汇总以下几点内容：项目信息（包括最初的项目背景等原始信息）、项目成果、企业收益、项目执行过程中的重大事件、经验教训总结、后续事宜等。由于项目报告没有固定的格式和要求，因此项目经理编写项目报告时的自由度较高，无论是正面影响还是负面影响都应如实汇总。项目报告可作为团队绩效评价的重要参考，而且应作为重要的组织过程资产永久保存。

6. 其他典型项目文件

在执行项目过程中有一些过程文件，这些文件记录了项目执行的重要信息，如项目评审记录、项目变更记录等。这些文件与其他项目文件一起组成了项目档案（Profile），作为项目追溯的证据。项目过程文件通常没有统一的格式，其内容由企业根据项目特点和关注重点进行定制。例如，项目评审记录可以多次出现在项目执行过程中，与项目节点的设置强相关，而评审内容与企业项目管理体系有关；项目变更记录应完整记录项目的重大变更信息，包括变更的时间、内容、执行对象、风险评估和影响程度等。不少企业还对变更等级进行划分，并进行分层审核和管理。

项目管理是一个动态的过程，项目文件是支持这个过程的重要佐证。项目文件由整个团队共同完成，但核心项目文件主要由项目经理负责。虽然准备项目文件会增加团队的工作量，但产品开发团队应借助项目管理的工具和方法，把产品开发过程变得可控和稳健。

5.5　项目执行与评价

项目执行具有时间属性，所以项目管理是一种过程管理。在整个项目执行过程中，企业需对项目的健康程度进行监控，所以需要建立一种机制来评价项目的执行质量并及时调整。

通常，由项目经理负责制订项目计划并向项目成员分配任务，在新产品开发项目中也如此。项目经理可以来自独立的专业的项目管理团队，如项目管理办公室，也可以由企业管理层单独指定（兼职）。采用哪种形式取决于产品开发团队的管理配置（见 2.3 节）。项目交付由各个职能团队来完成，但项目经理对最终的交付质量负责，所以项目经理需要对项目成员的绩效负责，要及时查看项目的进度，调整项目的资源，为项目团队提供必要的资源，甚至为项目成员提供必要的培训等。一般来说，项目经理是项目执行过程中的协调者，如果项目一帆风顺，则项目经理可能碌碌无为，而如果项目困难重重，则项目经理需要多方协调并带领团队攻克难关。

企业管理团队需要对项目及项目经理的绩效进行考察，评价项目重大里程碑的质量。例如，企业管理团队会指定项目评审委员会在项目阶段评审或在其他重大节点完成该评价（见 4.3 节）。

在项目执行过程中有多次评价，其中项目最初的评价尤为重要。项目最初的评价包括多个维度，如项目可行性评估和 G0 评审（Gate 0 Review）。G0 评审与项目立项后的阶段评审有显著不同，项目立项后的阶段评审主要以评价项目绩效为主要目的，G0 评审则关心项目是否存在价值，是项目的立项评审。G0 评审可以被认为是项目管理中最重要的评审，是企业追求增值过程的决定性行为。错误的立项评审会给企业带来巨大损失。通常，G0 评审会查看客户或产品的原始需求，确定项目的价值，判断项目的风险，评估企业的有效资源，并根据企业的战略规划来确定项目是否被立项。由于在此阶段项目并未成形，因此并没有统一的规范来确定该评审的内容和规则，企业应自行定制评审规则。

图 5-5 是一个典型的新产品开发项目的 G0 评审流程。凡是通过 G0 评审的项目都被正式立项，这是后续项目启动与执行的前提条件。

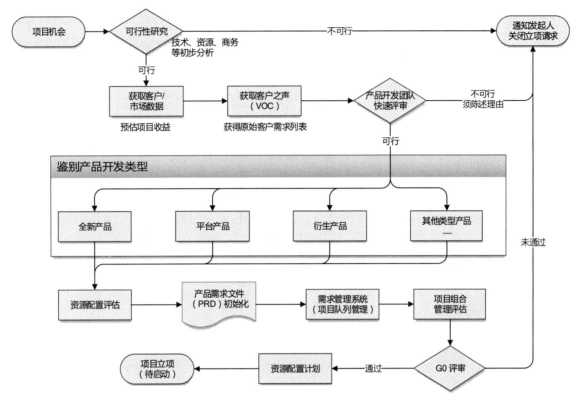

图 5-5　G0 评审流程

　　项目启动后，评价项目绩效的目的主要是保证项目按既定的方向推进。此时项目团队常常会获得两个评价：项目符合预期或项目出现偏差（项目输出与预期不符）。项目符合预期是项目的正常状态，证明项目是健康且受控的，是企业希望看到的状态。而项目出现偏差是一种负面状态，是企业不希望看到的状态。偏差不一定都是对企业不利的情况。例如，有时项目预计实现收益 100 万元，结果项目执行至中途发现项目可能实现收益 200 万元，这对企业来说是好事，但对项目来说是预测的失误。所以，企业应当改进项目管理并尽量避免预测不准确的问题。通常，项目出现偏差是难以避免的，几乎所有项目都会出现一些偏差。

　　项目团队应客观面对项目偏差，寻找偏差出现的根本原因，正视项目评价的结果。项目评审委员会或其他具有类似职能的团队（如持续改善团队）在发现项目偏差时，应及时指出这些偏差并进行纠偏。纠偏过程包括要求项目团队整改，提供短缺的资源，更正错误的交付（物），变更项目计划，甚至进行必要的人员奖惩等。对于重大偏差或团队无法自我完成纠偏的问题，项目团队应及时上报（Escalation）。上报流程是企业的基础流程之一。企业应保证上报流程有效运作，并确保这些偏差/纠偏信息及时地逐层上报至相应的管理层。

　　通常，所有纠偏都会触发变更流程。对于非常微小的纠偏，项目团队可能采用非正式的变更流程，如项目经理协调开发资源以追赶项目进度，这些行为会被记录在项目日志中，但不会触发正式的变更流程。如果纠偏涉及项目目标、产品成本、项目交付进度等重大变化，则项目团队应发起正式的变更流程。变更流程也是企业的基础流程之一，其程序文件中应列明适用变更流程的各种适用场景和处置方式。大型企业会将变更类型分层处理，例如，按变更对象或变更规模分别设定不同的流程和审批方式。通常，变更流程会涉及一系列审批程序，变更是否被批准由变更评审委员会（Change Review Board，CRB）决定。项目团队不得擅自执行未被批准的变更内容。变更后的信息可作为新的项目目标或项目交付对象。所有的项目变更信息都应被妥善保存，这是追溯项目信息的重要资料，也是所有质量管理体系关注的重点对象。

如果在项目评价过程中评审委员会发现项目出现重大偏差，项目将无法继续执行，或者即便纠偏也将远远背离初始目标，那么项目很可能被中止。项目被中止的原因有很多，但无论哪种情况，都是企业不愿意看到的。项目被中止就意味着在此之前的项目资源消耗变成了沉没成本。当企业的体量庞大、拥有相当多的项目组合时，项目被中止是常见情况。项目团队应正视项目被中止的原因，思考项目执行过程中是否存在不恰当的行为，并以此作为经验教训总结。有些特殊情况，如企业突然面对资源紧缺的情况而不得不中止一些项目，这是组织层面的问题，此时项目团队仅需做好项目归档工作即可。

 # 案例展示

在项目执行过程中，星彗科技采用强矩阵的形式执行开发项目，并遵循既定的产品开发流程指导产品开发活动。在获得产品开发诉求之后，项目经理与业务团队共同起草了项目章程，并将其作为产品开发的纲领性文件。该项目章程的初期草稿如表5-2所示。该章程是立项评审的基本依据。

表5-2 项目章程草稿（部分）

项 目	内 容
项目名称	小型便捷清洗消毒一体机平台产品开发
项目经理	哲彬
项目类型及描述	新平台级产品开发项目： 　　该项目旨在开发一款小型便携清洗消毒一体设备，针对市面上已有的小型超声波清洗机进行应用升级，为终端客户提供更好的生活体验。在项目开发过程中应用六西格玛设计，提供产品开发的最佳实践案例，供广大从业者学习研究
市场分类	小家电市场
客户收益	• 对于内部客户（市场部、工厂等），我们提供一个新的产品平台； • 对于终端客户，我们提供一款更加便捷的小型清洗消毒一体设备； • 对于项目发起人，我们提供一个符合六西格玛设计方法的新产品开发的最佳实践案例； • 对于项目团队，我们提供一个完整的新产品开发的学习机会
关键竞争问题	• 成本敏感； • 技术门槛低

续表

项　　目	内　　容
项目屏障	• 竞争对手早于我们开发出类似产品； • 需要大量资金投入； • 大客户丢失； • 核心团队遇到技术难题，且短时间内无法攻克； • 核心团队成员无法适应跨地域的沟通模式
项目目标	• 在核心团队成员的共同努力下开发出具有竞争力的创新产品； • 高质量地完成整套符合六西格玛设计方法的新产品开发项目过程文档
关键项目交付物	• 具有竞争力的创新产品； • 完整的 DFSS 项目过程文档； • 设计记录（包括竞争对手分析、概念设计、仿真分析、模型、图纸等相关内容）
限制条件	• 没有重大资金投入需求； • 项目在 2021 年 10 月前完成，客户的窗口期很紧； • 核心成员不能够频繁调换
项目范围和界限	• 项目第一阶段包括定义、概念、设计和验证，如果产品具有竞争力，可以考虑后期追加资金进行生产； • 研发费用控制 120 万元以内； • 产品开发限制在小型桌面设备领域
基本前提	• 项目核心团队具备桌面便携清洗设备的开发能力； • 项目团队成员能适应跨地域沟通； • 项目能够大体上按计划推进； • 项目核心成员能够有足够时间处理虚拟项目事宜； • 所有的项目干系人能够积极参会
需要的关键支持	• 核心团队需要专业的电气控制领域成员； • 需要批准并获取前三个阶段的项目启动资金 60 万元； • 需要核心团队成员积极地协同合作

关键里程碑	日　　期	状　　态
项目启动	2021-01-26	已完成
G1 定义阶段评审	2021-02-08	未开始
G2 概念阶段评审	2021-03-21	未开始
G3 设计阶段评审	2021-04-30	未开始
G4 验证阶段评审	2021-06-30	未开始
G5 工业化阶段评审	2021-08-11	未开始
项目完成	2021-10-05	未开始

团队成员	核心团队	机械工程师	小新
		工艺工程师	晓康
		电气控制工程师	Ray
		电子工程师	上官
		质量工程师	驽马十驾
		测试工程师	融凡
		采购工程师	Light
收益	主要指标	项目最终交付物	一款具有竞争力的可制造的创新产品
	次要指标	项目最终交付物	一个高质量的 DFSS 最佳实践案例
	可量化指标	市场份额（%）	30
		交付文件数量	187 份
		开发周期时间	3 个月
	财务指标（期望）	毛利润（%）	23
		净利润（%）	18
		投资回报期	半年

根据项目章程，项目经理制订了项目主计划，各职能团队负责人根据主计划各自制订相应的二级计划。项目主计划（部分）如表 5-3 所示。通常，项目主计划仅包括项目的主要活动和交付节点，细节的交付计划（包括设计细节）在二级和三级计划中。

表 5-3　项目主计划（部分）

阶 段	活动编号	活 动	计划开始时间	计划结束时间
定义	1	项目启动	2021-01-26	2021-01-27
	2	项目计划	2021-01-27	2021-02-01
	3	获取客户/市场需求	2021-01-27	2021-01-29
	4	初始技术及制造可行性评估	2021-01-29	2021-02-05
	5	竞争对手分析	2021-01-28	2021-02-02
	6	项目风险评估	2021-01-29	2021-02-01
	7	初始成本分析	2021-02-04	2021-02-05
	8	初始客户报价	2021-02-04	2021-02-05
	9	现场试验计划	2021-01-31	2021-02-02
	10	初始综合项目计划	2021-02-01	2021-02-04
	11	定义阶段评审	2021-02-08	2021-02-08
概念	12	初始知识产权审查	2021-03-10	2021-03-20
	13	需求转化 1.0（定义设计目标）	2021-02-15	2021-03-07
	14	概念设计及选择	2021-02-20	2021-03-10
	15	产品验证计划	2021-02-15	2021-02-17

阶 段	活动编号	活 动	计划开始时间	计划结束时间
概念	16	样机计划	2021-02-18	2021-02-21
	17	初始 BOM 制作	2021-03-12	2021-03-14
	18	客户评审	2021-03-16	2021-03-18
	19	概念设计评审	2021-03-14	2021-03-17
	20	自制/外购决策	2021-03-15	2021-03-17
	21	客户报价更新	2021-03-15	2021-03-17
	22	综合项目计划更新	2021-03-18	2021-03-19
	23	概念阶段评审	2021-03-21	2021-03-21
设计	24	设计阶段启动会议	2021-03-24	2021-03-25
	25	需求转化 2.0	2021-03-26	2021-03-29
	26	细节设计/设计冻结	2021-03-30	2021-04-19
	27	设计验证及风险评估	2021-04-05	2021-04-25
	28	设计仿真	2021-04-10	2021-04-22
	29	设计失效模式与影响分析	2021-03-26	2021-04-10
	30	关键参数定义	2021-03-29	2021-04-08
	31	认证要求识别	2021-04-20	2021-04-22
	32	需求转化 3.0	2021-03-27	2021-04-05
	33	定义工具/流程审批要求	2021-03-30	2021-04-09
	34	原型/样机制作	2021-04-10	2021-04-22
	35	样机功能验证及报告	2021-04-05	2021-04-25
	36	设计评审	2021-04-20	2021-04-26
	37	客户报价	2021-04-20	2021-04-25
	38	综合项目计划更新	2021-04-26	2021-04-28
	39	模具报价	2021-04-18	2021-04-26
	40	准备工具及设备的投资清单	2021-04-21	2021-04-27
	41	设计阶段评审	2021-04-30	2021-04-30
验证	42	投资申请	2021-05-01	2021-05-31
	43	市场计划	2021-05-05	2021-05-15
	44	性能测试及报告	2021-05-03	2021-06-12
	45	模具设计	2021-05-02	2021-05-22
	46	供应商审核	2021-05-12	2021-06-06
	47	设计/建造设备并验证工具	2021-05-11	2021-06-20
	48	首样测试与评估报告	2021-06-05	2021-06-15
	49	性能验证	2021-06-10	2021-06-24
	50	制程验证	2021-06-10	2021-06-22

续表

阶 段	活动编号	活 动	计划开始时间	计划结束时间
验证	51	设计冻结与评估	2021-06-15	2021-06-25
	52	现场测试	2021-06-20	2021-06-22
	53	服务战略	2021-06-09	2021-06-17
	54	BOM/成本审核	2021-06-20	2021-06-21
	55	综合项目计划更新	2021-06-22	2021-06-25
	56	验证阶段评审	2021-06-30	2021-06-30
……	……	……	……	……

项目团队在项目计划中所执行的活动大多与实际的项目交付有关。项目交付不仅是被开发出的产品，也包括项目执行过程中的各类交付物。在项目计划的基础上，项目经理和团队共同完成了各阶段的交付物计划。这些交付物根据其性质的差异，分别被定义为强制交付物与非强制交付物。交付物清单如表 5-4 所示。很多交付物存在多份文件，该产品最后实际的交付文件为 187 份。

表 5-4 交付物清单（部分）

阶段	交付物	强制交付物	阶段	交付物	强制交付物
定义	项目章程	是	概念	自制或外购决定表	否
	综合项目计划	是		功能不完整的样品计划	否
	客户报价	否		采购工作表	否
	产品需求文档	是	设计	设计评审总结	是
	客户拜访计划及记录	是		综合项目计划	是
	初版技术与制造性评估	是		前期发明披露	否
	市场需求整理	是		客户报价	否
	初版成本分析	是		图纸或模型	是
	调查问卷报告	是		材料说明	否
	业务失效模式与影响分析	否		产品需求文档	是
	概念阶段评审 PPT	是		包装计划	否
	概念阶段评审报告	是		设计验证计划	否
概念	设计评审总结	否		设计验证报告	否
	综合项目计划	是		产品功能展开 2.0/2.5	否
	客户报价	否		设计失效模式与影响分析	是
	产品需求文档	是		应用失效模式与影响分析	否
	有害成分限制	否		工艺流程图	否
	图纸或模型	是		工艺计划	否
	产品验证计划	否		工装报价	否
	产品功能展开 1.0/1.5	否		生产与供应链计划	否
	需求失效模式与影响分析	否		公司采购数据表	否

阶段	交付物	强制交付物	阶段	交付物	强制交付物
设计	采购决定信函	否	验证	包装说明书	否
	材料符合性说明	否		工艺说明书	否
	有害成分消除	否		服务战略	否
	关键设备需求	是		产品合格性	否
	工装认可需要	否		编码文件	否
	有害成分限制	是		供应商审计	否
	工艺失效模式与影响分析	是		供应商风险评估	否
	产品功能展开 3.0	否	工业化	设计评审总结	是
验证	综合项目计划	是		综合项目计划	是
	市场计划	否		产品说明	是
	产品验证报告	是		可靠性测试报告	否
	质量检测计划	否		生产件批准程序	否
	控制计划	否		产品的首次论证	是
	工装说明	否		工艺说明书	否
	工装图纸	否		工艺规范	否
	测量系统分析	否		过程能力的报告	否
	部件检测报告	否		……	……
	首检报告	是	……	……	……

根据项目阶段评审的要求，评审时需要对项目的财务状况进行评价，故项目经理和财务团队一起制定了项目成本的损益表并定期更新。该表也是项目通过阶段评审的重要依据。本项目早期的损益表如表 5-5 所示（该表未显示本项目未涉及的特定成本项，实际各企业的项目损益表千差万别，其条目应根据企业会计准则自行制定）。

表 5-5　项目损益表示例

财务条目	单　位	2021 年	2022 年	2023 年	三年累计
预测销售量	件	300 000	800 000	1 000 000	2 100 000
加权平均销售价格	元	158.00	153.26	145.60	150.20
预测销售额	元	47 400 000	122 608 000	145 597 000	315 605 000
预测客户贡献额	元	(110 000)	(50 000)	(30 000)	(190 000)
总体销售总额	元	47 290 000	122 558 000	145 567 000	315 415 000
材料费	元	26 760 000	71 360 000	89 200 000	187 320 000
人力成本	元	8 028 000	21 408 000	26 760 000	56 196 000
维持工程（售后维护等）	元	802 800	2 140 800	2 676 000	5 619 600
日常开销	元	94 320	94 320	94 320	282 960
运输与关税	元	36 000	96 000	120 000	252 000

财务条目	单　位	2021 年	2022 年	2023 年	三年累计
总制造成本	元	35 721 120	95 099 120	118 850 320	249 670 560
加权每件成本	元	119	119	119	119
毛利率	%	24.5	22	18	21%
内部人力开支	元	742 500	0	0	742 500
外部花费（工装、设计费等）	元	2 000 000	0	0	2 000 000
开发工程	元	2 742 500	0	0	2 742 500
维持工程	元	150 000	105 000	60 000	315 000
配送与运输	元	150 000	105 000	60 000	315 000
其他	元	150 000	105 000	60 000	315 000
行政管理	元	303 750	212 625	121 500	637 875
运营费用	元	3 496 250	527 625	301 500	4 325 375
运营收益额	元	8 072 630	26 931 255	26 415 180	61 419 065
运营收益率（净利润）	%	17	22	18	19
其他营运资金净额	元	8 041 609	20 984 712	25 286 833	—
营运资本变动	元	(8 041 609)	(12 943 103)	(4 302 121)	(25 286 833)
现金流	元	141 021	14 038 152	22 143 059	36 322 232
加权平均资金成本	%	10.5	10.5	10.5	—
贴现现金流	元	148 240	13 354 536	19 063 130	32 565 906
财务指标	单位	三年统计数据			
总体销售总额	元	315 415 000			
营业收益率	%	19			
净现值	元	32 565 906			
平均运营收益率	%	19.2			
平均毛利率	%	22			
投资回报	年	0.5			

第6章

需求管理

6.1 产品开发需求

需求（Requirement）是指客户对产品应承载或表现出的功能与特征的一种期望，它是产品应达到或满足预期要求的总和。新产品开发过程中的需求有别于市场营销中的市场需求（Demand）。市场需求是指一定时间内和一定价格条件下，针对某种商品或服务，消费者愿意且有能力购买的数量。

需求是新产品开发的原动力，即因为市场或客户有新产品的需求，所以才有了新产品开发。产品开发就是满足客户需求的过程，但客户的需求并非那么容易满足。很久以前，企业就发现产品开发的需求是难以管理的，所以在长期的实践过程中，需求管理方法逐渐形成，并发展成为一门独立的学科。

需求管理（Requirement Management）是指企业收集、整理、传递并最终实现客户需求的全过程。在新产品开发过程中，需求管理是实现客户需求的最基本方法。需求难以管理的原因有很多，其中一个就在于需求的维度众多，企业往往难以捕捉或准确收集客户的需求。图 6-1 显示了常见的需求维度划分，这只是一些常见的划分方式，实际上还有更多的需求维度。产品开发团队通过理解这些需求维度，从而理解客户的真正意图，并尝试在开发过程中准确实现这些需求，尽量避免出现项目目标偏差，减少开发风险。

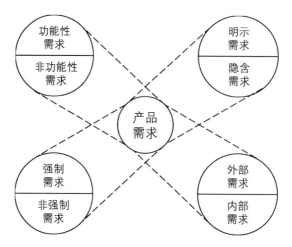

图 6-1　常见的需求维度划分

需求管理的第一步是获取需求，而需求的来源渠道各式各样。通常，企业获取需求的来源有两大方向：从市场或客户端获得需求；企业自我识别产品开发需求。多数企业的产品开发需求从市场或客户端获得，这是较为稳妥的产品开发形式；而企业自我识别产品开发需求是企业主动追求业务拓展的行为，具有较高的风险，相应地，回报也可能较高。

无论如何获取产品需求，在正式管理这些需求之前，企业都需要对这些需求进行分类。可以按已知的需求维度、需求实现的方式或需求对应的职能团队对需求进行分类。常见的产品需求可分为客户需求、市场需求、设计需求、测试需求和过程需求等，不同类别的需求代表了不同的关注点。

1. 客户需求

客户需求是基于客户认知而产生的需求，是产品开发的最原始需求。客户需求体现了客户的个体诉求，这种诉求往往是理想状态，甚至是荒谬或现阶段无法实现的。例如，"我需要一个性能强大的图形工作站电脑，但重量要和普通上网笔记本一样轻薄。""我需要一辆动力性能卓越的越野车，但油耗要比普通家庭乘用车还低。"可见，客户需求往往非常模糊，即便客户自己，也很难描述清楚自己的诉求。但在产品开发过程中，客户需求是产品开发的风向标，一切以满足客户需求为最终目标，所以无论客户需求多么晦涩难懂，开发团队都要理解这些需求，并最终满足这些需求。产品开发团队需要利用一些专业工具（如产品原型）来理解客户需求并将其具体化。这是一个漫长的过程，贯穿整个产品开发过程中。

单纯以客户需求为产品开发导向的企业，往往比较依赖企业与客户之间的业务关系，这是一种典型的 B2B（Business to Business）关系。产品在整个生产和加工链的中间过程往往就属于这种业务形式。

2. 市场需求

市场需求与客户需求类似，但市场需求是群体需求，并非针对个体。例如，家庭乘用车是应用范围非常广泛的产品，虽然每个车主都对车辆有自己的诉求，但家庭乘用车的制造商几乎不太可能针对单一车主进行定制（核心设计和关键零部件），所以制造商一般采用广泛的市场需求来设计车辆。

市场需求代表了一类客户或一个细分市场的普遍诉求。在单个客户没有提出特定需求的情况下，市场需求可作为一种普遍认知来补充客户需求。例如，某客户要订购一批水杯，要求生产商设计各种外饰来吸引消费者，但没有提出水杯不能漏水。水杯不能漏水是常识，是最基本的市场需求，此类需求无须客户提出，生产商也必须遵守。

以市场需求为产品开发导向的企业，往往是面对或非常接近终端消费者的企业。此时，企业所处的业务形式是 B2C（Business to Customer）。这种企业往往有强大的销售渠道，并依靠这些销售渠道把产品直接推向最终客户，这种销售形式常见于消费品与日用品等产品的销售。注意，处于 B2B业务形式的企业也存在市场需求，只是其市场需求的比重小于客户（特定）需求而已。

3. 设计需求

设计需求是产品设计时需要满足的需求。通常，设计需求是从客户或市场需求分解而来的。客户和市场需求通常难以解读，无法直接被用于设计产品。而产品开发团队则偏爱具体的、量化的、直观的开发诉求。例如，如果客户要求"设计一款漂亮的手机"，那么产品开发团队可能无法理解客户所说的漂亮是什么意思。设计师更喜欢看到类似"请设计一款色号为××××的手机"的需求，这种需求清晰且可执行。所以设计需求往往从一些标准的维度来描述，如功能、性能、环境适应性、稳健性、可靠性、可维护性、可用性、安全性、可运输性、可移动性和灵活性等。并非每个产品都具备以上所有维度，但产品开发团队需要尽可能按上述这些维度来分解客户或市场需求，并据此形成产品需求文件或设计需求清单。通常情况下，建议开发团队把规格分解得足够细致，按"需求+规格"形式来准备设计需求，如"电机转速需要达到 8000 转/分钟"。这个分解过程不是一蹴而就的，将在后续章节分享。

4. 测试需求

测试需求是产品开发团队用于研究产品特性或验证产品功能和性能的需求。测试需求没有统一规则，在产品开发的各个阶段均可能存在。在产品开发前期，开发团队需要对竞品进行测试分析，以建立自己的开发策略；在产品开发中期，开发团队需要进行大量的测试，以验证产品功能是否已实现；在产品开发后期，开发团队需要验证产品的性能并尝试进一步优化产品。这些测试活动都需要明确的测试需求来引导。在很多企业中，测试团队是产品开发团队的子团队，也是相对独立的团队（也有些企业将测试归入设计师团队），但测试需求并不全部由测试团队提出。测试需求的来源主要有三个方面：客户指定的测试需求、行业规范或标准、开发团队的自我诉求。客户指定的测试需求往往是客户最关心的对象，该需求越多则说明客户越强势，或者客户具有强大的技术积累。很多测试需求由行业规范或标准制定，这些往往由测试团队提出，因为这些测试具有重复性，可能在多个类似产品（如产品家族）上多次实施。而开发团队的自我诉求五花八门，在产品开发过程中，无法预知的意外层出不穷，开发团队为了实现产品功能，可能采用多种测试手段，需要根据个体差异单独对待。无论什么样的测试需求，都应与产品需求文件或设计需求清单对应。

5. 过程需求

过程需求是产品在具体实现过程中需要满足的需求，是典型的企业内部需求。每个企业的运营能力都不同，所以即便同一个产品，在不同企业中被实现的过程也千差万别。以制造业为例，由于生产设备的差异性，产品即便在同一家企业内生产，不同产线的过程也不尽相同。而为了满足产品的生产制造，现有产线的设备可能还不满足相应的要求，那么企业就不得不调整过程，甚至调整设备来适应产品。这些都会产生过程需求。多数客户并不关心供应商的过程需求，而只关注最终产品。但对于供应商来说，过程需求往往伴随着各种开支，甚至固定资产（设备等）投资，这是企业不愿意看到的。所以在实操过程中，开发团队应尽早识别过程需求，并将其作为产品开发的可行性评估对象之一。对于涉及巨额费用的过程需求，企业应尽早与客户协商。有些客户也会支付与供应商的过程需求有关的投资费用，如支付产品生产加工用的模具费用等。

需求分类可以帮助企业理解客户需求，为后续实现需求打下基础。如果在需求分类的过程中出现了无法分类的需求，那么这些特殊需求很可能成为后续开发过程中的潜在风险。

6.2　需求管理与卡诺模型

需求管理是指管理需求并支持企业满足这些需求的方法。之所以需要需求管理，是因为这些需求不那么容易被满足，这与需求的可执行性有关。在所有的需求中，客户需求是最基础的需求，也是需求管理最关注的对象。

产品开发的需求管理也是管理客户需求的过程。在很早以前，有学者就把客户需求描述成客户之声（Voice of Customer，VOC），也有学者把 VOC 描述成获取客户需求的过程。与 VOC 对应的是企业之声（Voice of Business，VOB）或设计者之声（Voice of Design，VOD）。VOB/VOD 代表着企业或设计开发团队面对客户需求时的反应。很显然，VOC 和 VOB/VOD 之间有巨大差异，VOC 代表的需求往往过于理想和抽象，而 VOB/VOD 则希望获得明确且具体的需求描述。正是这种巨大差异造就了需求管理的必要性。

多数客户需求具有一些典型特性，包括描述模糊、模棱两可、不可量化、不切实际甚至异想天开。产品开发团队常常抱怨这样的需求，但实际上这并不是客户在有意为之，而是需求本身就存在这些特性。

卡诺模型（KANO 模型）是日本学者狩野纪昭（Noriaki Kano）教授发明的需求分类工具。该工具在赫茨伯格（Herzberg）的双因素理论基础上结合了满意度的理念，体现了产品性能和客户满意度之间的非线性关系。图 6-2 显示了卡诺模型的基本要素。

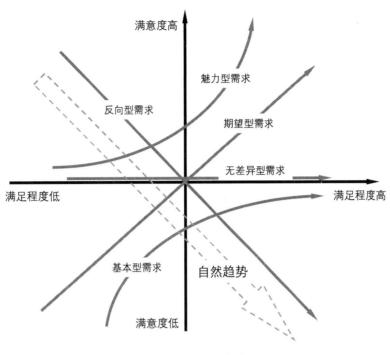

图 6-2　卡诺模型

1. 基本型需求

基本型需求也称必备型需求、理所当然需求。基本型需求是客户认为产品"必须有"的属性或功能，也就是企业需要提供的产品或服务的基本要求。由于这类需求对应的是产品必须有的属性或功能，所以如果产品不满足该类需求中的任何一条需求，客户都会表现出不满。而且即便此类需求全部被满足，客户也不会有额外的兴奋点，客户会认为这是理所当然的结果。基本型需求多数都是对应产品的基本功能/核心功能。例如，一部手机最基本的功能就是打电话，如果打电话的功能不能被满足，即便其他功能再强大，客户都不会满意。

2. 期望型需求

期望型需求也称意愿型需求、理想型需求。企业希望产品需求的满足程度与客户的满意度呈线性关系。企业清楚自己的责任，如果产品没做好，客户自然不满意；反之，如果企业满足了客户的需求，也希望得到客户的认可。事实上，企业希望客户指出的需求应该都是期望型需求；在市场调查中，客户谈论的通常也是期望型需求。但在产品开发和交付过程中，这些需求往往变成了基本型需求。企业面对上述这种情况相当无奈。

3. 魅力型需求

魅力型需求也称兴奋型需求。通常，这些需求不是客户提出的，或者即便客户提出了该需求，也没有将其定义为需要强制满足的需求。显然，这种需求超出客户预期，要么是客户意想不到的需求，要么是客户认为实现有困难的需求。企业如果满足了这样的需求，那么客户满意度会急剧上升。即便这些需求没有被满足，客户也不会太在意，也不会因此降低满意度。例如，客户希望获得一个烧水壶，其功能就是把水烧开，而企业设计出了一款不仅可以把水烧开，而且可以保温的烧水壶，并且价格没有因此增加。那么，保温功能对于客户来说就是额外的惊喜，客户可能因此提升对该产品的满意度。魅力型需求往往针对的是产品的附加功能或产品的品牌价值。

4. 无差异型需求

无差异型需求是对客户满意度几乎没有影响的需求，也就是说，无论企业花不花精力去满足这类需求，都没有影响。从项目管理的角度来说，这类需求应该尽量避免，因为这类需求属于无价值的活动。通常，企业不会主动去识别或提出无差异型需求，这类需求多数来自不适用的应用场景或者由其他需求退化而来。例如，客户购买了一部手机，厂家赠送一些型号不匹配的手机配件等。

5. 反向型需求

反向型需求也称逆向型需求。这类需求对应的是企业吃力不讨好的产品开发活动。这类需求如果被满足，就会引起客户的强烈不满，相反，如果不去实现这类需求，反倒没有影响。这类需求往往都是企业错误解读客户需求或者对客户不够了解导致的。例如，在设计软件人机界面的时候，开发团队发现界面操作较为复杂，可能需要增加一些标签说明帮助客户理解和正确使用该界面。开发团队的出发点是好的，但当设计这些额外的标签时，由于字体颜色不恰当，使得界面混乱不堪，严重影响了客户使用。通常，反向型需求都是失败的需求管理产物，是企业无论如何都要尽可能避免的需求。

6. 需求变化的自然趋势

在图 6-2 中，与反向型需求并行的虚线箭头是一种示意，代表需求是可能出现变化或退化的，意味着一种自然趋势。这种自然趋势是指魅力型需求会逐步向期望型需求、无差异型需求退化，最终会变为基本型需求。这种趋势的出现与技术发展和社会发展等诸多因素有关。魅力型需求多数采用先进的技术或理念来刺激当前客户的兴奋点，但随着时间的推移，先进的技术变得寻常且普通，所以客户也不再为此感到兴奋。例如，手机在大众范围内普及之后，其功能从单一的通话和短信开始拓展，少数手机品牌开始以手机可以播放 MP3 音乐作为卖点。在那个阶段"手机可以播放 MP3 音乐"这个需求就是魅力型需求。后来当更多手机都可以播放 MP3 音乐时，这个需求就退化成期望型需求。此时，企业如果满足了该需求，客户满意度就会提升（有可能购买该品牌手机）。再往后，随着随身小型 MP3 播放器的普及，手机有没有播放 MP3 音乐这个功能也不是那么重要了，此时播放 MP3 音乐这个需求进一步退化成了无差异型需求。最后，在手机技术较为成熟的现在，除了个别的特种机型，几乎所有手机都具备播放 MP3 音乐的功能，这已经成了不用言明的基本型需求。如果有哪个大众品牌手机不满足该要求，那么很可能无人问津了。

卡诺模型将这些需求区分开，是帮助企业定位产品，并尽可能避免一些不合理的需求。尽管一些需求来自客户，但企业如果在开发早期就识别了这些不合理的需求，那么可以及时与客户沟通。事实上，如果企业能帮助客户一起厘清产品需求，那么多数客户都非常欢迎这样的沟通交流。通过卡诺模型，企业可以将产品需求进行初步的整理，并通过后续专业的工具来逐步实现。

6.3　需求的翻译、分解与传递

　　企业需要使用特定的方式收集产品开发的需求，并在获得需求之后，需要对需求进行一系列的加工和处理工作，即需求"翻译"的工作。由于在收集和理解需求的过程中，掺杂了很多干扰因素，所以这个翻译工作并不简单。图 6-3 显示了需求翻译的大致过程。

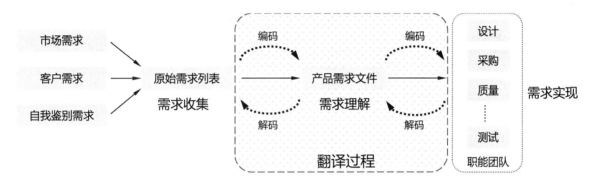

图 6-3　需求翻译的大致过程

　　在图 6-3 中，原始需求列表将来自各渠道的需求进行汇总。在这个过程中，企业会去除一些明显不合理的需求，但不会对被保留下来的需求进行加工处理。这张原始需求列表仅仅作为需求收集的输出对象，描述了产品的最初开发需求。

　　产品开发需求的来源复杂，除从行业标准或一些专业的第三方组织获取的需求外，大多数产品开发需求描述都可能难以理解或无法直接被执行。需求提供方可能在提出这些需求的时候加入了其自我意志，或者有意"修改"了某些信息，这种行为导致产品开发团队无法直接鉴别这些需求的真实性和可用性。所以原始需求列表就是一份需求的"大杂烩"，产品开发的真正需求被隐藏在了这些信息中。从信息传递的角度来说，这种信息传递过程被称为信息编码过程，即信息在传递过程中通过某种特定的形式（类似于加密）表达出来，根据表达形式的不同，信息接收者获取的真实信息有所不同。例如，某个客户喜欢浅色系的产品外观，但在表述时，他可能会说："我喜欢明亮的颜色。"那么在该客户的理念中，浅色就属于明亮的颜色。所以该客户在传达其原始信息的时候对"浅色"进行了编码加工，将"浅色"描述成了"明亮的颜色"。在该案例中，信息接收者需要尝试理解什么是"明亮的颜色"，此时信息接收者的思考方向是发散的，这就是解码的过程。通过该过程，信息接收者会获得多种结论，其中可能有正确的，也可能有错误的。如果信息接收者将"明亮的颜色"理解为艳丽的红色，则很可能与客户的原始需求产生巨大偏差。

　　所以，如果原始需求列表记录了被编码的客户原始需求，那么从原始需求列表到产品需求文件的转换过程就是需求被解码的过程（初次解码过程）。在解码过程中，开发团队需要与客户或需求来源进行密切沟通，深刻理解客户意图有助于开发团队解读客户需求，所以开发团队应适当地拜访客户（客户访谈技术是一门独立技术，见第 7 章）或者用其他形式与客户对话以获取必要的信息。此时开发团队可以使用一些工具来辅助提升需求解码的质量。典型工具包括亲和图、需求树等。

亲和图是日本著名人类学家川喜田二郎（Kawakita Jiro）先生构想的一种收集意见并且归纳总结的应用形式。他提炼了这个应用的过程并将它发展为今天的亲和图，故该方法也使用他名字的缩写，被称作 KJ 法。亲和图是基于头脑风暴的进阶应用，利用语言和行为来理解复杂情况，定义和澄清问题，组织定性数据，并统一团队意见。所以亲和图非常适用于产品需求梳理的阶段，以帮助团队解读客户需求，并形成统一的认识。亲和图的制作步骤复杂。为了保证其应用效果，参与制作亲和图的团队应严格遵照制作步骤执行，示例与具体步骤请参见第 8 章。

需求树是基于鱼骨图的一种进阶应用。通常，鱼骨图的鱼头向右（寻找问题的原因），鱼头向左（寻找解决问题的对策），鱼头向上（显示对象的层级结构，如组织架构图），而需求树是属于鱼头向上的特殊应用形式（其形式类似一棵倒置的树，因此得名为需求树）。实际应用时，需求树不要求鱼头（需求对象）一定向上。需求树的应用相对简单，要求使用者按指定维度对原始需求进行逐层分解，并据此来挖掘客户的真正意图。对需求树的分解层次并没有强制规定，使用者可以根据企业的要求或产品的实际情况来定义分解层次。比较常见的做法是将客户原始需求分解到系统/子系统需求，再到功能/模块需求，再到具体参数或特征需求，具体分解形式由开发团队自行决定。图 6-4 显示了一个笔记本电脑产品的需求树示例。需求树在分解过程中，可能出现不同的子系统需求对应同一个下层需求的情况，这是合理的。

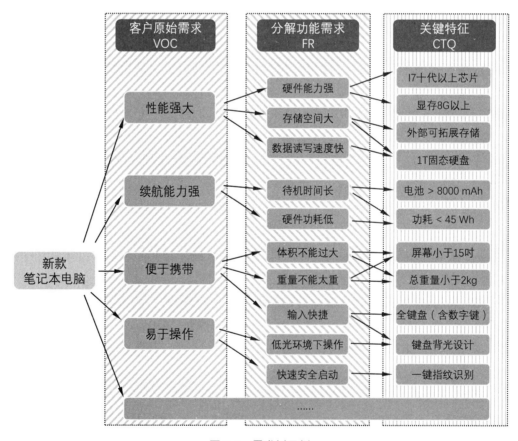

图 6-4　需求树示例

开发团队无论是进行客户访谈，还是使用亲和图与需求树等工具，其目的都是为了获取一份相对可靠且可信任的产品需求文件。开发团队需要将产品需求文件的内容和企业内部各职能团队沟通，并通过各职能团队的努力来实现产品开发目标。这个沟通过程是需求传递的第二次解码过程。因为各职能团队在看到产品需求文件时，并不清楚产品的真正开发需求，只能通过各自的理解尝试解读这些需求。第二次解码过程与初次解码过程非常类似，不同的是，第二次解码过程相对初次解码要轻松一些，因为这是企业内部的沟通过程，通常不涉及企业与客户之间的利益关系。如果开发团队在初次解码时就将客户需求梳理得足够细致和清晰，那么第二次解码可以快速在企业内部展开。第二次解码的主要难点在于各职能团队业务能力的差异性和资源分配的合理性。

产品开发需求通过两次编码和解码的过程传递到各职能团队，并由各职能团队来实现产品的开发主体工作。以两次编码和解码过程作为一个流程，此流程可能触发不止一次。由于客户变更需求、项目变更目标、技术存在障碍或解码失误（需求传递失效）等诸多因素，此流程在整个产品开发过程中可能持续存在。开发团队需要确保产品需求在多次解码过程中始终不发生重大偏差。

6.4　产品需求文件与质量功能展开

1. 产品需求文件

产品需求文件（Product Requirement Document，PRD）是需求管理过程中的核心文件，描述了产品开发的所有需求。该文件是开发团队实际用于产品开发的目标导向性文件，也可以认为是产品开发的最高标准。

需求管理将客户或市场的需求进行统一且标准化的管理，是为了确保产品开发的需求被准确地捕捉并传递到企业内部。与此同时，产品开发团队也需要一份可以作为（唯一）目标的开发标准。产品需求文件就是承载这个目标的载体。

一份简单的产品需求文件可以被理解为产品开发需求的简单集合。为了确保需求很好地被传递，在该文件中还会添加一些特殊的属性分类，并通过这些属性把产品需求文件与开发过程中的其他重要文件关联起来。这些属性包括需求编号、需求来源和需求域等。

1）需求编号

需求编号（Requirement ID）是将所有需求通过某个规则进行编号，每个需求编号都是唯一的。该编号非常重要。按需求管理的理念，产品后续的开发与测试都应与该编号一一对应。该编号也就成为需求追溯的重要标志。有些企业在产品开发过程中，将需求编号与项目管理的工作分解结构中的编号相结合，这是合理的。但工作分解结构中也存在底层任务的编号，该编号不应与需求编号相混淆。

2）需求来源

最常见的需求来源分为客户需求、市场需求和内部需求，这是需求分类中的高阶分类。尽管需求分类的方式有很多，但这是最基本的分类方式。被定义为客户需求的，都是必须被满足的需求，因为这些都是客户明示的需求。被定义为市场需求的，都是需要被细化的需求。其中，如果有客户未提出的一般市场需求（或客户隐含需求），则这些需求也应被满足；如果仅是市场所期望（并非强制）的需求，开发团队则可将其作为可选项。被定义为内部需求的，多数是需求本身受到企业内部资源或能力等方面的限制导致的。产品开发团队需要进行内部评估，以确认是否要满足这类需求。

3）需求域

需求域主要分成客户域、功能域、物理域和过程域。这个属性分类的诉求来自公理设计（见第 10 章）。公理设计是实现产品从抽象需求到产品具体化的重要桥梁。在项目早期的需求收集和确认阶段就将需求如此分类，是为了帮助开发团队尽早建立需求与实际产品特征之间的联系。

4）其他属性

企业可以在产品需求文件中添加各种有助于开发过程的属性分类，如测试验证、体系要求、产品家族或平台等。这些属性分类有利于产品在企业的产品库或开发过程中准确定位，以便企业科学且理性地开发产品。

以上这些属性与产品需求列表共同组成了产品需求文件。有的企业还会增加客户确认区域，以确保客户认同产品开发的实际需求。客户在产品需求文件上的签字确认，将大大提升产品开发的准确性。但根据经验，仅有少数客户愿意在项目早期进行需求确认，所以开发团队需要想方设法以其他形式（如非正式沟通、客户拜访等）获取客户认可。表 6-1 是一款钢笔的产品需求文件的部分示例，在实际的需求分类中还会包括安全、法律法规等更多内容。

表 6-1　产品需求文件示例

需求编号	需求分类与描述	需求分类 R—需求（强制） O—要求（可选）	需求来源 C—客户 M—市场 I—内部	需求域 CN—客户要求（客户域） FR—功能需求（功能域） DD—设计细节（物理域） PD—工艺细节（过程域）
1	性能需求（电子、机械、设计约束等）			
1.1	书写流畅，笔尖无卡滞	R	C	CN
1.2	墨囊容量可支持连续书写 2000 字以上	R	C	CN
1.3	可安全更换墨囊，无泄漏风险	R	M	FR
……	……	……	……	……
2	特征（形状、功能、材料需求等）			
2.1	金属笔身，最好使用不锈钢	R	C	CN
2.2	需要鎏金涂层	O	M	DD
……	……	……	……	……
3	可靠性（产品用途、寿命、性能等）			
3.1	自然连续使用寿命超过 5 年	O	M	FN
3.2	笔尖使命寿命超过 20km	O	M	DD
……	……	……	……	……

续表

需求编号	需求分类与描述	需求分类 R—需求（强制） O—要求（可选）	需求来源 C—客户 M—市场 I—内部	需求域 CN—客户要求（客户域） FR—功能需求（功能域） DD—设计细节（物理域） PD—工艺细节（过程域）
4	适用性（含应用环境）			
4.1	产品仅在室内环境下使用	O	M	DD
4.2	产品仅可在普通纸面上使用	O	M	DD
……	……	……	……	……
5	可用性（安装、操作、运输、存储、包装）			
5.1	产品应使用防震包装	R	C	DD
5.2	仓储环境温度为-20℃~65℃	O	I	PD
……	……	……	……	……
6	美学特性			
6.1	符合中国传统文化色调	R	C	CN
6.2	笔身需要龙纹图案	O	M	DD
……	……	……	……	……
7	人体工学			
7.1	符合右手书写原则	R	C	FN
7.2	笔身足够长，适合各年龄使用者习惯	R	C	DD
……	……	……	……	……

2. 质量功能展开

质量功能展开（Quality Function Deployment，QFD）是需求管理过程中的重要工具，是连接产品需求文件与企业内部开发团队的重要桥梁。该工具由日本的两位专家赤尾洋二和水野滋创建，并经过多年发展和演化。目前，QFD 有固定的模块，但企业在使用时并没有统一的量化标准和评价方式，所以相应的展现形式和风格也存在较大差异。QFD 是为了减少需求在企业内部分解和传递过程中产生的差异性，并形成有效的需求链，连接企业各个职能团队并达成最终目标。QFD 通过一系列连续的转置矩阵来传递需求，这些矩阵相互关联，构成了 QFD 的不同阶段版本。图 6-5 显示了 QFD 不同阶段中转置矩阵的变化过程。

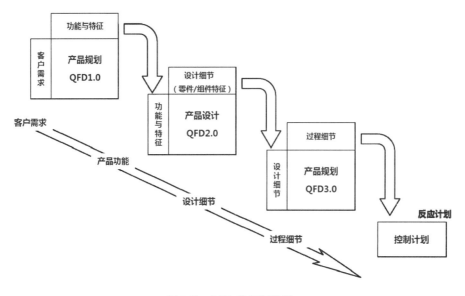

图 6-5　QFD 的不同阶段

典型的 QFD 分成四个阶段（各个企业在实际应用时可能存在差异性）。各阶段名称使用小数点的原因是在分解传递需求的过程中，可能存在过渡版本，如 1.5 版本用来帮助企业分解产品系统功能到子系统/组件功能，这里不再展开。

- QFD1.0：从客户需求到产品功能。

- QFD2.0：从产品功能到设计细节，也有图书把设计细节描述成零件特征，两者本质上没有差异。对于非实物类新产品开发，设计细节的通用性更高。

- QFD3.0：从设计细节到过程细节。

- QFD4.0：控制计划或等同的文件，该阶段的文件不以 QFD4.0 的名称出现，而直接使用控制计划等名称，因为该阶段的内容形式与之前阶段的矩阵有较大差异。

图 6-6 是一个以电脑鼠标产品为对象的 QFD1.0 示例。在产品开发过程中的 QFD 文件往往都非常庞大，开发团队直接手绘的效率可能更高。

通常，QFD1.0 的模块被分成以下部分，各部分的评分或符号可由企业自行定制。

（1）客户需求：通常是被整理或翻译后的需求，常用亲和图或等同工具的输出作为原始输入

（2）需求重要度：企业对客户需求重要程度的理解，也可理解为需求权重，通常打分以 1~10 分居多，10 分为最重要。建议打分时拉开分值，否则最终方案的评分可能无法拉开差距，无法实现排定优先级的功能。

（3）产品功能与特征：通过客户需求分解获得，通常建议每个客户需求至少被分解成 3~5 条对应的可实施的功能与特征。

（4）特征期望：根据被分解的特征类型，可以做出的产品特性的最终期望。通常分成望大（目标最大化）、望小（目标最小化）和望目（实现目标）。例如，材料成本最小化（望小），实现无线控制（望目）等。

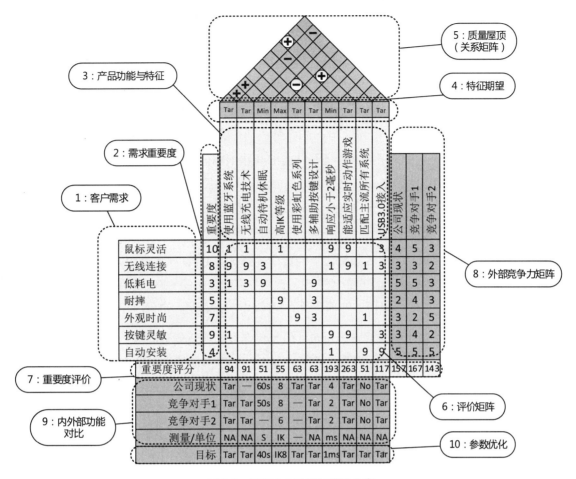

图 6-6　QFD1.0 示例与模块分布

（5）质量屋顶：功能与特征的关系矩阵。功能与特征之间可能存在某些关联，包括相互促进、相互排斥或互不相关。这些判断可以帮助产品开发团队更好地设计产品，避免出现功能互斥或系统性问题。通常，两个功能之间的关联被分成五类：强烈正相关（相辅相成）、正相关（一定程度上相互促进）、负相关（轻微矛盾）、强烈负相关（功能互斥无法共存）、不相关（两者不关联或关系不明显）。例如，车辆的自重和油耗在不改变原理的情况下，车辆越重，油耗越高，成强烈负相关关系。

（6）评价矩阵：评价客户需求与产品特征之间的影响度，这种影响可能是正面的，也可能是负面的。为拉开分差，通常打分以 0、1、3、9 分居多。其中，9 分代表存在强烈的影响；3 分为一般影响；1 分为轻微影响；0 分无影响，可以不填写。通常，每行（每个需求）至少应具备一个 9 分，否则代表该需求没有很好的实施方案或对应的功能与特征。

（7）重要度评价：每个功能与特征都与客户需求进行关联评价，所以该评价的分值等于矩阵内每个值与该需求的权重相乘后的纵向累加。可以认为该分值就是该特征与功能对客户需求的响应程度。通常，产品开发团队会对该分值进行排序。分值越高的功能与特征代表影响程度越高，因此产品开发团队应对其优先处理。

（8）外部竞争力矩阵：该模块为附加矩阵，比较依赖于市场研究的数据。通常，该矩阵会罗列关键的竞争对手，仅考虑当前竞争对手和企业自身关于客户满意度的打分。每个需求都单独打分，通常以 1-5 分最常见。分值越高代表满意度越高，也有企业使用图形来表示。最终评分与重要度评价类似。该矩阵对比了竞争对手和企业自身的当前情况，能够帮助企业完成自我定位与调整。

（9）内外部功能对比：该模块不仅依赖于市场研究的数据，也涉及竞争对手产品的相似度。该模块依然以竞争对手为参考对象，同时罗列企业自身当前规划的特征与功能参数。如果竞争对手的产品与企业的新产品差异不大，则该矩阵的充盈度较高。如果两者差异巨大，如更新换代的传统能源汽车和新能源汽车，则很可能有相当多的数据空缺（因为功能与特征不存在可比性）。

（10）参数优化：该模块罗列了产品特征与功能的参数期望值。在经过与竞争对手的功能参数对比之后，企业可能要对当前参数进行调整。此处应合理规划功能参数，因为该参数将成为后续设计产品规格的重要依据。注意，对于企业自身强于竞争对手的，也应进行优化；对于企业自身弱于竞争对手的，不应简单以竞争对手的参数为目标，而应平衡企业资源和战略意图，合理规划功能参数。

QFD 其他版本的各个模块也大致依据以上的设定进行。在 QFD 的各个版本中，1.0 版是模块相对较多且较完整的版本，也是客户需求管理实现的源头。其他阶段的 QFD 模块会根据实际情况被删减，最常被删减的模块包括质量屋顶、外部竞争力矩阵和内外部功能对比。

QFD 在传递需求的过程中扮演着重要角色，但其也存在某些适用性问题。对于需求较多的产品开发，功能与特征也会非常多，导致评价矩阵过于复杂。所以产品开发团队应平衡企业资源，适当地使用该工具，同时不要在小型产品开发项目上使用该工具。QFD 的适用性很强，无论在传统行业还是服务行业都有非常好的应用。

产品需求文件和 QFD 并不是孤立的工具，产品开发团队在需求管理过程中还可以应用其他很多工具来与之匹配。例如：

- 亲和图（Affinity Diagrams）：挖掘具有层次结构特征的客户需求。
- 关系图（Relations Diagrams）：用以确定需求重要程度，并发现沉默客户的需求。
- 结构树图（Hierarchy Trees）：用来寻找需求列表中的缺陷和遗漏。
- 流程决策程序图（Process Decision Program Diagrams）：用以分析可能造成新产品失败的潜在因素。
- 层级分析法（Analytic Hierarchy Process）：确定客户需求的优先级，并选出满足这些需求的设计与实现方案。
- 价值流图（Value Stream Mapping）：提供产品实现过程的增值分析。

6.5 需求实现的评价标准

产品开发需求在开发过程中逐步被实现，最终开发团队需要对这些需求进行统一评价。评价需求实现的目的，是确认产品是否满足了客户或项目的最初目标。如第 4 章所述，通常产品开发流程中会存在多次评审，包括技术评审和阶段评审等，这些评审就是对需求实现程度的评审。

技术评审是对产品功能实现程度的最佳评审方式。开发团队可以通过正式的技术评审程序，根据标准检查清单来逐一核实产品需求的满足程度。在小范围内，开发团队也可采用同行评价（Peer

Review）来交叉评价产品的开发状态。对于资金较为充足的企业，开发团队可以邀请第三方专业机构来参与评价过程。很多特定的行业也有一些行业标准来规范行业内产品开发的过程，如汽车行业的 IATF 16949 等。

阶段评审高于技术评审，其不仅是对需求满足程度的再次确认，也在考察开发项目的健康程度。一部分的产品需求是不涉及项目指标的，如产品功能，这些需求通常不是阶段评审的主要对象。而另一部分的产品需求则可能影响项目指标，如产品成本，这些需求可能既是客户的明确需求，也直接决定着项目的成败，所以这类需求是阶段评审的主要考察对象。

通常，技术评审和阶段评审都有明确的考察标准，由企业的开发流程和配置管理来决定。对于小型项目或开发流程不健全的企业，也可以由测试验证流程来完成需求验证，因为测试验证流程是独立过程，任何产品开发都不可能省略该过程。在测试验证流程中，开发团队或测试验证团队将针对客户需求（产品需求列表或产品需求文件）逐一进行验证，并提供完整的试验记录作为产品开发的可追溯性档案。测试验证能力较弱的企业可以委托专业且具备资质的检测/测试机构来完成该流程。未经测试验证的产品或未通过测试验证的产品不可上市或交付。测试验证流程将在第 12 章介绍。

一部分企业希望客户介入需求评价的过程。如果企业的产品开发过程严谨、按部就班，而且达成甚至超越客户需求，那么这种有客户参与的评价过程可以大幅度提升企业与客户之间的信任感，并提升项目成功的概率。反之，如果企业的产品开发过程混乱，或者未达成客户需求，那么这种评审会极大地引起客户反感，不仅可能影响当前项目，甚至可能影响未来的合作关系。所以邀请客户介入需求评价的做法是一把双刃剑，企业应谨慎对待。

无论产品需求在企业内部被如何评价，都仅仅是需求实现的参考标准，是企业自身对产品的单方面认知。产品是否真正满足需求，应根据产品在市场或客户的最终反馈来确认。即便企业自主研发的产品，也需要接受市场的检验。只有获得良好市场反馈和客户满意度的产品，才能被认为满足了客户需求。

企业要对产品需求满足度打分，通常使用检查表。这种检查表以需求满足的百分比为评价标准，默认标准都是 100%。企业可以自行定义检查表的内容，一般检查表不会太具体，以产品家族或典型特征与功能为主要评价对象的检查内容居多。原则上，检查表低于 100% 的产品都不可接受。

注意，实现全部的产品开发需求不等同于产品开发项目成功。实现需求是满足客户对产品的期望，但项目开发还要检视企业的盈利情况与成长性。即便再完美的产品，如果企业无法在该项目上（或与之有关的其他项目上）获取预期的收益，那么产品开发项目依然是失败的。

案例展示

星彗科技在桌面清洗机项目的立项之初，根据产品路线图进行立项选择，在初步评估产品开发需求时就产生了一份最初的产品需求列表，这是项目团队对产品开发需求的最初印象。该产品需求列表如表 6-2 所示。这张表是产品后续开发的原始对象。

表 6-2　产品需求列表（部分）

编号	原始需求	编号	原始需求
1	产品应能将物品清洗干净	21	功能可选，多款工作模式
2	按键要少，简洁	22	清洗机外观要精致优雅
3	不要有时间显示	23	清洗槽应可分离
4	操作按键要简洁易懂	24	清洗过程有艺术观赏性
5	产品按钮应方便操作，不易出现误操作	25	清洗机铰链不得外漏
6	产品不应有锐利边角	26	清洗机应含有水检测功能
7	产品底部应有防滑处理，不易从桌面滑落	27	清洗完之后方便排水
8	产品工作时噪声要尽可能小	28	清洗液能杀菌
9	产品具有自动蓄水功能，清洗完后自动蓄水	29	清洗液无水渍
10	产品外观造型要美观，高端大气上档次	30	升降/防水功能
11	产品要有消毒功能	31	水槽的盖子要透明
12	产品应方便取放	32	水槽有方便的倒水设计
13	产品应能清洗小型水果	33	外表面要有质感，不能看起来廉价
14	产品应有开盖即停止工作的功能	34	物品清洗后要是干的
15	产品只换不修	35	需要将物品表面水分去除
16	超声清洗	36	要有可视化人机界面
17	带有快速吹干功能	37	造型美观，符合 25~35 岁审美
18	电源线需要方便收纳	38	整机结构简单，装配简单
19	定时自动化完成	39	整体看起来小巧轻盈
20	多维度 UV 消毒	……	……

由于在原始需求中一些需求的描述很模糊，且存在相互矛盾或冲突的情况，因此根据产品的原始需求，项目团队通过需求翻译表将这些需求转换成了产品需求文件。表 6-3 是产品需求文件的原始版本。这份文件是产品开发的主要依据，在产品设计需求冻结之前，该文件将被持续更新。

表 6-3　产品需求文件（部分）

需求编号	需　　求	等　级 R—要求 O—目标	来　源 C—客户 M—市场 I—内部	类　型 CN—客户要求 FR—功能要求 DD—设计细节 PD—流程细节
1	产品基本要求（性能、功能、电子和机械的要求，设计约束，软件要求等）			
1.1	产品应能将物品清洗干净	R	C	CN
1.2	产品应能自动将物品表面水分去除，残余水分小于 10mg	R	C	CN
1.3	清洗水槽最小要能清洗一副眼镜	R	C	CN
1.4	产品工作时噪声小于 65dB	R	C	FR

续表

需求编号	需 求	等 级 R—要求 O—目标	来 源 C—客户 M—市场 I—内部	类 型 CN—客户要求 FR—功能要求 DD—设计细节 PD—流程细节
1.5	产品应能清洗小型水果	O	C	CN
1.6	清洗槽应可分离	O	I	FR
1.7	清洗和除水应在 3 分钟以内	O	I	FR
1.8	产品应有开盖即停止工作的功能	O	I	FR
1.9	产品应能满足 220V 50Hz 用电标准	R	M	DD
1.10	产品重量控制在 500g 以内	R	C	CN
2	产品特点（外形、功能、材料需求等）			
2.1	按钮周边要有 LED 灯（白色，8 枚）	O	C	FR
2.2	水槽的盖子要透明	O	I	CN
2.3	产品外观颜色以冷色调为主，具有相同颜色的不同零件之间的色差 ΔE 不能超过 0.5	R	M	CN
2.4	产品外观有磨砂质感	O	C	DD
2.5	产品外观仿手机操作面板，一键操作	O	I	CN
3	可靠性（产品使用、终生性能等）			
3.1	可靠性目标：在可靠度 99%、置信度 50% 的情况下，寿命达到一年（或 1500 次循环）	R	M	FR
4	稳定性和一致性（环境合规、行业标准、客户文档、验收测试、应用测试等）			
4.1	产品满足 ROHS 要求	R	I	CN
4.2	产品满足 GB 1019—2008《家用和类似用途电器包装通则》	R	I	CN
5	耐久性（操作环境）			
5.1	外观塑料日光下具有良好的抗老化性能	R	M	CN
5.2	产品储存 3 年后取出可以正常工作	R	M	CN
6	适用性（安装/操作/应用的需求，应用工具，运储与包装需求，以及备用配件需求）			
6.1	电源线可方便收纳	R	C	CN
6.2	清洗完之后方便排水	R	C	CN
6.3	可以单独包装、运输	R	M	CN
7	美学			
7.1	外表面要有质感，不能看起来廉价	R	C	CN
7.2	整体看起来小巧轻盈	R	C	CN
8	人体工程学			
8.1	产品应方便取放	R	I	DD

续表

需求编号	需　求	等　级 R—要求 O—目标	来　源 C—客户 M—市场 I—内部	类　型 CN—客户要求 FR—功能要求 DD—设计细节 PD—流程细节
8.2	产品按钮应方便操作，不易出现误操作	R	I	FR
8.3	说明书要简单易懂	R	I	CN
9	安全性			
9.1	产品不应有锐利边角	R	I	DD
9.2	产品底部应有防滑处理，不易从桌面滑落	R	I	FR
9.3	产品需要通过 3C 标准认证	R	I	CN
10	其他（如专利问题、客户注意事项、产品应用范围等）			
10.1	产品只换不修	O	I	CN
10.2	产品应有专利保护	O	I	FR
10.3	成本要控制在 50 元以内	O	I	DD
10.4	产品在中国使用	R	M	CN

　　在传递产品需求的过程中，星彗科技也应用 QFD 来分解和传递产品开发需求。QFD1.0 示例如图 6-7 所示。图中对产品的功能与特性进行了重要度排序。该工具贯穿整个产品开发过程，并在不同阶段持续更新和传递。在本章展示使用该工具的案例，是为了解释 QFD 对于需求传递的作用，其原始输入来自客户需求。事实上，该工具真正发挥作用应在创意过程（见第 8 章）之后，即 QFD 的矩阵输出项实际来自创意阶段及之后的开发活动。QFD 实现了需求的分解和传递，从而确定了该桌面清洗机的主要功能与设计特征。

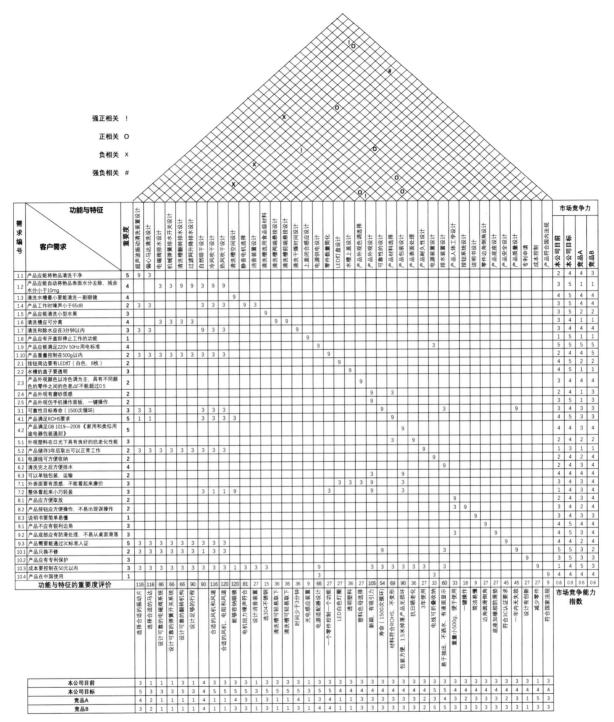

图 6-7 QFD1.0 示例

第 **7** 章

市场信息收集

7.1　市场信息与市场细分

企业获取产品需求的主要来源是客户的特定需求和市场的一般需求。客户的特定需求体现了强烈的客户意志，这些需求对应的产品可能仅仅针对该客户有效，如各种非标准行业的产品、客户定制产品等。虽然有些企业是专门以客户定义产品为主要的盈利手段，但多数企业依然在意市场的一般需求，因为市场的需求可能意味着更大的市场和舞台。市场上的产品需求通常以市场信息为载体被传递到企业内部，这些信息非常零散，如果企业不主动进行收集也不通过专业的第三方获取，那么这些信息很难被企业利用。

市场信息通常具备这样的特征：

- 时效性。市场信息的有效期很短，随着时间的推移，之前的信息会变得毫无用处。

- 分散性。市场信息量大、涉及面广且庞杂不堪，如果没有专业的信息分类技术，无法直接利用信息。

- 可压缩性。市场信息中有大量杂音，这些杂音对产品开发并没有作用。人们可以依据各种特定的需要，进行收集、筛选、整理、概括和加工，以达到精简信息并增强信息量的目的。

- 可存储性。市场信息可以通过计算机、网络、杂志、数据库等各类载体被存储，同样，这些信息也可以被访问、读取和更新。

- 系统性。市场信息并非单一存在，很多信息之间存在关联性，它们构成了系统性的信息网，产品需求就隐藏在这些信息网中。

- 竞争性。有一部分市场信息是相互针对的，主要是同行业的竞争数据。

- 保密性。市场信息本身不具备防卫功能，所以任何人或组织都可以获取信息。先获得某些市场信息的人或组织将具有一定的市场优势，而这些信息如果被披露给其他竞争对手，则可能对原信息的拥有者造成一定的损害。

- 价值性。市场信息是有价值的，因为它包含的产品需求和其他重要信息可以为企业带来不同程度的效益。同时市场信息可以被买卖与赠予。

- 多来源。市场信息的来源五花八门，任何人、组织、市场等业务主体都会产生各种信息，这些主体既是市场信息的生产者，也是市场信息的发送者、传递者和接收者。

市场信息与载体不可分，但又有相对独立性。所谓不可分，是指市场信息内容不能脱离信息载体独立存在，信息只有借助于物质载体，经过传递才能被人们感知；所谓相对独立性，是指同样的信息内容不因载体形式、传播方式、传播空间和时间的不同而不同。

企业通过对市场信息的研究，可以确定企业开发产品的方向和目标。在第 3 章中提及的产品与技术开发路线图很大程度上就依赖于市场信息。通过对市场信息的研究，企业不仅可以获得有效的产品开发需求，也有助于企业确定市场细分。

市场细分（Market Segmentation）是指企业按照某种标准将市场上的客户划分成若干个客户群，每个客户群构成一个子市场。不同子市场之间的需求存在着明显的差别。市场细分是选择目标市场的基础工作。市场营销的活动包括：细分一个市场并把它作为公司的目标市场；设计正确的产品（Product）、价格（Price）、渠道（Place）和促销（Promotion）组合（即 4P 理论），以满足细分市场内客户的需要和欲望。

企业将市场进行细分管理是一种自然行为，因为市场或客户对于产品的需求过于庞杂，几乎没有企业可以同时满足所有类型的客户。市场细分后，企业可以获得不同特定目标的客户群，据此开发出符合该目标客户群需求的产品。

在最初的市场细分理论中，市场大致被分成完全市场细分（所有客户个体均独立，产品完全定制化）和无市场细分（客户完全趋同，单一产品可满足所有客户）。随后的研究发现，这样的划分过于绝对，于是细分理论又在上述两个市场细分之间划分出了单一标准细分、综合标准细分和分层细分等中间状态。这些市场细分的划分标准由企业根据产品目标客户的某些特征来决定。以下是一些常见的市场细分类型。

1. 地理细分

不同地区的历史人文各不相同，客户的偏好与消费习惯也有显著差异。企业针对不同地区的客户习惯、地理特征和当地人文特征，获取产品开发的最有利信息。例如，高纬度地区热销的抗寒产品在热带地区就会变得毫无用处。

2. 人口细分

人口细分是将市场按照年龄、性别、家庭规模、家庭生命周期、收入、职业、教育、宗教、种族和国籍等人口统计因素分为多个群体。其中，年龄、性别和收入是最常见的细分标准。例如，服装行业会针对性别和年龄设计不同类型的服饰。

3. 心理细分

有共同爱好、共同背景、共同经历的客户群体很容易对某些事物产生类似的看法和癖好。利用该细分标准来开发产品，容易获得客户对产品的认同感、偏爱感和亲切感。例如，同一个游戏的爱好者群体会对该游戏的周边产品产生极大的兴趣。

4. 行为细分

部分客户的行为具有一定的惯性和固有模式，在这种情况下，客户对产品的诉求相对固定。例如，某些客户偏爱前沿的电子产品，某些客户喜欢非常成熟的产品（不买刚上市的新品），还有些客户只购买特定的品牌产品等。

不同的市场细分可能存在交叉区域，使用多个细分标准来确定客户群体的做法称为综合标准细分，这种方法可以让目标客户群体更加清晰。不建议使用太多的标准来细分市场，通常使用 2~3 个细分标准是可以的。如果使用细分标准过多，就会使目标客户太过具体，甚至限定在非常小的范围内，而企业可能因此损失大量潜在客户。图 7-1 是一个以服装产品为对象的市场细分模型。

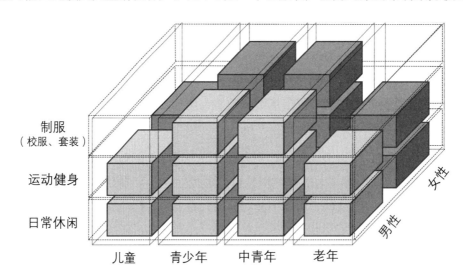

图 7-1　服装产品的市场细分模型

市场信息瞬息万变，其变化的趋势很难预测，甚至一些看上去已经过时的客户需求都有可能重新变成未来的客户需求，而市场细分也会随之变化。企业需要时刻注意市场信息的变化并及时调整市场细分。

企业很多的产品开发需求来自对市场信息的分析，这就决定了客户需求具有一定的滞后性。所以，不建议企业去设计滞后于实际客户需求的产品。企业在分析市场信息时要有足够的前瞻性，至少要考虑产品开发的必要时间,确保产品开发上市的时间依然存留于市场的窗口期内。

现在越来越多的企业开始关注自主开发产品。自主开发产品是企业强烈的自我意识的体现,但自主开发产品也需要和市场需求相匹配。一旦出现自主开发产品与市场需求相矛盾的情况,企业就要谨慎对待。在产品开发的诸多案例中,多数与市场需求矛盾的新产品开发都失败了,因为这些产品最终没有被市场接受;但也有极少数产品突破了市场的固有思维,获得了极大的成功。风险与收益并存,企业应自行判断此类情况的风险与收益。

7.2 市场信息收集的方式

市场信息来源纷杂,企业需要采用特定的方式来收集这些信息。收集市场信息是一门独立的技术,企业可以自己主动获取这些信息,也可通过第三方获取。通常,收集信息分成对内和对外两种方式。其中,对内收集是一种较为简单的收集形式,主要以历史经验研究为主;而对外收集则属于开放式的信息收集,主要分成初级市场研究与次级市场研究。

历史经验研究是企业开发新产品前的必修课,该活动应经常在企业内部开展。历史经验研究主要针对企业已经发生的历史产品开发项目进行研究,研究企业现有产品开发的背景、经验、收益和教训等。这是非常客观且直接的分析方式。由于企业的产品具有良好的继承性,既往开发产品的经验可以成为后续开发的典型参考。历史经验研究没有固定的形式,企业可利用自己的持续改善体系(经验教训总结是典型的持续改善活动)来完成该活动。该研究的主要目的是开发团队在新产品开发之前尽可能从历史开发活动中寻找类似的开发经验,规避可预见的开发风险,协助团队准备开发资源,获取管理团队的支持等。这个活动的输出仅供参考,并不会对后续产品开发产生决定性的影响。尽管该活动较为简单,但不应忽视。经验表明,大多数的产品开发风险都可以在之前的历史项目中获知。

初级市场研究和次级市场研究则是对产品开发产生至关重要影响的活动。初级和次级的差异在于信息获取的方式或直接程度。企业通过直接与客户接触所获取的信息与分析,被称为初级市场研究;而企业通过第三方间接获取客户信息并加以分析的研究,被称为次级市场研究。这两者都非常重要,仅仅是信息来源的渠道不同。

1. 初级市场研究

初级市场研究需要企业与客户直接发生接触,这种接触的形式多种多样,包括客户拜访、行业互动、调查问卷和业务往来等。在与客户接触的过程中,市场信息可以直接从客户的言行中获取,企业既可以直接向客户询问,也可以通过自身的观察来揣摩客户的意图。无论哪种形式,这种信息获取的方式是直接的,在信息传递过程中,信息并未发生失真或被其他因素干扰。

在初级市场研究中,客户拜访是最常见也是最有效的信息收集方式。有很多学者专注于研究客户拜访活动的有效性。目前,客户拜访已经成为一种专门的访谈技术。企业在拜访之前需要制订有效的拜访计划,并指定拜访者。拜访计划是一份特定的活动计划,其中记录了拜访客户的时间、地点、行程、双方参与的人员等信息。重要的是，在这份计划中，访谈者应规划拜访客户时双方访谈的问题列表和相关问题。有一些建议可以大幅度提升访谈的效率。例如，访谈时间尽量控制在 45 分钟之内；不要问太多问题（通常在 10 个问题以内）；问题应为开放式问题（无法直接用"是/不是"来回答）；问题要有逻辑相关性；所有问题都需要预设期望答案和备选答案；当客户出现偏题或出现不期望的答案时，如何引导客户等。拜访者可以是一个人，也可以是一个团队。在大量的实践经验中，三人一组的拜访团队是一种最佳实践。团队应进行必要的分工，最常见的分工包括访谈者、记录者和观察者。

- 访谈者：主要的提问者，按照既定的问题提问，并引导客户提供相应的信息。
- 记录者：记录访谈的全过程，并在必要时提醒访谈者（如访谈时间、遗漏问题等）。
- 观察者：观察客户的微表情和其他细节，包括客户的现场环境和"隐藏"在背后的潜在问题等。

在拜访客户之后，拜访团队需要尽快将收集到的信息汇总，一方面交由客户进行确认，一方面将其带回企业进行后续的深入分析。

对于无法进行客户拜访的情况，企业可以通过调查问卷、电话沟通和网络会议等其他互动形式以达到类似的效果。这些活动的目的都是为了直接从客户端获取信息。注意，与客户之间的一次互动不可能获取所有必要信息，适当增加互动次数可以增加获取信息的总量。但并非互动次数越多越好，因为所有的拜访互动都在增加双方的负担，多次互动之后会使客户产生厌烦感。而无论多少次互动，客户总会有所保留，所以企业应把握好这个度，与客户保持适当的沟通即可。

初级市场研究所获得的数据都是客户直接表达或展现出来的，但并不意味着这些信息都是真实的，企业依然需要运用专业的理性分析从中将有效信息提炼出来。

2. 次级市场研究

次级市场研究是企业从第三方获取市场信息的研究方式，是对初级市场研究的重要补充。次级市场研究的信息来源远远多于初级市场研究，常见的来源包括官方网站、专业数据库、专业期刊、社交媒体、行业峰会/论坛、同业交流和技术研究等。

次级市场研究所获取的信息量远远大于直接从客户端获取的信息量，尤其在信息爆炸的时代，很多信息都可以直接从公开渠道获得。但这也给次级市场研究带来了一个困扰：数据的有效性。次级市场研究的信息来源中有一部分来自专业数据库或官方网站，相对而言，此类数据的有效性较高，但有些专业数据库的信息是需要企业花费高额费用才可获得的。而在社交媒体和其他行业交流活动中所获取的信息则可能包含大量噪声，这些噪声包括过期数据、人为篡改数据等。企业很难辨别这些信息的真伪，所以尽管次级市场研究的信息量大，却不一定都是企业可用的信息。而且次级市场研究的数据多数都是过去的数据，其时效性非常差，很多数据甚至无法确定其获取的时间。

次级市场研究也包括另一种形式，就是企业委托第三方与客户发生互动，从而获取市场信息。通常，企业委托的第三方都是专业机构，他们会采用焦点小组、德尔菲技术等各种专业互动活动来代替企业获取信息，同时也会对信息进行必要的提炼和总结，给出他们专业的意见。通过这种形式获得的信息较为可靠，但企业需要付出的费用不菲，所以需要谨慎规划。

表 7-1 比较了初级市场研究与次级市场研究。

表 7-1　初级市场研究与次级市场研究的比较

比较维度	初级市场研究	次级市场研究
实施者	企业自身	第三方
时效性	及时且有效	过时的
获取成本	相对较高	不确定（如采用官方网站或社交媒体，则成本很低；如采用专业第三方，则成本很高）
相关性	由企业自身确定	不受企业直接控制
数据形式	很粗糙，需要后期整理	已由第三方整理
数据可靠性	相对较高	相对较差，需要验证
数据唯一性	初次获取	已被他人获取
主要优点	针对性较强，真实性较高，与业务相关性较强，数据时效性较好	可快速获取，多数信息获取成本低，无须再进行数据处理，结果直接可用
主要缺点	企业需要耗费额外资源，需要专人处理数据，可能影响客户关系	数据时效性差，有效性无法验证，数据多为公开数据，数据价值和竞争性较差

无论采用哪种市场研究方式，都是为了给企业提供必要的市场信息以用于产品开发，其关键就在于这些信息的有效性。市场信息的有效性不仅包括数据的时效性和可靠性，也涉及数据的来源和样本量。如果向错误的目标群体采集数据或者数据的样本量过小，都将严重影响后续市场信息分析的质量。

市场数据的样本量是一个专门的话题，在应用统计学中，对于市场相关的数据分析通常采用专业的统计工具。在默认的情况下，其样本量越大越好，这样统计分析的误差就会相应减少。但在市场信息收集过程中，样本量通常难以控制，所以这里不再展开。

7.3　处理市场信息的工具

企业通过各种渠道获取市场信息之后，就要对这些信息进行必要的处理工作。虽然部分通过次级市场研究的信息已经经过了初步整理，可以直接被企业所用，但仍有相当多的信息需要进一步处理。而对于初级市场研究获得的信息则几乎必须进行加工处理才可以被企业所用。

处理市场信息的方式与其他信息的处理方式类似，主要以定性分析与定量分析为主。

1. 定性分析

定性分析（Qualitative）是对市场信息进行类别化处理，然后做出指定属性决策的分析方式，其分析结果只是对信息进行属性判断。这种分类方式不需要进行专业的数理推断性统计，较为主观，常与使用者的经验有关。定性分析较为快速，可以在很短的时间内就获得分析结果。但定性分析的准确性不佳，如使用者经验不足或出现判断失误，则很可能出现灾难性的结果。所以很多企业在分析数据时，先进行定性分析，仅仅将定性分析作为初步判断的参考，后期在资源可用的前提下，尽可能实施定量分析来获得更为准确的判断依据。

定性分析需要将市场信息类别化。一些较为常见的分析模型为此提供了较为出色的依据，如波特的五力模型、PESTLE 模型等。这些模型都具备类似的结构化分析模式，可以从不同思考维度来帮助使用者厘清繁杂的市场信息。

以 PESTLE 模型为例，该模型就从六个不同的角度来考量分析市场信息，并将这些信息提炼成产品开发的重要依据。这六个角度分别是：

1）政治（Political）

这是对产品开发大环境的限制。企业需要考量产品在当前和未来目标市场的存活限制，这些限制通常由国家政策规定。例如，燃油车在未来的乘用车市场中将逐步被限制甚至禁止销售。企业应考虑国家对特定产品的未来规划及其发展趋势和供应链关系等因素，调整产品开发的策略和方向。在特殊地区，企业还需要考虑国家安全因素，在产品开发过程中尽量避免被卷入战争和地区冲突。

2）经济（Economic）

产品的属性（售价与成本等）要与细分市场的经济水平相匹配。企业还需要考虑产品季节性需求的变化，以及相应的供应链变化。从企业运作的角度，企业需要考量市场经济环境的变化趋势、企业运作的成本压力、业务瓶颈甚至财务状况与资金汇率等诸多信息。对于使用融资进行产品开发的企业，还需要关注金融市场的变化。

3）社会（Social）

这是产品的需求、销售、应用、服务和质保等一系列因素的"大杂烩"。企业不仅要考虑产品的生命周期，还要考虑客户或消费者的使用与购买习惯、社会评价、广告效应等繁杂因素。这些信息所承载的因素多数属于企业难以掌控的因素，是产品开发的事业环境因素。企业必须适应这些因素并做出必要调整。

4）技术（Technological）

技术水平直接决定了产品的先进程度，部分由技术驱动的企业会采用技术领先的战略来开发产品。企业应考虑自身当下的技术水平，并对比外界的技术水平，进行差距分析，然后制定引领市场或快速跟随等典型的产品开发战略。技术发展的趋势是企业时刻关注的对象，开发具有一定前瞻性的产品是企业保持活力的重要手段。企业应保护好自身的技术资料，并制定必要的知识产权保护战略。

5）法律（Legal）

法律因素往往与政治因素有关，这是企业开发产品的指导性纲领。在某些国家或地区，某些产品开发会受到政府限制，当地政府也会颁布相关法律来限制企业的产品开发行为。除此之外，不少行业也会制定一些行业规范和标准来规范企业的产品开发过程，以提升产品质量。这些都需要企业在产品开发过程中严格遵守。

6）环境（Environmental）

环境因素是产品开发实现可持续发展的基本要素，通常分成对内和对外两部分。对内（内环境），企业需要考虑产品开发对自身发展和业务环境的冲击，产品开发应对企业的长期发展有所帮助。对外（外环境），产品开发应考虑对社会的影响，并尽可能不对自然生态产生影响，以实现产品开发与自然环境的平衡和可持续发展。

其他诸多分析模型的形式与 PESTLE 模型类似，主要通过不同的分析维度来帮助使用者思考产品开发可能涉及的基本要素。在分析过程中，人们可以使用一些常见的定性分析方法，如历史类推法（Historical Analogy）、专家判断（Judgmental/Expert Opinion）和德尔菲法（Delphi Method）等。

2. 定量分析

定量分析（Quantitative）是基于数据分析基础的分析方式，强调用数据说话。定量分析采用专业的统计技术或方法，将历史数据及相关信息建立成一定的数学模型，再找出影响未来趋势的内在规律，最终做出预测结果。这种方式在很大程度上可以减少人为偏见，降低产品开发的方向性错误概率。

定量分析的使用者需要具备一定的统计学知识。统计学将统计分析分成了描述性统计和推断性统计。在处理市场信息时，企业多采用描述性统计，即对市场信息进行归类汇总，而对于一些有充足历史数据的关键信息，企业也会采用卡方检验、回归和时间序列等方法，以研究它们的内在关系和未来趋势。

注：在产品开发的过程中，应用统计学扮演着重要的角色，不仅在市场信息分析，而且在开发设计、测试验证和工艺配置等诸多环节都涉及大量的应用案例。本书在第 12 章将对应用统计和抽样方法略做说明，而更多的介绍请读者参考作者的另一本书《六西格玛实施指南》，在该书中有详细的工具介绍和案例分析。

企业要想进行定量分析，需要具备一定量的历史数据，这些数据可以通过市场研究和历史数据研究获得。通常，企业先进行描述性统计，即根据数据类型绘制各种常见的统计图，这些图包括柱状图、折线图、饼图、条形图等。表 7-2 是最常见的描述性统计图，这些图也被用于产品开发的过程中。

表 7-2　部分常用的描述性统计图

图	特征或应用	示　　例
柱状图	• 直观表示了不同类别的比较值。 • 常用于描述现状	**消费增长** （柱状图：上海、北京、深圳、广州、杭州、苏州、南京，纵轴 0.00%~15.00%）
折线图	• 常用于描述随着时间所表现的某种趋势。 • 折线图本身只是以描点或描线的方式将各个时间点或属性的数据连接起来，不进行任何计算。 • 折线图是控制图的基础，也是时间序列图的基本表现形式	（折线图：1995—2008年消费增长，纵轴 0.00%~15.00%） —— 消费增长
饼图	• 常用于表示各组成部分的百分比占比，是商业等领域最常见的图形。 • 这种百分比研究是对客观状态的描述。 • 圆内各区域的占比总和等于 1	（饼图）成都 10%、上海 11%、北京 14%、深圳 15%、广州 8%、杭州 10%、苏州 8%、南京 10%、武汉 14%
条形图	• 柱状图的另一种表现形式，常用于表示某活动的进度。 • 用于不同类别的比较。 • 条形图不参与任何计算，仅呈现数据的当前状态	（条形图：活动A~活动F，横轴 0~500） ■ 项目天数
面积图	• 强调数量随时间而变化的程度。 • 常用于多类别的数量对比	（面积图：人数变化，1995—2013年，纵轴 0~2000） ■ 城市A　■ 城市B

续表

图	特征或应用	示　例
散点图	• 通过由两组数据形成的坐标点的相对位置关系，来判断两组数据之间是否存在某种关联。 • 散点图本身不进行任何计算，仅以描点的形式在双坐标系内呈现。 • 如果点在坐标系内的位置散乱且无明显的线性趋势，则认为两组数据之间没有相关性。 • 如果点在坐标系内呈现了某种线性关系（包括二次，甚至三次曲线的趋势），则可以通过相关性分析来判断它们之间的相关性	
直方图	• 描述了某组数据中特定数值出现的频次，可用于拟合分布，是典型的基础统计图，易与柱状图混淆。 • 直方图不参与计算，仅呈现数据出现的频次，但其统计区间往往需要设定，其频次是数据在指定区间内的频次	
帕累托图	• 也称排列图，将一组类别数据以出现的频次从高到低进行排列。 • 常用于寻找当前数据中占比 80%的主要因素。 • 常用于寻找原因	

　　描述性统计图通常给企业管理团队非常直接的视觉冲击，这些都是客观数据的汇总结果，不受人为因素的影响。企业可以根据这些图做出产品开发的方向性判断。如果企业还需要研究更深入的信息，如研究不同类别的产品特性的差异性，研究产品未来发展趋势的变化程度等，则需要做推断性统计。

　　推断性统计的方法众多，这类分析与假设检验、回归分析等方法密切相关。在处理市场信息时，企业常用到卡方检验（假设检验中的一种分析方法）等。推断性统计的计算量较大，目前多数都由专业的统计软件来完成计算。

1）卡方检验

卡方检验是一种针对计数型数据的假设检验方法，属于非参数检验的范畴，主要比较两个及两个以上样本率（构成比）以及两个分类变量的关联性分析。在信息分析的过程中，可能存在大量计数型数据，而卡方检验可以用于研究各分类下事件的理论频数和实际频数的吻合程度。

例如，某企业研究产品 A、B 和 C 受客户欢迎程度是否有差异。其原始数据与卡方检验结果如图 7-2 所示。

客户对各产品投票结果（投票人数）

	喜欢	不喜欢
产品A	120	118
产品B	110	102
产品C	85	95

卡方值计算

		喜欢	不喜欢	说明
产品A		120	118	实际计数
		119	119	期望计数
		0.00840	0.00840	卡方贡献
产品B		110	102	实际计数
		106	106	期望计数
		0.15094	0.15094	卡方贡献
产品C		85	95	实际计数
		90	90	期望计数
		0.27778	0.27778	卡方贡献

卡方检验

	卡方	自由度	P 值
Pearson	0.874	2	0.646
似然比	0.875	2	0.646

图 7-2　卡方检验案例

根据图 7-2 所示的分析结果，卡方检验的 P 值为 0.646，该数字远大于常见的显著性水平，所以卡方检验接受默认的原假设，即没有足够的证据证明，这些产品受客户喜欢的程度有显著差异，以及产品的受欢迎程度差不多。以这个案例为例，如果企业不采用卡方检验的方法，而直接采用各自的比值来判断哪个更受欢迎，那么企业很可能得到错误的结论。

卡方检验的原始数据表常以多维表格的形式出现，所以有些应用也称卡方检验为列联表检验。

2）回归分析

回归分析是在分析响应变量（如市场现象）和因子变量之间相关关系的基础上，建立变量之间的回归方程，并将回归方程作为预测模型，以预测或改善响应变量和因子变量水平值的方法。回归分析需要大量的历史数据作为建立回归模型的依据，数据质量决定了回归分析的有效性。

回归分析有一个庞大的工具家族作为支撑，从因子变量的数量上，分为一元回归和多元回归；从数据类型上，分为普通（连续型数据）回归和逻辑回归等。如果企业可以从这些变量之间找到响应变量与因子变量的回归方程，那企业就可以使用该方程进行相应的预测。回归分析是常用的一种具体的、行之有效的、实用价值很高的市场预测方法，也可被用于产品需求分析。

回归分析与数据的相关性分析有关，所以在回归分析前，先做相关性分析会大幅度提升分析效率。

例如，某汽车公司在研究新能源车辆的产品销量与续航里程、电池寿命和保养费用之间的关系时，获得了一部分市场数据。图 7-3 显示了原始数据和回归分析的部分统计结果。

产品销量 (台)	续航里程 (千米)	电池寿命 (月)	保养费用 (元)
5967	466	34	1677
7577	566	48	1227
5999	359	32	1459
7557	335	36	1676
5098	228	23	1243
7037	517	50	1570
5514	332	28	1213
5744	379	27	1218
7076	607	69	1761
5293	486	47	1798
5607	364	43	1573
7974	686	49	1746
7063	501	51	1560
5646	361	43	1506
7225	412	30	1370
7598	644	70	1730
5989	305	33	1530

① 相关性分析（表内为Pearson相关性系数）

	产品销量(台)	续航里程(千米)	电池寿命(月)
续航里程(千米)	0.934		
电池寿命(月)	0.817	0.780	
保养费用(元)	-0.016	0.019	0.130

② 未做因子删减的回归分析：方差分析表

来源	自由度	Adj SS	Adj MS	F 值	P 值
回归	3	7297888	2432629	37.73	0.000
续航里程(千米)	1	1738142	1738142	26.96	0.000
电池寿命(月)	1	185238	185238	2.87	0.114
保养费用(元)	1	30048	30048	0.47	0.507
误差	13	838169	64475		
合计	16	8136058			

③ 使用步退法(α=0.1)因子删减后的回归分析：方差分析表

来源	自由度	Adj SS	Adj MS	F 值	P 值
回归	1	7103459	7103459	103.19	0.000
续航里程(千米)	1	7103459	7103459	103.19	0.000
误差	15	1032599	68840		
合计	16	8136058			

④ 因子删减后的拟合优度分析

S	R^2	R^2（调整）	R^2（预测）
262.374	87.31%	86.46%	84.04%

⑤ 因子删减后的回归方程

产品销量(台) = 1795 + 7.292 续航里程(千米)

图 7-3　回归分析案例

在本例中，该汽车公司原以为产品销量与续航里程、电池寿命和保养费用都有关系。但第一步相关性分析显示，仅续航里程与电池寿命与产品销量有关（相关性系数的判定值一般要求大于 0.8 才认为两者有潜在相关性）。第二步回归分析显示，电池寿命和保养费用对应的 P 值均大于默认的显著性水平（α 值），所以这两个因子可能对模型的影响不显著，故进行因子删减。第三步使用步退法进行因子删减后，仅续航里程一个因子被保留。第四步查看模型的拟合优度，发现回归的确定系数 R^2 值均大于 80%。第五步确定回归方程。因篇幅有限，方差膨胀因子和残差数据未显示，在本例中这两项指标都在可接受范围内。该案例显示，实际上电池寿命与保养费用对产品销量的影响程度不显著。企业也可使用该回归方程进行产品设计与销量预测。

3）时间序列

时间序列是用途非常广泛的分析工具，对数据的限制要求非常少。凡是具有时间属性的数据都可以进行时间序列分析。时间序列是建立在历史数据自回归模型基础上的一种预测分析。如果数据无法实现有效的自回归，那么时间序列可能无法找到有效的数学模型。不对未来数据进行预测的时间序列图就是描述性统计中的折线图。时间序列分为加法模型和乘法模型，通过对数据的变化趋势、周期性变化、季节性变化、随机波动等因素进行分析，以寻找最佳的自回归模型参数。

例如，某企业发现其产品的寿命有周期性变化。除常规的产品可靠性规划外，开发团队还收集了过去几年从市场反馈回来的产品平均寿命，并进行了时间序列分析。原始数据与时间序列分析如图 7-4 所示。

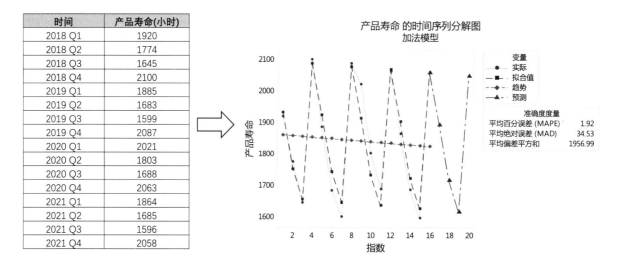

时间	产品寿命(小时)
2018 Q1	1920
2018 Q2	1774
2018 Q3	1645
2018 Q4	2100
2019 Q1	1885
2019 Q2	1683
2019 Q3	1599
2019 Q4	2087
2020 Q1	2021
2020 Q2	1803
2020 Q3	1688
2020 Q4	2063
2021 Q1	1864
2021 Q2	1685
2021 Q3	1596
2021 Q4	2058

图 7-4　时间序列分析案例

从图 7-4 所示的时间序列分解图上可以看到，时间序列的主体就是折线图，时间序列根据历史的季节数据进行了自回归拟合，并据此做出后续一个周期的预测值。在本例中，数据有一些轻微的下降趋势。

时间序列虽然应用范围很广泛，但由于数据质量等诸多因素的影响，时间序列分析的结果并不是非常准确，尤其是面对偶发事件时，预测数据可能存在较大偏差。所以很多开发团队是在没有其他有效分析时，或者仅仅是为了对未来做初步扫描时，才使用时间序列分析。时间序列的具体参数设置较为复杂，这里不再一一展开。

与所有的数据处理类似，处理市场信息的大致思路是先定性分析，后定量分析；先描述性统计，后推断性统计。尽管一些数据很难分析或者不一定有现成可用的分析工具与之相匹配，但企业应尽可能解读这些信息。合理地处理市场信息可以帮助企业获得真实有效的产品开发需求并规避已知的开发风险。

7.4　市场信息评价与驱动

企业充分分析市场信息之后，会得到一些有效的建议。在这些建议中，有一些是正面的，有一些则是负面的。企业需要在这些看似矛盾或冲突的建议中寻找新产品开发的机会。这就需要企业对这些建议进行评价，并将其形成具体开发诉求。评价这些建议时，企业最常用的分析工具是 SWOT 分析。

SWOT 分析即态势分析，也称优势劣势分析。它被用来确定企业自身的优势（Strengths）、劣势（Weaknesses）、机会（Opportunities）和威胁（Threats），并据此将企业战略与企业的内部资源、外部环境有机地结合起来。SWOT 分析的主要功能是鉴别企业在某个业务上的优势与劣势，找到与竞争对手之间的差距，协助产品开发团队做出合理的判断，扬长避短，使企业自身的竞争力最大化。

SWOT 分析的结果常用于商业分析，即各类产品开发项目的立项决策。这个工具可以帮助管理团队思考问题，了解企业当前的痛点，整合企业内部资源，找出瓶颈。使用者以其专业、客观的数据分析证明产品开发项目的必要性。优秀的 SWOT 分析可以帮助管理层避免思考上的盲区，使项目分析更全面，从而降低业务的潜在风险。SWOT 分析不仅在产品开发的前期可用于挖掘产品开发的机会，而且在完成初步市场分析之后也可用于评价市场信息并将其分类。

企业利用 SWOT 分析从优势、劣势、机会和威胁四个维度进行分类思考。这种分析不是单维度的，在大量实践过程中，企业往往会进行两个维度的交叉分析。表 7-3 是一份常见的 SWOT 分析，该 SWOT 分析是某显示器产品的生产企业在规划新产品时的分析。

表 7-3　SWOT 分析示例

外部因素　　内部因素	S	W
	• 丰富的显示器设计和生产经验。 • 产品家族库丰富，覆盖全行业。 • 拥有行业顶级的技术专家。 • 企业资金充裕，可投入新技术开发	• 现有显示器技术长期无法突破。 • 产品成本高于竞争对手。 • 生产设备开始老化，品质控制发生困难。 • 新产品开发需要新的测试设备投资
O	SO 发挥优势，利用机会	WO 利用机会，克服劣势
• 有互联网电视业务的大额潜在订单（定制产品）。 • 既有产品进入淘汰期，市场具有大量更新产品的诉求。 • 行业正在洗牌，大量低质量的小型竞争对手被清除	• 拓展当前的显示器操作系统，兼容互联网娱乐系统。 • 进行颠覆式创新，加速淘汰老旧产品家族。 • 兼并零散业务，开发特定细分市场的定制化产品。 • 回收市场淘汰产品，加速市场更新	• 增加技术投资，更新显示器技术。 • 利用新技术进一步集成产品以降低产品物料和组装成本。 • 整合低端客户市场，提升产品的准入门槛，借此寻找新的利润空间。 • 从回收产品中利用可再生资源，降低成本
T	ST 利用优势，回避威胁	WT 减少劣势，回避威胁
• 互联网企业带着雄厚的资本进入显示器领域。 • 市场增幅连续减少，市场有饱和趋势。 • 同业低成本竞争进入白热化阶段。 • 企业营销成本持续增长	• 开发新产品以匹配当前产线规模和产能，进一步提高既有产线的利用率。 • 召集技术专家小组开发低成本开发和生产的策略。 • 利用互联网的特性，改善传统营销模式，使用线上营销以降低线下促销的成本	• 产品进一步加强公共模块化设计，减少产品的理论零件数量，减少零件种类。 • 对低收益的老旧产品加速退市计划。 • 清退队列管理中的低收益产品开发项目。 • 逐步清退老化的设备和对应产品。 • 减少线下营销渠道

SWOT 分析也需要有效的数据输入作为支撑。通过该工具的分类之后，企业获得了足够的信息以更新企业的产品开发战略。这些信息形成了产品开发的需求池，其中一些具体的产品需求可直接转化为产品开发项目。

企业产品开发的需求池会影响产品路线图和技术路线图，但一般不会过于频繁地更新产品路线图和技术路线图，只有对企业发展有重要影响的开发需求出现时，才会更新这两张图。由于多数的产品开发需求具有时效性，因此需求池内的开发需求也都具有一定的生命周期。凡是错过窗口期的需求，要及时被剔除。即便被保留下来的开发需求，也不一定都会发展成产品开发项目，因为立项还需要考察企业的资源和当下的运营战略。

在对诸多市场信息分析之后，企业可能获得一些客户的特殊开发需求。这类开发需求符合完全细分市场的特征，其产品的功能与特征由客户定制。当检视这类开发需求时，企业会发现这类开发需求与企业当前的产品和技术路线完全不同，没有合适的细分市场与之对应。此时，企业应谨慎地对待这类开发要求，因为这类开发需求很可能是一次性的。或许，企业可以从此类开发业务中获取一定利益，但其产品可能完全独立于企业的其他产品，很难融入企业的产品家族库中。是否要开发此类产品？企业需要谨慎决策。因为大量事实证明，此类产品在后期的产品维护、生命周期管理、运维服务等方面都会给企业带来不可预知的麻烦。

之所以要收集市场信息，是因为企业的产品开发活动是以市场信息为基础来驱动的。企业需要坚持一个基本原则：只开发满足客户需求、市场需求的产品。如果在当下已经形成了很完整的产品家族库，那么当市场需求发生变化的时候，企业很可能无法在短时间内进行调整。

在 20 世纪 90 年代中后期，国内的家庭影像市场经历了从录像带到影音光盘（Video Compact Disc，VCD）再到数字视频光盘（Digital Video Disc，DVD）的转变过程。在 VCD 出现之前，录像带是长期占据家庭影像市场的主流产品，但 VCD 的出现给录像带和录像机（放像机）市场带来了巨大冲击。一时间大量相关企业纷纷转型，从生产录像机（放像机）转为成生产 VCD 播放机，这是企业根据市场信息及时转型的正面案例。但是由于市场信息的时效性太短，当时的影像技术的更新速度非常快，VCD 在国内市场仅仅生存了几年，DVD 就开始以更高清的画面占领市场。很多从传统影像向 VCD 播放机转型的企业，刚刚完成企业新产品的转型，甚至有些企业刚刚完成新工厂的建立，就发现市场开始逐步淘汰 VCD 了。一时间大量 VCD 播放机滞销，国内相关市场过剩，库存达数千万台。此时大量企业因资产已经消耗殆尽而无力再次进行转型，不得不宣布破产。

上述案例是企业面对市场信息做出应对的经典案例。企业必须时刻研究市场动向，找出具有前瞻性的产品开发需求，并确定其有效的窗口期。

市场信息为企业产品开发指明了方向。在面对市场有明确的发展趋势时，企业应立刻调整当前的产品开发行为并与之相匹配，对不匹配的产品开发行为进行纠偏，甚至叫停。这个过程可能会产生巨额投入，但这是必须做出的改变，否则企业在后期可能遭受更大的损失。

企业要鼓励内部的产品创新行为，而且这些产品创新应与市场需求一致。有些企业过于追求自身产品家族库的完整程度，在企业资源压力不太大的情况下，会主动开发产品家族库中的空缺产品。这不是值得提倡的。这些产品之所以长期在企业家族库中空缺，是因为可能没有对应的客户或细分市场。企业耗费资源开发此类产品，除了使得自身的产品目录看上去更完整，并没有什么实际收益。这是忽视市场信息、盲目开发产品的负面案例。

不开发、不生产没有市场需求的产品是企业运营的基本准则。

案例展示

　　星彗科技对已知的产品需求进行分析，并尝试与主要大客户（家电渠道销售商）进行沟通，通过正式拜访的形式获取客户需求。在拜访之前，项目团队组建了一个拜访团队，并制订了拜访计划。在拜访计划中，罗列了拜访客户所涉及的各项问题，包括拜访的时间、团队成员、主要目的、行程等。为了提升拜访的效率，拜访团队还拟定拜访时所期望获得回复的主要问题。拜访问题清单如表7-4所示。

表7-4　拜访问题清单

序号	需求类型	问题描述	期望的答复	沟通策略
1	性能	除了基本的清洗,还需要哪些功能	有具体的功能要求	先让客户描述一个具体的应用场景
2	产品特点	产品的目标客户群	有清晰的定义	问问过去产品的主要消费群体
3	产品特点	产品的使用环境	有清晰的定义	先让客户描述一个具体的应用场景
4	产品特点	产品的清洗物件类型	有清晰的定义	先让客户描述一个具体的应用场景
5	产品特点	产品尺寸、重量方面的要求	有具体的上限要求	先让客户描述一个具体的应用场景
6	产品特点	对产品卖点/亮点的期待	有初步的感兴趣点	问问过去的产品有什么不足的地方
7	产品特点	产品的供电方式	有清晰的定义	先让客户描述一个具体的应用场景
8	可靠性	产品的质保年限要求	有具体的数字	问问过去的产品相关要求
9	稳定性/一致性	产品的认证要求	有清晰的定义	问问过去的产品相关要求
10	耐久性	产品的单次清洗时长要求	有具体的数字	先让客户描述一个具体的应用场景
11	耐久性	产品的使用频率和寿命要求	有具体的数字	先让客户描述一个具体的应用场景
12	适用性	产品的包装、运输、仓储要求	有清晰的定义	问问过去的产品相关要求
13	美学	产品的外观要求	有初步的形状、颜色要求	先了解产品的目标客户群，再延伸话题
14	人体工程学	产品在人机操作方面的要求	有初步的定义	先了解产品的目标客户群，再延伸话题
15	安全性	产品耐摔的要求	有清晰的定义	先了解产品的目标客户群，再延伸话题
16	其他	产品的目标市场是否仅在国内	有清晰的定义	先了解场景，再聊产品定位
17	其他	产品的期望售价	有具体的数字	如果客户对价格没有概念，我们可以分享调查问卷数据，关于终端客户倾向的价格区间

序号	需求类型	问题描述	期望的答复	沟通策略
18	其他	产品的年需求量	有具体的数字	如果客户对价格没有概念，我们可以尝试询问过去产品的销量。如果还是没有概念，在后面有了初步方案后再去引导客户
19	其他	产品的可维修性	有清晰的定义	问问过去的产品相关要求
20	其他	产品是线上还是线下销售	有清晰的定义	问问过去的产品相关要求

拜访团队前后两次拜访了客户，并从客户获得了直接反馈。访谈记录内容如表7-5所示。表7-5中的访谈内容是拜访团队与客户现场口头表达的内容，这些内容可能较为口语化或者表达模糊。对于访谈的结果，需要拜访团队对客户的回答进行分析和解读。

表7-5 客户访谈记录

访谈时间：2021-01-27

问　题		回　答
Q1	了解客户公司背景	A 快消品公司，之前做过清洗机
Q2	询问以前的产品有没有收到过一些售后反馈	A 很难收集，以前产品的反馈对新产品的意义不大
Q3	退货的记录或退货比例	A 大概在千分之0.5
Q4	产品的目标客户群有哪些	A 目前在尝试，做成什么样还不好说
Q5	销售人员有没有对新功能的期待	A 不仅能洗眼镜，还能洗点别的东西
Q6	了解产品材质寿命相关的详细指标	A 为时尚早，先考虑目前提到的需求能不能做到
Q7	以前产品你们卖出去多久有退货	A 很难拿到数据
Q8	你们对产品的期望售价	A 目前算不准，但这个项目应该是有前景的
Q9	需要我们在产品方面做出哪些与众不同的特征	A 干着手（把东西）放进去，干着手（把东西）拿出来。另外，外观要吸引人
Q10	产品目标市场是国内还是国外	A 目前主要是国内市场，短期内不会考虑国外市场
Q11	分销商的进货量有多大	A 无有效数据，仅有的数据也没多少参考价值
Q12	产品尺寸方面的要求	A 希望小巧轻便，具体能做到什么尺寸，还得根据你们的方案确定
Q13	你们期望清洗烘干整个过程需要多少时间？	A 因为是等着用，（清洗）就需要快一些。另外，考虑好供电方式，如带不带电池
Q14	关于仓储，产品是运到你们的仓库，还是运到分销商那里	A 对我们没有影响
Q15	因为是定制产品，希望贵公司可以付我们一部分开发费用	A 目前还不太好说
Q16	年需求量大约是多少	A 这个要根据你们的方案和市场反馈再决定

续表

访谈时间：2021-01-27

	问　　题		回　　答
Q17	你们以前产品的出货量是多少	A	不太方便透露，以前产品的反馈对新产品的意义不大
Q18	对于后续的初步样品，你们能接受什么样的形态	A	这个问题为时尚早，先外观看图片手绘，后看功能模型或粗糙的实物

访谈时间：2021-02-02

	问　　题		回　　答
Q1	外观只有一个按键	A	可以试试看
Q2	清洗和烘干用上下分层的设计来实现	A	不限形式，能满足要求就好
Q3	上盖设计成透明的	A	之前没做要求，价格不增加的话，可以考虑
Q4	会对产品做 3C 认证	A	没有问题
Q5	寿命定义每年正常使用 500 次，质保 3 年	A	还没有概念，等后面再谈
Q6	产品使用一体式电源线	A	希望简洁美观，看你们后面的方案再定
Q7	产品如何换水？是否需要把水槽拿出来换水	A	方便倒水很重要，请重点关注
Q8	产品的包装要设计成什么样子	A	包装不是特别重要，请注意成本
Q9	产品定位为年轻人使用	A	操作年轻人居多。主要是 20~35 岁女性，外观一定要吸引人
Q10	是否要求具有香气功能	A	目前没有概念。有最好，没有也无所谓
Q11	总重量控制在（含水）1.5kg 以内	A	女性能接受的产品体感重量在 1kg 以内

通过对大客户的访谈，项目团队获得了大客户的需求，但项目团队依然希望得到进一步的市场信息，所以还通过第三方专业机构获取了相关的市场数据和分析报告。图 7-5 是部分市场分析报告。

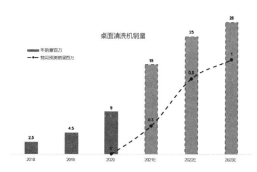
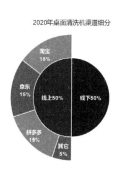

图 7-5　市场分析报告（部分）

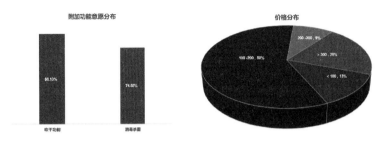

产品价格与附加功能分析

STELLUS

- 调查受众对自动吹干（市场暂无此功能产品）和消毒杀菌功能需求意愿强烈，建议产品增加此类功能。
- 根据同类高销量产品价格调查，建议产品价格定位为100-200档。

  *附加功能分析数据来源：虚拟实战对潜在顾客进行的调查问卷所获得的数据。
  *产品价格数据来源：淘宝关键字"超声波清洗机"实时搜索，销量靠前的产品数据。

图 7-5　市场分析报告（部分）（续）

　　根据市场信息的反馈，项目团队更新了产品需求文件，并根据更新后的产品需求进行了产品的实质性开发工作。

第 **8** 章

创意过程

8.1 需求理解与创意阶段

企业通过对客户需求和市场需求的收集、整理与分析，可以获得有效的产品开发需求，但这些需求不一定都能够转化为实际的产品。这种情况的产生，除公司战略的影响外，产品开发技术是最主要的制约因素之一。

绝大多数企业获得的客户需求或市场需求都是杂乱无章的。即便这些需求被转化成产品开发需求之后，其中有些开发需求依然非常模糊或无法有效解读。产品开发团队在面对这些需求时，会开展一系列活动来理解这些需求，并且尝试将其与产品功能链接起来。这个过程极富想象力和创造力。图 8-1 展示了这个过程。

在图 8-1 中，在获得原始的客户需求或市场需求后，开发团队随即对其进行研究。在没有进行具体设计规划的情况下，开发团队依然要尝试在现有的技术条件下，考虑是否存在满足这些需求的客观条件和资源。这并不是在寻找具体的设计或解决方案（因为此时可能不存在相应的技术方案），开发团队只是在寻找一种实现客户需求的可能性（包括开发未来技术的可能性）。在这个过程中，开发团队需要非常有经验的开发技术人员来提供意见，并且需要构建假想的产品功能。所谓假想的产品功能，是指对产品未来功能的一种预规划。预规划的产品功能可能非常简陋，甚至只是一种纯粹的期望的功能，此时并没有任何实际的设计产生。开发团队通过创新思维将客户需求与预规划的产品功能链接起来，并结合现有技术，将这些需求转化成真正的产品开发需求。这个过程可能是漫长的，因为如果没有现成的可用技术，企业必须进行大量的基础研究来开发新技术。有的企业则认为这个过程不必过于纠结，如果存在技术或资源的障碍，那么企业很可能就此放弃后期的产品开发。而如果开发团队识别到有现成可用的技术来实现产品开发需求，就会快速进入后期的产品开发过程中。

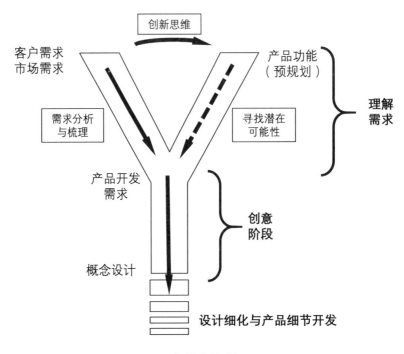

图 8-1 理解需求的过程

在产品开发需求成形之后，产品开发进入相对系统化的过程。此时，开发团队开始开展一系列特定的开发活动，并尝试将其变得具体且可操作。而最初的开发阶段就是产品的创意阶段。

创意（Creation）阶段是产品实质性开发的最初阶段，是对产品开发需求的初步设想。实际上，创意阶段很难准确地用一个中文词汇涵盖它的全部含义，这是一个实施创造性活动的阶段，至少包括产品构思、构思提炼、概念生成等多个环节。

通常，创意阶段需要借助一些创新工具来帮助人们打开思路，寻找所有可能支持产品开发需求的方式。从形式上，创意阶段主要为思维发散过程，即从需求展开，获取足够多解决方案的过程。在创意阶段之后，产品开发进入思维收敛的过程。因为企业受诸多因素的制约，不可能同时应用所有的解决方案，所以要从中选择最匹配企业开发战略的方案。本章主要介绍思维发散的过程，而下一章着重介绍思维收敛的过程。

创意阶段主要完成这样一系列任务，包括实现产品的基本功能，发现产品的闪光点，挖掘产品功能的新颖性，思考产品的技术贡献度等。创意阶段的输出是开发团队获得足够多的产品概念。所谓概念，就是指实现产品基本功能的抽象的整体解决方案。

1. 实现产品的基本功能

这是创意阶段的最主要任务。开发团队使用创意工具寻找与产品开发需求相对应的实现方式。

开发团队通常不太在意实现过程中的负面障碍，如成本因素、工艺难度、操作复杂性等。由于产品开发需求远不止一条，开发团队在寻找方案时会针对每条需求单独进行拓展，因此开发团队会获得一张巨大的需求与对应方案的参照表。专家判断和突发灵感也是重要的创意模式，但开发团队不可过度依赖这两种模式，因为通过这两种模式获得的创意可能存在各种遗漏或其他潜在风险。

2. 发现产品的闪光点

在实现产品基础功能的同时，开发团队也在寻找产品的独特价值。仅仅满足特定客户需求的产品可能不具备其他的商业价值。如果开发某个产品的同时能实现其他领域的突破，企业就可以获得额外的收益。这些独特价值包括产品的低成本解决方案、毗邻市场的突破应用、跨领域客户的应用、超长使用寿命、简单易用等。产品的闪光点不仅可能为打开客户市场提供便利，也可能成为产品开发技术的突破口。

3. 挖掘产品功能的新颖性

在实现产品既定功能的同时，产品开发团队会获得多种解决方案。其中，有些方案可能非常成熟且易用，有些方案则可能具有一定的前瞻性或一定的风险性。多数团队更倾向于使用成熟方案。但在其他方案中，可能存在一些具有独特价值和新颖性的方案。这些方案可能为企业带来新的知识产权收益。有些具有颠覆式创新价值的方案甚至可能建立技术壁垒，帮助企业在一定的范围内实现产品或技术的独占性。

4. 思考产品的技术贡献度

产品开发与技术发展息息相关。创意阶段本身就是一种打破现状、寻找新发展的过程。所以开发团队不仅是在开发产品，也是在开发技术。这正如产品路线图和技术路线图两者相辅相成的道理一样。在创意过程中，企业也需要考虑产品开发对企业未来技术发展的贡献程度，因为适当的技术开发可以保持企业的技术活力。

近年，颠覆式创新理念在很多产品开发过程中被提及。颠覆式创新，也称毁灭式创新，是对企业既有产品和技术体系的巨大挑战。之所以称为颠覆式或毁灭式，是因为这些创新可能推翻企业之前的技术积累。如果成功，企业将获得丰厚的回报，反之，企业可能遭受毁灭式的打击。产品技术的发展是有阶段性的，很多技术革命也有其自然规律，不应强求。产品创意阶段是颠覆式创新应用的主战场，企业应谨慎为之。

创意阶段是产品开发过程中最痛苦的阶段，因为这是对开发团队创新能力的考验。很多产品开发会因为找不到合适的解决方案而长时间停留在此阶段。而足够的创新能力是评价开发团队能力的一个重要指标。

8.2 创意阶段的典型过程

创意阶段是产品开发活动正式启动后的第一个阶段，有着承上启下的作用。开发团队一方面要开始研究和理解产品开发需求，另一方面要从物理实操的层面实现这些需求，即寻求产品概念。在创意阶段，产品开发团队获得的概念越多越好。概念越多，代表产品实现过程中的选择越多，相应地使产品更趋近于完美。可以认为，如果没有合适的概念，那么产品开发几乎注定是失败的。图 8-2 诠释了概念产生的爬山过程。

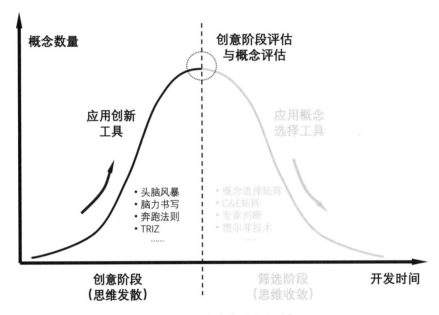

图 8-2 概念产生的爬山过程

如图 8-2 所示，当产品开发进入创意阶段后，开发团队开始可获得的概念数量非常有限，此时零星的意见往往来自一些有经验的专家，或者通过市场信息反馈得到的想法。随着各种创新工具的应用，概念的数量会爆发式增长，这是一个非常类似爬山的过程。开发团队在此阶段应尽可能鼓励各种创新活动，且不过多考虑这些概念的可行性。通常，创新活动不会维持太长时间，因为这些活动会使各个团队感到疲劳，所以在一段时间之后，产品可获得的概念数量会趋于饱和。开发团队的负责人要及时察觉该现象，并在必要时刻暂停创新活动。在创意阶段的尾声，开发团队要进行两个评估，第一个是对整个创意阶段的过程进行评估，目的是查看在此过程中是否存在重大遗漏；第二个是对已经获得的概念进行评估（该过程见第 9 章）。

准确地说，通过创新活动和创新工具直接获得的想法是针对某些产品开发需求的解决方案，这和产品概念有所区别。产品概念是由满足具体产品开发需求的解决方案组合而成的。如果在创意阶段没有获得足够多或令人满意的概念，开发团队将发起新一轮的创新活动，继续使用创新工具来获取解决方案。创新工具的应用不只在创意阶段，还可应用于产品开发的任何阶段。

企业内部的创新活动并没有统一的形式。开发团队可以设置固定的创新活动周期，定期开展创新活动，也可以根据业务情况开展有针对性的创新活动。常见的创新活动包括研发小组的内部讨论、设计团队的技术交流、同行业的经验分享、创新工具的专题应用等。不管哪种形式，创意阶段的创新活动大致顺序如图 8-3 所示。

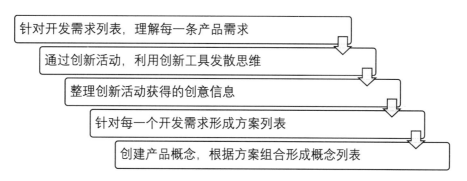

图 8-3　创意阶段的创新活动的大致顺序

创意阶段的质量决定了整个产品开发的基础质量。在该阶段的活动中，无论是企业管理者还是开发团队的内部成员，都要对该活动足够宽容，允许在思维发散过程中出现的各种异想天开的想法。事实上，很多优秀的解决方案就隐藏在这些容易被人们忽视的想法中，而延迟判断是这个阶段的重要准则。为了避免开发活动在创意阶段受到各种限制，通常不建议强势的企业高管参与具体创新活动，而选用有经验的活动主持人可以大幅度提升创新活动的输出质量。

8.3　常见的创新工具

创新工具在整个产品开发过程中都发挥着重要作用，在创意阶段尤为重要。开发团队主要通过应用这些创新工具获得产品的解决方案。

人类天生就具有一定的创造力，创新是每个人都具备的能力。对于一些思维活跃的人，创意工具似乎不那么有用，因为他们永远都有新的想法。但对于大多数人而言，创新并不是件容易的事。随着年龄的增长，人们的创新能力在逐渐减弱，而创新工具可以帮助他们通过一定的思考模式来获取新的想法或者寻找解决问题的方法。比较常见的创新工具包括头脑风暴、脑力书写法、奔跑法则、强制链接法、TRIZ 等。之前已经介绍过的亲和图、SWOT 分析等也是创新工具。

1. 头脑风暴

头脑风暴（Brain Storming）的知名度和流传度很高，是一种激发参与者产生大量创意的方法，在群体决策中，可以有效避免出现屈从权威或从众心理等问题。在头脑风暴的过程中，参与者必须遵守特定的活动原则和流程。关键的假设前提为：数量成就质量。

头脑风暴可用于产品设计过程中的各个阶段，尤其适用于确立了需求问题和设计要求之后的概念创意阶段。使用者也可以针对某个特定要求或专题进行一次单独的头脑风暴。头脑风暴是一种群体决策技术。通常所说的头脑风暴都是由一组参与者一起参与、共同决策的。

执行头脑风暴需要事先挑选参与者，一般 6～10 人为宜。如果人数过多，则可以考虑分组讨论。时间以 30～60 分钟为宜。由主持人引导参与者发散思维寻找方法，进行整理归类评估，以及聚合思维。大致步骤如下：

（1）定义问题。所有人明确要讨论的主题，并统一认识。

（2）发散思维。参与者针对问题各自进行思考并记录想法，如各自独立书写、各自分别绘图、各小组内部轮流口述等。过程中参与者可以相互交流并听取他人意见，但记录想法时需要独立完成。

（3）归类评估。参与者共同将所有发散思维的成果进行分类整理。可以采用多种归类方式，如简单聚类、思维导图等。

（4）聚合思维。参与者共同选择，得出最有价值或大家最为满意的产品创意。在选择的过程中可以采用多种决策手段，如手势投票、圆点投票等。

头脑风暴更适合解决那些相对简单的设计问题，对一些复杂性高、专业性强的问题则较难获得有效结果。虽然开发团队可以将复杂性问题进行分解，然后针对每个细分问题分别进行头脑风暴，但是这样会破坏产品设计的完整性，容易忽视系统性问题。针对专业性问题，开发团队可以邀请专家召开专题会议。

头脑风暴必须严格遵守如下原则：

- 延迟判断。主持人不要在头脑风暴期间否定任何想法或意见，对别人提出的任何想法都应保证不评判、不阻拦、不质疑，确保每位参与者不会感觉受到冒犯而思维受限。
- 追求数量。围绕着目标问题，以极快的节奏抛出大量的想法。追求创意数量，得到的想法越多越好。用足够多的创意数量来增加出现高质量想法的概率，即数量成就质量。
- 鼓励疯狂的想法。鼓励大家随心所欲，可以提出任何想法，想法越大胆越好，内容越广泛越好。开发团队这样做一方面可以营造出让所有参与者都感到安全和舒适的氛围，另一方面可以打开思路，得到意想不到的创意。

图 8-4 是一张来自网络的头脑风暴示意图，图中的圆圈代表聚合思维的结果（创意分组）。

图 8-4　头脑风暴示意图

2. 亲和图

亲和图（KJ 法）是一种对现象、想法和描述等复杂信息进行提炼归纳的工具。它的应用范围非常广泛，在产品开发各阶段均可使用，在创意阶段的应用尤为典型。该工具适用于以下场合：

- 与研究对象相关的信息量庞杂。

- 信息或相关的讨论出现了无组织化的想法和意见。

- 团队需要突破传统观念。

- 团队必须达到共识。

- 数据为非数字形式，或者数理统计技术不适用。

亲和图可以把复杂的信息进行层次化和结构化的整理，帮助团队理解这些信息的深层次含义。它是一种信息提炼技术。亲和图的制作有很多形式，按照川喜田二郎先生研究的亲和图规则，要制作一份高质量的亲和图，需遵循表 8-1 所示的步骤。制作亲和图无法一个人完成，通常需要一个 5~8 人的小组。不一定需要主持人，但如果小组设定一个主持人则可以有效控制活动时间并提高效率。主持人在亲和图的制作过程中仅起到推进活动进程的作用，并无其他特权。

表 8-1　绘制亲和图的步骤

步　骤	执 行 方 式	注 意 点
第一步：建立一个工作区域	（1）制作小组使用足够大的图纸。 （2）主持人使用黑色记号笔在图纸左上角写下研究的对象/主题/问题	• 事实上，制作小组经常使用一面墙。 • 突出重点：如使用中文，应尽量加强标示；如使用英语，应将字母大写
第二步：理解主题	（1）制作小组成员就问题或研究对象轮流给出意见。 （2）每个人的陈述时间是均等的，一般不超过 2 分钟	• 主持人应严格控制时间，本步骤易出现超时现象。 • 非陈述人只聆听，可提问，但不可做任何判断，尤其是反驳他人意见
第三步：记录想法并收集数据	（1）主持人发给每个人足够多的便利贴。 （2）每个人都利用便利贴记录自己的想法。一张便利贴只记录一个想法（需求）。这些便利贴通常用黑色笔书写，所以也称黑色级别的需求。 （3）主持人将所有便利贴收集起来，并且将它们混合在一起	• 便利贴上的想法描述应简洁明了，不使用过多的文字。 • 便利贴的数量越多越好。 • 不要让小组成员明显知道每张便利贴的作者是谁。 • 书写便利贴的字迹要清晰，避免造成其他人辨识困难
第四步：缩减意见数量	（1）便利贴的想法控制在 20~30 个，以便后续的分类整理。 （2）每个小组成员用红色笔，在其认为重要的便利贴的右下角上标注，即投票过程。 （3）主持人将所有被标注过的便利贴挑选出来	• 如果被标注过的便利贴太多，小组可进行第二轮投票，或者在开始投票时限定每个人最多可投的票数，这两种方法都可以有效控制最终的想法数量。 • 每个人都可以对自己的想法进行投票

步　骤	执行方式	注　意　点
第五步： 阐明观点 （关键步骤）	（1）主持人首先将所有的"挑选出的"便利贴放在工作区域左侧，并用铅笔在工作区域的中间画出一个圆。 （2）主持人将每个便利贴依次放在圆中。 （3）每个选择这个便利贴的小组成员轮流向大家解释这样选的原因。 （4）在投票成员都阐述过之后，由该便利贴的原作者向大家解释他为什么这么写。 （5）擦掉圆	• 在整个过程中，除陈述人外，其他人都要保持安静，可以提问但不得反驳
第六步： 便利贴分组（一级分类）	（1）主持人将便利贴随意放在工作区域内，请大家保持安静。 （2）所有人轮流对这些便利贴进行分组。在分组过程中，彼此不能交流，仅以分组结果来展示自己的意见。任何人都可以移动当前的分组。该步骤直至获得所有人一致认可的分组结果，且所有人都不再移动便利贴为止	• 这是一个痛苦的过程，因为每个人都有自己的想法，但这也是小组成员之间博弈的过程，有人坚持自己的意见，也有人放弃自己的意见。每个组内的便利贴数量不宜太多，通常每组 2~4 张便利贴，不便分组的便利贴可单独为一组
第七步： 检查漏洞	（1）分组之后，制作小组应查看是否有漏掉的关键想法，思考是否要加入新的便利贴。 （2）制作小组在查看之前没有被投票的便利贴是否要加入进来	• 是否要加入新便利贴的过程实行小组全员的集体投票，该投票执行一票否决制，且否决者无须陈述理由
第八步： 建立一级标题	（1）制作小组为了解每组便利贴的核心思想，要总结每组的内容，并建立标题。这是亲和图的一级分类，由于标题要求用红色标出，因此也称红色级别的需求分类。 （2）主持人将一级标题用红笔写在新的便利贴上，并将其覆盖在该组的最上方	• 标题是一个高度概括总结的描述，该描述应覆盖组内所有内容，所以这个标题不只是一个简单的词语。 • 标题是对组内信息的摘要，不要加上新的东西。 • 无法分类或很难描述的信息不需要标题
第九步： 便利贴分组（二级分类）	（1）主持人将红色标题的便利贴作为该组的代表，将它们与剩下的无法分类的便利贴在亲和图中随机放置。 （2）制作小组重复第六步的分组动作，以进行更高一级的分组动作	• 亲和图需要进行二级分类，所以制作小组在完成红色级别的分类后，就要立刻开始二级分类。二级分类是需求的高度概括。 • 本步骤执行原则及注意事项和第六步一致
第十步： 建立二级标题	（1）在二级分类完成后，制作小组需要建立二级标题，过程要求与第八步类似。二级标题要求用蓝色标出，所以也称蓝色级别的需求分类。 （2）主持人将二级标题用蓝笔写在新的便利贴上，并将其覆盖在该组的最上方	• 本步骤执行原则及注意事项和第八步一致

步　骤	执行方式	注意点
第十一步：创建组间关系	（1）最后的分组最好不要多于 5 组，先将这些分组在工作区域内随机放置。 （2）制作小组在二级分类之间做一些红色的箭头，用这些箭头来建立这些组之间的逻辑联系	• 整个布局需要仔细规划后再进行箭头链接。此时的箭头先不要直接画在纸上，可先用便利贴代替（将箭头画在便利贴上）。 • 制作小组只能使用因果或矛盾箭头，不要使用双向箭头（不要进行互为因果的标注）
第十二步：再次确认所有信息	（1）制作小组再次确定未分组的便利贴是否能融入这个大家庭，或者是否要加入新想法。 （2）制作小组需要检查图上所有内容是否存在错误	• 这是最后一次检视信息是否有遗漏的机会。 • 本步骤执行原则及注意事项和第七步一致
第十三步：整理图表	制作小组整理图表将所有便利贴都转换成文字和箭头，并完成以下细节工作： （1）对各组进行合理布局，并将组间箭头用红笔画出（画在亲和图上）。 （2）在一级分类中用黑色笔描出黑色级别的组框。 （3）在二级分类中用蓝色笔描出红色级别的组框	• 所有级别的标题都应着重突出，如使用英语字母，应大写。 • 有些制作小组会在此时用红色、绿色和蓝色等阴影线标出关键需求的重要等级，但是否要这么做由团队自行决定
第十四步：记录结果	（1）制作小组在工作表的右下角记录日期、地点，并让参与者签名。 （2）制作小组在亲和图右上角写下必要的注释或评论，也可以添加类似于口号的宣传语	• 全员的签名不仅增加了活动的仪式感，也是全员对活动成果的认同。 • 进行必要的活动记录会有效促进团队的合作

　　亲和图在制作过程中的部分环节与头脑风暴类似，差异在于，制作亲和图时更强调参与者的平等性，尤其是帮助那些不善于用语言表达自己观点的参与者。在归类阶段（便利贴分组），所有参与者都可以平等地参与分组，使用肢体语言来表达自己的看法，让团队在一种平静的状态下达成共识。鉴于这个特点，在亲和图制作过程中，不希望有过于强势的干系人加入，尤其是层级较高的企业管理者。

　　严格来说，亲和图还分成图像亲和图和需求亲和图。人的认知是先从图像开始的，也就是说，当一个人看到一个问题或一个现象时，首先在他的大脑中出现的是一组图像，然后大脑对这些图像进行分析处理才产生进一步的需求。所以在制作亲和图时，要先制作图像亲和图，再制作需求亲和图，从而实现需求的收集、鉴别与转化。

　　图像亲和图大量被应用于客户访谈后的信息分析与整理，有助于描述客户现场的各种情况。访谈小组可在访谈和观察中收集客户现场的信息，并把这些信息作为图像亲和图的原始输入。在构建产品原始概念时主要采用的是图像亲和图。

　　需求亲和图是在图像亲和图的基础上绘制的。在此之前，制作小组需要将模糊的描述和图像（客户需求的载体）通过某种技术（如需求转化表）转化成企业熟悉的语言，即需求"翻译"的过程。

在此基础上，需求亲和图将翻译后的客户需求进行分类和整理。需求亲和图是企业真正需要的，也是后续其他分析工具的重要输入源。从图像亲和图到需求亲和图的实践方法一直都在发展，所以不建议使用僵化的形式来完成这个过程。在产品开发的创意阶段主要采用的是需求亲和图。

制作亲和图耗时耗力，所以不建议企业过于频繁地使用亲和图，尤其是在事实清楚或无须进一步决策的场合下。

图 8-5 是一个关于开发未来新概念汽车产品的亲和图示例，显示了亲和图的典型输出形式。

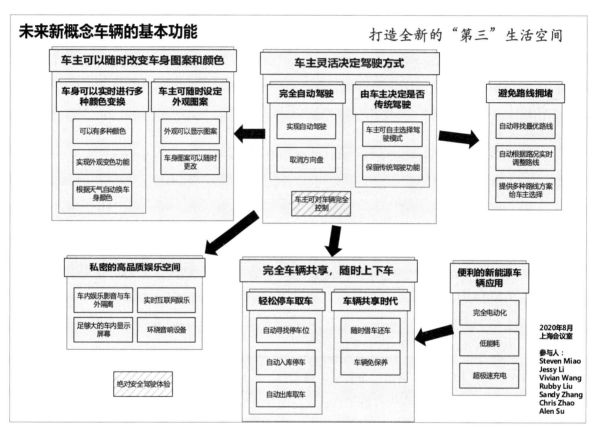

图 8-5 亲和图示例

3. 脑力书写法

脑力书写法（Brainwriting）是一种在他人思想上产生新想法的创新工具。这个工具的应用形式简单，不受人数限制，既可以在几个人（建议 3~7 人）的小范围内进行，也可以多人远程应用。使用者往往可以在很短时间内就能完成对这个工具的应用。该工具与头脑风暴有类似的地方，故也称书写版头脑风暴。

脑力书写法活动存在多种形式，通常以圆桌会议的形式进行。参与者围着圆桌坐下，先由指定的参与者描述并在纸上写下第一个想法，然后将其传递给下一个人。每个人都看着纸上其他人写下的想法，然后写下自己的想法，并继续传递给下一个人。当所有人都完成后，纸被传给第一个参与者，继续循环。如果有人无法提供新的想法，可直接传递给下一个人（但如果将纸再一次传到他手里，他依然有权决定是否要提供新想法）。纸被持续传递，直至所有人都没有新想法为止。在整个过程中，其他人都可以查看之前的成果。如果通过远程形式应用该工具，组织者只需提前设定好信息传递顺序即可，活动最后由组织者收集意见。

这个工具对内向的人或不善表达的人很有帮助，对本来站在中立地位的人有催化作用。开发团队可以匿名使用这个工具，这样不仅使参与者更放松，也不容易让别人的想法影响自己的思路。当书面文字表述产生困难时，参与者也可使用其他可视化的手段来展现，如图画、表格等。凡是可以激发更多创意的形式都可以接受。

注意，这个工具对第一个写下想法的参与者有一定的要求，通常希望他是有经验的，且有自己的建设性想法，因为他写下的第一个想法将在很大程度上成为引导后续参与者想法的风向标。有时为了避免第一个参与者的个人主观影响太大，组织者会轮换第一个写想法的参与者并多次实施。

表 8-2 是脑力书写法的一个示例。该示例中有四位参与者，讨论内容是新型电饭煲的开发建议。

表 8-2　脑力书写法示例

次　序	参与者	提供的意见
1	张三	产品供现代上班族准备晚餐使用
2	李四	上班族对于晚餐要求不高，电饭煲容量可实现 2~3 人份饭量即可
3	王五	上班族制作晚餐时间短，电饭煲煮饭时间要尽可能短
4	赵六	为了减少等待时间，电饭煲应该具备快速加热功能
5	张三	快速加热需要大功率，那么电饭煲的额定功率必须加大
6	王五	支持大功率加热会产生额外安全隐患，外部保护材质需要加强
7	赵六	采用陶瓷材料对电源加热部分进行电气隔离
8	张三	电饭煲本体也可采用采用耐高温的陶瓷材料做隔热保护
9	李四	陶瓷材料表面可以进行个性化定制，以匹配上班族年龄段的喜好
……	……	……

4. 奔跑法则

奔跑法则（SCAMPER），也称奔驰法，是一种辅助创新的创意工具，主要通过七种思维方式帮助人们拓宽解决问题的思路。SCAMPER 是 Substitute（替代）、Combine（组合）、Adapt（调整）、Modify（修改）、Put to another use（挪为他用）、Eliminate（消除）和 Reverse/Rearrange（反转）的首字母缩写，根据组合后的单词字面意思被翻译成奔跑法则。

奔跑法则是一种快速的发散思维工具，经常在人们陷入窘境或缺乏全面思考的时候，帮助使用者从不同的思考维度去思考。这个工具常被用于寻找解决问题的突破点。另外，这个工具在产品开发和创意研究等方面也有不错的应用。奔跑法则也可和其他一些工具（如头脑风暴）结合使用。

- 替代：思考当前产品工艺或功能中有哪些内容可以被替代。例如，系统/产品中是否有可被替代的原材料、组件、人员或工艺等。
- 组合：思考哪些元素需要组合在一起以改善当前的问题点。例如，将不同产品/服务组合在一起，将不同改善目标/想法结合在一起，是否能产生意想不到的结果。

- 调整：思考当前设定中可以调整哪些元素，包括工艺、参数和功能等。例如，有哪些功能可以进行调整，是否可从他处借用部件、工艺或创意。

- 修改：思考如何修改当前研究对象的关键元素，以获得相应的改进。例如，哪些属性（大小、颜色、形状、味道、声音、包装、名字）可以改变，哪些范围可以放大或缩小。

- 挪为他用：思考如何将当前元素运用到他处。例如，是否能将该创意或概念用到不同的场合/行业，废料是否可以回收并产生新产品。

- 消除：简化已有的设计和工艺规划，去除非必要的构成元素。例如，确定产品核心功能和非必要功能，如无必要，则去除。

- 反转：思考当前功能、工艺设计完全相反的应用会产生什么情况。例如，改变工艺顺序，把产品结构里外反转或上下颠倒等会产生什么结果。

奔跑法则是非常快速的小型工具，即便一个人也可以快速应用。该工具虽小，但知名度很高，应用普及性很强。使用者通过七个方向的思考，可以找到一些突破现有思维框架的想法，而且七个方向之间可能存在不同的排列组合，从而找到新的突破点。

表 8-3 是一个研究新型无扇叶电风扇的奔跑法则示例，该电风扇对标传统的坐式扇叶电风扇。

表 8-3　奔跑法则示例

思维方式	思维方式详解
替代	使用隐藏在内部的涡轮扇配合风道以替代传统产生风力的扇叶
组合	取消独立的风扇支撑杆，并和风扇基座组合在一起，并可折叠
调整	将原本扇叶出风（叶轮圆出风）调整成风道口出风（框型出风）
修改	改变风扇主体外形，从正面看，把圆形（因无扇叶，故不再受圆形限制）修改成矩形，便于收纳
挪为他用	将原本支撑电风扇本体的框体挖空，把框体内部设计成风道
消除	旋转的扇叶有潜在危险，取消扇叶，内部产生风压后通过风道传送风力
反转	电风扇正面和背面都可以出风

5. 强制链接法

强制链接法是一种不得已而为之的强制创新方法。使用者一般在"山穷水尽"毫无突破点的时候应用该方法。研究表明，当面对冲突或感觉紧张时，人们会有特别的灵感来激发意识，用以设法脱困或缓解紧张的情绪。强制链接法是利用人们在面对极度困难时的特别灵感来寻找解决方案的。

强制链接法简单快速，一个人也可以快速实现。其典型做法如下：

（1）明确要研究或突破的对象。

（2）罗列与突破对象相关的至少五个属性。

（3）将这些属性进行两两链接，强制将两者进行联系思考（可采用随机结合、排列组合的形式）。

（4）罗列所有强制获得的想法，并从中寻找突破点。

强制链接法可以通过强制链接形式在短时间内帮助使用者迅速获得一大批稀奇古怪甚至荒唐的想法。在常规思维下，人们主观上认为某些想法可能无法实现或不合常理而直接跳过，但往往有一些突破点隐藏在这些被跳过的想法中。强制链接法通过强制的排列组合使这些原本会被跳过的想法重新呈现出来。使用者需要在这些想法中剔除无法实施的，挑选出可行的。当两两链接依然找不到突破方式时，使用者可以考虑扩大属性数量，或者进行三个甚至更多属性的强制链接。

需要强调的是，该方法是不得已的方法，使用者不可过于依赖它，因为通过它获得的结果极有可能是一堆纯粹的垃圾创意、相互矛盾的方案或完全不可行的方案。

图 8-6 是研究水壶产品的新方案时的应用示例。

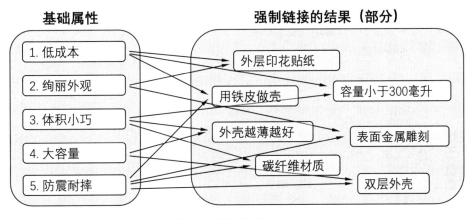

图 8-6　强制链接法示例

6. TRIZ

TRIZ（Theory of Inventive Problem Solving，发明问题解决理论）是一种系统化的发明理论。TRIZ 是俄语"发明家式的解决任务理论"的英语发音音译后的首字母缩写，来源于其创始人根里奇·阿奇舒勒（G. S. Altshuller）博士。TRIZ 是一种极富创意的创新方法。它通过对既有发明创造进行归纳总结，尝试提炼发明创造的内在规律，并使用技术推演的方式，以实现新的发明创造。它从本质上改变了人们发明创造的随机性，并且把发明创造变成了一种系统化的、顺理成章的流程输出结果。TRIZ 大大加快了技术演化和发明创造的速度，甚至可以让发明创造在某些产品平台上批量生成。目前，TRIZ 是产品开发过程中不可或缺的重要工具，也是在创意阶段的主要工具之一，还可用于寻找各种技术问题的解决方案。

TRIZ 分为经典 TRIZ 和现代 TRIZ，这是技术发展和自然演化的结果。从应用原理上，由于人类早期的科学技术发明多以传统的物理结构（机械结构）居多，因此 TRIZ 早期的经典理论也是从这些以机械结构发明为主的案例中提取的。

TRIZ 对于打破惯性思维有极佳的作用，所以 TRIZ 对于思维不活跃但技术功底深厚的人非常适用，或者在某些研究领域陷入僵局时，应用 TRIZ 可以另辟蹊径。对于部分具有强烈跳跃性思维的人来说，TRIZ 的帮助相对较少。

经典 TRIZ 解决问题的过程大致可以分成四个阶段，包括具体问题描述、TRIZ 通用问题（应用 TRIZ 工具）、TRIZ 通用解、具体问题解决方案。而现代 TRIZ 的范围更大，它考虑到了经典 TRIZ 所无法解决的一些问题，利用科学效应库和其他一些历史经验以更有效地解决发明问题，是对经典 TRIZ 的极大补充。TRIZ 涉及的模块与工具众多，现代 TRIZ 的发展则更加复杂。TRIZ 解决问题的逻辑如图 8-7 所示。

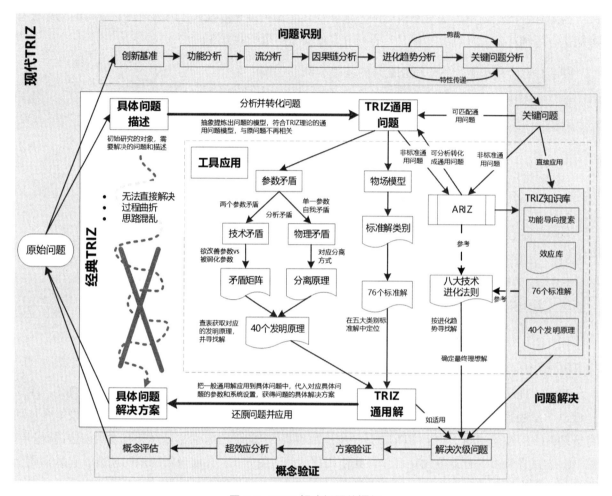

图 8-7　TRIZ 解决问题的逻辑

在 TRIZ 中有很多基础模块和概念，包括功能与矛盾、39 个通用参数、40 个发明原理、矛盾矩阵、物理矛盾、分离原理、物场模型、ARIZ 发明问题算法、76 个标准解、八大技术进化法则、效应库等。它们相互关联、相互影响，形成了 TRIZ 的庞大理论体系。今天，TRIZ 已经成为创新领域的一个独立方法论，其内容繁多，因篇幅原因不再展开介绍。关于 TRIZ 更具体的介绍，读者可参见作者的《六西格玛实施指南》。

TRIZ 的案例数不胜数，但多数案例需要读者具有较为专业的技术背景方可解读。这里提供一个相对简单的案例，某团队需要设计一个装置产品来研磨玻璃球，使之更圆、更光滑。由于玻璃球不易固定，而且一旦固定就很难全方位进行研磨，不仅可能损伤玻璃球表面，而且圆度更难保证。如果采用 TRIZ 的解决思路，团队就先要从这个具体问题中提炼出通用问题，即寻找这个系统中的具体参数。玻璃球的圆度、光滑度对应 39 个参数中的第 12 个参数"形状"，这是我们需要改善的参数；

对应地，问题的难点是玻璃球难以加工，所以"可制造性"是被恶化的参数，这是 39 个参数中的第 32 个参数。如图 8-7 所示，这是两个参数矛盾，所以查找矛盾矩阵以寻找解决方案。在矛盾矩阵中，改善"形状"且同时恶化"可制造性"的推荐方案是应用第 1、17、28、32 个发明原理。它们分别是：第 1 个，分离；第 17 个，空间维数变化（一维变多维）；第 28 个，机械系统替代；第 32 个，改变颜色。团队根据判断发现第 32 个发明原理难以应用，但其他三个发明原理可以提供解决思路。其中，应用分离原理，让玻璃球不再固定在某一装置上，使之有一定的自由度；应用空间维数变化原理，那么加工时不再单一地加工玻璃球的某个曲面，而是使整个表面成为空间可变的加工方式；应用机械系统替代原理，那么玻璃球不使用机械固定的方式，而采用液压或气压的方式进行局部控制。根据以上思路，开发团队设计出如图 8-8 所示的装置来加工玻璃球。

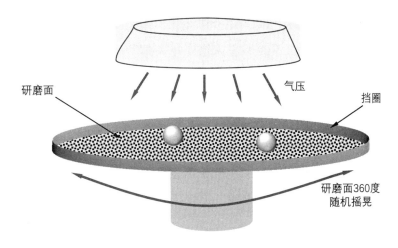

图 8-8　加工玻璃球装置

在这个设计中，玻璃球被自由地放置在一个带边框的研磨台上，研磨台的底平面即研磨面，安装有符合打磨要求的研磨颗粒，挡圈是为了防止玻璃球掉出研磨面。研磨台被安装在一个可以 360 度随机摇摆的装置上，在打磨时，研磨面发生随机倾斜，玻璃球在重力的影响下滑动并与研磨面产生摩擦，从而实现打磨表面的作用。在研磨台的上方，团队加装了一个高气压的通道，在玻璃球被研磨时，通道向研磨台施加低速但高压的气流，气流喷射角度随研磨台摇摆的方向而变化。这些气流将玻璃球牢牢地压在研磨面上滑动，增加了玻璃球与研磨颗粒之间的摩擦力，从而达到限制玻璃球活动范围并提升研磨效率的目的。后期为了使系统更加稳定，团队还在研磨台和风道外围额外增加了一个保护装置，使玻璃球不易脱出，并且使高压气流的能量损失达到最小。

创新工具众多，无法一一罗列。这些创新工具都会帮助开发团队针对客户需求找到足够多的解决方案。在多数情况下，创新工具只针对某些特定的客户需求（产品的部分需求）而使用，很少出现使用某些创新工具就解决了产品整体需求的情况。所以，应用创新工具，只是产品进入设计阶段的第一步。此时获得的众多解决方案是零散的，通常不是针对产品整体需求的解决方案。开发团队需要在后续的创意活动中，构建符合企业产品开发战略和市场战略的产品概念，并将这些已获得的解决方案融入这些产品概念中。

8.4 概念设计

概念设计是产品开发过程中最重要的概念之一。前文已经提到一些关于概念设计的描述，本节我们正式介绍它。

概念（Concept）是开发团队（或设计者）对产品特征和意义的一种思维结论，这是一个非常抽象的意识形态。产品的概念设计（Concept Design）则是开发团队（或设计者）基于某些理念或原则对产品功能具象化的一种期待。从这两句拗口的描述来看，概念与概念设计是抽象的，是实现产品实体化过程（产品从无到有的过程，而非物理实体）的指导方向。

从概念设计的阶段和形态来看，概念设计大致分为原始概念（设计）、高水平概念设计和低水平概念设计。由于产品开发的复杂度极高，在实际产品开发过程中，这几个概念设计之间的界限有时是比较模糊的。

原始概念是当人们产生某些新产品需求时，脑海中会出现的某些图像。这些图像可能非常模糊，甚至难以直接用语言表述。当开发团队第一次面对客户需求时会出现跳跃性创新思维，将客户需求与潜在技术方案相互映射和链接的过程，就是形成原始概念的过程。严格来说，此时不存在设计一说，开发团队形成的只是一个模糊的产品形象，它很主观，不仅不具体，甚至无法确定其可行性。

原始概念是所有产品诞生前必然存在的。虽然它可能无法被记录或描述，也可能只是一两句简单的描述，但事实上人们就是根据这个原始概念开始产品开发和设计过程的。

在产品创意阶段，开发团队通常需要在团队内部建立这样一个原始概念，便于统一团队的整体思想，然后才可以开展创新活动。例如，在开发某新概念手机之前，团队认为客户可能需要一个前卫的具有高度科技感的手机，可以免充电（无限电能），免实体界面操作……这种高度概括、高度抽象的描述就足够建立该产品的原始概念。可以认为，其后续所有的创新工具应用、方案制定、概念制定，都与这种原始概念有关。

由于原始概念过于模糊，而且常常不被开发团队正式记录下来，因此在产品开发过程中，原始概念只能提供一个初始的产品印象。真正对产品开发具有指导意义的是产品的高水平概念设计，以及后续的低水平概念设计。

高水平概念设计（High Level Concept Design），是开发团队对产品设计的第一次具象化过程。所谓高水平设计，就是指这个设计是高度抽象的设计，仅规划了产品功能与应用场景的大致适用范围。所以，高水平概念设计依然是不具体的设计，但可能已经具备一定程度的可视化成果，并成为后续进一步细化设计的方向。与之对应的是低水平概念设计（Low Level Concept Design）。低水平概念设计是细化的概念设计。在此过程中，很多产品细节逐步被显现出来（但没有达到完全细化和可实现的程度），产品设计可以被具体描述。低水平概念设计与产品架构设计非常类似，将在第9章进行介绍。

与原始概念一样，高水平概念设计并不是开发团队一定要完成的设计。尤其在做技术研究类项目时，团队可能无法确定产品的未来形态，甚至连技术本身的发展路径都不甚了解，因此无法制定高水平概念设计。这并不影响高水平概念设计的重要性，因为开发团队在完成产品需求的解读后，需要建立一个相对统一且易于理解的概念，而原始概念过于抽象，但高水平概念设计即可用来指导后续开发活动。

事实上，在很多情况下，概念设计特指高水平概念设计，因为有不少企业不强调产品开发后续的低水平概念设计，或者不严格区分架构设计与低水平概念设计，即概念设计不区分高低水平。

高水平概念设计大致要完成三个小阶段的过程，分别是产品概念化、产品可视化、产品商业化。

1. 产品概念化

产品概念化是指产品开发团队在产品概念设计的前期，将产品的功能划分、市场定位、目标客户和价格区间等概念确定下来，并根据产品的商业期待确定不同的产品概念的过程。概念设计本身的目的是在产品开发的前期针对新产品或新技术设计出符合客户需求的功能和创意，或者探索解决问题的方案，并为后续产品开发与设计、生产、广告宣传和上市销售做好充分准备。而在进行概念设计之前，开发团队需要先确定符合商业特征的产品概念，即产品概念化。由于在市场行为中客户是最主要的实体对象，因此产品概念必须与目标客户或细分市场相匹配。企业在规划产品概念时，应考虑企业的产品战略以确定概念的层次和分类。

产品概念没有统一的规划方式，与企业的产品类型和特征强相关。例如，服饰类产品常以客户年龄、性别等属性作为划分细分市场的标准，所以其产品概念往往也以这些标准被规划为面向中年男性的商务类服饰、面向大学生的休闲类服饰等；手机等消费类电子产品常以消费习惯或消费模式作为划分细分市场的标准，所以其产品概念往往也以这些标准被规划为追求品牌效应的年轻人、习惯购买前沿科技产品的男性、喜欢购买传统家用电器产品的家庭主妇等。这些产品概念有明确的细分市场，意味着概念被规划或设计时，也应考虑目标细分市场的特征。例如，追求时尚的学生群体可能对产品的多功能与外观有较高要求，对产品的可靠性和耐久性要求很低，同时其消费能力可能不如有固定收入的人群。

在进行某个产品的高水平概念设计时，开发团队需要针对当前的产品需求制定若干个可实现这些需求的产品概念。原则上，每个产品概念都应满足产品的全部需求。企业在这些产品概念中寻找最符合企业当前利益的产品概念，并期望这些概念可以实现产品开发项目的既定目标，甚至为企业带来额外的收益，包括技术积累、品牌效应和市场知名度等。

2. 产品可视化

高水平概念设计不需要进行细节设计。对于实物类产品，开发团队需要制作一张抽象的产品外观或布局图，这张图非常粗略，经常手绘完成。而对于非实物类产品，如软件类产品，开发团队需要制作一份非常简单的数据逻辑框图，甚至只是手绘的数据流向图（模块至模块）。图 8-9 是一款未来汽车产品的高水平概念设计示例。

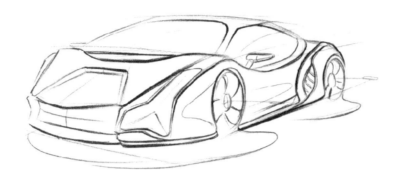

图 8-9 产品高水平概念设计示例

产品可视化是统一团队认识的重要途径。虽然对于很多产品来说，在前期就构架出一个可视的整体规划或架构布局是困难的，但开发团队依然要寻找一个途径，让所有开发与设计人员都理解产品的未来状态。这里提及的可视化其实是一个相对概念，只是让团队"看到"产品未来状态的一种形式。不要在当前阶段尝试绘制更为细致的产品细节或架构，因为此时产品设计不可能被固化，几乎当前所有的规划都会在产品开发的后续阶段中被大幅度更新，所以此时的细节设计工作没有意义。

3. 产品商业化

高水平概念设计是真正输出产品概念的活动过程，这与产品的商业属性息息相关。产品商业化就是产品概念商业化，开发团队需要把富有创意的概念设计与真正的商品联系在一起。开发团队根据在概念化过程中获得的诸多概念，结合产品的商业价值，将概念产品变成具有市场竞争力的商品。

在商业化过程中，开发团队需要同时考虑两个需求，一是如何满足产品自身的功能和性能需求，二是为实现产品必须克服的内部需求。这两个需求都将对产品的价值属性造成影响，前者可以为企业吸引更多的客户，后者则涉及产品交付的成本。概念设计会影响满足这两个需求的程度，优秀的概念设计不仅可以让客户感到满意，也可以将企业的交付成本降到最低。

在构建高水平概念设计时，开发团队应仔细审视创新工具的成果，按照产品概念来组合这些已经获得的需求解决方案，确保产品的每条开发需求都被满足，并最终将这些需求解决方案形成一个个独立的概念设计。

由于企业资源有限，企业不可能同时实现所有的概念设计，因为这样做既不经济，也不一定会获得客户或市场的认可，因此企业需要从这些概念设计中寻找一个或几个概念设计，并将其发展成最终产品。

8.5 从方案列表到概念设计列表

在创意阶段，开发团队在应用各种创新工具之后，应获得很多需求解决方案。这些方案大多针对的是产品的特定需求，而不是产品的整体解决方案，所以并不能直接被用于后续的设计开发。图

8-10 显示了从产品需求列表到创新工具应用，再到方案列表和概念设计列表的过程。本节所指的概念设计均指高水平概念设计。

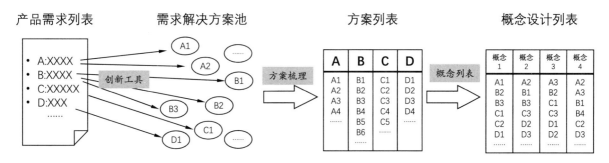

图 8-10 从产品需求列表到概念设计列表的过程

如图 8-10 所示，通过对市场信息的收集和整理，企业获得了一份产品需求列表或开发需求列表，其中所有的需求都是独立的（需求梳理的基本要求）。开发团队应针对每条需求分别寻找相应的解决方案，在这个过程中可能会应用到一些创新工具。此时，需求解决方案越多越好，汇聚在一起形成了需求解决方案池。这些需求解决方案并非都会被实施，因为这是一个大杂烩，开发团队没有确认过这些方案的有效性或可行性。随后，开发团队对需求解决方案池内的方案进行梳理，去除那些明显不可行或风险较高的方案，将剩余的方案做好分类，归入方案列表中。开发团队针对每个需求可实施的解决方案都被罗列在该列表中。然后，开发团队根据已经识别的产品概念进行（高水平）概念设计。这些概念设计就是从需求解决方案池中寻找合适的匹配产品概念的方案组合，每个成型的概念设计都是针对产品的整体解决方案。这些概念设计的集合就形成了概念设计列表。

方案列表是需求解决方案与概念设计列表之间的桥梁，也是团队创新活动的结晶。图 8-11 是方案列表的一个示例。该示例是企业在开发新手机时所做的方案列表，仅选取了其中五个需求作为原始输入。

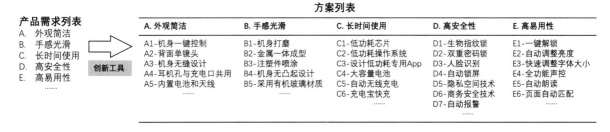

图 8-11 从产品需求列表到方案列表示例（部分）

如图 8-11 所示，开发团队针对每个产品需求去寻找足够多满足该需求的解决方案。有些方案较为简单，只能满足该需求的某个方面，而有些方案较为全面，可以完全满足该需求。这些解决方案代表着满足需求的可能性，所以在形成方案列表时团队无须过于担心技术成熟度、产品成本、供应链问题等模糊风险，但需要去除明显不可行的方案。对于某些较为特殊的产品需求，有可能出现没有对应解决方案的情况。这是开发团队需要高度重视的问题，因为产品可能无法满足客户需求，严重时可能导致产品开发项目流产。原则上，如果有产品需求无法被满足，那么产品开发活动不可以被推至下一阶段。对每个解决方案进行编号是为了便于概念设计时进行选择，虽然这不是强制要求，但大量实践证明这个方法可以简化后续活动的复杂度。

方案列表中的解决方案是企业开发技术库的一部分，虽然有不少解决方案最终不会被采纳或实施，但这些方案依然可以为以后其他产品开发指明方向。所以，管理成熟的企业会将每次产品开发过程中获得的方案列表内容整理成可查询的历史开发资料，作为开发经验教训总结。

通过方案列表，开发团队可以自由地进行方案组合，从而获得无数种产品概念设计组合。但随意组合产生的概念设计不符合产品商业化的要求，所以开发团队需要在产品概念的指引下选择合适的解决方案，并使之成为符合企业产品战略和市场需求的概念设计。在选择过程中，客户明示的需求、历史信息和市场信息是最重要的判断依据。

继续沿用图 8-11 所示的示例。该手机开发团队将目标客户划分成了若干不同的细分市场，并根据这些细分市场的特点分别进行了概念设计，从而获得图 8-12 所示的概念设计列表。

如图 8-12 所示，不同的细分市场有不同的典型诉求。例如，年轻的大学生喜欢时尚简洁且几乎永不停机的手机，工薪族则偏向手机的实用性，商务人士则关心手机的续航能力和数据的安全性，老年人则关注手机的简单易用性等。这些细分市场的特征构成了相应的产品概念。开发团队在结合市场信息反馈的前提下，根据这些产品概念产生了概念设计列表中的方案组合。所有被选入该概念下的解决方案都需要足够的证据以证明该选择的有效性，而市场信息、历史数据、各类创新活动的输出和第三方调查数据等都可以作为证据。

概念设计列表中的每一列都是一个概念设计，每个概念设计都要满足产品所有的开发需求。所以不难得出一个结论，在该概念设计中的解决方案必须匹配产品需求列表中的需求。例如，在图 8-11 中的产品需求列表中有 A 需求，那么在图 8-12 中的每个概念设计中都要有对应 A 需求的解决方案，否则代表该概念设计不满足 A 需求，这是不可接受的。如前文所述，由于有些解决方案仅满足某些需求的某个方面，所以在组成概念设计列表时，针对某个需求，有可能选入多个对应的解决方案来满足该需求。例如，图 8-12 中的概念 1 同时选入了 A2、A4、A5 这三个解决方案来满足 A 需求。同一个需求在不同的概念设计条件下，所需选入的解决方案组合是不同的，因此概念设计具有多种不同的组合。

概念设计列表是企业可以实现产品预期功能的一系列潜在方式，其中包含的概念设计越多，代表企业的创新能力越强，或者产品实现的可能性越大。由于企业资源有限，多数概念设计并不会被实现，因此企业需要对这些概念设计进行选择，最终确定哪些概念设计会被转变成产品。

概念设计列表

概念1： 面向在校大学生	概念2： 面向初入职场的工薪族	概念3： 面向商务人士	概念4： 面向中老年使用者	概念5： 面向喜欢户外运动的 年轻人
A2-背面单镜头	A1-机身一键控制	A1-机身一键控制	A1-机身一键控制	A1-机身一键控制
A4-耳机孔与充电口共用	A3-机身无缝设计	A2-背面单镜头	B1-机身打磨	A3-机身无缝设计
A5-内置电池和天线	A4-耳机孔与充电口共用	A3-机身无缝设计	B3-注塑件喷涂	A4-耳机孔与充电口共用
B2-金属一体成型	A5-内置电池和天线	A5-内置电池和天线	C1-低功耗芯片	B4-机身无凸起设计
B5-采用有机玻璃材质	B3-注塑件喷涂	B2-金属一体成型	C2-低功耗操作系统	B5-采用有机玻璃材质
C4-大容量电池	B4-机身无凸起设计	B4-机身无凸起设计	C3-设计低功耗专用App	C1-低功耗芯片
C5-自动无线充电	C1-低功耗芯片	C1-低功耗芯片	C4-大容量电池	C3-设计低功耗专用App
C6-充电宝快充	C4-大容量电池	C2-低功耗操作系统	C5-自动无线充电	C4-大容量电池
D2-双重密码锁	C5-自动无线充电	C4-大容量电池	D3-人脸识别	C6-充电宝快充
D3-人脸识别	C6-充电宝快充	D1-生物指纹锁	D7-自动报警	D1-生物指纹锁
E1-一键解锁	D1-生物指纹锁	D4-自动锁屏	E1-一键解锁	D4-自动报警
E2-自动调整亮度	D2-双重密码锁	D5-隐私空间技术	E2-自动调整亮度	D7-自动报警
......	D4-自动锁屏	D6-商务安全技术	E3-快速调整字体大小	E2-自动调整亮度
	E1-一键解锁	D7-自动报警	E4-全功能声控	E3-快速调整字体大小
	E4-全功能声控	E1-一键解锁	E5-自动明读	E4-全功能声控
	......	E2-自动调整亮度	E6-页面自动匹配	......
		......	......	

图 8-12　从方案列表到概念设计列表示例（部分）

方案列表

＋

概念列表

概念1：面向在校大学生
概念2：面向初入职场的工薪族
概念3：面向商务人士
概念4：面向中老年使用者
概念5：面向喜欢户外运动的年轻人
......

案例展示

星彗科技在创意阶段收集了大量创新方案，在汇总这些方案时，项目团队采用了亲和图。亲和图应用示例如图8-13所示。

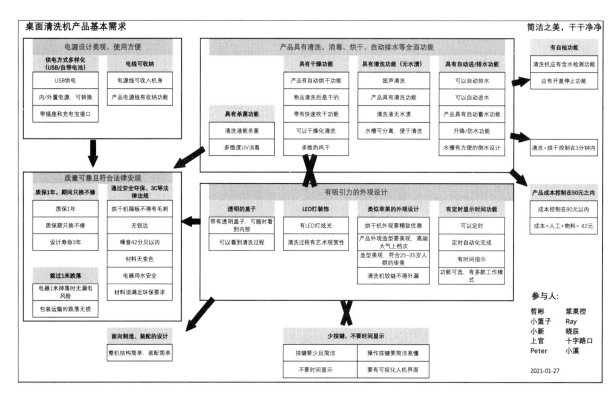

图8-13 亲和图应用示例

在亲和图的基础上，项目团队根据产品需求寻找解决方案，并构建了方案列表（见表8-4）和概念设计列表（见表8-5）。

表8-4 方案列表示例（部分）

关键需求编号（部分）	需 求	方案列表
1.1	产品应能将物品清洗干净	超声振动、浪涌设计、紫外线消毒……
1.2	产品应能自动将物品表面水分去除	自然干燥、风扇冷风、风扇热风……
1.3	清洗水槽最小要能清洗一副眼镜	以标准眼镜盒尺寸设计清洗槽、固定容积……
1.4	产品工作时噪声小于65dB	选用小功率电机、小功率风扇、降低频率、隔音设计……
1.5	产品应能清洗小型水果	食品级不锈钢、PP材料、漏网结构……
1.11	产品重量控制在500g以内	控制水槽容积，加强水槽承重结构……
2.1	按钮周边要有LED灯	单色LED、跑马灯式LED、多颗LED组合……
2.4	产品外观有磨砂质感	塑料成型、金属喷塑、表面涂装……

关键需求编号（部分）	需 求	方案列表
6.1	电源线可方便收纳	一体式电源设计、伸缩线、配电池方案……
6.2	清洗完之后方便排水	自动排水、机内储水……
7.1	外表面要有质感，不能看起来廉价	合金材料、复合表面处理、特殊装饰设计……
7.2	整体看起来小巧轻盈	减少机体壁厚,选择模块化设计减少体积,一体式设计……
……	……	……

在方案列表中，项目团队寻找了很多种实现客户需求的方案，经过多种组合之后，做出了多个概念设计。这些概念设计满足产品需求的程度不同。在概念设计列表中，项目团队罗列了各个概念设计的大致特征，并做了横向比较。项目团队后续将在这些概念设计中进行选择。

表 8-5 概念设计列表

	概念 1	概念 2	概念 3	概念 4	概念 5
亮点	成本最优	功能极简	换水简便	造型最佳	功能最全
总体视图					
工作流程	开盖→注水→放入物品→合盖→拨动开关→洗完后整体倒水	开盖→注水→放入物品→合盖→按下按钮→洗完后整体倒水	开盖→注水→放入物品→合盖→按下按钮→洗完后储水盒倒水	开盖→注水→放入物品→（固定）→合盖→按下按钮→洗完后上半部分倒水	开盖→压下网兜→注水→放入物品→合盖→按下按钮→洗完后整体倒水
实现功能	• 偏心马达清洗； • 物体和水上下分离	• 超声波清洗； • 物体和水前后分离； • 自然晾干	• 超声波清洗； • 物体和水上下分离； • 冷风吹干	• 超声波清洗； • 物体和水上下分离； • 热风烘干； • 巴氏消毒	• 超声波清洗； • 物体和水上下分离； • 热风烘干； • 巴氏消毒+紫外线消毒
潜在主要部件清单	• 塑料壳体（集成水槽）； • 塑料上盖； • 偏心轮； • 马达； • 干电池； • 橡胶塞	• 塑料壳体； • 不锈钢水槽； • 塑料扣板； • 塑料上盖； • 塑料内物支架； • 陶瓷振动片； • 泵； • 电路板； • 皮管	• 塑料壳体； • 不锈钢水槽； • 塑料扣板； • 塑料上盖； • 塑料内物支架； • 陶瓷振动片； • 电磁阀； • 电路板； • 皮管； • 风扇； • 抽屉式储水盒	• 塑料壳体； • 不锈钢水槽； • 塑料扣板； • 塑料上盖； • 金属网兜； • 陶瓷振动片； • 电机模块； • 电路板； • 烘干模块； • 底座；	• 塑料壳体； • 不锈钢水槽； • 塑料上盖； • 金属网兜； • 陶瓷振动片； • 弹簧模块； • 电路板； • 紫外灯； • 烘干模块

第 **9** 章

概念选择

9.1 概念选择的标准

开发团队通过创意阶段应该获得了足够多的解决方案和（高水平）概念设计。开发团队需要进一步筛选这些概念设计，并根据企业的实际资源情况以及市场和客户的反馈来确定最终选择哪些概念设计，即概念选择的过程。本节至 9.5 节之前所提及的概念设计均指高水平概念设计。概念选择即概念设计的选择，不仅选择概念，也在选择实现这些概念的解决方案（概念设计）。概念选择是思维收敛的过程，有些方法论也把这个过程认为是创意过程的一部分或将其看作创意过程的第二阶段（将第 8 章创意过程视为第一阶段）。这只是阶段划分上的差异，本质上不影响产品开发的整体过程。图 9-1 显示了概念选择阶段（筛选阶段）与之前创意阶段的关系。

在创意阶段的尾端，即概念数量达到顶峰时，开发团队需要对创意阶段与概念分别进行评估。对创意阶段的评估主要是确认创意阶段是否已经采用了足够多的创新工具并且是否已经获得了足够多的创意或概念。如果此时的概念数量不足，那么开发团队还需要回到之前的阶段去挖掘更多的创意或概念。对概念的评估则是筛选阶段的标志性开端，开发团队需要采用合适的方法、工具或手段来评估这些概念，并且进行必要的筛选。这非常类似下山的过程，此时可用的概念数量急剧减少，直至保留最终可实现的产品概念。

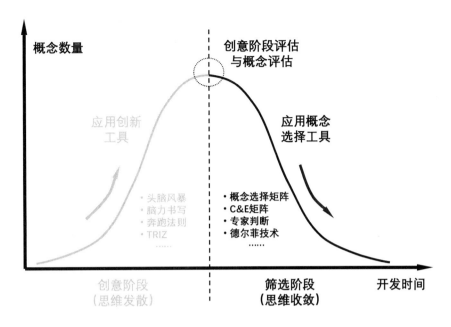

图 9-1　概念选择阶段（下山过程）

概念选择的目的是帮助企业寻找产品概念中的优势概念，并且集中企业的可用资源与之匹配，这是将企业资源利用率最大化的手段之一。为了寻找优势概念，在进行概念选择之前，开发团队需要制定评估这些概念的标准。这些标准主要来自两个维度：客户或产品需求的满足程度、产品开发项目的期望程度。

1. 客户或产品需求的满足程度

这是为了评估不同的概念针对需求满足程度的差异。凡是不能完全满足产品需求的概念，或者过度满足（远超过预期）产品需求的概念都可能得到负面的评价。客户只会为了他所期待的功能（需求）支付费用。所以在评估概念时，开发团队可以直接将客户或产品的需求作为统一的衡量标准，这些需求可以从各个渠道获得，如客户拜访、市场调研、产品需求文件、亲和图、质量功能展开等。这类评估较为主观，由于每个产品需求各不相同，所以该评估随着产品的不同而显著不同。

2. 产品开发项目的期望程度

这是产品开发项目能为企业带来目标收益的衡量指标，通常指项目的财务收益、技术可行性、交付可行性和市场接受度等。不同的概念在这些指标上的表现是不同的，开发团队可以根据这些指标直接进行优势和劣势比较。这种评估是相对较为客观的评价方式，其评价内容相对固定，因此企业可以建立相对统一的评估标准来衡量所有项目。

除上述两个常见的评估维度外，企业管理团队出于企业长期发展战略的考虑，或者针对非常特殊的客户会做出一些特定的评估结果。例如，企业的一个长期客户提出了一个特殊的产品开发诉求。企业在创意过程中获得了多个概念（设计），但发现多数概念与客户需求的匹配度不高。其中虽然有一个概念的匹配度相对高一些，但项目的收益很差，甚至有可能亏本。企业无论选择哪个概念，都不是最好的选择。由于企业不希望失去这个长期客户，所以管理团队可能做出即便该产品开发项目亏本，也要开发该产品的决定。该产品开发项目可能被定义为企业的战略项目。此时一切以满足该客户的需求为主要目标，那么概念选择时的某些标准也就不再适用了。虽然概念选择的过程受到很多因素的影响，但客户满意度一定是最终衡量概念有效性的最重要指标。

9.2　概念选择的方式

团队确定概念选择的标准之后，就可以开始启动概念选择活动。概念选择是非常慎重的过程，因为如果优秀的概念被筛除而留下较差的概念，那么可能给开发项目造成极为负面的影响。另外，产品概念是相对模糊的描述，此时的评估较难量化，这对评估者提出了很高的要求。所以，企业在进行概念选择的时候，都会采用一些专业的评估技术或工具。本节将介绍几种较为常见的评估技术或工具。

1. 专家判断

专家判断是开发团队邀请内部或外部专家，以专家会诊的形式判断概念的匹配程度。这是一种主观判断，判断质量主要取决于专家的个人能力、经历、知识背景，甚至个人喜好。这种判断可能没有确凿的证据来支撑判断结果，所以判断的效果难以评估，至少在当前阶段无法确定其判断的有效性。事实上，这种判断恰恰是企业里最常见的概念选择方式。开发团队必须选择具有相当经验且独立公正的专家来进行判断。开发团队要注意专家与领导之间的区别。很多企业领导或管理层成员并非技术方面的专家，他们或许位高权重，但对概念选择没有足够的专业技术支撑。如果企业领导或管理层成员带着强烈的个人意愿或倾向性介入概念选择，那么对产品开发可能造成灾难性的后果。采用专家判断法时，开发团队应罗列一些可量化、可评价的指标使判断过程尽可能正规化，避免出现"拍脑袋做决策"的现象。

2. 标准评估

标准评估是评估者在评估概念时，采用已经成文的标准作为判断依据。该方式可与专家判断结合使用，对非专业的评估者会有良好的助力作用。开发团队需要在评估前确定本产品适用的相关标准，这些标准包括国家制定的标准（含法律法规）、行业的强制或推荐标准、客户制定或指定的标准、企业自行制定的内部标准等。多数标准中的内容以定性描述为主，通常评估者也以定性判断为主。这种判断对于多概念的比较是不利的，所以建议采用标准评估时，尽量做出定量的比较，如打分判断等。标准评估可以很好地减少人为主观因素的影响，以较为客观的证据作为判断依据。

3. 群体决策

群体决策是多个评估者形成评估团队后对概念进行比较和评估的方式。该方式可以减少评估者（个人）的影响力，避免较为强势的评估者主导评估过程的情况。评估团队通常不是临时组建的，成熟的企业会设立长期评估团队。采用集成产品开发或等同的开发流程的企业也可以指定核心团队进行决策。群体决策可以和专家判断或标准评估结合使用。群体决策采用多数同意原则，常见情况包括以下几种。

- 一致同意：所有评估者都做出了相同的判断。
- 多数同意：超过半数的评估者支持某个概念或结论，采用这种方式评估的团队人数最好为奇数，以避免出现平局的尴尬局面。
- 相对多数同意：评估团队对多个概念进行评估时，出现了分散的评估结果，没有哪个概念获得多数支持（未获得超过 50%的支持率）。那么只要支持率最高的那个概念的支持率超过既定比率，就选择该概念。这个既定比率应在决策前确定，其数值虽然达不到 50%，但应显著大于每个概念理论上的支持率（100%/概念数量）。

　　具体采用哪种决策形式由产品开发团队自行决定。

4. 专业工具

有些专业工具可以对非量化的对象进行评估，这些工具也可用于概念选择。比较常见的工具包括概念选择矩阵、因果矩阵、质量功能展开、是非矩阵的变形应用、蒙特卡洛法等。其中，概念选择矩阵是最常见的工具。采用专业工具来评估与标准评估类似，该方式可以尽量减少人为因素的影响。

5. 战略决策

这是企业出于战略目的而做出的选择。如果企业采用这种方式来选择概念，那么上述其他方式都不再适用，或者变得没有意义。此时企业仅考虑概念之间的差异对企业战略的贡献度，最后的选择与产品自身的功能匹配度等因素已经基本无关。很难说此时被选择的概念是好还是不好，所以成熟的企业应尽量避免采用该方式来选择概念。

概念选择是企业做出慎重决策的过程，不限定使用哪种工具和形式，事实上，结合多种方式的优点共同决策是最佳实践。经过筛选后的概念数量变得很少，甚至只有一个概念被保留，这些概念（设计）将成为后续细化产品的原始输入。

9.3　概念选择矩阵的应用

概念选择矩阵是概念选择时最常用的工具，知名度很高，流传甚广，普遍被应用于产品开发、问题解决、持续改善等多个领域。

概念选择矩阵，通常特指普氏概念选择矩阵（Pugh Concept Selection Matrix），是斯图亚特·普教授在标准基础矩阵方法上改进而来并以他的名字命名的。该矩阵可以帮助开发团队从各种概念组合中得出最佳的概念设计，不仅可以满足产品开发的各项需求，而且可以通过整合各种概念设计的优势组合，达到强化和优化设计的目的。

概念选择矩阵是定性的工具，但可以结合层级分析法（Analytic Hierarchy Process，AHP）进行权重量化。该工具可以在一定程度上减少人为的偏见，帮助使用者在众多概念中找到合适的概念。

概念选择矩阵可用于一切具有多维度概念的选择：概念设计选择、改善方案选择、供应商选择、产品材料选择等。如果评估对象是非实物类产品，如软件类或服务类产品，那么在衡量标准明确的前提下，也可应用该工具进行评估。

概念选择矩阵的应用过程较为复杂，存在多个步骤。表 9-1 显示了典型的概念选择矩阵的应用步骤。如果该工具被用于概念选择，那么不建议单人使用，可以形成一个 6~8 人的评估小组来完成评估活动。与亲和图的制作过程相似，该评估过程不一定需要主持人，但设定主持人将提高活动效率。主持人除推进活动外并无其他特权。

表 9-1　概念选择矩阵的应用步骤

步　骤	主要任务	注释说明
确定概念	将所有需要比较和评估的概念列为矩阵的水平向栏目	概念按细分市场或特定业务目标划分
确定评估标准	将评估标准列为矩阵的垂直向栏目	标准包括产品及客户需求、行业要求、项目标准等
罗列方案组合	将每个概念的概念设计（方案组合）罗列至相应的概念栏目内	构建可比较的评估对象
阐述概念设计	评估团队成员各自陈述自己对方案的理解，保证其他成员理解自己的陈述	评估团队达成统一认识的过程
挑选基准概念	在需要评估的概念中挑选其中一个作为基准概念，并在矩阵中明确标明基准字样	被挑选的基准应获得多数人的认可，其他概念都将与它进行对比
矩阵打分	评估团队评估每个概念相对于基准概念分别满足相应评估标准的满足程度，基准概念无须自我评估	针对评估标准，如果某个概念比基准概念更好，那么打分为"+"，反之打分为"–"；如果不相上下，则得分为"S"；如果两者无法比较，则为"NA"
统计结果	汇总矩阵内各概念获得的"+""–""S""NA"的数量，并初步判断。基准概念无须统计，理论上，该基准得分全部等同于"S"	相对来说，"+"更多的概念可能优于其他概念，但这不绝对（*矩阵第一轮应用到此结束。）
创建混合概念设计	总结矩阵第一轮的结果，找出优势方案，重新组合方案（混合过程），创建新的概念设计，并构建新的概念矩阵	（*矩阵第二轮应用开始，仅在团队对第一轮结果不满意的情况下触发。）方案重组时，可继续沿用老的概念进行优化，也可混合出全新的概念（设计）
重新选择基准	由于概念中的方案被重组，因此原基准可能不再适用，团队可选择新的概念作为基准	是否要选择新基准取决于新概念的数量和质量，但依然采用原基准也是可以的
再次矩阵打分	评估团队再次评估每个概念相对于基准概念分别满足相应评估标准的满足程度	打分标准与第 6 步（第一轮打分）相同
再次统计结果	再次汇总矩阵内各概念获得的"+""–""S""NA"的数量，并进行概念选择	统计方式与第 7 步（第一轮统计）相同通常矩阵第二轮中"+"较多的概念是相对较为优秀的概念。如依然不满意，可重复第 8~11 步

续表

步　骤	主要任务	注释说明
后续规划	评估团队最终选择产品的概念（设计），并以此制订后续设计与开发计划	这是严肃的决定，至此，产品从理论上已大致成形

概念选择矩阵的运行过程大致被分成两轮，而且第二轮并不一定被触发，要视第一轮的输出结果决定是否进行。

在运行矩阵第一轮评估时，首先将概念设计列表作为矩阵的水平向栏目，并将评估标准作为垂直向栏目，这样就构建起矩阵的形式。然后，团队通过相互交流取得彼此对于这些概念的看法，并尽可能达成共识，这对于后续矩阵打分很有帮助。评估团队在交流时，遵守类似应用创新工具时的原则，即不反对、不干涉且延迟判断。随后，团队需要在诸多概念中选择一个概念作为基准。选择合适的基准是该工具获得有效输出的必要条件，因为其他所有概念都会和它进行比较。通常，我们不建议采用最初获得的概念作为基准概念，因为大量实践证明，人们存在先入为主的倾向性，而最初形成的概念往往会获得更多人的认同，其后续打分也会明显高于其他概念。如果出现这种情况，那么概念选择矩阵的有效性就会大打折扣。同理，如果在待选的概念中存在明显优于其他概念的情况，那么不仅不可以选择这些具有显著优势的概念作为基准，而且概念选择矩阵的适用性会受到质疑。之后，团队需要针对每条评估标准对概念进行评估，这是一个多维度评估。因为不少解决方案就是从某些评估标准中演化出来的，这些方案之间就存在高低优劣之分。如果把这些方案放到不同的概念中进行综合评估，对这些方案的评估就可能出现变化。常规的矩阵打分使用"+"和"−"，这是非常粗略的打分方式，因此两个同样被打"+"的概念之间依然有巨大差异。这也是概念选择矩阵的局限性之一。根据第一轮打分的结果，团队可以看到不同概念获得了不同的得分。不难理解，通常"+"越多且"−"越少的概念是优于其他概念的，但这个判断并不绝对，因为某些"−"对应的影响可能超过多个"+"影响的总和。例如，某概念获得了非常多的"+"，但在评估标准中的"产品成本"这一条打分是"−"，那么即便该概念在其他方面非常优秀，最后也可能因为成本的制约而不会被采用。

如果团队在矩阵第一轮评估的尾声已经找到了让团队满意的产品概念，那么概念选择矩阵可以就此结束，无须进行第二轮，否则，团队应继续构建新的矩阵进行第二轮评估。图 9-2 是矩阵第一轮的应用示例，使用的案例依然沿用了 8.5 节中的案例。关于方案列表的信息，读者可参考图 8-11 中的基础设定。

在图 9-2 中，团队构建了第一轮的概念矩阵，并选择将概念 2 作为参考基准，评估标准仅选取了部分内容。显然，如果把所有评估标准都罗列在这里，这个矩阵就会变得非常巨大，这是正常且合理的。在给矩阵打分时，针对"外观简洁"这条需求来说，概念 1 下的第一个"−"代表概念 1 不如概念 2（基准）；概念 3 下的第一个"S"代表概念 3 和概念 2（基准）差不多；概念 4 下的第一个"+"代表概念 4 比概念 2（基准）更好，以此类推。也就是说，无论针对哪条评估标准，都可以将每个概念和基准进行比较，把优劣判断转化成相应的打分。在矩阵下方的统计表中会汇总每个概念获得的"+""−""S""NA"的数量。通常认为，"+"最多且"−"最少的概念是相对较好的概念。虽然基准对应概念下方的统计表内不打分，但实际上相当于基准的所有打分均为"S"，所以如果出现了其他各个概念的"+"少于"–"的情况，即代表基准概念是相对最好的概念。

概念	概念1	概念2	概念3	概念4	概念5
	面向在校大学生	面向初入职场的工薪族	面向商务人士	面向中老年使用者	面向喜欢户外运动的年轻人
概念设计（方案组合）	A2,A4,A5,B2,B5,C4,C5,C6,D2,D3,E1,E2……	A1,A3,A4,A5,B3,B4,C1,C4,C5,C6,D1,D2,D4,E1,E4……	A1,A2,A3,A5,B2,B4,C1,C2,C4,D1,D4,D5,D6,D7,E1,E2……	A1,B1,B3,C1,C2,C3,C4,C5,D3,D7,E1,E2,E3,E4,E5,E6……	A1,A3,A4,B4,B5,C1,C3,C4,C6,D1,D4,D7,E2,E3,E4……

评估标准			概念1	概念2	概念3	概念4	概念5
	产品开发需求	外观简洁	–	参考基准	S	+	+
		手感光滑	+		NA	S	+
		长时间使用	–		+	+	NA
		高安全性			+	–	+
		高易用性	+		S		
		……			……	……	……
	项目商业要素	产品成本	–		+		+
		潜在客户数量	+		–		+
		项目收益	+		–	–	S
		资源需求	–		+		S
		开发风险	S		+	–	–
		……	……		……	……	……
统计		+	4	–	5	2	6
		–	5	–	2	7	1
		S	1	–	2	1	2
		NA	0	–	1	0	1

图9-2　矩阵第一轮的应用示例

是否可以根据统计表中的结果来确定最佳概念，取决于团队的自我判断。在图 9-2 中，看上去概念 5 获得的"+"最多且"–"最少，那么是否就可以判定概念 5 是最佳概念？这是由团队决定的。如果此时团队认为概念 5 就是最佳概念，且无须再优化，那么概念选择矩阵的应用到此结束。如果团队对概念 5 依然不满意，或者希望找到更优化的概念设计，那么团队可进行第二轮评估。

在进行第二轮之前，团队应先构建混合概念设计。混合概念设计是使用者根据之前的评估结果，找出优势方案，并根据不同的概念特征将它们分别融入这些概念，从而获得新的概念设计。新的概念可继续沿用之前的细分市场，或者不改变之前的概念特征，但其对应的概念设计（方案组合）发生了变化，其方案组合被融入了新的要素，也可能剔除了一些原有的弱势方案。所以，混合概念设计比之前的概念设计更有优势，结合了更多优势方案，这将使得产品开发更有效且潜在价值更高。在混合概念设计时，并非所有优势方案都会被使用，也并非所有劣势方案都会被剔除，甚至有的概念不做混合修改，因为概念设计是一种综合解决方案，并不是根据单个方案的优劣来评估整个设计的，这些方案的综合效应更为重要。图 9-3 显示了构建混合概念设计的过程。

在构建混合概念设计的过程中，如果考虑优势方案的同时尽可能剔除劣势方案，那么从某种程度上这会使概念设计可选择的方案范围变小，而且概念之间略微趋同，即概念之间的差异性会减小。团队需要谨慎对待这种概念趋同的情况。如果之前方案足够多，那么这个趋同的影响不会太大；如果之前方案有限，在极限情况下，混合概念会"坍缩"成极少数概念，如 1~2 个概念。如果发生这种情况，很难说是好事还是坏事。如果企业坚持之前的细分市场，那么混合概念的趋同会破坏之前的概念设计，企业可能很难继续坚持之前的产品开发战略。新的混合概念面对的可能是一个复合型的细分市场，企业的营销策略、客户关系或销售渠道都可能发生相应变化。如果企业完全自主开发产品，或者因资源受限而希望开发少数几款（一款）普适性较好的产品，那么这种概念趋同可能是件好事。此时企业可以集中产品的优势功能来满足目标市场（可能是多个细分市场）的需求，这将是产品开发效益最大化的表现形式。如果混合概念最后坍缩后仅剩 1~2 个概念，那么团队无须再进行第二轮，因为这种推演过程本身就是一种优化设计的过程。

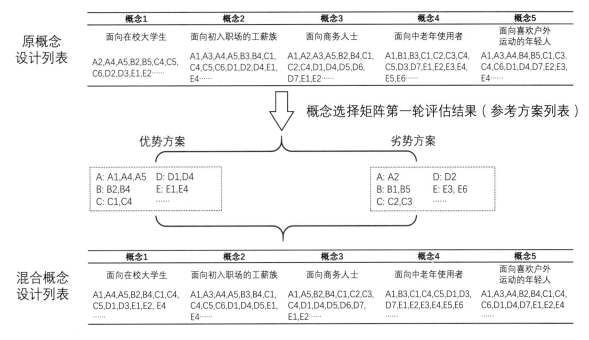

图 9-3　构建混合概念设计的过程

如果在构建混合概念设计的过程中，团队决定修改原概念和相应设计，那么可以构建新的概念（团队应先向市场营销团队确定新概念的市场匹配度和客户需求满足度），并将其加入第二轮矩阵中。如果概念混合后，新/旧概念的数量依然足够多，那么团队可以进行第二轮矩阵分析。图 9-4 是继续沿用上述信息构建的矩阵第二轮的应用示例。在这个示例中，团队未构建新的概念，而是在之前概念的基础上略做了修改。

		混合概念	混合概念 1	混合概念 2	混合概念 3	混合概念 4	混合概念 5
			面向在校大学生	面向初入职场的工薪族	面向商务人士	面向中老年使用者	面向喜欢户外运动的年轻人
		概念设计（方案组合）	A1,A4,A5,B2,B4,C1,C4,C5,D1,D3,E1,E2,E4……	A1,A3,A4,A5,B3,B4,C1,C4,C5,C6,D1,D4,D5,E1,E4……	A1,A5,B2,B4,C1,C2,C3,C4,D1,D4,D5,D6,D7,E1,E2……	A1,B3,C1,C4,C5,D1,D3,D7,E1,E2,E3,E4,E5,E6……	A1,A3,A4,B2,B4,C1,C4,C6,D1,D4,D7,E1,E2,E4……
评估标准	产品开发需求	外观简洁	+	参考基准	S	−	S
		手感光滑	+		+	−	+
		长时间使用	S		−	+	S
		高安全性	−		+	−	+
		高易用性	S		S	+	S
		……	……		……	……	……
	项目商业要素	产品成本	S		−	S	S
		潜在客户数量	+		−	−	+
		项目收益	S		+	−	+
		资源需求	−		+	+	S
		开发风险	−		+	−	+
		……	……		……	……	……
统计		+	3	−	5	3	5
		−	4	−	3	6	0
		S	3	−	2	1	5
		NA	0	−	0	0	0

图 9-4　矩阵第二轮的应用示例

虽然团队将所有概念都进行了混合，但本质上并没有改变这些概念，所以依然沿用了这几个概念，从概念设计的细节上可以发现它们之间有趋同的趋势。在本轮统计的时候，团队发现概念 3 和概念 5 获得的"+"是一样多的，但概念 3 的"−"明显多于概念 5。经过多次讨论后，团队最终可能选择概念 5 作为后续产品开发的主要方向。如果企业有足够多的资源，在市场有足够需求或客户有特定要求的情况下，团队可能同时选择概念 3 作为产品后续开发的方向。

事实上，团队在评价概念选择矩阵时需要考虑的因素非常多。之所以希望跨职能团队的成员共同评价，是因为虽然市场或客户需求可能占据绝对的指导地位，但企业内部对于这些可能成为未来开发对象的目标，会考虑企业实际情况与这些目标之间的匹配度。企业的开发能力、生产交付能力、供应链能力、客户服务能力和售后能力等都是需要考虑的对象。此时团队做出的正确评估结果可以大幅度较少产品后期变更所产生的成本。

概念选择矩阵有时也称迷你版的质量功能展开，因为两者都采用了矩阵形式，而且矩阵评价的过程有异曲同工之妙。但事实上，两者有显著差异。质量功能展开虽然也具备一定的方案选择作用，但侧重于实现产品需求在企业内部的流转，确保产品需求可以正确地从客户源头传递到企业内部的各个职能团队，并在此过程中通过优先级排序来优化开发资源。相比之下，概念选择矩阵还只是以方案选择为主。所以，质量功能展开的范围和规模都远大于概念选择矩阵。为了节省资源，企业很少同时使用这两个工具，通常在小型项目上使用概念选择矩阵，而在大型项目上使用质量功能展开。但这并不绝对，企业应自行决定其应用形式。

经过概念选择矩阵的评价之后，开发团队应获得相对较为具体且可行的概念设计，这是后续产品可以被具体实现的重要标志。

9.4　概念选择的输出和后续规划

企业在选择概念的时候有多种形式，既可以采用概念选择矩阵，也可以采用其他决策技术。无论采用哪种形式，通过概念选择阶段后，企业就可以确定产品大致的开发方向。此时开发团队至少需要完成三件事：确定产品的功能列表或组合，正确处理落选的概念，规划后续开发计划。

1. 确定产品功能列表或组合

在概念选择的过程中，概念设计逐步变得具体，甚至有些特征已经可以直接与未来需要开发的实际状态相映射。开发团队在进行概念选择的时候，就已经对这些特征进行了研究和分析。各职能团队的开发代表会将这些特征与自己所属的职能团队再次比较。与概念选择不同，此时开发团队只需研究所胜出的极少数概念即可，而且如何实现这些特征及其背后承载的产品开发需求是关键。在汇总各职能团队的意见之后，一份产品功能列表的雏形就此诞生。这份产品功能列表至关重要，它是从模糊的市场和客户需求通过层层转化，并且经过创意与筛选阶段最终被确立下来的可以用于后续开发的功能列表。通常，它可以被解读、被分享，不再是一个模糊的概念。产品功能列表中的内容可能是单个的产品功能，也可能是多个功能的组合。由于此时的产品功能还没有被固化到具体的产品特征上，因此开发团队还需要进一步的优化和组合以将它们具体实现。

2. 正确处理落选的概念

在概念选择过程中会筛除大部分产品概念，但不能说这些被筛除的概念没有价值或对当前产品开发不再重要。在很多情况下，我们发现被筛除的概念只是因为企业没有额外的资源，或者相对而言被选中的概念更容易实现，但这些概念依然具有很高的参考价值。一方面，这些概念依然是创意阶段的产物，可以成为企业产品知识库的知识沉淀，是重要的组织过程资产。另一方面，如果这些概念具有足够高的创意价值和潜在市场价值，那么企业可以申请必要的知识产权保护，使之成为企业的技术壁垒，并在将来演化成为新的产品。这些概念也是产品开发的备选方案，一旦被选中的概念设计在后续开发过程中受到致命阻碍，这些落选的概念极有可能"替补出场"，从而挽救开发项目。

3. 规划后续开发计划

在概念选择结束之前的项目活动主要以寻找解决方案为主，在这个过程中的大多数项目活动都是尝试性的，项目经理不可能分解出完整的项目活动列表。但概念选择结束后，项目经理则可以在目前确定的概念设计上进行较为细致的项目活动分解，项目的工作分解结构（WBS）也逐步成形。相应地，所有与产品开发相关的职能团队都可以根据当前的概念设计开始部署各自的开发计划。项目经理将各职能团队的开发计划集成后即可获得产品开发的主计划。项目从此进入一个较为线性的开发过程。对于一些经验丰富的开发管理者，此时就可以识别产品中可能存在的长周期部件，并开始进行相应的供应链规划以降低后期的开发风险。

概念选择是一个慎重的过程。至此，产品创意和筛选阶段进入尾声，产品开始逐步进入既定的开发方向。

9.5　低水平概念设计与架构设计

在概念选择之后，开发团队应获得至少一个相对可行的最佳（高水平）概念设计。在概念选择的过程中，开发团队对产品的需求和功能实现方式有了进一步的了解。此时，原先的高水平概念设计不再是纯粹的理想模型，产品内部组件或构造开始逐渐清晰，产品开始向具体化的方向发展，那么高水平概念设计也逐渐开始转变为低水平概念设计。

低水平概念设计（Low Level Concept Design），也称低阶概念设计。相比高水平概念设计，低水平概念设计更具体，但依然停留在概念设计的范畴里，所以这种具体是相对而言的，低水平概念设计从产品实现这个角度来说还是抽象的。由于设计中的很多细节在概念筛选阶段已经被研究过，因此此时的设计可以用可视化的形式展现，并且可以向开发团队或客户展示产品的内部结构和一些典型特征。所以从高水平概念设计到低水平概念设计是产品架构从不确定到相对确定的过程。图 9-5 显示了从高水平概念设计到低水平概念设计的变化（卷尺设计），这个过程与美术绘画时的顺序非常类似。

图 9-5　从高水平概念设计到低水平概念设计的变化

　　低水平概念设计大致描绘了产品的主要构成部分和各自应实现的功能，以及相应的实现技术手段。这些信息结合之前创意和筛选阶段的研究，已经可以构成一张网络图，以显示这些构成部分之间的相互关系，即架构设计。

　　架构设计（Architecture Design）是显示产品内在架构的总览图（见第 3 章 3.3 节）。架构设计的概念原本来自建筑学，是指房屋建筑设计过程中对目标建筑主体结构的设计规划，事实上，产品开发和建筑设计过程本身具有高度相似性。相比概念设计，架构设计的知名度更高，这是因为在产品开发过程中，概念设计并不一定以实物的形式出现，而几乎所有产品都将架构设计作为产品开发过程的主要交付物之一。

　　架构设计既是具体的，也是抽象的。说它具体，是因为这个设计已经开始展示产品组件之间的相互关系，甚至组件之间产生作用所需的能量、信息和媒介，产品的功能也可以通过这些信息体现出来。这些信息错综复杂，一些产品的功能与特征已经开始量化，甚至开始参数化设计。说它抽象，是因为架构设计依然不是详细设计，产品组件往往还处于模块化阶段，设计更关注组件之间的关系而非组件自身。所以此时的架构设计常以结构爆炸图的形式出现。对于非实物类产品架构设计，如软件类产品，架构设计常常以数据流将各软件模块串联为主，比实物类产品的架构设计更抽象。

　　在产品开发过程中，不少企业不严格区分低水平概念设计和架构设计，常常将此阶段的设计统称架构设计。严格来说，低水平概念设计和架构设计有显著差异。低水平概念设计承接高水平概念设计，也可能是概念选择的输出结果，它不可能凭空出现，虽然抽象但形式上体现了产品的大致特征。对于有形产品，多数低水平概念设计与实际产品外形已经非常接近。而架构设计可以由低水平概念设计转化而来，也可以直接从概念选择的输出获得。如果企业有成熟的产品家族库和产品路线图，那么架构设计可以直接从既有产品的开发经验中继承获得。由于关注度不同，架构设计常以爆炸图、边界图等形式出现。对于有形产品来说，这种图往往与产品实际外形无关，甚至看上去更像一种逻辑图。而对于非有形产品来说，低水平概念设计与架构设计的边界非常模糊，这也是不少企业将两者合二为一的原因。但这并没有不妥的地方，因为两者都为后续详细设计指明了方向，只是表现形式不同而已。图 9-6 显示了产品的创意、概念设计、架构设计和后续详细设计之间的大致关系。

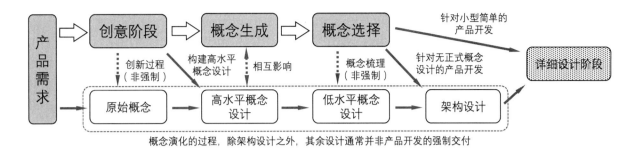

图 9-6 不同阶段的设计关系

面对产品需求时，开发团队可能已经开始构建原始概念，原始概念也可能从创意阶段中获得或者在该阶段被强化。由于原始概念通常模糊且难以记录，因此原始概念并非产品开发的重点关注对象。高水平概念设计是创意阶段的典型输出。开发团队应根据企业市场战略等因素的影响构建产品概念，在这个过程中，诸多因素相互影响，最终获得可被选择的（高水平）概念设计列表。在概念选择阶段对高水平概念设计进行筛选之后，低水平概念设计被确定。由于低水平概念设计是一个过渡产物，是开发团队对选中概念的梳理活动的输出，因此低水平概念设计也并非强制交付。但低水平概念设计是一个标志性的设计输出，可以被转化为架构设计。架构设计是产品开发的重要交付，是对产品架构的重要解释，同时受到企业产品开发战略的影响。如果产品开发没有进行正式的高/低水平概念设计，或者没有正式记录之前的概念设计，那么架构设计也可以直接从概念选择的输出结果获得。如果产品非常简单，无须进行复杂的概念设计，那么开发团队可以直接将概念选择的输出结果作为后续详细设计阶段的原始输入。在很多不严格区分各阶段概念设计的企业中，原始概念、高/低水平概念设计、架构设计（图 9-6 中虚线框内的内容）统称概念设计或架构设计。读者在遇到这种情况时，需要仔细查看该设计的详细特征，从而辨别该产品开发的对应阶段。

架构设计对企业的产品路线图有重大影响，所以在从概念设计到架构设计的转化过程中，开发团队必须确认架构设计与开发路线图的一致性。如果出现重大出入，开发团队就要向企业管理团队主动申报，以免出现无序化的产品开发倾向。

产品获得低水平概念设计或架构设计之后，就代表产品开发即将进入具体细化与物理实现的阶段。产品开发的主要费用开始逐步发生，对于企业来说，这是非常慎重的决定。企业会在此时设置开发项目的评审节点，进行概念设计冻结。形成确定的低水平概念设计是产品概念设计冻结的前提。概念设计冻结意味着产品主体架构不再发生本质上的变化，后续详细设计都在此基础上展开。

低水平概念设计和架构设计可以进一步统一开发团队和各职能团队对产品的认识，明确产品后续开发的任务分配，决定产品的架构层次，并构建产品的初始物料清单（见第 10 章）。

很多企业在不断追求快速高效的产品开发过程，或许会认为按部就班的开发过程过于烦琐，它们会有意或无意地跳过部分概念设计的过程，这其实是有设计风险的。如何简化开发过程而且又使开发过程稳健而有效，是开发团队的长期任务。

9.6　逆向工程

逆向工程在产品开发过程中一直是一个不太受欢迎的话题，但实际上是该过程中的重要方法。

逆向工程（Reverse Engineering），也称反向工程，是产品设计技术的再现过程，可用于新产品开发。所谓技术再现，是指既有目标产品已经存在，但由于各种原因，无法获知该产品的开发、生产、运行等各方面的技术，企业希望通过某些手段获知这些技术并且将其重现的过程。

所谓逆向，是相对于传统的开发方式而言的。传统产品开发按部就班，从客户需求开始，沿着需求管理链路逐步实现产品，这个开发过程被称为正向开发（Forward Engineering），也就是常规的开发方式。而逆向开发是沿着需求管理链路，从既有产品逆推产品开发技术的过程。逆向工程对目标产品进行逆向分析和研究，从既有产品特性反推，通过一系列测试和研究，得到该产品的制造流程、组织结构、功能特征及技术规格等要素，然后在此基础上进行再设计，以开发出不一样的新产品。

当今世界，绝大多数产品都是在一些半成品或成熟产品的基础上进一步开发完成的。换句话说，很多新产品都是对既有产品的某些属性或特征进行再次利用，通过优化或组合的形式使之成为新的产品。这种产品开发的形式使得产品种类千变万化，但开发团队可能对选用的产品技术不甚了解，在这种情况下，新产品可能无法发挥最佳的性能，而既有产品的优势也可能无法完全被应用。例如，今天很多电气产品都会使用电子芯片，而电子芯片的设计、加工和制造等技术非常复杂。电气产品的开发团队无须研究电子芯片的开发技术，直接购买该芯片并且使用该芯片成为自己产品的一部分即可。在这种情况下，开发团队可能无法完全发挥该芯片的全部功能，而且外部采购的成本相对较高。如果开发团队希望了解该芯片的设计和加工等原理，那么企业不仅可以自己以更低的成本获取该部件，也可以将其全部能力发挥出来，还可以对其进行优化和改进。但由于该产品是既有产品，供应商不可能提供相关技术，因此企业如果想要获知这些技术，只有通过逆向工程来获取。

逆向工程费时费力，企业都是在不得已的情况下进行的。常见的原因如下：

- 接口设计。如上文所述，在规划产品的自制部件和外购部件时，需要规划两者的接口，而外购部件的相关参数缺失，使得开发团队不得不使用逆向工程找出部件（系统）之间的协作协议或接口参数。

- 还原产品档案或优化当前设计。当试图还原产品档案或优化设计时，企业发现历史信息丢失，或者当前数据不再有效，那么逆向工程将被用于还原当前产品的原始设计参数。

- 学术/学习目的。在并非出于商业目的，而是希望研究某些产品技术作为技术储备的情况下，企业可以应用逆向工程去了解某些产品的开发技术。

- 产品分析。逆向工程被用于调查产品的运作方式、部件构成、估计预算。有时企业采用该方法来识别竞争对手的产品是否存在潜在的侵权行为。

注：逆向工程之所以不受欢迎，是因为这个过程很容易产生知识产权纠纷。企业如果抱着简单复制竞争对手的产品或者试图窃取他人知识成果的想法使用逆向工程，这就是严重错误的行为。逆

向工程可以被用于研究和拓展新技术，或者用于优化现有产品设计，但前提是不会产生知识产权纠纷。知识产权的相关内容将在第 19 章介绍。

逆向工程具有一系列典型的研究活动，图 9-7 显示了逆向工程的大致步骤和要点。

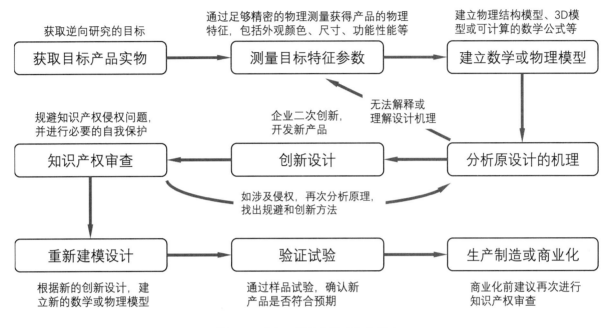

图 9-7　逆向工程的大致步骤和要点

逆向工程的第一步是获取目标产品实物。如果企业希望进行竞品分析（研究商业竞争对手的产品），那么有时很难获取相应的产品实物。企业需要确保获取的产品是完整的、可分析的、具备研究价值的。测量目标特征参数与建立数学或物理模型是相当困难的步骤。测量目标特征参数分成两大类：外观特征测量和性能参数测量。前者相对容易，只要采用精密度足够高的测量设备，如三坐标测量仪等，即可获得较为准确的实际测量值。后者则需要通过一些试验获取，如电压试验、耐久试验、振动试验等。这类试验的测量精度可能存在较大问题，同时很多参数也不易获取。而建立模型与测量过程息息相关。如果在测量阶段无法获取准确的测量值，那么企业不可能建立有效的模型。此外，如果测量阶段的数值是准确的，那么对于建立 3D 模型来说是比较轻松的，但如果企业通过这些数值反推数学模型，依然困难重重。要想通过纯粹的测量值来建立数学模型，分析者不仅要具有足够的统计学知识，还要有足够的产品设计经验，在分析过程中还需要一些运气。在获取模型之后，企业要仔细分析目标产品的设计原理或其他技术原理，并据此进行创新设计。因为必须尊重既有产品的知识产权，所以企业通过研究进行二次创新，不仅可以避开侵权的潜在风险，也是自我创新的过程，这也是逆向工程的核心价值。在创新设计之后，企业需要对知识产权进行审查，这是对逆向工程成果的初步检验，一方面可以确保产品开发无知识产权风险，另一方面可以申请对自己的二次创新进行必要保护。此后的开发步骤与普通的产品开发步骤大致相同，企业要重新建模、进行验证和量产制造等。由于知识产权问题是逆向工程最核心的问题，因此企业在整个过程中应该时刻进行相关研究，并且在产品商业化之前再次核实相关情况。

企业合理采用逆向工程，可以降低新产品的开发风险，加速开发进程和产品的升级换代。这是逆向工程的正确用法。之所以将逆向工程放在本章的最后，是因为如果企业要进行逆向工程，通常是在概念设计阶段进行，而且逆向工程对产品概念设计是有帮助的。

多数企业主动采用逆向工程是希望在新产品设计之前可以有一些基础信息，并且使开发团队少走弯路。这个理念与概念设计是吻合的。由于逆向工程只是被用于了解当前目标产品的特征信息，而不是直接复制这些特征，因此逆向工程提供的信息只能作为概念设计的一部分输入，为新产品开发提供思路。逆向工程中的二次创新是针对既有产品而言的，而对于新产品开发过程来说，就是对应的产品创意和筛选阶段。所以，开发团队可以在概念设计阶段合理运用逆向工程以优化产品的设计理念，对架构设计也将产生积极影响。

并非所有产品都适合进行逆向工程研究。企业应先鉴别这些产品的状态特性，然后决定是否要进行逆向工程。通常符合以下特性的产品不适合进行逆向工程研究。

1. 产品特征值难以测量

很多产品在被测量时，测量系统可能受到很严重的影响，导致无法准确获取测量值。或者，产品所需要被测量的特征无法被有效测量，如有些测量设备无法触及的位置，或者一旦被测量，产品就可能被损坏。

2. 特征参数受到多重因素干扰

某些被研究的对象参数是由多个因素的综合效应组成的，研究时无法获取这些因素的测量值，甚至有可能遗漏某些重要因素。当出现这种情况时，研究人员即便能获取数据，也无法构建有效的模型，那么后续的技术分析也无从谈起。

3. 还原成本过高

逆向工程中的某些过程涉及的成本过高，如一些非常专业的测试过程，需要委托第三方完成或者等待时间过长。此时企业会发现，与其花巨资去研究目标产品，不如寻找其他可替代的解决方案。

4. 产品技术存在唯一性

企业在进行逆向工程之前就已经获知该产品目前的技术存在唯一性，如某特种电机的控制逻辑就只有一种理论控制方法。即便花费代价通过逆向工程获取该技术，但由于无法回避该技术的知识产权保护，企业也无法在此基础上进行任何技术突破。

5. 无市场研究价值

企业不会去获取无市场价值的信息。如果某些产品的技术应用领域过于冷僻，对于企业当下产品设计的帮助非常有限，那么采用逆向工程获取的收益会非常低。采用逆向工程去研究的对象必须与将要开发的产品强相关且具备足够的商业价值。

6. 技术不符合发展趋势

企业不应花费巨大的代价去研究已经老旧或逐步被淘汰的技术。虽然有些产品在当下依然具有一定的市场份额，但由于技术演化的速度非常快，因此企业采用逆向工程去研究这些产品而获取的过时的技术，可能还没来得及在新产品上应用就已经被淘汰了。

由于产品具有商业属性，因此多数企业在产品设计时，或多或少都进行了防破解保护。这些保护就是为了避免竞争对手轻易进行逆向工程以获取核心设计数据。这在电路设计和软件设计的案例中最常见。我们反对纯粹以窃取对方知识成果为目的的行为，以及以暴力破解为手段直接获取产品信息的行为。企业在设计产品时应尽可能保护自己的产品设计，加入必要的反逆向工程设计，如产品加密等。

 ## 案例展示

星彗科技的项目团队采用概念选择矩阵对已经获得的产品概念设计进行遴选。概念选择矩阵的应用示例如图 9-8 所示。

总体视图　评价标准　客户需求（部分）	概念 1	概念 2	概念 3	概念 4	概念 5
除水程度	−	S		S	S
易于设计	+	S		−	−
易于制造装配	+	S		−	−
易于测试	−	NA		+	+
使用方便	S	S	参考基准	S	S
换水方便	−	−		−	−
耐用性	−	−		−	+
轻便（尺寸/重量）	S	S		S	S
工作噪声	−	−		S	+
工作效率	−	+		+	+
初步成本	+	−		S	−
造型美观	S	+		NA	−
……	……	……	……	……	……
总计数量：+	3	2	−	2	4
总计数量：−	6	4	−	5	5
总计数量：S	3	5	−	4	3
总计数量：NA	0	1	−	1	0

图 9-8　概念选择矩阵的应用示例（部分）

概念选择矩阵的结果显示，概念 5 的设计可能优于其他概念设计，但项目团队的核心成员对该概念设计的可实施性提出了怀疑，而其他几个概念设计的优缺点也都非常明显，部分核心成员倾向于采用概念 3 或概念 4。项目团队陷入了长时间的争论。在征询客户的意见之后，项目团队依然决定采用概念 5 作为后续开发的主体概念。

根据既定的概念设计，产品系统设计师起草了产品的低水平概念设计，并将设计意图向设计师团队进行了介绍。该低水平概念设计图如图 9-9 所示。在该图上，设计师大致规划了产品的主要部件和功能实现的方式。

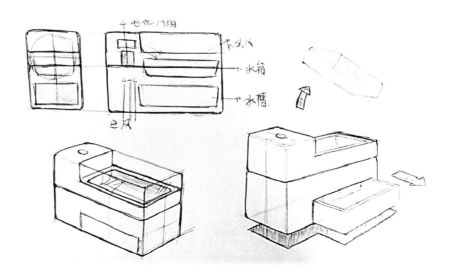

图 9-9　产品低水平概念设计图示例

根据低水平概念设计，机械结构设计团队起草了产品物理层级的架构设计。其架构设计图的初稿如图 9-10 所示。在该图上，机械结构设计团队构建了产品可能涉及的主要部件，并解释了各个部件之间潜在的协同作用。

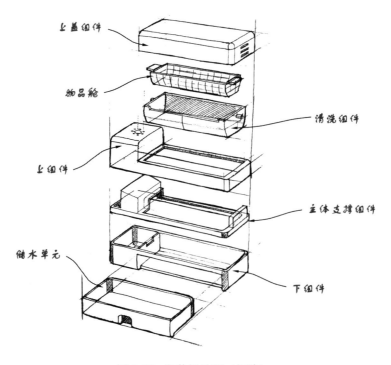

图 9-10　架构设计图（初稿）

主控设计师根据系统的低水平概念设计和机械架构设计，规划了主控系统的框图（见图 9-11），并在该框图的基础上架设了控制软件的静态视图（见图 9-12），即高阶的软件架构设计。

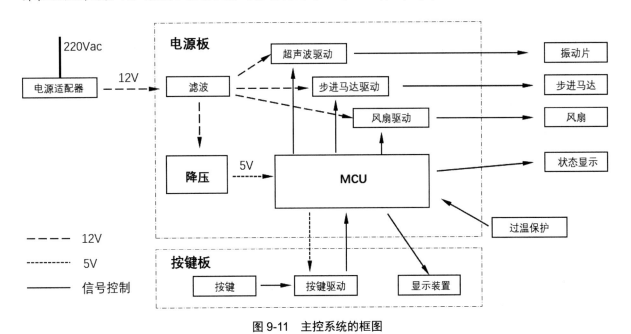

图 9-11　主控系统的框图

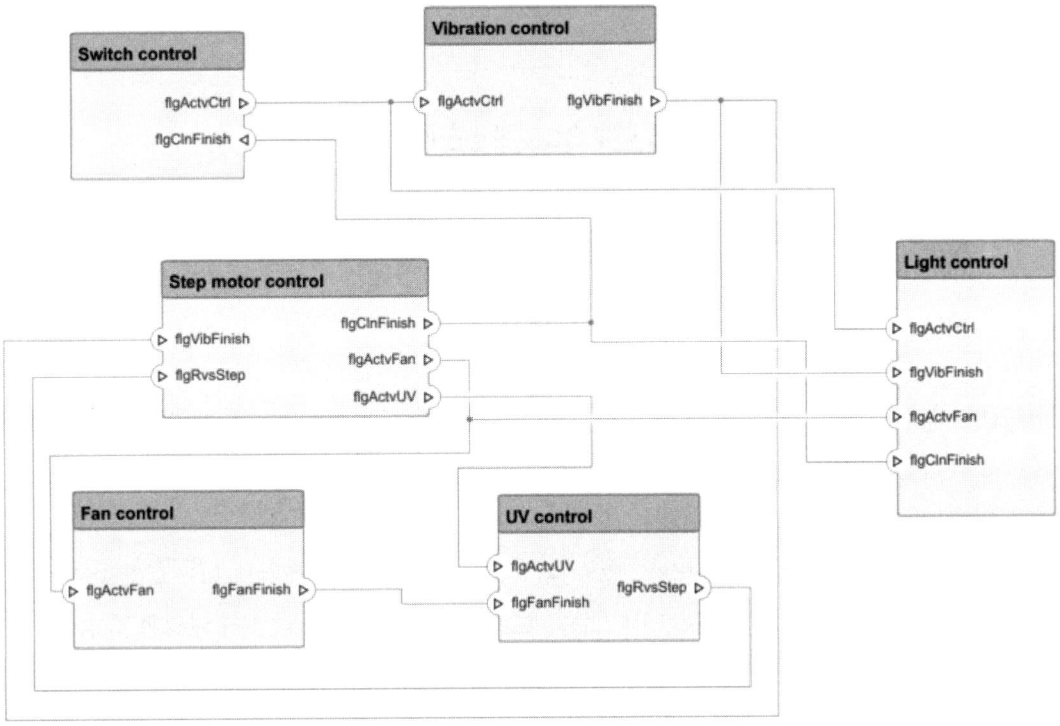

图 9-12　控制软件的静态视图

注意，该阶段的设计仅仅是从概念设计（非详细设计）获得的初步设想，所以既不具体也并非都可实现，这些设计规划与最后的产品仍有较大差异。

第10章

功能初步实现

10.1 产品功能列表与关键特性

产品功能即产品为实现客户需求所表现出的特征，该特征也是产品价值实现与传递的基本对象。

产品功能从产品的原始概念设计获得，也可以从需求管理的初步收集、分析和整理获得。在典型的情况下，在经过质量功能展开 1.0 分析或概念选择矩阵选择后，开发团队已经获得了实现产品的初步想法。面对简单的产品开发案例，开发团队可能已经找到后续详细设计的思路或解决方案，但如果产品具备一定的复杂度，即便开发团队已经明确客户需求，仍然需要进一步梳理产品需求与对应功能的关系，并尝试一一实现这些预期功能。

产品功能列表是一张罗列产品最终需要实现的所有功能的列表。该列表与产品需求文件相对应，但两者有所区别。产品需求文件仅仅罗列产品需要实现的需求，并不过多探讨这些需求的可行性，该文件虽是内部文件，但必要时可与客户沟通并获得客户签字认可；而产品功能列表则是开发团队通过层层分析后获得的列表，此列表上的功能均需在产品上实现，此文件为内部文件，不会主动交给客户确认。在实操过程中，企业可视情况将产品需求文件与产品功能列表合并管理。表 10-1 是某手写写字板产品的功能列表。

表 10-1　某手写写字板产品的功能列表

编　　号	功能来源	功能描述	责任团队
1	客户	书写功能可以体现书写的力度差异	机械团队

编　号	功能来源	功能描述	责任团队
2	客户	书写内容可以实时传输到其他移动终端	软件团队
3	客户	书写内容可以实时识别并翻译	软件团队
4	市场	具备分区域擦除功能	硬件团队
5	客户	与主流电脑操作系统兼容，且和无线连接	软件团队
6	市场	手写板可以离线书写并保存	软件团队
……	……	……	……

产品功能列表是产品实现设计前的最后确认，开发团队会根据该列表逐一实现对应的设计。鉴于产品的功能往往相互交叉，所以在设计时，产品的功能与实际特征可能不是一一对应。这种情况不是开发团队所希望出现的情形，详细解释将在下一节介绍。产品功能列表将用于分析企业技术能力的匹配度。对于企业当前技术能力无法实现的功能，开发团队必须考虑开发是否需要继续推进或者寻找外部解决方案。

企业在规划产品功能实现的过程中，需要考虑企业当前的技术实力和发展能力。传统开发观念认为，企业只有完成自身的技术整备之后才能将其应用于新的产品开发活动中，这是出于对技术风险的考虑。随着现代企业管理的发展，以及产品复杂度的日益提高，该观念已经发生了巨大的变化。产品的功能是否可以实现取决于企业的技术整备程度。不同企业类型（开拓型、跟随型和维持型）与其技术整备的关系将决定企业面对新产品开发时的态度。

追求全新市场全新产品的开拓型企业，为了实现产品的预期功能，即便在现有技术不成熟的情况下，也可以进行开发。在这个过程中，企业可能要投入大量的资源，并承担相应的风险。如果此时的开发团队不具备相应的技术实力，企业就会主动寻找解决方案，包括投资新的技术开发团队、试验设备和研发设施等。直接与外部第三方具备成熟解决方案的组织合作也是常见做法。

跟随型企业面对新产品功能时会非常谨慎，通常倾向于使用成熟的技术方案，这是风险厌恶型组织的典型特征。虽然不排除企业投资新技术的可能性，但通常企业更乐于在现有市场已知解决方案的基础上进行改进或整合。这样做不仅可以弥补开拓型企业前期的某些不足，也使自己的产品更为成熟，从而扩大开发项目的收益。

维持型企业是最为保守的组织形式，维持业务稳定性是企业的首要任务。这类企业并非不重视新产品开发，而是因为新产品开发对其业务发展的帮助有限，所以与其大力开发新的功能，不如将现有产品的利润最大化，如毛巾等日用品企业就属于这种类型。此时，开发团队对于产品功能的看法更加功利化，其技术整备更专注于产品工艺和成本上的突破。

产品功能列表可以帮助开发团队从其自身角度考虑适用的技术路线和开发策略。维持型企业基本不会采用不成熟的技术方案来实现新产品的功能，而开拓型企业往往会采用激进的方式追求全新技术的突破。采用什么样的技术来实现产品功能，虽然是开发团队或企业的自行选择，但疏于匹配性分析会对产品开发的成本和进度带来巨大的负面压力。

从产品功能列表中开发团队可识别出对产品至关重要的核心功能，这些核心功能所对应的特征或参数就是产品的关键特性。关键特性是企业在实现产品过程中的重要参数。由于绝大多数企业没有足够的资源以检查产品的每个参数，因此将有限的资源投放在关键参数和相应的过程管控上，是最经济且最合理的做法。

关键特性（Critical to Quality，CTQ）从产品设计最初就开始被鉴别，部分关键特性可能直接由客户输入。开发团队应尽早从产品功能中识别关键特性，并将其传递到开发过程中。一般来说，关键特性都对应产品的核心功能。在产品的设计、开发和实现过程中，一旦出现冲突，开发团队就要确保关键特性被优先满足。关键特性清单（CTQ List）是关键特性的集合，是企业内部开发和质量管理的核心文件之一，也是标准的受控文件之一。关键特性通过该清单进行传递，并且通过各个工具逐步分析并最终实现。识别关键特性是一个漫长的过程。在详细设计之前，关键特性往往通过历史经验和客户输入，但随着设计不断细化，关键特性也会逐渐清晰。尤其是在详细设计初版诞生后，此时经过几次梳理和更新的关键特性已经成熟，可以用于评价产品的最终性能。

10.2　公理设计

在实现产品功能列表所罗列的功能时，开发团队需要选择合适的载体来实现产品预期的功能。产品的功能往往很多且错综复杂，其中有些功能甚至存在相悖的情况。研究表明，如果产品的每个单项功能可以由单一载体来实现，那么可以大大减少设计的复杂度并提升设计的稳健性。公理设计是实现这个需求的重要工具，它也是从产品需求到产品功能，再到实际产品特征这条链路上的重要桥梁。

公理设计（Axiomatic Design）是美国麻省理工学院 N. P. Suh 教授于 20 世纪 70 年代中期提出来的一种设计决策方法。它是建立在数学模型基础上的一种功能分析法，可以有效地提高设计效率，有助于找到最佳设计解。该方法被用在新产品开发、制造过程设计和软件系统研制等方面。该方法认为实现产品功能就是将设计信息具象化的过程。

所谓公理设计，是指两条基本的设计公理，即独立性公理和信息公理。

- 独立性公理（The Independence Axiom）：在一个可接受的设计中，从功能需求到设计参数的映射过程中，每个功能需求的保证应不影响其他功能需求。

- 信息公理（The Information Axiom）：在所有满足独立性公理的有效解中，最好的设计方案应使所包含的设计信息最少。

实现产品功能的方式有很多种，但在诸多产品设计方案中，存在一些已知的风险或问题，如功能冗余、系统过于复杂、难以维护、组件之间相互牵制等。之所以强调公理设计，是因为这两条公理是产品构建其物理特征时所需遵守的基本规则，以尽可能避免或减少上述这些问题带来的负面影响。

独立性公理要求在设计中必须保持产品及组成部件功能的独立性。各功能需求之间应是相互独立的。在一个组件上既不希望出现重复的或相同的功能，也不希望只有一种功能，否则就会使构成产品的组成部件数量最少。独立性公理可用来减少设计过程有效解的数量。

信息公理要求该方案构成产品的组件数量最少，从而保证整体信息量最少。同时，每个组件的结构还必须做到最简单。只有组件的结构最简单，零件所包含的信息量才能达到最少，组件才能易于实现。信息公理可用来从有效解中找出最好的设计方案。

可以认为，凡是符合这两条公理的设计就是最简单且最有效的，其功能与特征都可以一一对应。从产品全生命周期来看，这样的设计不仅易于实现，更易于后期运营、维护、升级甚至回收和再利用。

产品功能的独立性，涉及一个专业词汇：耦合。所谓耦合，是指系统中存在一些功能相互关联的组件，改变相互耦合的组件中某个参数或特征，也会显著影响其耦合组件的参数或特征。显然，具有耦合属性的设计违背了公理设计原则，是不提倡的。对应耦合的特性，解决该问题的方式就是解耦。解耦过程即把存在耦合特征的组件，通过某种方式将其耦合特征分离，从而实现独立性公理的要求。

公理设计根据这两条基本公理，推导出八条规则：

1. 设计需要解耦

因为无法保证概念选择出的初始概念不存在耦合，所以对初始概念进行解耦分析是首要任务。要尽可能实现组件之间解耦（如存在实在无法解耦的情况，也是可以理解的）。

2. 功能需求最小化

产品功能与产品需求对应，要求在需求分解时就足够细致，这样才可以保证功能需求最小化。

3. 设计特征集成化

在已经获得的设计方案中，如果功能可以独立被满足，那么尽可能将这些设计特征集成到一个组件上。

4. 组件标准化

尽量少设计、少使用新组件或额外组件，尽量采用标准化组件或具有高度可互换性的组件。

5. 特征对称性

尽可能采用对称或具有高度一致性的组件或特征，以减少设计信息。

6. 公差最大化

保证关键特性的公差或参数可接受范围尽可能大。

7. 信息最小化

在当前设计方案满足基本功能的前提下，尽可能进一步减少整体的设计信息。

8. 标量的等效正交性

如果使用耦合矩阵的理念来标识功能与组件之间的关系，那么该矩阵是可运算的。较为理想的耦合矩阵的等效正交性为1。

从上面的描述中不难发现，这八条规则具有一定顺序。第 1 条是首要规则，是公理设计的基本理念；第 2~6 条是针对具体设计特征的优化要求；第 7~8 条则是在前六条都满足的前提下，提出的深层次优化理念。尤其是第 8 条，将公理设计与线性代数结合在一起，将原本似乎跳跃性思维获取的设计方式转变成为一种基于数理推导获取新设计的方式。这是公理设计的独特魅力，也是从完美链接定性的概念设计到具体实际设计之间的重要纽带。

在公理设计中，产品的设计信息是研究的关键对象，其中包括产品设计方案、可行性分析、结构设计和详细设计等。公理设计将设计域信息分为四种类型，分别是客户域信息、功能域信息、物理域信息和过程域信息。所谓产品设计，就是求出这四个域之间的映射关系，这是需求链的传递，也可以用数学模型的形式展现出来。图 10-1 展示了这些信息分别在不同域之间的关系。其中，客户需求（Customer Needs，CNs）是客户域的主要内容，产品功能（Function Requirements，FRs）是功能域的主体，设计参数（Design Parameters，DPs）是物理域的研究对象，过程变量（Process Variables，PVs）是过程域中实现物理特征的关注对象。

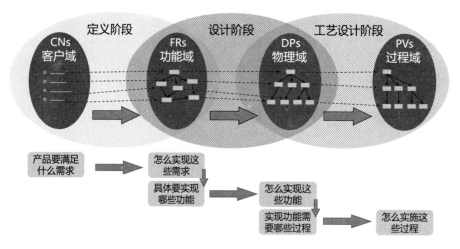

图 10-1　设计信息在不同域之间的传递

在这四个域之间可以建立三种映射关系：

- 建立客户域和功能域之间映射关系的过程对应产品定义阶段；
- 建立功能域和物理域之间映射关系的过程对应产品设计阶段；
- 建立物理域和过程域之间映射关系的过程对应工艺设计阶段。

公理设计的思考逻辑和结构与质量功能展开的各个阶段非常相似，而质量功能展开就是需求管理的重要工具之一。上述第一种映射关系即狭义的需求管理过程，后两种映射关系是公理设计的主要研究对象，整个映射关系构成了广义需求管理（产品实现）的主要部分。

在不同域映射的过程中，实现上一阶段需求的手段会越来越多，为了保证公理设计的规则可以贯彻到设计方案中，需要通过一系列模型运算来实现公理设计。注：公理设计需要用到矩阵运算，这要求使用者具备一定的工程数学基础。

在公理设计的运算过程中，假设 FR 为功能需求向量，DP 为相应的设计参数向量，从功能域到物理域的映射关系可以用下式来表示，称为设计方程组：$FR = A \cdot DP$。其中，A 为设计矩阵，表示 FR 与 DP 之间对应元素的关系。假设方案中有 m 个功能需求，并有 n 个设计参数与之对应，那么两者之间的数学模型可表示为：

$$FR_i = \sum_{j=1}^{n} A_{ij} \cdot DP_j$$

式中，A_{ij} 是 DP_j 的函数。由此可获得设计矩阵的一般表达式为：

$$A = \begin{bmatrix} A_{11} & A_{12} & \dots & A_{1n} \\ A_{21} & A_{22} & \dots & A_{2n} \\ \vdots & \vdots & & \vdots \\ A_{m1} & A_{m2} & \dots & A_{mn} \end{bmatrix}$$

类似地，在将物理域中的设计参数 DP 作为功能需求映射到过程域的过程中，假设 DP 为设计参数向量，而 PV 为过程变量向量，可获得类似的公式 $DP = B \cdot PV$。其中，B 为过程矩阵，表示 DP 与 PV 之间对应元素的关系。假设方案中有 n 个设计参数（应与上一过程的映射保持一致），并有 q 个过程变量与之对应，那么两者之间的数学模型可表示为：

$$DP_j = \sum_{k=1}^{q} B_{jk} \cdot PV_k$$

同样，应用上面与 A_{ij} 类似的推导，可获得过程矩阵的一般表达式为：

$$B = \begin{bmatrix} B_{11} & B_{12} & \dots & B_{1q} \\ B_{21} & B_{22} & \dots & B_{2q} \\ \vdots & \vdots & & \vdots \\ B_{n1} & B_{n2} & \dots & B_{nq} \end{bmatrix}$$

公理设计对设计矩阵 A 与过程矩阵 B 提出了要求，因为矩阵是可以被运算的，所以如果按照公理设计的独立性公理要求，这两个矩阵可通过运算并满足特定的要求。理想的要求是，该矩阵满足对角矩阵或三角矩阵的要求。

在对角矩阵中，每个 FR 可以通过调整某个 DP 来保证，而不影响其他 FR。因此，对角矩阵满足对角线等于 1，而其他项为 0 的情况（也可通过矩阵运算转化成对角矩阵），该矩阵满足独立性公理要求，这样的设计称为非偶合设计。以设计矩阵 A 为例，对角矩阵可能是下式：

$$
A = \begin{bmatrix} 1 & 0 & \cdots & 0 & 0 \\ 0 & 1 & & 0 & 0 \\ \vdots & & \ddots & & \vdots \\ 0 & 0 & & 1 & 0 \\ 0 & 0 & \cdots & 0 & 1 \end{bmatrix}
$$

在三角矩阵中，独立性公理也可以被满足。这时，设计参数的变化应遵循一定的顺序，该矩阵在左下半侧或右上半侧为 1，而其他项为 0（也可通过矩阵运算转化成三角矩阵），此时这样的设计称为准耦合设计。其独立性不如对角矩阵，但依然是可接受的设计方案。以设计矩阵 A 为例，三角矩阵可能是下式：

$$
A = \begin{bmatrix} 1 & 0 & \cdots & 0 & 0 \\ 1 & 1 & & 0 & 0 \\ \vdots & & \ddots & & \vdots \\ 1 & 1 & & 1 & 0 \\ 1 & 1 & \cdots & 1 & 1 \end{bmatrix} \quad 或者 \quad A = \begin{bmatrix} 1 & 1 & \cdots & 1 & 1 \\ 0 & 1 & & 1 & 1 \\ \vdots & & \ddots & & \vdots \\ 0 & 0 & & 1 & 1 \\ 0 & 0 & \cdots & 0 & 1 \end{bmatrix}
$$

如果一个设计方案无法用对角矩阵或三角矩阵来表示，也无法通过相关运算转化成这两个矩阵形式，那么该设计称为耦合设计。耦合设计不满足公理设计的基本理念，所以应对其进行解耦设计，也就是进行设计优化。

另外，从上面的公式演算中不难得出一个结论，一个好的设计应该具备可推导性。例如，设计参数的需求在不同域的映射过程中不会发生数量变化。那么此时设计矩阵 A 和过程矩阵 B 应该是两个同样大小的矩阵。其公式为 $FR = C \cdot PV = A \cdot B \cdot PV$，其一般表达式可表达为：

$$
FR_i = \sum_{k=1}^{q} C_{ik} \cdot PV_k = \sum_{j=1}^{n}\sum_{k=1}^{q} A_{ij} \cdot B_{jk} \cdot PV_k
$$

同样地，根据矩阵运算原理，矩阵 C 在理想情况下，也应该是一个对角矩阵或三角矩阵。公理设计其实就是在寻找满足这样非耦合设计或准耦合设计的过程。可以使用公理设计的理念来评价当前设计是否是一个最佳设计。

在进行公理设计时，有些诀窍或判定条件可以帮助使用者进行快速判断。

1. 关于设计参数与功能需求数量之间的关系

当设计参数的数量小于功能需求的数量时，即当 DP<FR 时，设计是耦合的，否则至少有一个功能需求无法被满足，此时应增加设计参数的数量。当 DP=FR 时，设计是理想的。如果 DP>FR，那么此时设计是冗余的，必然存在一定的耦合设计。

2. 关于对新设计的要求

如果一个设计是非耦合的理想设计，当功能需求改变后（增加、替换或全部改变），与原功能需求相应的设计参数肯定不能满足要求，必须寻求新的设计解。所以功能需求变更必然触发新的设计要求。

3. 关于设计信息的独立性

一个非耦合设计的设计信息与设计参数的改变顺序无关，也就是说，对于非耦合设计，优先实现哪个设计参数不会影响功能的满足程度。但对于耦合设计，参数实现的顺序不同可能导致某些功能无法实现。如果功能需求和设计参数的相对关系不变，那么一个耦合矩阵的正交性和一致性不随功能需求和设计参数变量的顺序改变而变化。

4. 关于公差的匹配性

公差是留给设计和过程实现的可接受度。虽然有些设计是耦合设计，但如果其对应的公差足够大，那么这些耦合的元素可以忽略不计，但这违背设计的基本原则。

5. 关于系统的信息量

对于非耦合设计，如果每个设计参数在统计意义上都与其他事件相互独立，那么整个系统的信息量就是所有单个事件的信息量之和。而对于耦合设计，如果所有单个事件的信息量之和大于整个系统理论上所需的信息量，就存在设计冗余，反之则代表某些功能需求未被满足。由于客户需求是必须被满足的，因此不管设计需求中的物理特性如何，它们的信息量都具有同等重要性，没有必要给任何设计参数赋予加权系数。

公理设计不能取代其他的细节设计，其设计结果依然可能被工艺或其他因素所制约，但这不妨碍其在设计前期的重要地位。

案 例

某热水器配套的水龙头产品在设计时被要求实现三个基本功能：控制水温、控制出水量和节水功能，即 FR=3。产品设计团队初步实现的产品设计如图 10-2 所示。

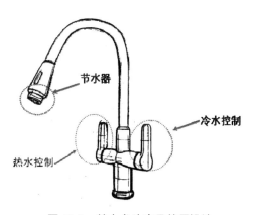

节水器

冷水控制

热水控制

图 10-2 某水龙头产品的原设计

按照该设计发现，实际的设计参数包括冷水控制、热水控制和节水器，即 DP=3。按照公理

设计的计算方式，FR＝A·DP，对设计矩阵A进行计算，并据此分析其耦合性。如图10-3所示，从功能需求与设计参数表（X代表相关，在设计矩阵中用1表示）中可推导出设计矩阵A。

	冷水控制	热水控制	节水器
水温	X	X	
总水量	X	X	
节水量			X

$$A=\begin{bmatrix}1&1&0\\1&1&0\\0&0&1\end{bmatrix}$$

图 10-3　原设计的耦合性分析

　　不难看出，该设计矩阵并非对角矩阵，也非三角矩阵，所以这是一个耦合设计，并不是一个理想的设计。从使用上来说，确实如此，使用者需要反复分别调整热水和冷水量来达到期望的总水量和水温，这个过程烦琐而且低效。节水量对应的是一个理想的设计，仅仅通过一个节水器就可以调整节水量，而不受其他因素影响。所以团队根据公理设计的要求，按照对角矩阵重新分配了功能需求所对应的设计参数，如图10-4所示。

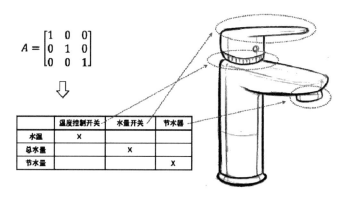

$$A=\begin{bmatrix}1&0&0\\0&1&0\\0&0&1\end{bmatrix}$$

	温度控制开关	水量开关	节水器
水温	X		
总水量		X	
节水量			X

图 10-4　解耦与新设计方案

　　在新的设计中，水温仅由温度控制开关分档控制，水量仅由水量开关决定，节水量依然由节水器控制。所有的功能需求与设计参数都独立对应，使用者仅调整一次相应的开关就可获得理想的水温和出水量。

10.3　设计评估与失效模式分析

　　设计评估是针对产品实现客户需求或产品预计功能的符合性审查，是对设计进行正式的、综合性的和系统性的审查，以评价设计要求与设计能力是否满足要求，识别问题点并提出解决办法。

　　设计评估是产品开发过程中非常必要的过程，通常分阶段多次进行。其评估形式多样，从性质上被分成非正式评估和正式评估两种。

　　非正式评估在产品设计与开发的前期常见，通常是开发团队自行进行，也可邀请二方（同行或客户）或三方（外部独立机构或组织）团队协同评估。该评估主要用于统一开发团队的内部声音，确认产品整体架构和技术可行性等方面。在非正式评估时，开发团队可能还没有获得具体的产品设计或物理模型/实物，这是正常现象。非正式评估可以帮助开发团队快速消除一些重大设计风险，调整设计与开发的方向。非正式评估的结果通常不是项目的强制交付物，但作为产品开发的重要过程，也需要留下书面的评估记录。

正式评估在产品开发的各阶段均会进行。这种评估由二方或三方团队完成，即该评估应由除开发团队之外的独立团队来完成。在开发过程中，企业的管理团队或项目评审委员会对产品设计进行的评估就是一种正式评估。企业通常会定制正式评估的详细检查表，某些行业也会制定类似于行业规范之类的文件或标准以指导正式评估。所以正式评估有详细的流程和书面的评估记录，且评估记录通常都是企业受控文件和项目指定的交付物。

之所以设计评估会多次进行，是因为在不同的开发阶段的设计评估有不同的使命和任务。表 10-2 显示了不同阶段的设计评估。

表 10-2　不同阶段的设计评估

阶　段	设计评估	典型评估对象	关 注 点
定义	可行性设计评估	• 技术可行性报告； • 商务可行性报告； • 市场分析报告； • 技术预研分析	确认产品开发是否存在技术障碍，产品开发是否存在商业价值，评估产品开发、技术应用和成本三者的平衡关系
概念设计	概念设计评估	• 概念设计方案； • 架构设计方案； • 爆炸图、边界图、参数图； • DFMEA	从较为抽象的层次来评估产品设计是否满足客户需求或者预期的产品功能，解决设计原理上的潜在障碍，评估概念设计方案中潜在的失效模式，规避后期的开发风险
详细设计	初步设计评估	• 产品图纸、代码、拓扑图； • 参数计算报告、计算机辅助工程报告； • 产品 BOM、BOP； • 功能测试报告； • 产品技术规范	关注产品初步实现客户需求或者预期产品功能的符合程度，关注零部件或者底层模块级别的功能实现，评估产品设计是否存在功能遗漏或者功能之间是否存在物理冲突
验证	全面设计评估	• 产品图纸、代码、拓扑图； • 产品 BOM、BOP； • 性能验证报告； • 过程验证报告； ……（全部设计文件）	全面评估产品设计的完整性和适用性，确认产品符合客户的全部需求，确认产品符合相应法律法规的要求，确认产品适用于大规模生产或者可交付客户。必要时，需要获取第三方认证

设计评估的方法和形式多种多样，所使用的评估工具五花八门。但在如此多的工具中，有一个非常著名且广泛被应用的工具就是设计失效模式与影响分析（Design Failure Mode & Effect Analysis，DFMEA）。

DFMEA 是失效模式与影响分析（Failure Mode & Effect Analysis，FMEA）家族库中的一员，是专门针对产品设计的风险评估和控制工具。FMEA 的诞生已经超过半个世纪，是一种非常有效的工具。其主要模块有五个（尽管 FMEA 的版本在不断升级，内容越来越丰富，工具表格变得异常复杂，但这五个模块与其相关的逻辑链从未变化过）。

- 第一模块：评估对象。该模块评估的对象随着 FMEA 种类的不同而不同。
- 第二模块：失效模式。在什么情况下，评估对象期望的功能或输出无法实现。
- 第三模块：潜在失效影响。失效模式所导致的后果。
- 第四模块：潜在原因。导致失效模式的根本原因。
- 第五模块：当前应对方式。当前可实施或已实施的控制手段。

所有 FMEA 的第二至第五模块都是类似的，仅第一模块存在较大的差异。例如，DFMEA 的第一模块研究的是产品的功能与特征，而 PFMEA（Process Failure Mode & Effects Analysis，过程失效模式与影响分析）的第一模块是过程步骤与输出。

在这些模块与模块之间有一个很重要的风险优先级系数（Risk Priority Number，RPN），这个系数是由三个子系数组成的。它们分别是严重度、发生度和探测度。

- 严重度（Severity，SEV）：失效影响的重要性或严重程度，与安全性和法律法规有一定关系，也可能受到其他潜在风险影响。
- 发生度（Occurrence，OCC）：对应失效模式的潜在原因的出现频率。
- 探测度（Detection，DET）：是否能够探测到失效模式的原因和影响。

为了更好地量化这些风险，这三个系数被分别打分并根据它们的乘积来评价风险的高低程度。它们的乘积就是风险优先级系数。

$$风险优先级系数（RPN）=严重度（SEV）×发生度（OCC）×探测度（DET）$$

这三个系数的分值都是从 1 分到 10 分。其中，1 分代表影响最轻微，或者不会发生，或者肯定可以被探测到；10 分代表影响最严重，或者肯定会发生，或者无法被探测到。不难理解，RPN 的分值越低，则对应的风险影响越小，而 RPN 的分值越高，则风险影响越大。RPN 是人为对一个风险的定性打分。尽管打分有详细准则，但分值不会非常准确，结果仅供团队参考。目前，较出名的 FMEA 指导手册为汽车行业 IATF 16949 五大工具手册之一。其中，汽车行动委员会（Automotive Industry Action Group，AIAG）制定的 FMEA 打分规则是目前普遍使用的规则，在汽车行业该打分规则已经成为行业通用标准；但在非汽车行业，企业可以引用 AIAG 的打分规则，也可以自行定义打分规则。如果自行定义打分规则，那么企业应明确定义各个分值的定义和评价方式。IATF 16949 最新一版的 FMEA 指导手册，使用行动优先级（Action Priority，AP）来取代 RPN 的评价方式（保留严重度、发生度和探测度的打分形式），将风险的优先级使用高、中、低三档进行区分。本质上使用 A 的评价方式与之前的 RPN 评价方式是一样的，只是表现形式不同。

图 10-5 显示了 FMEA 的通用制作步骤。尽管不同的 FMEA 在制作时略有差异，但整体逻辑不会发生变化。

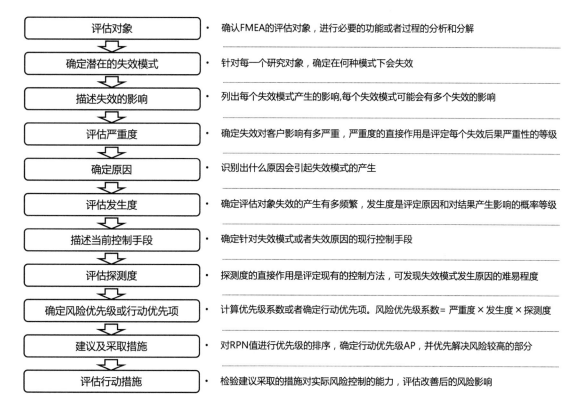

图 10-5　FMEA 的通用制作步骤

DFMEA 可以对产品的功能与特征进行分析，确定这些功能与特征在什么样的情况下无法被实现或达成。显然，如果在产品开发的前期就进行这种分析，那么该分析可以被用于指导后续的详细设计。

由于 DFMEA 在分析时需要一些原始的信息输入，因此尽管开发团队越早使用该工具越好，但开发团队需要先完成一些前置活动。开发团队在 DFMEA 制作前需要先完成概念设计或架构设计，并完成必要的产品爆炸图、逻辑框架图和边界图等分析，并将这些分析书面化，作为 DFMEA 的原始输入。所以建议开发团队在概念设计/结构设计之后、详细设计之前开始制作初版 DFMEA。图 10-6 显示了一个典型的实物类产品的 DFMEA 制作流程。其中，概念设计由创意和筛选阶段获得，产品爆炸图和方块图/边界图就是产品架构设计的典型载体。

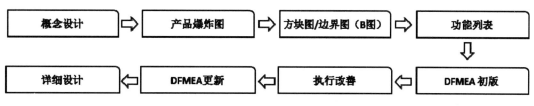

图 10-6　DFMEA 制作流程

需要注意的是，如果初版 DFMEA 不能在详细设计之前完成，那么 DFMEA 将失去其主要价值。由于制作 DFMEA 耗时非常久，如果在详细设计之后再补齐初版 DFMEA，那么这样的初版 DFMEA 很可能只是为了满足体系要求的纸面文件，或者只能作为后续其他产品开发项目的参考。

DFMEA 和其他所有 FMEA 一样，是一份动态文件。通常，DFMEA 在详细设计之前完成初版并用于指导详细设计，然后在后续整个产品生命周期内持续更新。DFMEA 通常都是企业的核心技术资料，是企业严格受控和保密的组织过程资产。

下面是关于一个电脑鼠标产品的 DFMEA 案例，改编于作者的另一本书《六西格玛实施指南》。图 10-7 显示的是该产品爆炸图和产品边界图，表 10-3 是该产品的部分 DFMEA 示例。

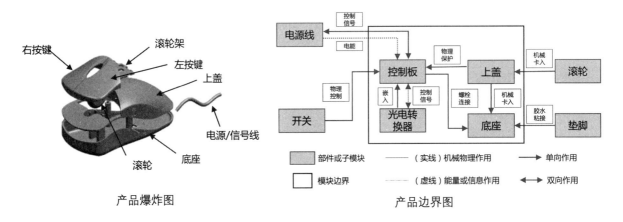

图 10-7 产品爆炸图和产品边界图示例（DFMEA 前置工具）

产品爆炸图显示了产品大致的结构关系，从中可以看到相对具体的产品部件，但所有部件并没有完成细节设计，这符合低水平概念设计或架构设计的典型特性。而产品边界图是对这种结构关系的提炼和梳理，是典型架构设计的形式。这两个工具是制作 DFMEA 的重要前置工具，DFMEA 从这些工具中获取分析的对象和相关要素。

表 10-3 是该产品部分 DFMEA 的示例。组件/零部件的信息可以从产品爆炸图获得。功能与需求可以从产品需求文件和边界图的分析获得。潜在失效模式是本工具的核心分析，是指在什么样的情况下，产品预期的功能与需求无法实现。该分析的典型错误是直接对功能与需求进行否定。例如，表中第一条功能是"实现鼠标滚动控制"，那么在失效模式分析中描述"鼠标无法滚动控制"就是典型错误。这种错误的失效模式描述使得工具变得没有意义，无法实现失效模式的根本原因分析。潜在失效后果是在失效模式发生后，对产品的直接影响。该分析的典型错误就是用过于空泛的语言来描述后果，典型的错误分析如"产品无法使用"或者"公司遭到客户投诉"等。这种描述几乎可用于每一条分析，显然这是错误的。严重度和后续的发生度和探测度按既定标准打分，打分时不应过于严厉，也不应掺杂太多的主观因素。分级并非强制分析项，不少企业将不同的严重度进行了分级处理，有的客户也会给出相应的严重度分级。对于有分级处理的失效模式，其对应的产品设计参数很可能就是产品的关键参数，那么在开发流程中对于这样的关键参数需要特别关注，在控制计划等很多文件中都会对其进行相应的管理和追溯。分级标准五花八门，由企业自行决定。潜在失效原因是指潜在失效模式发生的根本原因。预防控制措施是针对已知的失效原因做出的应对控制措施，目的是降低发生失效模式的可能性，即降低发生度。探测控制则关心开发团队如何让这个失效被检测出来，所以需要采取一些控制方式来提升问题被暴露出来的可能性，这里的措施多数与检验、测试、计算机辅助工程模拟等有关。这些控制方式中有些针对失效模式，有些则针对根本原因，对此开发团队可以做必要的区分。通常，控制根本原因的发生比控制失效模式更为有效。RPN（风险优先级

表 10-3　DFMEA 示例（部分）

组件/ 零部件	功能与 需求	潜在失效 模式	潜在失效 后果	严 重 度	分 级	潜在失效 原因	预防控制 措施	发 生 度	探测控制		探 测 度	风险 优先 级系 数	建议措施	责 任 人	目标 完成 日期	改善行动结果					
									控制方式	原因/ 模式						已采取 的行动	生效日	严 重 度	发 生 度	探 测 度	风险 优先级 系数
滚轮	实现鼠 标滚动控 制	滚轮卡 死	滚轮无 法转动	8	◇	滚轮轴有 毛刺	增加去毛 刺工艺	5	装配后 进行滚动 检测	模式	2	80	增加工艺 要求，确认 工艺可行性	×××	2019-06- 25	工艺可行， 在图纸上标明 该要求	2019-06- 26	8	3	2	48
上盖	锁定滚 轮位置	锁定位 置破损	滚轮脱 出或偏斜	7		定位卡口 强度不足	收紧卡口 设计尺寸， 并加强底部 强度	5	强度测 试抽检	原因	5	175	增强卡口 底部强度设 计	×××	2019-07- 09	卡口底部壁 厚增加，强度 增加	2019-07- 18	7	4	3	84
上盖	保护内 部电气元 件	上盖与 其他部件有 较大间隙	灰尘及 异物进入 鼠标	5		上盖与其 他部件有多 处接缝	上盖组件 一体化设计	6	抽检进 行 IP 防 护测试	模式	3	90	改变上盖 组件形式	×××	2019-07- 07	上盖部分整 合成一个零部 件，无缝隙	2019-07- 13	5	3	2	30
光电 转换器	传输信 号	底孔有 灰尘遮蔽	位置采 样不准确	7	◇	底孔与桌 面直接接 触，易积灰	增加鼠标 脚垫，使底 孔与桌面产 生间隙	4	检查底 孔与桌面 的有效间 隙	原因	4	112	增加鼠标 脚垫设计	×××	2019-07- 18	鼠标底部前 后增加台阶， 将中间底孔抬 高	2019-07- 16	7	3	3	63
控制 板	传输控 制信号	功率模 块损坏	无有效 信号输出	8	◇	使用不正 确的电源	增设稳压 电源和电流 保护模块	4	破坏性 试验	原因	3	96	更新电流 保护方案	×××	2019-07- 16	控制板上增 加相应保护	2019-07- 17	8	3	3	72

系数）的判定阈值由企业自行决定，比较常见的以 100 分为界。例如，对 RPN 大于 100 分的失效模式必须进行强制改善，对 RPN 在 50~100 分之间的失效模式由企业视资源决定是否进行改善，对 PRN 小于 50 的失效模式可以不进行改善。严重度有特殊的重要性。因为严重度大于 8 分，意味着涉及人身伤害或法律法规，所以此时无论 RPN 多少分，企业都应强制改善。改善后，开发团队应对已采取措施后的失效模式再次打分。在绝大多数情况下，改善后的打分只会降低发生度和探测度，因为失效模式的严重度通常不会改变。除非产品彻底变更设计（如重新概念设计），否则当失效模式不改变时，其严重度很少会发生变化。如果改善后 RPN 的分值依然非常高，则开发团队应继续改善直至将风险降到企业可接受的范围内。

FMEA 在汽车行业的 IATF 16949 工具手册中有推荐的工具模板。该模板存在多个版本，作者认为最新一版（2019 年版）的 FMEA 模板虽然对系统的层级结构分析有所加强，但整体上将工具极度复杂化，使工具应用变得异常困难，这是一种严重的倒退。所以本例选择了之前版本的模板作为展示。根据大量实践经验，这个版本的模板已基本满足大多数产品开发的需求。FMEA 的工具模板本就是非强制的，所以企业可以自己选择合适的工具模板。事实上，很多企业都定制了符合自身产品特点的 FMEA 模板，这是合理的。

10.4 产品详细设计

产品详细设计，或称产品具体设计，是设计师将产品的具体功能用具体参数或特征实现的过程。可以认为，在产品详细设计之前，所有设计都仅限于理论上可行，或者不涉及具体的设计细节。产品详细设计不单单是实现产品的设计细节，还包括实现这个设计细节过程中的必要环节。

通常，产品设计会依次经历概念设计、架构设计和详细设计这几个步骤。详细设计会承接之前设计的理念并将客户需求一一实现，所以概念设计和架构设计的要求将成为详细设计的主要输入。

通过公理设计阶段或者等同于该工具的分析之后，理论上产品的最少零部件的种类和数量都已经确定，而且这些零部件与客户所要求的功能一一对应。而开发团队在详细设计阶段需要将这些功能在具体的零部件上体现出来。

产品详细设计大致分成系统设计和零部件设计两个层次，对于非实物类产品的详细设计亦如此。有些简单产品可能不严格区分系统设计和零部件设计，但对于有一定复杂度的产品设计需要做这样的拆分，一些大型精密产品可能还会区分多个层次的系统设计。

1. 系统设计

系统设计是高层次的设计，也称高阶详细设计，是针对产品功能级需求的设计。有的企业将其视为高水平详细设计（High Level Detail Design）。系统设计的前提是产品设计已经将产品模块化，通常这个过程在架构设计中已经完成。模块化的划分方式并不统一，常见的方式包括按功能划分、按技术领域划分、按需求分解的对应层次划分。在同一个产品中很少会同时使用多种划分方式，否则这会使验证工作变得异常复杂。

1）按功能划分

如果将整个产品视为一个系统，那么在架构设计或者制作边界图的时候，开发团队就可以获得以功能相关度为主要划分依据的模块。这些模块通常又可以将其自身视为一个子系统，在该模块内部进行子模块的划分。产品是否存在多层子系统或多层子模块取决于产品的复杂程度。按功能划分的方式对于测试团队较为有利，因为测试团队可以根据这些功能模块划分来制定测试验证的大纲和计划。

2）按技术领域划分

按技术领域划分类似于多数企业内部开发团队的功能配置划分，最常见的划分方式包括机械、硬件、控制、软件等。在相应的技术领域中，产品开发活动有很高的相似性，开发活动的交付物也较为统一。例如，机械团队需要交付设计图纸，而软件团队需要交付软件代码，这些交付在机械和软件各自的团队内是易于理解的，但如果让软件团队去读懂设计图纸则很困难，反之机械团队也不一定能理解软件代码。所以按技术领域划分模块的方式，对开发活动的任务分配是非常有利的。项目经理可以迅速按技术领域来界定各团队的职责和交付任务，例如，把与机械功能有关的模块直接分配给机械团队来完成。

3）按需求分解的层次划分

按需求分解的层次划分符合产品需求管理的基本理念。根据客户原始需求层层分解，开发团队可以获得不同层次的需求，并将这些需求形成一层一层的子系统。这种划分对于软件开发等非实物类产品非常有效。其特点与按功能划分的形式相似，虽有利于产品测试，但对于具体任务分配是不利的。另外，这种按需求分解的层次划分方式很容易忽视功能与功能之间的交互，所以开发团队要额外注意功能接口之间是否存在某些遗漏。

严格来说，系统设计依然没有实现具体的产品设计，是为了具体零部件设计做的前期准备。对于架构设计做得较好的产品，或者复杂度不高的产品，系统设计的价值会降低。所以有些企业会非常重视架构设计，而轻视系统设计，甚至取消系统设计。很难说这种做法是否合理，企业应自行根据产品复杂度来规划产品设计的步骤。

2. 零部件设计

零部件设计是产品的具体设计，是承接了系统设计的信息，进而将产品从最细节的单元设计出来的过程。与零部件设计有关的底层详细设计称为低水平详细设计（Low Level Detail Design），也称低阶详细设计。此时由于系统设计已经将设计分解至最小模块级别，因此开发团队直接根据这些模块构建底层的零部件设计即可。对于软件产品来说，零部件设计也就是代码设计。

进行零部件设计时，设计师需要提炼归纳零部件所需实现的具体参数，通过选型和快速功能验证等手段来确定具体的实施方案。这个过程可能需要大量的反复实践，因为选型和快速功能验证的失败概率非常高，所以这个过程也是产品在设计阶段耗时最长且最难控制的阶段。有些行业有较为成熟的解决方案，对某些常用零部件及其参数进行了标准化，那么行业内的设计师可以迅速利用这些成熟方案来进行选型和测试，这种做法大大提高了设计的效率。需要注意的是，选型不仅是考验设计师能力的环节，也是考验企业采购和供应链能力的时刻。如何在开发早期就协助开发团队寻找潜在供应商并尽快获得选型所需的物料和外购零部件，是评价企业采购和供应链能力的重要指标。

如果一个零部件通过了选型和功能验证，那么设计师往往需要将其设计正式化。所谓设计正式化，就是将该零部件的具体参数用文件的形式记录下来，最常见的记录方式是设计图纸。对于非实物类产品开发，一般开发团队会准备产品规格书来记录具体的参数。软件团队还会使用受控的版本信息来保存软件代码。

对于实物类产品开发，正式记录下来的参数往往需要量化，如某零件的长度为××毫米等。通常这些参数的表达方式通过"名义值+公差"的形式出现。在细节设计的初期，开发团队应主要研究参数的名义值，这是实现产品既定功能的最主要因素；而公差是为了产品后期大批量生产而准备的，成熟的设计师在开发早期就已经能够充分考虑后期量产的需求而规划较为合理的公差值。如果设计师的经验不足，那么可以在早期先根据设计手册或其他经验数据来规划初步的公差，然后在验证和工业化阶段逐步对公差进行优化（具体方法见第 17 章）。

详细设计的输出有很多，这些输出绝大多数都是企业的核心组织过程资产，都是受控的交付物。比较常见的交付物包括设计图纸、物料清单、产品规格书初版、功能测试报告和产品原型等。产品原型是详细设计初步成果中的标志性交付物，这是后续产品优化的重要参考（见第 12 章）。这些交付物在项目计划中都应一一列明。

由于详细设计也是一个动态开发的过程，因此初步详细设计的输出交付物并不是最终交付物。此时的图纸、物料清单等交付物会在后续的开发过程中逐步优化和更新。但第一版的图纸和产品原型等交付物对于产品开发项目的意义重大，这是一个重大的里程碑节点。可以认为，在此之前的产品是处于非实物或仅存在理论意义的阶段，而现在则进入了实物设计和优化的阶段，即"从无到有"转变成了"从有到精"。

10.5　实物类产品的详细设计步骤

实物类产品是日常生活中最常见的产品类别，由于产品种类太多且千奇百怪，以至于几乎没有哪个理论可以涵盖实物类产品设计的全部知识点。鉴于上述原因和篇幅限制，本节只分享几个实物类产品详细设计的常见关注点。非实物类产品的设计详见特别篇。

几乎所有的产品开发都经历了概念设计、原型评估和详细设计等环节，而设计师在针对实物类产品的诸多设计中更关注详细设计。今天人们大量使用计算机来辅助实现产品设计。这种设计大致会经历草绘、建模、评估、出图和试样等步骤。

（1）草绘。草绘是产品详细设计的最初步骤，它可以从概念设计或架构设计继承过来。草绘设计可以在纸面上完成，也可以利用计算机辅助设计软件来完成。在纸面上，设计师通常会设定产品的外轮廓和基础参数，尤其是外部典型特征。如果利用设计软件，那么设计师通常要建立合适的坐标系和参考面，以为后续建模打好基础。

（2）建模。实物类产品设计几乎都离不开建模，目前各种 2D、3D 设计软件层出不穷。使用软件进行产品设计的主体工作就是为产品建立恰当的模型，即建模。设计师在建模时需要在计算机辅助设计软件中绘制产品的 2D 或 3D 模型，模型的具体程度由设计师自行决定。这种模型将帮助开发团队在没有制作实物之前就获得产品的可视化形象。设计师可利用模型完成初期的设计评估，也可根据模型判断开发需求的满足程度。即便不使用计算机软件，设计师也可在纸面上完成必要的设计建模。

（3）评估。设计师和开发团队可根据模型进行必要的评估，评估方式包括定性评估和定量评估。定性评估可以是设计师或开发团队的主动评估，根据某些判断条件或设计标准来判断模型是否可用以及设计是否合理。定量评估可以采用辅助评估软件来实施，例如，使用计算机辅助工程软件进行仿真模拟，通过仿真计算获得产品设计在真实环境下的预期表现，如产品受力之后的形变、长期振动之后的强度变化等。

（4）出图。出图是设计师将产品设计定型并且正式输出的过程。在工程系统中，产品图纸意味着产品的正式设计。图纸可以根据需要随时更新，无论图纸处于哪个阶段，图纸所承载的设计内容都是当下最新的产品设计。几乎所有的图纸绘制都受到行业规范的影响，各种工程体系或国家标准均对制图有明确要求。设计师应绘制符合制图标准和行业规范的图纸。图纸是产品开发过程中的强制交付物，通常要求在产品数据库管理（Product Data Management，PDM）系统中进行管控。

（5）试样。试样是产品从纸面或计算机里的虚拟设计变成实物的过程。产品原型是试样的主要成果。设计师通过对试样过程的研究，获得对产品设计的实际评估和对产品设计改进的依据。试样可能不止一次，除了产品原型，开发团队在开发过程中会制作多次样品，以满足各种测试验证和性能优化的要求，直至产品设计被正式发布。

图 10-8 展示了一个小型蒸汽消毒产品从草绘到试样（产品原型）的全过程。

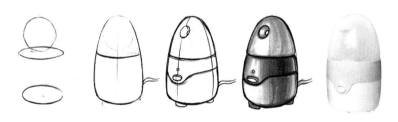

图 10-8　产品设计的全过程

由于目标产品本身存在巨大差异，因此很难找到一个统一类别来划分每一个产品。根据设计类型，这里有一些常见的类别，而且它们已经形成了具有自身价值的独特产品设计方式。

1. 钣金设计

钣金设计是基于金属板材的加工设计。由于金属板材是冶炼行业的常见终端产品，其物理特性一致性非常好，且板材易于成型和被二次加工，因此是非常理想的机械产品的原材料。绝大多数金属板材都有专属的金属材料牌号，如 ST12、SUS304、AL5052 等，这些牌号都有行业标准来规范并且相应地指定了其物理特性。

由于钣金的原料是平面板材，因此如果要将其加工成指定形状，就需要对其进行加工处理。常见的处理方式包括冲压、折弯和焊接等。

冲压是为了去除多余的材料，以实现产品预期功能或者为后续折弯等工序做准备。有些冲压工艺也具备成型的作用，在冲压模具的配合下也可能直接被冲压成期望的产品形态或半成品形态。

折弯是将钣金根据目标特征从平面逐步成为立体部件的过程。在处理折弯时要格外注意，因为金属材料的抗弯能力等诸多限制，在将钣金折弯时要考虑适当的折弯半径，以免出现折断钣金材料的情况。同时，由于金属材料的延展性不同，为了保证折弯后的钣金符合图纸要求，设计师需要在钣金平面设计图上充分考虑不同延展性材料对设计的影响。

焊接是钣金加工的常见工艺。钣金通过焊接可以变成各种复杂的形态，尤其是那些无法直接通过折弯完成的形态。钣金折弯和焊接往往结合在一起应用。钣金设计常被用于构建产品的内部结构，类似产品的内部骨架，有时也可被用于外部作为产品核心功能的一部分。例如，各类箱体产品的外壳就是钣金加工的直接产物。

钣金设计不仅适用于金属材料的板材，在很多场合下，也可被用于有机材料的加工设计，如 PVC 板材的造型设计等。

图 10-9 是一个常见的钣金设计示例。

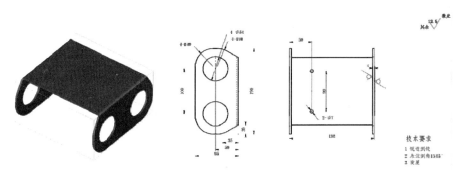

图 10-9　钣金设计示例

2. 成型设计

与钣金设计显著不同的是，有时人们希望直接获得指定形态的产品部件，而且该部件可能无法使用钣金来构成，或者由于功能或性能的需要，该部件应为实体，那么成型设计就可以满足这种要求。成型设计通常是指材料直接被加工成成品的设计或者接近成品的半成品设计。实现这样的设计，通常有两种方式，分别是机加工和模具成型。

机加工主要分成加工中心和普通机床。本质上，加工中心就是各类机床的综合体，但由于实际应用过程中存在显著差异，因此将其从普通机床中剥离出来。在普通机床产品加工中，车床可直接对轴类产品进行切削加工，铣床则可对某个面进行切削加工，其他机床分别实现其对应功能，但这些机床的加工产品类型相对单一。如果需要对复杂立体的产品进行一次性成型加工，则需使用加工中心。加工中心（根据其性能）可从多个维度实现切削、整形等多种机床功能。由于无须多次定位（相对多次机床加工而言），因此加工中心的精度相对普通机床更高。早些年，加工中心的设备价格很高，导致其加工成本很高，所以产品设计师不会轻易设计需立体一次成型的产品，而尽可能采用钣金或模具设计。而近些年，随着技术的发展，加工中心的设备价格日益平民化，故产品设计师有了更多的设计选择。

模具成型分成金属成型和塑料成型，两者的模具差异非常大。金属成型主要是翻砂铸造和锻造。这类模具相对较为粗糙，只能完成产品的大致形态，而无法实现一些细小或精确的特征，故该类产品在刚脱模的时候精度不高，其表面质量基本无法达到客户要求。鉴于上述原因，几乎所有金属成型的产品都要进行二次加工，加工方式以机加工为主，主要进行表面处理（如抛光、打磨等），以及细节特征加工（如打孔、攻螺纹等）。

塑料成型主要针对有机材料的成型，包括常见的聚氯乙烯、聚苯乙烯和聚乙烯等。塑料成型方式多样，包括真空成型、吹塑、注塑和压铸法等。真空成型，也称吸塑，是将塑料材料（常用板材）加热变软之后，在模具一侧形成真空使材料吸附在模具上，然后冷却后脱模。吹塑常被用于对称部件尤其是圆柱状部件，同样先将材料加热软化之后，在材料中间注入气体，将材料推向模具内壁以达到成型的目的，其过程非常像吹气球。注塑使用的是最为普遍的塑料成型方式，需要将原材料充分加热融化至适宜的流动形态，然后通过模具的流道，将液态的材料注入模具中，施加足够的压力使材料充分流动到模具整个型腔内，给予充分的成型时间后脱模成型。压铸法与真空成型类似，差异在于压铸法是直接采用压力装置将材料压至模具表面（真空成型则是在模具侧面利用真空形成的负向力吸附材料）。在这四种方法中，真空成型使用单边模具；压铸法使用的模具原则上视作单边模具，但如果将压力装置也视作模具，那么也可认为是双边模具；吹塑和注塑使用的都是典型的对开型双边模具。从精度和产品复杂度来说，真空成型、吹塑和压铸法都相对粗糙，往往需要进行二次加工，但其优点在于模具相对简单，且模具成本低廉；注塑成型的产品复杂度往往超过其他几种成型方式，原材料在加工过程中被加工成流动的液态，在成型时材料可以被塑造成各种复杂的形态，而且其加工精度相对较高，但缺点在于注塑成型的模具和加工设备都远比其他几种方式要昂贵。图10-10 是一张常见模具成型产品脱模示意图。

图 10-10　常见模具成型产品脱模示意图

模具设计本身不是产品设计（除非企业的产品就是模具），而是实现产品的工具设计。但由于模具与产品成型强相关，而且模具设计本身包含了大量的工程技术知识，因此模具设计已经成为一个独立分类。当今社会对产品的复杂度要求越来越高，因此采用注塑成型的方式愈发普遍。在设计注塑成型产品时要充分考虑脱模的便利性，所以对于拔模角度、保压时间、模流设计等都提出了很高要求，这些都是模具设计的范畴。模具成型产品的设计师不仅要通晓模具相关的知识，也要研究各种塑料原材料的物理特性。

橡胶注塑是针对橡胶类产品的特殊成型方式，不再展开。

3. 传动机构设计

传动机构是实现产品运动机能的主要核心设计。传动机构主要被分成轴传动、皮带传动、齿轮传动和连杆机构传动。

轴传动是机械部件从轴类部件实现转动传递能量的形式。轴类部件常采用机加工的方式完成，车床是最常见的轴类部件的加工设备。轴传动主要传递围绕旋转轴旋转的能量，如车辆的驱动轴驱动车轮。如果驱动轴与目标部件不同轴，则需要采用复杂的机构来实现能量传递，如采用蜗杆或其他连轴机构。

皮带传动是轴传动的演化形式。当驱动轴与目标部件不同轴时，设计师可考虑采用皮带传动的方式来解决驱动轴与目标部件不同轴的情况。通过皮带，传动能量可以被平行传递至较远的平行轴或轮。例如，某些发动机采用皮带来连接发动机的驱动轴与车轮机构，两者平行但并不同轴。皮带传动的设计也可使用金属链条来替代皮带。皮带轮传动的结构简单，但缺点是在单条皮带的结构中无法改变转动方向。皮带的磨损或打滑都是此类连接的常见问题。

齿轮传动是通过齿轮组相互啮合来传递驱动力的形式。齿轮传动的基础是不同直径、齿数和齿形的变化来实现传动力的变化以及传动方向的变化，这些变化都可以被计算。齿轮传动中通常由驱动齿轮向被动齿轮传输扭力，相互啮合的齿轮直径和齿数的差异可以改变传动力的大小，同时被动齿轮的线速度可能发生变化。通常两个平面齿轮的啮合形式类似紧贴在一起的皮带传动，实现了转动能量平移的功能，区别在于两个啮合的齿轮转向完全相反。通过三角齿形和锥形齿轮，齿轮传递的扭力方向可以发生变化。例如，蜗杆机构就是这种啮合形式的表现形式之一。与皮带传动相比，齿轮传动更为可靠和精确，通过精准的齿轮组计算，可以准确控制驱动力与输出力之间的关系。齿轮相对皮带传动来说，为刚性连接（多数齿轮为金属材质，少数塑料材质的齿轮也具有一定强度），其可靠性和稳定性远胜于皮带传动。但齿轮传动的结构往往较为复杂，有些产品设计需要使用较为复杂的行星齿轮组来实现控制扭矩的目的。此时不仅计算要非常小心，而且在制造和装配等环节需要确保正确安装，否则极易出现齿轮组锁死的现象。齿轮组一旦被锁死，此时如果系统强行加载驱动扭力，极可能导致严重的物理破坏。齿轮传动的成本较高，设计师需要尽量减少齿轮组的复杂程度，并尽可能避免齿轮锁死的情况。

连杆机构传动泛指通过连杆机构传递驱动力的形式。很多产品需要长距离传递驱动力，或者驱动力在方向上或运动轨迹上需要发生显著变化，那么传统的轴传动、皮带传动和齿轮传动可能不经济或者无法实现。而连杆机构传动利用简单的几何轨迹变化原理，可以使圆周驱动力变为（往复）线性驱动力，从而改变驱动力的方向，甚至利用连杆运动轨迹完成复杂动作。连杆机构传动的原理简单，但设计极为精巧，设计师需要充分研究连杆机构中各杆的运动轨迹，并利用这些运动轨迹的周期性规律规划出连杆机构的驱动形式。连杆机构也存在锁死的情况，尤其在某些连杆同时达到运动轨迹的极值点时，设计师需要尽量避免这种情况的发生。图 10-11 是一个最简单的连杆机构传动示意图，普遍应用在推窗的开启和定位场合。

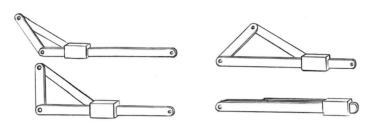

图 10-11 常见的连杆机构传动示意图

4. 紧固设计

紧固设计是连接产品各个模块、各个零部件或各个子系统并将其结合成有机整体的桥梁。产品设计时，设计师可以根据不同的原材料属性或理想的加工工艺来划分产品的模块。这些模块可独立完成产品的某项功能，或者几个模块结合在一起提供相应的功能。无论哪种情况，单独的模块或局部的模块组合不能称为最终产品，设计师需要采用紧固设计将这些模块结合起来，组成最终产品。连接设计是紧固设计的一种特殊情况，本质上是一样的，区别仅仅在于其连接部分是不是刚性连接或者存在额外应力。

紧固是一个庞大而且边界模糊的概念，凡是可以实现产品连接和紧固作用的形式都可被视作紧固。从连接的类型来看，紧固被分成两大类型：可拆卸形式和不可拆卸形式。可拆卸形式的紧固往往采用可多次紧固的材料作为媒介，常用于维护有需求的产品，如电池更换、组件更新等，其紧固材料要求可以多次紧固且不会被损坏。而不可拆卸形式的紧固常用于永久连接的紧固，一旦初次紧固（连接）之后，就无法分离。对不可拆卸形式的紧固（连接）方式进行强行分离则可能造成零部件的永久损坏。

从连接原理上，紧固又可被分成力锁合、形锁合和材料锁合三种。力锁合是通过某种作用力将目标部件强行结合在一起，通过彼此之间强大的摩擦力，以实现目标部件之间无法产生相对位移的紧固形式。力锁合的形式多样，既可以是可拆卸的，也可以是不可拆卸的。形锁合依靠连接件或连接件之间的形状啮合实现紧固或连接，形锁合多数属于可拆卸形式。材料锁合是使用中间材料以物理或化学作用完成紧固或连接，材料锁合多数属于不可拆卸形式。

如果抛开紧固形式和原理，只从紧固应用的实例来看，那么最常见的紧固和连接方式包括螺纹连接、键销连接、过盈连接、黏结和焊接、铆接等。

1）螺纹连接

采用具有螺纹的紧固件实现产品的紧固连接，这是典型的力锁合。紧固件从螺纹面将旋转的扭力转化成径向的锁紧力，从而达到紧固的作用和目的。在使用公、母螺纹互配的场合下（如螺钉+螺母），连接往往是可拆卸的。在仅使用公螺纹的场合下（如自攻螺钉），在连接过程中，公螺纹的紧固件会破坏目标表面，螺纹会刺入目标件并造成形变，此时的连接已接近不可拆卸连接。螺纹连接受振动的影响较大，设计师应充分考虑产品的防振要求。

2）键销连接

键销连接是零部件之间采用平键、花键和销子等连接件形成连接的方式。该连接方式是典型的形锁合形式，键销往往精准地嵌入零部件内，通过接触面实现力的传递。这种连接也是实现传动设计的一种基本形式。键销连接在多数场合都可是可拆卸的，而且连接件往往在非工作状态下不受力或仅受很小的应力。

3）过盈连接

过盈连接常应用于弹性材料产品的紧固场合，有时也用于产品的极端紧固。过盈连接往往要求紧固件在工作状态下形变至一定尺寸，以侵入目标部件作用面的形式产生极高的摩擦力，从而达到紧固和连接的作用。从物理尺寸上，处于工作状态下的过盈连接部件与目标部件之间是存在物理干涉的，换句话说，过盈连接对目标部件是有损伤的。因此虽然有些过盈连接是可拆卸的，但对目标部件的损伤几乎不可修复。膨胀螺栓就是常见的过盈连接。

4）黏结和焊接

黏结和焊接都是使用第三方中间材料来实现连接和紧固的形式，这两种连接伴随着物理和化学变化，是典型的材料锁合的形式，通常是永久不可逆的连接方式。有些黏结或焊接的材料强度甚至可能超过产品部件自身的强度，所以这种连接一旦形成就无法改变，强行拆卸会永久破坏产品。有很多胶水在高温下会失去黏性，所以通过高温处理，可以对一部分黏结进行拆卸，但风险依然极高。金属焊接则没有有效拆卸方法。

5）铆接

铆接是特殊的形锁合形式，它兼具多种连接的特征，简单高效。铆接通过挤压变形的方式将部件相互锁住，较高的铆接压力可使部件之间产生较高的摩擦力。铆接属于不可拆卸的形式，且受振动的影响较小。

通过紧固设计，产品被结合成一个整体。设计师需要充分考虑紧固的可靠性和环境的适用性，以确保产品的连接简单和有效。

5. 电路设计

电路设计是机电产品的基础设计，是发挥电子部件功能的基本前提。电路设计主要实现产品的电气控制，并协同机械部件共同实现产品指定的功能。电路从其基本原理上被分成模拟电路和数字电路。模拟电路是指将模拟信号进行传输、变换、处理等工作使其转换为连续的电信号（并常加以线性运算）的电路。模拟电路对电信号的连续性电压、电流进行处理。而数字电路是将连续性的电信号转换为不连续性的定量的电信号（并常加以布尔运算）的电路。数字电路中，信号大小为不连续并定量化的电压状态。电路设计将模拟电路或数字电路进行整合，形成集成电路或射频电路，并通过这些电路实现基本的控制目的。通常电路设计分成两部分，一部分为电路原理设计，另一部分为电路板设计。

电路原理设计是设计师在设计早期通过虚拟模型构建电路功能的基础设计。该阶段通常没有实物，设计师使用电路架构设计框图构建电路模型，规划电信号的流向和各模块的处理任务，根据各电路的基本功能以确定电信号被处理加工后的预期状态。该阶段常伴随着大量的理论计算和反复计算模拟，设计师需要确保电信号在理论模型中可实现期望功能，必要时可采用计算机辅助工程来模拟电路设计的有效性。

初版电路设计往往是粗糙的，设计师此时的主要精力是实现产品功能，而不会对电路的布局进行优化。在基本确定电路设计可满足产品控制或预期功能之后，设计师需要对电路进行调整，不仅要考虑整体电路的功耗，还要对电路的稳定性等诸多指标进行优化，这将涉及电路板的设计。图 10-12 是一份初版电路设计图。这种图不一定借助专业软件完成，可以是手绘，其主要目的是初步实现产品功能，所以初版电路设计往往是一种尝试，甚至可能存在一些错误，该设计在后期需要不断验证与优化。

电路板设计是将电路设计变为实物类产品的设计。设计师需要先规划电路板的外形尺寸与各种机械定位方式。与此同时，芯片、电容和继电器等各种电子元器件需要平衡地布局在整个电路板上。电路板布线是电路板设计的难点，因为大量元器件之间需要按原理设计的规划进行导通，所以设计师需要首先保证电路原理设计在电路板上被有效实现。保证布线通畅是首要原则。因为布线的简洁程度与电路板的性能强弱相关，所以几乎所有的电路板在首次布线之后都需要进行优化，以减少布线的交叉和线程。目前很多电路板的正式设计都由专业软件完成，布线也可通过这些软件来完成。需要注意的是，电子元器件易相互干扰，所以在电路板布局时应考虑添加去耦电容。

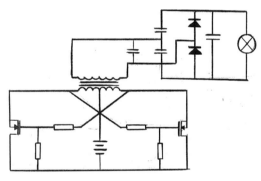

图 10-12 初版电路设计图

电路设计本身还需要考虑散热、功率、抗干扰和耐候性等指标。设计师不仅需要考虑电路设计原理，还需要具备足够的机械设计和材料性能方面的知识。成熟的设计师还会为后期电路的测试验证设计相应的测试点，或者在成本允许的范围内增加冗余设计以提升电路设计的稳健性。

电路设计需要和嵌入式软件或控制系统配合才能更好地发挥其控制作用。

6. 控制系统设计与软件设计

控制系统和软件也是产品的重要组成部分。今天很多实物类产品包含机电控制部分。产品的机械部分与电路硬件部分无法独立工作，需要在控制系统或软件的驱动下方可实现其基本功能。例如，电梯如果只有轿厢和电路板，是无法工作的，必须加载正确的控制系统才能工作。控制系统和软件通常都承载在电路设计的芯片中，并通过控制电路发挥作用，故可将控制系统和软件视为电路设计的延伸。控制系统和软件是通过软件设计来实现的，而软件设计已经成为一个独立学科，在特别篇中会略做介绍，这里不再展开。

以上只是部分常见分类。事实上，为了保证产品的功能与性能，还有更多的专项设计类别，如振动与噪声设计、热性能设计、电磁性能设计、耐久性设计和运输包装设计等。这些设计与产品的加工和实现有很大关系，而实现产品的功能可能存在多种方式。产品设计师必须了解常规的产品加工工艺、材料特性、加工设备性能等多项知识，才能设计出符合客户需求的产品，采用正确且合理的设计才能使得开发项目获得最大收益。

本节所分享的只是实物类产品设计中一小部分内容，主要针对实现产品核心功能的设计方式，这类设计易被归纳为工程设计。事实上，在细节设计时，设计师不仅需要完成产品的工程设计，还需要考虑工业设计的需求。工业设计的内容将在第 15 章分享。

产品设计是一个博大精深的范畴，其发展史几乎与人类的文明史同步，其范围涉及人类社会的全部领域。千百年来，人们在不断探索产品设计的深度与极限，同时，科学技术的发展给这种探索活动带来了新的活力和可能性。

10.6　物料清单

产品详细设计完成后，开发团队可以获得完整的物料清单。这份清单是开发产品过程中的重要输出，是很多后续开发活动的输入源。事实上，物料清单在详细设计之前就可能存在一些特殊版本，但这些版本的物料清单通常都是不完整的，所以通常在详细设计之后才被正式确立下来。

物料清单（Bill of Material，BOM）是产品涉及的所有物料的总和，也就是说，产品如果需要被制造出来，企业就需要备齐清单上的所有物料。对于非实物类产品来说，这份清单依然有效，此时清单上主要罗列需要交付的服务内容、代码模块或基础组件。

BOM 有很多种类，常见的包括概念 BOM、设计 BOM、制造 BOM 和采购 BOM 等。这些分类方式主要是因为 BOM 的用途不同或对应职能不同。

1. 概念 BOM

这是最早期的 BOM，往往出现在产品概念设计阶段，甚至更早。当产品需求被分解时，开发团队尝试着理解客户需求，并在团队内部形成对产品的初步认识。此时概念设计逐渐形成，团队逐步获得了产品的整体架构设计，概念 BOM 已经形成。例如，某新型家庭用乘用车开发企业在研究未来家庭乘用车时，即便没有进行详细设计，开发团队也依然可以确定该车辆应该拥有车轮系统、刹车系统和底盘系统等。这就是最原始的 BOM，即概念 BOM。

绝大多数的概念 BOM 都不是完整的 BOM。概念 BOM 中仅罗列了产品可能涉及的主要模块，并且这些模块可能在后期设计中被更替。由于设计细节的缺失，概念 BOM 中不可能清楚地罗列产品的各种辅助零部件，尤其是接口间的部件和标准件。

显然，企业不可能依据概念 BOM 来制造产品，所以该 BOM 往往不是开发项目的强制交付物，不是一份正式的 BOM。概念 BOM 在开发过程中更多地被用于产品成本预估、技术预演、功能评估和技术可行性分析等，可以帮助团队理解产品的未来形态，并以此来细化产品的详细设计。

2. 设计 BOM

设计 BOM 是产品开发过程中最重要的 BOM 之一，是开发团队的重点工作对象。设计 BOM 通常由设计师构建完成，其构建的依据主要来自产品的模型或树状层级结构。

设计 BOM 罗列了产品涉及的所有零部件。设计 BOM 没有固定的格式，通常包含产品树状层级结构、物料号、物料（组件）名称和物料数量等要素。事实上，很多企业的设计 BOM 都非常庞大，企业会在上述要素之后添加更多的属性信息，如图纸号、标准号、材质、加工方式和供货渠道等。这些额外追加的信息五花八门，没有统一规定。企业可根据自身的需求来定制设计 BOM 的形式。

通常，开发团队在产品设计之初就开始构建设计 BOM。在详细设计完成后，开发团队就完成了设计 BOM 的初版。设计 BOM 是企业正式受控的 BOM，一旦形成后，就被纳入正式的控制程序和变更程序进行管理。

由于复杂产品的设计 BOM 非常庞大，因此多数企业在管理设计 BOM 时都通过计算机数据管理系统来完成。最常见的系统是产品生命周期管理（Product Lifecycle Management，PLM）系统，这种数据管理系统已经非常成熟。

3. 制造 BOM

制造 BOM 也是产品开发过程中最重要的 BOM 之一。制造 BOM 来自设计 BOM，其内容覆盖范围与设计 BOM 基本一致。与设计 BOM 不同的是，制造 BOM 会包含与制造有关的生产辅助物料和必要的工装设备信息。

制造 BOM 有时不一定采用树状层级结构来构成列表，而采用与产线工位相关的标识方式。这种形式的制造 BOM 可以很方便地为各个工位准备生产物料，但形成这样的制造 BOM 需要制造团队对设计 BOM 进行分析和转化，这个过程需要非常专业的现场制造人员和相关经验。

制造 BOM 的栏目信息通常与设计 BOM 有很大关系。如果设计 BOM 中有特殊追加的信息，那么制造 BOM 中通常也会继承这些信息。所以在同一家企业里的制造 BOM 与设计 BOM 有时非常相似。

与设计 BOM 一样，制造 BOM 需要被纳入控制程序和变更程序进行管理。

4. 采购 BOM

采购 BOM 是非常重要的 BOM，被广泛用于企业的采购和供应链管理，以保证企业高效获得所需物料。实际上，采购 BOM 在不同企业中受到的重视程度不一。对于产品复杂或拥有多种产品的企业来说，采购 BOM 至关重要；但对于产品较为简单的企业来说，企业可能没有单独准备采购 BOM。

采购 BOM 通常分成两种：用于开发的采购 BOM 和用于量产的采购 BOM。

- 用于开发的采购 BOM 通常并非完整的 BOM，这是产品开发过程中的采购 BOM。开发团队需要使用该 BOM 来获取开发过程中所需的物料以制作原型或测试用样件。用于开发的采购

BOM 不一定是正式交付物，是否需要受控由企业自行决定。

- 用于量产的采购 BOM 是标准受控交付物，受到严格控制。用于量产的采购 BOM 与其他 BOM 不同，因为它通常不用树状层级结构管理，同时会将相同物料的数量合并，这样便于采购团队进行规模化采购，以尽可能降低企业的物料成本。用于量产的采购 BOM 会影响企业的采购策略和供应链策略，是企业最重要的文件之一。产品较为简单的企业会使用设计 BOM 来取代该 BOM。

以上几种 BOM 是最常见的产品级 BOM，也就是说这几个 BOM 针对（不同阶段的）完整产品。其他 BOM 有可能只包括产品的部分组件或产品以外的特殊物料。例如，运维 BOM 中可能会增加一些运维需要使用到的安装工具、调试设备和耗材等。表 10-4 显示了一份较为常见的设计 BOM 模板示例（保温杯），仅供参考。

表 10-4　设计 BOM 模板示例

组件层级			物料名称	物料号	材料或规格	供应商或自制	单价（采购或加工成本）（元）	数量	单项总价（元）	备　注
1			保温杯整体	Z00133	完整组件	自制	2.50	1	2.50	装配成本
	2		外杯身组件	B00851	组件	自制	1.10	1	1.10	装配成本
		3	外杯身	A00565	聚丙烯（PP）	自制	4.63	1	4.63	
		3	外杯身装饰层	A00606	不锈钢（SUS201）	供应商 A	2.11	1	2.11	需要喷涂装饰
		3	保温杯把手	A00103	聚丙烯（PP）	自制	4.30	1	4.30	真空焊接
	2		内杯身组件	B00356	组件	自制	3.75	1	3.75	装配成本
		3	内杯身	A00864	不锈钢（SUS316）	供应商 A	32.40	1	32.40	需要静置试验
		3	真空层	A00522	涤纶树脂（PET）	供应商 C	16.50	1	16.50	
		3	连接组件	A00557	不锈钢（SUS304）	供应商 A	6.15	3	18.45	一次成型
		3	杯口接口件	A00551	不锈钢（SUS304）	供应商 A	7.62	2	15.24	压接
	2		杯盖组件	B00647	组件	自制	3.68	1	3.68	装配成本
		3	杯盖本体	A00166	聚丙烯（PP）	供应商 C	6.80	1	6.80	
		3	内密封圈	A00658	硅橡胶	供应商 B	0.60	2	1.20	过盈压接
		3	杯身连接件	A00572	不锈钢（SUS304）	供应商 A	5.10	1	5.10	
……			……	……	……	……	……	……	……	……

BOM 是企业严格控制的过程交付物，除概念 BOM 等详细设计完成前出现的 BOM 外，详细设计完成后的所有 BOM 的任何变更都需要受到变更系统的控制和记录。对于需要受控管理的 BOM 做任何未经授权的变更都是不允许的。

在很多企业中，开发团队还需要提供过程清单（Bill of Process，BOP），该清单与 BOM 紧密相关。除外购件外，BOM 上的其他自制零件都需要与过程清单中的过程一一对应，以保证相关零部件可以在企业内有效加工生产出来。过程清单的展现形式多种多样，可以像 BOM 一样进行分层制作，制作规则由企业自行决定。某些行业也会制定一些推荐标准来规范过程清单的形式。过程清单是产品过程流程图等工具的重要输入源。过程流程图是实现（生产）一个产品的必要前提，展示了一个产品如何一步步被生产或实现。它也是生产运营团队最重要的管控对象。

表 10-5 是一份过程清单的示例（保温杯），企业可以根据类似这样的过程清单来构建产品的实际加工过程，并定义质量管控的方式。

表 10-5　过程清单示例

过程号	过程名称	工站	主要原料	过程主要任务	工具、工装、附件等	循环时间
10	杯盖密封圈压接	压力成型 1	密封圈、杯盖	将密封圈压入杯盖中	压入工装 1	5"
20	杯盖连接件安装	装配线 1	杯盖、连接件	连接件与杯盖装配	手工装配	16"
30	杯盖组件组装	装配线 1	杯盖组件、附件	完成整形和贴标签	手工装配、标签定位 1	15"
40	真空层与内杯身安装	装配线 2	真空层、内杯身	将真空层与内杯身装配	手工装配、定位工装 1	11"
50	内杯身组件组装	装配线 2	内杯身、连接件	使用连接件固定内杯身组件	定位工装 2	8"
60	外杯身与装饰层安装	压力成型 2	外杯身、装饰层	将装饰层压入外杯身槽内	压入工装 2	12"
70	安装把手	焊接 1	外杯身、把手	将把手焊接至外杯身	（焊接）定位工装 3	20"
80	外杯身组件组装	装配线 3	外杯身、连接件	安装与内杯身的接口	手工装配、定位工装 4	10"
90	保温杯整体组装	装配线 3	保温杯本体、附件	整体装饰及贴标签	手工装配、标签定位 2	18"
100	整形与测试	测试站	保温杯本体	整形并测试密封性	整形工装 1	32"
110	包装	包装站	保温杯本体、包材	完成产品外包装	手工装配	9"

在获得产品的物料清单和过程清单之后，产品已经具备了制作实物的条件，此时开发团队开始准备制作产品的原型，以验证产品需求的满足程度。

 # 案例展示

星彗科技的项目团队在筛选概念设计并完成相应的架构设计之后，获得了产品的初始功能列表，并对这些功能的重要度进行了打分。表 10-6 显示了初始功能列表中的部分内容。项目团队根据功能的重要度挑选出了最关键的核心功能，这些核心功能成为设计团队后续开发的主要依据。

表 10-6　初始功能列表（部分）

编　号	功　能	重要度
1	产品应能将物品清洗干净	5
2	产品应能自动将物品表面水分去除	5
3	产品需要有显示状态的功能	3

续表

编　号	功　　能	重要度
4	清洗后可以进行消毒	3
5	废水可以存储	3
6	要有废水槽	5
7	可选择多种清洗模式	3
8	产品应有开盖即停止工作的功能	1
9	产品可以加热消毒	5
10	产品可单手操作	1
11	按钮可以用灯光显示状态	3
12	用户可直接查看清洗状态	3
……	……	……

　　根据关键的核心功能，设计团队在既有的架构设计下重新开始规划产品的主要零部件，并形成了第一版的零部件清单。为了研究这些零部件的有效性及其对系统的影响，设计团队应用公理设计以研究零部件的效率和耦合情况。图10-13显示了第一版零部件清单对应的设计矩阵的耦合情况。

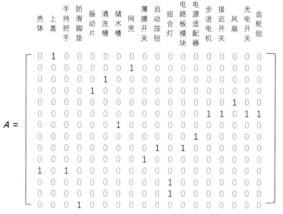

图10-13　第一版零部件清单对应的设计矩阵的耦合情况

　　根据初步的设计矩阵评估，显然有部分零部件与产品的核心功能之间出现了耦合情况。设计团队对矩阵进行了调整，以便优化设计。图10-14显示了运算并重新排列后的矩阵以及如何去除耦合部件。在该设计矩阵中，主要问题是清洗槽翻转放水功能、支撑本体和组合灯三处存在不同程度的耦合。其中，翻转放水功能涉及多个部件。齿轮组是为了传递电机的（偏心）翻转扭矩而设置的。真正实现翻转功能的是步进电机本体，所以如果解决了步进电机的驱动轴与清洗槽的偏心问题，那么齿轮组就不需要了。另外，接近开关和光电开关都与翻转放水功能有关（均用于检查翻转停止位置），这里功能出现重合，所以这两个开关仅需保留一个。此时，设计团队出现了分歧，一部分设计师认为步进电机通过步进脉冲的控制也可实现定位功能，如果软件控制团队实现该功能，那么这两个开关都可以去除，这也是之前在产品功能需求中没有将翻转定位识别出来的原因；而另一部分设计师根据经验和电机成本（电机型号、功能与成本强相关）的限制，认为该设计所采用的步进电机不适合采用控制脉冲来定位的控制方式。经过讨论，设计团队决定增加翻转定位功能，并保留步进电机和光电开关两个部件。对于手持把手和壳体的功能耦合问题则较为简单，两者都实现了支撑本体的功能。如果壳体本身强度足够充分，而且外形设计符合手持形式，那么手持把手完全可以去除。所以经过快速讨论，设计团队决定去除手持把手。组合灯的设置同时对应开关状态显示和运行状态显示，这增加了产品可靠性的风险。虽然经团队评估，该风险较小，但设计团队依然决定将其解耦，将组合灯拆成多个 LED 灯以分别实现其功能。在完成以上的优化后，设计团队去除了耦合的部件，并调整了剩余部件与核心功能之间的对应关系。

	上盖	网兜	清洗槽	振动片	风扇	步进电机	接近开关	光电开关	齿轮组	储水槽	电源适配器	电路板模块	薄膜开关	手持把手	壳体	组合灯	启动按钮	防滑脚垫
取放物品	O																	
盛放物品		O																
装净水			O															
清洗物品				O														
去除表面水分					O													
翻转放水功能						O	O	O	O									
装脏水										O								
供电											O							
控制系统												O						
启动产品													O					
支撑本体														O	O			
开关状态显示																O	O	
运行状态显示																O		
产品防滑																		O

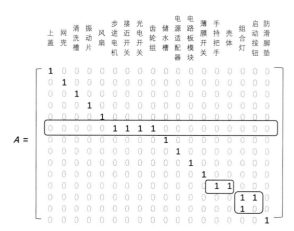

图 10-14　运算并重新排列后的矩阵

在优化设计矩阵之后，设计团队再次查看部件与功能之间的对应管理。图 10-15 显示了新的设计矩阵，这是一个非耦合的矩阵。设计团队据此确定本清洗机的主要零部件及其对应的核心功能。

	上盖	网兜	清洗槽	振动片	风扇	步进电机	光电开关	储水槽	电源适配器	电路板模块	薄膜开关	壳体	指示灯1	指示灯2	防滑脚垫
取放物品	O														
盛放物品		O													
装净水			O												
清洗物品				O											
去除表面水分					O										
翻转放水功能						O									
翻转定位							O								
装脏水								O							
供电									O						
控制系统										O					
启动产品											O				
支撑本体												O			
开关状态显示													O		
运行状态显示														O	
产品防滑															O

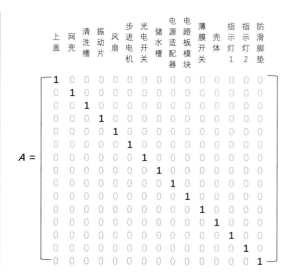

图 10-15　更新后的设计矩阵

通过公理设计，设计团队获得了第一版的主要零部件清单，即初始 BOM，由图 10-15 中水平方向的部件列表组成。注意，此时设计团队并未开始详细设计，也未详细定义它们之间的作用关系。

在此基础上，整个设计团队开始系统设计，即高水平详细设计。相应地，机械设计团队快速拟定了产品的初版爆炸图（见图 10-16）并作为后续研究对象。系统设计团队根据爆炸图绘制了产品系统功能图/边界图（见图 10-17）。

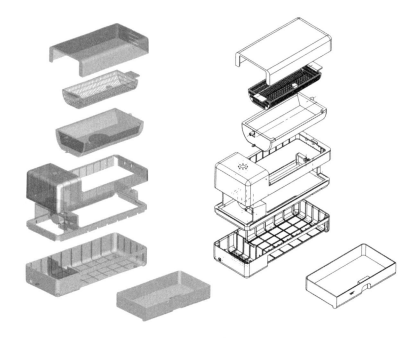

图 10-16　产品爆炸图（初版）

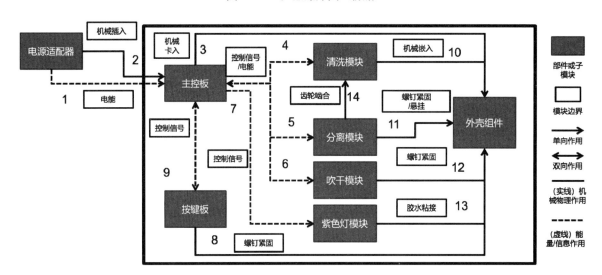

图 10-17　产品系统功能图/边界图

　　通过产品系统功能图/边界图，设计团队不仅将初版 BOM 中的零部件进行了模块化的划分，并且确定了必要的辅材料，如螺钉等紧固件。产品系统功能图/边界图对后续生成正式的零部件清单有极大帮助。

　　根据产品系统功能图/边界图，项目团队制定了产品的 DFMEA。其中，部分 DFMEA 如表 10-7 所示。该版本 DFMEA 为最初版，未对建议措施之后的风险优先级再次打分。DFMEA 帮助团队构建了产品的失效模式，并对详细设计提出了相应的要求。

　　此时，设计团队已经获得低水平详细设计所需的必要输入。在这些分析的基础上，设计团队完成了第一版产品设计。设计的主要输出物包括更新后的关键特性清单（见表 10-8）、更新后的产品零部件清单（见表 10-9）、产品设计图纸（全套初版图纸，见图 10-18）和控制软件代码。控制软件代码过于冗长和专业，故不做展示。

表 10-7　DFMEA（部分）

需求编号	特征与功能	潜在失效模式	潜在失效后果	严重度	等级	潜在失效原因	发生度	现行设计 预防管制	现行设计 探测管制	探测度	风险优先级系数	建议措施	责任人	目标完成日期
1.1	清洗物品	振动片的功率与主控板的输入功率不匹配	无法产生超声波	8	★	主控板的输入功率设计与振动片不匹配	3	设计校验	电气测试	1	24			
1.1	清洗物品	无信号输入	无法产生超声波	8	★	接插件松动	4	增加防松材料（材质 TPA）	功能检查（目视）	1	32			
1.1	清洗物品	主控板长时间向振动片过度输入功率	振动片产生大量热量	7	★	客户短时间内清洗大量物品	3	进行温升设计	温度测试	3	63			
1.2	实现水物分离	无信号输入	无法翻转	6	★	接插件松动	4	增加防松材料（材质 TPA）	功能检查（目视）	1	24			
1.2	实现水物分离	齿轮断裂	水槽无法翻转	7	★	齿轮材料强度不够	5	齿轮计算校核	功能检查	3	105	重新计算齿轮强度	小新	2021-06-10
1.2	实现水物分离	电机停转	水槽无法翻转	7	★	电机额定功率不足	5	电机受力计算校核	机械测试	3	105	测试电机功率并确认翻转力矩	浆果控	2021-06-11
1.2	实现水物分离	电机停转	水槽无法翻转	7	★	电机堵转烧毁	5	堵转保护	机械检查	3	105	测定最大转矩并增加保护	小新	2021-06-12
1.2	实现水物分离	电机停转	水槽无法翻转	7	★	电机内部进水	5	增加防水设计	静置试验	3	105	增加防水槽设计	小新	2021-06-13
1.2	实现水物分离	电机停转	水槽无法翻转	7	★	驱动板过流	5	增加过流检测	电气测试	3	105	评估是否增加过流检测程序	Ray	2021-06-14

续表

需求编号	特征与功能	潜在失效模式	潜在失效后果	严重度	等级	潜在失效原因	发生度	现行设计		探测度	风险优先级系数	建议措施	责任人	目标完成日期
								预防管制	探测管制					
1.2	实现水物分离	齿轮与齿条之间脱开	水槽无法翻转	7	★	马达固定位置精度低	5	公差计算	—	3	105	重新计算公差	小新	2021-06-15
1.2	实现水物分离	齿轮与马达轴连接脱开	水槽无法翻转	7	★	齿轮与马达轴连接不稳定	5	取消连轴设计	—	3	105	重新设计驱动轴结构	小新	2021-06-16
1.2	实现水物分离	马达与壳体连接脱开	水槽无法翻转	7	★	马达固定螺丝松动	5	优化连接设计	扭矩检查	3	105	增加防松措施	浆果控	2021-06-17
1.2	实现水物分离	水槽翻转不彻底	清洗槽残留水分	7	★	控制系统算法不合理	4	明确马达的上齿轮转动角度	功能检查	3	84			2021-06-18
2.5	按钮控制	按键电容差过小	按钮触摸无反应	8		按钮内部弹簧头部尺寸不合理	5	扩大弹簧头部直径并强化弹簧硬度	电气测试	3	120	弹簧式按钮更改为膜片式按钮	小新	2021-06-08
2.5	按钮控制	按键电容差的门限设置不正确	按钮触摸无反应	8		面板介质材料不准确	3	检查面板面板材料基本属性	摸底试验	3	72			
2.6	灯光状态显示	输入电流过小	LED灯亮度不足	3		限流电阻过大	3	重新计算限流电阻值	电气测试	3	27			
2.6	灯光状态显示	没有电流	工作状态灯不亮	3		限流电阻功率太小	3	模拟计算限流电阻功率	电气测试	3	27			

表 10-8　更新后的关键特性清单（部分）

需求编号	特性类别	特性符号	需求	特性	管控标准	管控方法	控制点
1.1	关键特性	★	产品应能将物品清洗干净	物品清洁度	最大颗粒物<1200μm 颗粒物总重<10mg	清洁度试验	试验工位
1.2	关键特性	★	产品应能自动将物品表面水分去除，残余水分小于 10mg	除水的自动化效果	除水过程无须人工干预	除水试验	试验工位
				残余水分	残余水分<10mg	除水试验	试验工位
1.3	关键特性	★	清洗水槽最小要能清洗一副眼镜	清洗水槽容积	清洗水槽长>180mm 清洗水槽宽>40mm 清洗水槽高>50mm	清洗水槽尺寸测量	来料检验工位
1.4	关键特性	★	产品工作时噪声小于 65dB	相对噪声值	相对噪声值<65dB	噪声试验	试验工位
1.5	关键特性	★	产品应能清洗小型水果	清洗水槽材质	清洗水槽材质满足食品级要求	清洗水槽材质测试	来料检验工位
1.7	重要特性	☆	清洗和除水应在 3 分钟以内	清洗和除水工作时间	清洗和除水工作时间<3min	清洗和除水试验	试验工位
1.9	一般特性		产品应能满足 220V 50Hz 用电标准	输入电源的适用性	输入电源为 220V 50Hz	电源试验	试验工位
1.10	重要特性	☆	产品重量控制在 500g 以内	产品重量	产品重量<500g	称重试验	试验工位
2.3	一般特性		产品外观颜色以冷色调为主，具有相同颜色的不同零件之间的 ΔE 不能超过 0.5%	色差	色差 ΔE<0.5	供方检测报告	试验工位
2.4	一般特性		产品外观有磨砂质感	塑料件外观	塑料件外观有磨砂质感	塑料件外观检测	来料检验工位
2.5	一般特性		产品外观仿手机操作面板，一键操作	操作便利性	一键操作	操作试验	试验工位
3.1	重要特性	☆	可靠性目标：寿命 1500 次循环	可靠性	可靠性寿命>1500 次循环	可靠性试验	试验工位
4.1	一般特性		产品满足 ROHS 要求	有害物限制	镉、铅、汞、六价铬、多溴联苯、多溴二苯醚的测试结果符合 ROHS 标准	供方检测报告	来料检验工位
4.2	一般特性		产品满足 GB 1019—2008《家用和类似用途电器包装通则》	包装	包装满足 GB 1019—2008	包装测试试验	试验工位
6.2	重要特性	☆	清洗完成之后方便排水	排水便利性	储水槽可分离	排水测试试验	试验工位

续表

需求编号	特性类别	特性符号	需求	特性	管控标准	管控方法	控制点
9.1	一般特性		产品不应有锐利边角	边角形状	边角为圆弧形状	外购件外观检验	来料检验工位
9.2	一般特性		产品底部应有防滑处理，不易从桌面滑落	产品底部摩擦系数	产品在 10° 的斜坡面上可保持静止	防滑测试	试验工位
9.3	重要特性	☆	产品需要通过 3C 标准认证	安全	产品通过 3C 标准认证	第三方 3C 测试	—

表 10-9 更新后零部件清单（部分）

层	级		编 号	类 别	材料/值	描 述	图 号	数 量
0			63A10601	组件		超声波清洗机总成	4D01.00.A	1
	1		63A10101	组件		上组件	4D01.01.A	1
		2	63A10102	组件		上壳组件	4D01.01.001.A	1
		3	63A10103	零件	ABS	上壳体	4D01.01.001.001.A	1
		3	63A70701	电气件		紫灯	4D01.08.001.A	1
		3	63A70702	电气件		薄膜开关	4D01.08.002.A	1
		3	63A70703	电气件		LED 灯	4D01.08.003.A	1
		2	63A10104	组件		清洗槽组件	4D01.01.002.A	1
		3	63A10105	零件	ABS	清洗槽壳体	4D01.01.002.001.A	1
		3	63A10106	零件	304 不锈钢	水槽	4D01.01.002.002.A	1
		3	63A70705	电气件		振动片组件	4D01.08.005.A	1
		2	63A10107	组件		中框组件	4D01.01.003.A	1
		3	63A10108	零件	ABS	中框	4D01.01.003.001.A	1
		3	63A70706	电气件		光电开关	4D01.08.006.A	2
		3	63A70704	电气件		风扇	4D01.08.004.A	1
		3	63A70707	标准件		六角螺母 M3	GB/T 6170—2000	2
		3	63A70708	电气件		步进电机 35BYJ—46	4D01.08.007.A	1
		3	63A70709	标准件		内六角圆柱螺钉 M3*12	GB/T 70.1—2000	2
		3	63A70713	标准件		十字自攻螺钉 3*6	GB/T 950—1986	4
		3	63A70714	标准件		十字自攻螺钉 3*16	GB/T 950—1986	2
		2	63A70710	标准件		十字自攻螺钉 3*10	GB/T 950—1986	4
	1		63A10109	组件		下壳组件	4D01.02.A	1
		2	63A10110	零件	ABS	下壳体	4D01.02.001.A	1
		2	63A10111	零件	橡胶	防滑脚垫	4D01.02.002.A	4
		2	63A10112	电气件		电路板模块	4D01.02.003.A	1
	1		63A10113	零件	ABS	上盖	4D01.03.A	1
	1		63A10114	零件	ABS	储水槽	4D01.04.A	1
	1		63A10115	零件		网兜	4D01.05.A	1
	1		63A70711	电气件		电源适配器	4D01.08.008.A	1
	1		63A70712	零件		气泡纸	4D01.08.009.A	1
	1		63A10116	零件		上盒	4D01.06.A	1
	1		63A10117	零件		下盒	4D01.07.A	1

注：机械设计团队完成了近 30 张图纸，图 10-18 截取的只是其中很少一部分。同样地，系统控制团队完成了复杂的代码设计，并完成了初步编译工作。

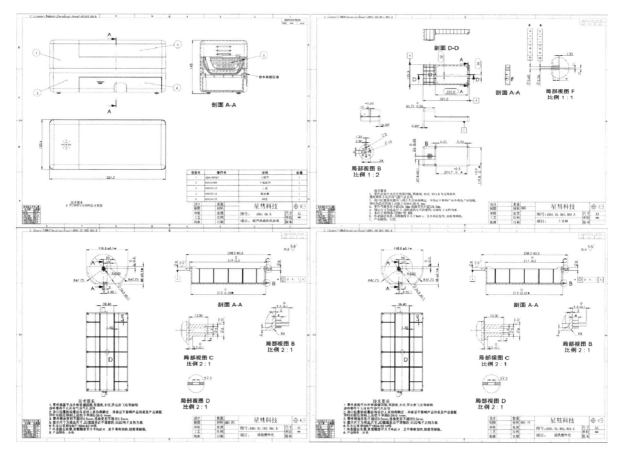

图 10-16　产品设计图纸（部分）

　　同时，工艺团队根据初版设计完成了最初的工艺规划，最初的工艺清单如表 10-10 所示。根据工艺清单所规划的过程流程图如表 10-11 所示，由于原表过长，该表仅截取了最初的部分工艺过程。

表 10-10　最初的工艺清单

工艺编号	工艺名称	工艺内容	工艺设备	预估时间
010-180	安装水槽总成	水槽粘上振动片，再粘上清洗槽壳体	胶枪	30 秒
190-370	安装上框总成	安装 LED 灯、薄膜开关、紫灯、风扇和电路板模块	胶枪	45 秒
380-470	安装中框总成	安装步进电机、行程开关	螺丝枪、胶枪	25 秒
480-500	安装水槽、中框与上壳	安装水槽与中框，安装上壳与中框	螺丝枪、胶枪	20 秒
510-630	安装下壳体	下壳体安装电源适配器		45 秒
640-660	安装上下壳体	安装上下壳体	胶枪	30 秒
670-860	附件安装	安装防滑脚垫、网兜、上盖、储水槽	胶枪	40 秒

表 10-11　过程流程图（部分）

PRD需求编号	工艺编号	制造过程 □	移动 ○	储存 ▭	检验 ◇	返工/返修 ⬠	退货 ○	过程流程名称	机器设备测量设备	产品特性	过程特性	搬运方式	特殊特性符号	备注
1.3	010				◇			水槽采购、检验		外观、尺寸、材质	批次、合格证、筛余物	料箱	★	63A10003
	020			▭				金属料储存			温湿度、保存期限、堆码高度	料箱		
1.1	030				◇			胶水采购、检验		黏合力、流动性	批次、合格证、筛余物	料箱		
							○	退货				料箱		
	040			▭				化学品储存			温湿度、保存期限、堆码高度、MSDS	料箱		
1.1	050				◇			振动片组件采购与检验		能够振动	批次、合格证、筛余物	料箱	★	63A70706
							○	退货				料箱		
	060			▭				电子产品储存			温湿度、保存期限、堆码高度	料箱		
	070		○					领料			原料防护、追溯性、材料数量	料箱		
	080	□						水槽底部涂胶	靠山涂胶枪	外观、胶水位置、胶水形状	批号、尺寸、胶水性能、合格证	料箱	☆	63A10003
1.1	090	□						放置振动片组件	夹具	外观、零件位置、尺寸	批号、合格证		★	63A70706
1.1	100	□						烘干胶水	电吹风	外观、结合力	工艺温度、工艺时间		★	
1.2	110				◇			清洗槽壳体检验		尺寸、颜色		料箱		63A10002
						⬠		返工				料箱		
	120			▭				塑料件储存			温湿度、保存期限、堆码高度	料箱		
	130		○					领料			原料防护、追溯性、材料数量	料箱		
	140	□						涂胶水	涂胶枪	外观、胶水位置、胶水形状	批号、尺寸、胶水性能、合格证			
1.2	150	□						安装清洗槽壳体	夹具	尺寸、颜色、结合力、零件匹配	批号、尺寸、合格证			63A10002
1.1	160				◇			清洗槽组件检测		电压、电流				63A10001
	170					⬠		清洗槽组件返修						
	180			▭				清洗槽组件储存		温度、湿度、堆放高度、入库时间		料箱		
2.1	190				◇			LED灯采购与检验		能点亮，亮度达到标准	批次、合格证、筛余物	料箱		63A70703
							○	退货				料箱		
	200			▭				电子产品储存			温湿度、保存期限、堆码高度	料箱		
2.3\1.4\5.1	210				◇			上壳体采购与检验		尺寸、颜色	批次、合格证、筛余物	料箱		63A10103
							○	退货				料箱		
	220			▭				塑料产品储存			温湿度、保存期限、堆码高度	料箱		
	230		○					领料			原料防护、追溯性、材料数量	料箱		
2.1	240	□						上壳体安装LED灯	涂胶枪	外观、电压、电流、零件匹配	批号、尺寸、合格证	料箱		63A10103 63A70703
2.5\1.1\8.2	250				◇			薄膜开关采购与检验		尺寸、功能	批次、合格证、筛余物	料箱		63A70702
							○	退货				料箱		
	260			▭				电子产品储存			温湿度、保存期限、堆码高度	料箱		
	270		○					领料			原料防护、追溯性、材料数量	料箱		
2.5\1.1\8.2	280	□						上壳体安装薄膜开关	涂胶枪	外观、电压、电流、零件匹配	批号、尺寸、合格证	料箱		63A70702
……	……		……				……	……		……	……	……	……	……

在 DFMEA 的基础上，项目团队制定了 PFMEA（见表 10-12），以进一步规划产品的实现过程。

表 10-12　PFMEA（部分）

需求编号	工艺编号	过程功能/要求	潜在失效模式	潜在的失效后果	严重度	潜在失效原因/机理	发生度	当前过程控制——预防	当前过程控制——探测	探测度	风险优先级系数	建议措施	目标完成日期
	050	水槽底部涂胶	产品放入位置错误	洗不干净东西	8	翻转停止位置不合理	4	调整翻转停止位置以 P 确保压人到位	按照控制计划检查	4	128	增加防错设计	2021-06-21
	050	水槽底部涂胶	胶水未完全注入	洗不干净东西	8	注胶量太小	4	调整注胶量	按照控制计划检查	7	224	部件称重，确认胶量	2021-06-15
	050	水槽底部涂胶	胶水太多外溢	外观不合格	3	胶水注入过多	4	调整注胶量	按照控制计划检查	2	24		
	050	水槽底部涂胶	未完全固化	洗不干净东西	8	未达到胶水工艺要求，温度、湿度、固化时间	6	设计前试验设计固化参数	每班首检一次	5	240	根据试验结果优化参数	2021-06-18
	050	水槽底部涂胶	振动片电线未穿过工艺孔	电线可能被夹断	8	走线的空间不足	2	防呆设计	定班抽检	4	64		
	050	水槽底部涂胶	电线外露卡住	电线可能被拉断	8	走线的空间不足	2	防呆设计	定班抽检	4	64		
	100	涂胶水	产品放入位置错误	影响胶水黏合效果	6	stop 位置不合理	4	调整 STOP 确保压人到位	100%人工检查注胶	4	96		
	100	涂胶水	胶水未完全注入	影响保持力	8	注胶量太小	4	调整注胶量	100%人工检查注胶	7	224	部件称重，确认胶量	2021-06-18
	100	涂胶水	胶水太多外溢	外观不合格	3	胶水注入过多	4	调整注胶量	按照控制计划检查	2	24		

续表

需求编号	工艺编号	过程功能/要求	潜在失效模式	潜在的失效后果	严重度	级别	潜在失效原因/机理	发生度	当前过程控制—预防	当前过程控制—探测	探测度	风险优先级系数	建议措施	目标完成日期
	100	涂胶水膜开关	未完全固化	影响保持力	8		未达到胶水工艺要求、温度、湿度、固化时间	6	设计前试验设计固化参数	每班首检一次	5	240	根据试验结果优化参数	2021-06-19
2.5/1.1/8.2	240	上壳体安装薄膜开关	上壳体损伤	外观不合格	3		薄膜开关安装位置错误	3	制作辅助定位安装治具	QA巡检	6	54		
7.1	270	上壳体安装紫灯	上壳体损伤	外观不合格	3		紫灯安装位置错误	3	制作辅助定位安装治具	QA巡检	6	54		
1.2	300	上壳体安装风扇	风扇装反	吹不干产品	8	★	风扇安装方向不易辨认	3	增加防呆设计	定班抽检	5	120	增加防呆设计	2021-06-22
1.2	300	上壳体安装风扇	正负极接反	吹不干产品	8	★	正负极不易辨认	3	增加电气测试	终检抽检	5	120	增加电气测试工站	2021-06-22
1.2	300	上壳体安装风扇	上壳体损伤	外观不合格	3	★	风扇安装位置错误	3	制作辅助定位安装治具	每班首检一次	3	27		
1.2/1.3	390	中框安装步进电机	中边框损伤	外观不合格	3	★	螺丝枪扭矩太大	3	螺丝扭矩控制	每班首检一次	3	27		
1.2	390	中框安装步进电机	中边框裂纹	水槽无法翻转	8	★	1.压入行程过大造成中边框开裂 2.中边框薄，强度不足	3	1.调整行程当块，调整压入距离 2.改善注塑工艺	按照控制计划检查	6	144	调整工艺并在控制计划中增加巡检检查项	2021-06-20
1.2	390	中框安装步进电机	螺丝压入深度不足	异响	3	★	压入行程不正确	3	调整压入行程	终检抽检	3	27		

续表

需求编号	工艺编号	过程功能/要求	潜在失效模式	潜在的失效后果	严重度	级别	潜在失效原因/机理	发生度	当前过程控制——预防	当前过程控制——探测	探测度	风险优先级系数	建议措施	目标完成日期
1.2	390	中框安装步进电机	漏装螺丝	水槽无法翻转	8	★	没有防呆设计	4	作业完成后自检	定班抽检	2	64		
	430	安装清洗槽组件	清洗槽组件装反	水槽无法翻转	8		清洗槽组件安装方向不易辨认	4	防错设计	定班抽检	2	64		
	440	装配上壳组件与中框组件	中边框损伤	外观不合格	3		螺丝枪行程太长	3	调整旋转行程	定班抽检	6	54		
	440	装配上壳组件与中框组件	中边框裂纹	水槽无法翻转	8		1.压入行程过大造成中边框开裂 2.中边框薄,强度不足	3	1.调整行程挡块,调整压入距离 2.改善注塑工艺	按照控制计划检查	6	144	调整工艺并在控制计划中增加巡检检查项	2021-06-20
	440	装配上壳组件与中框组件	螺丝压入深度不足	上壳体脱落	6		压入行程不正确	3	调整压入行程	定班抽检	5	90		
	440	装配上壳组件与中框组件	漏装螺丝	上壳体脱落	8	★	没有防呆设计	3	作业完成后自检	定班抽检	2	48		
1.1/1.2/1.7/1.9	330	下壳体安装电路板模块	电器件焊接短路	电路烧坏	8	★	焊接误操作	3	电器件功能测试	终检抽检	5	120	增加终检电气测试工作站	2021-06-24
1.1/1.2/1.7/1.9	330	下壳体安装电路板模块	电器件焊接断路	电路不导通	8	★	焊接误操作	3	电器件功能测试	终检抽检	5	120	增加终检电气测试工作站	2021-06-24
	550	装配下壳组件与上壳组件	产品放入位置错误	影响胶水黏合效果	6		stop位置不合理	4	调整STOP确保压入到位	每班首检一次	4	96		

续表

需求编号	工艺编号	过程功能/要求	潜在失效模式	潜在的失效后果	严重度	级别	潜在失效原因/机理	发生度	当前过程控制——预防	当前过程控制——探测	探测度	风险优先级系数	建议措施	目标完成日期
	550	装配下壳组件与上壳组件	胶水未完全注入	漏水	8		注胶量太小	4	调整注胶量	每班首检一次	7	224	部件称重，确认胶量	2021-06-18
	550	装配下壳组件与上壳组件	胶水太多外溢	外观不合格	3		胶水注入过多	4	调整注胶量	每班首检一次	2	24		
	550	装配下壳组件与上壳组件	未完全固化	影响保持力	8		未达到胶水工艺要求、温度、湿度、固化时间	3	设计前试验设计固化参数	按照控制计划检查	5	120	根据试验结果优化参数	2021-06-20
9.2	590	安装防滑脚垫	漏装防滑脚垫	产品容易滑落	3		没有防呆设计	3	作业完成后自检	QA 巡检	2	18		
2.2/5.1	650	安装上盖	上盖装反	外观不合格	3		上盖方向不易辨认	4	防呆设计	终检抽检	2	24		

　　工艺团队根据产品功能需求和初版详细设计的参数，对产品外包装进行了规划。其包装计划如表 10-13 所示。

表 10-13　包装计划（部分）

产品尺寸	320mm×135mm×170mm	产品重量	1000g
包装方式	纸盒	包装材料	纸板
运输方式	卡车	容器样式	纸箱
每个容器内产品数量	18	容器尺寸	650mm×410mm×511mm
集装箱尺寸	5998mm×2355mm×2355mm	每个集装箱内容器的数量	180
包装成本	1.5 元	包装成本占比	0.5%

包装说明

1. 外包装纸盒使用 157g 双铜裱、1000g 双灰材质纸板，采用过哑胶、V 槽工艺。

2. 将电源适配器、电源线等配件放入配件盒中，配件盒采用 300g 单粉纸板，然后将配件盒放入纸盒底部。

3. 将桌面便携清洗机装入 0.04mm 塑料袋内，塑封后放入 10mm EPE 型材卡槽内，然后放在配件盒上部。

4. 垫上保护垫，将纸盒盖好并贴好标签，标签采用 80g 热敏纸。

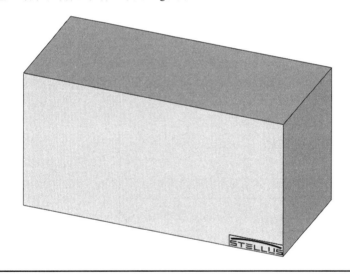

　　至此，项目团队获得了最初的产品详细设计，产品初步成型，后续将根据当前设计完成相应的原型制作和测试优化。

第11章

产品原型与评估

11.1 制作产品原型

在新产品的设计与开发过程中，开发团队需要制作很多样品，这些样品用途各异。在这些样品中，最先出现的就是产品原型。

产品原型（Prototype），简称原型，是在产品详细设计初期所制作出来的一种特殊样品。原型是产品第一次以实际的物理形态出现在人们面前，主要用于展示。它可能具备一部分预期功能，也可能不具备任何功能。原型对于产品开发有重大意义。它可以让开发团队对产品有直观的初步印象，既可以用于后续的产品开发，也可以用于客户对产品的初步评估。

原型是产品未来状态的近似品，这种近似性并不一定指产品外观，有时原型展示的是产品将要实现的功能与特征。所以凡是符合这种"展示目的"的物理实体都可被视作为原型。原型有时只是针对产品设计的子系统，如零部件的设计，有时可能针对开发的某个过程，如模拟数学模型或搭建测试环境。

制作原型是一个耗时耗力的过程，而原型本身又不是产品的最终形态，那么，企业为什么要制作原型呢？通常开发团队是出于以下目的：

1. 产品研究

在产品原型化之前，所有的设计都是停留在纸面上的。即便经验丰富的开发设计人员，也只能在脑海中或计算机屏幕上来理解产品。对于团队所设计的功能是否真的可以满足产品需求，没有人可以做出准确的判断。即便在计算机的帮助下，人们对产品设计充满了信心，也依然需要一个实际的样品来验证产品的实际性能。原型是实现产品进一步研究的最佳工具，人们对于产品的不确定性都可以通过研究原型来逐步解答。

2. 内部沟通

在产品设计早期，概念设计让开发团队对产品达成了共识，但语言上的描述、模糊的草图、未量化的设计图稿并无法保证每个团队成员都能准确理解产品的形态。一个有形的、可见的、可测量的原型则可以消除这个问题。此时，开发团队可以有一个具体可讨论和改进的对象，从而提升团队的开发效率。

3. 外部演示

不管原型是否简陋，都可以被展示。向企业管理团队展示，可以增加企业对开发项目的信心，并帮助开发团队取得后期的开发资源。向外部客户展示，可以增加客户与企业的亲密程度，获得客户的认可，并使得后续的沟通和协作更为便利，甚至可以帮助双方扫除一些商务上的障碍。

4. 产品集成

原型如同产品爆炸图或边界图等工具一样，显示了产品系统和子系统之间的关系。通过对这种关系的研究，开发团队可以更迅速地了解这些系统内部的工作机理，从而帮助团队成员鉴别当前设计中的技术风险，而且可以进行设计优化，将不同子系统进行整合或集成。很多经过原型阶段的产品设计，零部件的数量会大幅度减少，体积也会变得更加小巧，产品架构和布局也会变得更加合理。

5. 项目管理

原型在很多产品开发流程中都是一个重要的里程碑。项目团队可以以原型的完成时间作为项目技术评审的节点。在获取原型之后，项目团队可以根据原型的分析报告来决定如何与市场、销售、物流、供应链和生产等各部门沟通并安排下一阶段的项目管理活动。

成功的原型可以帮助团队以最快的速度、最小的成本修改调整产品设计，避免开发成本的浪费。一部分具有产品功能的原型不仅可以用于基础功能测试，还可以用于客户体验，因此开发团队可获得非常珍贵的反馈信息，这些都是帮助团队进行产品优化的重要输入。通常，即便一些不太成功的原型也不会打击开发团队的信心，相反地，开发团队会在原型制作过程中积累大量经验，这对于后续改进设计无疑是一件好事。唯一需要注意的是，企业不要将不成功的原型展示给客户，因为客户并不关心开发团队的技术积累，不成功的原型有可能影响客户对企业的信任，对未来的业务协作产生负面影响。

大多数人从未目睹过产品从无到有的过程，所以相对于产品开发这个漫长的过程，成功的原型展示可以提升所有人对开发项目的信心，并对后续的开发过程给予持续关注。

11.2　非功能原型与功能原型的差异

开发过程中的样品多种多样，对于原型来说，也是如此。原型根据其用途不同，会被分成非功能原型和功能原型两大类，其中，非功能原型还会被分成完全非功能原型和部分功能原型。

1. 非功能原型

从常规开发过程来看，非功能原型是最早出现的原型。该原型不具备或仅具备产品部分功能，其主要作用是用于产品展示。这种原型在详细设计前期就已经存在，主要是为了帮助团队理解产品构成和运作机理。有些企业在开发项目的早期，如技术预研和可行性分析时，就已经开始准备这种原型。由于产品展示的对象和作用不同，因此非功能原型也存在不同的形式。

以技术研究和产品开发为目的的非功能原型往往是概念设计或架构设计的复刻品，这种原型的主要目的是把无形的设计变成可视化的实体结构。这种原型与实际产品的外形可能天差地别，视觉上可能非常丑陋。它主要用来显示概念设计或架构设计，如内部信息传输渠道、部件与部件之间的接口方式等。在制作这种原型时，开发团队往往不拘小节，以快速搭建为宗旨，常使用近似的原材料或可替代的材料来制作。例如，使用纸板或木板以切割和黏结的方式搭建产品外形，或者使用面包板快速搭建电子元器件等。这种原型在开发过程中会多次出现，主要用于开发团队的内部沟通，不会展示给客户。

以外形展示为目的的非功能原型，完全不在意产品内部的构造细节（除非展示过程需要显示内部构造）。这种原型主要用于对外交流，如与客户沟通。这种原型同样会采用较为简单的工艺和近似材料来完成，但产品外观与最终产品已经非常接近。为了使该原型看上去尽可能美观，制作者会对原型的外观做必要的美化工作，如喷漆、贴纸和描绘等。在条件允许的情况下，该原型应做成 1：1 的尺寸，以呈现产品的真实状态。如果实物非常大或非常小，那么原型制作时应进行等比缩小或放大，制作出最便于演示的尺寸。如果把在建的商品房楼盘小区作为产品，那么在售楼处被用于向业主展示的小区模型就是这种非功能原型。

如果非功能原型完全不具备产品的任何实际功能，纯粹仅以展示为目的，那么该原型为完全非功能原型。事实上，完全非功能原型并不多，多数原型多多少少都具有一部分产品功能，那么这些具有部分产品功能的原型就被称为部分功能原型。

部分功能原型一般是产品在详细设计和验证过程中所制作的样品，主要用于产品功能验证、技术研究、方案改善等。该原型既可针对产品子系统或零部件，也可针对产品整体研究。部分功能原型的展示作用相对较弱，所以制作该原型时，开发团队在意的是被研究的对象特征，而不是产品外观。

通常，完全非功能原型不会很多，除非外观形式或整体结构形式发生明显的设计变更，否则该原型不会重复制作。但部分功能原型则可能出现很多不同的版本，这些版本见证了产品功能逐步完善的过程。开发团队通过有针对性的部分功能原型来研究、验证、优化和更新产品设计，从零部件到子系统再到产品整机逐层细化设计。不管最初的完全非功能原型是否简陋，在经历一系列部分功能原型优化后，产品开始向最终形态逐步逼近。

部分功能原型可用于客户演示，说明产品架构、形态和部分对应的工作机理。但与完全非功能原型一样，该原型不是正式样品，不能用于客户端的任何测试。向客户分阶段地演示处于不同开发阶段的部分功能原型可以提升客户对产品开发的信心和满意度。

非功能原型并非强制交付的样品，企业可以根据自己的需要决定是否要制作这样的原型。如果企业决定要制作该原型，那么应把握以下常见的要点：

- 快速完成。应尽可能快速完成，以满足技术开发或商务沟通的需求。
- 不纠结细节。非功能原型是过渡样品，无须在意细节，可满足必要的展示和研究用途即可。
- 寻找替代品。如果制作过程中有难以快速加工的部件，那么可以使用近似品或替代品，例如使用金属机加工件替代需要开模具的塑料件。
- 注重反馈。很多非功能原型都是为了获取外界的反馈和评价才被制作的，那么反馈信息很重要，这将是产品改进的重要依据。

2. 功能原型

功能原型是经历了一系列产品功能优化和验证之后所获得的样品。这种原型已经接近产品的最终形态且具备产品的全部功能。功能原型是产品开发过程中的重大里程碑，是强制交付的样品。

从时间节点上看，功能原型一般晚于非功能原型。开发团队通过非功能原型、计算机模拟和专家判断等诸多方法研究产品，逐步实现产品的预期功能。在产品的全部功能都被逐一验证之后，开发团队就可以制作功能原型了。功能原型的外观可能与产品的最终外观有所差异，但由于产品外观通常也是产品的功能之一，所以功能原型也应关注产品的外观。即便软件类等非实物类产品，也应关注关键的人机交互界面和软件集成程度等因素。

功能原型主要具备三个重要的作用：沟通展示、性能改善和项目推进。

1）沟通展示

功能原型是可以与客户沟通并进行产品展示的样品。而非功能原型只是给客户一个粗略的整体印象，除外观外，并不能做沟通展示。功能原型不仅在外观上更接近最终产品，而且可以进行操作演示并展现产品应具备的各种功能。功能原型对客户的影响是巨大的，成功的功能原型展示可以消除客户的疑虑，使客户不再对产品的可实现性产生怀疑，而可以专心考虑产品后续的市场营销和商务合作事宜。功能原型的产生可以激发开发团队的工作激情。如果开发团队初步看到开发成果，将大幅增加后续改善设计的动力。

2）性能改善

功能原型具备了产品的全部功能，意味着产品开发的阶段从功能实现变成了性能改善。产品原型为后续性能改善提供了良好的研究基础，可以被用于部分性能测试。这些测试主要以产品整机类测试为主，如产品的可靠性、耐久性、防水防尘等级、防冲撞等级、防跌落等级、电磁兼容性、耐压测试等。虽然功能原型与最终产品还有一定差异，但该原型已经可以为以上测试提供良好的研究数据。功能原型尤其对产品的结构优化提供了良好的数据，直观的产品可以让设计者直接寻找优化空间结构，提升零部件效率，减少不必要零部件的可能性。很多功能原型的整体体积都比非功能原型小很多，而最终产品会更小巧。

3）项目推进

很多产品开发把功能原型当作了开发项目的里程碑节点，并根据该节点的状态来规划后续的开发活动。此时，项目经理可以对各职能团队做出非常具体的项目规划，使项目的不确定性大大减少。对于销售、市场和业务团队，功能原型无疑给了他们良好的沟通素材，他们可以使用该原型与客户进行商务沟通，开拓市场。对供应链团队来说，此时的产品物料清单已经确定，团队可以据此清单进行供应商开发和选择，并评估供应链风险。测试验证团队将进入最忙碌的阶段，对产品进行全面测试并将数据反馈给开发团队，同时开发团队根据测试结果进行产品设计优化，两个团队相互协助，迭代开发。在开发流程中，功能原型可作为强制审查点进行评审，以确定产品符合客户需求的程度。例如，汽车等行业已经将功能原型的制作要求定义在相关的行业标准中。

在功能原型出现之前，开发团队将精力放在如何实现产品功能上，这是将理论技术应用到具体产品特征的过程，会出现各种不可预料的情况。有些突破性的前沿产品开发，还需要先进行技术开发。在此阶段，产品开发充满了各种不确定性。如果产品最终无法实现预期功能（无论是什么理由），那么开发项目都将面临失败的可能性。而功能原型的出现，代表这种可能性或不确定阶段的结束，也就是实现了产品从无到有的过程。因此部分企业将功能原型的出现作为设计冻结（Design Freeze）的节点。设计冻结并不代表产品设计不再变化，而代表产品的基础架构和详细设计不再发生重大变化，后续的开发设计活动将以设计优化和性能改善为主。

在功能原型阶段，产品可能存在频繁的设计变更，所以开发团队不会使用成本特别高或难以获得的原材料和零部件，而使用低成本易获取的原材料和零部件是可以适应这种开发模式的应对措施。

在今天的工业社会中，很多开发团队为了降低产品的生产和物料成本，在产品设计时大量使用塑料成型零件。塑料成型零件的成本相对金属材料更为低廉，但使用该类零件的前提是需要制作模具，而成型模具的成本高昂且周期很长。如果开发团队在制作功能原型时就使用塑料成型零件，那么无疑是一种灾难。团队不仅要面对很长的制作周期，还要应对可能出现的设计变更，因此产生的模具费用是企业难以承受的。所以在制作功能原型时，绝大多数开发团队会使用 3D 打印或金属材料配合加工中心（CNC）的方式来制作部分零部件。通过这种方式获得的零部件成本虽然比量产产品高很多，但远远低于塑料成型零件的模具费用，而且制作过程无须等待开模时间。

由于功能原型的部分零部件与最终产品有所差异，因此虽然功能原型已经非常接近正式产品，但功能原型无法实现最终产品的全部特性（功能与性能/特性有所区别，见第 12 章），所以不能对该原型进行完整的测试验证。如果功能原型使用金属加工件代替塑料成型件，那么对该原型进行强度类测试（如振动试验等）将没有任何意义。众所周知，金属材料的物理特性与塑料材料完全不同，此时的原型测试对评估最终产品没有意义。

11.3　产品原型的初步评估

企业必须对产品原型进行评估，并根据评估结果决定后续的开发活动。产品原型的评估主要分为内部评估和外部评估。因为产品原型的类型不同，所以其评估内容也不同。对原型的评估可用于调整产品后续开发的方向，也可用于调整产品需求文件。

1. 内部评估

产品原型的内部评估主要由三个维度构成：开发项目评估、产品功能评估、设计评估。

1）开发项目评估

产品原型作为开发项目的重要节点，是企业评估开发团队效率或成果的重要手段。如果在原型阶段，开发团队就已经无法制作出成功的产品原型，那么该项目是否可以进入下一阶段就成了问题。从项目角度来评估产品原型主要考虑客户满意度和原型开发速度，并不在意开发团队完成的是哪种原型。无论是非功能原型还是功能原型，如果开发团队可以获取客户的信任，那么即便原型有瑕疵，也是可接受的。如果原型不仅实现了既定目标，而且带有一些意想不到的闪光点，那么企业管理团队会加速开发资源的投入，使该产品的商业价值进一步提升。进行开发项目评估的参与者主要是企业管理团队和项目主要干系人。

2）产品功能评估

原型评估的主要目的是评估产品功能的完成度。在功能原型之前，产品在实现预期功能时以碎片化的形式进行，很少有产品可以一次就满足产品的所有开发需求。开发团队通过对原型的研究，确认产品是否逐一满足了开发需求。这个过程可以是非连续的，即通过多个原型来完成。产品功能评估的参与者主要是与开发相关的技术团队，包括设计师本人。为了使该评估更加公正和准确，多数企业在评估前都建立了类似检查表的文件作为辅助评估工具。

3）设计评估

设计评估是针对产品详细设计的深层次评估。产品原型是通过详细设计与相应的产品技术来实现产品功能的，因此开发设计者是否规范合理地应用了这些工具和技术，也是原型评估需要考量的内容。开发团队需要意识到并非实现了产品功能的设计都是合理的或正确的。例如，某多组分合成胶水已实现了应有的黏合作用，但其组分中可能采用了某些不环保的原材料，或者某些原材料在特殊状态下会对人体有害，那么这种设计可能就有问题。很多设计问题不是客户所关心的，但企业需要自行规避或解决这些问题。设计评估的参与者多数都是企业内部的设计专家或同行，同一开发设计小组内的成员相互评估或同行评价（Peer Review）是原型设计评估的常见形式。设计师本人可以参与设计评估，但通常效果不佳，因为设计师很难发现自己的设计问题或者轻易认同他人的观点。

2. 外部评估

外部评估主要是客户和第三方对原型的评估。由于评估方的立场不同，评估目的和评估方式会有很大差异。

1）客户评估

客户评估是企业对产品原型满足产品需求程度的最佳评估方式。很多客户要求开发团队提供产品的正式样品，以评估该产品的最终完成度以及产品功能与性能，但对开发过程中的原型不做强制交付要求。所以在很多产品开发流程中，企业不一定将产品原型作为强制交付物。可见，针对原型的客户评估通常是开发团队的主动行为。

客户可能没有对原型准备专门的评估列表，因为客户并不知道开发团队会提供什么样的原型，甚至不知道该原型是否具备一定的功能。此时的客户评估以针对产品外观或某些特定的功能展示为主要目的。开发团队推进这种评估主要有两个原因：取得客户对产品开发项目的信任，以及确认一些重要的功能特征。

通常开发项目的时间较长，客户在漫长的等待过程中可能会失去耐心。开发团队在开发过程中应适时向客户更新产品开发状态，实物展示的效果远胜过纸面或口头汇报。开发团队需要选择匹配项目进度且可以达到展示目的的原型，以显示开发工作的成果。客户对于这种展示抱着兴奋的期望态度，所以此时对于原型的评估不会吹毛求疵。了解产品技术的客户可能就产品所展现出的状态与开发团队进行深入的讨论，这种评估对后续产品改进有非常积极的作用。开发团队要详细记录客户所有的评估结果，包括一些感性的评价结果，如"产品看上去不够漂亮""这个部分看上去有些笨重"等。

如果产品原型是为了和客户确认某些功能的符合性，那么开发团队需要细致准备并在展示相应功能的同时进行解释说明。由于客户并不清楚原型的构建原理或细节，因此开发团队在解释过程中务必使用简单和明确的语言，同时对客户提出的新问题要快速答复。因为客户在评估原型时提出的这些新问题往往会涉及深层次的技术问题或者会给后续开发带来挑战，开发团队应谨慎对待。不建议客户用产品原型做产品测试，因为原型不是正式的样品，不具备成品的性能。而一旦在原型上做测试出现负面结果，客户就会产生强烈的负面情绪，这将严重损害项目的利益。

通常，原型的客户评估结果对产品开发项目有建设性帮助，不仅为后续开发提供信息，而且可以顺利推进企业和客户之间的商务协作。

2）第三方评估

第三方评估是指除开发团队（企业）与客户外的第三方对原型的评估。第三方评估是独立的评估方式，由于不涉及企业与客户的利益，所以这种评估是公正的。通常，第三方被分成两大类：一个是最终用户（或模拟用户），另一个是专业组织或机构。

最终用户的评估类似于市场测试。企业制作完少量的产品原型后，以非商业（非销售）形式交由最终用户进行试用，并通过用户的试用行为来获取改善反馈。有时，企业也可以采用一些专业技术人员来模拟最终用户。对应软件类产品来说，这种用户测试常由开发团队提供测试版软件供用户试用。这种测试，有时也称用户接受度测试（User Acceptance Test，UAT）。用户通过系统记录或人为反馈的形式将产品试用结果反馈给开发团队，开发团队通过必要的数理统计锁定原型的潜在问题。有些用户甚至可以直接对原型进行评估，并提供评估结果。由于原型是不稳定的产品，因此最终用户的评估可能具有一定的破坏性。这种破坏性是双向的，一方面经过试用或评估的原型可能被损坏，另一方面该原型在被试用或评估过程中产生的信息可能被损坏。例如，某款为了电竞游戏比赛设计的键盘原型在用户试用过程中，由于电竞选手的操作较为暴力，很可能试用后，原型即被损坏。再如，某网络游戏软件的产品原型为某测试版本，在进行内测（用户测试）之后，企业发现游戏（软件产品）设置不合理，导致用户在游戏中产生的数据与预期存在较大偏差。由于这些信息是有问题的，或者不应被保留，因此该测试就是所谓的删档内测，即测试信息（用户试用该产品而产生的数据）将被删除。

专业组织或机构的评估则是从技术层面或标准一致性角度进行的评估。这类评估可以由企业或客户发起，通常是因为双方自身的评估能力不足而需要进行相应评估或者需要较为客观的评估结果。这种评估在产品的正式样品阶段很常见。在新产品开发的原型阶段就进行这种评估通常是因为某些产品的功能或特性至关重要，企业或客户希望尽早确认其满足程度。实施这种评估的主体一般为该产品的专业组织或知名的检测和认证机构。专业组织一般对特定的专业技术或产品特性进行技术确认或专业分析，而检测和认证机构多数从产品特定的行业标准等角度进行专业评价。例如，很多电子元器件生产企业在开发完某些新产品后，因为自身不具备相应的电磁兼容性测试条件，所以会委托专业检测和认证机构来验证相应的产品设计是否符合行业标准或客户要求。专业组织或机构在原型阶段很少会进行专业认证，所以此时的评估都是为了改善产品特性而进行的，专业组织或机构会提供较为详尽的测试数据供开发团队作为改善依据。

在原型评估过程中涉及的测试验证的内容将在第 12 章介绍。不管企业实施什么样的原型评估，其目的都是为了更好地推进产品开发进程。只有获得客户或市场认可的产品原型才可能发展成为最终的产品成品。由于制作产品原型是费时费力的工作，因此企业应合理评估其价值，适当制作必要的产品原型，减少不必要的重复试制。

11.4　MVP 的概念

在产品开发过程中，所有开发项目都会面临两个始终存在的挑战。一是，客户需求是否正确地在企业内部传递，开发团队如何避免产品最终交付时产品与客户的原始需求有差异。二是，开发团队如何保证产品可以在客户期望的时间范围内开发出来并有效交付。从企业管理的角度，优秀的开发流程和项目管理技术可以有效减少这两个挑战的影响，但本质上，企业无法通过这些方式来减轻客户的焦虑。实际上，客户可能因为等待时间过长而失去信心，从而在项目中途以各种形式对企业施加压力，甚至出现中途中止开发项目的情况。显然，如果开发项目被中止，那么对双方来说无疑是一种巨大损失。所以很多学者都在研究让客户对开发项目充满信心的手段和方式，其中目前普遍被接受的思想就是 MVP 的概念。

MVP（Minimum Viable Product，最小可行产品），也称最简化可用产品，是产品开发早期用于与客户沟通的特殊样品。从形式上，该产品与产品原型有着千丝万缕的关系，二者可能出现重叠的情况，即 MVP 可能就是某个版本的产品原型。仅仅从产品开发阶段或用途上无法确定 MVP 是什么类型的产品原型，因为 MVP 可能是非功能原型，也可能是功能原型，而多数 MVP 更接近于前者。对 MVP 的界定，要由该产品的构成和应用场景来决定。

从字面上来看，MVP 是两个关键特征：最小（最简单）和可行。这就是 MVP 与普通产品原型的最大差异。

1. 最小（最简单）

作为特殊的样品或特殊的原型，MVP 从构造上来说，要求做到极简，也就是产品的零部件数量或相应特征要降到最低。在制作普通的功能原型时没有这个要求，开发团队只是为了将产品原型制作出来，而不会考虑这个原型是不是最小或最简单的。从这个角度来说，MVP 很可能非常简陋，因为凡是可以被去除的零部件或特征都被去除了。

2. 可行

MVP 必须是可行的。可行并非指全功能，而针对 MVP 的目的而言。如果 MVP 是用于向客户展示外形，那么 MVP 只关心外部特征，内部是实心的或没有任何构架都是可以的。如果 MVP 是为了向客户展示内部构造，就完全不用在意零部件的表面特性，而应充分显示产品构造。

在这两个关键特征的综合作用下，MVP 具有以下显著特点：制作快速、成本低廉、易于操作且方便演示。其中，核心的关键词就是"快"。企业需要尽快让客户了解自己的开发实力，所以 MVP 被广泛用于产品开发早期与客户的沟通与确认，以减少客户对开发团队的疑虑并降低不信任度。

MVP 不可能取代原型，因为 MVP 只是一个用于沟通的特殊原型，不会多次制作，其商业推进的意义远大于技术研究的作用。虽然 MVP 的出现可以帮助开发团队寻找改善点，但很快这个作用被相对正式的部分功能原型和功能原型取代。

原型在开发过程中，从概念设计开始到测试验证结束的很长一段时间范围内都会存在，但 MVP 的生命周期则很短，在完成早期客户演示等商务作用后就会退出开发流程。但 MVP 对于整个产品开发的意义是巨大的。图 11-1 显示了 MVP 在产品开发流程中的位置和作用。

在产品开发过程中，一旦完成了理论上的详细设计，开发团队就可以根据产品的应用条件以及与客户必要的商务沟通需求，来制作 MVP。在获得 MVP 后，一般来说，开发团队不会立刻向客户进行演示，而是先查看产品是否存在改进空间。很多实践经验证明，很多显而易见的问题在 MVP 一旦制作完成后就会立刻暴露出来。开发团队对 MVP 进行必要的修改后，就可以与客户进行沟通，并可以进行小范围的用户试用或简单小型的测试活动。开发团队可以从客户和测试用户处获得相应的反馈。如果该反馈是明显负面的，那么代表该产品的设计可能存在较大问题，至少该 MVP 所表现出的特性不是令人满意的。开发团队可能退回到概念设计阶段以检查是否有改进设计的空间，并再次进行详细设计和 MVP（或原型）制作。如果 MVP 的反馈是非常积极的，那么开发团队需要检查当前的设计是否与企业的产品路线图或开发战略保持一致，同时查看产品设计与客户需求的匹配程度，并据此准备较为正式的功能原型。如果该功能原型不能满足客户需求或与企业的产品路线图相悖，那么开发团队依然要退回概念设计阶段，另寻他路，反之产品设计则可以被冻结，并通过相应

....

的测试验证和优化阶段来实现最终产品。测试验证与优化过程将在第 12 章介绍。

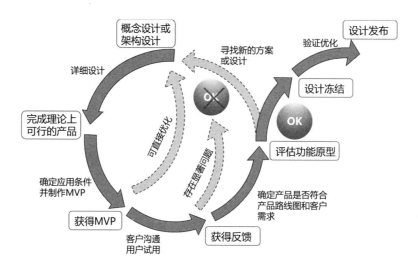

图 11-1　MVP 在产品开发流程中的位置和作用

 # 案例展示

星彗科技在完成初步详细设计之后就开始制作原型，以用于验证设计的有效性。最初的项目计划包含了样件（原型）制作计划。表 11-1 是项目团队最初制作的样件计划，是项目主计划的一部分，该计划随着开发进程被多次更新。尤其是在测试验证阶段，每次产品优化都会触发样件计划的更新。

表 11-1　初始的样件计划

序号	任务	团队	工期（天）	开始时间	完成时间
1	概念设计	机械	14	2021-03-02	2021-03-16
2	振动片选型	机械电气	12	2021-03-15	2021-03-27
3	测试物料采购	采购	9	2021-03-12	2021-03-21
4	清洗先导测试	测试	6	2021-03-20	2021-03-26
5	电机选型	机械电气控制	11	2021-03-10	2021-03-21
6	测试物料采购	采购	8	2021-03-21	2021-03-29
7	分离先导测试	测试	8	2021-04-02	2021-04-10
8	风机选型	机械电气	12	2021-03-17	2021-03-29
9	造型设计	机械	28	2021-03-17	2021-04-14
10	详细设计机械	机械	35	2021-04-03	2021-05-08
11	详细设计电气	电气	44	2021-04-04	2021-05-18
12	详细设计控制	控制	40	2021-04-04	2021-05-14
13	非功能物料采购	采购	15	2021-04-10	2021-04-25
14	物料检验	质量	4	2021-04-20	2021-04-24
15	非功能物料装配	工艺	3	2021-04-26	2021-04-29
16	整机外观检查	测试	1	2021-04-28	2021-04-29
17	非功能样机交付	项目组	5	2021-05-04	2021-05-09
18	功能物料采购	采购	33	2021-04-28	2021-05-31
19	物料检验	质量	12	2021-05-28	2021-06-09
20	功能物料装配	工艺	11	2021-06-09	2021-06-20
21	整机功能测试	测试	30	2021-06-20	2021-07-20
22	功能样机交付	项目组	5	2021-07-26	2021-07-31

供应链团队很早就介入了产品开发过程。根据样件计划和详细设计的进度，采购团队先进行了自制外购分析，以决定哪些材料需要外购。表 11-2 显示了早期的自制外购分析。在该表中，预估量按每月 10 万件计算，外购成本高于自制成本或外购收益比率不够高（如收益比例小于 10%）的部件将自制，其他部件将外部采购。表中的外购件指供应商定制，通用外购件指非标准的市场通用件（无须定制，采购指定品牌即可），标准外购件即市场标准件（无须定制）。

表 11-2　自制外购分析

序号	层级	编号	类别	零件名称	估计自制每件成本（元）	估计外购成本（元）	外购每月节省成本（元）	外购每月收益比率	其他考虑因素		结论
									紧迫性	发展性	
1	0	63A10601	组件	超声波清洗机总成							自制装配
2	1	63A10101	组件	上组件							自制装配
3	2	63A10102	组件	上壳组件							自制装配
4	3	63A10103	零件	上壳体	7.1	9.9	−296 800	−28%	高	低	自制
5	3	63A70701	电气件	紫灯	4	0.5	402 500	700%	低	低	通用外购件
6	3	63A70702	电气件	薄膜开关	3	1	198 000	200%	低	低	通用外购件
7	3	63A70703	电气件	LED 灯	5	1.5	385 000	233%	低	低	通用外购件
8	3	63A70704	电气件	风扇	9	4.5	445 500	100%	中	低	通用外购件
9	2	63A10104	组件	清洗槽组件							自制装配
10	3	63A10105	零件	清洗槽壳体	3.5	3.3	22 600	6%	低	中	自制
11	3	63A10106	零件	水槽	7	7.5	−59 500	−7%	高	低	自制
12	3	63A70705	电气件	振动片组件	10	7	342 000	43%	低	低	通用外购件
13	2	63A10107	组件	中框组件							自制装配
14	3	63A10108	零件	中框	2	2.4	−37 200	−17%	高	低	自制
15	3	63A70706	电气件	行程开关	5	2	564 000	150%	低	低	通用外购件
16	3	63A70707	标准件	六角螺母 M3	1	0.2	185 600	400%	低	低	标准外购件
17	3	63A70708	电气件	步进电机 35BYJ—46	8	5	333 000	60%	低	低	通用外购件
18	3	63A70709	标准件	内六角圆柱螺钉 M3*12	0.8	0.2	117 600	300%	低	低	标准外购件
19	2	63A70710	标准件	十字自攻螺钉 3*10	0.8	0.2	230 400	300%	低	低	标准外购件
20	1	63A10109	组件	下壳组件							自制装配
21	2	63A10110	零件	下壳体	3.2	4.3	−107 800	−26%	高	低	自制
22	2	63A10111	零件	防滑脚垫	1.1	0.6	216 000	83%	中	高	外购件
23	2	63A10112	电气件	电路板模块	30	17	1 365 000	76%	低	低	外购件
24	1	63A10113	零件	上盖	4.6	5.1	−49 000	−10%	高	低	自制
25	1	63A10114	零件	储水槽	3.4	4.5	−108 900	−24%	高	低	自制
26	1	63A10115	零件	网兜	1.7	2.4	−84 000	−29%	高	低	自制

续表

序号	层级	编号	类别	零件名称	估计自制每件成本（元）	估计外购成本（元）	外购每月节省成本（元）	外购每月收益比率	其他考虑因素		结论
									紧迫性	发展性	
27	1	63A70711	电气件	电源适配器	9	6	360 000	50%	低	高	通用外购件
28	1	63A70712	零件	气泡纸	3	0.5	295 000	500%	低	低	通用外购件
29	1	63A10116	零件	上盒	1.8	1.5	28 800	20%	中	低	外购件
30	1	63A10117	零件	下盒	2.2	1.5	70 700	47%	中	低	外购件

根据自制外购分析，采购团队确定了零部件的采购清单。初版采购清单如表11-3所示。

表11-3 初版采购清单

序号	编号	描述		图号	最新报价含税单价（元）	供应商	备注
1	零件	上壳体		63A10103	9.87	诚信塑料	自制
2	零件	清洗槽壳体		63A10105	1.20	诚信塑料	自制
3	零件	水槽		63A10106	7.50	新发金属	自制
4	零件	中框		63A10108	1.00	诚信塑料	自制
5	零件	下壳体		63A10110	3.50	诚信塑料	自制
6	零件	上盖		63A10113	4.50	诚信塑料	自制
7	零件	储水槽		63A10114	1.30	诚信塑料	自制
8	零件	网兜		63A10115	1.50	新发金属	自制
9	零件	防滑脚垫		63A10111	0.08	诚信塑料	外购件
10	电气件	电路板模块		63A10112	17.00	星辰电子	外购件
11	零件	上盒		63A10116	1.50	诚信塑料	外购件
12	零件	下盒		63A10117	1.50	诚信塑料	外购件
13	电气件	紫灯		63A70701	0.50	星辰电子	通用外购件
14	电气件	薄膜开关		63A70702	1.00	星辰电子	通用外购件
15	电气件	LED 灯		63A70703	1.50	星辰电子	通用外购件
16	电气件	风扇		63A70704	4.50	星辰电子	通用外购件
17	电气件	行程开关		63A70706	1.00	星辰电子	通用外购件
18	电气件	步进电机 35BYJ-46		63A70708	5.00	星辰电子	通用外购件
19	电气件	电源适配器		63A70711	6.00	诚信塑料	通用外购件
20	零件	气泡纸		63A70712	0.50	诚信塑料	通用外购件
21	标准件	六角螺母 M3		63A70707	0.10	新发金属	标准外购件
22	标准件	内六角圆柱螺钉 M3*12		63A70709	0.10	新发金属	标准外购件
23	标准件	十字自攻螺钉 3*10		63A70710	0.05	新发金属	标准外购件

　　采购团队针对每个外购件的供应商都进行了寻源工作，并对供应商进行了必要的评估。表 11-4 是针对其中一个供应商的评估表，该表过于冗长故仅显示起始的一小部分。事实上，企业对于供应商评估都非常慎重，所以很多企业的评估表中都有非常细致的评估项和评估标准。

表 11-4　供应商评估表

项次	评审内容	评审标准	分数	评估结果
1. 经营及业务管理（评估得分/18×15=本项评估得分）				11
1.1	企业应有一个时期的发展规划	没有具体的发展规划	0	2
		有意向的发展规划，但没有具体计划表	1	
		有发展规划且有具体的计划表，并在实施中	2	
1.2	企业应有各项工作发展的指标	企业没有策划各项工作的目标	0	1
		企业制定了各项工作的目标，但没有经过管理评审	1	
		企业制定了各项工作的目标且经过管理评审	2	
1.3	企业应有具体的目标实施改进计划	没有目标实施改进计划	0	2
		有目标实施改进计划，但完全未跟踪实施	1	
		有目标实施改进计划且完全实施	2	
1.4	企业高层管理者的经营管理理念应适应企业发展	企业高层管理者的经营管理理念不支持其发展的管理目标需求，没有改进的意愿	0	2
		企业高层管理者的经营管理理念支持其发展的管理目标需求，但不完全支持改进的意愿	1	
		企业高层管理者的经营管理理念完全支持其发展的管理目标需求，有推进改进的意愿，使其适应企业发展	2	
1.5	企业应重视人力资源，且统计人员的稳定性，并实施改进	企业对人才的重视不够，不统计人员的稳定性	0	1
		企业重视人才资源，但人员的稳定性统计不够完善	1	
		企业充分利用人员的稳定性统计结果，并实施改进，以重视人才资源	2	
1.6	企业在接到客户订单时，应经过评审来确定是否接受订单	客户订单未经过评审，也不反馈是否接受订单意见给客户	0	1
		客户订单经过评审，但评审结果未及时反馈给客户	1	
		客户订单经过评审，且评审结果及时反馈客户，保持与客户沟通	2	
1.7	客户订单需要经过资材、生产、品质和技术等相关部门的评审，以确定企业是否具备生产订单的能力	订单未经过评审或只经过业务部门确认	0	1
		订单经过部分部门评审，但不全面，难以保证评审的全面性	1	
		订单经过相关部门评审，并且根据评审的结果处理订单	2	

项次	评审内容	评审标准	分数	评估结果
1.8	企业有专门的部门和多种与客户沟通的方法，以保证与客户之间沟通的及时性	没有专职的客户服务部门，且与客户沟通、联系的方式单一	0	1
		设有专门的客户服务部门，通过多种方式与客户保持沟通，但资源尚不充足，难以保证沟通的及时性	1	
		设有专门的客户服务部门，资源充足，通过多种方式与客户保持沟通，以保证双方信息及时互换	2	
1.9	企业应编写一份完整的企业简介，简介内容包括企业的基本情况（法人代表、注册资金、经营范围、厂房面积等信息）、平面示意图、地理位置简图、组织架构、主要机器设备、人员分布情况、检验仪器、主要客户群等资料	没有企业简介	0	2
		有企业简介，但简介过于简单，无法使评审人员从中获得必要的信息	1	
		企业简介内容基本能使评审人员快速掌握企业基本信息	2	
2. 品质管理（评估得分/44×40=本项评估结果）				36
2.1	企业有一套质量体系，且按照相关要求执行	未计划实施 ISO 9000 等质量管理体系，无构想	0	2
		已引进相关体系，但还未认证或执行不完整	1	
		已通过相关体系认证，且在维护该体系，体系执行情况良好	2	
2.2	企业的管理组织架构应明确，且职责区分清晰，被员工所知晓和理解	未制定明确的企业组织架构，各岗位职责没有明文规定，员工不了解企业的组织架构	0	2
		企业的组织架构明确，岗位职责划分有相关文件规定，但员工并不完全清楚企业的组织架构	1	
		企业的各职能组织架构都完全明确且有书面规定岗位职责，并能让员工及时获得信息	2	
……	……	……	……	……

注：供应链支持在第17章介绍，本书对供应链仅做最低限度的介绍，由于在样本阶段就已经需要供应链支持，故相关的交付物在此分享。

采购团队在协助寻找供应商的同时，项目团队就已经开始制作非功能原型以确认部分设计的有效性，并期望所有成员对产品设计的理解程度保持一致。第一版非功能原型非常粗糙。项目团队仅采用一些胶合板来替代金属或塑料成型部件，因为在早期验证功能的过程中，项目团队不可能采用模具产品。图 11-2 是团队使用现成的材料以及非常容易获取的外购件组成的原型照片。该原型充分起到了 MVP 的作用，不仅使得客户对产品开发充满期待，同时极大地鼓舞了项目团队的士气，并使得后续改进有了更加明确的方向。

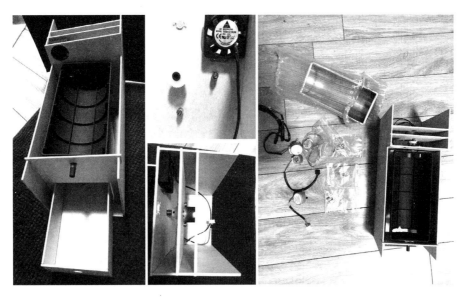

图 11-2　第一版非功能原型

在第一版非功能原型中，团队进行了很多基础性的尝试，如测试翻转功能的有效性，测试定位装置的有效性，确定部件之间的配合形式等。在这些尝试中，项目团队发现了很多原本未曾预见的问题，例如，设计团队并未预料到清洗槽在翻转过程中可能将水泼洒在清洗机侧壁上。在等待采购团队购买定制外购件的期间，设计和测试团队制作了多版非功能原型，并进行了多次设计更新。

当采购团队为项目团队带来了定制外购件后，项目团队开始组建功能原型。功能原型相比之前的非功能原型有非常大的进步，产品不仅在物理形态上开始接近详细设计，而且在功能原型上可以进行必要的功能测试。图 11-3 是功能原型各个视角的照片，图 11-4 是功能原型在测试过程中的截图。

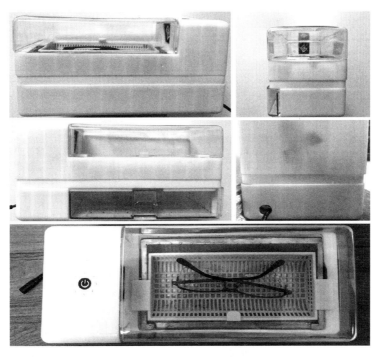

图 11-3　第一版功能原型

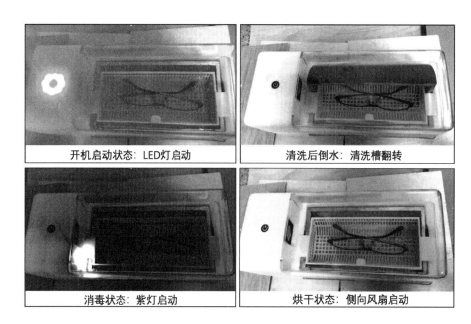

图 11-4　功能原型在测试中的截图

　　功能原型在基本功能测试中的表现良好，这是振奋人心的结果。此时的产品已经基本实现了产品开发需求中的预期功能。但项目团队很清楚，这仅仅是粗糙的实验室原型，不仅离设计图纸的详细要求有很大差距，而且产品性能离最后交付量产也有很大差距。项目团队对功能原型进行了翔实的分析，并综合了多方意见形成了原型评估文件。表 11-5 是针对功能样机的原型评估与优化建议（部分）。

表 11-5　原型评估与优化建议（部分）

编号	问题点	问题图示（若有）	优化建议	具体解决图示（若有）
1	上壳变形导致与清洗槽装配不良，该问题导致两旋转轴的同轴度不佳，与中框间隙不均匀，旋转时产生干涉		降低上壳的高度和整体重量，增加中框的强度并强化两者配合性能	
2	中框变形，强度不足		尺寸做大，或者增加加强筋。建议结构改成 L 形或工字形	
3	底壳变形		变更设计，底部增加横向的加强筋	
4	储水槽手指拉出部位装配时与中框出现干涉		重新校验尺寸，并确认加工工艺是否考虑到材料变形和公差累积的问题	
5	风扇接插件无法通过风扇走线孔		建议加大走线孔的尺寸	

续表

编号	问题点	问题图示（若有）	优化建议	具体解决图示（若有）
6	功能样机的限位开关位置较难调整，且两个限位开关的位置存在误差，导致机器翻转不顺畅		（1）考虑改进清洗槽外壳凸起部位的轮廓。 （2）考虑改进限位开关塑料头的轮廓。 （3）考虑增加轴套以减少轴转动时电机需要克服的摩擦力矩，增大有效力矩，更易触发限位开关动作。 （4）轴上增加径向沉头紧固螺纹孔，以便电机连接处的清洗槽轴向位置固定	
7	装配电机前先把振动片的导线从中框壳体的孔穿出，否则电机装好后无法穿线		（1）此孔的位置平行移动一下，避免干涉。 （2）可考虑将此孔挪到侧面，不影响其他线路的走线即可	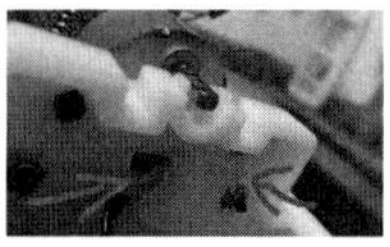
8	电机安装螺母在非电机侧，操作空间较小	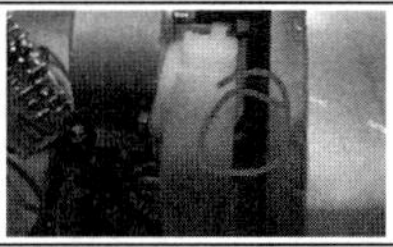	建议将螺母放在电机侧，方便拧紧和松开	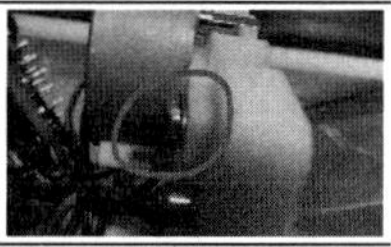
9	水槽的工艺问题： （1）不能实现底边折弯； （2）圈内的台阶只有 3.8mm，不满足最小折弯空间		（1）重新考虑底边折弯的设计需求。 （2）在不影响其他部件的前提下，考虑增加折弯空间	
10	黏接振动片的AB胶水具有浓烈的刺激气味	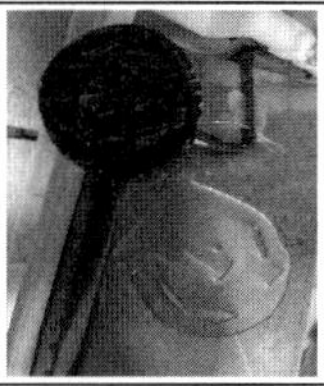	更换成气味较小的环保类 AB 胶水，产品需要满足 DFE 的要求	
11	使用两种（5V/0.5A、5V/2A）手机适配器以及使用不接电源适配器的笔记本 USB 接口给 MCU 供电都会出现功能紊乱。只有当笔记本电脑接电源适配器时 USB 接口给 MCU 供电系统运行才正常		（1）建议优化样机重新开发电路板。 （2）需要确认是否存在 MCU 供电不足的情况	
……	……	……	……	……

至此，产品初步的详细设计完成，后续项目进入测试验证和性能优化的开发阶段。

第**12**章

测试验证与优化

12.1 需求分解与测试验证规划

产品的测试验证是对产品满足客户预期需求程度的确认过程。这个过程没有固定模式，也没有统一标准。衡量该过程是否有效的唯一标准，即是否很好地满足了客户需求。由于客户需求千变万化，且包含明示需求和隐含需求，因此衍生出各种各样的测试验证形式和工具。

严格来说，测试与验证有所区别。测试是指在指定条件下获取产品或目标对象相关指标数值的过程，以客观记录产品测试结果为主要目标；验证是指针对既定目标进行符合性检验。例如，一辆新款汽车设计的极限车速为每小时 260 千米，测试是在指定条件下，记录实际最高车速，而验证则是考察最高车速是否达到每小时 260 千米。测试与验证是从正向与逆向两个不同维度来确认客户需求的满足程度。在产品开发的实际工作中，如果测试条件或规格范围非常明确，则测试与验证在执行方式上具有高度相似性，所以往往将两者视作等同的过程。

如果测试条件不明，或出现某些重要信息缺失等情况，那么此时根据测试验证的目的不同需要将两者进行区分。例如，制作某产品原型后，对其进行的初步参数摸底试验就只是一种测试，并不对任何目标进行验证；同样地，在开发某产品的过程中，团队想了解当前产品达成目标参数的程度，即"强行"验证参数的满足度，那么此时的试验就是验证，可能具备一定程度的破坏性或危险性。例如，某座椅的产品需求是可承受 300 千克的静载荷，当前的设计经模拟计算认为满足要求，并据此制作了样品，验证试验就直接以 300 千克的测试标准来进行。如果设计出现了某些不可预期的错误，这个座椅就可能直接被损坏。

原则上，产品的测试验证需要满足客户预期的所有需求，包括客户没有明确提出但应满足的隐含需求或市场需求。所以测试验证是产品开发过程中最严肃的过程，需要通过科学的方法论和严谨的验证手段或工具来完成该过程。该过程的输出往往是产品是否可以交付客户的最主要依据。

客户需求有多种不同的分类方式，其中与测试验证直接相关的分类方式是将产品需求分成功能性需求与性能性需求，这两者在测试验证的形式上有显著区别，其对应的工作群体也存在显著差异。

功能性需求是产品完成其基本核心价值相关的需求。例如，一部手机最基本的需求应满足远程通话、收发短信等功能；再如，一个网络搜索引擎应满足信息搜索的基本功能等。这些产品需求都是该产品存在的基本价值，其对应的测试验证，通常称为功能性测试。

性能性需求是产品在可以实现其基本功能性需求之后进而满足产品上市相关的其他所有需求。例如，某个通过功能测试的样品，如何满足企业大规模批量生产的需求；再如，某个信息交互网站在可以完成日常客户访问的情况下，如何满足超大规模的瞬间访问请求而不出现系统崩溃等。针对这种需求的测试验证，通常称为性能性测试。

测试验证往往要进行很多次，因为几乎没有产品是在第一次原型制作之后就可以满足客户完整需求的。通过多次测试，产品的各项指标会不断优化，逐步向客户的需求靠近。这是个漫长的过程，即使出现指标倒退也很正常。并非所有的测试优化都会朝着理想的方向推进，开发团队需要在这些成功或失败的尝试中寻找解决方案。团队可能需要通过很多轮的反复设计与测试迭代，最终实现客户的需求。

综上所述，产品的功能测试与性能测试具备这样一些特点与关系：

- 功能测试是性能测试的前提条件。
- 功能测试不会覆盖产品的所有需求。
- 性能测试是产品优化的重要输入。
- 通过性能测试是产品交付的重要里程碑。

测试验证会耗费企业相当多的资源，在一些新型技术或材料的开发过程中测试验证的费用可能占据整个项目的 70%以上。所以要尽可能对测试验证的全过程进行规划，提高企业资源的利用率，减少不必要的重复试验或低价值甚至无意义的试验。应尽量减少尝试性的试水试验（摸底试验），仅在非常必要的关键点进行。

测试验证需要在产品开发的初期就进行规划，其发生的时间点与规模通常受到三个因素的制约：客户需求、产品开发流程、产品特定的法律法规或体系标准。

（1）客户需求对应的测试验证在项目前期就已经可以通过项目管理的活动来识别并且在产品开发的过程中定位。为了提升测试验证的效率，测试验证的条目应与客户的原始需求一一对应。不建议规划太多超过企业期望的试验，因为这既不符合项目管理的基本原则，也不利于产品开发的资源规划。例如，客户要求产品的可靠性为 5 年，企业可以在测试时适当延长以考察产品的可靠性是否有更多余量，但如果按可靠性为 20 年的标准进行测试验证，就很可能是在浪费企业的资源，多数情况下客户不会为这额外提供的产品性能买单。

（2）在产品开发流程中通常会定义数个重要的开发测试节点，在这些节点上执行一些特定的测试验证活动。针对不同企业和产品，这些活动可能有很大差异。但在同一企业内，在类似产品家族平台的开发流程中，这些测试活动基本高度一致。例如，在传统设计加工制造企业中，产品开发大致都会经历概念设计、详细设计、小批量试生产、量产等阶段。其中，设计验证（Design Verification，DV）和生产验证（Production Validation，PV）是必然存在的测试验证活动，这几乎与产品类型无关。在制订开发计划时，这些重要测试验证就以里程碑或类似的项目节点存在于项目计划蓝图中。

（3）产品特定的法律法规或体系标准与产品自身的特点强相关。根据产品的特异性，国家或行业对产品在开发、加工、制造和应用等环节上进行了相应制约，以保障开发者、生产者和使用者等诸多客观群体的安全因素。例如，汽车行业的产品可能涉及车辆乘用人员的安全问题，所以该行业不满足于较为常见的 ISO 9001 质量体系，而要求车辆开发制造企业应满足行业的特定质量体系要求，如 IATF 16949 或 VDA 6.1/6.3/6.5 等。再如，有些企业的产品在生产过程中可能存在有毒有害的气体或液体，即便经过环保处理，依然可能存在潜在风险，该类企业可能被限制在某些区域内设立工厂。在有这些特定要求的产品的开发过程中，应事先考察产品相关的法律法规所涉及的各种测试验证。这些测试验证通常可以在项目初期计划中就被识别、定义和规划。

产品的测试验证是产品走向市场的第一步，没有经过充分测试验证的产品不会被客户接受，更不可能流入市场。

12.2　V&V 模型介绍

为了缩短产品测试验证的过程，无数企业在尝试寻找提升效率的方式。要缩短该过程，就必须减少测试验证过程中的试验数量或缩短等待前序试验结果的时间。由于产品开发设计的严谨性，到目前为止，并没有哪种方法可以绝对缩短测试验证的时间。其中，V&V 模型被广泛认可为测试验证过程的最佳实践之一。

V&V 模型的基础是 V 模型，该模型描述了一个产品从需求分解到逐一实现验证的过程。如图 12-1 所示，在 V 模型中，左侧自上而下描述的是产品从系统级需求被逐层分解到子系统需求，最终分解到底层需求；右侧自下而上描述的是从底层验证，逐层向上到子系统验证，直至系统级（完整产品）验证。测试验证过程是确认客户需求满足度的过程，因为产品开发前期会将客户需求逐步分解至活动层级，而测试验证活动则是从产品开发项目的活动层级回溯到完整产品开发的过程。

V 模型基本满足了简单产品开发的产品需求分解和验证的过程需要；但针对层级结构较多、需求较复杂的产品，V 模型可能存在验证不充分的情况，因此诞生了 V&V 模型。

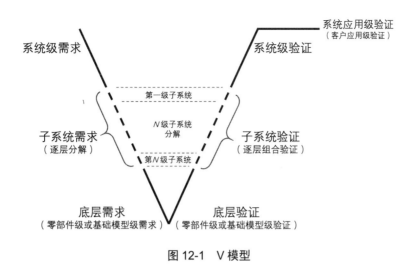

图 12-1　V 模型

V&V 模型，也称 W 模型或 Double V 模型，是指验证（Verification）和确认（Validation）两个过程的结合体。该过程比传统产品开发的顺序过程更加敏捷和快速，但也存在一定风险。

严格来说，验证和确认这两个词的翻译并不准确，因为这两个英语单词原文在产品开发过程中都是验证的意思，但实际上各自验证的对象有所区别。由于中文没有合适的词来表示两者的区分，因此 ISO 相关文件将 Validation 翻译成了"确认"以示区别。从开发测试验证的目的来看，"验证"这个翻译更为准确。同样为了避免读者混淆，这里后续的 Validation 继续使用"确认"这个翻译。

验证是对产品设计实现的功能验证，以产品功能测试为主，也是实现产品核心价值的先期验证过程。该过程可以对功能型原型或样品进行测试与评估，考察设计是否满足客户预期需求。部分产品不存在原型或样品阶段，如服务类、基础建设类（桥梁、道路、建筑等）等产品可以采用计算机辅助工程来实现。通过验证测试的产品可视为理论上初步满足客户的预期需求。此时的产品可能不具备大规模量产或上市交付等客观条件。例如，某药物研发的验证测试，可能仅针对小范围的医院和个别特定病人进行，即便个别病人在药理学上证实了该药物的疗效，该药物也不能直接上市，而需要等待后续更为严格的验证（确认）测试。

确认是对产品满足批量生产、上市、性能提升、法规合规性等一系列指标或性能的更加细致的验证过程。确认的前提是产品已经初步实现了基本的功能，因此此时测试对象不是以产品功能为主，而是以产品在各种条件下是否满足交付等要求而做的测试验证。在很多实物开发项目中，确认过程就是满足产品上市批量生产的验证过程。例如，某新型手机原型在试验室中已经实现了预定的功能，但由于其外壳存在某些特殊工艺，需要进行小批量的生产验证，以查看其工艺成熟度以及量产情况下的质量特性，从而确认该产品是否满足批量生产的要求。

不难看出，V&V 模型存在前后顺序。通常情况下，功能相关的验证过程在前，而性能相关的确认过程在后，但这不是绝对的顺序。在复杂产品开发过程中，两者可能会重叠，相互穿插，甚至多次迭代。

如果产品开发按部就班地向前推进，V&V 模型与 W 模型是一样的。如图 12-2 所示，两个 V 模型的交叉点或 W 模型中间的顶点，即设计冻结点，意味着产品的高水平设计不再更改。后续的性能提升等变更仅涉及低水平设计的变更，如细节图纸的变更。

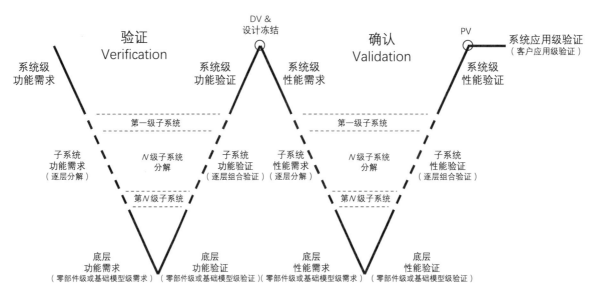

图 12-2　传统 V&V 模型或 W 模型

显然，如图 12-2 所示的模型对于产品开发的进展会造成一些负面影响，在追求充分验证的过程中，无形中可能导致开发周期变长。

20 世纪 80 年代末，美国防御分析研究所提出了并行工程（Concurrent Engineering）的概念。并行工程也称同步工程。这个概念提出一个设想，要求产品开发人员从设计开始就考虑产品寿命周期的全过程，不仅要考虑产品的各项性能和客户需求，还要考虑产品各工艺过程的质量和服务的质量。基于该理念，提升产品设计质量，减少相应的开发迭代循环次数，以实现缩短设计周期的目标，同步提升生产效率，企业生产或交付产品所需的消耗也会大幅减少。至此，V&V 模型开始出现交叉。依据并行工程的理念，部分验证过程完成后即开始相应的确认过程。如图 12-3 所示，传统的 V&V 模型发生变化，双 V 模型开始向简化的单 V 模型靠拢，形成了今天多数企业所采用的 V&V 模型。

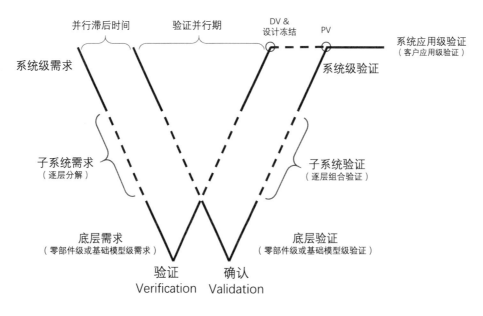

图 12-3　基于并行工程的 V&V 模型

V&V 模型既可以应对复杂产品，又尽量缩减了产品开发周期。性能需求的分解几乎与功能需求分解同时开始，其滞后时间（图 12-3 中的并行滞后时间）由产品开发计划决定。V&V 模型具有广泛适用性，可以与很多采用并行工程理念的产品开发流程体系相融合，如集成产品开发等。

V&V 模型也存在显著风险，部分验证和确认过程的并行触发增加了潜在的返工风险。这些风险常见于图 12-3 中的验证并行期。例如，部分产品的功能可能存在交叉或相互影响，即功能上存在耦合。虽然公理设计等方法能实现其解耦，但不一定可以去除所有的功能耦合。如果某功能对应的确认试验被提前触发之后，开发团队发现与之耦合的功能验证失败了，那么该确认试验很可能无效。这是一种潜在的浪费。如果在整个验证过程中多次发生这样的情况，那么开发周期反而会变得更久。

虽然 V&V 模型存在一些已知风险，但在实操过程中依然有非常良好的应用，为企业开发节省了大量资源。至于应用该模型的风险规避，可以通过具有弹性的开发计划和资源储备来应对。

软件行业在产品开发过程中也有 V&V 方法，该方法中的两个 V 分别指的是系统级验证与软件级验证，但软件开发的 V&V 模型其实就是传统 V 模型的变形应用，其本质上与图 12-1 的核心理念一致。

12.3　测试验证的规划与实施

测试验证是一个漫长且细致的过程，每次试验都需要事先规划。除前文提及的测试验证需要在产品开发计划中定位外，测试验证活动本身也需要对测试内容进行计划，计划的质量直接决定测试验证的有效性。

测试验证在具体计划与实施时需要注意几份重要的文件。

1. 测试验证大纲

测试验证大纲是对测试验证的内容规划，描述了与客户需求相关的测试条目。这些条目中不仅包括客户明确提出的需求，也包括该产品自身应满足的市场或环境要求。例如，某医疗设备已经满足了客户或市场的预期的功能要求并完成了测试，但上市之前，产品测试还应满足 ISO 13485 医疗器械质量管理体系中相应的要求。

测试验证大纲是纲领性的文件，但在产品开发实操过程中，往往是相当细致的文件。该文件会分门别类地描述产品在测试验证各个环节中所需进行的所有相关测试，必要时会与客户的特殊或关键需求相对应。所有测试项均需要罗列测试条件、规格范围、适用标准、评价标准等。这些都是与测试相关的客观描述，不以企业的意志为转移，必要时可以由客户确认。

测试验证大纲是以产品为单位的，即对不同的产品应准备不同的测试验证大纲。如果产品家族库中有近似产品，可以准备产品家族级的测试验证大纲，同时配以与当前产品有差异性的部分测试验证条目。该文件常与测试验证计划共同使用。表 12-1 是测试验证大纲目录的部分示例，展示了测试验证大纲的主要目的。该文件由企业自行定义，不同企业和不同产品的测试大纲的差异非常大。

表 12-1　测试验证大纲目录

目录	
1	系统或整机概述
1.1	机械系统概述
1.2	电气系统概述
1.3	控制系统概述
1.4	信号以及执行控制逻辑信息
2	测试验证的定义
2.1	测试范围
2.1.1	工厂测试范围
2.1.2	现场测试范围
2.1.3	供应商测试范围
2.1.4	测试交付的形式和要求
2.2	工厂测试
2.3.1	工厂测试项目和标准
2.3.2	测试条件和评价方式
2.3.3	偏差接受标准和处理方式
2.3.4	工厂测试小结和反应计划
2.3	现场测试
2.3.1	现场测试环境描述
2.3.2	现场测试项目和标准
2.3.3	现场测试的评价方式
2.3.4	客户对现场测试的特殊要求
2.3.5	现场测试小结和反应计划
2.4	供应商测试
2.4.1	分供方测试范围和测试项目
2.4.2	第三方机构测试范围和测试项目
2.4.3	供应商测试许可和资质认定
……	……

2. 测试验证计划

测试验证计划是测试验证具体实施的计划。它具有典型的项目管理计划的特征，即包含测试验证项（可由测试验证大纲获得）、计划测试时间、测试负责人及职责范围、测试所需的资源，以及其他所有相关的准备项。

测试验证计划是项目计划的一部分。相较于测试验证大纲，这份计划是灵活的，可能随着企业的可用资源状态不同或者项目阶段不同而有所差异。良好的测试验证计划会充分考虑测试过程中可能存在的各种风险，并做出风险应对计划。

测试资源不仅包括测试试验的设备，也包括测试所涉及的样件及其准备计划，同时，企业要考虑可能存在的外部资源等。例如，某产品要进行环境耐久性试验，但该企业可能不具备该测试条件，所以需要委托外部试验室完成。如果计划使用外部试验室，则需要考虑其有效性，因为不少行业对产品开发企业的外部试验室有资质要求。

该计划有助于对产品开发的项目管理进行有效的资源规划。部分企业会将该计划与测试验证大纲合并成一份文件，该做法有利有弊。表 12-2 显示了测试验证计划可能包含的必要项目。

表 12-2　测试验证计划（部分）

序号	试验项目	负责人	计划开始时间	计划持续时间	测试标准	测试环境、测试设备及必要规程	测试者
01	防水试验	主管 A	2021-02-06	2 天	GB/T 4208—2008	标准喷淋房，喷淋量需要大于 40 升/分钟，喷淋头可 360 度旋转，喷淋角度 45 度斜向下	工程师 A
02	盐雾试验	主管 A	2021-02-20	7 天	GB/T 2423.17—2008	标准盐雾试验箱，要求 72 小时无白锈，168 小时无红锈，检视时间的最大间隔应小于 2 小时	工程师 B
03	跌落试验	主管 B	2021-03-05	1 天	GB/T 2423.8—1995	产品在完整包装状态下，分别以 1 米和 2 米高度进行自由落体，接触地面后检查产品主要功能状态	工程师 C
04	……	……	……	……	……	……	……

3. 测试验证实施记录（含原始数据）

测试验证实施的过程应被记录，可以纳入测试验证报告，也可以单独归档管理。其中，测试的原始数据必须被完整记录。

在试验之前，应对测试所需记录的数据进行预期规划，准备适当的记录和存储方式。准备试验记录表格或者指定数据存放地址是有效的管理方式。例如，在六西格玛相关的产品开发设计或性能改善项目中，数据收集表是一份标准交付物。

不得对原始数据进行修改，对原始数据的处理需要在复制数据后或在保证不破坏源数据的前提下进行。即便测试过程中出现数据污染的情况，也应如实记录。后期应由专业的数据处理人员判断相应的处理方式。

表 12-3　数据收集计划（部分）

序号	测量对象（变量）	数据类型	测量工具	预处理方式	数据量要求	测量条件	测量者	数据载体
01	结构寿命	连续变量	目视	无,直接书面记录	90	在振动试验过程中观察产品结构的变化程度,如果出现结构损坏或主结构变形,即判定产品失效,记录当前试验时间作为结构寿命	工程师 A	纸质记录表
02	表面缺陷	属性变量	色差仪	无,直接读取设备	80	在盐雾试验过程中,每隔一小时查看装饰面涂层质量,以色差仪既定程序读取色差超过 0.5% 的点（点面积需大于 0.5mm²）,记录色差点数为表面缺陷数	工程师 B	色差仪导出
03	耗电量	连续变量	功率仪	程序自动校正	120	将功率仪连接测试电脑,功率仪自动记录产品在指定工作状态下的功率均值	工程师 C	功率仪实时导入系统
……	……	……	……	……	……	……	……	……

4. 测试验证报告

测试验证报告是测试验证最关键的输出物,承载了整个测试的最核心要素。这是一份集大成的交付物,明确了当前产品满足客户指定（无论明示的还是隐含的）需求的程度。该报告的结论决定了产品是否可以交付客户或上市。

测试验证报告没有固定的格式,但通常都有明确的判断结论和试验过程数据,包括试验的设置参数、试验设备、测试过程中的照片、测量结果、分析过程、判断标准和最后结论等。

测试验证报告可以由开发团队自行发布,也可以从外部试验室获得。如果委托外部试验室,则需要确认该试验室的资质。该报告通常需要提交客户进行确认,如果无固定明确客户（如日用品产品的客户为广大老百姓）,相应的测试验证报告也应存档,以备审查使用。例如,汽车、快消等特定行业的产品,其测试验证报告应递交至相关的法律法规定义的部门进行审查。测试验证报告中明确未通过相应测试的产品通常不得交付客户或上市销售。

表 12-4 显示了常见的测试验证报告的基本内容,与测试验证大纲类似,企业可以深度定制该报告的主体内容,并尽可能与产品特征相匹配。

表 12-4　测试验证报告（部分）

目录	
0	测试验证基础信息
1	测试结果概述
1.1	整体测试结论

目录	
1.2	部件或子系统测试结论
1.3	测试例外描述
2	测试
2.1	测试设置及资源配置
2.2	测试环境
2.3	测试标准（含客户标准）
3	详细测试结果
3.1	机械系统测试
3.1.1	测试结果概览
3.1.2	测试数据
3.1.3	测试分析
3.1.4	测试评价及建议
3.2	软件测试
3.2.1	测试结果概览
3.2.2	测试数据
3.2.3	系统有效性分析
3.2.4	软件漏洞及潜在风险评估
3.2.5	测试评价及建议
……	……
4	测试仪器及状态
5	实验室资质
6	客户标准对比
7	其他参考
……	……

　　这些交付物记录了测试验证的完整需求和实施过程，都是企业关键的组织过程资产。由于测试验证很少一次通过，部分测试可能反复进行测试与优化，因此以上文件的更新是一个多次迭代优化的过程。每次迭代循环的过程都需要进行必要的审核和分析，以避免或减少重复问题的发生。

　　测试验证活动本身还需要关注以下要点：

- 注意测试验证目标的有效性。测试验证目标是动态的，客户或市场需求时刻在发生变化，测试验证实施前需要确定当前的测试验证目标依然适用本产品开发。
- 确保充分的测量系统。对几乎所有的测试验证都需要进行测量，无论是离散数据还是连续数据。确保测量系统的有效性是保证测试有效的前提。通常，测量系统都要进行专业校准，或者使用相应统计工具进行分析。
- 原始测试数据的严肃性。在任何情况下都不得对原始数据进行修改，这是测试有效性和严肃性的基础保障。对原始测试数据要及时备份。

- 寻找适用的方法进行分析。测试验证的数据分析是复杂过程，不仅要检查对应的体系标准，同时数据处理也应使用适当的方法论，如正确地应用统计学工具等。
- 注意测试验证过程中的细节。测试验证无论成败都是后续产品开发的重要参照。测试过程中对环境温度湿度、试验人员更替、测量设备校正等活动细节都需要进行记录。很多不理想的试验结果就是由这些细节差异导致的。

为了保证测试验证活动的可追溯性，所有的测试验证活动都应记录在案，因此很多企业都建立了必要的数据库或追溯系统来存放验证试验的相关资料。

12.4 评估测试验证的结果

每次测试验证都会获得不同的测试结果，测量的数值都不会完全相同。开发团队需要根据这些测试结果做出相应的判断，如通过、不通过、重做、放弃等选择。不同的选择意味着产品开发的阶段成果是否可以被接受，所以开发团队必须科学评估测试验证的结果。

1. 定性判断

定性判断是根据既定的评价标准对测试结果进行判定。定性判断是产品开发过程中最常见的方式，也是几乎所有测试验证报告中必须包含的组成部分。以考试为例，将 60 分作为评价标准，考 60 分及格，反之不及格。这个判定方式虽然简单，但可能不合理。例如，考 0 分和 100 分的两个学生之间也许有显著差异，而考 59 分和 60 分的两个学生之间可能差异并不大，但按定性判断则依然判定为及格与不及格，这显然不能很好地评估其特性，产品测试验证同理。

定性判断对产品是否可以交付给客户做出明确判断，虽然该判断可能有缺陷（如缺乏准确或客观数据作为支持），，但可以结合一些定量分析工具或其他方法来提升其判断的有效性。

2. 定量分析

在测试验证中测试团队应尽量使用定量分析。所有的产品测试验证，应尽量使用连续型测量数据。依据该原则，在测试验证大纲或计划中，可规划测试验证所需的数据量和样本数量，然后根据应用统计方法获取可靠的结论。

定量分析是一个分析过程，最终依然会结合定性分析给出产品是否符合客户要求的结论。

3. 专家判断

专家判断是传统的评价方式，在相应统计技术不成熟，或者当前评价方式不适用的情况下尤为有效。如果无法对测试数据进行统计分析，那么使用拍脑袋的方式进行评价很可能导致严重错误，此时借助专家判断是有效的。这是一种不得已的方法，不应过多应用。

4. 群体决策技术

群体决策技术是一个群体或多个决策者对测试验证结果的评价方式。该方式适用于无法进行有效数理统计分析或更加复杂的场景。例如，在确认测试验证结果时，开发团队考察的不仅是测试数据的分析结果，还可能对产品的各种潜在风险进行评估，做出更为细致的评价。群体决策技术不要求决策者都是专家，但决策者通常来自不同职能团队或领域，这样的评价结果更为科学和严谨。为了使决策有一致性，企业可以采用德尔菲等群体决策技术来统一决策团队的意见。

5. 标杆参照法

标杆参照法类似定性判断，差异在于标杆参照法的判定标准是动态的，会根据不同的参照对象发生变化。常见的标杆参照法分成内部对标和外部对标。内部对标往往与同类型产品或同家族产品进行对标，外部对标则常常以竞争对手的产品为参照，根据这两者的对标结果判定测试验证的结果。该方法常用于没有明确指标作为判定标准时。例如，某电源产品的电压波动率是关键指标，行业相关标准要求该波动率在 5%以下即可，其新产品的电压波动率测试验证结果约为 3%。竞争对手产品的电压波动率为 2%，而内部当前同类产品的电压波动率约为 3.5%。综合以上信息，开发团队认为虽然新产品性能不及竞争对手的产品，但相较于以往的产品有所提升，可以接受该测试结果。

这种方法比定性判定更柔和，所消耗的资源更少。

评估测试验证的方式还有更多，其目的都是为了保证开发团队对当前样品的参数指标或性能有充分了解。

12.5　优化产品的性能

很少有产品仅通过一次测试验证就满足客户需求，因此在最终测试验证通过之前的每次测试验证结果都意味着产品还需要进一步改善，除非该产品停止进一步的开发活动。

每个产品开发团队都需要认真且理性地看待产品测试验证的结果。几乎所有产品都从原型开始，逐步逼近客户需求的性能，从高性能产品向下开发低性能低成本的产品也是如此。所以，少数的测试验证结果没有达到客户预期并不代表产品开发失败，相反，这些测试验证将为后续的试验与改进提供坚实的基础。

产品性能优化的过程与测试验证同样漫长，且充满不确定性。优化测试结果的常用方法有两种：试错法和模型法。

1. 试错法

试错法没有固定套路，主要依据试验人员的经验或之前试验的结果来确定优化方向。该过程可能会应用一些科学的方法或工具，也可能完全依赖试验人员的主观判断。该方法并不总是有效，可能瞬间找到方案，也可能永远都找不到合适的解决方案。

一个众所周知的例子就是爱迪生发明白炽灯的故事。在寻找白炽灯丝材料的过程中,他尝试了无数种方案。对于产品开发来说,他的试验方法并不是那么有效。尽管他在寻找灯丝材料的过程中,也应用了很多科学的工具,但总体上依然靠试错法在碰运气。

试错法并非一无是处。在有丰富经验的专家指导下,这种方法可能会帮助团队迅速找到解决方案。对于试验资源紧缺的开发团队尤为有效。但如果产品复杂,开发进程陷入僵局,那么不建议采取这种方法。

2. 模型法

模型法是科学的试验优化方法。该方法要求产品测试验证之前就可以通过历史经验建立模型,或者在测试验证初期进行试验设计获得初始模型,然后在该模型的基础上进行后续测试和优化。通常,该方法需要较为严谨的逻辑分析与扎实的数理统计能力作为基础。

模型法会寻找测试目标 y 与相关因子 x 之间的关系,即 $y=f(x)$ 模型。在测试验证中,这个模型往往是具体化的,即该模型以具体的数学方程的形式出现。因此,模型法需要借助一些既有模型(历史经验)和科学工具来获得可靠的数学模型,并据此进行优化预测,然后进行新一轮的测试验证。其大致逻辑如图 12-5 所示。

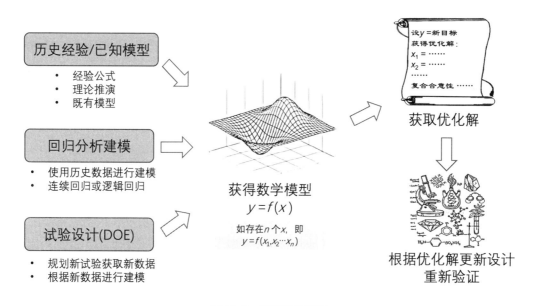

图 12-5　模型法的逻辑

在获得有效的模型后,模型法可以在相关参数的有效值域内进行响应优化,根据期望的目标值解出优化解。通过历史数据等方式获取的某个数学模型(单目标响应,3 个因子)为 $y=f(x_1,x_2,x_3)$,且该模型的响应曲面如图 12-6 所示。如果该模型可信,其中的任意一点都可作为相对应的 y 的解。此时如果指定目标的值,那么其对应的三个坐标即对应的解。对于其他数量的因子模型,理论上可同理执行。由于人类无法识别三维以上的多维视图,因此更多维度的视图无法从视觉上呈现。在已经获得的模型基础上,设定新的优化目标,即可从数学上获得优化解。这个过程很难一蹴而就,因为模型本身的精度可能出现问题,但多次迭代优化后可以实现响应向目标靠拢。

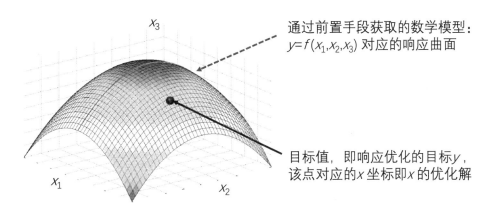

通过前置手段获取的数学模型: $y=f(x_1,x_2,x_3)$ 对应的响应曲面

目标值,即响应优化的目标y, 该点对应的x坐标即x的优化解

图 12-6　模型预测优化的方式

　　模型法的优点是使测试验证有迹可循,即在测试验证未开始时就已经进行良好的规划,而非纯粹地撞运气。这种做法可以最大化合理利用项目资源,使试验计划严谨且有弹性,对试验结果可以进行良好预期,对于不期望出现的试验结果可以提前进行风险控制。其缺点也非常明显,即试验实施形式较为僵化和呆板。在部分试验方法中,需要严格按照试验规划实施,如果出现了重大的试验数据污染或丢失,都会对试验产生巨大影响。同时,某些既定的试验很难进一步优化。一旦确定实施,就要完成全部试验后方可进行评价和优化。所以模型法一般用在较为复杂的产品开发过程中,而对简单的产品开发,试错法则更有效。

　　无论哪种测试验证的优化方法,其目的都是为了逐步向产品既定需求目标靠拢,优化项目资源,缩短开发周期,所以应根据产品的实际情况选择相应方法,及时调整测试验证的实施方案。

12.6　应用统计学在验证优化过程中的应用

　　应用统计学是产品开发过程中必不可少的部分,在测试验证、问题解决和产品性能优化上扮演着重要角色。在测试验证过程中,仅仅从少数一两个样本的测试验证数据中往往不能得出有效的结论,此时应用统计学的分析方法进行足够量的抽样和样本特性分析,可以帮助开发团队进行较为准确的判断。本节将着重介绍实物类产品测试验证的常用统计工具。

　　在应用统计学中,统计被分成两大类:描述性统计和推断性统计。

　　(1)描述性统计。对于已经给定的一组数据,对其状态的数学描述。例如,该企业有多少名员工,包括多少名男性和多少名女性,以及多少名管理人员和多少名一线工作人员等。描述性统计是对已知现状的整体客观描述,这种描述是确定的。对于测试验证结果的描述性统计是对已发生测试验证的客观统计,而不是对未发生的整体情况的推测。

　　(2)推断性统计。如果给定的数据是一组从总体中获取的样本数据,那么通过对这组样本数据的研究可以推测整体的状态。例如,从某批产品来料中抽取了部分样本测量其合格率,然后以此推测整批产品的合格率。

推断性统计是根据现有数据对未知数据的推测，其依据是事物的潜在规律（自然分布）或经验公式（统计获得的数理模型）。这种统计是不确定的且存在误判的风险，但可用于产品整体性能的推测与判定。

描述性统计是对现有数据的描述，因为其只是对已经发生的数据进行统计和描述，所以不具备预测和优化的能力。而推断性统计的推论虽然具有不确定性，但这种统计的应用形式与企业的实际需求更匹配。所以在六西格玛统计中，描述性统计仅以了解现状为主，更多地则使用推断性统计对改善对象进行推断分析，甚至建模优化。

在测试验证优化的过程中，这两种统计都会被涉及。其中，推断性统计建立在抽样基础上，是验证统计的难点之一。由于抽样统计会消耗相当多的项目资源，因此虽然理论上每次测试验证都要进行一定量的样本抽样，但实际上较为完整的抽样统计往往发生在最后一次符合性验证过程中。如果在项目资源较为充足的情况下，那么可以考虑在测试验证优化的过程中进行足够量的抽样统计。针对任何统计分析，样本量越大，其结论的有效性和可信度也就越高。

在测试验证过程中，统计学工具的应用路径如图 12-7 所示。

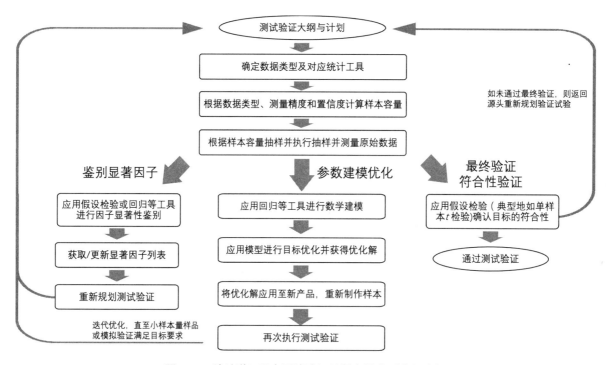

图 12-7　统计学工具在测试验证过程中的典型应用路径

正确抽样是保证验证有效性的最重要环节之一，也是应用统计工具的前提。抽样的方法很多，特点各异。常见的抽样方法包括简单随机抽样法、系统抽样法（机械抽样法）、分层抽样法和整群抽样法等，如表 12-4 所示。

表 12-4　抽样方法比较

抽样方法	方法与特点	优　点	缺　点	常用场合
简单随机抽样法	通过逐个抽取的方法从总体中抽取一个样本，且每次抽取时每个个体被抽到的概率相等	抽样误差小	抽样手续比较繁杂	总体内没有明显的子群体差异
系统抽样法（机械抽样法）	当总体中个体数较多时，可将总体分成均衡的几个部分，然后按照预先制定的规则，从每个部分中抽取一个个体，得到所需要的样本	操作简便，不易出差错	容易出现较大偏差	总体内不包含发生周期性变化
分层抽样法	当组成总体的几个部分有明显差异时，常将总体分成几个部分，然后按照各个部分所占的比例进行抽样	样本的代表性比较好，抽样误差比较小	抽样手续比简单随机抽样繁杂	常用于产品质量验收
整群抽样法	当抽样单位不是个体而是群体时，从有代表性的群体中随机抽样。抽到的样本包括若干个群体，对群体内所有个体均给予调查。群内个体数可以相等，也可以不等	抽样实施方便	代表性差，抽样误差大	常用于工序控制

这些抽样方法的差异主要在于抽样前对样本群体的研究和规划，其本质或最底层的执行方法都是简单随机抽样法。例如，系统抽样法与简单随机抽样法的关系是这样的：系统抽样法是将总体均分后，再对每个部分进行抽样，此时采用的是简单随机抽样法。也就是说，简单随机抽样法是其他抽样方法的基础，它们都是一种等概率抽样（在指定的样本单位群体范围内）。

抽样及抽样后的测量应在测试验证的计划中体现，其数据应完整记录在数据收集表内。根据目标特性，测试数据或结果通常分成离散数据与连续数据，这两者所应用的统计方法各自不同。如图 12-8 所示，根据目标 y 和因子 x 的数据类型，应采用不同的数据分析方法，如各种假设检验与回归分析等。

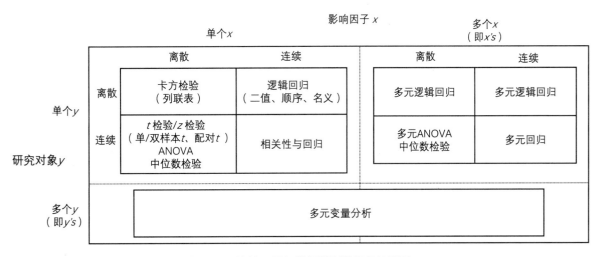

图 12-8　统计工具与数据类型的相关性简图

测试验证过程中最终的一次验证一定是目标符合性检验，即某参数是否符合或达到了预期目标。如果该目标 y 是连续数据，那么此时根据对应的因子 x（根据数据类型）分成两种情况。其中，当因子 x 为离散数据时，对应的统计工具较为复杂，如表 12-5 所示。

表 12-5　当 x 为离散数据而 y 为连续数据时的部分统计工具

特征值 ＼ 样本类别	一组样本 特征值与目标值相比较	两组样本 特征值之间相互比较	三组或更多组样本 特征值相互比较
均值	单样本 t（未知标准差） 单样本 z（已知标准差） 配对 t（状态差值与零比较）	双样本 t 单因子方差分析	单因子方差分析
中位数	单样本符号（未知分布） 单样本 Wilcoxon（对称分布）	双样本 Mann-Whitney Kruskal-Wallis Mood	Kruskal-Wallis Mood
比率	单比率	双比率	（单因子方差分析）
泊松分布数据	单样本泊松率	双样本泊松率	（单因子方差分析）
方差	单方差	双方差 等方差分析	等方差分析

在上述情况中，当目标 y 和因子 x 均为连续数据时，对应的统计工具为回归（多元回归），包括以回归分析为基础的试验设计（Design of Experiment，DOE）。回归分析将建立目标 y 和因子 x 之间的数学模型，在模型精度较好的情况下，该模型可用于目标 y 的优化计算。关于试验设计的内容将在第 13 章进行介绍。

在上述统计工具中，假设检验工具（表 12-5 中的工具多与假设检验有关）常用于测试验证过程中的因子显著性分析和目标符合性检验；而回归工具意在建立相关的数学模型，常用于产品测试后的参数和目标优化。这些与抽样有关的工具均为推断性统计工具，在应用时应注意以下要点：

- 注意抽样的适用性，如随机且均匀抽样。
- 保证足够的样本量，严格遵照计算获得的样本量进行抽样。
- 尽量使用连续数据，并采用合适的测量精度。
- 应确保测量系统的适用性，保证测量数据的有效性。
- 注意测试数据的独立性与受控性，受干扰或污染的数据无法被分析。
- 对于连续数据，应检查测试数据的正态性，这将决定采用中位数还是均值的分析工具。
- 必要时，应检查不同样本组的连续数据的方差齐性。
- 如目标为属性或离散数据，则样本量尽可能越大越好，且不可过于相信统计结果。

推断性统计工具分析的结果并不确定，仅是从数学上给出的大概率可能性。这是一种增加试验者信心的方式，并不能断定在实际产品交付过程中就不会出现验证过程中未出现的结果。

所有测试验证结果都应该符合一定数量的数理统计分析，才可确认其是否满足了客户预期需求。如果某些产品无法通过样品制作进行测试验证，如软件类或基建类产品，那么可以通过计算机辅助工程进行多次模拟，应用蒙特卡洛法等工具来实现类似的统计分析。

注：对本书提及的统计工具或计算公式细节，建议读者自行学习应用统计学，或者参考本作者另一本书《六西格玛实施指南：方法、工具和案例》，在该书中有详细的介绍和案例分析。

 ## 案例展示

星彗科技的项目计划也包括测试验证的相关计划，这里不再重复展示。在测试验证的规划中，测试团队起草了测试验证大纲。表 12-6 显示了测试验证大纲中的一些测试项目和标准。

表 12-6　测试验证大纲中的测试项目和标准（部分）

测试序号	需求序号	需求名称	测试项目	测试要求	测试方法	参考标准
1	1.1	清洗干净物品	清洁度	与竞品相当	对比试验	VDA19.1，VDA19.2
2	1.2	去水功能	残余水分	<10mg	称重法	N/A
3	1.4	工作噪声	噪声分贝值	<55dB	直接法、比较法	GB/T 4214.1—2000
4	1.7	清洗除水时间	时间	（3±0.5）min	计时法	N/A
5	1.10	产品重量轻	重量	<500g	称重法	N/A
6	3.1 5.2	产品可靠，3 年储存取出后可正常工作	可靠性、耐久性	>1500 循环，对应可靠度 99%、置信度 50%	高温、低温、温度冲击、交变湿热、盐雾、跌落、振动	JB/T 9091，IEC 60068，JB 3284 1983
7	4.1	产品满足 ROHS 要求	安全、环保	ROHS 限定值	第三方送检	IEC 62321
8	4.2	满足包装标准	包装质量	满足标准	进行标准试验	GB 1019—2008
9	5.1	外观塑料抗老化	色差	表面误差 $\Delta E \leqslant 1.0$	紫外线照射	GB/T 16422.2
10	9.3	3C 认证	安全、合规	符合 3C 认证标准	第三方送检	3C 中国强制性产品认证

测试验证大纲还包括详细的测试内容和测试实施方式。表 12-7 是其中关于清洗效果测试（直接法）的测试详情。该清洗机的测试验证大纲针对产品需求文件（PRD）中的关键需求都一一规划了相应的测试。

表 12-7　测试内容示例——清洗效果测试（直接法）

需求编号： PRD 1.1	需求名称： 清洗干净物品
测试项目名称： 清洁度	测试标准： VDA19.1，VDA19.2

测试辅助材料清单:	测试辅助条件:
容器、量杯、滤网、显微镜、天平	无尘环境、室温

测试步骤（方法）：

把测试件（一副沾有少量油污和尘土的眼镜）放入清洗机中，按照标准程序进行清洗。

把清洗后的测试件使用干净的刷子进行清洗，使未清洗干净的污渍（含残留物）脱离物品。

过滤第 2 步洗刷后的污水，滤出杂质。

分析杂质种类、尺寸、总重。

记录试验数据

结果判定标准：

清洗后残留的最大颗粒物直径<1200um，颗粒物总重<10mg

测试团队根据测试验证大纲和测试验证计划实施了具体的测试活动，这是一系列测试过程。并非每次测试都可以获得满意的测试结果，但测试团队会将这些测试结果作为产品功能和性能提升的重要依据。表 12-8 显示了其中一份关于产品可靠性的测试报告，这份报告是在测试验证大纲的基础上完成的，未显示详细的数据和分析过程。

表 12-8　测试报告示例——可靠性测试结果（部分）

需求编号:	需求名称:
PRD 3.1，PRD 5.2	产品需要满足同类产品的可靠性要求
测试项目名称:	测试标准:
可靠性	MIL-STD-810D
测试辅助材料清单:	测试辅助条件:
依据 MIL 测试标准准备	无尘环境、室温

测试步骤（方法）：（本试验含 7 组子试验。）

高温试验（参见 IEC 68-2-2 方法 B）：试验在高温（T max）和储存（T max+20°C）环境下进行。

低温试验（参见 IEC 68-2-1 方法 A）：试验在低温（T min）和储存（–40°C）环境下进行。

温度冲击试验（参见 IEC 68-2-14 方法 N）：在–40°C 下保持 1 小时，在 30 秒内温度切换到 T max+20°C 并保持 1 小时，执行至少 24 个循环。

交变湿热试验（参见 IEC 68-2-38 方法 Z/AD）：在高温（55°C）/低湿（93%）、低温（25°C）/高湿（98%）两个状态下循环 6 次，每个循环 24 小时。

盐雾试验（参见 IEC68-2-11 方法 Ka）：盐雾由浓度为 5%的 NaCl 溶液组成，试验时间 24 小时。

跌落实验（参见 IEC 68-2-32 方法 Ed）：自由跌落（单机产品高度 100cm，整箱产品高度 76cm）。

正弦振动（参见 IEC 68-2-6 方法 Fc）

测试结果及判定：

实际每组测试件（样品）均为 30 件。

高温试验：所有测试件均功能正常，无故障。

低温试验：所有测试件均功能正常，无故障。

温度冲击试验：19 号测试件出现线路脱焊并无法工作，其他测试件功能正常，无故障。

续表

交变湿热试验：所有测试件均功能正常，无故障。

盐雾试验：2 号及 7 号测试件的水槽出现轻微白锈，11 号测试件的水槽出现点状黄锈，其他测试件功能正常，无显著外观变化。

跌落实验：所有测试件跌落后外观未出现破损、裂缝；机内未见元件松动、断裂、胶落。

正弦振动：所有测试件均功能正常，无故障。

测试团队在进行测试结果评价时，充分应用了统计学的知识并做出了科学的判断。表 12-8 中未显示实际的试验数据，但所有的试验结果均已被记录。以表 12-7 所示的清洗效果测试为例，其实际的测试数据和相关分析如下。清洗效果测试实际测试了 52 件样品，其测试数据如表 12-9 所示。图 12-9 是单样本 t 检验的分析过程和结果。单样本 t 检验被广泛用于分析一组数据的均值与目标值之间的差异，是产品开发与运营优化过程中最常见的统计工具。根据图 12-9 的分析，清洗后的残留最大颗粒物（直径）和颗粒物总重都服从正态分布，且数据稳定。单样本 t 检验的结果显示其均值均小于测试的目标值，即测试结果满足期望标准。

表 12-9　清洗效果测试的试验数据

测试件编号	最大颗粒物 (um)	颗粒物总重 (mg)	测试件编号	最大颗粒物 (um)	颗粒物总重 (mg)	测试件编号	最大颗粒物 (um)	颗粒物总重 (mg)
1	653	7.8	19	774	6.8	37	999	2.0
2	1020	9.9	20	393	8.5	38	1169	5.8
3	485	3.5	21	846	5.7	39	825	2.3
4	1160	2.2	22	563	5.6	40	459	7.4
5	933	8.1	23	349	3.2	41	640	3.1
6	506	4.9	24	769	3.0	42	1204	1.0
7	535	10.5	25	875	3.7	43	966	4.9
8	1189	3.0	26	763	7.4	44	1130	9.0
9	972	9.6	27	580	5.3	45	259	10.1
10	780	9.9	28	912	3.8	46	1130	9.2
11	715	6.5	29	694	1.3	47	1097	4.3
12	830	5.6	30	263	3.5	48	887	5.8
13	472	7.3	31	642	9.5	49	457	4.0
14	600	5.9	32	270	8.0	50	814	8.7
15	410	5.2	33	633	4.4	51	852	5.8
16	691	7.4	34	788	6.5	52	579	3.7
17	1140	7.5	35	683	8.3			
18	773	0.3	36	368	4.9			

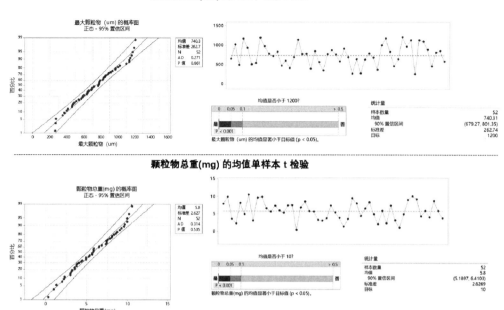

图 12-9　清洗效果测试的单样本 *t* 检验分析结果

在清洗效果测试的研究中，测试团队和设计团队一起研究了清洗时间和清洗效果之间的关系。表 12-10 是清洗时间和残留颗粒物总重之间的测试数据（测试共使用了 34 个样品）。

表 12-10　清洗时间和残留颗粒物总重的测试数据

测试件编号	清洗时间（s）	颗粒物总重(mg)	测试件编号	清洗时间（s）	颗粒物总重(mg)
1	10	5.90	18	185	4.11
2	15	5.90	19	200	3.92
3	20	5.71	20	220	3.76
4	25	5.63	21	240	3.45
5	30	5.70	22	260	3.30
6	40	5.59	23	280	3.12
7	50	5.56	24	300	3.06
8	60	5.32	25	330	2.98
9	70	5.16	26	360	3.01
10	80	5.10	27	390	2.96
11	90	4.99	28	420	2.89
12	100	4.94	29	450	2.98
13	110	4.87	30	480	2.83
14	125	4.69	31	510	2.91
15	140	4.53	32	540	2.93
16	155	4.34	33	570	2.88

17	170	4.26	34	600	2.87

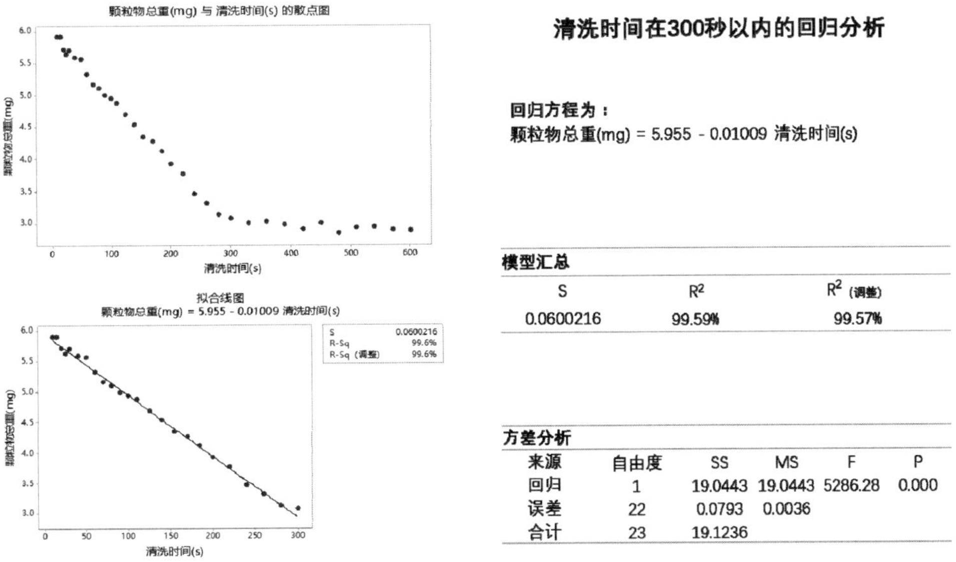

图 12-10　散点图及回归分析

　　图 12-10 显示了清洗时间和残留颗粒物总重之间的分析结果。从图左上角的散点图可以看出，随着清洗时间的增加，残留颗粒物总重持续下降，但降至 300 秒后残留颗粒物总重的变化变得很小，下降趋势不再显著。所以测试团队将 300 秒以前的数据取出（共 24 个数据点），对其进行回归分析，发现清洗时间和残留颗粒物总重之间具有非常显著的相关性，其回归确定系数 R^2 高达 99.59%。对应地，团队获得了两者之间的回归方程。与此同时，方差分析显示假设检验的概率值 P 近似等于 0，这意味着该回归方程的显著性极高。根据这个结果项目团队可认定清洗机在 300 秒范围内的清洗效果是显著的，而 300 秒也极有可能就是最佳的清洗时间的上限值。

第 **13** 章

试验设计与稳健性设计

13.1 试验设计的基础介绍

在优化产品设计参数的过程中,有很多专业的工具或方法。这些工具或方法从理论研究、试验科学、经验推导、数理统计等各个维度来帮助开发团队优化产品的设计参数。试验设计是其中最知名且最有效的专业方法之一,该方法不仅可用于产品的参数优化,而且在问题解决,质量控制、创新研究等很多领域都有经典的应用。

试验设计(Design of Experiment,DOE)是一种研究事物潜在数理关系的重要方法。该方法基于数理统计原理,建立科学的试验方式,寻找试验对象与输入因子之间的数理模型,并据此寻找关键因子和实施响应优化。试验设计最早起源于 20 世纪 20 年代,经过百年的延展和完善,已经发展成为一套独立的方法论。

试验设计的主要目的是寻找研究对象 y(响应)与影响因子 x(因子)之间的关系式 $y=f(x)$。这个关系式,即响应与因子之间的数学模型,是一个经验公式。即便针对同一个研究对象,多次研究分析的结果都不可能完全一样。从数理统计的角度来看,如果我们找到一个可以被信任的关系式,就可以对因子的影响程度进行分析,甚至达到响应优化的目的。

试验设计主要分成两个部分,第一部分是设计符合试验设计方法的试验表,第二部分是基于试验数据的回归分析。设计有效的试验表是试验设计的关键。因为不同的试验方法中试验表的类型和用途各不相同,所以衍生出不同类型的试验设计。

常见的试验有全因子试验、响应曲面试验、混料试验和田口试验等。其中，全因子试验是试验设计中的基础试验，可分成一般全因子试验和 2^k 因子试验等；响应曲面试验是基于因子试验的高精度试验，根据试验点的特殊规划，可分成 Box-Behnken 试验和中心复合设计试验等；混料试验是基于全因子试验和响应曲面试验的特殊试验，常用于与因子浓度或百分比成分有关的研究；田口试验是基于正交试验的特殊试验，常用于参数优化和问题解决。在诸多试验中，全因子试验的应用最为广泛，也是其他很多高阶试验的基础试验。

试验设计中的因子可以是连续的，也可以是离散的。无论因子是哪种类型，在实际分析应用时，都要对其进行编码。所谓编码，就是将因子的值按某个规则进行映射，其映射方式随因子类型的不同而不同，这种映射也称归一法。

如果要用一个数值或水平描述一个连续变量（连续因子），那么可以使用均值或中位数，但这无法有效衡量该变量的变化程度；如果要用最少的数值或水平描述一个连续变量的变化程度，最简单的方式就是使用其最大值和最小值。映射则是将其最小值映射成低水平–1，最大值映射成高水平+1（实操过程中往往使用极值而非最值，因为很难取到最值）。例如，某产品的参数范围是（10mm,30mm），那么映射过程则将 10mm 映射成低水平–1，30mm 映射成高水平+1。如果在计算过程中该参数值等于 15mm，即对应的映射值为–0.5。

如果一个离散变量（离散因子）有两个水平，则直接将其中一个映射成–1，另一个映射成+1。如果有更多水平，则将它们均匀分布在（–1,+1）的范围内。在计算离散变量时不存在除映射值外的中间变量。例如，两个水平的离散变量的计算值只能被映射为–1 和+1，而不存在其他中间变量。

试验设计基于编码化的应用，结合不同的试验设计特点与其规则形成独特的试验表。试验团队应根据该试验表完成相应的试验，并收集指定的数据，然后使用回归方法寻找 $y=f(x)$ 的关系式。

以 2^k 因子试验为例。2^k 因子试验是指每个因子取其两端水平值作为试验水平的试验设计。假如某产品的硬度 y（响应）受到三个因素（因子）的影响，分别是加热时间 x_1（10min,30min）、冷却时间 x_2（40min,80min）、加热温度 x_3（60°C,80°C），试验会将编码后的因子进行随机组合，形成不同的试验轮次，建立如表 13-1 所示的试验表。

表 13-1　2^k 因子试验的典型试验表

试验轮次	加热时间 x_1	冷却时间 x_2	加热温度 x_3	硬度 y
1	–1	–1	–1	（待试验后输入）
2	–1	–1	+1	（待试验后输入）
3	–1	+1	–1	（待试验后输入）
4	–1	+1	+1	（待试验后输入）
5	+1	–1	–1	（待试验后输入）
6	+1	–1	+1	（待试验后输入）
7	+1	+1	–1	（待试验后输入）
8	+1	+1	+1	（待试验后输入）

如表 13-1 所示，三个因子的两个水平被编码化后，进行排列组合。2^k 因子试验中的 k 代表因子的数量，这里 $k=3$，所以 $2^k=2^3=8$，即 8 组试验。加热时间 x_1 列中的-1 代表 10min，+1 代表 30min，同理冷却时间 x_2 列中-1 代表 40min，+1 代表 80min。此时，硬度 y 列为空白。每一行代表一轮试验，试验团队根据表格执行所有试验并将硬度 y 的实测数据填入表格，随后可对该表进行回归分析，以获得 $y=f(x)$ 的关系式。

试验设计数据的回归分析涉及的计算量较大，现在一般由计算机完成。现在很多试验设计相关的软件在不断优化，不仅可以自动生成试验表，而且允许使用者直接将原始数据填入试验表。以表 13-1 的数据为例，使用者可以将 10min、30min 等数据填入试验表，软件不仅可以在后台自动完成编码化的过程，而且可以在回归分析之后提供未编码的关系式以供使用者直接求解优化。

试验设计有三大基础原则，分别是重复性、随机化、区组化。

（1）重复性，即试验要重复进行。第一，重复试验让试验者能得到多次试验测量值之间的误差估计量。这个误差估计量成为衡量模型有效性的重要依据。第二，如果样本均值作为试验中一个因子效应的估计量，则重复试验可以获得更准确的估计量，用于更加精确的数据评价。

（2）随机化，即因子和试验轮次的构成要随机确定。统计要求观察值（或误差）是独立分布的随机变数，适当的随机化有助于"均匀"地把误差分布在系统中。也就是说，我们承认且接受误差的存在，但希望误差不要被积累在少数局部试验的范围内。

（3）区组化，用来区分试验环境综合因素的一种方法。试验的区组化，形式上就是把需要执行的试验分成若干组进行。区组化牵涉每个区组内部的试验条件之间的比较，所以合理利用区组化可以提高试验的精确度。在分析时，如果区组的影响不明显，则可以去除区组，因为区组是一种人为划分，本身就是一种误差；如果区组的影响很大，则不可以被去除，区组将以一个常量补偿出现在模型（关系式）中。

根据试验设计的这三大基本原则，在实际试验的过程中，试验有可能成倍地被重复实施（重复性），试验轮次会被打乱变得没有规律（随机化），试验被分成若干个区组进行（区组化）。

在规划试验设计的时候，潜在的因子可能有很多。试验团队可以通过试验设计来筛选因子，逐步减少非关键因子。所以试验设计需要事先规划，一次试验设计的研究可能由一组试验组成，这些试验的先后数据甚至可能存在一定的继承性。后续试验可以沿用之前试验的部分数据的特性，被称作序贯性。具有序贯性的试验是较为经济的试验。试验团队应尽可能规划此类试验，以降低试验设计的成本。

以全因子试验为例。图 13-1 显示了全因子试验的大致顺序。整体上，这个顺序完成了因子数量从多到少的筛选过程，同时试验精度也逐步提高，数学模型从粗糙变得精密。

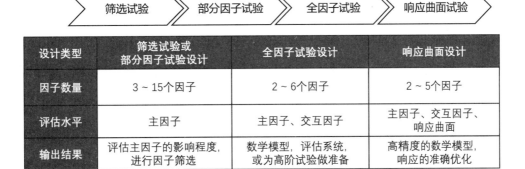

图 13-1　试验设计的大致顺序

虽然试验设计的类型很多，但所有试验设计都遵循类似的步骤。当确定了试验类型并规划好相应的试验资源后，试验团队具体实施试验设计的大致步骤如下：

（1）确定研究对象 y，及其典型特征。

（2）分析获取其潜在的影响因子 x（可能有多个 x）。

（3）根据试验资源和环境，选择正确且合适的试验。

（4）建立试验表，规划实施试验。

（5）收集试验数据，进行回归分析。

（6）确定是否要进行进一步试验。

（7）如果获得可信任的数学模型 $y=f(x)$，则进行响应优化。

（8）验证优化结果。

试验数据分析基于回归分析。该分析虽可以手工计算，但计算量较大，涉及交互作用计算、方差分析、F 检验和回归拟合度等诸多知识。通常情况下，试验团队会采用计算机完成回归分析，并获得相应的数学模型。

例如，我们继续沿用前文表 13-1 所示的案例数据，使用 Minitab 软件（流行度相当高的统计学软件，可完成常规所有基础统计学相关及试验设计相关的分析）进行 2^k 因子试验，得到表 13-2 所示的试验表。该试验表的基础条件如下：产品的硬度为响应，三个因子分别是加热时间 x_1（10min,30min）、冷却时间 x_2（40min,80min）、加热温度 x_3（60℃,80℃）。试验是为了研究重复性，所以重复了一次，为节省试验资源将试验分成了两个区组。

表 13-2　2^k 因子试验表示例

标准序	运行序	中心点	区　组	加热时间	冷却时间	加热温度	硬　度
5	1	1	1	10	40	80	90
7	2	1	1	10	80	80	78
3	3	1	1	10	80	60	66
6	4	1	1	30	40	80	88

续表

标准序	运行序	中心点	区　　组	加热时间	冷却时间	加热温度	硬　　度
4	5	1	1	30	80	60	62
8	6	1	1	30	80	80	75
1	7	1	1	10	40	60	92
2	8	1	1	30	40	60	87
11	9	1	2	10	80	60	65
14	10	1	2	30	40	80	97
9	11	1	2	10	40	60	92
16	12	1	2	30	80	80	75
12	13	1	2	30	80	60	62
15	14	1	2	10	80	80	77
13	15	1	2	10	40	80	90
10	16	1	2	30	40	60	87

在表 13-2 中，标准序是构建试验表时的原顺序（该顺序类似表 13-1，因子水平的排列是有规律的）。由于试验设计的随机化原则，该列被打乱，也就意味着在本试验表中的因子水平组合被随机打乱了。运行序是指试验的运行顺序，试验团队根据每行的因子水平去试验。中心点是指试验团队是否要研究因子水平对响应存在非线性响应的情况。因为在本例中并未进行设置，所以本例中没有中心点。区组列显示试验被分成了两组进行。在三个因子列中，试验团队输入了真实值（未编码数据），所以表单构建时也显示了这些真实值，但后台分析时，软件会将这些数据进行编码化处理。而最后一列硬度即响应列，试验团队将试验数据输入该列即可。

经软件分析后，试验团队可获得图 13-2 的分析结果。该分析结果采用回归分析中的步退法（显著性水平 α=0.1）进行因子筛选。由于篇幅关系，图 13-2 仅显示与模型相关的部分关键数据，分析结果中的方差分析、残差分析等内容不再显示。

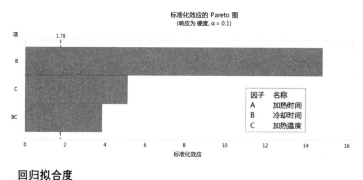

回归拟合度

R²	R²（调整）	R²（预测）
95.59%	94.49%	92.16%

回归模型

硬度 = 136.3 – 1.375 冷却时间 – 0.375 加热温度 + 0.01250 冷却时间 × 加热温度

图 13-2　试验设计回归分析结果示例

如图 13-2 所示，实际上该试验的硬度（响应）仅仅与冷却时间和加热温度，以及两者的交互作用强相关，而加热时间与硬度之间没有显著关系。回归分析后，团队获得了图 13-2 右下角所示的回归模型，且回归拟合度较好。（本例计算中未显示的评价指标，如残差分析等均未出现显著异常。）

综上所述，试验团队获得了可信任的回归模型。在当前参数范围内可对该模型进行计算，所以试验团队可使用该模型进行相关参数的优化以及其他相关的研究分析。

13.2　试验设计与产品性能优化

试验设计通过研究响应与因子之间的关系来构建模型，这是一种通过数学模型来研究事物关系的方法。在实际开发过程中，研究目标事物关系的方法有很多，模型法只是其中一种，其他方法包括理论推导法、枚举法、反复试验法（试错法）等。原则上，我们很难断言哪种方法最好，因为每种方法都有其独特的价值，开发团队需要找到最匹配开发项目的方法。根据经验，以试验设计为代表的模型法是较为优秀的方法。如果将产品性能作为响应，影响产品性能的因子作为模型因子，那么开发团队和试验团队也希望通过研究试验设计的模型来进行产品性能优化。

模型法的理念很早就被学者提出，并通过 $y=f(x_1, x_2, x_3, \cdots, x_n)$ 这样的广义关系式来表达响应和因子的关系。但团队应用模型法时必须面对这些因子可能存在很多水平（值）的问题（见 12.5 节）。试验设计在应用模型法时也遇到了同样的情况，如果试验团队逐一去试验所有因子的水平后再来构建模型，那么对于企业来说，这绝对是一种灾难。例如，某个系统有 6 个因子，每个因子有 4~6 个水平。假设这些因子的水平数分别是 4、5、6、5、6、5，那么试验团队需要进行 4×5×6×5×6×5=18 000 组试验，这是不可能完成的任务。而在真实的产品开发研究中，产品常常有几十个因子，如果每个因子又存在很多个水平，那么试验团队该怎么做？将所有因子水平组合都尝试一遍无疑是大海捞针。所以试验设计在设计试验表时采用了特定的方法，使试验在特定的数学模型下达到最优。例如，上一节提到的 2^k 因子试验表就是每个因子只取两个水平构建起来的试验表，这种方法可以极大地减少试验组数，减少试验资源，提升试验效率。但从模型构建的原理来看，穷尽所有因子水平构建起来的数学模型必然比采用部分因子水平构建起来的数学模型精度更高。这里有两个附带问题，其一，在穷尽所有因子水平的过程中，必然存在一种水平组合是相对最佳（最趋近响应目标）的组合；其二，虽然部分因子水平所构建的模型不够精确，但我们要知道是否可以基于该模型进行参数优化，或者该模型到底有多糟糕。对于前者，因为我们实际上无法穷尽所有因子水平，所以也不可能通过该方法找到优化方案；而对于后者，学者也只能用某些统计指标来判断模型的精确程度，该判断具有一定风险。综上所述，试验设计虽然是非常有效的试验方法，但在构建数学模型和模型求解过程中可能受到质疑。事实上，试验设计的结果也并非总是可用，试验团队应针对模型的准确度采用对应的响应优化方式。

通常使用三大类方式分析与优化试验设计所获得的模型：定性分析、定量优化与实证优化。显然，对于科学研究和产品开发来说，如果团队采用定量优化，那么结果必然比定性分析更准确，但由于模型精度等诸多限制，在模型不可完全信任或无法准确预测的情况下，团队可能需要采用定性分析。而实证优化是通过试验反复验证的方式来实现响应优化，该方法建立在定性分析和定量优化的基础上。

试验设计常用的定性分析包括因子效应图、等值线图和曲面图。这些定性分析通常在两种情况下使用，一种是试验团队在初步分析数据时，为了了解因子对响应的整体影响趋势而使用；另一种是当数据分析显示无法得到有效或可信任的数学模型时使用。试验设计无法获得有效和可信任数学模型的情况很多，如回归拟合度过低（回归方式拟合不佳）、响应与因子的方差严重不等、拟合后残差过大或呈现非自然规律等。定性分析只能获得大致的趋势性判断而无法给出精确的改善意见。

1. 因子效应图

试验设计在计算过程中会计算因子的主效应和因子之间的交互作用。具体的效应值会通过模型项的系数体现在数学模型中。通常，模型项（已编码的模型）的系数越大则代表该因子的影响程度越大。当回归分析获得的数学模型不可用时，通常也就意味着该模型的系数不准确。虽然此时模型系数不准确，但因子效应的整体趋势不会改变，而且不同因子之间的效应大小关系（相对关系）不会改变，所以因子效应图可以展示响应趋势的相关信息，以供团队参考。

例如，继续沿用表 13-2 的案例数据和背景信息，以及图 13-2 的回归模型，我们使用软件可得到图 13-3 所示的因子效应图。在因子效应图上，因子响应趋势的斜率越大则代表效应的影响越显著。在交互作用图上，两个因子的响应趋势交叉越严重则代表交互作用越显著。如图 13-3 所示，硬度主要受到冷却时间的影响，且硬度随着冷却时间的增加而减小；而加热温度的影响较小，硬度随着加热温度的增加而有所增加；加热时间由于影响不显著所以不在模型中，从交互作用图来看，冷却时间和加热温度之间有一定的交互作用。

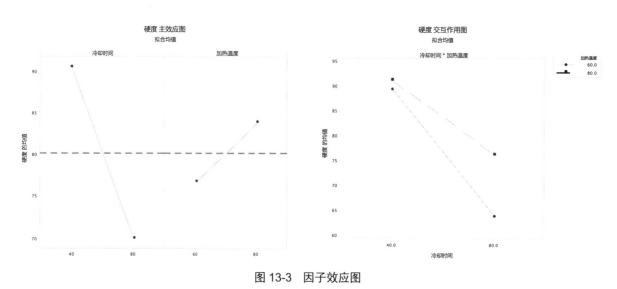

图 13-3　因子效应图

2. 等值线图

当试验团队希望研究响应（既有模型的拟合值）和两个因子（连续变量）之间的关系时，可使用等值线图。等值线图是一个二维视图，它将所有具有相同响应值的点连接到一起，形成等值线。试验团队可以根据该图中不同等值线构成的区域来查看相应的响应趋势，也可以根据拟合响应值所处区域范围来判断相应的因子水平。地图中的等高线图就是一种等值线图，该图显示了不同经度和纬度（两个连续变量）与海拔高度（响应）之间的关系。等值线图能帮助团队直观地了解响应与两个因子之间的响应关系，其缺点在于在指定的等值线区域范围内无精确的响应趋势，使用者需要调整等值线的阈值来进行进一步研究，或者进行主观判断。等值线图无法显示两个以上变量的响应趋势，所以通常仅用于研究影响最大的两个因子。

例如，沿用表 13-2 的案例数据和背景信息，以及图 13-2 的回归模型，我们使用软件可得到图 13-4 所示的等值线图，两张等值线图的差异仅仅在于等值线的阈值不同。试验团队可以调整等值线的阈值来获得不同精度的等值线图。

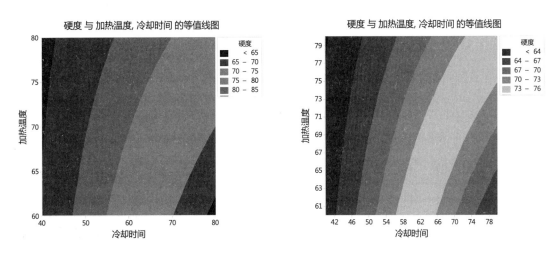

图 13-4　等值线图

3. 曲面图

当试验团队希望研究响应（既有模型的拟合值）和两个因子（连续变量）之间的关系时，也可使用曲面图。曲面图是一种三维图，用以显示既有模型的两个维度（两个因子，分别为 x 和 y 轴的变量）与响应（z 轴变量）之间的关系。响应由平滑曲面构成，该平滑曲面对应的数学模型即试验设计通过回归分析获得的数学模型。曲面图的本质和等值线图一样，所以可以认为等值线图是曲面图从正上方沿着 z 轴向下正投影的图。与等值线图相同，曲面图无法显示两个以上变量的响应趋势，所以通常仅用于研究影响最大的两个因子。曲面图相比等值线图的优势在于，曲面图可以直观显示因子在变量范围内对应的整个响应（曲面）的连续变化。对于精度较高的模型，试验团队可以据此图来判断响应在小范围内的变化情况，并寻找相应的优化策略。曲面图在模型中存在高阶项时尤为有用，因为此时的响应曲面往往有明显的弯曲趋势（曲面化）。

例如，沿用表 13-2 的案例数据和背景信息，以及图 13-2 的回归模型，我们使用软件可得到图 13-5 所示的曲面图。

以上三种定性分析方法的应用都基于试验设计已获得的回归模型，三个示例（图 13-3~图 13-5）均使用同一个数学模型。如果试验团队发现试验获得的数学模型可以被信任，那么可采用定量优化对该模型进行求解。试验最常用的定量优化是响应优化。

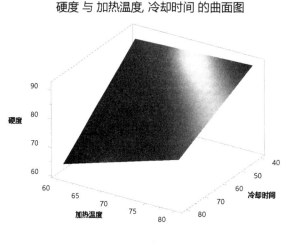

图 13-5　曲面图

响应优化是指在既有模型的基础上，对单个响应或一组响应的期望值进行规划，并以此为目标进行求解规划，从而获得相应因子水平（解）的过程。为了确保求解成功，每个响应都应先获得对应的拟合模型。响应优化的计算量很大，但原理并不复杂，也就是将所有模型的系数排列成一个矩阵，进行线性代数求解。由于计算量较大，所以该工作目前基本由计算机完成。

根据响应优化的不同目标，优化可被分成目标最佳（望目）、目标最小化（望小）、目标最大化（望大），并据此实现响应（产品性能）优化的目的。这与质量功能展开中的特征期望是对应的，读者可回顾 6.4 节中的图 6-6 相关的解释和描述。

由于响应优化是一个纯计算的过程，与既有试验数据无关，仅针对已经获得的数学模型求解，因此如果因子（变量）水平超过了试验范围，或者针对多个响应做整体优化，那么很有可能无法获得最优解。为了判断获得的解是否为最优解，我们通常会计算每个响应的合意性，并且对每个响应的重要性进行加权处理，并确定多响应模型的复合（整体）合意性。在不同的参数组合下，复合合意性的值不同。当复合合意性达到其最大值时，我们就认为该组解为最优解。在某些层面上，我们可以简单地把合意性理解为实现目标优化的可能性（概率），即单个响应的合意性，就是满足该响应优化的可能性，而复合合意性就是满足整体目标优化的可能性。

例如，沿用表 13-2 的案例数据和背景信息，以及图 13-2 的回归模型，我们使用软件响应优化功能进行优化。假设我们期望硬度（响应）达到 75，且范围在 70~80 之间，通过计算可以获得图 13-6 的所示的信息。

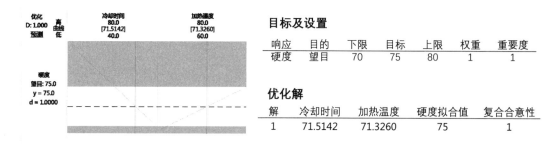

图 13-6　响应优化示例

如果我们把期望目标（望目）设为 75、上限设为 80、下限设为 70，那么通过计算（结果保留两位小数），获得冷却时间为 71.51，而加热温度为 71.33。响应优化是纯计算，所以在计算过程中单位没有意义。该解的复合合意性为 1，可以简单地认为，如果期望硬度达到 75，那么我们应该把冷却时间和加热温度设成上述解的值，并且实现该目标的可能性几乎为 100%。

通过上面这个案例我们可以看到，当试验团队通过试验设计获取可信任的模型后，可通过计算的方式实现相关目标（产品性能）的优化。由于目标优化往往难以一蹴而就，单纯的计算求解不一定很准确，也就是说，响应优化的结果或许只是一个理论上的优化解，在实际验证的时候依然可能出现较大偏差。如果在优化过程中试验团队发现因子水平超出原试验的因子水平范围，那么响应优化的解很可能不可用。此时试验团队也可以采用实证优化的手段来实现优化的目的。由于实证优化可能导致试验需要多次实施，因此试验团队会采用最速上升法等更为经济和有效的手段。

最速上升法（Steepest Ascent）是最有效的实证优化方法之一。顾名思义，最速上升法是在既有解决方案中寻找最快达成目标方案的方法，该方法是逐步实施试验并且逼近最理想目标的过程。使用最速上升法需要满足一些前置条件，试验团队需要先通过试验设计或多元回归分析获得可信任的线性回归方程，然后研究其响应的变化趋势。

图 13-7 是一张手工绘制的等值线图（形式与图 13-4 不同，但绘制原理上没有区别），被用于说明最速上升法的原理。

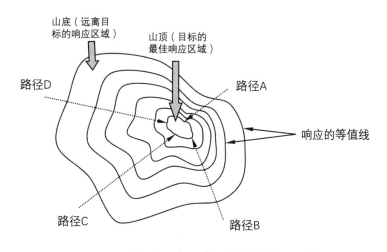

图 13-7　等值线图在最速上升法中的应用示例

团队应先根据回归方程绘制等值线图。如果中心的点为最佳响应区域，那么这些等值线构成的就是该回归方程对应的响应曲面。从等值线图的边缘开始向中心的响应区域移动有很多条不同的路径。显然，每移动一次都代表着一次测试。为了使测试效率最高，团队应寻找一条路径最短的移动路线，而通常坡度最陡的路线是较好的选择。在图 13-7 中，路径 A 可能比其他三条路径更符合最速上升的要求。其实，坡度对应着回归方程中的模型系数，坡度趋势与主效应图中的响应变化趋势也是吻合的。团队应采用设计好的移动步长来设计一系列验证试验，每步的步长可以根据团队的经验来设定，也可以采用某些计算来设定。常见的步长计算设定是将回归方程对模型中各个因子求一阶导数来获得。例如，假设回归方程的一阶模型如下式（这是一个通用多项式，该式中有 k 个因子）：

$$Y = \beta_0 + \beta_1 x_1 + \beta_2 x_2 + \beta_3 x_3 + \cdots + \beta_k x_k + \varepsilon$$

式中，Y 是响应，β_0 是常数项，$\beta_1, \beta_2 \cdots$ 是模型系数，$x_1, x_2 \cdots$ 是因子，ε 是随机误差。

如果对各个因子求导，就可获得建议的最速上升步长 Δx_k，建议的 Δx_k 如下：

$$\Delta x_1 = \beta_0 + \beta_1 + \varepsilon$$
$$\Delta x_2 = \beta_0 + \beta_2 + \varepsilon$$
$$\cdots\cdots$$
$$\Delta x_k = \beta_0 + \beta_k + \varepsilon$$

试验团队可以根据设定的步长来规划一系列试验，以逐步靠近响应最佳的区域。

最速上升法是团队沿着整个响应曲面上的某条路径进行一系列试验的过程。在达到最佳响应区域之前，拟合的回归方程是显著的。在接近最佳响应值附近的时候，回归方程会变得不再显著，因为此时模型接近临界值，模型系数也不再准确。试验团队应在该临界点处做试探性测试，如果发现响应曲面出现显著的弯曲（代表响应达到顶峰或最佳值），此时可以拟合二阶回归模型以找出最佳响应与其对应的参数值。

综上所述，执行最速上升法大致可归纳成以下几个步骤：

（1）通过试验设计等方法获得拟合回归方程，且确认因子的水平范围。

（2）通过拟合回归方程，寻找最速上升路线。（不一定要使用等值线图，图 13-7 只是为了说明最速上升法的原理，使用曲面图等工具也可以达到同样的效果。如果团队有足够的实施经验，那么可直接根据模型系数来确定上升路线。）

（3）计算或拟定移动步长，然后沿该上升路线规划一系列试验，使响应向最佳响应区域移动，直至响应不再出现显著改善为止（响应值落入最佳响应区域内）。

（4）在最佳响应区域内，微调因子参数并多次试验，根据试验结果重新构建回归方程。如果回归方程不再显著，就代表响应接近极值。团队可以直接采用此时的响应值（均值）作为最佳响应，也可以在该响应值附近进行更精密的二阶回归分析，以寻找响应极值。

最速上升法是配合试验设计寻找最佳响应的方法，不仅在产品开发过程中用于辅助响应优化，而且在生产过程中与调优操作一起配合寻找最佳的生产条件。调优操作（Evolutionary Operation，EVOP）是一种在维持正常生产的同时寻求最佳操作条件的方法。它的执行思路与最速上升法一致，通过微小的调整来测试生产系统的变化，既不会导致产品不合格，又能实现调优的目的。

不管试验团队采用什么样的方法对产品性能进行优化，都需要制作一组样品（样本）进行必要的验证试验。产品性能通常是可被量化评价的指标。根据 12.6 节的介绍，如果需要将一组样本的特征值与某个目标进行比较，那么应采用单样本 t 检验来评估产品性能与目标特征值之间是否存在显著差异。如果试验团队还需要对产品的其他特性进行研究，那么应采用其他对应的抽样和统计方法来完成验证。

13.3 试验设计的常见类型与应用

试验设计经过百年的演化，已经变成了一个大家族。不同试验设计的主要目的和作用各不相同，不少试验的数据还可以被其他试验所引用，形成了更多的试验组合。在前两节中，我们介绍了试验设计的整体执行过程，绝大多数的试验设计都遵循这两节所介绍的执行步骤和要点，而在本节中，我们将介绍主要的试验设计类型及其应用方向。在实际应用过程中，试验团队选定相应的试验设计之后，即可遵循前两节的要点执行试验并优化产品。图 13-8 是试验设计的常见分类与执行步骤，该图也可视作图 13-1 的补充说明。

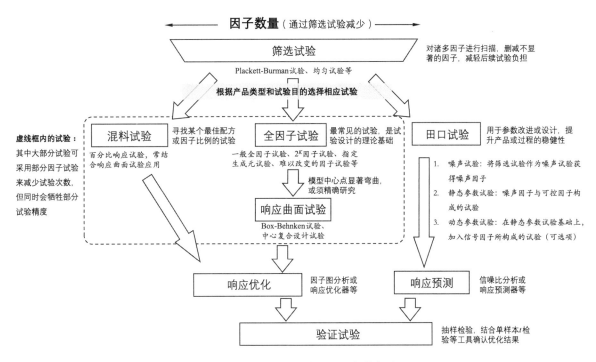

图 13-8 试验设计的常见分类与执行步骤

1. 筛选试验

在试验设计初期面对大量因子时，团队采用较为粗糙的试验方法进行因子筛选试验。筛选试验并不是一个特定的试验，凡是可以起到筛选因子作用的试验都可被视作筛选试验。在试验设计中，学者也将全因子试验进行简化，以大幅度牺牲试验精度的方式来减少试验组数，用较少的试验数据来评价主因子对系统的影响程度。在这些试验设计中，最常见的是 Plackett-Burman 试验和均匀试验。

1）Plackett-Burman 试验

Plackett-Burman 试验，简称 PB 试验，是一种解析度为 III 的特殊试验（解析度越高，试验精度越高），仅起到鉴别主因子的作用。该试验的优点是可以使用较少的试验组数来构建试验组合。其试验组数通常是最接近且大于因子数的 4 的倍数（由于试验构建原理，当试验组数小于 20 组时，2 的整指数次组数被跳过）。例如，有 34 个因子，则试验组数为 36 次（36 大于 34 且为 4 的倍数）；有 7 个因子，则试验组数为 12 次（大于 7 且为 4 的倍数应该是 8，但 8 是 2 的整指数，故跳过，下一个数为 12）。即便在有 47 个因子的情况下，PB 试验也只需要 48 次试验即可完成试验构建，这大大提升了试验效率。其实 PB 试验的解析度比解析度 III 还要低，类似解析度 II（目前一些试验设计软件中没有解析度为 II 的试验），也就是说，该试验中只有主因子的影响（主效应）和极少部分交互因子的作用。

2）均匀试验

均匀试验也称空间填充试验，是一种特殊的正交试验。该试验是已知常规试验方法中试验组数最少的，其试验数等于因子的水平数。该试验中的因子水平均匀散布在整个因子的水平空间范围内，故因此得名。均匀试验一般要求因子的水平数相等。由于均匀试验的试验组数比 PB 试验更少，所以试验精度更低。均匀试验的数学模型几乎不可用，仅可评估主因子的影响，所以目前该试验并非主流的试验方法。

2. 全因子试验

全因子试验是将所有因子的所有水平的所有组合都至少进行一次试验，用于估计所有主效应和所有各阶交互效应的试验。全因子试验是目前试验中精度最高的试验，但也是最烦琐的。全因子试验的试验组数是所有因子的所有水平数的累乘，上一节在介绍模型法时所举的例子（6 个因子需要 18 000 组试验）就是全因子试验的典型情况。由于因子水平全排列组合的试验组数往往太多，因此其试验所消耗的资源是多数企业无法承受的。为了和其他试验相区分，有时将全因子试验特称为一般全因子试验。

1）2^K 因子试验

2^K 因子试验是一种特殊的全因子试验。该试验包括所有因子，但每个因子只将合理取值范围内的两端极值分别作为因子高水平和低水平。这样每个因子只试验两个水平，可大幅度降低试验难度，减少试验组数。如果因子数为 K 个，那么试验组数即 2^K 组，故名 2^K 因子试验。如果有 6 个因子，那么试验组数即 2^6=64 次试验。相较于一般全因子试验过于烦琐且遥不可及的试验组数，2^K 因子试验是相对试验组数最少且最经济的试验方式。这是目前应用最广泛的试验方式，前两节介绍的案例采用的就是 2^K 因子试验。

2）部分因子试验

部分因子试验是指在 2^K 因子试验基础上，运用"稀疏原理"（因子对响应的效应主要由主效应或低阶交互效应构成）将部分高阶交互效应舍弃，并将其舍弃的部分设为一个新的因子，从而使试验利用较少轮数即可执行更多因子研究的试验方式。部分因子试验的出现是因为即便 2^K 因子试验大幅度减少了试验组数，但实际上试验组数往往还是超过了企业所能承受的程度。部分因子试验的构成是一种数学游戏，舍弃一部分试验的精度来换取试验组数的减少。理想情况下，部分因子试验可以在 2^K 因子试验基础上成倍减少试验组数，而且有的部分因子试验依然可以达到精确分析的试验精度，这取决于试验构建的解析度。如果部分因子试验的解析度过低，那么模型不可用于预测，但试验团队依然可以参考因子图等工具进行定性分析。

3. 响应曲面试验

在传统的试验设计中，默认的因子水平从低水平向高水平移动时，对应的响应变化是线性的。事实上，在多数情况下，如果因子水平的变化对于响应并非线性的，那么在因子试验设计中可加入中心点试验作为校验。中心点试验数据可用于判断响应的非线性影响是否显著。如果中心点试验数据显示响应随因子水平变化的非线性影响显著，那么传统的试验模型将不可用，试验团队应修改试验设计，增加必要的特殊试验点（星点/轴点）来进一步研究。此时试验设计对应的模型是非线性响应的，对应的试验即响应曲面试验。最常见的响应曲面试验包括中心复合设计试验和 Box-Behnken 试验。

1）中心复合设计试验

中心复合设计（Central Composite Design，CCD）是从模型中心点发出，构建具有（相对）序贯性和旋转性的试验模型，且中心点到响应边界（曲面）等距的试验设计。试验需要在原有因子试验的基础上，增加一些新的特殊试验点以构建新的数学模型，使原来的响应平面变成响应曲面。所增加的特殊试验点称为星点/轴点，它们是构建响应曲面的最基本要素。根据因子数的不同，星轴点的水平参数 α 不是一个固定的值。合理的 α 值可以让曲面尽可能连续和圆润，这将使模型在某种意义上获得一种新的特性：旋转性。所谓旋转性设计，就是使模型具有在设计中心等距点上预测方差恒定的性质，这大大改善了预测精度。响应曲面设计应在考虑试验资源的可用性和合理性的前提下，尽可能兼顾试验的序贯性和旋转性。

中心复合设计试验主要分成三种不同的类型，分别是中心复合序贯设计（CCC）、中心复合有界设计（CCI）和中心复合表面设计（CCF）。图 13-9 显示了这种类型的中心复合设计试验的差异。

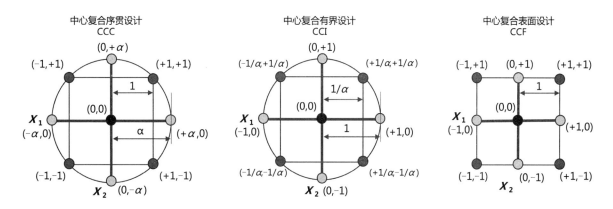

图 13-9　三种中心复合设计试验的差异图（以 2 个因子的试验为例）

在三种中心复合设计试验中，最常见的试验是中心复合序贯设计，但这三种试验的差异性（见表 13-3）非常明显，试验团队应根据实际情况选择对应的试验。

表 13-3　三种中心复合设计试验的比较

中心复合形式	突破因子原水平	序贯性	旋转性	相对精度
CCC	是	有	有	高
CCI	否	没有	有	高
CCF	否	有	没有	低

2）Box-Behnken 试验

Box-Behnken 试验是可以评价响应和因子之间的非线性关系的一种试验方法。与中心复合设计试验不同的是，它将因子各试验点取在立方体的棱中点上。它没有序贯性和旋转性，仅有近似的旋转性。在因子数相同的情况下，Box-Behnken 试验的试验组数比中心复合设计试验少，因而更经济。Box-Behnken 试验常用于需要研究因子非线性影响的试验。该试验至少需要 3 个因子以上、10 个因子以内，且由于试验点全部都在因子水平的中心点（棱中点）上，所以不支持属性变量。图 13-10 为该试验（三因子）的试验点构成。

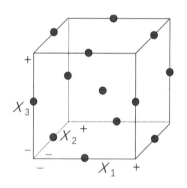

图 13-10　Box-Behnken 试验的试验点构成

4. 混料试验

混料试验是一种特殊形式的试验，是基于因子配方比研究的一种试验，其主要目的是在原料配方比之间找到一种响应最佳的模式。应用混料设计理念的试验为混料试验。混料试验的独特之处在于，不管原料的实际组分是多少，其表现形式和量测维度始终以浓度百分比为响应值，在不设边界条件的情况下，各因子的浓度百分比之和始终等于 1。基于以上原因，混料试验其实是从传统因子试验中的某个特定模式提炼出来，并形成的一种对边界条件参数较严格的试验形式。由于混料试验的对象多数存在物理和化学反应，典型地，其输入因子之间存在交互作用，因此混料试验的设置通常与响应曲面试验息息相关，有时也可将混料试验视作响应曲面试验的特殊形式。

5. 田口试验

田口试验以其创始人田口玄一先生的名字命名，是建立在正交试验基础上的试验。该试验区别于传统因子试验，具有独特的因子水平设计，不拘泥于模型的统计精度，而是基于快速现场改善的实践方法，被普遍用于优化产品性能或参数，以及提升设计和过程的稳健性，极具实操性。田口试验的构成理念与田口玄一先生的质量哲学有关，具体内容在后文介绍。

试验设计虽然非常有效，但会耗费企业的大量资源，所以不建议轻易使用该方法进行性能优化和产品研究，仅可以针对关键性能或关键问题进行试验设计。不同的试验设计可以完成不同的优化任务，以帮助试验团队构建起匹配当前产品设计的改进模式。传统的试验设计（以全因子试验为例）主要是优化产品的性能参数，但对设计稳健性或敏感性的帮助有限，而田口试验则在优化设计稳健性方面有突出表现。在后两节中，我们将介绍稳健性设计与田口试验。

13.4　稳健性与稳健性设计

稳健性在产品开发和过程管理中有着特定的含义，是评价产品性能参数和过程能力的重要指标之一。在产品设计与开发过程中企业应充分考虑产品关键特性的稳健性，以确保产品可以连续稳定地实现交付。

稳健性是指目标特性在受到条件干扰或环境变化的情况下所表现出的波动变化，一些国内学者根据稳健性的英语发音（Robustness）将其直译为鲁棒性。很多专家学者都对稳健性做出过解释，在工程领域中，田口玄一先生的理念最为著名。田口玄一（Taguchi Genichi）先生是应用统计学家、工程管理专家，也是质量工程的奠基者之一。他认为所谓优秀的稳健性，就是指产品的性能或过程参数对各种系统波动的影响产生"免疫"。

关于"免疫"，很多学者有不同的看法。首先，我们不能否认自然界中存在各种各样的变量和随机因素。如果我们把产品或过程看作一个系统，那么在这个系统中，这些变量和随机因素的作用几乎不可避免。其次，所有的变量和随机因素都会对系统的特性（响应）产生影响，但这些影响有大有小，有些显著的影响可能导致系统失效（如产品性能超出可接受范围），而有些不显著的影响虽然可能导致响应发生变化，但响应依然在可接受的范围内。而所谓"免疫"，就是指系统即便受到了各种变量和随机因素的干扰，依然可以保证系统的特性在可接受范围内的能力。

田口玄一先生在研究产品和过程稳健性时提出了如下两个基本假设：

- 产品的期望特性应该与设计名义值无偏差（过程居中）；
- 影响产品特性的因子间的交互作用是不显著的，或者是可忽略的。

这是田口玄一先生的质量哲学基础，他在此基础上提出了稳健性设计的概念。稳健性设计的目的在于设计出质量稳定且不易受到系统（过程）波动影响的产品。稳健性设计将产品从需求到实现的全过程中所存在的变异影响始终控制在可接受的范围内。稳健性设计认为在产品实现的过程中，变异是客观存在的，且不可能被完全消除。在考虑这些变异的前提下，稳健性设计希望找到一种方法，包容这些变异，以确保即便变异出现，产品最终仍可以实现既定的特性，即实现具有"免疫"特性的产品。免疫是相对而言的，与设计的稳健性、产品制造的稳健性息息相关。稳健性设计更关注免疫的理念和实现的方式。

从数理统计和某些逻辑分析的角度来说，田口玄一先生的基本假设似乎有一些瑕疵，因为实际产品几乎不可能做到期望特性与名义值无偏差，更不可能一口咬定因子间的交互作用不显著。但在实操过程中我们发现多数情况下，当产品的期望特性发生偏移时，可以采用一系列纠正措施来实现纠偏，并使得改善后的产品特性均值趋近于期望特性。同时，虽然某些因子间的交互作用确实很明显，但绝大多数情况下，仅调整主因子的水平就可以实现产品特性的显著改善。所以田口玄一先生的方法更适用于实操，在不过于强调数学模型的基础上，实现产品特性的改善是经济且高效的做法。

田口玄一先生基于自己的质量哲学提出了二次损失函数的概念。二次损失函数是指因产品特性或过程参数的问题而导致的企业损失随目标特性的偏离程度呈二次曲线的形态，该函数可以被计算。图 13-11 显示了二次损失函数的基本特征。图中纵轴为企业遭受的损失，横轴为目标特性的分布状态。

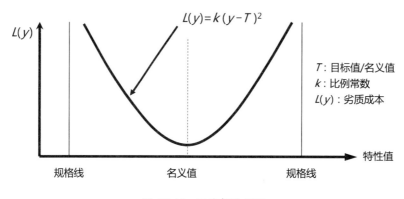

图 13-11　二次损失函数

从二次损失函数来看，只有当产品特性与目标值/名义值完全吻合时，企业所遭受的损失才最低。而任何偏离目标值/名义值的情况都会引起更高的损失，而且随着偏离程度变大，企业遭受的损失将急剧上升，呈二次曲线态势。

按照田口玄一先生的质量哲学，产品设计应尽可能寻找到准确的目标值（响应最佳），同时产品应具备足够的稳健性，即产品特性应抵御系统波动带来的影响，这就是稳健性设计的基本理念。在实际产品开发过程中，开发团队应根据稳健性设计的要求，构建不同层次的"防火墙"以实现产品特性的稳健性。图 13-12 显示了典型的稳健性区域关系。

制造上/下规格线之间的区域是最终产品可被接受的区域，该区域比设计上/下规格线所构成的区域更小，那么两个区域之间的差值区域（网格区域）就是生产稳健性区域。生产稳健性区域是指产品在实际被生产或交付过程中即便某些特性受到产线或系统波动影响，超出了制造可接受的范围，但这些特性依然在产品设计规格的可接受范围内。显然，这个稳健性区域应越宽越好，这样即便生产过程出现了问题，也不容易出现不合格品。由于产品设计规格很少变动，因此企业会将压力更多地传递到制造部门，由制造部门收严公差来实现稳健性，这种做法其实并不合适。开发团队应合理规划产品的设计规格线来减轻制造部门的压力。产品设计规格线与产品公差有关，公差设计与产品工业化的过程息息相关（见第 17 章）。在设计上/下规格线外还有客户上/下规格线。客户上/下规格线构成的区域与设计规格线构成区域的差值区域就是商务稳健性区域，该区域的稳健性本质上与生产稳健性区域完全一样。如果产品特性由于系统波动的影响，超出了设计规格的可接受范围，但依然落在了客户可接受范围内，那么对企业来说也不算是太糟的结果。

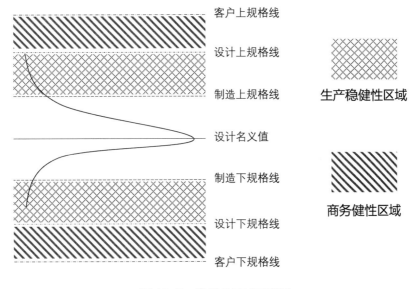

图 13-12　稳健性区域示意图

通常，商务稳健性依靠企业项目团队与客户之间协商和判断赢取，这并非产品开发的技术手段可以决定的，这是企业业务能力的集中体现。但生产稳健性区域可以通过一系列技术手段来进行改善。开发团队可以应用二次损失函数来计算企业可接受的损失或质量成本，并据此来规划设计规格与制造规格之间的稳健性。与此同时，开发团队可利用专业工具或方法（如田口试验）来提升产品的稳健性。

13.5　田口试验在稳健性设计的应用

实现稳健性设计的方法有很多，凡是可以实现或提升产品稳健性的方法都是开发团队可以尝试的。在产品的目标确定之后，开发团队应考虑如何改善产品的稳健性，此时试验设计的方法依然是最佳选择之一。田口玄一先生在传统试验设计的基础上，将二次损失函数与产品的稳健性设计联系在一起，开创了田口试验。因此，田口试验也是实现产品稳健性设计的最佳方法之一。

田口试验（Taguchi Test）是在正交试验的基础上进行多因子多水平的试验设计，是一种特殊的试验设计。所谓正交试验，是指试验中每一列出现的因子水平次数是相等的，因此符合正交试验特征的试验在响应域内具有均匀分布、齐整可比的特点。前文提到的全因子试验也是一种特殊的正交试验。田口试验支持多水平，但不要求穷尽所有的因子水平组合，而采用事先被设计好的正交试验表。所以相较于一般的全因子试验，田口试验的试验组数要少很多，也更为经济有效。

由于田口质量哲学不希望目标特性发生偏移，因此田口试验的主要目的并不是研究特性与目标的一致性，而是研究目标特性的稳健性，即产品特性或过程参数的稳健性。这是田口试验与传统试验设计的最主要区别之一。但田口试验也可对目标特性的一致性进行优化。

为了研究产品特性的稳健性，田口玄一先生提出了信噪比的概念。信噪比（此处的信噪比与电子通信领域的信噪比有所区别）是稳健性设计中用以度量产品质量特性的稳健性指标，是测量质量的一种尺度。信噪比是信号量与噪声量的比率，信噪比越大表示产品越稳健。其公式如下：

$$\eta = S / N$$

式中，η 为信噪比；S 为信号量；N 为噪声量。

信噪比是用来描述抵抗内外干扰因素所引起的质量波动的能力，也称产品的稳定性或稳健性。信噪比也是田口试验的核心计算和评价指标。在田口试验中，信号量通常使用目标特性的均值，而噪声量通常使用目标特性的标准差。田口试验在寻找各个变量的水平组合中信噪比最大的组合，以实现产品特性的稳健性最大化。

从试验的形式上看，田口试验的试验表与传统试验设计表类似，但在分析试验数据时，田口试验重点关注信噪比公式中的几个参数：信噪比、目标均值（信号）、标准差（噪声）。在动态参数试验中，考察对象还包括信号因子对应的斜率。

田口试验是由一系列试验组成的，按执行顺序依次为筛选试验、噪声试验、参数试验（静态和动态）和验证试验。其中，筛选试验和验证试验与传统的试验设计步骤一致。田口试验特有的试验为噪声试验和参数试验。其中，参数试验又被分成静态参数试验与动态参数试验。

1. 噪声试验

噪声试验（Noise Test）是田口试验的前置试验，是为参数试验获取噪声因子的试验。在试验前，团队需要先获得已经鉴别的所有潜在噪声列表。所谓噪声或噪声因子，就是正常生产过程中或使用过程中难以控制的因子，或者人们主动选择不进行控制的因子（如控制成本过高）。

之所以要先鉴别噪声因子，是因为后续的参数试验是建立在一个由内矩阵和外矩阵组成的试验表基础上的。其中，内矩阵由可控因子（常规因子）的水平组合构成，而外矩阵由噪声因子的水平组合构成。在实施试验之前，试验团队可以先借助参数诊断图（Parameter Diagram，P-Diagram）来鉴别潜在的噪声因子和可控因子，并通过筛选试验对其进行筛选。

噪声试验的特点是只考虑主因子的影响，所以一般会选择 PB 试验来完成。如果试验团队在筛选试验时就使用 PB 试验进行筛选因子，那么噪声试验也可与筛选试验合并完成。区别在于，筛选试验会选择系统中所有的因子进行筛选，而噪声试验中被筛选的都是噪声因子。噪声试验不必过多考虑试验精度，仅为了筛选出对系统至关重要的噪声因子。噪声试验的输出是显著的噪声因子。进入后续试验的噪声因子不必过多，否则会大幅度增加试验的难度。

2. 静态参数试验

静态参数试验（Static Parameter Test）是田口试验的最主要组成部分。在该试验前，试验团队应先完成内矩阵和外矩阵的构建。图 13-13 为内外矩阵的构成示意图。

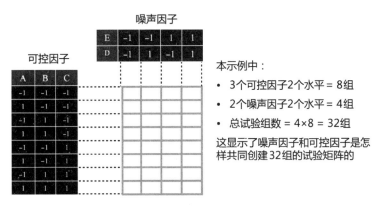

图 13-13　内外矩阵的构成示意图

内矩阵（也称内表）由可控因子的水平组合构成，外矩阵（也称外表）由噪声试验获得的显著噪声因子的水平组合构成，两个矩阵共同构建成了内外矩阵，该矩阵是参数试验的主试验表。如果试验中不存在噪声因子，那么静态试验中不设置外矩阵（噪声矩阵），此时试验就变成了传统的正交试验。

试验团队可根据内外矩阵的构成来规划和实施试验。由于该表的构造较为复杂，因此团队会借助专业的软件来完成。不同的软件在构建该表时的表现形式不同，这里不再详述。

静态参数试验不关注模型的精确程度，主要衡量以下两个对象：

- 信噪比、均值、标准差的响应表：通过排秩的方式，直接排定因子的影响程度和趋势。
- 信噪比、均值、标准差的主效应图：用图示的方式展示因子的影响和趋势。

通过响应表，试验团队即可获知这些因子的信噪比（秩越小，影响越大）大小，那么团队可选择信噪比较大的因子水平来提升产品或系统的稳健性，并在此基础上优化产品特性。

3. 动态参数试验

动态参数试验（Dynamic Parameter Test）是建立在静态参数试验基础上增加了一个信号因子而构建成的试验。静态试验研究产品特性或过程参数在某个水平范围内的信噪比，而动态参数试验从较大的水平维度研究整个系统的信噪比随信号因子水平变化的响应情况。动态参数试验的前提是团队已知一个有效的信号因子，并将其作为考察系统稳健性的重要桥梁。例如，在车辆设计时，踩油门的力度与车速之间有显而易见的关系，踩油门的力度越大，相应地车速应变快，那么踩油门的力度就可以作为信号因子加入试验。而当踩油门的力度保持不变时进行的参数试验，即静态参数试验。所以不难得出以下这个结论：

动态参数试验组数=信号因子的水平数×静态参数试验组数

显然，动态参数试验是静态参数试验的附加试验，信号因子的水平数将直接决定整个试验的总组数，且成倍变化。

由于动态参数试验更关注系统随信号因子水平变化的趋势，因此其主要测量对象也与静态参数试验不同。除信噪比外，动态参数试验重点考察信号因子的斜率。斜率越接近于 1，则代表系统的线性响应越稳健。

参数试验是田口试验的主体，其输出是噪声因子和可控因子的信噪比等指标。参数试验可提供目标特性的均值和标准差的效应图。通过这些效应图又可将因子进行分类，如比例因子、稳健性改善因子、经济因子和混淆因子，这种分类有助于现场进行实际改善。这些因子的分类原则将在第 18 章（18.2 节）介绍。

试验团队在获得这些信息之后将根据不同的试验目的采取不同的改善策略。其中，较为常见的方法有以下两种。

（1）改善产品特性。噪声因子在产品特性中难以控制，但可以将其固化在某个水平。根据噪声因子的效应图，团队可先将噪声因子的水平固化在信噪比最大的水平上，以确保产品特性获得最大的稳健性。在此基础上，团队对已识别的比例因子进行调整，以获得最佳的产品特性。（比例因子的特征为：对特性的均值有显著影响，但对特性的标准差没有显著影响。）

（2）改善过程稳健性。过程改善通常发生在产品具体生产与交付过程中，被用于问题解决和参数优化等活动。此时现场团队会根据比例因子、稳健性改善因子、经济因子和混淆因子的分类，结合质量改善三部曲来改善生产的过程能力，具体做法将在 18.2 节介绍。

试验团队实施田口试验之后，与传统试验设计一样，应进行抽样验证以确定目标特性的稳健性是否得到提升。此时，单样本 t 检验或等价检验依然是验证试验中最常见的统计工具。由于稳健性设计与产品工业化阶段强相关，且与产品的可靠性有关联，因此很多企业不仅在产品设计阶段实施验证试验，而且在后续产品工业化阶段会再次进行研究，部分验证可能持续较长一段时间。

案 例

我们用一个例子来展示田口试验对产品的影响，本例应用田口静态参数试验。某电脑手写板的设计团队在开发电磁压感式的手写板，其关键的产品特性为书写的色彩深度，而在初步的产品研究过程中，团队发现影响其色彩深度的因子非常多。常见的因子包括供电电压、感应电流、笔尖压力、电磁强度、笔尖寿命、基材材料、感应层厚度、基材弹性、供应商、成型温度等。在这些因子中，团队认为供电电压、感应电流和笔尖压力是必须控制且可控的对象，被定义为可控因子；而其他因子的影响无法确定，初步被定义为潜在的噪声因子。在此基础上，团队进行田口试验来提升产品的稳健性。本例中的所有数据均是虚拟的。为了提高阅读性，相关单位被抹去了。与传统试验设计一样，田口试验也不计算单位。

由于潜在噪声因子较多，不利用产品特性的研究，因此试验团队先进行噪声试验进行关键噪声的筛选。噪声试验采用 PB 试验，试验表如表 13-4 所示。

表 13-4　PB 试验表

标准序	运行序	点类型	区组	电磁强度	笔尖寿命	基材材料	感应层厚度	基材弹性	供应商	成型温度	色彩深度
4	1	1	1	60	1000	PC	120	45	B	180	65
8	2	1	1	30	1000	PC	120	80	A	220	55
7	3	1	1	30	2500	PC	120	45	B	220	39
1	4	1	1	60	1000	PC	50	45	A	220	64
10	5	1	1	60	1000	PP	50	80	B	220	81
12	6	1	1	30	1000	PP	50	45	A	180	58
6	7	1	1	60	2500	PC	50	80	B	180	82
9	8	1	1	30	1000	PP	120	80	B	180	49
5	9	1	1	60	2500	PP	120	80	A	220	78
2	10	1	1	60	2500	PP	120	45	A	180	63
3	11	1	1	30	2500	PC	50	80	A	180	59
11	12	1	1	30	2500	PP	50	45	B	220	38

在表 13-4 中，试验有 7 个因子。根据 PB 试验的规则，需要进行 12 组试验，表中的试验已随机化。试验的响应为色彩深度，试验结果在最后一列中。根据 PB 试验的分析结果，如图 13-14 所示的帕累托图所示，电磁强度和基材弹性是影响较大的两个因子。在 PB 试验中，数据分析者无须过度在意显著性水平的影响，可根据因子实际的影响程度来判断哪些为关键因子。本例中，试验团队认为这两个因子就是影响较为显著的噪声因子并带入后续的参数试验中。

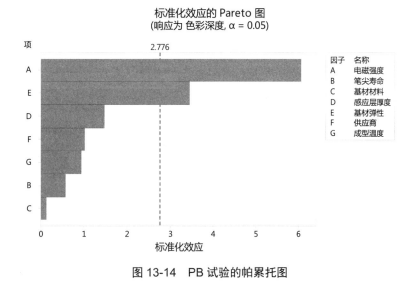

图 13-14　PB 试验的帕累托图

由于试验前期已经鉴别试验的可控因子为供电电压、感应电流和笔尖压力，因此试验团队直接将这三个因子作为内外矩阵的构成要素，同时将噪声试验获得的两个噪声因子作为内外矩阵的构成要素，形成参数试验的内外矩阵，其试验表如表 13-5 所示。（不同软件在构建田口试验的内外矩阵试验表时所用的设置方法不同，如果使用者不确定如何设置，则建议使用者先在表格中手动构建传统的内外矩阵表,再转换成软件分析用的数据表格。)

表 13-5 田口静态参数试验表

电磁强度	基材弹性	供电电压	感应电流	笔尖压力	色彩深度
60	45	5	80	2	72.8
60	45	5	80	2	76.1
60	45	5	140	6	69.5
60	45	5	140	6	67.2
60	80	12	80	2	72.9
60	80	12	80	2	71.8
60	80	12	140	6	73.7
60	80	12	140	6	69.8
60	45	12	80	6	71.2
60	45	12	80	6	70.1
60	45	12	140	2	68.3
60	45	12	140	2	67.5
60	80	5	80	6	68.2
60	80	5	80	6	67.3
60	80	5	140	2	65.7
60	80	5	140	2	69.0
80	45	5	80	2	80.2
80	45	5	80	2	84.1
80	45	5	140	6	83.6
80	45	5	140	6	85.2
80	80	12	80	2	92.4
80	80	12	80	2	93.2
80	80	12	140	6	86.3
80	80	12	140	6	82.0
80	45	12	80	6	81.0
80	45	12	80	6	86.5
80	45	12	140	2	69.0
80	45	12	140	2	74.0
80	80	5	80	6	76.0
80	80	5	80	6	89.0
80	80	5	140	2	81.0
80	80	5	140	2	88.7

试验团队在构建表 13-5 时选用了 5 个因子。由于某些软件不会主动区分噪声因子和可控因

子，因此在这种情况下，软件使用者应手动构建内外矩阵。以表 13-5 为例，其中前两个因子为噪声因子。假设它们分别为 A 和 B，其他三个可控因子分别为 C、D、E，那么在构建试验表时应手动构建它们的交互作用 AC、AD、AE 和 BC、BD、BE（具体实施方法参见作者的《六西格玛实施指南》）。

试验团队在获取试验数据后，进行了相关分析，并获得了如图 13-15 所示的信息。

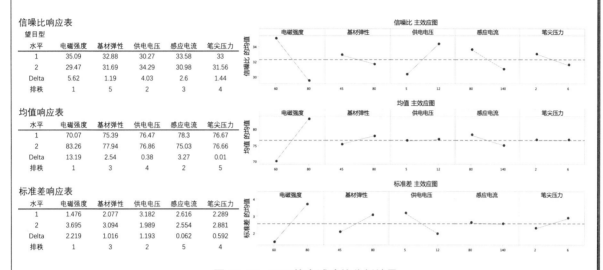

信噪比响应表
望目型

水平	电磁强度	基材弹性	供电电压	感应电流	笔尖压力
1	35.09	32.88	30.27	33.58	33
2	29.47	31.69	34.29	30.98	31.56
Delta	5.62	1.19	4.03	2.6	1.44
排秩	1	5	2	3	4

均值响应表

水平	电磁强度	基材弹性	供电电压	感应电流	笔尖压力
1	70.07	75.39	76.47	78.3	76.67
2	83.26	77.94	76.86	75.03	76.66
Delta	13.19	2.54	0.38	3.27	0.01
排秩	1	3	4	2	5

标准差响应表

水平	电磁强度	基材弹性	供电电压	感应电流	笔尖压力
1	1.476	2.077	3.182	2.616	2.289
2	3.695	3.094	1.989	2.554	2.881
Delta	2.219	1.016	1.193	0.062	0.592
排秩	1	3	2	5	4

图 13-15　田口静态试验的分析结果

通常，试验团队会首先查看信噪比的影响程度（图 13-15 左上表）。在产品开发和设计阶段，为了确保目标特性的稳健性，要先将噪声因子固化在信噪比较高的水平下，再去优化其他因子。图 13-15 右侧的主效应图中的直线代表了响应随着因子水平变化的对应变化趋势，直线的斜率越大则代表该因子水平的影响程度越大。试验团队会先将电磁强度固化在 60 左右（该因子的低水平），而基材弹性固化在 45 左右（该因子的低水平），然后在均值和标准差的图中寻找符合比例因子特征的可控因子。在 3 个可控因子中，仅感应电流对均值有较为显著的影响，同时对标准差的影响较小，故可将感应电流视为比例因子，那么试验团队可以通过调整感应电流的水平来优化目标特性。试验团队认为供电电压和笔尖压力这两个因子特征更倾向于稳健性改善因子，所以它们可被用于优化目标特性的公差，从而提升产品的稳健性。

本案例中田口试验被用于优化产品特性设计。如果田口试验被用于过程优化，那么团队对于均值和标准差的主效应图解读可能会采用另一种方式，具体内容将在第 18 章介绍。

 ## 案例展示

星彗科技的桌面便携清洗机在设计过程中遇到了一个难题：在产品性能需求中有多条关于清洗效果的要求，其中一条是关于百格测试，而当前设计几经修改仍不满足该测试的要求。百格测试（也称百格破洞测试）是在清洗槽内设置一张指定规格的铝箔纸，并按百格测试要求固定。

百格测试步骤（方法）：

（1）用铁丝编织一个 30mm×20mm×150mm 的方框。

（2）使用 0.02mm 的铝箔纸包裹方框。

（3）放置在清洗机中，清洗一个周期（3 分钟）后取出。

（4）计算破洞面积和破洞位置分布。

清洗效果越显著，那么百格破洞的面积越大、比例越高（意味着水流震荡的冲击效果越明显）。该测试是测试验证试验中的指定试验（对应 PRD 3.1），百格破洞率的目标值为 85%（越高越好）。

根据设计团队的研究，影响百格测试的因子主要有 10 个，分别是清洗槽形状、清洗槽长度、清洗槽宽度、清洗槽厚度、清洗槽材质、振动片规格、清洗剂种类、振动片位置、清洗时长、清洗剂深度（用量）。经快速的摸底研究，设计团队从中挑选出了 6 个因子作为后续研究的重点对象，并决定采用试验设计中的 2^K 因子试验来研究和改善百格测试结果。具体的因子与其相应的因子水平如表 13-6 所示，试验水平按设计团队的经验和摸底试验的结果拟定。

表 13-6　试验设计的因子（水平）表

Y	清洗效果（百格破洞率）		
	因子	因子低水平	因子高水平
	清洗槽长度	200mm	240mm
	清洗槽宽度	100mm	120mm
$X's$	清洗槽厚度	0.5mm	1mm
	振动片规格	0.5kHz	1kHz
	清洗时长	35s	50s
	清洗剂深度	15mm	20mm

根据该试验设计的因子表，设计团队规划了一个 6 因子 2 水平的 2^K 因子试验，并设 3 个中心点进行校验。试验设计表和试验数据如表 13-7 所示。

表 13-7　（第一轮）试验设计表和试验数据

标准序	运行序	中心点	区组	长	宽	厚	深	时间	频率	清洗效果
11	1	1	1	200	120	0.5	30.0	35.0	45	61.80%
23	2	1	1	200	120	1.0	15.0	50.0	49	30.70%
10	3	1	1	240	100	0.5	30.0	35.0	45	59.40%
20	4	1	1	240	120	0.5	15.0	50.0	49	34.50%
12	5	1	1	240	120	0.5	30.0	35.0	49	26.90%
7	6	1	1	200	120	1.0	15.0	35.0	45	66.40%
30	7	1	1	240	100	1.0	30.0	50.0	45	52.80%
9	8	1	1	200	100	0.5	30.0	35.0	49	26.90%
13	9	1	1	200	100	1.0	30.0	35.0	45	54.20%
35	10	0	1	220	110	0.8	22.5	42.5	47	72.30%

续表

标准序	运行序	中心点	区组	长	宽	厚	深	时间	频率	清洗效果
25	11	1	1	200	100	0.5	30.0	50.0	45	61.50%
16	12	1	1	240	120	1.0	30.0	35.0	45	50.60%
27	13	1	1	200	120	0.5	30.0	50.0	49	18.90%
17	14	1	1	200	100	0.5	15.0	50.0	49	35.30%
22	15	1	1	240	100	1.0	15.0	50.0	49	31.60%
15	16	1	1	200	120	1.0	30.0	35.0	49	15.50%
28	17	1	1	240	120	0.5	30.0	50.0	45	69.10%
26	18	1	1	240	100	0.5	30.0	50.0	49	29.10%
5	19	1	1	200	100	1.0	15.0	35.0	49	33.60%
21	20	1	1	200	100	1.0	15.0	50.0	45	67.90%
1	21	1	1	200	100	0.5	15.0	35.0	45	78.90%
31	22	1	1	200	120	1.0	30.0	50.0	45	52.10%
34	23	0	1	220	110	0.8	22.5	42.5	47	67.50%
32	24	1	1	240	120	1.0	30.0	50.0	49	18.70%
24	25	1	1	240	120	1.0	15.0	50.0	45	73.60%
33	26	0	1	220	110	0.8	22.5	42.5	47	63.20%
3	27	1	1	200	120	0.5	15.0	35.0	49	42.50%
19	28	1	1	200	120	0.5	15.0	50.0	45	79.90%
2	29	1	1	240	100	0.5	15.0	35.0	49	40.90%
18	30	1	1	240	100	0.5	15.0	50.0	45	76.50%
14	31	1	1	240	100	1.0	30.0	35.0	49	11.40%
4	32	1	1	240	120	0.5	15.0	35.0	45	80.40%
8	33	1	1	240	120	1.0	15.0	35.0	49	30.50%
6	34	1	1	240	100	1.0	15.0	35.0	45	69.60%
29	35	1	1	200	100	1.0	30.0	50.0	49	13.90%

根据试验数据，团队进行了相关分析，分析结果如图 13-16 所示。

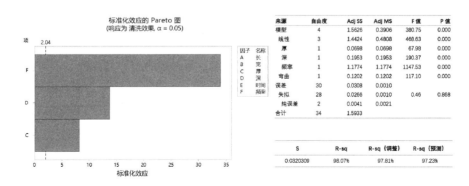

图 13-16　（第一轮）试验设计分析结果

设计团队直接使用逐步法（显著性水平 $\alpha=0.05$）对因子进行了删减，发现只有 3 个主因子对响应影响显著（图 13-16 的左图）。另外，由于在方差分析（图 13-16 的右侧计算结果）中发现弯曲显著，即中心点的影响显著，因此本轮试验获得的模型并不可用。

根据现有的信息，设计团队重新规划了第二轮试验。该试验仅选取了之前已知显著的 3 个因子——清洗槽厚度（厚）、振动片规格（频率）、清洗剂深度（深），同时采用了响应曲面试验（中心复合表面设计）来应对中心点弯曲的问题。（第二轮）试验设计表和试验数据如表 13-8 所示。

表 13-8　（第二轮）试验设计表以及试验数据

标准序	运行序	点类型	区组	深	厚	频率	清洗效果
15	1	0	1	22.50	0.75	47	81.40%
8	2	1	1	30.00	1.00	49	32.00%
10	3	−1	1	30.00	0.75	47	71.80%
20	4	0	1	22.50	0.75	47	69.50%
16	5	0	1	22.50	0.75	47	72.90%
18	6	0	1	22.50	0.75	47	78.30%
11	7	−1	1	22.50	0.50	47	76.30%
14	8	−1	1	22.50	0.75	49	53.80%
7	9	1	1	15.00	1.00	49	39.60%
13	10	−1	1	22.50	0.75	45	85.80%
2	11	1	1	30.00	0.50	45	72.20%
5	12	1	1	15.00	0.50	49	49.30%
4	13	1	1	30.00	1.00	45	65.70%
1	14	1	1	15.00	0.50	45	82.10%
19	15	0	1	22.50	0.75	47	70.90%
17	16	0	1	22.50	0.75	47	76.50%
6	17	1	1	30.00	0.50	49	49.40%
12	18	−1	1	22.50	1.00	47	74.20%
3	19	1	1	15.00	1.00	45	69.10%
9	20	−1	1	15.00	0.75	47	77.50%

图 13-17 是第二轮试验的分析结果。图中左上角的帕累托图显示的是经过逐步法（显著性水平 $\alpha=0.05$）简化后的因子模型，右侧的方差分析显示了每个因子的显著性（其中失拟项不显著），模型汇总中显示的 R-sq 值显示模型拟合良好，左下角的残差分析显示残差服从正态分布且无显著规律。根据以上分析，设计团队获得了图中右下角的回归方程，并认为该方程可用于预测分析和响应优化。

根据已经获得的回归方程，项目团队尝试求解最佳的参数设置。设计团队将优化目标设为预期的 85%，并使用响应优化器进行目标优化。图 13-18 显示了响应优化的结果。该优化显示，当清洗槽厚度（厚）为 0.5mm、振动片规格（频率）为 45.6kHz、清洗剂深度（深）为 20.9mm 时，清洗效果可达到预期最大值 0.864，即约为 86.4%。这个优化解满足预期要求。

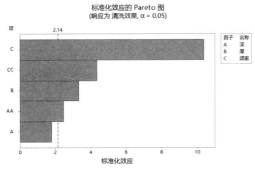

方差分析

来源	自由度	Adj SS	Adj MS	F 值	P 值
模型	5	0.3841	0.0768	36.22	0.000
线性	3	0.2581	0.0860	40.58	0.000
深	1	0.0070	0.0070	3.31	0.090
厚	1	0.0237	0.0237	11.18	0.005
频率	1	0.2274	0.2274	107.24	0.000
平方	2	0.1259	0.0630	29.69	0.000
深*深	1	0.0130	0.0130	6.11	0.027
频率*频率	1	0.0402	0.0402	18.97	0.001
误差	14	0.0297	0.0021		
失拟	9	0.0191	0.0021	1.01	0.527
纯误差	5	0.0106	0.0021		
合计	19	0.4137			

模型汇总

S	R-sq	R-sq（调整）	R-sq（预测）
0.0460499	92.82%	90.26%	84.99%

以未编码单位表示的回归方程

清洗效果 = -58.0 + 0.0474 深 - 0.1948 厚 + 2.560 频率
- 0.001131 深*深 - 0.02803 频率*频率

图 13-17　（第二轮）试验设计分析结果

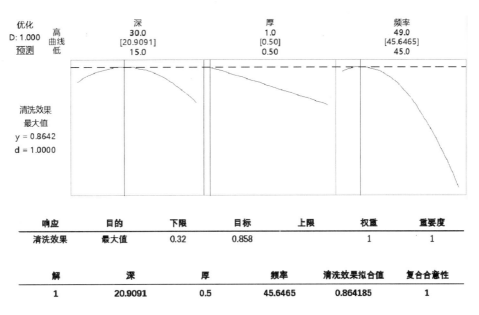

响应	目的	下限	目标	上限	权重	重要度
清洗效果	最大值	0.32	0.858		1	1

解	深	厚	频率	清洗效果拟合值	复合合意性
1	20.9091	0.5	45.6465	0.864185	1

图 13-18　响应优化分析

根据响应优化的结果，设计团队开始尝试进行设计优化。设计团队考虑到其他因子的实际取值范围，最终确定与本试验有关的设计参数如下：

- 选择直径为 50mm 且振动频率为 46kHz 的陶瓷振动片，并将其粘贴于 SUS304 不锈钢水槽下方正中央。
- 清洗液为普通自来水，清洗剂建议深度 21mm。
- 清洗槽设计为上宽下窄长条形，长度 200mm，最宽处 100mm，高度 35mm，厚度 0.5mm。

图 13-19 是相关的图纸设计变更，因清洗剂深度是应用参数，故未展示在图中。

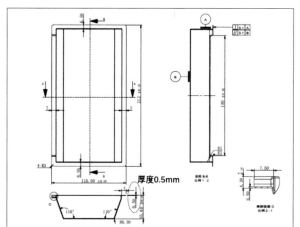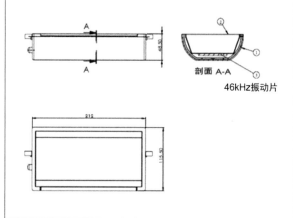

厚度0.5mm

46kHz振动片

剖面 A-A

图 13-19　设计图纸更新

第 **14** 章

产品可靠性设计

14.1 产品可靠性与质量的区别

产品是多种特性的集合体。在诸多特性中,产品可靠性是最重要的特性之一,可靠性直接决定了产品的寿命。开发团队在完成产品设计的同时必须考虑产品的可靠性,以满足客户对产品寿命的预期。

可靠性(Reliability)是指一个产品或系统在指定的时间内,在预期的条件下实现指定功能的能力或可能性。换句话说,产品的可靠性可被近似认为是产品在预设工况下的使用寿命。可靠性可通过失效率、可靠度、平均失效前时间等指标来衡量。

可靠性通常以时间为衡量维度,以小时或天为单位,如某产品可以正常使用 20 年等。产品可靠性与设计过程强相关。产品的设计直接决定了产品可靠性的上限,后续的制造过程和应用环境不会提升可靠性的上限,不稳定的制造过程或恶劣的应用环境只可能缩短产品的寿命。也就是说,可靠性虽然以时间为衡量维度,但其性能独立于时间,也就是说,在产品设计完成后,产品的可靠性在理论上就已经被确定,不会随着时间的推移而变化。任何产品最终都会失效,所以可靠性是一个固有存在的属性,不随人们的意志而变化。

可靠性理论是以产品的寿命特征作为主要研究对象的一门综合性和边缘性学科,涉及基础科学、技术科学和管理科学的许多领域。它离不开对产品寿命的定量分析,从这种意义上,可靠性是一门有关定量分析的学科。可靠性高的产品可以长时间正常工作(通常这是消费者的诉求)。产品的可靠性越高，产品可以无故障工作的时间就越长。可靠性是产品开发的高阶研究对象，完成可靠性设计的相关人员需要具备一定的统计学知识基础、风险分析能力、试验和验证的能力等。

可靠性与质量有显著差别。在中文释义中，质量包含了人们对产品、事物或工作的优劣程度或耐用程度的评价。例如，当我们夸赞某电器质量好时，不仅代表着该电器产品可以正常工作，提供其应有的功能，也代表该产品经久耐用。但从学术的角度进行辨析，质量通常特指产品在当前使用状态下是否可以正常工作，这个评价与时间无关，也就是说，质量并不与时间挂钩。相比之下，可靠性是指产品在指定的时间内持续满足预期功能的能力。例如，当对一部手机进行评价时，如果当下该手机工作正常，且满足所有客户预期，那么我们就可以认为该手机的质量很好，但不能评价其可靠性；而如果该手机可正常工作很多年，远超过了客户预期，那么我们就可认为该手机的可靠性很好。

可靠性常与耐久性混淆。耐久性（Durability）是指产品抵抗自身、应用条件、自然环境、使用频率等多重因素长期破坏作用的能力。看起来耐久性也与时间有关，但其更强调外界的破坏作用，如产品被使用的次数等。在评价可靠性时，通常不考虑其使用频率，仅以时间为单位。以计算机键盘为例，可靠性会考虑该键盘的使用寿命，如 1 年、2 年或更久，与其被敲击了多少次无关；耐久性则会考虑该键盘的可敲击次数，如 1000 万次、2000 万次或更多，与其寿命无关。准确地说，可靠性和耐久性相辅相成，两者从逻辑上和原理上都紧密联系，但评价角度不同。耐久性常与产品的基础材料和工艺相关，是可靠性研究中的重要组成部分。在评价可靠性时，也应考虑产品的耐久性。在某些应用场合中，部分开发团队将耐久性指标等同于可靠性指标进行计算，如将使用次数（如车辆行驶里程数）视为产品使用寿命进行计算。这种做法需要谨慎对待，因为可靠性计算与数据分布特性有关，如果数据不符合相应分布，开发团队就可能获得错误的分析结果。

产品整体的可靠性由其子部件或子系统组成，子部件或子系统的可靠性由基础的零部件组成，而零部件的可靠性与其自身的设计规划和寿命等一系列指标有关。所以不难理解，产品的可靠性是在设计前期被设计出来的，如果开发团队在构建产品的基础设计时不仔细规划和考虑可靠性，那么后期产品的可靠性将无法优化。

任何产品的可靠性都受到产品成本和应用条件的制约，很多可靠性较高的零部件或原材料都价格不菲，开发团队不可能为了盲目提升可靠性而大量采用可靠性高但昂贵的零部件或原材料。所以开发团队需要研究产品的可靠性，在合理的范围内选择可靠性水平，并根据该水平进行可靠性设计，将产品的可靠性控制在最经济、最合理的范围内。这就是可靠性设计的主要目的。

可靠性可以被衡量，意味着可靠性是可以被计算的。在可靠性中有一些重要的衡量指标，其中最重要的三个指标为平均失效前时间、失效率和可靠度。

1. 平均失效前时间

平均失效前时间（Mean Time to Failure，MTTF）是产品失效前时间的期望值。在某种程度上，对于不可修复的产品或系统，该指标可认同为产品的寿命（时间）。该指标通常以时间为单位，如小时、天、月、年等。对于可修复的产品或系统，在其失效发生后，人们可以对其进行修复。产品或系统在被修复后可继续工作，直至下一次失效发生。两次失效之间的时间被称为平均故障间隔时间

（Mean Time Between Failure，MTBF）。MTBF 本质上与 MTTF 一样，都是衡量产品有效工作时间的指标，可将 MTBF 视为 MTTF 的特殊形式。不难理解，如果一个产品或系统是可修复的，那么其产品寿命将大大延长。

2. 失效率

失效率（Failure Rate，λ）是指产品在未来出现失效的可能性。失效率是独立参数，与时间无函数关系，是恒定的，是独立于时间的指标。这就意味着一个产品的设计完成后，其失效率就已经恒定。产品的制造过程和应用过程不会降低失效率。产品的寿命数据可能服从不同的数学分布，如指数分布等。在数值上，λ 和 MTTF 互为倒数。λ 越小则产品的 MTTF 越大，即产品寿命越长。

3. 可靠度

可靠度（Reliability，R）是产品在规定条件下和规定时间内，可完成规定功能的概率。在指定的时间点上，未失效产品的数量与产品总数的比值就是可靠度。在数学上，可靠度与产品寿命数据的分布特性有关，可与对应的失效率等指标共同进行计算。可靠度和失效率是衡量产品可靠性的两个对立维度，从正常工作与无法工作两个维度去评估产品的可靠性。

产品的可靠性设计就是在设计产品的 MTTF、λ 和 R，寻找它们最合理的设计水平。需要注意的是，对企业来说，产品的可靠性并非越高越好。高可靠性不仅意味着潜在的高成本，而且意味着降低了未来新产品的市场需求。所以寻找最佳的可靠性水平并不只是开发团队的工作，企业的销售、市场等业务部门也应提供必要的支持。在很多情况下，企业所处的行业会制定一些强制规则来规范企业的产品开发行为，以保证产品必要的可靠性。同时，部分客户会在产品开发需求中明确可靠性的要求。

14.2　规划可靠性设计

由于产品的可靠性在设计冻结后就很难改变，因此可靠性设计需要在产品设计与开发的前期就介入。另外，可靠性的实施又与产品的测试验证等环节紧密相连，所以在产品性能优化阶段也需要再次考虑如何实现既定的可靠性设计。产品的可靠性设计不可能一蹴而就，通常需要分阶段实施，因此可靠性规划是产品开发计划的重要组成部分。

规划产品可靠性设计大致分成鉴别目标、设计与评估、验证与优化、监控与提升四个阶段。如果将这四个阶段与产品的可靠性放在一起，就形成了图 14-1 所示的可靠性增长模型。该模型非常像标枪运动，故也形象地称之为"标枪模型"。

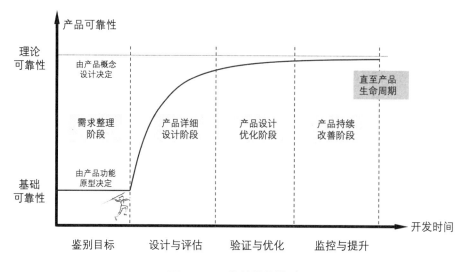

图 14-1　可靠性增长模型

1. 鉴别目标

可靠性目标是企业在产品前期就需要确定的重要指标，通常在产品需求文件中就有该指标的明确定义。可靠性目标通常有三个来源，分别是行业规范、客户指定与企业自行定义。较为成熟的行业，通常都有行业规范来限定相关产品的可靠性，这在与消费者密切相关（人身安全等）的行业尤为常见。客户指定的可靠性常与客户自身的经验或产品应用场景有关。这两类来源的可靠性目标通常较高，并不是开发团队轻易达到的。另外，有很多新产品在开发时并没有可参照的可靠性目标，这种情况在全新产品开发（见 3.4 节）过程中常见。尽管没有客户的强制目标，但企业依然需要自行定义产品的可靠性水平作为开发团队的设计目标，此时同业对标或近似产品研究可以提供良好的参照依据。

根据产品需求梳理的结果，开发团队通常会准备相应的原型。在完成产品功能原型后，产品的基础可靠性就基本确定了。功能原型只是产品实现功能化的第一步，通常情况下，此时的可靠性水平较低。因为产品的可靠性与产品的概念设计息息相关，所以可以认为，产品可实现的理论可靠性基本由概念设计决定。如果产品设计本身具有较强的稳健性，且架构合理，那么产品的理论可靠性是较高的，只是在本阶段无法验证而已。在识别目标阶段，开发团队致力于整理产品的需求以理解产品的可靠性目标，此时产品的可靠性不太可能发生巨大的变化。

2. 设计与评估

可靠性的设计与评估阶段伴随着产品详细设计阶段一起进行。产品的可靠性设计并不是独立完成的。在产品开发过程中，开发团队选用高可靠性的零部件以及合理的产品布局或架构来实现产品整体的可靠性提升。

产品/系统的可靠性框图（Reliability Block Diagram，RBD）可被用于评估产品架构的合理性。产品所包含的子部件、子系统、零部件越少，产品越不容易出错。因此在产品设计时应尽可能降低其下属组成部分的复杂度（见第 16 章），同时这些组成部分会通过串联或并联的形式构成产品主体。

可靠性框图研究将提供产品的整体可靠性水平，并确定影响失效率的主要因素。可靠性框图可以被用于计算失效率和平均失效前时间。

可靠性框图研究仅仅是开发团队在实施具体产品设计前的初步计算，是一种模拟产品可靠性设计的评估方法。为了帮助开发团队选择合适的产品组件或系统参数，团队应根据常见的可靠性模型进行产品设计，如浴盆曲线等。图 14-2 是浴盆曲线模型。浴盆曲线的数据可根据产品的寿命或失效率来计算。

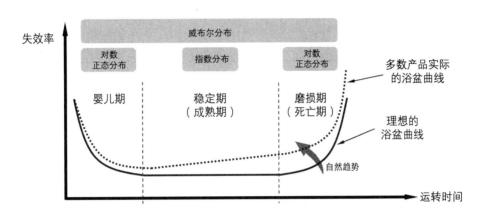

图 14-2　浴盆曲线模型

浴盆曲线被分成了三个时期，分别是婴儿期、稳定期（成熟期）和磨损期（死亡期）。在该曲线中，婴儿期可视作产品完成的初期。刚开始时，产品极不稳定，失效率较高，但随着时间的推移，产品的失效率迅速下降。在稳定期产品的失效率将维持在一个较低的水平，产品在既定的工况下提供其应有的功能。到了产品的磨损期，产品的失效率又将急速上升。以人类为例，如果把人类视作大自然的产品，那么人类的寿命等同于产品的寿命，所以人类的寿命也服从浴盆曲线。例如，刚出生的孩子很容易夭折，但随后孩子顽强的生命力逐步体现；进入少年时期后，人类的死亡率降至最低，并在青壮年时期一直维持在较低的死亡率；一旦进入老年期，人类的死亡率又急速上升。

产品的可靠性可以被计算，浴盆曲线的三段曲线分别对应不同的数学分布。整体来说，产品失效在整个生命周期内是稀有事件，而稀有事件对应的分布是威布尔分布，所以整条浴盆曲线都可能服从威布尔分布。在婴儿期和磨损期，浴盆曲线也可能服从对数正态分布，而在稳定期，浴盆曲线可能服从指数分布。事实上，可靠性数据可能服从更多的分布，具体分析方法在下节介绍。理想的浴盆曲线相对平稳且对称，但不可能绝对对称，这取决于数据对应的分布状态。在现实情况下，浴盆曲线在产品诞生之后即发生偏转，绕出生点逆时针偏转，也就是说，产品的失效率随着时间的变化而上升，产品总体寿命缩短。这是自然趋势，很难改变，较好的可靠性设计可以延缓这种趋势的发展。

设计与评估是一个较为自由的阶段，开发团队可借用各种方法来实现产品设计，包括可靠性设计。对于复杂产品，开发团队可以借鉴其他可靠性模型，如设计可靠性评估测试（Design Assessment Reliability Testing，DART）。在本阶段，产品的实际可靠性水平呈现急速上升趋势，快速向理论可靠性水平逼近。

3. 验证与优化

产品的可靠性并非直观可见的属性，通常需要进行必要的测试来反映产品真实的可靠性。参数化的试验验证是最有效的验证手段。开发团队根据设计阶段获得的可靠性设计参数来准备测试样品，然后根据规划的可靠性指标来验证这些样品是否达到了预期目标。

与其他验证试验略有不同的是，由于常规验证试验通常都是将产品特性（均值）与目标值进行比较，因此较为常见的统计方法为 t 检验（t 检验要求数据服从正态分布）。而对于可靠性验证，由于数据极有可能不服从正态分布（基本上不服从正态分布），所以无法使用 t 检验。而从验证手段来说，可靠性验证以实际试验为主，直接测试产品的寿命，所以有些可靠性验证试验又被称为产品寿命试验。由于很多产品的可靠性目标很高，对于寿命较长的产品来说，几年甚至几十年的测试需求并不少见，普通的验证试验无法持续那么长时间，因此开发团队需要采用一些特殊试验来缩短测试验证的时间。常见的试验包括加速寿命试验（Accelerated Life Test，ALT）和高加速寿命试验（High Accelerated Life Test，HALT）。开发团队也可采用既有的验证模型来评估产品的可靠性，如设计成熟度试验（Design Maturity Test，DMT）。

验证试验是开发团队获知当前产品可靠性的主要手段。在获得相应数据后，开发团队应根据试验结果来调整产品设计，以提升产品的可靠性水平。本阶段可靠性水平的增长趋势放缓，逐渐向理论可靠性靠近。由于本阶段的验证试验将耗费企业大量资源，因此开发团队需要合理规划试验的次数与跨度，平衡产品可靠性与成本之间的关系，以保证开发项目的收益。

4. 监控与提升

根据大量的产品开发经验，产品的可靠性研究是一项长期工作。由于产品开发的时间限制，多数开发团队在有限的开发时间内，仅能将可靠性提升到某一阶段（如客户可接受的最低标准等），产品可靠性并没有达到其最佳水平。此时产品开发工作进入尾声，产品设计的主体工作开始收尾，但产品可靠性涉及的客户满意度、质量保证、客服运维等诸多后续环节，并不会停止可靠性提升的工作。开发团队和生产运营团队会监控产品的可靠性，并继续研究提升可靠性的方法。

本阶段是一个开放阶段，可能会持续较长时间，甚至可能伴随着整个产品生命周期。因此，监控与提升是针对包括产品可靠性在内的诸多产品特性指标的持续改善阶段，并没有一个明确的结束时间。在本阶段，产品的可靠性水平逐渐逼近理论可靠性水平，两者之间的差异越来越小。由于环境工况不可能与理想工况完全一致，因此最终的产品可靠性与理论可靠性必然存在一定差距。

部分企业会对产品可靠性开展较为长期的研究（如执行完整的产品寿命试验，此类试验可能持续数年甚至数十年，即便在产品已经交付量产很久之后依然继续试验），因此在试验期间的数据监控不可中断，这也是本阶段的使命之一。

14.3　可靠性框图与模型分析

与可靠性设计相关的分析、试验、优化等环节需要执行者具备完整的知识和技术积累，因为这些工作的技术性极强。本节将介绍可靠性设计的主体阶段中最重要的两个环节，分别是可靠性框图和可靠性模型分析。

1. 可靠性框图

任何产品（无论多么复杂或多么简单），都可以由一系列产品特性来描述。相应地，产品总可以被分解成不同的组成部分（单元）。这些组成部分之间通过某些联系相互结合在一起，从而形成一个有机组合，即产品。产品的可靠性就是由这些单元共同作用而成的，这些单元相互之间的作用形式主要为两种：串联与并联。开发团队在产品设计的早期可以利用可靠性框图来预估产品的可靠性，也可以在解决产品问题和规划提升可靠性时用该图来优化产品设计。

1）串联

串联是各个单元相互独立，每个单元单独提供产品的某个特性，最终每个单元结合在一起组合成产品。串联与公理设计中的完全解耦的产品结构状态较为相似。在串联系统中，产品的失效率是各个单元的失效率之和。图 14-3 是串联系统的示意图。其中有 n 个独立单元，每个单元都有自己的失效率和可靠度，产品的失效率即各单元失效率之和，产品的可靠度即各单元可靠度之积。

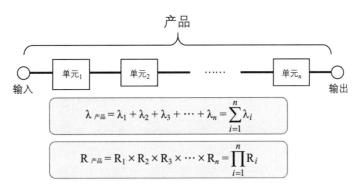

图 14-3 串联系统示意图及可靠度和失效率公式

2）并联

当两个及以上的等效单元在同一节点上同时为产品提供某个特性，其中每个单元都可以独立满足该特性时，这种组合形式称为并联。并联设计可以被理解为一种近似冗余备份的设计。图 14-4 是并联系统的示意图。其中有 n 个等效单元，每个单元都有自己的失效率和可靠度。并联系统的失效率和可靠度计算远比串联系统复杂。

如果并联系统中的单元完全相同，那么其失效率的计算公式较为简洁；如果各单元不完全相同，那么其失效率的计算公式相当复杂。图 14-5 展示了各单元不完全相同的情况下的部分失效率计算公式。

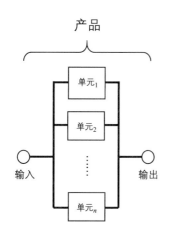

假设各单元完全相同，具有相同的失效率λ和可靠度R，且寿命数据服从指数分布，那么：

$$R_{产品} = 1 - R^n = 1 - (1 - e^{-\lambda})^n$$

$$\lambda_{产品} = \frac{1}{\frac{1}{\lambda} \times \sum_{j=1}^{n} \frac{1}{j}} = \lambda \times (\sum_{i=1}^{n} \frac{1}{j})^{-1}$$

如各单元不完全相同，各自有不同的失效率λ_i和可靠度R_i，且寿命数据服从指数分布，那么：

$$R_{产品} = 1 - \prod_{i=1}^{n} [1 - R_i]$$

图 14-4　并联系统的示意图及可靠度和失效率公式

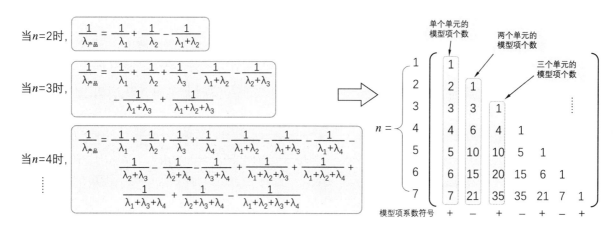

图 14-5　并联系统失效率计算公式

当并联系统中的单元数量不多时，可手动计算；当单元数量上升时，计算公式会变得异常复杂。图 14-5 右侧的矩阵显示了当单元数量上升时，计算公式中模型项个数的变化趋势，这些模型项的个数可以被计算。矩阵水平向数值的总和即模型项个数的总和，该总和与单元数量对应的主效应和交互作用的自由度有关。有兴趣的读者，可自行研究线性代数的相关知识，并提炼该失效率公式的通用公式。

串联与并联的结构在中学物理课堂上就已经被传授过，电路的通断与可靠性框图的原理是一样的。串联是产品结构的基本形态，而并联可以认为是一种特殊形式的串联。并联系统虽然可以为系统提供额外的可靠性保证，但如果通过其原理和计算公式不难发现，并联系统在要求增加冗余设计时将使产品成本成倍增加，但获得的可靠性提升（或失效率降低）却不是成倍变化的。而且并联系统中的冗余越多，产品获得的可靠性提升越少，所以并联系统不可滥用。

在产品的概念设计/架构设计确定后，开发团队即可开始绘制产品的可靠性框图。如果在设计早期，开发团队就可获知产品主要组成部分的失效率等参数，即可根据可靠性框图来计算产品理论上的可靠性（失效率）。

案例 14-1

　　某照明产品的设计由三根灯管、一个整流器（含两个等效但规格不同的电容和一个控制电路板），以及一个开关组成。三根灯管中只要一根灯管工作即可满足现场照明需求。开发团队在早期设计时就已经获知这些零部件的失效率。假设该产品的所有零部件的寿命数据均服从指数分布，三根灯管的规格相同且平均失效前时间（MTTF）均为 3 000 小时，整流器中两个电容的 MTTF 分别为 2 500 小时和 4 000 小时，控制电路板的 MTTF 为 5 000 小时，开关的 MTTF 为 10 000 小时，开发团队需要在实物验证前估计该产品的可靠性。该产品的可靠性框图如图 14-6 上方框图所示，其整体失效率的计算过程如图 14-6 下方所示。

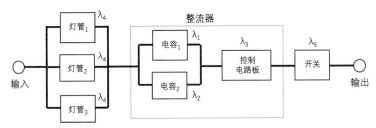

因三根灯管和两个电容各自形成并联系统；灯组件、电容组件、控制电路板和开关又形成串联系统，所以：

① $\lambda_4 = \frac{1}{3\,000} = 0.000\,33$ 因三根灯管无差别，故根据图14-4所示公式计算：$\lambda_{产品} = \lambda \times (\sum\limits_{i=1}^{n} \frac{1}{j})^{-1}$

此处，$j=3$，所以：$\lambda_{灯} = 0.000\,33 \times (1 + \frac{1}{2} + \frac{1}{3})^{-1} = 0.000\,33 \times \frac{6}{11} = 0.000\,18$

② $\lambda_1 = \frac{1}{2\,500} = 0.000\,40$　　$\lambda_2 = \frac{1}{4\,000} = 0.000\,25$　因电容失效率有差异，故根据图14-5所示公式计算：

由 $\frac{1}{\lambda_{产品}} = \frac{1}{\lambda_1} + \frac{1}{\lambda_2} - \frac{1}{\lambda_1+\lambda_2}$ 推得：$\frac{1}{\lambda_{电容}} = \frac{1}{0.000\,40} + \frac{1}{0.000\,25} - \frac{1}{0.000\,40+0.000\,25} = 4691.54$ 故，$\lambda_{电容} = 0.000\,20$

③ $\lambda_{控制电路板} = \lambda_3 = \frac{1}{5\,000} = 0.000\,20$　　$\lambda_{开关} = \lambda_5 = \frac{1}{10\,000} = 0.000\,10$

④ $\lambda_{产品} = \lambda_{灯} + \lambda_{电容} + \lambda_{控制电路板} + \lambda_{电容开关} = 0.000\,18 + 0.000\,20 + 0.000\,20 + 0.000\,10 = 0.000\,68$

$MTTF = \frac{1}{0.000\,68} = 1\,470.59$（小时）　　注：因小数点保留位数的差异，计算结果可能略有差异。

图 14-6　可靠性框图案例

　　从图 14-6 中的计算可知，虽然该产品各个零部件的寿命都超过 2 500 小时，有的甚至达到了 10 000 小时，并且采用并联的冗余设计，但最终该产品的整体寿命没有达到 1 500 小时。这并不是令人惊讶的结果，因为从可靠性的计算公式来看，要提升产品的可靠性。产品的优化设计要朝两个方向努力：一是尽可能简化产品结构，二是采用高可靠性的零部件。关于是否采用并联系统，开发团队应根据产品成本和功能的平衡性来决定。

2. 可靠性模型分析

　　产品的可靠性分析需要建立在实际产品可靠性数据的基础上，而可靠性框图仅仅是停留在纸面上的理论分析，所以仅仅依靠可靠性框图分析不可能实现真正的可靠性提升。开发团队需要通过真实的数据分析来确定产品的真实可靠性。分析这些数据需要应用可靠性相应的数学模型。

可靠性模型分析是通过特定的数理统计方法来分析产品的真实数据，从而推断产品整体的可靠性，所以实施该分析的前提是产品至少初步成型且可被测量，以获取相关数据。通常在产品的具体设计完成后，在原型阶段，开发团队就可以实施相应的可靠性试验。该分析所需的产品可靠性数据来源众多，如产品历史数据（包括既有产品的市场反馈数据）、产品摸底试验数据、可靠性验证试验数据、出于其他目的或来源所获得的数据。用于模型分析的数据都应能真实反映当前产品的实际寿命。

可靠性模型分析是一种典型的推断性统计分析。推断性统计本身具有不确定性，结果往往以概率或百分比的形式体现。如果将可靠性的推断分析与普通的推断性统计相比，那么我们会发现在可靠性相关的推断分析中，标准差（数据的离散程度）可能更大，这与数据获取的形式与数据质量强相关。

之所以称之为模型分析，是因为该分析建立在数学模型基础上。与其他推断性统计方法一样，该分析遵循以下步骤。

1）数据收集与整理

在进行模型分析之前，开发团队需要获取当前产品的可靠性数据。如果数据来自企业外部，那么必须保证这些数据的真实性和有效性。实际上，在开发新产品时，多数企业会主动实施这些可靠性试验，这是获取有效数据的最佳形式。

可靠性分析所需的数据维度不多，但这些数据至少包括两个要素：失效时间（产品寿命）和失效数量。如果试验团队无法确定某些失效的具体时间，或者团队需要进行更为精确的分析，那么还应尽可能提供产品失效的删失时间。

删失（Censoring）是指无法确定产品失效数据的具体失效时间。大多数失效数据实际上是通过特定的观测点获取的，此时获得的数据都是删失数据，除非实时记录产品的失效时间。根据观测形式的差异，删失又被分成右删失、任意删失和左删失。其左右之分是以观测点的时间为分界线的。

- 右删失

右删失是指在观测时产品尚未失效，且团队无法获知其真实失效时间。因其真实失效时间在未来的某时刻，在时间轴上位于观测点的右侧，故称为右删失。例如，某些产品在测试一段时间后，由于资源限制无法继续试验，此时依然有部分产品未失效，那么对于这些未失效的产品，其失效数据为右删失数据。用于右删失数据分析的原始数据，通常都是已失效产品的具体失效时间，默认失效台数为1，分析时需要设定删失时间。

- 任意删失

任意删失（也称区间删失）是指产品失效位于两次观测点之间，但无法获知具体失效时间。例如，某试验设定每天12点进行检查，某天发现有几个产品失效了，那么这几个失效一定发生在过去的24小时之内，但具体是什么时间无法获知，此时的失效数据为任意删失。用于任意删失数据分析的原始数据为两个观测点的时间以及两点之间的失效台数。由于没有记录具体的失效时间，因此该分析精度会低于右删失分析。任意删失数据无须再额外指定数据的删失属性。

- 左删失

左删失是指产品在第一次观测点之前就失效的情况，这是一种特殊的任意删失。此时的失效时间从 0 至第一次观测时间均有可能，由于其真实失效时间位于观测点的左侧，故称为左删失。

根据以上特征，多数删失数据为右删失数据或任意删失数据。可靠性模型的研究者应根据模型分析所需的数据特征收集和整理数据。可靠性相关的数据极易出现数据污染（由于测量失误或人为因素导致的显著数据异常），原则上不应修改原始数据，但对于显著异常且可获知原因的数据可剔除，以免影响后续分析。

案例 14-2

在完成某显示器产品的功能原型之后，试验团队制作了一批样品以用于可靠性研究。试验团队共获得了 30 个样品，所有样品同时开始试验，试验在正常工况下进行。试验最初的两次观测点为 500 小时和 1 000 小时，此后每隔 250 小时进行一次观测。试验最终在 4 250 小时终止，终止时有一台样品依然可正常工作。试验团队每次观测时会记录失效的样品数量，同时试验设备会自动记录样品失效的具体时间。如果试验团队采用不同的删失数据处理方式，那么可能获得不同的数据表。图 14-7 显示了这两种方法的数据表差异。不同的数据采集方式会导致不同的分析结果，试验团队应尽可能采用准确度较高的数据。

| 任意删失 | | | | 右删失 | | | |

如果团队仅以观测点时失效的样品数量为记录对象，那么数据表如下：

开始	结束	台数
*	500	0
500	1 000	0
1 000	1 250	1
1 250	1 500	0
1 500	1 750	1
1 750	2 000	2
2 000	2 250	1
2 250	2 500	3
2 500	2 750	5
2 750	3 000	5
3 000	3 250	4
3 250	3 500	2
3 500	3 750	1
3 750	4 000	2
4 000	4 250	2
4 250	*	1

开始列的"*"代表试验起始点，
结束列的"*"代表右删失点

如果团队以设备自动记录的真实失效时间作为记录对象，那么数据表如下：

失效时间	删失值	失效时间	删失值
1 201	F	2 985	F
1 576	F	2 851	F
1 810	F	2 843	F
1 944	F	3 049	F
2 157	F	3 145	F
2 477	F	3 197	F
2 452	F	3 101	F
2 393	F	3 462	F
2 602	F	3 264	F
2 740	F	3 642	F
2 595	F	3 789	F
2 587	F	3 838	F
2 615	F	4 071	F
2 837	F	4 065	F
2 866	F	4 250	C

删失列中的"F"代表失效，"C"代表删失数据

图 14-7　不同删失类型的数据表比较

2）分布识别

在获得产品的失效数据后，研究者应尝试鉴别这些数据所服从的数学分布。识别数据分布类型并不是可靠性分析独有的分析步骤，事实上，大多数推断性统计都与数据分布类型有关。识别数据

所对应的分布有助于研究者确定数据潜在的特征形态，以便根据对应分布拟合并推断所需的结论。

常规的数学分布有很多，与可靠性强相关的分布如图 14-2 所示，包括威布尔分布、对数正态分布、指数分布，也包括它们的母分布——正态分布。除此之外，可靠性数据还可能服从最小极值或其他特定分布。寻找数据所服从的分布是一种尝试性工作，研究者可能会找到数据服从的分布（同一数据可能同时服从多个分布），也可能一无所获。

分布识别的计算量很大，现在通常由计算机完成。较为常见的做法是直接将数据进行多种分布的拟合，然后在诸多拟合中挑出拟合度最佳的分布。如果数据被污染，或者所有常规分布的拟合度都很差，那么研究者将无法进行后续分析。

案例 14-3

沿用图 14-7 的数据和案例背景。如果采用任意删失的数据表，那么试验团队可获得表 14-1 的相关分析结果。试验团队使用 Anderson-Darling 法对多个分布进行拟合，获得了不同的 Anderson-Darling 值。Anderson-Darling 是一种通用性非常好的拟合方法，被广泛用于数据处理、拟合优度检验等场合。Anderson-Darling 值越小，则代表分布拟合越好。Anderson-Darling 没有严格的判定阈值，通常认为该值如果小于 1，则拟合良好。在本例中，多个 Anderson-Darling 值都小于 1，可以认为这组失效数据同时服从多个分布。由于可靠性分析常用威布尔分布，因此试验团队后续将采用威布尔分布来拟合分析。

表 14-1　失效数据的拟合结果

分　　布	Anderson-Darling（调整）
威布尔	0.565
对数正态	0.736
指数	3.333
对数逻辑	0.586
3 参数威布尔	0.577
3 参数对数正态	0.569
2 参数指数	2.541
3 参数对数逻辑	0.567
最小极值	0.632
正态	0.562
逻辑	0.575

3）估计可靠性水平

在确认产品对应的数据分布之后，研究者即可利用该分布来拟合产品的可靠性模型。研究者可以绘制对应分布的概念图来查看产品的寿命概率密度函数（Probability Density Function，PDF）、生存函数和故障函数。概率密度函数显示的就是该产品随时间变化的生存概率。生存函数与故障函数是相对的概念，类似可靠度与失效率之间的关系。

在这些数学模型的基础上，研究者可以估计产品在某个时间点上的失效概率或生存概率，也可以根据百分比来研究多数产品随时间的生存或失效情况。

案例 14-4

沿用图 14-7 的数据和案例背景，采用任意删失的数据表。由于已经确定数据服从威布尔分布，所以研究者可绘制相应的分布概要图（见图 14-8）来查看该产品的整体可靠性。团队可以通过图左上方的概率密度函数了解该产品的寿命分布情况，也可以根据图下方的生存函数和故障函数估计产品的生存概率。图最右侧的统计量表显示了该产品的几个重要可靠性指标，其中的均值即 MTTF，在这里可以理解为该产品的平均寿命。

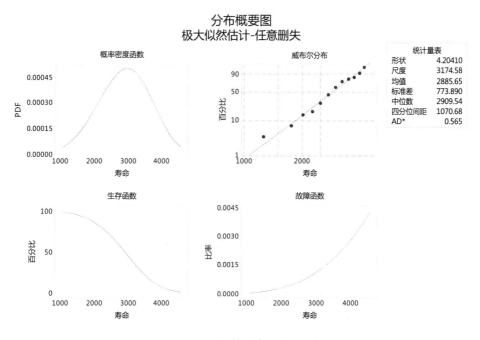

图 14-8　可靠性分布概要图示例

团队希望进一步研究产品的生存状态，并尝试估计产品在 1 000 小时、3 000 小时和 5 000 小时时的生存状态。团队根据模型计算出的百分位数表格等结果来进行研究。表 14-2 显示了该样品的多张可靠性计算输出表，包含百分位数表格、分布特征和期望研究的生存概率表等。

百分位数表格中的百分位数是指产品数量的百分比，该表显示从 1%至 100%的百分比分别对应的产品寿命。以该表第一行为例，1%对应百分位数 1 063，代表大约有 1%的产品在 1 063 小时时失效；同理，表中 50%一行的数据代表，大约有 50%的产品会在 2 910 小时时失效。该表在 1%~10%和 90%~100%这两端显示的数据较为密集，是因为这两端的数据往往是试验团队的重点关注对象。表 14-2 右侧的分布特征与分布概要图中的计算一致，显示了产品期望寿命 MTTF 的均值以及相应的标准差。如果可靠性试验的样品数不够多，那么标准差较大是常见情况。由于可靠性数据常常不服从正态分布，因此此类计算中还常常提供中位数相关的计算结果。

如果使用者发现计算结果中的均值与中位数严重不符，那么应谨慎对待，仔细查看试验数据。通常这是由数据严重偏斜导致的，计算结果很可能不可信或仅供参考。由于试验团队希望研究产品在1 000小时、3 000小时和5 000小时时的生存状态，因此基于已经获得的数学模型，在表14-2的右下侧显示了估计结果。对于估计结果的解读为，在1 000小时时，大约有99.23%的产品存活（可继续有效工作）；在3 000小时时，大约有45.46%的产品存活；当达到5 000小时时，仅有0.12%的产品存活。

表 14-2　可靠性模型分析表

百分位数表格

百分比	百分位数	标准误	95% 正态置信区间 下限	上限
1	1063	190	748	1510
2	1255	195	925	1703
3	1384	196	1048	1828
4	1483	196	1145	1923
5	1566	195	1226	2000
6	1638	194	1298	2067
7	1701	193	1362	2125
8	1758	192	1420	2177
9	1810	190	1473	2225
10	1859	189	1523	2269
20	2222	175	1904	2594
30	2484	164	2183	2827
40	2706	155	2418	3028
50	2910	149	2632	3217
60	3109	147	2835	3410
70	3318	149	3039	3623
80	3555	158	3258	3879
90	3871	183	3528	4247
91	3913	187	3562	4298
92	3957	192	3598	4352
93	4006	197	3637	4412
94	4060	204	3680	4480
95	4121	211	3728	4557
96	4192	220	3782	4647
97	4279	232	3847	4758
98	4391	248	3931	4905
99	4565	275	4057	5136

删失

删失信息	计数
右删失值	1
区间删失值	29

分布特征

	估计	标准误	95%正态置信区间 下限	上限
均值（MTTF）	2886	142	2620	3178
标准差	774	93	611	980
中位数	2910	149	2632	3217
下四分位数(Q1)	2360	169	2051	2717
上四分位数(Q3)	3431	152	3145	3743
四分位间距(IQR)	1071	137	833	1375

生存概率表

时间摘录 (Time)	概率	95%正态置信区间 下限	上限
1000	0.9923	0.9641	0.9983
3000	0.4546	0.3067	0.5911
5000	0.0012	0.0000	0.0225

可靠性模型分析是开发团队规划、实施和优化可靠性的重要环节。该过程需要持续进行，且形成循环递进的分析和改进模式。获取有效的可靠性数据是该环节的主要难点，应尽可能减少数据删失和数据污染。如果企业希望主动实施可靠性相关的试验来获取数据，那么相关团队必须合理利用资源，因为这些试验往往耗时耗力，且具有很明显的不确定性。在优化产品设计之后，开发团队通常需要重新构建可靠性模型，并通过验证试验来确定产品的可靠性是否得到了提升。

14.4　可靠性验证与加速寿命试验

1. 可靠性验证

可靠性验证是确认产品是否达到预期可靠性的重要手段，在产品完成主体详细设计之后就可以开始逐步实施。与其他验证试验一样，可靠性验证试验（在本节后续出现的验证试验，如无特殊说明，均特指可靠性验证试验）同样肩负着可靠性优化的目的。可靠性验证存在一些显著难点，包括验证时间长、耗费资源多、验证试验的计划与开发计划不匹配、产品优化的过程会严重干扰可靠性等。为了有效实施验证试验，开发团队在早期的项目计划中就应为验证试验预留必要的资源。

验证试验主要以产品有效的工作时间为测量目标，也可以考察产品是否在指定时间范围内正常工作。这使得在验证试验过程中产品的工作环境至关重要。众所周知，产品在不同的工作环境下，寿命会显著不同。就像人的寿命，当社会环境、经济条件、生存压力等因素较差的时候，人的平均寿命就会降低。而验证试验类似于模拟产品真实的应用环境，团队需要通过这种试验结果来评估产品的真实可靠性。

由于产品的应用环境较为复杂，因此在产品设计之初，开发团队就应考虑产品实际的应用条件，并规定产品在该条件下的可用寿命。这些应用条件可能是单一的，也可能是多维度的复合条件。这些环境因素的影响通过应力的形式对产品产生负面作用。之所以称之为负面作用，是因为产品被使用/应用，就是在减少产品的寿命，再优越的应用环境也不可能增加产品的寿命，而只是降低产品寿命的衰减程度。换句话说，恶劣的环境是在加速产品报废，而良好的环境只是使报废时间不会大幅提前。

应力（Stress）是外界环境对产品产生的作用。验证试验正是通过应力的作用来模拟产品在真实环境下的工作状态。通常情况下，所有产品都会被指定应用的标准场景或规格范围，但实际上产品还会存在设计极限、运行极限、破坏极限等多种应用场景或工况，它们应用的应力各不相同，所采用的验证试验方法也各不相同。

验证试验的应力，通常与产品的工作环境或输入作用有关，较为常见的应力包括温度、湿度、电压、电磁强度等。其中，最常见的应力为温度，因为温度对于产品的作用较为温和，不易损坏产品，且相对于其他应力更容易控制。

验证试验具有多种形式。图 14-9 显示了产品在不同应力水平下对应的不同的运行工况，以及对应的验证试验。

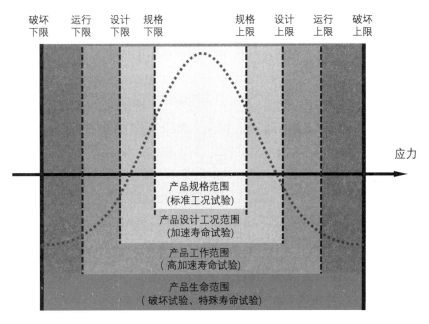

图 14-9　不同应力条件下的验证试验

应力范围根据产品的可用状态被分成了不同的区域，主要有产品规格范围、产品设计工况范围、产品工作范围、产品生命范围。这四个应力范围分别对应不同的试验，这些试验所对应的试验目的也各不相同。

1）产品规格范围

这是产品最舒适的工作范围。通常，这种范围对应的是产品的标准工况。产品在该范围内的寿命最长，或者最接近理论上的可靠性寿命。之所以称其为规格范围，是因为该范围由产品对应参数的规格上限和规格下限的距离决定，是可公开写在产品规格书上的工作范围。例如，产品规格书上提到产品可在–20~40℃范围内工作。

在规格范围内，试验团队进行的试验为标准工况下的验证试验。此类试验不仅包括用于验证可靠性的试验，也包括其他各种验证产品功能与性能的试验。产品的大多数试验均应在此范围内进行。

2）产品设计工况范围

在规格范围外，由产品对应参数的设计上限和设计下限之间构成的区域为设计工况范围。在此范围内，产品可工作，但其工作状态可能产生异常，或者其工作时可能对外界产生不希望出现的负面影响。例如，某散热器产品可在15~40℃范围内正常工作（标准工况）且无显著噪声和发热现象。如果其设计工况范围为10~60℃，那么当环境达到50℃时，该散热器依然可正常工作，但此时可能伴随着较大的噪声和明显的壳体发烫现象。

通常情况下，设计工况范围不会明示给客户，而且都比规格范围大。两者之间的差值区域就是产品性能的稳健性区域。由于客户通常都会指定产品的规格范围，而开发团队不太可能将设计工况范围放得太宽（这常常会引起成本问题），所以在实际应用中，这个区域不会非常宽。

在设计工况范围内，试验团队不仅可完成常规的各种验证试验，而且可以规划加速寿命试验。

3）产品工作范围

在设计工况范围之外，由产品对应参数的工作上限和工作下限之间构成的区域为产品的工作范围。当处于设计工况范围与工作范围的差值范围内时，产品虽然可以工作，但可能出现极不稳定的状态，且随时可能失效。严格来说，产品可承受的应力水平不应超过设计工况范围。多数开发团队不会有意地去规划设计工况范围外的特殊情况，但由于产品个体的差异性，以及应用环境的差异性，工作范围与设计工况范围之间的差值区域是客观存在的。例如，某电子产品的性能与环境电磁强度有关，在规格范围内其最适宜的电磁强度为2.2~3.2安培/米，设计工况范围为1.8~3.6安培/米，而实际的工作范围为1.4~4.0安培/米。那么，当电磁强度降至1.8安培/米时，产品尚可工作，但性能开始下降；当电磁强度降至1.6安培/米时，产品虽可工作，但性能出现异常波动，甚至间歇性停机。

多数企业会测定产品的工作范围，这个数据极有可能是企业的核心机密，不会明示给客户。在产品的工作范围与设计工况范围重合的区域内，试验团队可进行常规试验与加速寿命试验；而在工作范围与设计工况范围的差值区域内，试验团队可进行高加速寿命试验。由于工作范围是极不稳定的，因此运行/工作极限附近的试验极有可能失败。

4）产品生命范围

产品可承受的应力极限范围为产品的生命范围。根据经验，因为产品个体的差异影响极大，所以该范围几乎不可能是一个确定值。对于某一款产品的生命范围仅能确定一个大致的水平。产品的生命范围比工作范围更宽一些，但边界极其模糊。在产品的生命范围与工作范围之间的区域是产品不可工作的区域。在此区域内，产品仅仅是没有被破坏（或没有受到致命损坏）而已。在应力水平进入生命范围与工作范围的差值区域后，产品会进入极不稳定的状态，并随时可能损坏。此时，如果将应力水平放缓至正常水平，那么产品可能恢复正常工作，也可能永久失效。

以人为例。假设人的正常工作生活为人的标准功能，那么在不同的温度下，人体会产生不同的反应。当温度在可接受范围内时（标准工况），人可以正常工作生活；当温度上升变得很热时（设计极限），人体的机能开始下降，出现流汗气短的现象；当温度上升到很高时（运行极限），人体将无法工作，仅保持意识清醒；当温度接近人体极限时（破坏极限），人可能中暑、昏厥、休克。显然，已经中暑、昏厥或休克的人是无法工作的。此时，如果环境温度继续上升，突破人体极限，人将死亡（失效）；而如果将人转移到凉爽的适宜温度环境内（回到标准工况），那么人可能恢复正常状态，也可能死亡（完全失效）或残疾（部分失效）。

试验团队不会在产品的生命范围边缘（破坏极限附近）进行试验，因为此时的试验通常没有太多的实用价值，仅可用作产品研究。这些试验通常包括产品的破坏试验（测试产品极限寿命）、特殊的高加速寿命试验（出于项目进度压力或特殊目的进行的特殊试验）等。产品的生命范围对产品开发来说是非常重要的设计指标，确定了产品的整体可能性范围。

图 14-9 所描述的各个应力范围与相应的试验关系并不是绝对的，实际采用的验证试验形式应根据试验目的进行选择。根据应力水平，产品的生存概率曲线（对应失效分布）大致呈现正态分布的态势，也就是越接近规格范围的产品则生存率越高（失效率越低），越接近产品生命范围的破坏极限则生存率越低（失效率越高）。

如果产品应力的单侧水平为零，也就是应力增长仅单向发展，那么其失效分布曲线将呈现单调下降的趋势。例如，根据经验某产品可使用湿度作为应力，该产品的设计工况是湿度为 40%以下且越干燥越安全，而工作范围在 60%以下，生命范围在 80%以下，那么由于湿度的下限为 0 且该下限处于产品的规格范围内，产品的生存概率曲线会呈现图 14-10 所示的单调下降趋势。在图 14-10 中，生存概率曲线在初始最高，且可能存在一小段几乎不受应力影响的阶段，这是很常见的情况，是产品稳健性的表现形式之一。事实上，在双侧应力的情况下，在生存概率曲线顶部也可能存在这样的平坦曲线，只是不如单侧应力的情况明显。这段平坦曲线的范围（长度）与产品本身的设计、产品的稳健性、产品对应力的敏感性等很多因素有关。那些对应力非常敏感的产品，可能不存在这段平坦曲线。

在验证试验中，可靠性模型依然是最重要的工具，加速寿命试验与高加速寿命试验都是建立在可靠性模型基础上的试验。而加速寿命试验与高加速寿命试验也是可靠性验证过程中的主要试验方法。

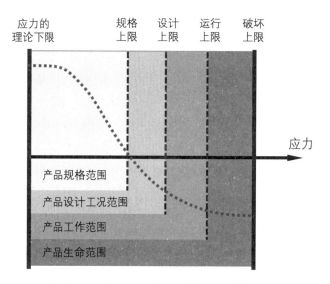

图 14-10　单侧应力对应的失效情况示意图

2. 加速寿命试验

加速寿命试验（Accelerated Life Test，ALT）是在有效的可靠性模型基础上，采用超出常规水平的应力来模拟产品加速应用的环境，以获得可靠性验证数据的试验，且试验基于缜密的统计分析。

绝大多数产品的设计寿命都很长，而市场不可能等待产品在规格范围内完成所有的寿命试验。加速寿命试验的出现就是为了解决这个问题，通过合理的试验设置（采用超出常规范围的应力）来获得试验加速，这样试验团队在较短的时间内就可以获得对产品可靠性的整体估计。

加速寿命试验需要采用超出常规水平的应力水平，这意味着该试验无法在规格范围内完成。加速寿命试验将规格范围与设计工况范围之间的区域作为加速试验的应力范围。加速寿命试验在此区域内相对安全，产品既可以正常工作，试验又可以获得提速。

加速寿命试验对试验的规划、实施、分析都提出了很高的要求。典型地，该试验需要遵循以下步骤：历史数据分析、可靠性建模、应力加载规划、实施试验、加速因子研究。

1）历史数据分析

加速寿命试验无法独立存在，必须建立在一定量的历史可靠性数据分析的基础上。这些历史可靠性数据需要与研究对象紧密关联，而且最好是同一款产品的历史数据。如果不能保证是同一款产品的，那么试验团队需要提供必要的证据证明该历史数据的数据分布与研究对象有足够的相似性。对于全新产品开发，试验团队需要先对样品或早期原型进行必要的研究（常在规格范围内进行一段时间的测试研究），获得相应的基础数据，并加以必要分析。对历史数据分析的主要目的是确定产品大致的生命范围、工作范围等基础指标，同时需要了解产品历史可靠性数据的分布状态，以供后续建模使用。

2）可靠性建模

试验团队在分析历史数据后，可探明产品可靠性数据的数学分布状态。如上一节所介绍的，可靠性最常见的分布为威布尔分布、指数分布、对数正态分布等。如果试验团队探明其对应分布，就可应用该分布进行可靠性模型拟合。如果历史数据显示数据不服从任何参数分布，那么试验团队可采用非参数拟合的方式进行建模，但其精度会低于参数分布的拟合结果。可靠性建模的结果主要有两个用途：一是用于后续加速寿命试验的数据拟合；二是当加速寿命试验无法实施时，开发团队可利用该模型进行统计推演，从而从数学上获得产品可靠性的估计。

3）应力加载规划

试验团队根据规格范围内的应力水平来设计加速寿命试验的应力水平，即设计加速应力。由于过大的应力水平可能直接损坏产品，而且在初步研究时，试验团队不知道产品的运行极限和破坏极限范围，因此贸然使用较大的应力水平进行试验是不合适的做法。

通常，试验团队会逐步增加应力，"小心翼翼"地实施试验。增加应力的形式通常有三种：恒定应力、步进应力和序进应力，如图 14-11 所示。

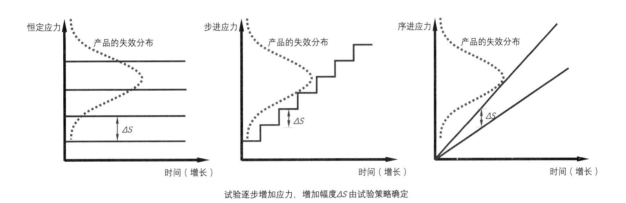

试验逐步增加应力，增加幅度ΔS由试验策略确定

图 14-11　加速寿命试验中不同的应力加载形式

- 恒定应力

试验加载的应力在试验过程中不变，每次以恒定应力完成试验。这是原始的加速试验，简单成熟，易于分析，是应用范围最广的试验。由于每次试验都要从头开始，因此试验效率较低，试验时间长，耗费资源较多。

- 步进应力

试验从较小的应力开始逐步加载，每次提升应力后都保持一段时间，直至完成试验。该试验所需的样本相对较少，试验效率较高。由于试验在不同压力阶段会获得不同的失效数，因此这种类型的数据在数据分析时有一定难度。

- 序进应力

试验加载的应力从零开始，以不同的斜率加载应力，斜率越大，应力增幅越大，直至完成试验。该试验效率很高，是三种加速试验中试验时间最短的。由于序进应力是连续变化的，因此这种应力环境与普通试验环境有差异，这使得试验团队往往要开发专门的测试设备来提供这种序进增量的应力，并且需要有效记录随着序进应力变化时的失效数据。

4）实施试验

试验团队应根据试验目的和产品特性选择加速寿命试验的加速应力，然后实施试验。试验团队应自行选择试验是记录右删失数据还是任意删失数据。通常，在有条件的情况下，建议记录符合右删失数据分析特征的试验数据。由于可靠性试验时间长，且干扰因素较多，因此试验团队应尽量使用自动记录数据的方法和多样本试验的策略，以提升试验数据的准确性。

5）加速因子研究

加速寿命试验的数据分析本质上与可靠性模型分析的原理相同，但表现形式不同。加速寿命试验是通过对加速因子的研究来确定加速试验是否有效的。换句话说，传统可靠性模型分析不存在有效性一说，只要数据正确、计算方式正确，模型分析的结果就是确定的；加速寿命试验则存在失败的可能性，在没有分析加速因子的有效性之前，试验团队无法确定加速寿命试验是否有效。

加速因子是产品寿命特征值在加速应力下与正常应力下的比值，是一个无量纲的数。加速因子被用于评估产品在加速应力的作用下，加速寿命试验的有效性。它是加速应力的函数。

通过前两步已经获得的数据模型，试验团队可以拟合加速寿命试验的数据，并计算出加速因子。加速因子的计算存在多种方式，主要取决于加速试验分析的模型关系。常规的加速关系包括线性加速、自然对数加速、常规加速等。加速因子的计算极具经验主义的特征，即所采用的计算方式在很大程度上取决于开发团队对产品的了解程度和既往经验。有些企业甚至会使用自身总结的经验公式来计算加速因子，这种做法并无不合理之处。

加速因子的表现形式很多。加速因子本身是一个比值，用于衡量加速寿命试验的数学模型与正常应力下的数学模型之间的匹配程度。如果试验获得的加速因子是一个近似常数，那么代表着加速寿命试验的数学模型与正常应力下的数学模型相匹配（拟合线近似平行），此时可认为加速寿命试验是有效的。反之，如果加速因子不是近似常数，而是一个变化明显的数值，则代表加速寿命试验获得的数学模型与正常应力下的数学模型不匹配（拟合线显著不平行），此时加速寿命试验失败。

加速寿命试验的执行过程显示，加速寿命试验是一个风险很高的试验。由于数据类型的特殊性，加速寿命试验的数据模型（包括加速因子等参数）都是非线性变化的。而且加速试验是非规格范围内的试验，不仅试验具有很高的风险和不确定性，而且团队很可能无法在短期内获得有效结论。如果加速寿命试验多次失败，那么将严重打击团队的士气，企业也可能不得不面对高昂的试验成本。

高加速寿命试验（High Accelerated Life Test，HALT）是指基于可靠性模型，采用超出常规水平的应力来模拟产品加速应用环境的验证试验。高加速寿命试验实际上是加速寿命试验的特殊形式，同样采用加速因子来评估加速效果，其原理和分析步骤与加速寿命试验基本一样，但采用的加速应力水平比加速寿命试验更为严苛。高加速寿命试验继承并且放大了加速寿命试验的所有优点和缺点。例如，高加速寿命试验的试验时间更短、风险更高，且极易失败。

高加速寿命试验的难点在于，如何选择合适的加速应力以减少试验失败的概率。高加速寿命试验的应力范围常常在产品的运行极限附近。由于产品在该区域极不稳定，因此试验团队一般会先进行摸底试验去探知运行极限，然后再通过步进应力等方式实施高加速寿命试验。

很少有开发团队在新产品开发的初期就进行高加速寿命试验，因为此时团队需要更准确的产品可靠性数据。高加速寿命试验通常被用于产品后期优化、问题解决等领域。在项目团队的资源不足或急于探知产品寿命极限的情况下，团队也会采用该试验。

破坏试验与其他一些特殊寿命试验是开发团队研究产品的一种手段，通常用于了解产品的极限状态。这些试验对企业深刻了解产品、建立产品失效模式非常有帮助，但由于这些试验成本较高，且通常不是客户指定的交付，因此是否要实施这些特殊试验由企业自行决定。

笔者建议开发团队不要盲目信任加速寿命试验的结果，因为试验具有很大的不确定性，在有条件的基础上，应尽可能在规格范围内实施试验。实证方法往往比统计推演更具有现实意义。

案例 14-5

某电路集成供应商在开发某电路板产品时对该产品的可靠性进行了研究。该产品的规格范围温度是 20~60℃，最佳工作状态的温度为 30℃（设计名义值）。设计团队的初期报告显示，该产品设计工况范围的上限可以达到 80℃，而运行极限（上限）在 110~130℃ 之间，破坏极限（上限）未明确确定。

根据该产品的历史开发经验可知，该产品的寿命数据服从对数正态分布，且适合线性加速模式。本次加速寿命试验采用恒定应力加载的形式，从 60℃ 开始每间隔 20℃ 设置一个独立试验。在试验点达到 140℃ 后，出于安全考虑，最后一个独立试验以 150℃ 为上限。在表 14-3 中记录的都是该产品的失效小时数，每组试验 14 个试验品，在试验中全部失效（无删失）。随着加速应力的水平上升，产品失效的时间越来越短。

表 14-3　加速寿命试验案例数据表

60℃	80℃	100℃	120℃	140℃	150℃
1 091	1 048	303	204	91	4
4 662	607	91	138	131	6
10 860	281	720	64	40	3
1 401	2 593	438	659	171	8
1 164	786	195	96	187	6
3 605	1 885	164	317	36	9
2 325	570	226	79	185	8
7 687	608	1 341	160	47	8
5 972	1 803	480	238	116	7
1 726	847	972	184	99	11
3 630	2 308	326	380	60	7
3 252	716	536	75	126	6
1 841	4 125	588	424	112	8
754	436	547	38	12	9

　　试验团队利用对数正态分布对这些数据进行加速寿命分析，采用线性加速关系，获得了如图 14-12 所示的线性拟合概率图。每组试验都以对数正态分布进行拟合，左侧的拟合线图显示了其拟合优度，拟合线组默认平行，右侧的统计量表中的 AD 值（Anderson-Darling 值）也显示了拟合的情况。根据图 14-12，当温度（加速应力）在 60~100℃ 时，AD 值较小，线性拟合较佳，在此范围的加速模型可被信任。当温度达到 120℃ 时，AD 值开始变大，但在可接受范围内（AD 值没有明确的判定阈值，接受与否由开发团队决定），说明产品已经接近其运行极限。当温度达到 140℃ 时，AD 值陡然上升，从拟合线图上也可以发现试验数据与拟合线之间存在显著差异，所以可以认为在 140℃ 时的加速模型已经不可信任。当温度达到 150℃ 时，AD 值继续增加，而拟合线图显示试验数据已经严重偏离拟合线。同时，再次观察表 14-3 中的 150℃ 时的失效数据会发现，失效时间都非常短，所以基本可以认为产品已经接近或达到破坏极限。

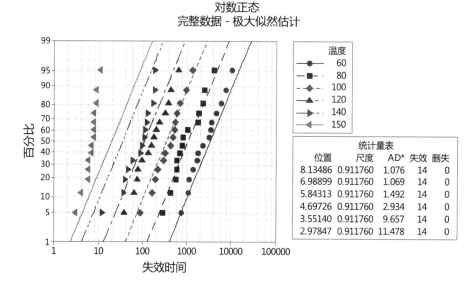

图 14-12　加速寿命试验案例失效拟合概率图

　　在分析加速线性关系的拟合度时，试验团队研究了在不同温度下失效在 50% 分位数（中位数）的失效数据。如表 14-4 所示，这些数据通过拟合计算后获得，与产品原始试验数据的中位数有所不同。

表 14-4　加速寿命试验不同应力下的 50% 分位数对比

百分比（%）	温度（℃）	百分位数（小时）	标准误	95.0%正态置信区间	
				下限	上限
50	50	6 050	1 256	4 027	9 088
50	60	3 411	617	2 393	4 862
50	70	1 924	299	1 418	2 610
50	80	1 085	144	835	1 408
50	90	612	70	488	766

续表

百分比（%）	温度（℃）	百分位数（小时）	标准误	95.0%正态置信区间	
				下限	上限
50	100	345	35	282	422
50	110	194	19	160	236
50	120	110	12	89	135
50	130	62	7	49	78
50	140	35	5	26	46
50	150	20	3	14	27

由于在 120℃ 之后更高的温度试验中所获得的模型不可信任，因此 120℃ 之后的数据无有效参考价值。假设 120℃ 之前的加速寿命试验的模型可信任，那么如表 14-4 所示，120℃ 时的 50%分位数是 110（小时），而 50℃ 时的 50%分位数是 6050（小时），也就是说，按此模型，如果可靠性寿命试验以 120℃ 为应力，若产品寿命的中位数寿命达到 110 小时，就相当于在 50℃ 时，产品寿命的中位数寿命达到 6050 小时。其他工况数据可根据本表类似估计或推算。

14.5　如何评价可靠性设计

可靠性设计是产品开发设计的主要对象之一。在完成产品的可靠性设计之后，开发团队需要对产品的可靠性进行客观评价。主要从两个方面评价可靠性设计的成果：一是产品的可靠性是否满足了客户的预期，二是产品的可靠性相比设计之初是否有显著改善。

满足客户的预期是可靠性作为产品属性的基本要求，虽然产品的可靠性设计费时费力，但只要不满足客户的原始需求，则设计依然是失败的。如果客户没有明确提出产品可靠性的要求，那么企业应制定自身的可靠性要求。有些行业如果存在可靠性惯用标准或成文的行业标准，那么企业应遵守。多数产品的可靠性使用产品寿命（小时或天）或者等同于寿命的耐久性指标作为评价标准，其中，产品寿命多数使用平均失效前时间（MTTF）作为评价指标。很多工业产品在失效后可修复，这些产品也可以使用平均故障间隔时间（MTBF）作为评价指标，或者使用 MTBF 的总和来代替 MTTF。根据经验，很多产品虽然可修复，但其 MTBF 会随着修复次数和产品工作时间的推移变得越来越短，也就是维修频率越来越高，直至无法修复。这些产品维修频率的增加速度（可靠性的衰减速度）也是评价对象。

针对客户需求的可靠性评价是客观的，是产品开发的必要活动，而研究可靠性设计改善效果评价更多的是企业自身的诉求。产品的可靠性研究是企业内部耗时最久的开发活动之一。企业耗费这么多的资源去设计和改进产品的可靠性，出于两个原因：第一，产品的可靠性很难在短时间内达到完美的程度，这是一个长期过程，企业需要获得一些阶段性成果才能确定是否需要长期进行可靠性研究；第二，可靠性设计具有强烈的经验主义色彩，虽然有很多方法论和工具作为支撑，但开发团队实施可靠性设计时可能仍然依靠历史经验和专家判断，因此需要及时评价产品的可靠性设计活动是否有效。

图 14-13 显示了产品初期的可靠性与完成可靠性设计后的可靠性对比。产品的可靠性作为一个重要参数，也有其自身的规格限和设计限。例如，某产品的额定寿命是 5~8 年，但理论上最少可工作 4 年，最多可达 10 年，那么其可靠性额定规格就是 5~8 年，设计规格是 4~10 年。很多产品在设计早期，尤其是刚完成功能验证时，其可靠性非常差，可靠性中位数可能徘徊在可靠性设计下限附近，甚至低于设计下限。此时产品的失效分布不是正态分布，而是一个左偏峰分布。产品的平均寿命集中于设计下限和规格下限处，但有个别产品依然可能具有较高的可靠性。随着产品的逐步优化，失效分布会从左偏峰分布逐步变为右偏峰分布，产品的可靠性中位数会逐步向规格上限移动，移动的程度由可靠性优化的结果决定。如果产品可靠性的中位数集中于规格上限附近，那么说明大多数产品可以达到设计的理论可靠性上限。虽然前期会有一些失效产品，但不会影响产品的整体寿命。通常，可靠性优化后，可靠性的中位数不会超过设计上限，否则就是一种过度设计。企业可能承担不必要的设计成本，而客户不会为此买单。失效分布的偏度变化可作为可靠性设计有效性的主要评价指标。

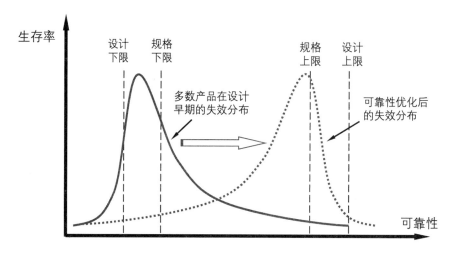

图 14-13　产品可靠性在设计前后的对比

开发团队不仅可以根据可靠性验证试验的失效分布来评价可靠性设计的成果，也可以采用故障树分析以及失效模式与效果分析（FMEA）来评价可靠性。

故障树分析（Fault Tree Analysis，FTA）是一种通过逻辑框图进行系统可靠性分析的方法。在故障树分析中所使用的逻辑框图即故障树，该故障树对造成系统失效的各种因素进行分析，绘制出它们之间的逻辑关系，通过布尔运算来计算各种失效可能发生的方式和概率，并据此采取改善措施以提升系统的可靠性。故障树分析不仅可以进行定性分析，确定失效发生的根本原因，而且可以进行定量的概率计算，所以在可靠性设计优化后，开发团队即可进行故障树分析，并根据各组件的失效率来预测系统的可靠性。故障树分析和可靠性框图可结合在一起使用，以获得更准确的可靠性预测。

　　沿用案例 14-1 的设计，以及图 14-6 的可靠性框图，可以获得图 14-14 所示的故障树。图 14-14 显示了从可靠性框图等效转换成故障树的对比图，图中仅罗列了两种布尔运算：或门和与门。更多布尔运算的内容请读者自行查阅相关资料。在故障树里，故障事件一般称为顶事件，它由各个事件和相应的底事件构成。

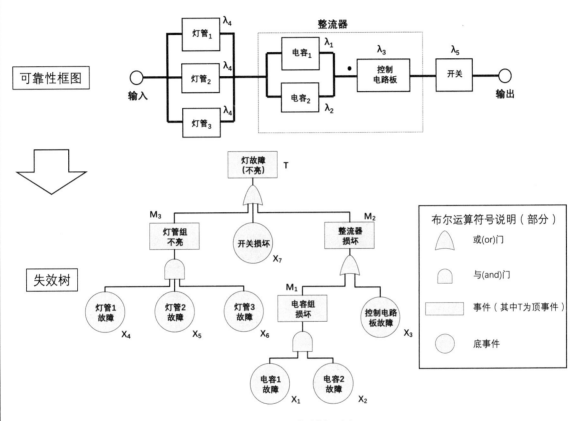

图 14-14　故障树示例

　　故障树通过布尔运算来计算各个事件可能存在的概率。失效发生的概率与失效率有关，但两者并不等同。例如，在本例中如果各底事件发生的概率不同，假设 X_1 的失效概率为 0.05，X_2 的失效概率是 0.03，X_3 的失效概率为 0.02，X_4、X_5 和 X_6 的失效概率都是 0.04，X_7 的失效概率为 0.02，那么我们可以计算顶事件（灯不亮）的发生概率，如下所示。

　　（1）根据布尔运算的基本规则，计算顶事件的最小割集。割集即故障树的若干底事件的集合。如果这些底事件都发生，则顶事件必然发生，最小割集即被简化至最简单的割集。

$$M_1 = X_1 \times X_2 \qquad M_2 = M_1 + X_3 = X_1 \times X_2 \times X_3 \qquad M_3 = X_4 \times X_5 \times X_6$$

$$T = M_2 + M_3 + X_7 = X_1 \times X_2 \times X_3 + X_4 \times X_5 \times X_6 + X_7$$

　　（2）顶事件发生的概率即各个事件的概率之和，遵循下列公式：

$$P(\text{T}) = \sum_{i=1}^{n} P(\text{X}_i)$$

那么，顶事件的发生概率：

$$P(\text{T}) = P(\text{X}_1)P(\text{X}_2) + P(\text{X}_3) + P(\text{X}_4)P(\text{X}_5)P(\text{X}_6) + P(\text{X}_7)$$

（3）将所有的失效概率带入上式，可获得顶事件的发生概率：

$$P(\text{T}) = 0.05 \times 0.03 + 0.02 + 0.04 \times 0.04 \times 0.04 + 0.02 = 0.041564$$

也就是说，该产品故障的发生概率大约为 4.2%。

失效模式与效果分析（FMEA）在产品经过设计优化后，对产品进行新一轮的评估。无论是设计（DFMEA）还是过程（PFMEA）的失效模式与影响分析，开发团队均需要评估设计优化后是否出现新的可靠性风险，以及对于既有的产品失效是否有明显改善。失效模式与影响分析虽然是定性分析，但可以帮助团队理解产品的整体风险，避免产品遭遇毁灭性的可靠性事件。

可靠性模型和模型预测结果在评价产品可靠性时将起到很好的参考作用。如果开发团队具有足够的经验或具有足够的证据来信任模型的预测结果，那么这些结果可作为可靠性设计优化的有效结论。但由于可靠性数据受到污染的可能性很大，或者有时开发团队出于某些原因并不信任模型的预测结果，那么开发团队可采用时间序列来分析产品的可靠性。

时间序列（Time Series）是一种应用极为广泛的分析和预测工具，几乎可以用于所有具有有序量化数据的预测分析。时间序列分为两种：第一种是折线图，这种图属于描述性统计的范畴，不具备计算和预测分析的功能；第二种是可预测的时间序列分析，该分析应用高阶统计方法，通过数据的自回归等分析来获得时间拟合曲线，并据此对未来形成预测。当产品的可靠性分析陷入僵局或无可用数学模型时，如果被测样品的可靠性数据具有有序的时间属性，那么可以采用时间序列进行分析。时间序列的预测分析精度不高，不可盲目采用，仅在开发团队山穷水尽无法有效分析试验数据时可以尝试该方法。

可靠性设计对于企业来说是一项长期任务，忽视可靠性设计的企业迟早会为此付出代价。由于可靠性设计很大程度上依赖于开发团队的经验，因此很难用统一的标准来衡量可靠性。企业多数情况下需要寻找适合自身产品特点的经验数据作为长期评价标准。加速寿命试验等数据、加速的有效性判断，以及加速因子或加速应力的研究和评价都是企业的核心技术秘密之一，企业需要谨慎对待。

案例展示

星彗科技的桌面便携清洗机要求满足 1 500 次循环的耐久性测试，其电路系统满足在自然状态下（环境温度为 25℃）2 000 小时的可靠性寿命。设计团队针对电路系统的可靠性进行了研究。

星彗科技寻找了历史同类产品的可靠性测试数据。表 14-5 显示了 30 件样品的可靠性测试数据。

表 14-5 可靠性历史数据（产品失效时间）

1 633	1 711	1 946	1 622	1 539	1 651
1 592	1 674	1 713	1 583	1 722	1 620
1 734	1 562	1 622	1 677	1 543	1 569
1 629	1 577	1 531	1 704	1 672	1 573
1 399	1 485	1 509	1 666	1 645	1 601

根据表 14-5 的数据，设计团队进行了数据分布分析。图 14-15 为常规数据分布的拟合分析。其中，左上角的表显示了数据与各分布的拟合优度，根据该表，团队认为历史数据服从对数逻辑（Logistic）分布；右上角的表是依据对数逻辑分布所分析得到的结果，显示了产品的平均寿命大约为 2 121 小时，而产品在 2 000 小时左右的生存概率约为 92%（估计值）；下方图显示了可靠性模型分布的其他相关参数。

分布拟合优度

分布	Anderson-Darling（调整）
Weibull	2.059
对数正态	0.831
指数	12.544
对数 Logistic	0.646
3 参数 Weibull	1.064
3 参数对数正态	0.79
2 参数指数	5.713
3 参数对数 Logistic	0.612
最小极值	2.333
正态	0.893
Logistic	0.68

依据对数 Logistic分布获得的分析数据

			95.0% 正态置信区间	
	估计	标准误	下限	上限
均值（MTTF）	2121.74	15.74	2091.11	2152.82
标准差	91.08	14.03	67.35	123.18
中位数	2119.79	15.72	2089.20	2150.83
下四分位数(Q1)	2065.44	17.42	2031.58	2099.87
上四分位数(Q3)	2175.57	18.27	2140.05	2211.68
四分位间距(IQR)	110.13	16.90	81.52	148.77

		95.0% 正态置信区间	
时间摘录 (Time)	概率	下限	上限
2000	0.921326	0.817077	0.968456

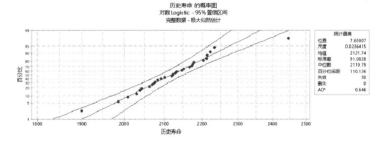

图 14-15 历史可靠性数据研究

由于已经获知历史数据服从对数逻辑分布，因此设计团队决定直接进行加速寿命试验来研究本次设计的产品寿命。试验设置主要依据电路中的主要元器件（电容）的运行极限范围来决定，加速因子采用试验温度，温度分别设为 80℃、100℃和 120℃。因样品数量限制，每个温度下试验 15 件。在加速试验中，这些样品全部失效并被记录相应的失效时间。试验数据如表 14-6 所示。

表 14-6 加速试验数据表

80℃	1 688	1 963	2 571	2 122	1 780	2 296	1 006	1 243	1 626	1 693	1 960	2 689	1 646	829	3 668
100℃	1 102	1 418	603	542	1 243	3 449	1 127	3 132	1 543	1 280	1 580	2 406	330	672	1 545
120℃	490	956	946	672	726	1 345	741	809	1 342	717	563	490	631	1 026	1 425

　　设计团队依据试验数据进行了加速寿命试验分析。试验根据对数逻辑分布使用线性拟合，分析结果如图 14-16 所示。在图左上角的拟合线分析中，当温度为 100℃ 时的拟合情况稍差，但团队在查看相应的 AD 值之后发现，几个温度下的拟合情况均可接受。另外，结合图右上角的百分位数分析，团队认为在不同温度加速情况下获得的数据未出现显著的失拟情况。因此，团队在此可靠性模型的基础上，对产品在自然状态下（环境温度为 25℃）的可靠性寿命进行了评估，相应分析显示在图下方的分析表中。分析显示，在 25℃ 时，产品可靠性寿命达到 2 000 小时的概率约为 98.4%，达到 2 500 小时的概率约为 96.2%，这符合产品开发的预期需求。

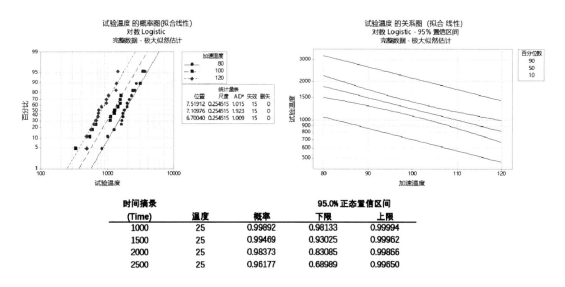

| 时间摘要 | | | 95.0% 正态置信区间 | |
(Time)	温度	概率	下限	上限
1000	25	0.99892	0.98133	0.99994
1500	25	0.99469	0.93025	0.99962
2000	25	0.98373	0.83085	0.99866
2500	25	0.96177	0.68989	0.99650

图 14-16　加速寿命试验分析

第15章

工业设计

15.1 工业设计的分类

工业设计的概念最早由美国艺术家约瑟夫·西奈尔提出，至今已经有百年历史。约瑟夫并不是产品设计大师，他最初也只是将工业商品的图片称为工业设计，但很快人们开始接受工业设计这个概念，并将其作为产品设计的重点关注对象。

工业设计（Industrial Design，ID）是指以产品工程学、美学、经济学等多种学科作为基础对工业产品进行设计的方法。与传统产品设计的区别在于，工业设计更注重产品与用户之间的交互形式，如产品的外观设计、产品的使用效率、用户的感官感受、人机交互界面等方面的设计效果。

工业设计与产品的感知质量有很大关系。在多数人的印象中，一提到工业产品，人们第一反应就会联想到"笨重""粗糙""丑陋"等词汇。显然，这些印象对于人们接纳这些工业产品是不利的。但今天，绝大多数产品都属于工业化的产物，都属于工业产品。因此如何改变人们对于工业产品的负面联想是产品开发的工作之一，也是工业设计得以蓬勃发展的基石。产品的感知质量目前也是产品的常见基本需求之一。

广义的工业设计包括产品设计、环境设计和传播设计等。

1. 产品设计

产品设计是产品的基本设计，是实现产品基本功能和属性的主要设计，包括界面设计、外观设计、机械设计、电子硬件（含电路）设计、软件设计（含控制系统设计）、产品应用设计、包装设计等。从较为宽泛的角度来看，与产品功能有关的基本设计都属于产品设计的范畴，也都属于广义工业设计的领域。但由于机械、电子、软件等设计过于专业，且传承已久，因此这些产品设计已经与工业设计明显剥离开，成为独立的学科。本书前面多个章节介绍的产品设计方法主要针对的是这些产品功能与性能相关的开发与设计方法。

2. 外观设计

严格来说，外观设计是产品设计的一部分，但由于当今社会中产品的多样化，很多工业设计师都把精力倾注于产品的外观设计和界面设计，以帮助产品更容易获得客户的青睐。这种现象导致在很多情况下人们误以为工业设计就是外观设计或界面设计，所以今天狭义的工业设计特指外观设计和界面设计。

3. 环境设计

环境设计是产品与外界环境交互形成某种关系的设计，也包括那些以整体具体规划为产品的设计方案。环境设计包括产品应用环境设计、建筑设计、空间布局设计等。几乎所有工业产品都只在一定的场景下被应用，所以设计产品本身的同时，开发团队也需要考虑产品的应用环境。设计符合产品应用场景的设计即环境设计。另外，有些无形产品（如布局方案、产品间相互关系）的设计也被认为是环境设计。在环境设计中，人往往已被视作产品或设计的一部分，所以环境设计应关注人与环境之间的相互作用。

4. 传播设计

传播设计是指为了使产品得到更好的推广而形成的设计，包括平面设计、广告设计、演示动画设计、展示设计等。传播设计是目标产品之外的辅助设计或附加设计，是原产品的衍生物，也可被视为独立的产品设计。传播设计主要以提升产品的市场知名度、以拓展产品市场的深度和广度而进行的设计。宣传产品是传播设计的主要目的。

工业设计是多学科综合的产品，事实上，除上述这些典型设计外，还有更多的衍生设计，如工业设计管理、企业形象设计等。

工业设计是建立在产品基本设计基础上的附加设计。产品的三重价值属性包括产品的核心价值、辅助价值和附加价值。产品的基本设计是为了完成产品的主要功能，并满足一系列基本性能要求。这种基本设计只满足了产品的核心价值和部分辅助价值。工业设计则主要针对产品的附加价值。通过工业设计，设计团队不仅使产品变得更加美观、实用、易用，而且可以大大提升用户的购买欲望。好的工业设计甚至可以将产品设计成杰出的"艺术品"。

在产品开发过程中，工业设计扮演着重要角色。产品最初的高水平概念设计就是工业设计的初次体现。开发团队在开发早期依据非常模糊的设计逐步细化，最终形成了产品的具体形态。图 15-1 显示了产品从最初概念到逐步具体化的过程。产品具体化的过程从高水平概念设计到低水平概念设计、到架构设计、到高水平详细设计，最终细化到低水平详细设计。这个过程是产品从抽象到具体的过程。在产品完成最终的细化设计之后，团队依然可能为了市场需要而进行必要的外观设计，以达到提升产品吸引力的目的。

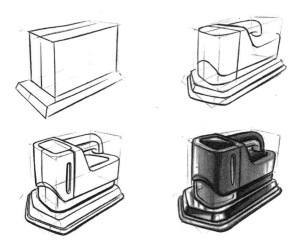

图 15-1　产品设计的具体化过程

工业设计是一个非常宽泛的概念，所以很难定义产品上的特征是不是工业设计。而产品的类型千变万化，对应的工业设计也各不相同。实物类产品和非实物类产品的工业设计也存在显著差异和倾向性。今天，很多实物类产品的工业设计特指产品的外观设计，而非实物类产品中，软件类产品的工业设计集中于界面设计，服务类产品的工业设计则聚焦于传播设计。

在过去的许多年中，产品的外观设计和界面设计的影响越来越大。在很多场合下，外观设计和界面设计成为工业设计的代名词。虽然这是一种片面和错误的看法，但确实反映了外观设计和界面设计在工业设计中的重要位置，所以后续章节我们将着重介绍实物类产品的外观设计与界面设计。与软件类产品相关的界面设计将在本书的特别篇中介绍；而环境设计和传播设计是原产品的衍生设计，与原产品自身的设计关系相对疏远，其更接近于纯商业艺术的范畴，故不再展开。

15.2　工业设计与工程设计的区别

在工业设计的早期，工业设计的概念非常模糊。很多人都在尝试理解工业设计与产品设计之间的关系。实际上，如果今天从广义工业设计的角度来看，产品设计也是工业设计的一部分，但由于产品设计的范畴非常大，因此将两者包含在一起研究是不合适的。为了有意区分产品设计和工业设计，人们提出了工程设计的理念。

工程设计是指产品实现预期功能与性能的基本设计。为了与工业设计有所区别，这里的工程设计不包含为了提升产品商业价值和使用便利性等目的所做的外观设计等内容。在第 10 章中提到的实物类产品的详细设计就是部分工程设计的主体内容。

工业设计和工程设计有大量交叉和重合的领域，但由于出发点和目的的不同，工业设计（此处及本节后文均指狭义的工业设计）和工程设计无论是内容上还是关注点上依然存在显著差异。表 15-1

显示了工业设计与工程设计的显著差异。

表 15-1　工业设计与工程设计的差异

	工业设计	工程设计
关注点	关注创新，以及产品市场与产品自身价值的关系	关注产品核心价值、功能和性能、产品的实现方式（包括生产与过程）
使命	解决产品与客户之间的关系问题，包括直接接触与间接接触过程中客户对产品的使用感受、心理冲击、感知质量等	解决产品自身的实现问题，尤其是产品如何满足客户需求，如何满足产品的核心功能。重视产品开发技术，并通过技术手段解决产品内部物与物之间的矛盾问题
思维导向	在不影响产品核心价值的前提下，尽可能提升产品的市场价值。应用具有突破性的设计思维来获取更多的市场细分或客户份额	注重解决工程技术问题，以实现产品的基本形态、交付实际产品为第一要务。设计过程以工程思维为导向，以解决问题为主
设计目标	以提升客户体验为最初目标，从而获取更多客户，进而实现企业的额外收益	以实现产品功能为主要目标，致力于将产品实质化，并具有一定程度的可靠性
设计特征	在涉及产品功能的设计区域内同样强调理性设计、科学的公式计算和理论分析。与客户交互的非核心功能设计则可能非常感性，常将设计师的主观感知作为设计依据	设计将大量具有科学依据的公式和计算作为基础，理性地实现产品构建，绝大多数特征与指标可测量和统计
目标群体	具有购买能力和购买意愿的潜在客户，以及具有使用欲望但摇摆不定（未决定使用）的潜在客户	产品的生产、加工、制造等所有后续参与产品实现的人员，以及使用本产品的实际客户
发展趋势	注重产品的视觉感受和使用体验，追求产品外观或应用形式上的突破。外观新颖性和独特性是设计师主要追求的对象	追求产品设计和实现方式的简洁程度，在功能不变的情况下，追求降低成本的一切可能性，并尽力提升产品的可靠性。在面对实现复杂功能时，设计师应采用先进的工程技术来集成设计与开发产品

工程设计是产品设计的基础，也是实现产品功能的基本方式。没有工程设计，产品无法成形，也就无法被称为产品。工业设计可以体现在工程设计中，也可以单独表现。工业设计并不是工程设计的附加物，因为提升产品商业价值也是产品市场属性中的基本要求。

工程设计在产品开发过程中扮演着非常严肃的角色，因为工程设计依赖于大量的工程计算，其背后的机理是各种学术理论的应用。今天，几乎绝大多数产品所在行业在产品开发过程中都制定了各种标准来规范产品开发的过程，这些标准针对的都是工程设计。这些标准要求产品的关键功能或性能参数的开发设计过程具有稳健的理论依据和试验验证数据作为设计佐证。尤其是那些与客户安全有关的产品，如医疗器械、汽车、家用电器等产品，都需要保证具有完整的设计数据方可上市。这些标准是牢不可破的，这就意味着产品设计师在设计与开发过程中，必须恪守这些设计标准。由于大量的产品原材料是类似的，而常见的设计原理和加工工艺也相对有限，因此在各种条条框框的限制之下，很多工程设计并没有太多可发挥的余地，导致很多工程设计出的原型产品都非常类似。

另外，根据产品开发的过程特点，在设计早期，设计师不会规划过于复杂的产品构造而仅仅致力于快速制作出样品，因此采用最简单的产品结构来实现产品往往比工业设计更为重要。这也就是为什么很多工业产品在早期阶段都会给人以笨重、难看、灰头土脸的印象。实际上，这些毫不起眼的产品满足了客户对产品的基本诉求。

工业设计则可以弥补呆板的工程设计带给客户的负面印象。如果工程设计是理性的，甚至是不近人情的，那么工业设计是感性而富有人情味的。工业设计虽然会兼顾一些理论计算，但从表现形式来看，则把主要精力放在了与客户体验有关的方面。客户主要通过视觉和触觉来感知产品，所以工业设计主要针对这两种感觉来实现设计目的。

从视觉上，工业设计强调采用有针对性的色彩或图案以及独特新颖的造型来吸引客户。很多研究表明，一些特定人群对某些颜色会存在普遍意义上的偏好。例如，年轻少女可能倾向于偏爱粉红色，而同龄的年轻小伙子会选择青色或浅蓝色；小孩子可能喜欢暖色系，而老人更倾向于深色系等。虽然偏好因人而异，但在普遍意义上这给了设计师一个很好的选择依据。而独特新颖的造型则利用了客户的猎奇心理，以达到驱使这些潜在客户选择相应的产品（工业设计）的目的。虽然很多事实证明，一些过于独特或新颖的造型使得产品并不是那么易于使用，但是从商业角度来看，这些造型设计依然可以为企业带来丰厚的收益。

从触觉上，工业设计强调产品的易用性。客户往往通过肢体（尤其是手）来接触产品，那么与客户身体接触的位置、接触的形式就是工业设计的主要研究对象。很多客户对产品表面是敏感的，甚至可以对材料表面做出优劣的判断（尽管这种判断常常不准确，因为客户对产品的原材料和加工过程并不了解）。例如，客户在触摸到木制产品表面的时候会评价木纹面是否平整、手感是否顺滑等。从易用性上，工业设计则要求设计师对人体工学非常了解，因为产品与客户之间是通过这些人体工学的知识发生作用关系的。例如，桌子的高度通常为 70~85 厘米，单扇门的宽度通常为 85~95 厘米等。设计出易于客户使用的产品会大大提升客户的满意度，这常常是驱动客户接受产品的最直接方式。

相比工业设计在视觉和触觉上的表现，工程设计虽然也可以做出努力，但由于侧重点的不同，在这些方面的贡献远不如工业设计。我们可以认为，成熟的开发团队或成熟的设计师在工程设计的早期就兼顾工业设计的诉求，但鉴于产品开发的特点，不太可能在早期就完成工业设计。而今天，很多产品的市场需求开始出现了"返璞归真"的现象，即客户可能不再喜欢花里胡哨的产品外观，而青睐于那些接近于产品原材料的自然状态的设计形式。例如，人们在选择木制家具时，无须生产商给家具刷带有颜色的油漆，而希望直接使用原始的木纹作为可视表面；又如，人们选择不锈钢餐具时，无须生产商对餐具做过多表面装饰，而希望直接使用不锈钢原本的色泽。这些诉求降低了工业设计的需求，使得产品在工程设计阶段就可以直接获得一些较好的市场反馈。

由于产品的构架复杂，很难简单界定在产品设计过程中哪个设计是工业设计或哪个设计是工程设计。由于（狭义的）工业设计主要是在产品外观等与用户发生交互的界面上，相对地，工程设计似乎被工业设计"包裹"在了产品内部，因此从某种意义上，工业设计和工程设计把产品设计分成了内外两种设计。对于工程设计来说，设计本身是一个相对封闭的内在机体（产品核心功能区），受到的外界干扰较小，而且产品的核心功能是不可动摇的。对于工业设计来说，这种内外设计之分对其设计形式和设计方法产生了巨大影响。工业设计需要处理好自身与工程设计之间的关系，并且努力实现工业设计的基本目标和价值。

工业设计和工程设计的关系非常紧密，本质上同宗同源。在产品设计与开发的方法论发展的过程中，两者逐渐分离并形成自己独特的领域。但从目前来看，两者的边界不仅日渐模糊，而且相互融合，有归于一统的趋势。对于设计师来说，在不久的将来，不仅需要完成产品基础的工程设计，也需要完成必要的工业设计，或者对两个设计合二为一。

15.3 外观设计和界面设计

1. 外观设计

外观设计在实物类产品的设计与开发过程中扮演着重要角色。在很长一段时间内，人们在设计实物类产品时总是混淆了工业设计与外观设计。其实这是两个不同层级的概念。外观设计是产品的外在展示形式的设计，以产品的艺术性、易用性和提升商业价值为主要目标。它是工业设计的一部分，但基本不涉及产品的核心功能，仅关注产品外在的表现形式。工业设计则关心产品的功能和性能如何更好地表现在人们面前，外观设计是其中一种重要的表现形式，但不是全部的表现形式。在工业设计中，外观设计为了产品核心功能和性能服务，不可能也不允许因外观设计的便利性而对产品核心功能和性能产生负面影响。

外观设计主要完成两个层面的设计，分别是对内设计与对外设计。

1）对内设计

对内设计是产品外观部件与产品内部零部件之间的关系设计。在这个层面上，产品被分成内部零部件和外观部件两部分。所谓内部零部件，并非指物理意义上的内部，即并非指产品内部的零件，而是指实现产品基本功能的核心部件。有一部分内部部件也有可能暴露在产品表面，如电视机显示屏，显示屏是电视机的核心部件，也是提供主要功能的部件，它一定暴露在产品表面，但从属性上，显示屏属于内部零部件。外观部件则指主要承载外观展示或人机交互作用的部件。这类部件可能具有一部分产品核心功能，也可能只提供纯粹的外观展示或外壳保护功能。

在很多产品实例中，内部零部件和外观部件的界面变得很模糊，或者人们很难严格区分什么是内部零部件、什么是外观部件。事实上，这种情况具有两面性。从产品稳健性的角度来说，减少零部件的数量总是好的（见第16章），但从外观设计的角度来说，可能会大大提升设计难度。

图 15-2 显示了产品内部零部件和外观部件之间的关系。左图（蓝牙音箱产品）显示了内部零部件与外观部件完全分离的设计示例。这种设计形式的内部零部件实现了产品的所有核心功能，而外观部件仅仅实现保护和装饰的作用。右图（鼠标产品）显示了内部零部件与外观部件结合在一起的设计示例。在这种设计形式中，不仅产品的部分部件的内部特征承载着产品的核心功能，而且外部特征还要实现产品的外观设计。这两种设计形式并不存在优劣之分，对于复杂大型产品，采用前者（内外分离的设计形式）居多，因为这便于产品的组装、维护和升级；对于简单小型产品，采用后者

（内外部件集成一体）居多，此时产品结构变得更简单，也更有成本优势。

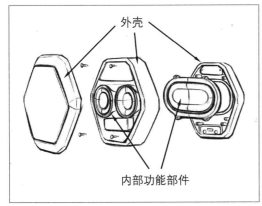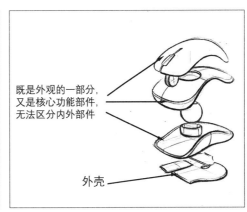

图 15-2　产品内部零部件与外观部件之间的关系

2）对外设计

对外设计是产品外观与客户之间的交互设计。产品通过对外设计将产品与客户联系起来。这种联系可以是直接的，也可以是间接的。在绝大多数情况下，客户以直接接触的方式与实物类产品产生关系，这就是直接联系。而客户从视觉或其他感觉来感知产品时，这就是间接联系。根据产品与客户之间的联系方式，产品的外观面可以被分成三大类，分别是可直接接触面、非直接接触面或潜在接触面、不可接触面。对外设计与产品的界面设计强相关。

（1）可直接接触面。可直接接触面是产品外观设计最重要的部分，这是客户可直接接触产品面，这些面的品质直接决定了客户对产品的评价。可直接接触面的表面处理等级比另外两个类别的接触面更高，需要保证客户在触觉上安全且舒适，从视觉上提升产品的吸引力。所以，凡是被定义为可直接接触面的外观面通常不允许有任何毛刺，需要对这些接触面进行必要的表面处理，以提升产品的触感（舒适感）由于可直接接触面通常都是产品的外表面，是直接暴露在客户面前的外观面，因此该类面也是产品外观设计的主要对象。

（2）非直接接触面或潜在接触面。非直接接触面或潜在接触面通常不是直接面对客户的外观面，如产品背面、底座面等。这些界面通常具有两个特征，要么客户无法直接看到，要么客户无法直接触摸到。非直接接触面或潜在接触面依然是客户可接触到的外观面，只是接触形式是非直接接触或接触频率非常低。这类外观面通常要保证一定的安全性，因为客户安全是第一位的，不能因为接触频率低，就忽视这些面的表面处理形式。在设计产品时，这些面上同样不允许有毛刺等潜在伤害客户的特征存在。虽然非直接接触面或潜在接触面很可能不是产品的直接可见面，无须进行过于复杂的外观设计，但仍要保证一定的美观性。总体来说，这类外观面的整体要求与可直接接触面类似，但性能等级等方面可以低于可直接接触面，典型地，表面粗糙度等指标可以低一些。

（3）不可接触面。不可接触面通常不是产品的直接外观面，或者是产品外部的但无法直接接触到的面。不可接触面仅在特定的情况下才会被客户或产品维护人员接触到。例如，打字机内部色带的安装支架、各类电器的电池舱组件等。只有在打开产品、日常维护、升级维修等特殊情况下，这类外观面才可能被接触到，所以其美观性不是最主要的，通常保持在最低水平即可。由于该表面依然有可能被客户或产品维护人员接触，因此其表面依然要适当设计，以确保人员的操作安全。不可接触面的表面处理度保持在可接受的最低水平即可。

不少企业为匹配上述三种外观面，分别使用 A 级面、B 级面和 C 级面来对应，即 A 级面对应可直接接触面，B 级面对应非直接接触面或潜在接触面，C 级面对应不可接触面。这种分级有利于企业分配不同的设计资源。显然，由于 A 级面的表面要求最高，因此所用的设计资源也最多，而 B 级面和 C 级面的要求可适当放低，这可以大大减轻开发团队的负担。继续使用图 15-2 的产品设计。图 15-3 显示了这两个产品典型的 A 级面、B 级面和 C 级面的设计分类。可以看到，外观面通常都是 A 级面，而不太可能触及的内部表面或不常接触的外表面被定义成了 B 级面，内部几乎不会被触及的面被定义成了 C 级面。对于一体式设计（不可拆卸）的产品，除外观面是 A 级面外，几乎没有 B 级面，而由于产品不可拆卸，因此内部表面几乎都是 C 级面。

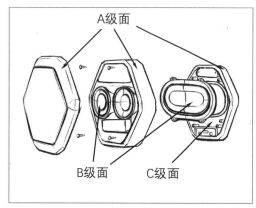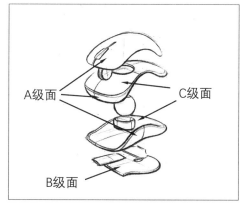

图 15-3　产品各级接触面的分类示例

在早期的产品开发计划中就应规划产品的外观设计，以避免在产品开发的中后期出现功能冲突的情况。与产品外观设计相关的指标在多数情况下并不是产品的核心目标，但也是产品应实现的功能或性能之一。如果为了实现产品外观设计而影响到产品的核心功能或性能，那么这是产品开发绝不可接受的情况，但事实上，出现这种功能冲突的情况并不在少数。

典型地，如果在产品前期工程设计时仅仅考虑了核心组件的物理尺寸，那么工程设计一旦定形，后期再考虑外观设计，就可能没有足够的空间来完成设计。虽然在产品后期依然可以设计升级，但这样的变更设计可能要付出极大的代价。如果由于规划不当，发生产品外观设计与产品核心功能设计冲突的情况，那么开发团队需要优先保证产品核心功能不受影响。为了产品外观设计而变更产品核心设计，甚至出现核心功能倒退的情况，是绝对不允许的。

2. 界面设计

界面设计是外观设计中的特殊分类，常常被人们单独作为研究和关注的对象。

界面，也称人机交互界面，是用户与产品发生"对话"的直接窗口，用户通过界面来操作、使用、影响产品。界面设计是设计完成该对话窗口的特殊设计。实物类产品和非实物类产品都存在相应的界面设计。这里分享实物类产品的界面设计，软件类等非实物类产品的界面设计在特别篇中分享。

　　界面设计与产品的接触面等级有关。在绝大多数情况下，界面设计都是用户可直接接触面或直接可视面，所以界面设计是外观面设计中的特殊情况。与一般的外观面设计不同的是，（人机交互）界面不仅要满足产品内部零部件的保护和展示功能，而且要提升用户的使用感受，提升产品被应用的便利性。因此界面设计就非常重视美学和人体工学这两个学科的应用。

　　美学，顾名思义，就是人类对审美关系的一种活动研究。这是一门思辨和感性的学科。在工业设计中，设计师在设计产品外观时，需要考虑产品可接触面或可视面对用户的感知质量。这种感知质量主要以用户的视觉感受为主要判断标准。由于人们对于美的定义差异很大，几乎不存在统一的标准来衡量什么是美的，反之亦然。在界面设计时，设计师应尽可能采用多数用户认可的美观标准，或者符合大众审美标准的设计，以提升产品的美观程度。美学性能通常是产品的附加性能，不对产品本身的功能产生影响（除了一些核心功能与色彩强相关的产品）。符合美学性能的产品在产品推广时有巨大优势，所以设计师在产品成本和开发资源允许的情况下，要尽可能提升产品的美学性能。但要注意，产品的美学性能设计要与产品自身的定位和特性有关。例如，用于正式场合发表演说的服装就不太可能采用过于丰富的色彩。美学与传播设计息息相关。图 15-4 显示的两张图是同一个产品的不同设计。显然，左侧的设计在美观性上不如右侧的设计，而在产品核心功能上两者没有差异。

图 15-4　具有普遍认知的美观性差异

　　人体工学主要研究人在特定的工作环境中受到多种因素的影响与对象之间所发生的相互作用，其主要目的是根据人体的特征来提升相互作用的效率。在工业设计中，人体工学的影响极大，产品对用户（人体）的影响足以成为产品的关键需求。所以开发团队除了完成产品的核心功能，还应将人体工学的影响作为外观设计时的关键因素，必要时，应根据人体工学的要求增加必要的产品特征。人体工学常见的关注特性包括产品的易用性、使用安全性、维护便利性、界面新颖性等。

1）产品的易用性

　　在多数情况下，用户通过触觉来感知产品和操作/使用产品，因此需要考虑产品的界面来提升用户的感知性能（触感）和操作便利性。例如，一个水杯，当手握水杯的时候，用户不仅希望触感是光滑舒适的，而且希望水杯的形状便于手握。细致的设计师甚至会根据用户的性别和年龄来设计适合不同用户的手握特征。为了提升产品的易用性，必要时，需要改变产品的外观特征，甚至增加特征。例如，鼠标的内部结构非常简单，在对内设计时，鼠标内部核心部件可以被设计成任意满足功能要求的形状，但在进行外观设计时，由于鼠标的外观面是产品与用户之间的界面，因此需要考虑用户手握的形态，并将鼠标的外观面设计成相应的形态。此时，内部零部件的布局和构建就有可能发生改变（如果开发前期考虑了工业设计的要求，那么后期不会出现此变更），或者产品对外设计时需要增加一些特征或材料来匹配界面设计的需求。

2）使用安全性

在任何情况下，产品都不可以对用户的安全产生负面影响。由于界面是客户可接触面，因此在界面设计中，必须保证产品界面没有任何伤害用户的潜在风险。所谓伤害，是指实质性伤害，并不一定是直接物理伤害。例如，金属餐具产品的表面不允许有任何尖锐特征（刀叉类产品必须拥有的基础功能除外），否则会对用户的手、嘴或其他部位造成伤害，此时的伤害为直接物理伤害。同时，在这些金属餐具产品的材料中不可以存在有害有毒物质，如高比例的铅和汞等成分。因为如果这些有害有毒物质通过产品界面进入人体，那么虽然可能不会在短时间内产生致命伤害或很难被发现，但实际上这种设计造成了实质性伤害。产品的界面应回避一切可能对用户造成伤害的方案设计。

3）维护便利性

用户是指所有在产品生命周期内与产品发生关系的人群，所以用户不仅特指产品的使用者，也包括产品的维护者。相当大比例的产品在使用过程中都需要进行维护，这些维护行为需要维护者通过产品界面来完成。如果产品界面没有考虑维护工作的便利性，那么对于客户服务的快捷性会生产负面影响，不仅可能增加企业的维护成本，而且产品的寿命会受损。在产品设计时，多数产品开发团队会优先保证产品自身功能的可用性，并将资源花在产品的美学设计上，这种做法无可厚非，因为产品的功能和美学性能带来的影响过程直观，而产品维护则是一种隐形需求。为了避免维护不便的情况，目前流行的设计趋势是尽可能设计出免维护的产品设计（含界面设计）。

4）界面新颖性

界面新颖性和美观性并不是等同的概念。新颖的界面并不一定是美观的，反之亦然。界面新颖性是产品界面在追求其独特价值，是实现产品差异化的一种手段。虽然不同的产品都提供了同等的功能，但具有界面新颖性的产品很可能脱颖而出。开发团队会优先选择既具有新颖性又美观的界面设计。如果开发团队的重点在于标新立异，寻找产品设计的突破点，那么可能优先采用具有新颖性但看上去不那么美观的界面设计。在很多全新产品开发或设计前沿科技产品的过程中，开发团队会着重考虑界面新颖性以吸引早期大众。在设计界面新颖性时不能纯粹考虑设计的独特性，否则很容易设计出"惊吓"到用户的怪异设计。

人体工学有时会反映在一些细节中，并通过多种因素的综合作用体现出来。例如，图15-5是一款常见的电视机遥控器设计，其表面按键非常丰富，目的在于让用户可以直接通过相应按键来操作电视机。看上去，这是一个很贴心的界面设计，但实际上，这类遥控器存在一个问题：多数按键在绝大多数应用场景中不会被使用，这么多按键反倒让用户不得不总是去寻找对应的按键才能准确操作。从某些意义上，这是一种过度设计。另外，现在很多电视机的内置软件会设置一些类似自动关机以达到节能目的的功能，这些设置在电视机屏幕上会提示用户按任意键即可退出自动关机程序。实际上，在面对图15-5这样的遥控器时，大多数用户都会茫然无措，不知道该按哪个按键。更可笑的是，当用户真的随意按键的时候，一些型号的电视机在退出自动关机程序时会触发该按键原有的功能。例如，当用户按下切换电视输入信号的按键时，不仅会退出自动关机程序，还会切断电视信号或呼出切换输入信号的菜单，让用户哭笑不得。而如果用户按下电源开关键，电视机并不会退出自动关机程序，而会直接关机。出现这些情况，不仅是电视机软件的设计问题，界面设计考虑不周也是主要原因。

图 15-5　某电视机的遥控器示例

界面设计的优劣是用户对产品的第一评价。用户在对产品界面做出主观判断后，才会对其他方面进行评价。界面设计越来越受到开发团队和设计师的重视，在产品需求列表中也常将界面设计作为主要开发需求之一。

15.4　工业设计对产品的影响

很多企业把工业设计当成产品设计的附加设计，或者把工业设计理解为一种锦上添花的设计行为。且不说这种观点错误地理解了工业设计在产品开发过程中的位置，即便将工业设计当作简单的外观设计或宣传工作，这种观点也是片面的。

工业设计是产品整体设计的一部分，在产品设计与开发的最初阶段就应被确立。事实上，很多实物类产品在早期阶段的创意构成、概念设计、架构设计等阶段所获得的一些设计原型都是工业设计的典型产物。工业设计至少与以下几个产品开发的重要节点或工具强相关。

1. 产品战略或产品家族战略

最初的产品设计一定与企业的产品战略有关。通常，产品战略不会关心产品开发设计的细节，但对于多数企业来说，其企业定位与产品定位基本是一致的，这些定位直接决定该企业产品的整体风格。例如，一个定位为儿童玩具的生产商，在设计开发新产品时总是会使用暖色系的外观设计、安全环保的原材料、圆润光滑的接触面（防止接触伤害）等。由于产品的特殊定位，其工业设计必然与之对应。而有些企业的产品可能不针对特定的细分用户，如办公学习用的文具等（此类产品可能面对全年龄段用户），那么对于单个产品来说，很难说工业设计必须体现出什么类别化的特征。如果一个产品形成了产品家族（产品家族库中的产品具有高度相似性），那么其工业设计就必须考虑产品家族系列产品的整体设计。产品家族战略是产品战略的一部分。开发团队在开发家族产品时，需要提前规划工业设计。图 15-6 是一个简单的产品家族（手枪钻）示例，显示了同一个家族产品之间的相似性和潜在的应用差异。通常，同一个家族产品的核心功能或参数往往是相似的，仅在应用对象或应用形式上有所差异。

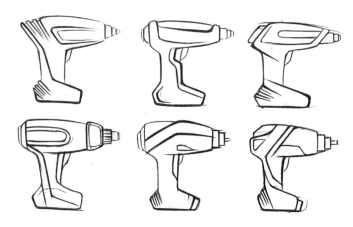

图 15-6　产品家族设计示例

2. 架构设计

上一节在外观设计中提到，在对内设计时，有些外观部件和内部零部件之间的关系可能很模糊。这种情况具有两面性，我们无法直接确定这种情况对产品设计是否有利，这取决于产品的复杂程度和成本规划等多方面因素。事实上，如果设计师在架构设计阶段就对产品的外观部件和内部零部件之间的关系进行设计，就可以避免在产品开发的后期担心是否存在负面影响的问题。在架构设计阶段，开发团队或设计师会思考产品的核心功能区域及其与外部（产品以外的环境或者其他产品的接口）之间的边界关系，包括外表面的形状、物理尺寸、材料性能等一系列指标。成功的架构设计会根据这些指标确定产品的边界条件，并确定产品后续外观设计的可用空间。如果开发团队或设计师认为外观部件和内部零部件之间需要分离，就应预留足够的接口空间，并确定其接口参数；反之，应提前设计外部部件（含外观部件和暴露在外的核心功能部件）并形成由外向内的设计形式。

3. 测试验证与优化

任何产品的功能和性能都由其零部件共同实现，实际上各个零部件的作用各不相同。按公理设计的原则，最理想的设计应该完全解耦，单个零件或特征应提供不同的功能或性能。这些零部件的相互影响在某种程度上会削弱产品的性能，而工业设计如果在形式上作为产品的附加设计，就会对产品的功能或性能产生负面影响。例如，工业散热器往往通过铝合金散热片或其他散热介质来实现散热功能，很多散热器则采用风冷形式，也就是通过热空气与外部自然冷空气的交互来实现降温。此时，为了保证散热器的功能最大化，其散热片最好暴露在外部并增加与空气的接触面积，但暴露在外部的铝合金散热片会严重影响产品的美观性，甚至存在潜在的安全隐患。因此有些散热器开发团队不得不为其加上一个外壳，以实现产品美观性和保护内部散热片的目的，但这个行为会削弱产品性能。这是一个很难两全的问题。很多面对类似技术问题的开发团队不得不进行各种测试验证与优化，来平衡功能、性能、外观和成本等因素的影响。根据经验，这种优化会花费企业很长的时间，往往会延续至产品上市之后。

4. 包装设计

包装设计是外观设计中的一个分类，属于对外设计的衍生设计。包装设计主要为了实现产品在仓储、运输和交付等环节中不受到外界干扰而导致产品提前失效（在正常被使用前失效）。在现实环境中，在仓储和运输等环节的干扰因素对产品包装的影响非常大，而产品往往是无法选择这些环节对应的环境因素的。例如，常见的工业产品的仓储环境从−20℃至 50℃是很普遍的情况，而出于稳健性的考虑，为了保证产品可以承受这样的环境温度，通常要求产品可承受−40~65℃的仓储温度。对于运输也如此，为了保证产品在陆路运输时承受不同路面的影响，产品包装必须承受相当程度的振动而不损坏产品。

在设计包装时，企业必须考虑外观部件和内部零部件的影响，不仅要考虑产品的核心功能不受到损伤，也要考虑外观部件的安全性。之所以工业设计如此谨慎地对待包装设计，是因为包装直接与产品接触。原则上，包装也是产品外观部件的一部分。由于产品的外观面可以分成不同的接触等级，因此包装设计应区别对待。包装设计在工业设计中已经发展成一个独立的分类，是开发团队的关注对象之一。由于包装常常与生产现场有关，因此生产运营团队需要参与包装设计。有些企业干脆由生产运营团队来设计包装，这也不无道理。

5. 商业策略

商业策略与产品的外观设计和传播设计有关。尽管本书不对传播设计展开介绍，但不难理解传播设计的目的就是为了让更多的用户接触到产品，并且尽可能提升产品的知名度，这是扩大产品市场容量的最佳方式之一。如果开发团队没有采用传播设计，那么产品依然可能依靠其外观设计来获取潜在用户的青睐。企业的市场或商务团队会根据产品的外观设计进行必要的宣传。例如，针对某未来新概念自行车产品，该产品可能没有相应的产品家族库，但如果该产品的外形独特，具有非常高的辨识度，如产品采用仿古的非对称大小车轮、宽阔的车身搭配双排车轮等，企业就可据此进行推广，以吸引更多的客户。很多商业广告中的关键词就是产品外观设计时所采用的关键词，这些关键词是帮助企业确定商业策略的重要参考对象。

从上述内容中不难看出，工业设计贯穿于整个产品开发过程。事实上，工业设计不仅对产品开发过程中的活动有重要影响，而且会影响产品交付客户之后的应用阶段。

在开发过程中，工业设计一边为产品的核心功能提供服务，一边要保证产品工业化的顺畅性。由于现代工业产业链很长、构成复杂且品类丰富，企业在设计产品内部零部件时，可以大量采用其他下游供应商的既有成熟产品。这些成熟产品已经满足了一定的工业设计要求（工业设计是面向所有企业的一般要求），所以企业无须在这些产品身上花过多精力。但在企业自身加工生产的过程中，产线必须满足工业化的典型需求，因为这些需求与工业设计强相关。列举一个很简单的例子。如果某产品的表面与产品的功能无关，仅起到支撑或保护的作用，那么该表面的粗糙度如何确定？显然，这就是工业设计需要回答的问题。如果设计师要求该表面采用高精度加工，那么这可能就是一种浪费；如果设计师不对该表面的粗糙度进行定义，导致该表面粗糙不堪，甚至后续组装困难，那么这可能就会影响生产效率。所以，工业设计不仅是在设计产品，也是在设计产品被加工实现的全过程。实际上，企业的生产环境很复杂，很多产品加工困难或者在加工过程中出现各种"意外"情况，这都是工业设计不良导致的结果。后续两章（"DFX"和"工业化过程"）涉及的很多内容都与工业设计有关。

工业设计的一些要素涉及用户交互。由于用户使用习惯的不同，这些要素会影响产品的期望寿命，因此工业设计的质量也与产品的寿命有关。在上一章中提到的产品可靠性由设计决定，也包括工业设计。工业设计一方面会影响产品理论上的可靠性，另一方面与客户使用习惯（或使用方式）相关的设计会决定产品的可靠性是否会往更差的方向变化。最常见的情况是，作为外观设计的一部分，可直接接触面往往是用户与产品发生作用的直接媒介，如水杯的把手、灯具的开关等。如果在设计这些零部件及其特征时未充分考虑用户的习惯，或者产品设计得过于粗糙，那么这些产品可能无法达到预期的产品寿命。更糟糕的是，产品提前失效或者超出预期的产品失效数量，会导致企业过高的质量成本。企业不得不花费大量的时间和精力来应付客户的各种投诉甚至索赔。如何保证与工业设计相关的设计不影响产品的预期质量，例如，如何使产品的外观设计与内部零部件保持近似的可靠性是开发团队需要攻克的难题之一。

优秀的工业设计是产品与客户（包括企业内客户），以及产品与市场之间的重要桥梁。优秀的工业设计可以将产品的核心优势发挥出来，并提升产品对客户的吸引程度，从而大幅度提升产品的销量。反之，拙劣的工业设计不仅会影响产品功能的稳定性和可靠性，甚至会影响企业的品牌和声誉。

注意，工业设计为了优化产品功能或提升产品价值而存在，不可出现本末倒置或喧宾夺主的情况，同时开发团队应避免过度的工业设计，因为几乎没有客户或用户会为之支付额外的费用。

15.5 评价工业设计的方式

由于工业设计的范畴非常大，企业泛泛研究工业设计是没有实际价值的。实际上，作为产品开发的核心评价对象，工业设计中的产品设计部分已经被分离出来。企业需要通过专门的设计评审对其进行评价和改善。对于狭义的工业设计（如外观设计和界面设计），企业不仅可以将它与产品设计结合在一起进行评价，也可以对其单独进行评价。

工业设计需求虽然是产品开发需求的一部分，却是产品开发需求中最模糊的部分。与其他需求相比，企业很难准确表达该需求的实现与评价标准。即便客户在早期开发过程中就参与了需求评审，也很难对工业设计需求进行量化，进而很难对其进行有针对性的评价。几乎没有产品在开发早期就可以将工业设计定型，这导致工业设计在开发过程中跨越的时间线很长，而且早期评价很难实施或价值极低。

尽管对工业设计的评价很难，但开发团队依然要对其进行评价，通常分成内部评价与外部评价。内部评价是开发团队就工业设计的有效性进行的评价。外部评价主要是客户与市场的评价，可以直接通过客户满意度打分或市场销量来衡量。

内部评价最常见的评价方式包括多方案评价、同行评价、投票评价等。由于设计本身五花八门，因此这里不对设计本身做详解。

1. 多方案评价

与产品概念设计或架构设计一样，工业设计作为产品整体设计的一部分，不应该只有一种设计方案。开发团队通常需要为不同的产品型号、不同规格的产品家族准备多种工业设计方案。除了产品必要的美观性、易用性等指标，这些方案还至少要与产品家族或系列匹配，与产品的市场策略匹配。例如，很多手机厂商在推出新品时都会提供两种颜色以上的配置，其中冷色系产品的目标用户为男性，暖色系产品的目标用户为女性。如果产品只有一种工业设计方案，那么一旦该方案不被客户所接受，或者在实现过程中出现重大变更或功能冲突，那么开发团队在短时间内可能无法找到解决方案而错失商业机会。同时，单一的设计方案很难通过创新工具来实现系统性优化。开发团队可采用概念选择矩阵进行多方案的评价，或者采用其他标准打分的方式来寻找最佳的设计方案。

2. 同行评价

同行评价（Peer Review）是常见的评价方式之一，属于内部对标评价方式。参与同行评价的评价人员通常是与工业设计相关的专业人员，具有很强的专业性。同行评价较为客观。参与评价的人员仅从工业设计的角度发表个人看法，往往不参与评价对象的设计工作。同行评价可能存在某些偏见，这些偏见可能是评价人员对产品设计本身不够了解导致的。同行评价可以是完全自由的评价，也可以提前规划评价要素，以便向原设计师提供改进意见。同行评价通常由单人完成，必要时也可以由相应职能团队内的多人共同完成。同行评价在开发过程中可被用于其他评价环节，如原型评估等。

3. 投票评价

投票评价是最常见的评价方式，其形式多种多样，既可现场投票、远程投票，也可线下匿名投票等。参与投票者既可以是开发项目的参与者，也可以是其他团队的成员。设计师也可以是参与投票的成员之一。在投票过程中，设计师可以充分获取其他投票者的建议并从中找出改进设计的思路。在有条件的情况下，客户应尽可能参与投票，因为客户投票的结果的权重非常高。现场投票时，团队可结合头脑风暴或亲和图等工具梳理改进方案。远程投票或匿名投票时，团队可采用德尔菲技术统一评价的结论。

上述这些评价方式多数采用群体决策或相互比较等进行评价。工业设计之所以采用上述这些评价方式，是因为工业设计的评价标准较为模糊，而在这种评价标准下，评价人员很容易出现主观臆断的情况。如果评价人员带着强烈的个人情绪、个人经验或主观偏见进行评价，那么可能会得出错误的结果。此时群体决策可以尽可能减少评价个体的影响程度，用多数评价人员的意见作为最终结果。同时，明确的评价标准或相互比较则相对较为客观，从而在某种程度上减少人为判断的影响。

对于外部评价，目前多数企业会使用客户和市场的评价作为衡量工业设计优劣的主要依据，有时也会采用第三方评价。这些评价主要来自外观评价、交付性能评价（含包装和运输性能）、可利用性、易用性、易维护性、安全性、产品成本等诸多因素的影响。

开发团队很难简单地判断工业设计是否合适，因为同一个产品可能拥有多种工业设计，这种情况在产品的外观设计中很常见。例如，某款手机拥有黑、白两种不同的颜色，而这两种颜色的手机除外壳颜色外没有任何不同之处。人们也无法简单地判断哪种颜色的设计更好，但会根据自己对颜色的偏好选择其一。结果只会出现两种情况，要么两种颜色的产品销量差不多，要么某一种颜色的产品销量远胜于另一种颜色。对于企业来说，与其评价产品不同颜色的差异，不如以市场销量和客户反馈来评价。

第三方评价是企业将评价交由专业的第三方来完成的评价形式。这种评价相对公平、客观。通常第三方都是非常专业的机构，它们会从工业设计的角度给出评价指标，且这些评价指标都具有可衡量或可解释的依据，以供开发团队改进设计时参考。有些第三方评价机构会结合市场数据给出更准确的改进建议。

有些企业在产品开发前期发起社会性活动来大规模收集市场和终端用户对产品工业设计（主要是外观设计）的意见，如各种设计方案征集、评选、奖励等活动。这些活动是特殊的外部评价，不仅有收集创意和评价设计的作用，也是产品传播和市场推广的形式之一。

工业设计是产品开发的重要组成部分，即便对最简单的产品，企业都应充分考虑工业设计方面的需求。

 # 案例展示

星彗科技的桌面便携清洗机在概念设计阶段开始对产品的外形和构造进行规划，其间外形设计经历了不同版本的演化。图 15-7 显示了产品从最初的概念设计到最终样机的发展过程。

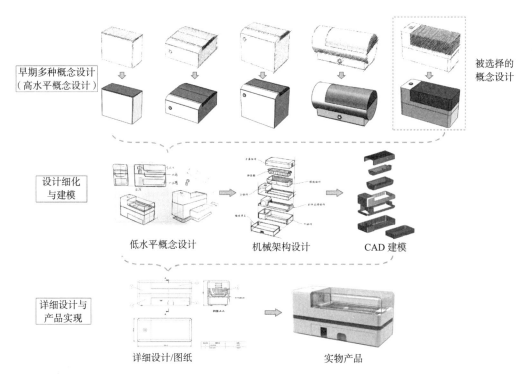

图 15-7 从概念设计到最终样机的发展过程

　　在整个设计过程中，设计团队对整体外观设计和内部构造进行了多轮研究，设计方案远远不止图 15-7 所示的内容。图 15-8 显示了设计过程中的其他一些设计方案，这些方案最终都没有被选择。

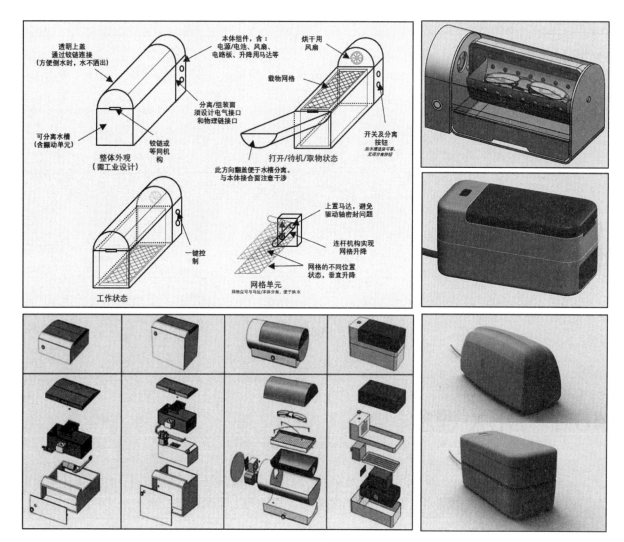

图 15-8　设计过程中的其他一些设计方案

第16章

DFX

16.1 DFX 理念

面向 X 的设计（Design for X，DFX）是指产品设计与开发过程中的特别设计，即为了某个特定的目标（X）所实施的专项设计，是工程设计的重要补充，与工业设计有很紧密的关系。

很久之前，企业在面对产品开发时会发现一个令人头疼的问题：工程设计完成了产品的详细设计或实现了产品的主要功能，而工业设计解决了产品外观问题并提升了产品的商业价值和易用性，但谁或什么可以帮助企业解决产品实现过程中的各种工程技术问题呢？开发团队满足市场和客户需求的同时，是否考虑到了企业内部客户（生产、测试、运营、物流等诸多团队）的诉求。

根据经验，在刚完成产品详细设计之时，尽管产品功能已经满足了客户的基本需求，但此时的产品极不稳定，在加工过程中极易出现各种问题。生产等团队介入调查后发现，虽然现场团队可以通过收严公差、管控标准等方法来避免这些问题，但无论从经济性还是稳健性来说，都不是很好的选择。而出现这些问题的原因是在产品开发过程中，团队没有考虑加工制造环节的便利性。例如，在需要使用螺栓连接的部件设计中，有不可移动的特征挡住了螺丝刀的操作空间。类似问题也可能出现在产品销售之后，或在客户端维护时。例如，售后服务工程师在尝试拆解空调主机维修风机时发现，机壳构造相互锁死，难以打开。有时工业设计会给加工过程带来麻烦。例如，在完成某产品表面处理工序后，现场团队还需要进行夹持（将零件通过工装固定在设备上）后加工，但是发现该产品的所有外表面都被定义成了 A 级面，任何夹持动作都会损伤表面，从而无从下手。显然，产品设计不仅要满足外部客户的需求，也要充分考虑内部客户的需求，所以开发团队开始时就要考虑如何采用一些专项的设计来满足内部客户的需求。

最初，专项设计为生产制造总结出两套工具，分别是面向制造的设计和面向装配的设计。这两套工具分别提升了产品的可制造性和可装配性，并使得专项设计的理念迅速被人们接受。随后，人们发现似乎专项设计可以在更多领域拓展，于是 DFX 的理念开始逐步成形，X 的范围从生产制造扩大到了测试、环境、服务等。目前常见的 DFX 包括以下几类：

- DFM：Design for Manufacturability，面向制造的设计。
- DFA：Design for Assembly，面向装配的设计。
- DFR：Design for Reliability，面向可靠性的设计。
- DFS：Design for Service，面向服务的设计。
- DFE：Design for Environment，面向环境的设计。
- DFT：Design for Test，面向测试的设计。
- DFC：Design for Cost，优化成本的设计。
- DFSS：Design for Six Sigma，面向六西格玛的设计/六西格玛设计。

直到今天，DFX 的家族还在继续扩大，凡是可以有效提升产品在某方面特性的专项设计都可以被纳入 DFX 的家族。本书鉴于篇幅限制，后续将介绍 DFM、DFA、DFT、DFE 和 DFSS，其中 DFSS 还将在特别篇内重点介绍。关于 DFX 家族的其他专项设计请读者另行查阅专业资料。

DFX 的理念是领先的，它打破了传统产品设计只关注终端用户的弊端。相关的专项设计在产品开发的早期就可以介入，有些专项设计的需求甚至在架构设计时就已经开始被研究和讨论。这种开发形式与并行工程的理念非常吻合，在产品开发早期和系统设计时，开发团队不但要考虑产品的功能和性能要求，而且要考虑与产品整个生命周期相关的工程因素。只有具有良好工程特性，同时满足内部和外部客户需求，具有优秀质量和可靠性的产品才能为企业创造足够的价值。开发人员的经验是提升 DFX 质量的主要因素。

DFX 与常规产品设计之间的关系非常微妙。DFX 是对产品设计各个细节的强大补充，从不同的专项维度提升产品设计的完整程度。有时可将 DFX 视作细节设计的一部分。本质上，DFX 是另一个维度的稳健性设计，虽然无法直接计算 DFX 对产品稳健性的贡献，但可以肯定 DFX 可以有效提升产品质量并降低产品开发的总成本。

16.2　面向生产制造的设计

DFM 和 DFA 是 DFX 家族中最早也是最重要的成员。虽然两者的关注点不同，但由于两者都是优化生产现场能力的工具，所以往往被结合在一起研究和讨论，在很多场合被称为 DFMA（Design for Manufacturability & Assembly）。

DFM 和 DFA 在 DFX 中的地位很特殊，不仅是因为它们是 DFX 理念的最早缔造者，而且几乎涉及了产品设计的方方面面，涉及的衍生工具和方法也比其他 DFX 家族成员多。在 DFM 和 DFA 的应用过程中所获取的优化经验可被复制到其他相关工具的应用中。DFM 和 DFA 虽然分属两个类别，但密不可分。从应用上，DFA 往往先于 DFM 进行必要的设计简化，然后再通过 DFM 实现进一步的制造设计优化。

16.2.1　面向装配的设计

面向装配的设计（DFA）是企业期望在设计开发的早期就尽力将产品的组装成本降至最低，从而实现降低制造成本的目的。在 DFA 分析中，人们应尽可能减少产品的零件数量，因为零件数量越多意味着越复杂的组装方式、越长的组装时间和越高的组装成本。有些理论认为，每增加一个零件，就意味着组装时间至少延长三秒，因为三秒是组装一个零件所需的最短时间（前提是该零件非常易于安装）。为了提升组装效率，DFA 要求在产品设计时以最简单、最高效的方式来实现预期功能。

通常，DFA 需要完成以下步骤来实现设计优化。

1. 功能需求分析

功能需求分析需要对客户之声（Voice of Customer，VOC）进行充分解读，以帮助开发团队识别必要功能和开发需求。凡是不必要的功能或零件都会对系统的稳定性带来巨大影响并导致不必要的成本增加。

功能需求分析需要坚持一个原则：只做客户要求的，不主动提供不必要的功能，把零件控制在最低水平。

功能需求分析过程中至少要完成以下几个活动。

- 功能分析：确定零件与功能需求之间的关系，尽可能实现完全解耦的公理设计（一个零件仅实现一个功能）。
- 鉴别部件标准化：减少非标准件的设计与使用量，减少零件种类和数量。
- 确定有效零件数量：获得理论上实现产品所需的最少的零件数量，即理论最小零件数。

2. 鉴别加工过程中的特殊特征

（1）鉴别关键质量点：这个步骤是一种防错机制，为了看看哪些步骤会犯错。关键质量点越少的产品则相对越稳健。

（2）鉴别手持方式：人是组装过程中的不稳定因素，安装时需要手持才能完成组装的零件数量越多，意味着出错概率越高，耗时越久。

（3）鉴别插入方式：插入安装涉及定位、校准等多个步骤，过多的插入安装常常会引起不稳定的组装问题。

（4）鉴别二次作业次数：零件加工和组装最好一次完成。如果需要二次作业，则大大增加了出错的机会，同时意味着安装效率变低。

以上这四个特殊特征分别形成了 DFA 的四个重要统计指标，如下式所示：

$$质量指标 = \frac{关键质量点的总数}{理论最小零件数}$$

$$手持指标 = \frac{需要手持安装的部件总数}{理论最小零件数}$$

$$插入指标 = \frac{需要进行插入安装的部件总数}{理论最小零件数}$$

$$二次作业指标 = \frac{需要进行二次作业的部件总数}{理论最小零件数}$$

3. 分析数据并寻找优化机会

显然，我们希望加工过程中的特殊特征越少越好。开发团队可以将上述这些指标作为 DFA 优化设计有效性的判定标准，并进行相应的对标管理。在分析和优化设计时，开发团队需要研究产品的理论最小零件数、实际零件数，并依此计算零件理论效率。原则上，产品的实际零件数应尽可能靠近理论最小零件数

4. 重新设计并验证

DFA 的优化过程往往需要多次循环，所以在每次优化后，开发团队都要进行必要的验证，直至寻找到最佳的设计方案。

DFA 在优化过程中会使用类似检查表的工具来确定设计的有效性，这种检查表常常是一张问题列表。问题列表上的问题没有固定的格式和规则，但一般都是企业在产品开发过程中积累的经验问题。通过回答这些问题，开发团队可以有效评估当前设计的成熟度和改进方向。常见的一些问题如下：

- 零件是否可以被组合或替换？
- 产品功能是否可以被组合或替换？
- 是否存在近似工艺可合并？
- 是否可以减少供应商的数量？
- 是否应尽量使用标准件或之前的设计？
- 不同类型的零件寿命是否接近？
- 零件的可替换性能如何？

……

通过对这些问题的研究，产品的零件数量可能会变得更少。通过 DFA 的设计优化，产品的零件数量可能出现如图 16-1 所示的变化趋势。绝大多数产品在最初的设计中采用的零件数是多于理论（最小）零件数的，即便在早期充分考虑了公理设计的要求，也很难做到完全解耦的设计。随着开发进度的推进，多数设计采用各种优化手段并结合 DFA 的要求使得零件数量减少，直至最终设计，即最

终的实际零件数。在绝大多数情况下，在产品的最终设计中，最终实际零件数与理论零件数之间依然有差距，两者很难做到完全相等（除非产品设计非常简单），那么这两者之间的差距就成为衡量设计效率或有效性的重要衡量指标。

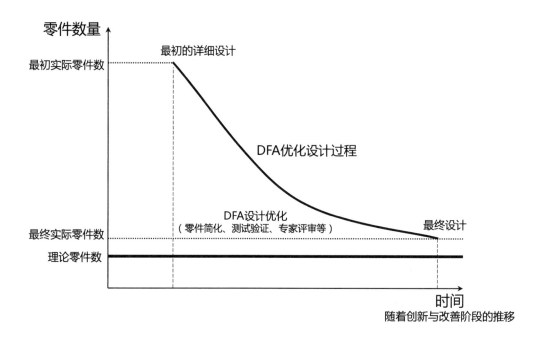

图 16-1　产品的零件数量随开发进度的变化

DFA 不仅从零件数量来考虑组装复杂度的问题，而且考虑了设计的复杂程度。Boothroyd & Dewhurst 公司在设计复杂度方面有很多研究，并提出了很多可执行的做法来计算设计复杂度。其中一个设计复杂度模型的计算方式如下：

$$设计复杂度 = \sqrt[3]{产品零件数 \times 零件种类 \times 组装接口数}$$

由上式可知，一个产品或系统的复杂度受到多个维度的影响，为了减少设计的复杂度，产品设计需要采用最少的零件数、最少的零件种类和最少的组装接口数。

DFA 在考量设计本身的简洁程度时，也在考虑产品装配时的便利性。前文提到的手持指标、插入指标和二次作业指标都是针对装配便利性而设置的。装配便利性主要考虑产品在组装时的便利程度，如在装配时是否需要采用额外的校准、对齐、整形、拿取等不必要的动作，使组装变得简单、高效、不易出错是最主要的优化目的。为实现这个目的，DFA 常常对零件的对称性进行研究。

所有物体都存在对称性的问题，对称性主要分为 α 对称和 β 对称。

α 对称性是指一个物体绕着垂直于插入方向的轴（目标轴）转动，从起始位置开始转动多少角度后，可以再次沿目标轴插入。

β 对称性是指一个物体沿着插入方向的轴（目标轴）转动，从起始位置开始转动多少角度后，可以再次沿目标轴插入。

图 16-2 是物体对称性的示意图。对称性转动角度越小意味着对称性越高，也意味着物体越容易

被插入或安装到目标位置。在所有常见的物体形状中，球体的对称性最高，其 α 对称和 β 对称的转动角度均为 0°，所以球状部件也是组装中使用时间最短的零件。

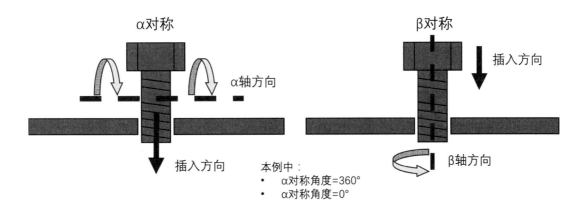

图 16-2 物体对称性的示意图

除了上述的关注内容，DFA 还希望通过质量指标，鉴别质量关键点，管控这些可能犯错的点。因为部分质量关键点是隐性的，所以团队需要耐心寻找，或者通过某种机制来鉴别。防错设计是最常见的设计优化措施。优化设计时应尽可能使用防错设计来减少质量关键点的管控需求，但防错设计只是一种减少犯错机会的方式，并不能取代所有的质量关键点管控。

DFA 设计优化的同时也是产品 BOM 的优化过程。经过 DFA 的优化后，产品 BOM 可以成为后续其他优化设计和工程实施的初始蓝本。

16.2.2　面向制造的设计

DFM（面向制造的设计）的主要目的是降低生产制造成本，降低生产制造过程的复杂性，减少工具成本等。DFM 追求在产品制造过程中使用最低的成本去获得最稳定的质量。成本、复杂性、产品合格率等指标是 DFM 最关心的。

DFM 的分析与优化是多维度考量的结果，也是实现 DFA 成果的最主要方式。通常，DFM 采用检查表的形式来实现设计成熟度的评估。常见的检查表问题如下：

- 当前的产品设计进度是否匹配既有设备的能力？
- 当前设计中的零件是否可以进行并行作业？
- 设计的加工工艺中是否有不可控的因素？
- 是否存在很高的返工或重新设计的风险？
- 设计使用到的材料是否存在供应链风险？
- 产品或系统的可靠性如何？
- 产品的复用性是多少？设计中有多少全新零件？相关零件的可替换性如何？
- 设计是否为回应市场反馈预留了升级（更新设计）的接口？

　……

DFM 既然关注产品的成本（包括生产制造成本），那么设计本身就应该适用于制造工艺本身，所以 DFM 要求产品设计与制造工艺高度结合，并且针对工艺进行设计优化。优化原则包括减少必要的加工设备，合并不同的工装夹具，尽可能采用标准零件，尽可能使用既有零件，减少加工步骤等方法。图 16-3 显示了常见的优化 DFM 实例。

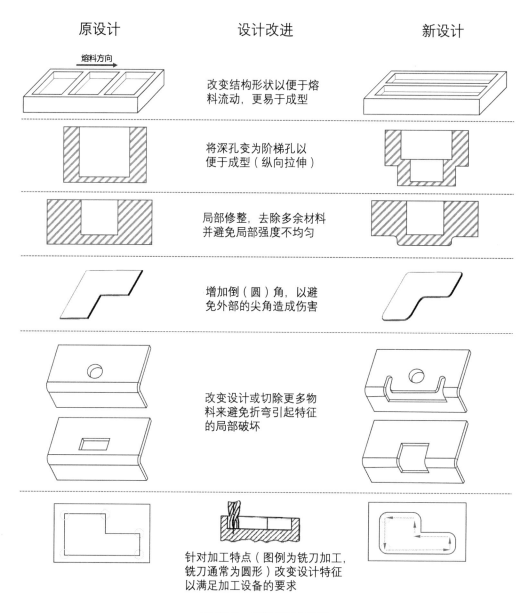

原设计	设计改进	新设计

改变结构形状以便于熔料流动，更易于成型

将深孔变为阶梯孔以便于成型（纵向拉伸）

局部修整，去除多余材料并避免局部强度不均匀

增加倒（圆）角，以避免外部的尖角造成伤害

改变设计或切除更多物料来避免折弯引起特征的局部破坏

针对加工特点（图例为铣刀加工，铣刀通常为圆形）改变设计特征以满足加工设备的要求

图 16-3　优化 DFM 示例

在 DFM 中，对公差进行设计可提升产品的稳健性。公差是客户留给企业的容忍度，从某个层面来说，也是留给企业犯错的机会。尽管我们不希望用到它，但合理的公差可以帮助企业把制造成本控制在希望的水平上。过于严格的公差对企业可能是一种灾难，但太过宽松的公差可能直接导致客户的不满。关于公差设计的细节将在第 17 章进行介绍。

通过 DFM 的设计优化，产品的一次性通过率（也称首次通过率或直通率）会显著提升。一次性通过率（Rolled Throughput Yield，RTY）是指产品在加工过程中，一次就通过每个工艺步骤且无返工的比率，显然比率越接近 100%越好。RTY 的计算公式非常简单。假设在产品的加工过程中有 n 个工艺步骤，每个工艺步骤的合格率为 P，那么 RTY 就是各个工艺步骤的合格率的乘积。其计算公式如下：

$$RTY = \prod_{i=1}^{n} P_i$$

不难理解，如果我们希望尽可能提升产品的一次性通过率，就代表尽可能去提升每个工艺步骤的质量。事实上，一个产品从原料开始到最终产品往往要经历很多道工序，最后的合格率会变成什么样子呢？例如，一个产品的产线有 100 道工序（这并不算多），每道工序的合格率是 99%，那么最后的一次性通过率是多少呢？答案：RTY=（99%）^{100}=36.6%。对于这个结果，很多人会大吃一惊。所以 DFM 不仅关心如何使加工过程更加便利，也在尽力减少加工的工艺步骤。

DFM 本身就是一个配套工程，是一个从设计往生产制造转移的过程。为了实现产品的质量要求（如六西格玛标准），DFM 与几乎所有的精益/现场改善工具（包括 5S、防错、看板、价值流图等）都有交叉应用。例如，很多精益工具在提升循环时间效率的同时，就是在落实 DFM 成果。

DFM 是并行工程的核心技术，因为设计与制造是产品生命周期中最重要的两个环节，并行工程本身就要求开发团队在开始设计时考虑产品的可制造性和可装配性等因素。DFM 通过分析设计的工艺性和制造合理性，从而帮助团队在开发早期就进行设计优化。

DFM 不是单纯的一项技术。从某种意义上，它更像一种思想，包含在产品实现的各个环节中。通过优化 DFM，产品的制造成本会发生显著变化。一般来说，DFM 过程会使产品的总成本变得更少，即团队可以实现费用（成本）节省。与 DFA 不同的是，随着零件数量的减少，DFM 并不会无限制节省成本。图 16-4 显示了随着零件数量的减少，产品生产制造总节省的变化趋势。

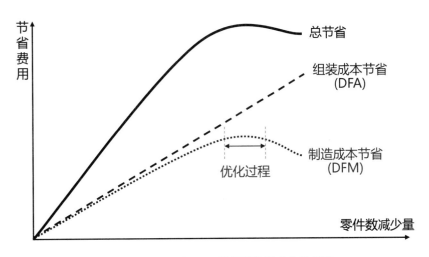

图 16-4　DFM 和 DFA 随零件数量变化的趋势

DFM 和 DFA 在一定程度上可以帮助开发团队优化现场的制造成本，但一味减少零件的数量不一定能得到预期的效果。对于 DFA 来说，越少的零件总是意味着越少的组装时间，所以组装成本节省始终随着零件数量减少而提升。但对于 DFM 来说，随着零件数量的减少，刚开始时，由于产品复杂度降低，因此制造成本变得更低，相应地制造成本节省会上升；但达到一定程度后，DFM 就进入了优化的瓶颈期，此时实际零件数已经开始接近理论最小零件数，制造工艺过程的难度反倒开始提升，因为过于简化的设计提升了加工难度，如夹持、二次加工（多次定位）等需求增多。如果继续减少零件数，那么制造成本不降反升，制造成本节省反倒开始下降。所以 DFM 需要寻找零件数与加工工艺复杂度之间的平衡点，处理两者之间的微妙关系，这也是 DFM 主要的优化过程。通过 DFM 的优化，企业才可以据此找到总节省的最佳设计。

今天，DFM 和 DFA 已经是加工制造企业最常见和最基本的专项设计，甚至在所有行业中都有应用。

16.3　面向测试的设计

面向测试的设计（DFT）是针对测试便利性所做的专项设计，通过 DFT，企业希望测试可以更便利地实施，也希望测试本身的准确性可以得到提升，故有时也将其称为面向测试性能的设计或可测试的设计（Design for Testability）。DFT 在 DFX 家族中略显特殊，因为它所关注的需求来自企业内部而非终端客户。

DFT 在产品开发的发展史上出现得较晚，因为这个专项设计是开发团队在长期的开发设计中发展出来的诉求。假定一个产品在开发团队中一帆风顺，而且在后期制造和交付使用过程中产品或系统都完全可以按照既定设计目标实现产品的功能，那么可能 DFT 就不会出现。事实上，正因为产品在开发、生产、交付等诸多环节中都需要进行必要的测试，而人们发现测试并非那么容易实施，或者即便实施了也无法得到有效的测试结果，所以 DFT 是在这样的环境中诞生的。

DFT 很难在设计定型后再进行。因为 DFT 涉及产品的设计形态和内部架构，所以团队在设计前期就要对其进行规划。通常 DFT 过程会经历以下几个常见的步骤。

1. 鉴别测试需求

DFT 测试需求是产品开发需求中的一部分，但人们常常把精力放在测试目标上，而忽略了实现测试的方式。在鉴别测试需求时，开发团队需要确认测试所需的测试设备、测试方式、测量点和评价方式。如果测试涉及系统和软件，还需要确认是否准备特殊的测试程序或测试用例。

2. 确认测试实施方式

开发团队需要确认已鉴别的测试方式与企业实际能力之间的差距，同时再次考虑这些测试方式与产品设计之间的关系。开发团队至少要考虑两方面的问题：产品是否可以被测试（是否存在可被测试的机会点）；产品应该如何被测试（测试具体实施和评价的步骤以及标准）。

3. 实施 DFT 的方式

实施 DFT 的方式与测试实施方式有关，通常从两个层面来考虑：从物理层面，产品设计需要存在可被用于实施测试的物理特征；从系统层面，测试对象或目标可被有效测试（至少可被测量和评价）。

4. 实施测试，确认测试结果并优化设计

这是测试结果与测试目标之间的理想情况对比，与常规的测试验证并无区别。DFT 也是循环迭代和反复优化的过程。

根据 DFT 的特点，开发团队在产品设计时要从物理层面和系统层面来满足 DFT 的需求。

从物理层面，开发团队需要解决产品如何被测试的问题，不仅要确保产品自身的特征可被测试，还要确保测试过程可实现。例如，一个密封的压力容器的内部压力是该产品的重要测试对象。当其内部充满气体时，开发团队发现没有有效的测量点可以进行内部气压测试。因此开发团队应在产品上预留可供测试用的气压阀，以保证测试可被实施。又如，开发团队在设计某电路板时预留了后期调试用的测试点，但该测试点与其他电子元器件过近，在测试过程中会受到各种电磁干扰，而且测试极易损坏其他元器件。因此开发团队应在测试点与其他电子元器件之间保持足够的距离，以确保测试过程可稳定实现且不损坏产品。

从系统层面，开发团队需要设计测试对象的有效测量和评价方式。很多系统或控制软件的内部逻辑都非常复杂，一些变量在复杂的链路设计中极有可能出现计算错误或逻辑错误。通常，测试团队会花大量时间和精力查找这些错误并尝试修复它们。为了提升测试的效率，测试团队需要借助测试用例进行场景模拟来确定系统或软件的运行效果。这些有效提升测试效率的测试用例就是 DFT 的表现形式。另外，在查找错误的过程中，测试团队往往需要系统或软件是开放的，即允许测试团队使用特殊的测试代码来追踪问题。对于完全封闭的系统，测试团队可能无从下手。

我们使用两个简单的例子来展示 DFT 的具体形式。图 16-5 展示了从物理层面和系统层面如何实施 DFT。图左侧的示例是一个标准配重块（金属制品），其重量是关键特性。由于该配重块非常重，必须借助外力才可移动并测试其重量，因此在其上方开了四个吊装孔以安装吊装螺栓，便于提升该产品并进行测试（因开孔影响重量，故该设计还要进行重量补偿设计）。团队对吊装螺栓还应充分设计，以保证移动和测试过程的安全性。图右侧的示例使用了最简单的一段 Visual Basic 代码。假设该代码就是软件产品，其功能是在工作表 Sheet1 的第一列从第一格至第五格分别填入数字 1~5。为确保该程序的输出有效，测试者在工作代码后插入一条显示输出值的命令，以达到测试和跟踪输出值的目的。

图 16-5 是最简单的示例，实际上 DFT 的应用情况可能极其复杂，尤其是软件类产品，可能通过一大段代码甚至其他一个软件程序来实现测试的目的。无论哪种形式，我们都会发现与上面的示例原理是一样的。很多 DFT 是针对产品开发过程存在的，所以在开发后期，那些仅在开发过程中才被使用到的设计特征很可能被删除。如图 16-5 右侧的测试代码（带下画线的代码），在程序调试完之后，肯定会被删除，因为这段代码的使用仅仅是为了便于在设计代码过程中跟踪输出值，对于产品（代码）来说，这段代码没有作用。有些设计特征即便在产品交付之后还可能发挥作用。例如，后期的客户现场维修、产品返厂测试、故障调试等，这些特征会继续保留。如图 16-5 左侧的吊装孔，即便在交付客户之后，依然可能再次被使用到，所以极有可能被永久保留。

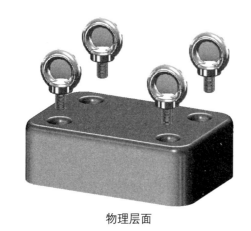

```
                                    Dim i, k As Integer
                                    k = 1
                                      For i = 1 To 5
                                        Sheets("Sheet1").Cells(i, 1) = k
                                        k = k + 1
                                          MsgBox k
                                      Next
                                    End Sub
```

物理层面   系统层面

图 16-5   DFT 示例

从上面的介绍不难看出一个问题，DFT 在提升测试便利性的同时，增加了设计的复杂度，而且提升了产品的开发成本，更重要的是，为了便于测试所做的设计对产品的功能来说是无用的。这对于产品开发来说是非常严肃的话题，开发团队是无法回避的。

我们知道 DFT 会增加产品成本，而且 DFT 是一种冗余设计，并不提升产品价值，客户也不关心 DFT 的内容。企业需要平衡产品设计、开发成本、客户需求等多方面需求，平衡 DFT 的资源配置并做出合理规划。合理的 DFT 会大幅度减少企业后期的维护成本并提升产品的可靠性，但过度的 DFT 可能就成为纯粹的浪费。

在 DFT 中，开发团队可以参考精益理论中关于检验的看法。检验在精益理论中是典型的浪费，因为检验过程并不增值，但企业不可能完全不需要检验，所以检验被定义成"必要的"浪费，并且只在关键质量点上才进行检验。DFT 与检验的情况完全类似，我们既需要 DFT 来实现必要的测试，并优化测试过程，也需要承担因此带来的浪费。评估 DFT 成本，并且形成历史经验库进行对标管理是有效管理 DFT 的重要手段。

16.4   面向环境的设计

面向环境的设计（DFE）是 DFX 家族中非常年轻的成员。DFE 的兴起出于人们对自然环境和人身安全的考量，是自然发展的产物。在人类发展的早期，由于知识的匮乏以及对于物质数量的追求，人们并不在意产品中是否存在有毒有害的物质。人们对于工业产品对自然的破坏意识也是近一百年来才逐步形成的。

DFE 要求在产品开发过程中，注重产品与自然、产品与人之间的和谐共存。产品在发挥其期望功能的同时，不应以损害人体健康（包括自然环境）为代价。企业作为产品开发的主体应对产品引发的环境问题承担责任。实现企业与自然之间的和谐平衡，以及企业与产品的可持续发展，是 DFE 的宗旨。

DFE 从设计层面被分成产品的安全性和产品的环保特性。

产品的安全性是产品作为商品属性的最基本要求。技术发展不成熟时，人们对产品的安全性缺少必要的认识，仅仅可以辨识对人体产生直接伤害的事件或物质。例如，对于电池产品来说，人们认为电池爆炸是危险的，是可能对人体造成伤害的，所以电池设计采用可爆炸材料作为产品组分是具有危险性的做法。随着技术的发展和知识的普及，人们逐步认识到电池不仅会发生爆炸，而且电池工作时产生的电磁辐射会对人体造成伤害。另外，很多电池中含有金属物质铅，该物质不仅对人体有害，对环境亦也会造成污染。无论从哪个角度，作为产品的直接使用者，人身安全是必须优先保证的。因此企业在产品设计时，应将人身安全作为最重要的设计需求，并作为最高准则。开发团队应尽可能采用对人体安全的原材料来实现产品功能。即便在某些控制软件的开发过程中也是如此。当产品功能与人身安全发生冲突时，人身安全有最高优先权。

产品的环保特性则是 DFE 的主体内容。产品不仅要对使用者友好，而且要减少对环境的冲击。这种冲击来自以下方面：产品生产过程对环境的影响、产品对环境的影响、产品的处置问题。

（1）产品生产过程对环境的影响。很多产品可能不包含对环境产生负面影响的物质，但在生产过程中可能产生各种对环境有影响的有毒或有害物质。例如，由于工业设计的要求，很多工业产品都会对产品表面进行各种处理，如电镀、表面喷涂等工艺。这些工艺都含有严重影响环境的有害物质，如过量的二氧化碳、粉尘、噪声、工业废水等。

（2）产品对环境的影响。产品在正常使用过程中会产生有害的物质，如车辆燃烧后会产生大量的废气。这些有害物质是随着产品使用而诞生的，换句话说，如果设计产品时不采用产生这些有害物质的设计，这些有害物质就不会出现。

（3）产品的处置问题。在完成其功能后，产品将被废弃。被废弃的产品就会对环境产生影响，因此企业在设计和生产产品时，需要考虑产品最后的回收和利用环节。如果产品是不可回收且无法分解的，则可能对环境造成永久性的负面影响。

总体来说，产品对环境产生的负面影响包括产品在生命周期中产生的各种废水、废气、辐射、噪声、废物等有害元素。这些有害元素产生的方式和影响各不相同。企业可能受制于当前的技术水平而无法完全消除这些有害元素，但如果参照 DFE 的思想，则可以减少这些有害元素的产生。

1. 废水

几乎所有工业产品在加工过程中都要使用大量的水，如造纸行业。经过工业加工后的水含有大量金属和有机化学物残留，这些水基本上都是废水，不仅不可用于民用（如饮用、灌溉等），而且即便回归到自然界中也会破坏当地的生态环境。这种影响会持续很长时间，有些有毒物质可能会永久残留。企业在设计产品时应尽可能采用用水量较少的工艺，并且尽可能使用企业内循环水资源，以减少对水资源的需求。当无法继续循环利用的工业废水产生时，企业有义务将其完成必要的无害化处理后再进行排放。

2. 废气

废气主要是燃烧和化学物质反应后的产生物。如果仔细观察废气产生的过程和原因，我们就会发现很多废气都是因为燃烧不充分或化学反应不充分导致的。虽然从原理上，限于采用的技术，有时产生废气是不可避免的，但是如果将燃烧或化学反应的效率做到极致，就可以有效减少（额外）产生的废气。废气对环境的影响主要取决于废气的有害物质浓度，以及其在自然界中的中和速度。废气和废水一样都要先进行无害化处理后再排放。

3. 辐射

辐射主要分成电离辐射和化学辐射。电离辐射往往是产品中的大功率电子元器件工作时产生的，这类辐射仅在产品工作时产生。一旦关闭电源，就不再产生辐射。化学辐射通常由具有放射性的物质产生。这类物质产生的辐射可能会持续很久，相应地，辐射污染时间由物质的衰退期决定。因此产品中应尽可能不采用有辐射或产生辐射的设计，但有时有些功能我们无法避免。例如，有些线缆外皮需要进行辐照工艺以提升其性能；又如，某些 X 光检查设备在工作时必然产生电离辐射。无论哪种辐射，对人体和环境的危害都是巨大的。DFE 希望开发团队提升技术水平或采用更先进的技术，尽量避免采用可能涉及辐射的设计方案。

4. 噪声

与电离辐射相似，噪声是仅在产品工作状态下产生的有害输出。通常，噪声都是产品内部不和谐的振动导致的。这些振动可能是产品零部件之间的相互影响造成的，也可能是气体与产品之间的交互作用造成的。例如，风扇在工作时，在低转速的情况下，风扇的噪声较小；而在高转速的情况下，风扇则可能产生较大的噪声。噪声最直接的影响对象是包括人在内的环境生物。相对于其他有害元素，噪声较容易处理。最常见的处理方式为消除和隔离。减少零部件之间的摩擦和振动可以有效减少噪声，甚至消除噪声。当噪声不可避免时，可将产生噪声的产品部分隔离，将噪声控制在产品内部。

5. 废物

废物通常指无法分解或利用的废弃物。这是实物类产品在被废弃后最直接的产物。当今世界对于绝大多数废物的处理都是焚烧和掩埋，然后依靠自然界的自我循环（修复）来实现这些废物的回收。不难理解，这个过程不仅漫长而且低效。废物的分解和循环取决于废物的稳定程度。很多工业产品为了追求稳定的产品质量，往往具备相当稳定的物理形态。这对于工作状态下的产品是有利的，但对于回收利用则是一种灾难。例如，塑料袋的基本作用是收纳物品，这要求其在工作时稳定且可以承受一定的外界冲击力。但当塑料袋被废弃时，稳定的有机材料结构使塑料袋即便深埋千年也可能无法分解，而焚烧塑料袋则会产生大量有害气体。DFE 要求产品设计时尽可能使用可分解的材料，并减少对不可分解的材料的依赖性。

当前社会要求企业的产品满足可持续发展的要求，所以 DFE 有时也和可持续设计联系在一起。可持续设计要求企业的产品不仅安全（不含有害物质），而且通过追踪碳足迹和水足迹来实现产品的可持续设计。因为绝大多数工业产品的设计、加工、制造、交付、使用都会消耗水资源并产生二氧化碳，那么追踪碳足迹和水足迹，并设计出水资源消耗最少、二氧化碳排放量最少的方案，就是 DFE 追求的目标。

评估产品生命周期的环境影响需要理解产品是如何生产、分销的，如何使用的，以及如何回收和处理的。这一评估通常基于详细的物料清单，包括能源来源、组件材料规格说明书、供应商、运输模式、废物回收方法和处理方式。

DFE 与产品生命周期管理强相关，设计出符合环境生态要求、实现环境甚至世界的可持续发展是企业的使命之一。本话题在最后一章还会继续结合产品生命周期进行介绍。

16.5　面向六西格玛的设计

面向六西格玛的设计（DFSS）是为了实现产品符合六西格玛品质的专项设计，在很多场合被称为六西格玛设计。它很早就是 DFX 家族中的成员，但可能是 DFX 家族中最复杂、最难实施的专项设计。DFSS 是一种产品设计的方法论，包含了一整套工具集，其本意是希望开发团队在设计之初就考虑产品的稳健性设计，一次性（仅通过一次设计）解决设计中的大多数质量问题，直接设计出符合六西格玛品质要求的产品。

所谓六西格玛品质，是指产品交付时每百万件产品的不合格数量约为 3.4，即产品不合格率为 3.4PPM（Part per Million，百万分之缺陷率）。显然，DFSS 要求设计一次就实现这个目标是非常困难的，为此 DFSS 创造了完整的方法论，提供了一套标准的产品设计框架。

DFSS 通过一种结构化设计的模式来实现高品质设计的目标。由于产品类型过于复杂，因此这种结构化设计具有不同的阶段划分，而且不同的阶段划分之间并不存在高低优劣，企业也可以根据产品的特点构建自己的产品开发阶段。

目前，最常见的 DFSS 设计阶段被分成 DMADV 和 IDOV 两种，它们是由六西格玛方法论的两家先驱企业（摩托罗拉和通用电气）创建的，各有特点并广为流传。

1. DMADV

六西格玛最早从摩托罗拉诞生。传统的六西格玛执行框架为 DMAIC（定义、测量、分析、改进和控制），随后 DFSS 的理念出现，摩托罗拉将 DFSS 的阶段定义为 DMADV，这样前三个阶段的使命和任务就变得类似和通用。

1）D（Define，定义）

本阶段的首要任务是识别产品开发的需求。相比传统开发方法，DFSS 认为之所以很多产品的质量不尽如人意，是因为产品在开发的最初阶段没有充分识别客户的需求，或者在将其转化为产品开发需求的过程中出现了问题。开发产品之前应充分进行客户调研或市场信息收集，进行必要的筛选和需求甄别，形成有效的产品需求文件。本阶段开发团队可初步建立产品的原始概念。

2）M（Measure，测量）

本阶段是产品需求转化成关键特征参数的过程。DFSS 要求企业充分鉴别和理解客户的需求，而且要从中鉴别出可量化的关键特征参数/关键特性。开发团队需要初步确认这些关键特征参数与开发需求之间的关联程度，并完成必要的创新工作，以便为满足客户需求提供必要的方案。本阶段开发团队可建立产品的概念设计或架构设计。

3）A（Analyze，分析）

本阶段需要确认满足产品需求的这些方案是否可行。在此阶段，开发团队需要完成各种必要的基础验证并进行数理分析。如果在客户需求与解决方案之间建立有效可用的数学模型，则可以大大提升产品详细设计的效率，并缩短验证时间。在建立数学模型的过程中，团队可能会使用大量的统计学知识。本阶段开发团队需要确认架构设计的可用性和有效性，也可初步形成（高水平）详细设计。

4）D（Design，设计）

这是具体实现产品设计的阶段。本阶段的设计已经属于详细设计。开发团队将已经获得的解决方案转化成实际产品，可继续应用创新工具完成具体的特征构建。开发团队可构建非功能型原型来推进详细设计。

5）V（Verify，验证）

开发团队需要准备功能型原型来验证产品是否满足客户需求或产品开发需求。在此阶段，开发团队会通过各种验证试验获取必要的数据来验证之前获得的数学模型，并不断根据测试结果优化产品参数（包括实现产品的过程参数）。验证和分析过程也是大量统计学工具应用的过程。

如果我们从第12章提到的V&V模型来看，那么这里似乎还没有结束。因为功能验证只能确认基本功能是否得到了满足，但不能确认是否满足了所有的性能指标。正如常规的测试验证和优化过程一样，DFSS也需要进行必要的优化和性能验证。在很多应用DMADV框架实施开发活动的后期，开发团队还会增加两个阶段O（Optimization，优化）和V（Validation，验证/确认），使框架变成DMADV（OV）模型。

2. IDOV

IDOV的阶段划分与DMADV显著不同，但实际上两者所涉及的具体设计活动没有太大区别，只是侧重点略有不同。IDOV同样非常重视客户的需求，并强调需求逐步转化和实现过程的重要性。其四阶段的划分与公理设计的理念更为吻合。

1）I（Identify，鉴别）

在本阶段，开发团队不仅要完成客户需求的收集和鉴别，而且要完成必要的创新工具应用，并且初步找到实现产品功能的潜在方案。本阶段相当于DMADV的前两个阶段，所以在确定开发需求的同时，开发团队还要完成这些需求的量化工作。从公理设计的角度，本阶段是针对客户域的分析工作。

2）D（Design，设计）

本阶段是落实产品设计的阶段，开发团队需要落实潜在的开发方案，以初步实现产品的各项功能。本阶段针对的是公理设计中的功能域分析和功能实现。

3）O（Optimize，优化）

经过上阶段的初步产品设计，开发团队随即进入功能优化的阶段。通常，优化总是和测试验证联系在一起，但在这里设计刚完成，测试验证不一定可以提供充分的改进建议。所以本阶段的前期优化往往从理论验证或过程可行性入手，而在本阶段后期则可与测试验证相结合。本阶段针对公理设计的物理域分析，以实现产品参数与过程参数的优化。

4）V（Verify，验证）

本阶段是产品最终验证的过程，该验证包括产品功能和性能的验证，故有团队习惯将本阶段称为确认（Validation）阶段。本阶段是大量应用统计学工具进行验证和迭代优化的过程。本阶段也对应公理设计的过程域分析，关注产品最终实现的过程（稳健性）。

IDOV 看上去似乎比 DMADV 粗糙一些，但实际上它的工作量并不少。由于前期 I 和 D 阶段的工作量较多，有些企业会有意细化前两个阶段，如增加开发（Development）阶段来平衡各阶段的工作量。

DFSS 非常强调客户需求的识别和满足程度，并尝试采用各种创新手段来实现产品需求。除此之外，在实际应用过程中，还出现了一些特殊的应用形式。有些企业把需求管理或创新应用过程放大，将这类产品开发活动理解为 DFSS 过程；还有些企业强调稳健性设计，将产品的测试验证优化理解为 DFSS 过程。这些情况，从方法论的角度来看是不合适的，但从提升产品设计质量来看，只要可以提升产品的设计质量和最终品质，就可以被视为有效的六西格玛设计。

DFSS 在整个产品开发过程中注重统计学工具的应用，确保设计与决策有科学合理的依据。在实施 DFSS 的过程中几乎不会有意提及六西格玛或质量指标，因为 DFSS 理念认为优秀的产品质量是实施 DFSS 设计理念、应用科学的开发流程、应用统计工具之后的自然结果。通过 DFSS，企业可以大大提升产品设计的稳健性，并减少测试验证和重复设计的可能性，不仅产品设计提升了，而且开发总成本大大下降了。目前 DFSS 是世界范围内主流的产品设计与开发的基本形式。

事实上，本书的整体知识结构是按照 DFSS 的方法论所构建的。DFSS 并不是一种特殊的产品开发方式，它完全可以与常规的产品开发结合在一起，成为标准的产品开发方式。由于 DFSS 是一套方法论，因此在本书的特别篇中会进行额外介绍。

 ## 案例展示

星彗科技的设计团队在优化产品的特征与性能时，充分考虑了产品的可制造性和可装配性。在功能原型评估时，设计团队发现有一些特征需要通过设计优化来满足生产和测试的诉求。例如，不锈钢水槽底部折弯空间不足，设计师需要扩大折弯空间以满足折弯工艺要求等，这些都是出于对产品可制造性的考量。除此之外，设计团队还针对可制造性和可装配性的指标进行了研究，并借此找出简化并优化设计的方法。

表 16-1 是可制造性研究的部分内容。在该表中，项目团队（包括设计与运营团队）对所有零部件进行了整理，并根据关键参数的数量，以及相关公差值计算了各零部件的预估良率，最终根据这些零部件的良率计算出了产品的预估一次性通过率。关键参数的预估良率采用正态分布（考虑了标准差的漂移）计算获得，而各零部件的一次性通过率通过指数分布由关键参数的预估良率和关键参数的数量计算获得。当关键参数数量为 0 时，项目团队默认该工序不会出错，即一次性通过率为 100%（这是非常理想的状态，项目团队认为在实际执行过程中，该一次性通过率不可能为 100%）。而当部分关键参数不为 0 时，一次性通过率也显示为 100%，这是一次性通过率太过于接近 100% 导致的，本质上该一次性通过率并不等于 100%。

表 16-1　可制造性工作表（部分）

层	级		描　述	编　号	零件分类	组件数量	零件数量	关键参数数量	关键参数的标准差	关键参数的公差范围	关键参数的预估良率	预估一次性通过率
0			桌面便携清洗机总成	63A10601	组件	1		1	0.20	1.00	99.95%	99.95%
	1		上组件	63A10101	组件	1		0				100.00%
		2	上壳组件	63A10102	组件	1		0				100.00%
		3	上壳体	63A10103	零件		1	1	0.20	0.80	98.76%	98.76%
		3	紫灯	63A70701	零件		1	1	0.10	0.50	99.95%	99.95%
		3	薄膜开关	63A70702	零件		1	1	0.20	0.80	98.76%	98.76%
		3	LED 灯	63A70703	零件		1	1	0.20	0.80	98.76%	98.76%
		2	清洗槽组件	63A10104	组件	1		1	0.20	0.80	98.76%	98.76%
		3	清洗槽壳体	63A10105	零件		1	2	0.20	0.80	98.76%	97.54%
		3	水槽	63A10106	零件		1	2	0.10	0.60	100.00%	100.00%
		3	振动片组件	63A70705	零件		1	1	0.25	1.00	98.76%	98.76%
		2	中框组件	63A10107	组件	1		0				100.00%
		3	中框	63A10108	零件		1	0				100.00%
		3	光电开关	63A70706	零件		2	1				100.00%
		3	风扇	63A70704	零件		1	2	0.15	0.80	99.99%	99.97%
		3	六角螺母 M3	63A70707	零件		2	0				100.00%
		3	步进电机 35BYJ-46	63A70708	零件		1	0				100.00%
		3	内六角圆柱螺钉 M3*12	63A70709	零件		2	1	0.30	1.20	98.76%	98.76%
		3	十字自攻螺钉 3*6	63A70713	零件		4	0				100.00%
		3	十字自攻螺钉 3*16	63A70714	零件		2	0				100.00%
		2	十字自攻螺钉 3*10	63A70710	零件		4	1	0.10	0.50	99.95%	99.95%

层	级	下壳组件	63A10109	组件	1		0					100.00%
	2	下壳体	63A10110	零件		1	6	0.15	0.80	99.99%		99.92%

续表

层	级	描 述	编 号	零件分类	组件数量	零件数量	关键参数数量	关键参数的标准差	关键参数的公差范围	关键参数的预估良率	预估一次性通过率
	2	防滑脚垫	63A10111	零件		4	1	0.10	0.60	100.00%	100.00%
	2	电路板模块	63A10112	零件		1	4	0.20	0.80	98.76%	95.14%
1		上盖	63A10113	零件		1	2	0.15	0.80	99.99%	99.97%
1		储水槽	63A10114	零件		1	2	0.20	0.80	98.76%	97.54%
1		网兜	63A10115	零件		1	2	0.10	0.60	100.00%	100.00%
1		电源适配器	63A70711	零件		1	0				100.00%
1		气泡纸	63A70712	零件		1	0				100.00%
1		上盒	63A10116	零件		1	0				100.00%
1		下盒	63A10117	零件		1	0				100.00%
汇总					6	39					83.77%

通过对可制造性的研究，设计团队找到了一次性通过率相对较低的几个关键部件，并通过减少其特征值和对应工艺步骤的方式来减少流程变异的可能性。在可制造性研究的基础上，项目团队又进行了可装配性的分析，该分析的工作表如表 16-2 所示。由于产品复杂性不高，设计团队通过公理设计已经将零部件的数量减至最少，因此理论最小零件数与实际零件数一致。由于产品设计中有部分零件需要重新开模制作，即非标准部件，因此设计复用率（Design Reuse）不高，有 23% 的零部件要重新设计。从其他可装配性常见指标来看，设计对工艺的影响依然很大，有很多零部件都涉及了二次作业或者其他潜在的质量风险，因此设计团队针对个别零部件重新进行设计并逐步降低这些指标的影响。

除了针对产品的功能与特征，设计团队也考虑了产品绿色环保的基本设计理念。在产品设计时，设计团队未使用常见的有毒有害物质，并使得产品符合 ROHS 的环保要求。表 16-3 显示了产品的 ROHS 检测结果。（ROHS 是由欧盟立法制定的一项强制性标准，其全称是《关于限制在电子电气设备中使用某些有害成分的指令》。ROHS 标准于 2006 年开始正式实施，主要用于规范电子电气产品的材料及工艺标准，使之更加有利于人体健康及环境保护。）

表 16-2　可装配性工作表（部分）

层级	零件描述	零件分类	组件数量	零件数量	理论最小零件数	实际最小零件数	非标或非共享零件	易装错零件	易装错方向	小计	缠在一起	不易手握	需要双手处理	不易观察	小计	难以组装或定位	需要压紧装置	非上方插入	插入时有阻力	插入面不可见	小计	工件需要重新定向	紧固连接	焊接	额外表面处理	特殊测试	小计
					零件效率			质量指标			手持指标					插入指标						二次作业指标					
0	超声波清洗机总成	组件	1																								
1	上组件	组件	1																								
2	上壳组件	组件	1																								
3	上壳体	零件		1	1	✓	✓	✓		1		✓			1	✓		✓			1				✓		1
3	紫灯	零件		1		✓	✓										✓				1					✓	1
3	薄膜开关	零件		1		✓	✓																				
3	LED灯	零件		1		✓	✓		✓	1																✓	1
2	清洗槽组件	组件	1																								
3	清洗槽壳体	零件		1	1	✓	✓									✓		✓			1						
3	水槽	零件		1	1	✓	✓									✓					1						
3	振动片组件	零件		1	1	✓	✓	✓		1	✓	✓			1		✓				1	✓		✓			1
2	中框组件	组件	1																								
3	中框	零件		1	1	✓	✓				✓	✓	✓		1			✓			1				✓		1
3	光电开关	零件		2		✓		✓	✓	2			✓		2						2				✓		2
3	风扇	零件		1		✓							✓		1	✓	✓				1	✓					1
3	六角螺母M3	零件		2		✓									2								✓				2
3	步进电机35BYJ-46	零件		1		✓										✓					1						
3	内六角圆柱螺钉M3*12	零件		2		✓																	✓				2
3	十字自攻螺钉3*6	零件		4		✓		✓		4													✓				4
3	十字自攻螺钉3*16	零件		2		✓				2													✓				2
2	十字自攻螺钉3*10	零件		4		✓										✓					4		✓				4
1	下壳组件	组件	1																								
2	下壳体	零件		1	1	✓	✓	✓		1		✓			1			✓			1				✓		1
2	防滑脚垫	零件		4		✓								✓	4										✓		4
2	电路板模块	零件		1		✓	✓	✓	✓	1	✓	✓	✓	✓	1	✓	✓	✓			1		✓			✓	1
1	上盖	零件		1		✓	✓																				
1	储水槽	零件		1		✓	✓													✓	1	✓					1
1	网兜	零件		1		✓	✓	✓	✓	1																	
1	电源适配器	零件		1		✓																					
1	气泡纸	零件		1		✓					✓				1												
1	上盒	零件		1		✓																					
1	下盒	零件		1		✓							✓		1												
总计			6	39	39	9				20					15						16						29
					100%	23%				51%					38%						41%						74%

表 16-3　ROHS 检测结果

测试序号	测试项目	测试方法/根据	检测极限值	结果	极限值(mg/kg)
1	铅（Pb）	参照 IEC 62321:2008，采用 ICP-OES 进行测定	2	未检出	1 000
2	汞（Hg）		4	未检出	1 000
3	镉（Cd）		3	未检出	100
4	六价铬（Cr^{6+}）	参照 IEC 62321:2008，采用 UV-VIS 进行测定	3	未检出	1 000
5	多溴联苯之和（PBBs）	参照 IEC 62321:2008，采用 GC-MS 进行测定	32	未检出	1 000
	一溴联苯		5	未检出	—
	二溴联苯		2	未检出	—
	三溴联苯		3	未检出	—
	四溴联苯		3	未检出	—
	五溴联苯		5	未检出	—

续表

测试序号	测试项目	测试方法/根据	检测极限值	结　果	极限值(mg/kg)
5	六溴联苯		3	未检出	—
	七溴联苯		1	未检出	—
	八溴联苯		2	未检出	—
	九溴联苯		4	未检出	—
	十溴联苯		4	未检出	—
6	多溴联苯醚之和（PBDEs）		86	未检出	1 000
	一溴联苯醚		4	未检出	—
	二溴联苯醚		3	未检出	—
	三溴联苯醚		2	未检出	—
	四溴联苯醚		4	未检出	—
	五溴联苯醚		3	未检出	—
	六溴联苯醚		0	未检出	—
	七溴联苯醚		5	未检出	—
	八溴联苯醚		0	未检出	—
	九溴联苯醚		0	未检出	—
	十溴联苯醚		1	未检出	—
结论	该产品符合 ROHS 标准				

第17章

工业化过程

17.1 公差设计

几乎所有的设计参数或过程参数都由名义值与公差组成。名义值是该参数的设计值，而公差是该参数允许的波动范围。

公差（Tolerance），也称容差，是目标参数的实际值允许的变动量，适用于几乎所有产品的设计参数和过程参数。在产品生产的过程中，不存在一模一样的产品，所以不同产品的参数值总是不一样的。所谓公差，就是客户"有意"或"无意"留给企业或开发团队的犯错机会，凡是在公差范围内的产品都是满足客户要求的（尽管这样的结论与田口质量哲学有所偏差）。"有意"是指有时客户清醒地认识到产品参数的特殊性而主动给出的波动范围。而"无意"是指有时虽然客户没有给出关键参数的波动范围，但实际上，根据客户给出的目标规格，开发团队层层分解之后发现，这些参数存在一定的波动范围。

公差是为了满足批量产品/服务的需求所产生的一种盈余度，是一种安全性的缓冲地带。如果只生产一个产品，是不需要公差的。公差越大，产品/服务对应的要求或精度越低，而企业所需承担的费用也越低。

所有产品都要完成必要的交付行为，而交付符合客户期望、满足公差要求的产品是产品开发的最基本要求。任何可量化的指标类的参数都可以应用公差的概念，所以虽然公差分成尺寸公差、形状公差、位置公差等，但本章分享的公差设计针对某一类公差，而适用于绝大多数具有量纲的参数。

公差的来源很多，且方法各异，所以公差设计已经发展成独立的学科。研究公差时，人们通常把公差分成独立公差和非独立公差两大类，它们的设计方式紧密相连但又显著不同。表 17-1 显示了这两类公差的主要差异。

表 17-1　不同类别公差的主要区别

类　别	独立公差		非独立公差	
特征	公差所对应的参数独立且不受其他参数的影响		公差对应的参数受到其他参数的制约，或者由多个其他参数组成	
示例			假设，左图的方块为产品，其长度为 X_1；U 形框为根据方块产品尺寸所做的容器，其内宽为 X_2。 X_1 不受其他参数影响，故其为独立参数，对应公差为独立公差；而 X_2 受到 X_1 的影响，故其参数非独立，其公差为非独立公差	
公差来源或设计方法	• 设计手册； • 历史经验； • 行业标准； • 模拟计算	• 客户指定； • 三方资料； • 专家判断； • 试验设计	• 极端数值法； • 平方根法； • 蒙特卡洛法	• 统计公差区间法； • 试验设计法； • 田口法

不难看出，独立公差的设计主要受设计经验的影响，设计手册等诸多设计依据都可被视为产品历史开发经验的积累或变形应用。这类公差主要由设计师根据相关标准、客户输入和历史经验来设计。非独立公差是产品设计中的难点。由于其受到其他参数的制约，无法直接套用历史经验，因此本章主要介绍这类公差的设计方法。用于非独立公差设计的方法，在应用场景匹配的前提下，也可用于独立公差的设计。

由于参数与名义值之间相比有可能偏大也可能偏小，因此公差分为上公差（允许超过名义值的范围）和下公差（允许低于名义值的范围）。从形式上，公差又可被分为对称公差和非对称公差。对称公差是指上公差和下公差一致的情况，常用"±XX"表示（XX 为公差值，下同）；而非对称公差为上下公差不一致的情况，常用"$^{+XX}_{-XX}$"表示。在非对称公差中，在目标参数望大（期望最大值）或望小（期望最小值）的情况下，一侧公差可能变得不敏感，此时公差为单边公差，常用"$^{+0}_{-XX}$"（望小）或"$^{+XX}_{-0}$"（望大）表示。单边公差是非对称公差的特殊形式。

1. 极端数值法

极端数值法，也称最佳/最差法，是一种直观但粗糙的公差计算方法。该公差将直接影响非独立公差的各个因素（子公差）进行累计加总，从而获得目标参数的公差。

例如，有三个完全一样的零件，每个零件的长度都是（10±0.2）mm。如果将三个零件并排放在一起，那么其总长度是多少？按照极端数值法，名义值累加的同时，其公差也直接累计加总，所以其公差计算如下：

$$T_{上公差} = +0.2+0.2+0.2 = +0.6\text{mm}$$

$$T_{下公差} = -0.2-0.2-0.2 = -0.6\text{mm}$$

所以我们可以迅速获得最终的目标设计值：（30±0.6）mm。

极端数值法是非常安全的计算方法，但当零件数量很多时，公差甚至可能超过名义值，这将是一种灾难。

2. 平方根法

平方根法运用了方差可累计计算的原理，将影响目标参数的各个因素的公差平方和开平方根，从而获得目标参数的公差。

如果继续沿用上述极端数值法中的案例数据，那么新的公差计算方法如下：

$$T = \sqrt{0.2^2 + 0.2^2 + 0.2^2} = 0.346$$

所以最终的目标设计值为（30±0.346）mm。

如果遇到非对称公差，那么上公差和下公差分别计算一次即可。

3. 蒙特卡洛法

蒙特卡洛法是产品开发中常用的参数模拟法，不仅可用于公差设计，而且可用于各种参数模拟计算。应用蒙特卡洛法有一个前提条件，那就是使用者需要提前知道目标（Y）与影响目标的各个因素（$X's$）之间的数学模型，即 $Y=F(X's)$，以及这些影响因素的历史数据分布。应用蒙特卡洛法时会先根据影响因素的数据分布，模拟出足够多的数据，然后根据 $Y=F(X's)$ 计算出可能的结果，从而获得目标的公差值。蒙特卡洛法是一种模拟实际数据并进行拟合的方法，属于统计公差计算的一种形式。

例如，三个长度名义值都是 10mm 的零件并排放在一起，三个零件的实际尺寸分别服从正态分布（10,0.1），端点范围为（9.7,10.2）的均匀分布，以及端点范围为（9.8,10.1）的均匀分布，那么如何计算总长度的公差？

蒙特卡洛法通常都需要模拟大量的数据，所以必须使用到计算机来完成。在本例中，暂时使用10 万组数据的随机模拟量进行计算，且假设总长度即三个零件的长度和（数学模型）。

首先根据三个零件的数据分布获得足够多（10 万组）的随机数据，然后根据它们的长度和获得总长度的计算数据（10 万组），最后根据这些计算数据（10 万组模拟的总长度值）的统计值来设计公差。

图 17-1 的上方左侧为计算机先模拟 10 万组随机数据的示意图（使用的软件为 Minitab），上方右侧为计算机随机生成的 10 万组数据（部分）以及根据它们累计和计算得到的 10 万组总长度，下方的表为这 10 万组数据的部分统计量汇总。从该表中我们可以估计该总长度（在 95%的置信水平下）为（29.901±0.195）mm，因理论名义值应为 30mm，相应调整后获得最终的设计值为 $30^{+0.096}_{-0.294}$ mm。

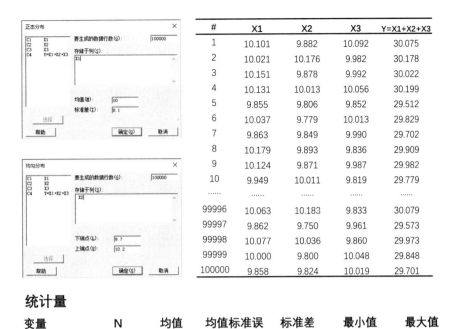

统计量

变量	N	均值	均值标准误	标准差	最小值	最大值
Y=X1+X2+X3	100000	29.901	0.000618	0.195	29.218	30.599

图 17-1　蒙特卡洛法计算公差

4. 统计公差区间法

统计公差区间法是一种历史经验法，即当设计师不知道当前参数的公差如何设计时，可根据历史数据来推测公差范围。推测公差是应用基本统计学的原理对历史数据进行统计分析，确定在一定置信区间下的公差范围，所以其前提是有足够的历史数据研究原始输入。在自然情况下，大多数参数的历史数据都应服从正态分布，所以统计公差区间法默认使用正态分布来估计公差，但如果参数服从其他分布，则需要设计师分析时使用相应的分布进行拟合。

例如，已知某产品参数的名义值为 10mm，其部分历史实测数据如图 17-2 左侧数据所示，那么应用正态分布计算得出在 95%置信水平下（至少涵盖总体 95%的数据）的统计公差为 0.245mm（历史均值为 10.018mm），即产品的实际参数水平应为（10.018±0.245）mm。如果考虑名义值的限制，在接受计算结果的前提下，可将该产品的参数设计成 $10^{+0.263}_{-0.227}$ mm。

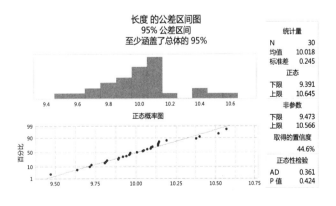

图 17-2　统计公差区间法示例

5. 试验设计法

试验设计法是利用回归的原理，研究目标参数（Y）与影响其参数的各个因素（$X's$）之间的关系，即 $Y=F(X's)$ 模型。这个基础设定与蒙特卡洛法非常相似，但区别在于，蒙特卡洛法通过大量的随机数来模拟实际可能出现的公差范围，而试验设计法通过设置影响因素的高低水平（构建响应边界）来获得目标参数的实际值。蒙特卡洛法是一种计算机模拟，而试验设计法是一种实证设计，需要实物和相关测试。这里所使用的试验设计法与第 13 章介绍的方法一致，不再重复，仅介绍试验设计法在公差计算中的应用方式。试验设计法在公差设计时只构建了一个响应边界，在获取试验数据后，往往需要结合其他工具进行分析应用。

例如，沿用极端数值法中的案例数据。如果有三个完全一样的零件，每个零件的长度都是（10±0.2）mm，那么其总长度是多少？如果将三个零件分别定义为 A、B、C，总长度为测量值 Y，将零件的上下公差极限作为高低水平进行试验设计构建。表 17-2 是根据试验设计原则构建的试验表和测量值。

表 17-2　试验设计法示例

A	B	C	测量值（mm）
9.8	9.8	9.8	30.78
10.2	9.8	9.8	29.40
9.8	10.2	9.8	30.93
10.2	10.2	9.8	29.87
9.8	9.8	10.2	29.94
10.2	9.8	10.2	29.39
9.8	10.2	10.2	30.37
10.2	10.2	10.2	30.11

获得测量值后，设计师有多种选择，既可根据统计公差区间法来估计公差，也可采用极差来估计标准差并将其近似定义为公差，还可构建数学模型来研究测量值和影响因素之间的关系后再确定合适的公差。

采用这种方法很容易面对的一个挑战就是，为什么试验设计表中的测量值不等于（近似等于）各个因素之和，有时甚至出现累计之和小于单个因素之和的情况。例如，两个实际长度为 10mm 的产品结合在一起之后的测量值可能是 20.5mm，也可能是 19.8mm。这并不奇怪，因为实际产品生产组装会受到产品平面度、加工工艺限制、辅材料差异、装配差异、单个部件自身的弹力形变等各种因素的影响，导致在最后的测量值与理论值之间产生显著差异。产品设计不能回避这些差异，而试验设计法是实证方法，其测量值中正因包括这些因素的影响才获得这些看似"怪异"的数据。

6. 田口法

田口法是应用田口玄一先生的二次损失函数来构建公差的方法。田口法不直接设计公差，而通过构建稳健性区域来实现设计公差到制造公差之间的转换。也就是说，在使用田口法之前，开发团队应先完成设计公差，再结合企业的质量成本（劣质成本）来计算相应的制造成本。

田口法的计算公式与二次损失函数的公式有关。当目标参数为望目（对称公差）时，其二次损失函数如下：

$$L(y) = \left(\frac{C_0}{\Delta_0^2}\right)(y - \text{target})^2$$

式中，$L(y)$ 是企业损失，C_0 是外部劣质成本，Δ_0 是设计公差（或客户公差）。

换句话说，上式是在不合格品流到客户之后企业的损失。如果企业在内部就处理了这些不合格品，那么此时的二次损失函数如下：

$$L(y) = \left(\frac{C}{\Delta^2}\right)(y - \text{target})^2$$

式中，$L(y)$ 是企业损失，C 是内部劣质成本，Δ 是制造公差。

如果将上述两式相等后简化，我们就很容易获得这样一个从设计公差到制造公差的公式：

$$\frac{\Delta^2}{\Delta_0^2} = \frac{C}{C_0} \quad \text{或} \quad \Delta = \Delta_0\sqrt{\frac{C}{C_0}}$$

例如，某产品的长度是关键特性，名义值为 20mm。根据历史数据，该尺寸一旦失效，那么客户维修或替换产品的成本（C_0）为 300 元。如果出货前发现问题并厂内返工的成本（C）为 40 元，设计团队给定的公差与客户公差一致为±0.6mm（Δ_0），那么在此质量成本的前提下，制造公差应为多少？

我们直接将数字代入上式获得：

$$\Delta = \Delta_0\sqrt{\frac{C}{C_0}} = 0.6 \times \sqrt{\frac{40}{300}} = 0.219\text{mm}$$

所以产品的制造公差应为 0.219mm，即该参数应设为（20±0.219）mm。

注：由于田口二次损失函数的望大和望小公式不同，因此计算单边公差时的公式也会有所不同，读者可自行查阅相关资料。

公差设计与稳健性设计的关系非常密切。如何开发出对加工制造和交付过程的波动不敏感的产品，是稳健性设计的主要目的。而公差设计是实现这一目的的主要手段，所以公差设计也是稳健性设计的补充阶段。企业期望产品在满足期望的功能前提下，尽可能获得较为宽泛的公差设计。

由于产品开发过程中的参数太多，而公差设计又会耗费相当多的资源，因此很难做到对所有参数都进行公差设计。通常，对被识别成关键特性的参数是一定要进行公差设计的，而对重要性不是很高的参数，可以使用默认公差（未注公差管理办法）来规划和设计。大量经验表明，很多产品质量问题都是公差管理松懈，尤其是默认公差/未注公差管理办法不恰当导致的，所以这类公差应谨慎使用。

在完成产品设计的主体阶段之后，需要将产品移交至生产制造或运营团队去实现并且交付，这个过程就是产品的工业化过程。在产品设计的主体阶段内，所有的设计参数和过程参数都获得了其名义值，但此时的公差设计可能处于原始状态（从历史经验继承或完成了初步公差规划）。开发团队应尽快完成正式的公差设计，并将设计公差转变成制造公差，这是实现产品工业化的第一步。在产品所有的设计参数和过程参数都完成了公差设计，并获得有效的制造公差之后，开发团队才可能获得最终样品。

17.2 从黄金样品到设计发布

在开发团队设计完所有的公差并完成相应的验证试验之后，设计阶段的工作开始进入尾声。在整个开发过程中，开发团队为了完成产品设计，可能制作了各种各样的样品，每种样品所承载的功能和目的可能都各不相同，但总体方向都是为了优化设计。

如果产品工业化进程要求，产品在相对固化的条件下才可以进行设计移交，那么此时有一些标志性的交付物就成了判断产品是否可以进行工业化的重要依据，其中一个重要标志物是黄金样品。

黄金样品（Golden Sample）并不是指黄金材质的样品，而是指标准样品或最佳样品。不难理解，这个样品是设计团队在设计尾声提供的最终样品，它不仅具备产品的全部功能，而且达到了所有预期的性能，其各方面参数指标都是最好的或者最符合产品需求和客户需求。

黄金样品作为一种标准品，至少应满足这样一些特点：可展示性、可测试性、可拆解性和可评价性。

1. 可展示性

对于实物类产品（非生物化学产品），黄金样品的外观可以作为标准进行展示。当评价人员对其他产品的外观质量产生疑问时，可依据黄金样品的外观进行评价。

2. 可测试性

黄金样品可被测试用于确认其满足设计参数的符合程度。通常，这个动作被用于确定设计的有效性。对于不可重复测试的黄金样品，如化学试剂等，在测试后应准备新的黄金样品。

3. 可拆解性

对于具有实物结构的产品，黄金样品可被拆解并组装还原，并据此评估装配工艺的有效性和正确性。同时，拆解黄金样品可用于确认产品的模块设计、结构构造和相对关系等信息。

4. 可评价性

无论什么黄金样品，都可被清晰地评价。通常，对黄金样品的评价都是"好"的。在少数情况下，由于开发团队无法获得完美的黄金样品，就会得出该样品"除了某某特征或参数"，其他方面的特征或参数都是"好"的这样的类似评价。

这些特性保证了产品在后期出现问题时，企业可以将黄金样品的相关数据作为参考标准进行比较，从而确定产品是否满足客户需求或达到设计目标。在某些极端情况下，如原设计丢失或关键设计信息丢失时，对黄金样品进行逆向工程可以有效还原设计或取得原始设计信息。

黄金样品是独立样品，通常不是很多个。在产品没有完成必要的验证和产品设计发布工作之前，开发团队没有必要准备黄金样品，因为此时的设计很可能没有最终被冻结。

开发团队或制造团队都可以参与准备黄金样品。通常，我们认为制造团队来准备黄金样品更为有效，因为黄金样品是用于评价后续量产产品的重要标杆，以量产工艺和参数来准备黄金样品更具有参考价值。

黄金样品必须被妥善保管，该过程被称作封样（Sample Sealing）。封样是一种标准受控的组织行为，企业均拥有自己的受控流程来管理该行为。被封样的黄金样品在一般情况下不可暴露在外，仅有被授权的相关人员可以接触这些样品。黄金样品多数由企业的质量管理团队或制造运营团队来管理。黄金样品的存储要求与产品自身的特征和参数有关，企业应提供必要和恰当的保存环境，如恒温恒湿环境、独立上锁的存储柜等。

任何产品都是有寿命的，黄金样品也一样，即便样品处于长期保存状态，也应如此。所有的黄金样品都需要定期更换，以保证该样品满足上文所述的特性要求。化学品等不可重复测试的黄金样品应在测试后及时补充，而团队应针对容易出现性变或易损的样品准备多个黄金样品。如果产品在后续的连续交付过程中，制造过程日益稳定，产品性能有所提升，那么相关团队应更新黄金样品。同理，产品变更升级后，也应更新黄金样品。总之，黄金样品需要反映当前水平下企业可达到的最佳产品状态。

黄金样品是近乎完美的产品，所以黄金样品的特征和工艺参数最符合客户需求，因此该样品的出现也意味着产品已经达到预期性能，制造团队可以进行量产的准备工作。

17.3　设计质量对量产质量的影响

企业很早就认识到一个显然易见的问题，那就是当量产产品出现质量问题时，企业将付出巨大的代价去解决这些问题。量产产品的质量问题主要由两部分的质量问题组成：一部分是产品设计质量，另一部分是产品制造质量。在绝大多数情况下，产品质量问题是在现场（包括产线和客户应用现场）发现的，那么制造团队作为产品直接的创造者很容易受到指责。虽然不能排除制造团队在产品生产过程中确实存在各种不稳定的加工制造行为，但如果将产品质量问题全部归咎于制造团队，显然是片面和武断的。

产品的质量与产品的可靠性非常类似，其质量水平在产品设计之初就已经被决定了。所有后道工序的影响都是负面影响，所以所有后道工序，包括生产制造，并不会使产品质量变得更好，只是相对削减质量水平的程度不同而已。不少统计研究表明，在产品最终的质量水平中，制造问题所占的比例大约仅为 30%，而剩余 70%的问题源头都来自产品设计。虽然这不是一个精确的比例关系，但可以大致反映出产品设计质量对量产产品质量的影响程度。

这个问题其实不难理解。在产品进入正式量产之前会经历很多次验证，这些验证的名称五花八门，各不相同。除了第 12 章所介绍的测试验证，企业有时还会采用 DEV（设计评估验证）、DV（设计验证）、PV（量产验证）等验证活动。这些测试验证活动有很多交叉和重复的内容。不管企业采用多少种测试验证，本质上都是对产品设计和生产制造的"不信任"导致的。这种"不信任"是与生俱来的。在任何一个新产品从无到有的过程中，企业内部都会产生这种"不信任"。开发团队需要借助测试验证来确定设计的有效性，而制造团队需要借助测试验证的结果来确定量产的稳定性，但无论哪种测试验证，都无法直接提升产品的质量。

一个好的产品设计就应该在产品设计前期尽可能提升产品质量，而不是把大量的产品优化任务扔给制造团队。事实上，当制造团队面对一个糟糕的产品设计时，所能做的改善非常有限。例如，某金属结构产品强调其产品的抗腐蚀性能，开发团队在设计时就可以使用普通冷轧钢板，并采用表面静电喷涂的方式进行保护。但由于该结构产品造型复杂，因此在产品被喷涂时始终有一些位置难以覆盖，或者局部喷涂不均导致防腐蚀性能较差。无论产线怎么改进工艺，但由于静电喷涂的工艺限制，产品都很难通过 72 小时盐雾试验（因为总有一些缺陷点会产生不可接受的锈蚀）。事实上，如果产品在前期采用铝合金或者其他天然具有较强抗腐蚀性能的材料，可能就无须进行静电喷涂的工序，也就不存在相应的质量问题了。所以很多产品的质量问题从源头上可能是产品设计埋下的隐患。

设计质量低下会导致一系列问题。其典型问题包括量产循环时间长（生产效率低）、产线性能难以提升、产线的劣质成本高、大量潜在客户投诉、潜在售后质量问题等。这些问题往往很隐蔽，企业难以直接识别这些问题与设计质量的关联性，甚至直接将这些问题的根因归咎于制造团队。另外，设计质量会对量产阶段的持续改善产生压力，现场制造团队可能很长时间内都找不到解决问题的有效办法。通常，制造团队会优先考虑这些问题是不是自身的过程质量问题导致的，而不会优先怀疑产品设计。制造团队只有先通过一系列验证来证明制造过程无显著影响后才会考虑产品的设计问题，这无疑大大降低了问题解决的效率。企业往往要花很大的代价才能弥补前期设计质量的缺陷，而有些设计缺陷是制造团队无论如何都无法解决的。

和项目管理一样，设计质量在产品开发的前期对产品的影响力较大，而随着时间的推移，其设计质量越来越难以改变。在产品设计被冻结以及发布之后，除非产品设计进行变更，否则产品设计质量将无法改变。图 17-3 显示了设计质量随时间对产品质量的变化趋势。不难看出，开发团队越在早期提升设计质量，产品质量的提升越容易，而到了后期，产品质量将很难改变。事实上，产品开发的早期，尤其是创意阶段是规划产品质量水平的最佳阶段。随着产品设计的逐渐细化，设计质量越来越难改变。在进入产品的详细设计阶段之后，尽管测试验证可以提升和优化一部分产品性能，但产品整体性能已经大致定型。在设计被发布之后，产品整体质量水平只能依赖设计变更来实现整体提升，而此时制造过程对产品质量只能产生负面影响。

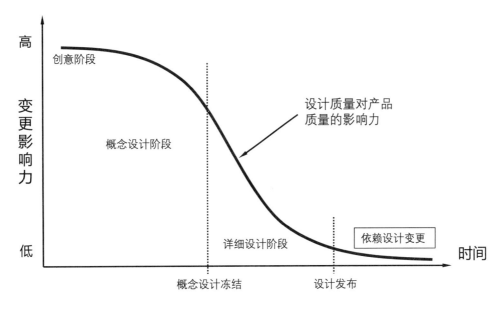

图 17-3　产品设计质量随时间对产品整体质量的影响变化

设计质量的问题在产品开发前期的客户需求中很难被鉴别，只能依靠开发团队的经验进行前提管控。目前，经验主义依然是在产品设计早期用于识别设计质量的重要手段，而并行工程等产品开发的方法论对缓解这种情况有一定帮助。例如，并行工程要求后道工序相关的职能团队在开发项目的早期就介入评审并提供专业意见，一些有经验的专业人员就可以在产品设计早期就对产品质量提出要求，并且要求开发团队设计出符合后续过程能力的设计。

17.4　设计发布与产品过程能力

在完成产品主要的设计工作后，设计团队应完成必要的功能验证和性能验证。这些验证昭示着产品设计已经成熟并且逐步向运营团队转移。通常，生产制造团队是运营团队的一部分，他们需要从设计团队手中接手产品设计，并将其变为实际可交付的产品。而客户服务、产品运维、市场业务等部门也将分别制定相应的策略来满足产品上市和客户服务等各方面的要求。这是一个非常慎重的过程，设计团队必须有足够的证据证明设计是成熟可用的，运营团队才会接手产品设计。这也是设计团队与运营团队的握手过程。

在多数产品开发流程中，设计团队通过一个正式的开发节点将产品设计交付给运营团队。这个节点就是设计发布（Design Release），这也是设计团队与运营团队握手的重要组成部分。设计发布是产品开发过程中的重要节点，是典型的里程碑之一。开发团队通常会为设计发布单独进行一次设计评审，烦琐而细致的检查表是该设计评审的典型工具。

在设计发布之前，设计团队要完成所有的功能验证和性能验证，即确保产品已经实现产品的预期功能并且满足了应有的性能，并实现阶段性的设计冻结。设计团队应提供正式的测试验证报告作为设计冻结的基本证据。

有些企业的质量团队(质量团队是运营团队的一部分)会进行独立的资质验证试验(Qualification Test)。这个试验是全面试验,测试项包括产品的所有功能与特征。有些企业将黄金样品作为资质验证试验的对象,因此不难理解,资质验证试验报告是企业内部权威性最高的正式报告之一。如果资质验证试验的结果与设计团队提供的测试验证报告内容不一致,那么产品设计的有效性将受到极大的挑战。资质验证试验报告也是运营团队接受产品设计的重要评估对象之一。

为了确认设计的有效性,运营团队需要采取进一步验证活动。运营团队会执行小批量试生产或试运行来验证产品的可制造性或量产性能,如量产验证(PV)或试生产(Trial Run)活动。这些活动不仅是运营团队对设计的"不信任",也是部署运营计划和提升运营交付能力的过程,即产品工业化的主要过程。

过程能力研究(Process Capability Study)是评价产品工业化有效性的重要指标。根据数据类型的不同,该评价分成了属性数据评价和连续型数据评价。其中属性数据评价,以及常见的合格率和缺陷率的评价,包括与之相关的等价评价,如百万分之缺陷率(PPM)。例如,在最常见的产品抽样过程中,获得的90%或95%等合格率就是属性数据评价。而连续型数据评价,根据其样本对象的差异,又被分成了过程能力评价和过程性能评价。

1. 过程能力评价

过程能力评价的指标主要包括 Cp 和 Cpk,它们的公式如下:

$$Cp = \frac{公差}{6 \times 估计标准差} = \frac{USL - LSL}{6\hat{\sigma}}$$

$$Cpk = \frac{公差 - 2 \times 偏差}{6 \times 估计标准差} = \frac{USL - LSL - 2\varepsilon}{6\hat{\sigma}} = Min\left(\frac{USL - \bar{X}}{3\hat{\sigma}}, \frac{\bar{X} - LSL}{3\hat{\sigma}}\right)$$

式中,$\varepsilon = |\bar{X} - Tar|$,$\bar{X}$ 是产品特性的均值,Tar 是产品特性的目标值;USL 是目标参数(产品特性)的上规格限;LSL 是目标参数的下规格限;$\hat{\sigma}$ 是估计标准差。

从公式中不难看出,Cp 衡量了产品特性的离散程度,所以该参数可以用于评价产品加工或制造过程的稳定性。但 Cp 无法评价产品特性与目标的偏离程度,故这使得该指标的应用受到了局限。Cpk 则考虑了产品均值与产品规格限之间的关系,Cpk 中的字母 k 来自日语"偏"的发音首字母,这很好地解释了两个参数的差异。从 Cp 和 Cpk 的公式中可获得 Cpk 与 Cp 的如下几个重要关系:

- Cpk≤Cp,仅当产品均值正好落在规格限正中间时,此时 Cpk=Cp。
- Cp 永远为正值,而 Cpk 有可能为负值。当产品均值落在规格限外时,Cpk 为负值。
- 当目标只有单侧公差时,Cp=Cpk。

相比之下,企业更乐于使用 Cpk 来评价产品的过程能力,该指标不仅考量了过程的离散程度,也考虑了产品均值的匹配情况。

过程能力评价的标准差采用的是估算标准差。该标准差是根据样本的极差和控制系数 d_2 计算得到的:$\hat{\sigma} = \bar{R}/d_2$,这是对总体的标准差的一种估计值。$d_2$ 是一系列控制系数中的一个。在计算控制图的控制限时,根据样本实际数据的特征,需要对总体数据进行推测,这些系数则成为这些推断统计的桥梁。这些系数可以通过查找相应的系数表获得。在统计软件中，这些系数基本上都已经被整合进计算公式，无须死记硬背。

对于总体而言，估算标准差是近似无偏的标准差。换句话说，过程能力评价使用的是少量数据的样本极差来估算的标准差，那么过程能力评价也就是短期数据的过程能力评价。如果有足够多的数据，那么我们应使用样品/产品的真实标准差来计算。

注：连续型过程能力研究与正态分布有极大的关系，其基本计算公式也与正态方程有关。在研究连续型过程能力指数之前，要确保系统是稳定受控的，否则将使分析变得毫无意义。由于篇幅关系，这里不再展开。

案 例

如图 17-4 所示，在本例中，当 LSL=4，USL=10，$\hat{\sigma}$=1，$\overline{X_1}$=8，$\overline{X_2}$=11 时，分别计算它们的 Cp 和 Cpk。

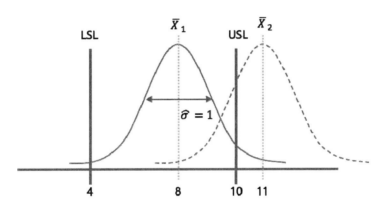

图 17-4 Cp 与 Cpk 计算的示例

计算过程如下：

$$Cp = \frac{USL - LSL}{6\hat{\sigma}} = \frac{10 - 4}{6 \times 1} = 1$$

当 $\overline{X_1}$ = 8 时，$Cpk = Min\left(\frac{USL - \overline{X}}{3\hat{\sigma}}, \frac{\overline{X} - LSL}{3\hat{\sigma}}\right) = Min\left(\frac{10 - 8}{3 \times 1}, \frac{8 - 4}{3 \times 1}\right) = 0.667$

当 $\overline{X_2}$ = 11 时，$Cpk = Min\left(\frac{USL - \overline{X}}{3\hat{\sigma}}, \frac{\overline{X} - LSL}{3\hat{\sigma}}\right) = Min\left(\frac{10 - 11}{3 \times 1}, \frac{11 - 4}{3 \times 1}\right) = -0.333$

可见，即使同一个流程，只是均值发生了偏移，此时 Cp 是不发生变化的，而 Cpk 却发生了变化。

---

2. 过程性能评价

过程性能评价的指标主要包括 Pp 和 Ppk，它们的公式如下：

$$\text{Pp} = \frac{\text{公差}}{6 \times \text{真实标准差}} = \frac{\text{USL} - \text{LSL}}{6\sigma}$$

$$\text{Ppk} = \frac{\text{公差} - 2 \times \text{偏差}}{6 \times \text{真实标准差}} = \frac{\text{USL} - \text{LSL} - 2\varepsilon}{6\sigma} = \text{Min}\left(\frac{\text{USL} - \overline{X}}{3\sigma}, \frac{\overline{X} - \text{LSL}}{3\sigma}\right)$$

式中，$\varepsilon = |\overline{X} - \text{Tar}|$，$\overline{X}$ 是产品特性的均值，Tar 是产品特性的目标值；USL 是目标参数（产品特性）的上规格限；LSL 是目标参数的下规格限；σ 是真实标准差。

我们发现 Cp 与 Pp，Cpk 与 Ppk 的公式极度类似，唯一的差别是使用的标准差不同。使用产品真实标准差而不采用估算标准差的场合主要有两个：产品特性尚处在不稳定的状态（此时 Cpk 没有考量价值），以及产品具有足够多的数据（样品的标准差可以与整体真实标准差差异不显著，此时可认为团队已经获得了中长期的稳定数据）。

由于在通常情况下我们期望过程是稳定的，因此如果过程不稳定或者数据非正态，那么此时 Cpk 没有意义，而 Ppk 虽然可以被计算，但该值仅起到部分参考的作用。而如果团队在稳定的过程中采集了足够多的数据，那么 Ppk 可被认为是长期数据的过程能力评价。

注：在实操过程中，由于某些历史原因和误传，汽车行业短期和长期过程能力指数的定义可能与其他行业正好相反，且多年来汽车行业一直试图用各种方式（如使用潜在过程能力和整体过程能力、性能指标和绩效指标等模糊概念）去解释这个问题，但效果甚微。读者不必过于纠结该问题，正确理解过程能力的计算和应用即可。

Ppk 所使用的标准差是使用样本数据计算得到的真实标准差，该标准差的计算与样本量的自由度有关。这种标准差准确地反映了当前样本的真实情况。所以 Ppk 常被用于评价企业长期的整体过程能力水平（非稳态情况除外）。

如何使用 Cpk 或 Ppk 来评价产品的过程能力取决于企业制定的标准，很难用统一的样本量来描述短期或长期数据所需的样本量。有些企业仅以控制图所建议的近期 25 个样本测量值作为 Cpk 的数据源，而有些企业以单样本 t 检验的样本量计算结果作为 Cpk 的数据源，也有些企业使用固定的 125 个样本量作为 Ppk 的数据源。这些样本量的来源各自有一定的科学依据，企业应根据自身产品的特征自行确定样本量。无论样本量大小，取样时测试团队都应采用科学的抽样方法，在简单随机抽样的基础上完成抽样活动。

Cpk 和 Ppk 的接受标准也大相径庭。以 Cpk 为例，比较常见的标准如表 17-3 所示。由于 Cpk 值与产品的西格玛水平有关，因此通常认为西格玛水平近似等于 3 倍的 Cpk。如果过程能力不满足企业后续量产的要求，那么运营团队通常不会正式接受设计发布，而要求设计团队和制造团队共同改善过程能力之后再次进行评估，直至达到预期的过程能力水平。

表 17-3　多数企业对于过程能力指数的建议策略

Cpk 值	西格玛水平	应对策略
0.67	2 西格玛	不能接受
1.00	3 西格玛	不能接受
1.33	4 西格玛	勉强接受

续表

Cpk 值	西格玛水平	应对策略
1.67	5 西格玛	目标
2.00	6 西格玛	可考虑降本

如果设计团队要将产品设计发布并传递到运营团队，那么必须提供必要的产品设计交付包（见第 18 章）并确保产品短期过程能力指标符合企业的运营标准。此时运营团队将采用生产件批准程序来批准产品进入量产阶段。

17.5　供应链支持

供应链（Supply chain）是产品从设计开发、生产交付乃至客户服务等产品生命周期范围内所有物料和信息流转的网状链路。供应链不是单个职能，更像一种集成的概念，在供应链的范畴内包括了传统意义上的先期寻源、采购、供应商管理、生产计划、物流、客户交付等多个职能。

供应链活动在产品开发的过程中始终存在，且全程支持所有的开发活动。在本章提及供应链是因为在量产之前，供应链应确定后续的供应策略和实施方式，这是产品可以被稳定交付的前提。此时，供应链需要确认所有需外部采购的零件都有相应的供应商支持，确保所有的供应商可用，并将产品量产的供应链风险降到最低。实际上，供应链支持伴随着整个产品开发过程，在开发早期就已经介入和支持产品开发活动。

供应链是一个非常大的概念。事实上，没有统一的范围来界定供应链，也很难确定供应链范围内应包含多少内容。通过长期实践，我们从中提炼出一些与产品开发紧密相关的要点，如采购策略管理、先期寻源、供应商质量管理等。

1. 采购策略

采购策略是企业用于管理采购行为的战术方针，是用于指导和管理企业采购行为的指挥棒，是供应链策略的重要组成部分。供应链团队需要根据企业产品特点在产品开发之前就参与并制定采购策略。

企业为完成产品开发与交付，需要获得必要的基础资源，这些资源可以是实物的，也可以是非实物的。其中，实物资源主要是生产资料，包括生产产品的物料、生产设备、检验设备和其他各种辅助资料；非实物资源包括生产所需的资源、服务支持（人员招募等）、软件系统等。无论哪种资源都由供应商提供，企业需要向这些供应商购买这些资源来支持企业的运作，包括产品设计与开发活动。

企业在面对这么多购买活动时，必须针对这些活动的特点制定相应的策略，以使企业利益最大化。而且，合理的分类管理或差异化管理可以使得资源获取和利用更有效率。很多企业为了确保生产运营的稳定性，将与生产运营有关的采购单独管理，尤其是将与生产物料有关的采购统一定义为直接物料采购（Direct Material Purchase），而将其他采购均定义为间接物料采购（Indirect Material

Purchase）。直接或间接物料采购的定义在不同的企业里可能略有差异，但几乎所有企业都有意无意地将直接物料采购的重要度放在了间接物料采购之上，因为直接物料采购是企业获取剩余价值的前提，而间接物料采购中有些则是辅助支持，甚至是纯粹的成本中心。这种采购优先级的设计就是一种采购策略。

如何规划采购的形式也是采购策略的重点关注对象。供应链团队需要规划采购对象的地域与企业交付之间的关系。由于物流距离（运费与距离成正比）、物流形式（海运、空运、陆运）都会显著影响物流成本，因此供应链团队一般都会寻找近距离（靠近企业或客户）且可陆运（通常陆运的时效和经济性优于海运和空运）的供应商。如果企业使用的生产物料属于大宗基础工业商品，如钢铁、煤炭等，那么为了减少这些物料的价格波动，企业可以购买期货商品来抵御短期的价格波动。合理利用采购时的付款周期，企业可以平衡企业的现金流压力，并借此作为控制供应商品质的额外手段。另外，利用采购地的政府优惠政策，企业可以获得更多的税收优惠或服务。

新产品开发，在开发之初就可能受到采购策略的影响。在新产品开发之初，开发团队在规划产品各个主要组成部分（组件或等同的部件）时需要确定这些组成部分是可以获得的，该分析由开发团队与供应链团队共同完成。对于没有生产制造团队（运营团队的一部分）的企业，其产品将完全从外部供应商获得；对于具有生产制造团队的企业，开发和供应链团队需要确定运营团队是否有能力提供这些组成部分，或者从经济性角度来判断是否值得运营团队来提供。那么供应链团队通常会准备一份自制外购分析来确定哪些组成部分由企业自己生产（自制），而哪些组成部分从外部供应商处采购（外购）。自制外购分析（Make & Buy Decision）并不是一份复杂的文件，有时看上去更像一份对比表格，从成本、物流、质量稳定性、售后服务等诸多维度来考虑目标组成部分是否需要从外部采购。由于自制产品与外购产品的成本、质量和交期等差异往往都很明显，因此在自制和外购成本相差不大的情况下，多数企业会选择自制以更好地控制产品质量（除非企业产能不足或存在其他充分的理由）。自制外购分析对开发团队的影响非常大，开发团队有时不得不调整产品设计来改善产品的可获得性。例如，某产品使用到一个关键部件，需要外部采购。由于该产品没有国内供应商，需要从国外进口，非常昂贵且交期很长，超出了开发项目所能承受的极限，因此开发团队可能不得不投资建设自己的产线来自制该产品。

2. 先期寻源

先期寻源（Advance Sourcing）是供应链在早期支持产品开发的另一个重要活动。在完成自制外购分析之后，供应链需要协助开发团队寻找外购的供应商。这是一个痛苦的过程，也是一个检验供应链团队和开发团队资源库能力的过程。供应链团队和开发团队需要根据自己的历史经验、既有供应商库、市场信息、行业信息、竞争分析等诸多手段来寻找潜在的供应商，即寻源。所谓寻源，是指企业获得供应商资源以提供必要的产品和服务的过程。这通常分成两个不同的大类：一是仅寻找针对产品开发过程的供应商；二是不仅针对产品开发，也考虑将其发展为正式量产的供应商。两者的处置方式截然不同。对于第一类供应商，主要以生产原型、样品或部分半成品零件为主，供应链团队无须过多考虑其企业规模、生产能力（产能）和体系完整度，以符合开发要求和快速交付产品为主要考量。开发团队只关心供应商是否能在最短时间内交付符合预期品质的产品，甚至不过多考虑成本。这类供应商一般离企业非常近，且响应快速，处理和解决小批量产品问题的能力非常强。

第二类供应商通常都是成规模的企业。供应链团队选择这类企业时，不仅要考虑当下该企业是否可以提供满足开发团队需求的产品，还要考虑其交付的稳定性，这与企业的规模、业务能力、现金流、质量体系等很多维度有关。开发团队会协助供应链团队对第二类企业进行考核，以综合评价供应链的长期风险。多数企业对第二类供应商的管控较为严格，评价这些供应商时必须遵循相应的行业标准或体系要求，如汽车行业常参照 IATF 16949 中的 APQP 流程。从时间维度上，通常供应链团队先对第一类供应商进行寻源，然后从中寻找哪些可发展成第二类供应商。注意，在产品开发前期，有时应 MVP 等要求，开发团队不得不以最快的速度做出原型，此时寻源活动不应过度拘泥于供应商规模等细节，应以快速交样为首要目标。

在供应商选择时，企业通常会采用采购意向书（Sourcing Decision Letter）来确定量产供应商。采购意向书，有时也称采购定点，确定了企业向供应商采购的对象、预期数量、交付行为、质量规划等一系列要求，成为企业和供应商之间重要的桥梁。

供应链团队除了考虑以上的采购策略等诉求，还要寻找更多有利于企业的管理行为，如尽可能避免单一采购。单一采购（Single Source）是指某个采购行为仅存在唯一的供应商。显然，单一采购具有很高的采购风险，如果该唯一供应商一旦出现关停、现金流断流、原材料短缺、产能异常等情况，企业就可能无法及时获得该采购对象。目前多数企业都采用多家供货的形式来保证供应链的稳定性，而且多家供货可以形成有效的竞争，为企业寻找更多成本优化的空间。多家供货的形式已成为不少行业标准的要求之一。

3. 供应商质量管理

企业在管理供应商时还应考虑其产品质量和交付质量两方面的表现。产品质量是企业的生命底线。如果产品质量出现问题，那么该供应商质量一定会大打折扣。没有供应商可以保证产品永远不出现质量问题，因此供应商如何积极有效并且及时妥善处理客户企业的诉求是供应商质量管理的重点。过程能力是控制供应商质量的重要指标，供应链团队需要持续有效地监控供应商的过程能力变化，并做出必要的预警反应。交付质量是供应商交付行为的体现，包括产品的准时交付率、交付需求的响应速度、交付过程的平稳性等。交付质量体现了供应商自身管理的综合能力，没有有效内部管理的供应商一般也很难保证其产品质量。很多工具可用于管理供应商，在下一节中关于生产批准的诸多控制手段均适用于供应商管理。

由于每家企业对供应链的理解和定义均不完全相同，因此其相关部门在设定上也存在差异。有的企业会开设供应链团队统管整个供应链活动；有的企业会分设采购部管理采购商务，并另设供应商管理（含质量管理）；有的企业会单独将供应商质量管理建设成一个团队；……所以，供应链支持活动应由各个企业根据自身产品和供应链特征进行定制。

今天，供应链管理已经是一门独立学科，其管理难度之大以及涉及范围之广，不亚于产品开发过程。本节中，我们仅介绍了一小部分与产品开发密不可分的基础内容，其他模块不再逐一展开。

17.6 生产件批准程序

生产件批准程序（Production Part Approval Process，PPAP）是企业的标准程序之一，用于确定供方是否已经正确理解了产品规范（包括设计）的所有要求，确定供方生产过程是否具有充分的潜在交付能力，确定供方在实际交付过程中是否按期望的数量、品质和指定时间交付产品。该供方包括企业自身的运营团队，以及企业的供应商。也就是说，无论产品的组成部分从哪里获得，所有内外部的产品供应团队都应遵守该程序。因此 PPAP 是产品完成初步设计开发而进行量产的标志性程序。

PPAP 是一个审查过程，包含针对一系列交付内容的审查。这种审查主要包括设计的有效性、过程资源的完整性、过程能力的稳定性、标准的一致性。

首先，PPAP 要求进入量产的产品设计有完整的设计记录，包括产品的设计图纸、各种测试验证报告和变更记录。这些文件确保产品设计满足客户基本要求并且值得量产。其次，过程相关的信息，如过程流程图、过程失效模式等信息确保产品可以被量产。这些信息是量产作业的原始输入和指导性输入。再次，过程能力研究确保产品产量具有足够的稳定性，可满足既有的品质要求，且可以留下充分的过程记录，用于控制和改善过程。最后，产品需要对必要的标准和特定需求对标，以确保产品满足客户的全部要求和行业规范要求。

典型的 PPAP 具有一系列相对固定的内容，尤其是汽车行业对该交付内容进行了推荐。实际上，每家企业均可以根据自身产品特点定制交付内容，尤其是那些具有显著行业特征的交付内容需要被列入 PPAP 的交付及审查对象，如电力行业的用电安全等规范。在汽车行业，PPAP 通常都由供应商准备，作为向客户交付产品的前期准备和认可对象。事实上，PPAP 对企业自身（将自身的产品视作供应商）也有效，其评审过程是企业量产批准的重要依据。

PPAP 包是量产交付的证据，通常由一个很完整的交付包组成。表 17-4 是一份常见的 PPAP 包列表（部分），它虽不可能覆盖所有行业，但适用于大多数实物类产品开发与制造企业。

表 17-4 常见的 PPAP 包列表（部分）

序号	交付内容	交付说明
1	设计记录	这是一份包含产品设计与开发过程的完整记录,记录了产品及其每个组成部分的开发过程,它可以引用其他文件。有时图纸也是设计记录的一部分
2	工程更改文件	在设计与开发过程中的一切更改都应记录在该文件中,这些更改体现了产品部分功能与特征的演化过程。变更信息应与设计记录相匹配
3	工程批准	所有的设计记录和工程更改文件都应获得正式批准,这种批准包括企业的自我审查和客户的批准
4	设计失效模式与影响分析	这是产品设计有效性的证明之一，也是对产品设计风险的重要评估。设计失效模式与影响分析显示产品在何种情况下可能无法实现预期功能,它应与客户需求和关键特性清单相匹配

续表

序号	交付内容	交付说明
5	过程流程图	这是一份按特定格式记录的过程图，以串行的流程模块为基础，清晰地描绘出生产工艺步骤和顺序，以显示产品是如何一步步被具体实现以满足客户需求的
6	过程失效模式与影响分析	该分析与设计失效模式相对应，是传递关键特性的重要纽带。过程失效模式与影响分析显示了产品在加工过程中潜在的失效模式和相应影响
7	尺寸检验结果	这是对产品样品的检查结果，应与产品的特征与参数一一对应。在 PPAP 中，尺寸检验往往要求不能有遗漏，即全尺寸检验。对于关键特性，要更仔细地关注
8	材料/性能试验结果记录	这是特殊的测试报告，将帮助企业了解产品的构成。企业利用这些信息可以更好地部署产线和提升效率，同时该报告对于企业规避环保等问题也有帮助，可促进面向环境的设计
9	过程能力研究	过程能力必须满足企业运营要求。鉴于开发过程，该能力研究可能被分成两种：一种是非稳态的初始过程能力，由于过程不稳定，短期过程能力指数 Cpk 不适用，因此常使用长期过程能力指数 Ppk 来评价过程能力；另一种是理想状态，产品在之前工业化验证阶段趋近稳定，此时可使用 Cpk 来评价过程能力
10	测量系统分析研究	无论是企业还是供应商，都应确保生产用的量具或测量系统有效且可用，尤其是那些新投入使用的量具。测量系统对应的稳定性、偏倚、线性、重复性和再现性误差必须被控制在企业可接受的范围内
11	具有资格的实验室的文件要求	只有具有企业和客户都认可的实验室方可做出令人信服的报告，这些实验室必须满足 QS-9000 或等同标准的要求。个别实验室还必须满足特定的行业标准要求，如 ISO 17025
12	控制计划	控制计划是保证产品如何按照既有要求来实现的控制文件，描述了产品在加工过程中出现不符预期要求的情况下，应采取何种行动来应对或纠正错误。控制计划的内容相对固定，是过程流程图、过程失效模式、过程规范、关键特性清单、测量系统分析等多份交付物的集中输出
13	零件提交保证书	该文件仅当企业作为供应商时向客户提交，以提供产品（每个组成零件）的详细评价，包括尺寸报告和相应工艺等。对于企业自身的产线，通常无须准备
14	外观件批准报告	多数产品对其外观都有要求，尤其是那些区分外观面等级的产品。这些外观要求单独完成外观批准报告，且其内容（外观要求）应与设计记录相匹配
15	散装材料要求	这并非强制要求。如果客户没有强制要求，则企业作为供应商通常可不做要求。企业对内部产线的要求也如此，但不排除企业自身的质量管理体系要求做相应管控
16	生产件样品	企业应向客户提供满足特定要求的必要样品，如用于专项测试的样品。企业对自身产线通常不做额外样品要求，因为在工业化阶段，企业已经充分完成了相关验证
17	标准样品	企业需要保存一个标准样品，即黄金样品，同时该样品的状态应详细保留，例如，何时何地由哪条产线哪个班组生产，样品有效期多久等
18	检查辅具	为了满足生产要求，企业或供应商应开发必要的辅助设备或工装夹具。这些都是生产必需的重要辅具，不仅应纳入工程变更管控清单，并且在其寿命期内，企业应做好充分的预防性维护和日常保养工作

续表

序号	交付内容	交付说明
19	客户特殊要求	客户可能有特定的产品需求，企业或供应商应单独针对这些要求做出应对。例如，企业在提供电路板产品时，客户要向企业提供额外单独的测试应用程序，这些程序并不是产品的标准组成部分，但如果作为客户特殊要求，企业也应准备
……	……	……

PPAP 评审是非常正式和严肃的评审过程，通常由开发团队所有的核心负责人（含各职能团队代表）共同完成，不满足 PPAP 交付要求的产品不能进入量产阶段。如果出现未通过评审的情况，那么无论是企业还是供应商都应提交整改计划并在整改后再次评审，直至通过。

今天，PPAP 已经是一个普遍被接受的概念，有可能在某些企业中不以 PPAP 的名字出现，但几乎所有企业都具有等同于该程序的量产批准程序。一旦通过了 PPAP，就代表产品进入了量产的相关阶段，此时产品的设计与开发主体也进入尾声。在量产之后，产品的设计与开发将主要聚焦于产品性能改善和衍生产品的开发与应用。

 # 案例展示

星彗科技最终制作出了标准样品，也就是黄金样品，并作为产品交付的主要标志。该样品已经具备产品最终的所有功能，并且初步满足了外部及内部客户的需求。最终样品的照片如图 17-5 所示。部分相关测试内容在前面章节已经分享。

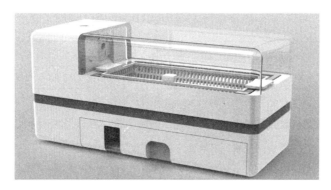

图 17-5　黄金样品

该样品的 FA 首样检测报告封面汇总页如图 17-6 所示。由于篇幅限制（详细报告含大量数据，不便展示），故仅展示首页。

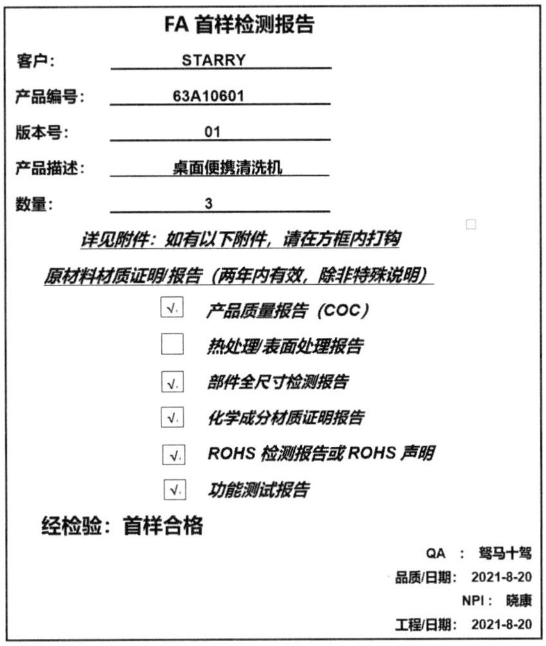

FA 首样检测报告

客户：　　　　　STARRY

产品编号：　　　63A10601

版本号：　　　　01

产品描述：　　　桌面便携清洗机

数量：　　　　　3

详见附件：如有以下附件，请在方框内打钩

原材料材质证明/报告（两年内有效，除非特殊说明）

- ☑ *产品质量报告（COC）*
- ☐ *热处理/表面处理报告*
- ☑ *部件全尺寸检测报告*
- ☑ *化学成分材质证明报告*
- ☑ *ROHS 检测报告或 ROHS 声明*
- ☑ *功能测试报告*

经检验：首样合格

QA：　驾马十驾
品质/日期：2021-8-20
NPI：　晓康
工程/日期：2021-8-20

图 17-6　FA 首样检测报告封面汇总页

在完成产品的主体设计与测试验证之后，项目团队开始着手产品工业化的工作。供应链团队（含采购）在工业化之前，已经完成了供应商审核，确定了相应采购件的供应商并与其签署了采购意向书。项目团队根据供应链团队的反馈并结合之前的财务分析结果，更新了产品的成本和报价。供应链团队还更新了各零部件的采购要求（供应链相关的部分工具示例在第 11 章的案例展示中已经介绍）。表 17-5 是产品大致的成本构成和预期的产品定价（项目的损益表会更细致）。

表 17-5　产品成本分析

序　号	材　料	零部件描述	数量（件/套）	成本（低配）（元）	成本（高配）（元）
1	ABS	壳体	1	8.1	11.4
2	ABS	上盖	1	1.1	1.1
3	ABS	扣板	1	0.4	0.4
4	橡胶	防滑脚垫	4	0.2	0.2
5	ABS	清洗槽壳体	1		1.4
6	304 不锈钢	不锈钢水槽	1	8.6	8.6
7		振动片组件	2	4.6	8.1
8	POM	环形齿条	1		0.1
9	ABS	储水槽	1		1.5
10	304 不锈钢	金属网兜	1		1.5
11	铜合金	金属齿轮	1		0.6
12	电气采购件	步进电机模块	1		5.8
13	电气采购件	风机模块	1		5.2

续表

序　号	材　料	零部件描述	数量（件/套）	成本（低配）（元）	成本（高配）（元）
14	电气采购件	紫外灯模块	1		0.6
15	电气采购件	按钮模块（触摸式）	1	3.5	3.5
16	电气采购件	可拆分插头模块	1	0.6	0.6
17	电气采购件	电路板模块	1	17.3	19.6
18	电气采购件	电源适配器	1	5.8	6.9
19	机械采购件	其他辅材（紧固件等）	1	0.6	1.0
20	机械采购件	包装+标签	1	0.4	2.3
		物料成本合计		51.0	80.1
1	生产运营	装配线运营		2.3	5.8
2	生产运营	人工费25%		12.8	20.0
3	生产运营	运输费3%		1.5	2.4
4	生产运营	管理费12%		7.7	12.0
5	财务成本	利润10%		7.5	12.0
6	财务成本	资本成本3%		2.5	4.0
		税前报价		85.3	136.2

除此之外，供应链团队还根据 PPAP 的要求，要求供应商提供相应的文件作为支持工业化和量产的基础保障。部分文件清单如图 17-7 所示。

图 17-7　供应商 PPAP 文件（部分）

确认产品可以被批量生产是工业化的主要实施内容，运营团队着手准备了产品的工艺文件。工艺团队完成了产品 16 个主要工站的所有工序规划，并制作了相应的作业指导书。图 17-8 是其中一小部分作业指导书的内容。

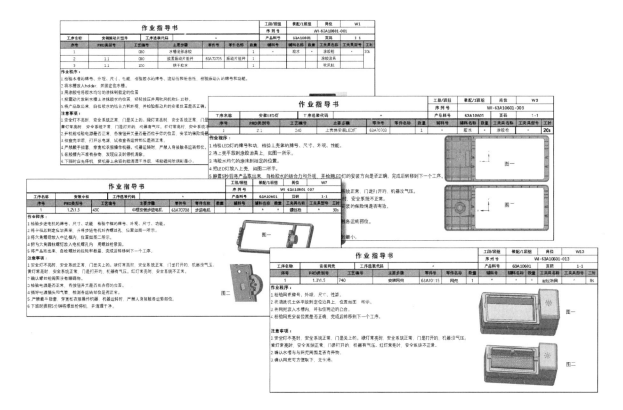

图 17-8 作业指导书（部分）

对于生产所涉及的工艺要求，工艺团队准备了相应的工艺规范（Process Specification）。表 17-6 展示的是诸多工艺中的一种，该工艺属于装配工艺，被用于水槽底部的黏接。

表 17-6 工艺规范示例（部分）

工艺类别	装配工艺
适用范围	黏接装配工艺
依据	ROHS HG/T 2492—2018
工具及设备	工具：靠山涂胶枪、电吹风、专用固化夹具
规范要求	1. 装配人员要求 1.1 熟悉常用涂胶枪、胶水烘干工具、专用固化夹具的使用和维护。 1.2 能看懂装配图纸。 1.3 需要经过装配岗位的安全作业培训，尤其是与装配用的胶水相关的安全防护应急知识。 2. 装配前的准备工作 2.1 对于安装过程中使用的所有包括总装图、部件图、零件图、物料清单、工艺指导文件完整，直至项目结束。 2.2 根据装配工艺准备好装配用的工具。

3. 准备材料

3.1 黏接用的胶水，核对品牌：易合，胶水型号：YH-818。

3.2 准备清洁装配工件用的清洁布、清洁剂。

4. 装配前准备

4.1 擦拭需要黏接的工件表面，保证没有杂物灰尘。

4.2 擦拭干净黏接用的夹具。

5. 装配环境

5.1 湿度：相对湿度小于 90%。

5.3 温度：室温。

6. 黏接

6.1 装配员必须按图样、工艺文件、技术标准作业。

6.2 黏接用的胶水的用量、路径、范围符合标准。

6.3 对于黏接质量要求高、定位精准的场合采用专用的夹具。

6.4 初步固化时间为常温下压紧黏接工件 5~10 秒。

6.5 完全固化时间为 24 小时。

7. 返修

7.1 对不合格的黏接工件可以进行返修，应进行质量分析，找出原因，定出措施后方可返修。

7.2 返修前要将工件的表面清洗干净，去除杂质，打磨表面再重新按规范黏接。

8. 安全生产

8.1 装配员必须接受安全卫生教育，掌握安全生产技术。

8.2 装配员必须穿戴必要的防护用具（一次性手套、口鼻罩）。

至此，项目团队完成了设计交付前的全部准备，并着手发布产品设计，将设计交付给运营团队准备量产活动。

第18章

产品设计交付与量产

18.1　产品设计交付包

在开发团队（设计团队是开发团队的一部分）通过设计发布将产品设计移交给运营团队的过程中，运营团队会检查与设计交付相关的所有内容。除按照产品开发流程的必要审查外，产品设计交付包是最关键的审查对象。

产品设计交付包不是一个固定的交付包，对于不同的产品，其交付内容是显著不同的，但是从这些交付内容中可以提炼出一些共性的内容。产品设计交付包与 PPAP 中的设计记录、工程更改文件等内容有不少交叉的部分，但产品设计设计包的内容更广泛。这是因为产品设计交付包是对产品设计（包括设计过程）的完整记录，并不只是为 PPAP 服务的。通常，运营团队无须知道与产品设计相关的所有信息，而关注产品在具体实现过程中的相关信息即可，但如果运营团队在制造或实现产品的过程中出现了问题，尤其是与产品设计（原理）有关的问题，那么运营团队可查阅产品设计交付包以寻找解决方案。

通常情况下，产品设计交付包至少包括以下部分：

- 设计背景。产品开发的需求背景和产品的应用场景。
- 应用技术。所在的技术领域、发展情况和技术的核心信息。
- 产品特殊特性。与产品核心功能相关的关键特征或参数。

- 设计载体。图纸、设计、代码等承载产品设计的关键信息的表现形式。

- 风险评估。产品失效模式与潜在失效影响的评估清单或报告。

- 测试验证大纲及报告。与特殊特性等相关的关键测试项和相应报告。

- 设计评审结果。各阶段技术评审报告和重大设计问题评审记录。

- 质量计划。产品质保、退件管理、客户投诉和赔偿的处理流程及计划。

- 服务诊断信息。客户服务、运维、诊断（含远程）和升级等流程及计划。

- 供应商信息。产品供应商清单、备选供应商计划、交付计划和供应链应急计划等。

- 检验计划。产品检测方式、评价标准、测量系统要求和失效的应对计划。

- 知识产权报告。产品知识产权清单及保护范围、知识产权审查报告（含侵权分析）。

- 变更记录。产品所有的历史变更记录（包括嵌入式软件的版本变化记录）。

产品设计交付包中的所有内容都是企业的核心技术资料，都是企业的受控信息，应受到合理的保存和版本控制。良好的产品设计交付包管理会形成一份完整的产品设计档案，并将产品设计与各个职能团队紧密联系在一起。

产品发布时，开发团队需要将产品设计交付包内的所有信息传递给运营团队，其中一部分信息将用于 PPAP。在传递的过程中，开发团队应向运营团队解释产品的设计意图和技术细节，尤其是那些与关键特性有关的技术信息。由于两个团队的关注点不同，在传递的过程中，双方往往很难沟通。开发团队通常关心产品所承载的技术问题，而运营团队关心产品如何被实现，此时两个团队往往站在各自的立场来看待产品设计，容易出现对立情绪。图 18-1 显示了一种"隔墙抛物"的现象。此时的设计发布像一道墙，将设计和运营两个团队隔离开，两个团队相互保持着沉默而不沟通。设计团队将产品设计当作一个甩出去的"包袱"，隔墙"抛"给了运营团队；而运营团队面对隔墙"抛"过来的"包袱"茫然无措。这种情况在产品交付过程中是需要避免的。设计团队不可想当然地认为运营团队能够完全理解产品设计，而运营团队也不可能对这种"突如其来"的产品设计产生厌恶。运营团队早期介入产品设计，并且在设计发布之前就理解产品设计，对产品顺利进入量产有极大的帮助。设计团队应充分理解运营团队的诉求，并应做好充分的交接作用。

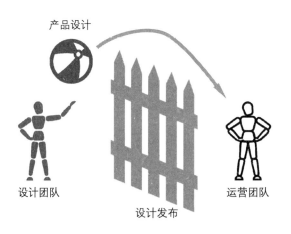

图 18-1　设计团队"隔墙抛物"将产品设计交付给运营团队

产品最终的设计质量主要取决于产品设计交付包的质量，评价产品最终的设计质量也主要通过评价产品设计交付包来实现。

18.2 量产后的提升规划

在运营团队接受产品设计并通过量产批准程序之后，产品即进入量产阶段。

量产（Mass Production，MP）是产品进入批量生产或批量交付的阶段，部分产品开始进入市场，为企业获取商业收益。在量产阶段，运营团队会接手产品设计，并根据产品特点制定相应的标准作业指导书（Standard Operation Process，SOP）或操作指南（Working Instruction，WI）来将产品批量生产过程标准化，同时，现场质量团队和制造团队会根据既定的控制计划、质量程序来控制量产的产品质量。如果企业从客户端收到产品的质量反馈或改进意见，就会通过相应客服和质保程序反馈给相应的团队。企业的生产运营过程不是本书的主要内容，所以这里不再展开。

开发团队的资源逐步退出，这标志着产品开发进入尾声。通常开发团队不会完全退出，而会保留一部分资源来支持量产活动以及后续的其他活动。量产阶段的产品开发活动主要聚焦于以下活动：产品性能的持续提升、产能提升、开发衍生类产品、支持产品的维持工程、质保与持续改善等。

1. 产品性能的持续提升

产品设计发布代表产品功能的完全冻结，但不代表性能改善被中止。由于新产品开发具有很大的不确定性，因此很多产品在设计发布时就可能存在某些"缺陷"，这些缺陷虽然不会对产品产生致命影响，但依然要被解决。相应地，很多测试验证活动也没有因进入量产而被中止。以产品可靠性研究为例。虽然在设计发布时团队已经获得了一些基础可靠性信息并将其作为设计依据，但为了获得更完整的可靠性数据，可靠性试验会持续很长时间，以探索产品设计的参数边界值。以上这些问题是开发团队在产品量产之后依然持续关注的对象。

2. 产能提升

产能提升，也称爬坡（Ramp up），是量产阶段的主要任务。产能提升是多个团队的共同目标，虽然运营团队是主体实施团队，但开发团队也应提供相应的帮助。因为提升产能瓶颈的关键来自质量的稳定性和关键工序的效率提升，这两点都与产品设计本身强相关。一方面，产品质量和可靠性由设计决定了其最大值，如果工艺无法减少其性能损失，那么只有依靠开发团队改善设计来提升产品质量和可靠性。另一方面，产品的关键工序效率提升，与产品的设计结构和工艺有关。如何使产品结构更加简化（DFM/DFA 改善）并提升设计参数的稳健性，也需要开发团队的支持。

3. 开发衍生类产品

在产品进入量产阶段之后，一部分产品已经流入市场，此时开发团队会收到一些市场反馈。在结合产品战略和市场反馈之后，企业往往决定开发产品平台的衍生类产品或家族产品。这些产品有些是为了改善原产品的某些性能，有些是为了扩大产品的应用范围，有些是根据客户要求而拓展的新产品，有些是为了应对竞争对手所做的有针对性的新设计。这些衍生类产品会极大地丰富企业的产品目录，并帮助企业获取更多的市场份额。

4. 支持产品的维持工程

维持工程（Sustaining Engineering），也称支持工程，是产品进入量产后的工程阶段。在量产阶段，企业希望产品的价值最大化。因此为了降低产品成本，多数企业会持续对产品进行不断的优化。开发团队需要配合运营团队来寻找降本的机会，以优化设计。与此同时，企业会从市场、客户甚至企业内部持续获得一些产品优化的诉求，这些都是基于原产品设计基础上的微小变化，且不足以演化成衍生类产品，因此开发团队会满足这些优化设计的需求。

5. 质保与持续改善

在产品上市后，企业会获得一些市场反馈，这些反馈有正面的，也有负面的。正面反馈会提升企业的商业声誉并给其带来更多的财务收益；而负面反馈可能给企业带来损失。

负面反馈的主要表现是客户投诉（质量或服务问题），以及伴随着投诉可能产生的退件（Return Material）。抛开供应商管理的问题，产品质量问题的主要来源要么是运营团队，要么是开发团队（设计问题）。因此开发团队应主动配合完成退件分析，并处理相应的设计问题。通常，质保问题与企业的持续改善体系有关。在持续改善体系中，企业应采用常见的问题解决方法论来处理产品问题，或者用于改善流程质量。常见的持续改善方法论包括六西格玛和精益等。

上述这些活动很多都与过程能力改善有关。从企业运营层面来看，过程能力改善也是量产阶段最重要的内容。在产品初始交付量产后，产品的初始质量不会很高。多数产线需要一个漫长的过程来提升量产质量和效率，通常需要至少 6 个月以上的时间才能达到较为稳定的阶段。这是量产的过程能力改善的过程。

评价量产过程能力的长期性能的主要指标是控制图和 Ppk。控制图会记录改善过程中的指标变化，而对于中长期的特性参数，Ppk 根据样品的标准差来评价产品的过程能力的变化。较好的 Ppk 必须达到 1.67 以上（五西格玛水平之上）。

过程能力改善通常由现场的改善活动来获得。前文（见 13.2 节）提到的调优操作是其中的典型方法。调优操作是一种在生产过程中一边维持正常生产，一边寻求最佳操作条件的方法。

在调优操作中，每一次生产现场都只对某个过程参数做一个微小的调整，现场团队对每次调整后的产品数据进行数理统计，寻找该过程参数与产品特性之间的关系。这种方法可以在不扰动正常生产的情况下，逐渐向更好的过程参数逼近，最终找到最佳的过程参数。这个调整过程需要提前规划，寻找最合理的调整幅度，根据既定调整策略设置现场装置和设备的参数。调优操作是一种特殊的实证技术，虽然有方法论的支持，但在实操过程中也有运气的成分。

在改善过程能力时，田口试验的帮助尤为明显。前文（见 13.5 节）提到田口法将影响过程的因子分成了比例因子、稳健性改善因子、经济因子和混淆因子这四类，它们的具体分类方式如图 18-2

所示。

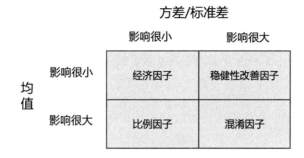

图 18-2 田口试验的因子分类

由于田口试验的精度不高，因此在寻求参数稳健性的过程中，现场团队有时依然会找不到改善方向。如果试验将现场的因子（参数）分成了这四类，那么现场团队可以根据因子的特性找到过程改善的具体操作步骤。改善步骤如图 18-3 所示。

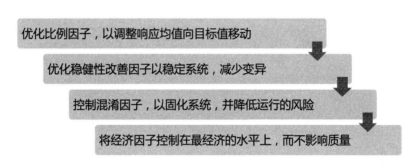

图 18-3 田口试验因子分析后的改善步骤

（1）比例因子。移动比例因子，将过程的中值对中（过程居中），使系统的响应与目标值的差异最小，同时不对系统产生大的波动。

（2）稳健性改善因子。改善稳健性改善因子，使系统标准差变小，波动更小，同时又不会显著影响已经对中（过程居中）的结果。

（3）混淆因子。固化混淆因子，因为混淆因子同时会影响均值和标准差。通常情况下，当不确定如何调整它时，最佳方法是将其按噪声变量的处理方式，将其固化在某个可控的水平上。

（4）经济因子。由于经济因子对均值和标准差都没有显著影响，因此可将其控制在最经济的水平上（该因子也因此得名）。

上述前三个步骤是过程能力改善三部曲，其中心思想是先使过程居中（这是田口哲学的重要思想），然后减少系统的波动，使系统更稳定，改善离散的程度，最后控制噪声因子。而最后一步，虽然对过程能力改善没有帮助，但是既然经济因子对参数特性（响应）的均值和标准差都没有什么影响，我们就可以将其固化在最经济的水平上，从而实现降本而非质量的目标。有时为了实现参数最优的目的，企业会重复实施以上步骤。

除了以上方法，量产现场还可以通过各种质量管理的方法和工具来实现过程能力的提升。进行标杆参照、合理应用持续改善的方法都被证明是有效的改善方法。这些改善方法在产品的整个量产阶段中持续不断地循环实施，不断优化产品的量产性能。

18.3　产品设计与开发的最终评价

产品设计在开发过程中会经历多次评价，这些评价都是阶段性评价，其评价对象通常不是最终产品或最完整的产品。当产品设计向运营团队发布和移交时，产品（当前版本）已经定型，此时对产品的评价为产品（当前版本）的最终评价。

在企业中，产品设计与开发的最终评价可能不是特意准备的评价活动，该评价可能是在产品发布前的最后一次设计评审过程中完成的，也可能是产品开发项目结束后的单独评价。这取决于企业的产品开发策略和产品开发项目的重要程度。

如何评价产品设计与开发的成果是产品最终评价的关注点。通常，该评价由不同维度的考量内容组成。常见的考量维度包括产品战略的一致性、产品功能及性能的满足程度、产品开发的效率、组织的业务能力变化等。

1. 产品战略的一致性

在理想状态下，企业开发的产品应与产品战略保持一致。在产品需求没有变化的情况下，最后开发的产品不应出现与预期不一致的情况。但由于产品开发周期往往很长，有些项目在开发过程中逐渐出现了范围潜变或目标偏移的现象。此时即便客户接受了这些产品变化，但对于企业来说，其产品战略的一致性可能会受到影响，甚至产品平台/家族会产生变化。

2. 产品功能及性能的满足程度

产品功能一般是客户明示的开发需求，原则上，产品必须满足客户的所有需求。事实上，由于企业的技术条件和业务能力等多重因素制约，有些产品在最终交付时可能存在一些辅助功能没有被实现的情况。一般来说，没有全部实现既定功能是不能被接受的，但有时客户也接受这个结果，尤其是当客户理解开发难度或者发现有些既有需求确实难以实现时，有时客户在可有可无的情况下也会适当放宽评价标准。此时客户需要提供偏差接受的书面信息作为让步接受的存档证据。如果客户不接受未实现的产品功能，那么产品开发很可能被认为是失败的，而且企业极有可能因此遭受损失。

产品性能中有一部分是客户的明示需求，对此类需求的评价方式与功能需求一致。但产品性能中有一部分需求来自企业自身，如良好的加工性能、产品的稳健性、良好的运维性能等。这些需求的满足程度应由开发团队的核心成员（来自跨功能的代表）来评价。未达到目标的产品性能可能在量产后持续改善，而完全无法实现的产品性能也可视作产品开发的缺陷。

3. 产品开发的效率

产品开发是具有很高时效性的活动。如果企业开发产品的时间过长，那么企业不仅可能失去市场份额，甚至可能失去业务机会。在评价产品开发的效率时，企业通常会考虑开发过程中的成本、时间、人员利用率等。产品开发效率是企业开发新产品能力的重要体现。

关于产品开发内部评价体系在本书前文（见 1.3 节）已经做了介绍，内容是关于项目级的评价，而这里所罗列的评价内容偏向于产品设计本身，如某个设计通过验证并且达到发布状态所花费的成本和时间等。

4. 组织的业务能力变化

企业通常以产品开发来实现技术积累，即开发产品的同时也是在开发技术。企业的开发人员在开发过程中也积累经验并获取更多的开发知识。企业很难量化开发团队在一个或少数开发项目中所获得的经验和收获，但通过一定量的产品开发项目积累，企业可以形成强大的产品知识库和开发人才库。另外，开发团队的配合程度会在开发项目中逐渐得到提升，团队士气也会随着产品成功上市而得到提升，这对于后续产品开发效率的改善有极大的帮助。

随着产品开发活动进入尾声，开发团队需要准备项目结项报告。这是对整个产品开发活动的总结，不仅应记录开发的全过程（不同于设计记录，只针对项目执行过程），也应记录团队成员在开发过程中的各种表现。项目结项报告没有统一的格式，但至少包括项目的背景、技术条件、开发环境、组织配置、设计方案、开发成果、测试报告、交付反馈、财务收益等信息，而以上所描述的各种评价内容均应体现在报告内。这份报告是产品开发活动的集大成者，也是企业的核心组织过程资产和知识经验。

上述总结与评价主要来自企业的自我评价。事实上，产品开发的评价既包括企业的自我评价，也包括客户评价。相对来说，客户评价不会那么具体和细化，有些客户甚至不做评价，终端客户尤为如此。客户评价往往使用很简单的定性描述来评价产品，如"很好""一般""不怎么样"等。由于客户的这些评价都与客户的满意度有关，因此客户满意度是评价产品设计与开发活动成败的重要标准。

18.4　客户满意度与平衡计分卡

1. 客户满意度

按照著名的质量管理专家朱兰（Juran）博士的理念，所谓质量，就是指产品的适用性和客户的满意度。这两者其实是一件事，因为没有客户会对不能使用的产品满意。因此，如果要评价产品设计与开发的质量，那么没有比客户满意度更好的指标了。

客户满意度即客户期望值与客户体验的匹配程度，也就是客户对最终产品的评价与其期望值相比较后所得出的匹配度。不难理解，100%的满意度代表了产品完全符合客户的期望，而较低的百分比则代表了产品离客户的期望较远。

企业内部对产品设计与开发的自我评价相对客观，因为企业会采用一些较为客观的评价标准和指标，而客户满意度则不然。必须承认，客户满意度不是一个完全客观的评价值。这与客户在产品开发过程中所处的地位有关。

在第 6 章的卡诺模型中，我们可以看到客户对产品开发始终保持兴奋与期待。因为客户是产品需求的发起方，所以客户心目中的产品总是趋近于完美的。而多数客户在看到产品的一瞬间，总会产生一些心理落差。这导致无论产品设计得多么好，客户总是能找出一些毛病，这也是客户满意度很难达到100%的主要原因。

从实际评价角度，客户对产品的评价包含两方面：一是产品需求的满足度；二是客户对产品的感知评价。前者较为客观，而后者较为主观，而且后者的感知评价也包括客户对产品开发过程的评价，该评价较为模糊。

关于产品需求的满足度，客户会根据产品开发初期定义的产品需求来评价。这些产品需求需要从产品功能和性能两方面来评价。

产品应实现预期的全部功能，原则上，任何功能缺失的产品都不可接受。在少数情况下，由于各种原因，客户允许产品缺少个别功能，此时虽然可以按偏差交付的形式完成产品交付，但客户满意度会较差。即便这种偏差是由客户引起的，如不合理或不可实现的需求导致功能无法实现，客户也可能对企业的产品开发活动不满。

从产品性能来说，产品的满足程度有时难以评价或评价存在滞后。在产品的诸多性能中，操作性和外观性是客户直接评价的对象。客户可以通过视觉、触觉等感官感受对产品的外观性做出评价，也可以根据产品的应用情况做出操作性的评价。除此之外，产品的其他性能可能无法在短时间内做出评价。并不是每个客户都会对产品做严格测试，尤其是快消品的终端用户。例如，当产品的可靠性、耐久性等指标交付客户时，客户无法确定产品是否满足开发需求。客户只能通过实际应用产品（可能需要很久）来验证这些需求的满足程度，这就是指标评价的滞后性。另外，有一些性能要求，如环保（不含有毒有害物质）等指标属于不可见指标，如果客户不做特定的检验就无法获知其满足程度，更无法做出评价。实操过程中的情况更为复杂，产品的性能指标如果未达到预期目标，对企业（开发方）和客户（使用方）都是头疼的事。与实现功能不同，性能减弱有时难以评价。例如，客户对产品的预期可靠性寿命为 3 年，但企业开发的产品的预期可靠性寿命为 2 年，那么客户是否会接受这种情况呢？几乎没有人能肯定地回答这个问题。固然企业开发活动可能存在问题，但客户有时也很难确定这种性能减弱是否能接受，尤其是可靠性这种不确定性很高的指标。此时，如果客户有足够的理由坚持原开发需求是合理的，那么产品开发活动很可能被视作是失败的；但如果客户决定让步接收，那么直接受到影响的就是客户满意度。通常，客户不关心企业内部过程对产品性能的需求，如易加工性等，因为这与客户使用产品无关。

客户对产品的感知评价是非常模糊的，这是客户对产品和产品开发过程的粗略评价。感知评价针对感知质量，而感知质量也是产品开发的重要需求。抛开产品的实际功能，很多客户会凭着自己的主观感受来评价产品，尤其针对那些与外观性和操作性有关的特性。例如，有些客户会对某款汽车的外形设计做出"很漂亮"或"很难看"的评价，而完全不考虑这款汽车的驾驶性能、安全性能等关键指标。而客户对外观性和操作性相关的评价往往与客户的习惯、认知甚至个人素养有关。面对同一个指标时，不同的客户可能做出完全对立的评价。如果客户介入产品的开发过程，那么客户也会对产品的开发过程进行感知评价，如样品的递交速度、评价的反馈速度、沟通的顺畅程度、问题的解决速度等，这些都会影响客户对开发过程的满意度。由于这种评价几乎很难记录，或者使用特定的形式来衡量，或者客户不在意开发过程的细节，因此客户做出的感知评价往往非常主观。为了尽可能避免出现感知评价过于主观的情况，企业和客户都会考虑建立类似于检查表的清单来规范评价的维度，但这只能略微降低客户的主观影响，避免一些极端评价的出现。如何尽可能公正客观地评价产品和过程是企业与客户的双重难题。

不难理解，不管产品开发有多么艰辛，也不管产品实际性能如何，客户接受产品才是关键。所以客户接受是产品的最终评价，也就是对产品设计与开发质量的最终评价。客户接受产品标志着产品开发项目的初步结束。

2. 平衡计分卡

由于客户对产品的评价存在不确定性，而且这是一种多维度的评价，因此企业难以左右客户的想法，尤其是那些带有主观评价的指标。如果单纯以简单的百分比变化来管理客户满意度，那么不仅难以鉴别改进机会，而且管理较为粗放。所以有的企业尝试使用平衡计分卡来管理客户满意度，以及客户与企业内部的相互关系。

平衡计分卡（Balanced Score Card，BSC）是从财务、客户、内部运营、学习与成长四个维度，来衡量企业战略目标与执行结果一致性的一种工具。企业也可应用平衡计分卡建立自己的组织管理体系。

图 18-4 是一张平衡计分卡的典型结构，各维度下的内容为常见的细化指标（部分）。平衡计分卡有很多的类似结构和拓展解读，各种解释与应用方式层出不穷，这里无意对这些应用一一展开。但从典型的平衡计分卡的结果可以看出，企业通过图中的四个维度来评价企业整体业务能力。企业总是在这四个维度的相互制约与平衡中寻求发展。这四个维度不仅与企业战略与运营目标之间构成平衡，而且它们相邻的两个维度之间还相互平衡。例如，企业要获得财务收益，就要进行客户及市场的拓展，并要提升企业内部的运营能力。相对的两个维度虽然不直接构成平衡关系，但具体指标中相互包含各种潜在联系。例如，团队配合能力（学习与成长）与提高生产率（财务）之间必然存在关联。

在平衡计分卡中，客户是一个非常重要的维度，也是企业收益的主要来源。而在客户维度下，客户满意度又显得尤为重要，因为客户维度下的其他指标多与客户满意度有关，甚至不少指标是以客户满意度为基础的。例如，既有客户留存率，如果既有客户对企业产生了不满情绪，客户满意度就会下降，那么既有客户极有可能流失并转而寻找新的供应源。

平衡计分卡很好地解释了客户满意度与企业内部主要业务对象之间的关系，也为企业平衡资源和均衡发展提供了良好的思路。由于多数企业通过产品开发来维持企业的活力以及获取新业务的能力，因此平衡计分卡将有助于评估这些产品开发活动的有效性，以及开发活动对企业的影响（无论影响是积极的还是消极的）。

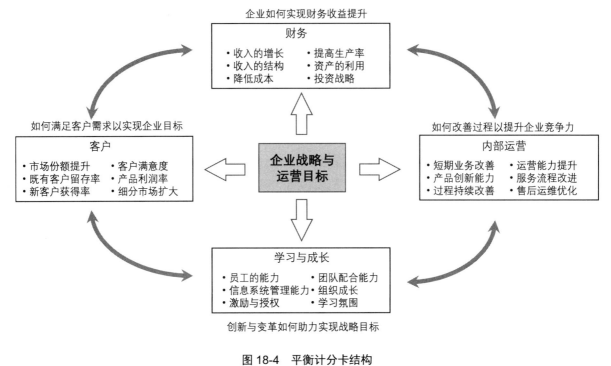

图 18-4 平衡计分卡结构

平衡计分卡对于单个产品开发项目的评价是有限的，而对评价企业多个产品开发或持续进行的产品开发活动更有价值。企业有时不得不推进一些战略型产品开发项目以达到特殊的市场目的，如挽留某个即将流失的细分市场，或者开拓某个新的客户群。如果单独去评价这些战略项目，显然是不公平的，因为这类项目往往都入不敷出。平衡计分卡将多个产品开发项目集合在一起，可以更好地评估企业战略意图的达成情况。

平衡计分卡使得客户满意度的评价方式不再变得独立和过于主观，多维度的思考可以帮助企业和客户认真审视产品开发的有效性，以及对彼此双方的积极影响，从而尽可能消除客户单方面的主观评价。

由于平衡计分卡在应用过程中较为复杂，每个维度的每个指标都要进行目标设定、准确度量、客观评价、持续改善等多个环节，因此如果企业没有足够的资源来实施平衡计分卡，那么无须强求，企业可以采用常见的指标打分和追踪系统来完成满意度评价。

客户对产品持续改善的要求几乎没有穷尽，这是客户的默认需求，所以即便客户不明确提出产品后续的改进要求，企业也应主动寻找产品改进的机会点并保持与客户之间的良好关系。

 # 案例展示

星彗科技的项目团队准备了产品设计移交所需的各项工作。系统开发的核心团队再次确认了产品功能与客户需求之间的匹配程度。图 18-5 是部分系统功能追踪图，显示了产品功能与客户需求之间的对应关系，并且与相应的测试结果连接起来。这张图在设计开始时就已经开始制作，伴随着整个设计与开发的进程不断更新。在最终设计交付时，系统功能追踪图与产品需求文件共同作为确认产品是否满足需求的重要判断依据。

需求分析（PRD）				方案	详细设计		组件集成	工艺设计	模块测试	产品测试	需求确认
分类	编号	需求描述	需求域	设计	实现方式	相关部品	相关关系	关键参数	内容		评价结果
1性能	1.1	产品应能将物品清洗干净，清洗完成后每100cm²颗粒物总重量不大于0.3mg，5~15μm颗粒物小于400PCS，15~25μm小于200PCS，25~50μm小于50PCS，50~100μm小于10PCS，100μm以上不得检出，检测标准为VDA19.1、19.2	R C CN	产生振动	不锈钢粘贴振动片	水槽	水槽在振动片的影响下产生高频振动，从而达到清洗的效果	容量、密封性、形状	容量测试	清洁度测试	满足要求
						振动片	电信号激发振动片的振动，并驱动水槽	功率、寿命、安全性	振动功能测试		满足要求
						黏接剂	黏结剂将水槽与振动片连接	环保、寿命	黏结力测试		满足要求
	1.2	产品应能自动将物品表面水分去除，残余水分小于10mg	R C CN	电机	步进电机直连水槽	步进电机	电信号与电能共同驱动和控制电机实现水槽转动	功率、寿命、安全性	翻转能力测试	翻转(含定位、复位)测试	满足要求
				风扇	吹风干燥	风扇	电信号触发开关，使风扇在电能驱动下产生吹风量	功率、寿命、安全性	风量测试	残余水分测试	满足要求
	1.3	产品应有消毒功能，杀菌率98%／分钟	O I FR	紫外线灯	紫外线杀菌	紫外线灯	电信号触发开关，使紫外线灯在电能驱动下产生紫外线	功率、寿命、安全性	紫外灯功能测试	消杀能力测试	满足要求
	1.4	清洗水槽最小要能清洗一副眼镜	R C CN	外形设计	矩形、底部弧形	不锈钢水槽	水槽的物理参数须大于常规眼镜尺寸	容量、密封性、形状	容量测试	外形尺寸验证	满足要求
	1.5	产品工作时噪声小于55dB，测试方法参照GB/T 4214.1—2000《家用电器噪声功率级的测定》	R C FR	噪声要求		电机	电机驱动水槽时产生噪声	噪声	单独运行噪声值	产品整机噪声值	满足要求
						振动片	振动片在清洗时产生噪声	噪声	单独运行噪声值		满足要求
						风扇	风扇吹干物品时产生噪声	噪声	单独运行噪声值		满足要求
……	……	……	……	……	……	……	……	……	……	……	……

图 18-5　系统功能追踪图（部分）

在产品设计交接之际，售后团队完成了产品上市前的一些必要准备工作。如何部署并提供满足客户期望的服务是售后服务的工作重点。为此，售后团队准备了客户战略，并与项目团队交换了意见。图 18-6 是客户服务战略的示意图，后续相应的客户服务体系和服务策略均根据该图分解后制定完成。

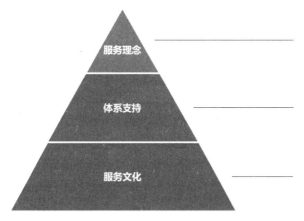

图 18-6　客户服务战略示意图×

项目团队进行了最后一次设计评审，最终决定发布产品设计，并将设计转移至运营团队。表 18-1 是最终设计评审报告的一部分，显示了产品设计汇总和会议决策等。

表 18-1　最终设计评审报告（部分）

会议记录：

一、设计评审检查表

序号	对于每一项：检查其状态是 Y、N 或 N/A，并在注释部分提供简短说明，必须对行为条目做跟踪直至完成	是否完成		
		Y	N	N/A
1	设计是否被冻结？	✓		
2	是否已部署后续产品生命周期（上市及运维）计划？	✓		
3	是否满足客户交付时间？	✓		
4	当前已知的客户需求是否未出现重大变更？是否存在潜在风险？	✓		
5	是否已经确认首批交货时间或上市时间？	✓		
6	项目财务数据（含成本数据）是否已经更新且满足期望？	✓		
7	未来三年的年销量预测是否满足期望？	✓		
8	是否已经部署量产阶段的工程支持资源？	✓		
9	是否已经规划未来平台衍生产品？	✓		
10	产品设计交付包是否已经评审且满足交付要求？	✓		
……	……	……	……	……

二、产品设计汇总

1. 产品主要参数

整机尺寸	320mm×132mm×146mm	内槽尺寸	191mm×79mm×32.5mm
整机重量	1300g	超声频率	46kHz
额定电压	12V	额定功率	24W
单次清洗时间	5min	最大储水量	380mL

2. 产品外观设计

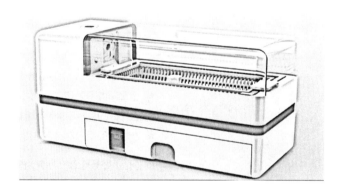

3. 核心外购部件

	步进电机	振动片	风扇
核心供应商	××电机	××电子	××风机
型号	35BYJ46	X4P50800BY	04520GA-12N-AT

续表

4. 关键设计细节

● 振动系统将振动片贴于清洗槽底部，由振动电路模块进行电源驱动。

● 旋转系统采用步进电机直驱清洗槽外壳，清洗槽外壳采用 ABS+PC 材质；步进电机位置识别采用光电开关形式。由步进电机模块进行电源驱动。

● 吹干系统采用微型大功率涡轮风扇，由风扇模块进行电源驱动。

● 一键按钮采用膜片按钮形式，并配合 8 颗 LED 灯产生期望的视觉效果。

● 外壳采用 ABS 材质，网兜采用 PP 材质（可自由分离设置），不锈钢水槽采用食品级 SUS304。

......

三、职能团队意见

● 设计团队对产品的核心功能和客户需求的满足程度做了一一解释和汇报，到目前为止，所有的客户需求均已满足。并且，设计团队完成了所有初版设计图纸的绘制和校验工作，产品设计交付包已经完成，经小批量试生产验证，当前的设计有效且可满足量产要求。

● 测试团队对所有测试结果进行了汇报。测试结果显示，产品完全满足预期指定的功能，部分性能超出客户预期。当前可靠性测试结果已满足客户要求，但设计团队要求进行寿命测试，以获得产品的真实寿命，故可靠性测试会继续进行，直到全部样品都失效为止。寿命测试的数据不会递交客户，届时由设计团队自行处理该测试结果。

● 工艺团队汇报了产品在工业化阶段的表现，并对小批量试生产的过程能力进行了评价。当前的过程能力已经满足了 Cpk 的要求，但通过现场研究，工艺团队发现产线还有进一步改善的空间，作业指导书也需要更新。这些改善将在量产之后的产能提升阶段完成，不影响当前的设计发布。

● 采购团队汇报了供应链的风险和评估结果，对当前的核心供应商能力进行了评价，指出了核心供应商的优势与劣势。当前的核心供应商均可满足短期内的量产诉求，但从长期来看，很难满足未来产品降本的需求，故采购团队会在未来半年内为每个核心外购部件寻找 2~3 家备选供应商，并做出降本计划。

● 业务团队就已经完成的市场部署进行了汇报，并与设计团队交换了后续工程维护和升级拓展的意见。设计团队承诺，在量产后的半年内至少保留 20% 的设计资源来应对市场和客户的反馈需求。由于产品暂不规划升级计划，因此量产一年后，设计团队将仅保留 5% 的资源作为工程支持。

......

四、会议决策

经投票表决，全体项目核心成员一致认为当前产品设计满足预期设计要求，设计团队可正式发布产品设计，并将产品设计移交运营团队。

......

运营团队在之前的工业化阶段已经对产品的小批量性能进行了验证。在接手产品设计后，运营团队进一步分析以确定设计的有效性，并积极部署量产前的准备工作。此时一系列评估成为衡量产品是否可量产的重要依据。

图 18-7 是产线对本产品进行的测量系统分析，该分析确保产品在质量控制的过程中可获得真实有效的数据。图中左侧为测量系统的稳定性分析（控制图）和量具的线性与偏倚分析；图中右侧为量具的重复性和再现性分析（上方为汇总图，下方为方差计算）。该测量系统分析显示测量系统的误差在可接受范围内，即该测量系统可用。

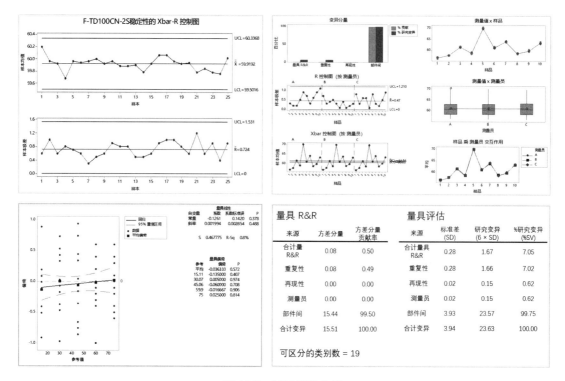

图 18-7　测量系统分析

图 18-8 是小批量产线的过程能力报告，过程能力是衡量产品是否有足够的能力来满足产品质量要求的重要指标。由于小批量产线的数据量有限，因此常使用短期过程能力指数 Cpk 来评价其过程能力。在图中所示的 Cpk 为 1.26，虽小于典型的 Cpk 值 1.33（4 西格玛水平），但经过团队评估，在小批量阶段可以接受该过程能力水平。注：过程能力指数的评价标准由企业自行决定，1.33 只是多数企业的选择和个别行业的标准，并非全行业的强制标准。

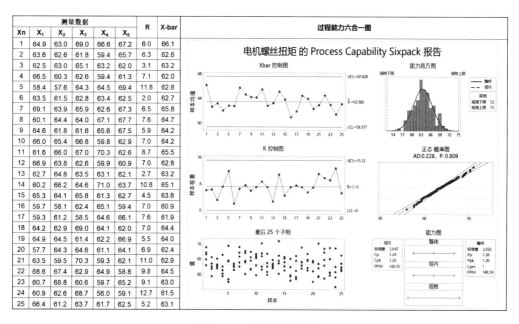

图 18-8　过程能力报告

表 18-2 显示了为量产准备的控制计划的一小部分。控制计划是保证产品质量的重要文件。该文

件进一步保证了产品在正式投产之后是如何应对可能出现的质量风险的，并定义了相应的应对措施。工艺团队针对关键参数一一制订了反应计划。

表 18-2　量产控制计划（部分）

PRD 类别号	过程 编号	过程名称 操作描述	机器、装置 夹具、工装	特性 产品	特性 过程	特殊 特性 分类	方法 规范/公差	方法 评价测量技术	样本 样本容量	样本 抽样频率	控制方法	反应计划
1.3	010	水槽采购、检验	料箱	检查来料 牌号			牌号、批次、合格证 无错误	核对供应商材质报告和检查记录	1PCS	每批次	按进货检验记录	按不合格控制程序来料不良处理
				外观		☆	按图纸要求与《一般外观检验规范》	目视检查	按GB2828 AQL1.0	每批次	按进货检验记录	
				尺寸		★	按图纸要求全尺寸检测	用卡尺、高度尺等测量	5PCS	每批次	按进货检验记录	
				性能		★	按图纸要求	用拉力机、盐雾试验机、硬度仪试验	1PCS	每批次	按性能试验报告	
	020	金属料储存	货架、料箱		标识		标识清晰、明确、完整	目视检查	1次	每季度	仓库检查记录	通知仓库主管及质量主管
					摆放		定位摆放	目视检查	1次	每季度	仓库检查记录	
					环境		温度不能超过40度，湿度为50%~70%	温湿度计	1次	每季度	温湿度检查表	
					先进先出		材料要先进先出	目视检查	1次	每季度	仓库台账	
1.1	030	胶水采购、检验	料箱	检查来料 牌号			牌号、批次、合格证 无错误	核对供应商材质报告和检查记录	1PCS	每批次	按进货检验记录	按不合格控制程序来料不良处理
				流动性、黏合性			按标准	核对胶水说明书	1PCS	每批次	按进货检验记录	
	040	化学品储存	冰箱、料箱		标识		标识清晰、明确、完整	目视检查	1次	每季度	仓库检查记录	通知仓库主管及质量主管
					摆放		定位摆放	目视检查	1次	每季度	仓库检查记录	
					环境		冰箱储存	目视检查	1次	每季度	温湿度检查表	
					先进先出		材料要先进先出	目视检查	1次	每季度	仓库台账	
1.1	050	振动片组件采购与检验		检查来料 牌号			牌号、批次、合格证 无错误	核对供应商材质报告和检查记录	1PCS	每批次	按进货检验记录	按不合格控制程序来料不良处理
				功能		★	通电振动	测试程序	10PCS	每批次	按进货检验记录	
	060	电子产品储存	货架		标识		标识清晰、明确、完整	目视检查	1次	每季度	仓库检查记录	通知仓库主管及质量主管
					摆放		定位摆放	目视检查	1次	每季度	仓库检查记录	
					环境		温度不能超过40度，湿度为50%~70%	温湿度计	1次	每季度	温湿度检查表	
					先进先出		材料要先进先出	目视检查	1次	每季度	仓库台账	
	070	领料	料箱		原料防护		无材料受损	目视检查	1箱	每批次	按作业指导书要求操作	纠正防护措施，隔离受损品
					追溯性		可追溯	领料单上写明编号	1	100%	领料单	及时追查，重新写明
					材料数量	☆	数量无错误	当天生产结束无多出或缺失零件	1	100%	每日工作台点检台账	全检当天产品
	080	水槽底部涂胶	靠山涂胶枪、料箱		涂胶量	☆	胶水量不少于10mg	调节涂胶枪出胶量	1次	天	涂胶枪点检记录表	通知生产主管
					胶水位置、形状	☆	按作业指导书	工装定位	1	100%	按作业指导书要求操作	隔离
......	......	......	......	......	......	......	......	......	......	......	......	......

表 18-3 是产品的质量检验报告。这是一份全面的检验报告，包含产品的外观检测、几何尺寸测量、电气性能检测，甚至必要的性能检测。由于篇幅关系，这里仅显示了该报告中关于零件尺寸检测的部分，这只是这份报告中很小的一部分。图中左侧为零件图纸和尺寸标识，右侧的是尺寸检验的数据和结论。只有满足质量检验报告的产品才可以被交付。注：当尺寸不符合既定要求时，检验团队需要联合其他相关团队共同做出决策，不可妄断是否可以让步接受。

表 18-3　质量检验报告——零件尺寸检验（部分）

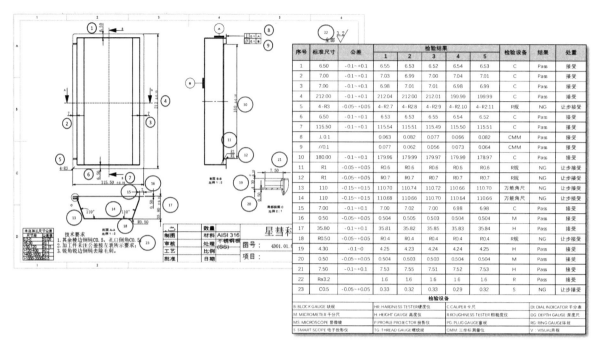

　　安全量产是产品进入量产的标志性审批程序，也是设计正式向运营团队转移的程序。顾名思义，安全量产就是确保量产可安全稳定地实现。运营团队通过该程序确定设计资料的完备性，并确认量产是否已经做好了充足的准备。不同企业对该程序的称呼不尽相同。很多企业的安全量产基于 PPAP 来完成，这是合理的。PPAP 并不只针对企业的供应商管理，事实上，对于研发团队来说，生产运营团队也可被视作（内部）供应商。很多时候，安全量产看上去像一张检查清单，企业可以根据实际需要自行定制清单的内容。表 18-4 显示了本产品的安全量产检查清单中关于提交资料的一部分要求和记录。

表 18-4　基于 PPAP 的安全量产清单（部分）

需提交/保存的实物和资料	提交等级 S — 组织必须提交，并在适当场所保留记录或文件副本 R — 组织必须在适当场所保留，并在有要求时便于得到 * — 组织必须在适当场所保留，并在有要求时提交					安全量产要求		
	等级1	等级2	等级3	等级4	等级5	要求等级	状态确认	备注
1.设计记录	R	*	S	S	S	5	OK	已接收全部设计资料
—对于特有零部件设计的详细资料	R	*	R	*	S	5	OK	设计资料由PLM管理
—对于所有其他零部件的详细资料	R	*	R	*	S	3	OK	外购件的规格由供应链存档
2.工程更改文件（如适用）	R	*	R	*	S	5	OK	PLM记录所有的正式变更
3.零部件特殊特性清单	R	*	S	S	S	5	OK	随图纸和控制计划传递
4.DFMEA	R	*	S	S	S	3	OK	文件更新由设计团队自行管理
5.过程流程图	R	*	S	S	S	5	OK	工艺团队控制
6.PFMEA	R	*	S	S	S	5	OK	工艺团队管理文件
7.控制计划	R	*	S	S	S	4	OK	运营团队控制该文件的更新
8.测量系统分析研究	R	*	S	S	S	3	OK	运营团队已接收MSA分析结果
9.全尺寸测量结果	R	*	S	S	S	3	OK	运营团队已接收测量报告
10.材料、性能实验结果	R	*	R	*	S	3	OK	开发团队自行管理
11.初始过程能力研究	R	*	S	S	S	3	OK	运营团队已查验过程能力
12.包装盛具	R	*	R	R	S	3	OK	无特殊要求，开发团队自行管理设计
13.外观批准报告（AAR）	R	*	S	S	S	3	OK	无特殊要求，开发团队自行管理设计
14.生产件样品	R	*	S	S	S	4	OK	运营团队已查验生产样品状态
15.标准样品	R	*	S	S	S	3	OK	运营团队已接收黄金样品
16.检查辅具	R	*	S	S	S	3	OK	无特殊要求
17.符合顾客特殊要求的记录	R	*	R	R	S	3	OK	设计团队自行管理
18.零件提交保证书(PSW)	S	S	S	S	S	5	OK	运营团队已接收该文件

在运营团队接受产品设计并且产品进入量产阶段之后，项目团队对整个开发过程进行了总结，形成了一系列总结报告。项目总结报告是对整个开发项目的总结，涉及产品设计与开发过程的方方面面。该文件标志着产品设计与开发的主体工作进入尾声。图 18-9 是本产品的项目总结报告的部分截图。注：本报告是项目结束时的报告，原则上，该报告也包括后续第 19 章和第 20 章的内容。由于后续两章的内容较为独立，因此本报告在本章展示。因本项目对应的产品实际上由网络虚拟团队共同开发完成，故项目报告中包含对网络虚拟团队（开发）活动的总结和致谢。

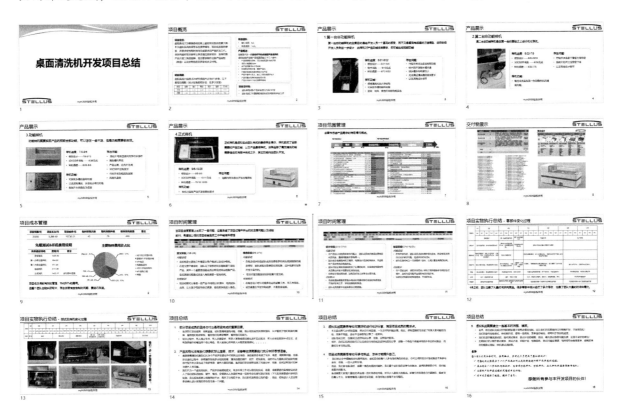

图 18-9　项目总结报告（部分）

至此，星彗科技的桌面便携清洗机开发项目主体完成，产品正式开始进入量产和上市运维阶段。

第19章

知识产权

19.1 知识产权对企业的重要性

知识产权是伴随着整个产品开发生命周期的重要元素，在任何一个产品开发阶段都会涉及知识产权的相关活动。忽视知识产权的影响会给企业带来毁灭性的打击。

知识产权（Intellectual Property，IP）指权利人对其所创作的智力劳动成果所享有的专有权利，该权利只在有限的时间内和有效声明的区域内有效。

很久以前人类就发现，资产不仅包括那些实实在在看得见的东西，还包括那些看不见的无形资产。知识产权就是典型的无形资产。它可以是各种智力创造，如发明、文学和艺术作品，以及在商业中使用的标志、名称、图像和外观设计。这些都可被认为是某个人或组织所拥有的无形资产（知识产权）。之所以将知识产权视作重要的资产，是因为这些都是人类在发展过程中产生的独特的价值创造。以人类文化为代表，各种学术、理论、艺术等都形成了独特的文化资产，这些无形资产所蕴含的知识与所传承的精神财富几乎无法复制，其价值难以估量。

由于知识产权的独特创造与创新理念和创新工具有很大关系，而这些创新极易被人盗用，因此必须借由某种方式对它们进行保护。知识产权就是对人类创造性活动的一种尊重与保护。知识产权强调了该主体（创新）的创始人对该知识领域的权威性，同时保护了其合法的特权，并且将其他竞争对手或后来的跟随者挡在了保护圈外。知识产权可以在一定程度上保护原作者在该知识领域上的一些利益，包括商业利益与名誉。

知识产权是一种资产，所以也是一种商品，具有商品的一切属性。相应地，知识产权存在所有权的问题，该所有权可以买卖、赠予或转让。知识产权受到法律的保护，而法律具有地域差异性，所以知识产权在不同国家或地区受到的保护形式不尽相同。

知识产权对企业极其重要，不仅是因为这些知识产权具有的商业特性，更重要的是，知识产权使相关创新受到了充分的保护，并获得其他一些便利。善用知识产权的典型获益包括以下几点（仅仅是一小部分）：

- 防止竞争对手抄袭，有效保护自己企业的产品；
- 建立技术壁垒，将竞争对手挡在市场或业务机会圈之外；
- 企业之间通过相互授权，共享对方技术；
- 大幅增加技术附加值，提升产品自身的商业价值；
- 推进技术发展，开拓新的目标市场；
- 营造创新氛围，加速企业产品的升级和突破；
- 防止企业自身卷入不必要的知识产权诉讼问题；
- 企业获得更好的市场反馈，提升品牌价值和企业声誉。

19.2　知识产权的分类

根据创新类型的不同，知识产权被分成若干类型，主要分为四大类：专利、商标、版权和商业秘密。其中，专利还被细分为三小类：发明、实用新型和外观设计。由于不同国家对知识产权的定义略有差异，因此分类也不统一。有的国家在专利中还有植物品种权，有的国家不承认实用新型等。表 19-1 显示了四大类知识产权的保护对象与保护期限的对比。

表 19-1　知识产权类型对比

知识产权类型	保护对象	保护期限（因地域不同可能有所不同）
专利	创新产品	注册日开始 20 年
商标	身份或资源	默认为 10 年，有效期满需要继续使用时，需要申请续展注册
版权	图文作品或影音资料	50 年（企业法人）或原作者有生之年加死后 50 年
商业秘密	具有商业价值的信息	模糊的

在不同国家，知识产权保护的内容和期限不尽相同。除了上述提及的知识产权内容，还有一些特殊的知识产权，如邻接权（Neighboring Rights）、商号权（Trade Name Rights）、地理标记权（Geographic Indications Rights）、集成电路布图设计权（Layout Design Rights）、反不正当竞争权（Anti-Unfair Competition Rights）。

不同的知识产权对于企业的价值不同。在新产品开发过程中，最常涉及的是专利和商业秘密，所以这里仅对这两项内容做进一步介绍。

19.2.1　专利

专利是专利权的简称，是国家按专利法授予申请人在一定时间内对其发明创造成果所享有的独占、使用和处分的权利。专利是一种财产权，是运用法律保护手段来独占现有市场、抢占潜在市场的有力武器。专利权所有人（并非专利的创造者，而是拥有所有权的人）有其相应的权利和义务，通常如下：

- 禁止权。禁止他人未经专利权所有人许可而以经营为目的实施其专利。
- 使用权。专利权所有人可以自己实施和利用专利相关内容。
- 处分权。专利权所有人可以将专利权转让、许可、质押、入股。
- 标记权。可在专利权所有人的相关产品或产品包装上进行标记。
- 缴纳年费。如果专利权所有人未缴纳年费，则视为主动放弃专利权。
- 充分公开专利技术。专利权所有人可以决定是否公开专利。如果所有人选择公开专利技术，则视为自行放弃专利权。

专利的三小类（发明、实用新型和外观设计）分别对应不同的发明创造，其中发明的复杂程度最高。

（1）发明。发明通常是全新的创新或创造，其产物往往是人类世界中尚不存在的。常见的发明包括全新类型的产品（如新工具、新设备和新系统等）、新合成物（如新有机材料和新配方等）、新方法（如新加工工艺、新检测方案和新解决方案等）。

（2）实用新型。实用新型是利用现有技术或产品，拓展其应用以获得全新用途的形式。实用新型往往不涉及工作原理上的创新，重点在于如何采用新的应用形式。常见的实用新型包括产品内部架构设计的创新、家用电器使用方式的创新、显示器显示方式的创新、水龙头出水方式的变化等。实用新型与发明的边界有时很模糊，需要专业人员辨别。

（3）外观设计。外观设计不涉及内部机理和构造，主要针对有形产品的外观设计或软件系统的界面设计。这个专利类别与工业设计的关系紧密，主要保护外观设计上的各种灵感和创意。从某些层面上，保护外观设计与保护版权的目的类似。

专利需要通过正式的专利文件（也称专利说明书）实现知识产权保护的目的，这是一份标准文件。该文件至少包含以下标准信息。

1. 基本信息

基本信息是对专利发明权基础信息的描述汇总，这些信息高度概括了专利的内容和专利主体，通常包括以下内容：

- 专利名称。关于本专利的简单的描述性标题，常见的如"一种实现××功能的装置"等。
- 专利发明人。所有对本专利有所贡献的人。只有在正式的专利申请文件中被提出的发明人，才被视作有效的发明人，原则上没有数量和排名先后的限制。
- 专利领域。描述专利所涉及的领域，可视作专利的应用分类，常与功能领域、产品类型或科学技术方法有关。

- 专利背景。描述专利解决了什么问题，或者基于什么问题诞生了本专利。可以列明当前技术或解决方案的缺点，以及本专利是如何解决这些问题的。
- 专利概念。简短地介绍本专利的特点和解决现有问题的方法，可描述本专利的优点和工作机理。

2. 说明图

几乎所有的专利都会有专利说明图，也称附图。这些附图是对专利技术的详细图解，以准确的图来展示专利的细节和构成关系。这种附图需要满足专业技术图文表述的基础规范，需要清晰展示专利细节。附图数量没有限制。附图常使用类似于机械制图中的爆炸图来展示（常使用轴测图），同时用带有数字标号的连线来标识各主要部件，必要时使用字母来标识。图 19-1 是一种复合电缆的说明书附图（部分），展示了该复合电缆的内部构造以及主要部件的相互关系（详细内容在技术交底书中，此处未列出）。

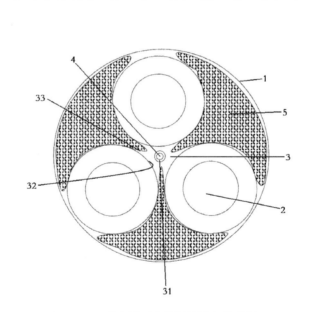

图 19-1　一种光缆固定装置的说明书附图
（资料来源：复合电缆—CN 201420268195.3）

3. 详细描述

这是说明书的主体，国内习惯称这部分的描述为技术交底书。在这一部分，发明人需要详细介绍发明的详细细节，包括每个组成部分的工作原理、相互之间的协同机理、发明效果和具体的工作输出等信息。本部分没有严格的格式，但常常需要详细介绍专利的技术领域、提出背景、技术原理和实施方式，其撰写方式与产品规格书类似。为达到有效说明的目的，本部分常与附图结合在一起。图 19-2 是一种光缆安装设备的说明书和附图。

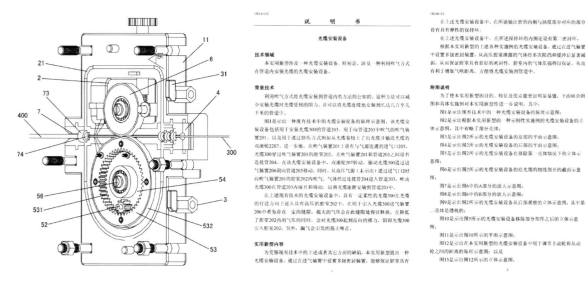

图 19-2　说明书与附图
（资料来源：光缆安装设备—CN 201410148034.5）

4. 权利要求

权利要求是专利发明人对专利保护的权利要求规定，是体现专利价值的最重要部分。发明人应充分考虑专利可产生的经济效率，尽可能提出宽泛的保护范围以达到利用最大化的目的。权利要求书中所描述的内容都是该专利独特的内容，也就是需要被保护的对象。专利一旦生效，就意味着其他发明人或竞争对手不得使用该权利要求书所描述的内容。权利要求的撰写极富挑战且具有想象力，既要求撰写者充分理解专利，将其特性发挥到极致，又要求建立必要的技术壁垒将其他竞争对手挡在竞争圈外。企业常借助专业的专利代理机构来撰写该部分。图 19-3 是一种补气装置的权利要求书，用于光缆安装。

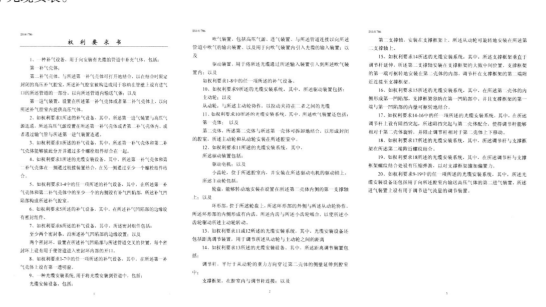

图 19-3　权利要求书示例
（资料来源：一种补气装置—CN 201410147667.4；104977684B）

19.2.2　商业秘密

商业秘密是一种非常特殊的知识产权，不受法律保护。其他类别的知识产权通常都在公开窗口期对外声明技术的专有性（这种公开意味着让外界包括竞争对手获知相关信息），然后获取法律的保护（如果不公开专利信息，法律则不知道要保护什么，所以公开是专利申请的必要步骤）。如果有些特别重要的创意或创新信息一旦被外界获知，企业就可能面临无法追诉或无法阻止外界复制的行为，那么企业宁愿选择在企业内部保护这些创意。例如，企业创造了一种先进的产线布局形式，可以大幅度提升产线效率，显然这对于企业是很有利的发明。如果企业将这种产线布局形式申请为专利，那么其他企业可以效仿这种高效的布局形式。而本企业很难获知其他企业是否在抄袭这种创意，更无法追诉。像这类不宜公开的知识产权就成了商业秘密。

商业秘密是知识产权，仅由企业自己保护，没有公开窗口期，无须缴纳费用，除企业自身外无其他管理这些商业秘密的第三方机构，故商业秘密不受法律保护。例如，可口可乐的配方就是该公司的商业秘密，市场上所有被公开的可口可乐配方都是不正确的，换句话说，基本上不可能有人私自配制出一模一样的可口可乐。常见的商业秘密包括企业的专属流程、布局、设计、程序、配方、工艺、方法、诀窍、失败经验和其他形式的技术信息等。另外，有些企业的专属信息，如销售数据、客户信息、组织架构、市场计划等，虽不具备显著的创新性，但由于这些信息对企业有重要意义，因此也可视为商业秘密。

商业秘密的好处是（如保密得当）创意永久归企业所有，无须担心被人抄袭，他人无法从公开渠道直接取得，企业可以从该商业秘密中获取独占的利益；但缺点也很明显，商业秘密可能失窃且易于复制，失窃后企业将遭受巨大损失而得不到法律保护，而且企业为了保护商业秘密还需要采取严格的保密措施，付出高额的保密成本。

19.3　知识产权策略和申请步骤

知识产权是企业的重要资产，但申请知识产权的过程可能很漫长，而且企业为每个专利都需要支付相应的费用才能获得必要的保护。那么，应该如何管理和申请知识产权以及平衡知识产权给企业带来的收益和成本就成了一个关键话题。

1. 知识产权策略

知识产权战略是管理企业知识产权的重要手段，也是企业运营战略的一部分。虽然并非每家企业都具备成熟的知识产权战略，但知识产权战略所关注的内容依然可以被各种类型的企业用于管理知识产权。知识产权战略的主要关注点包括知识产权的定位、申请的时机、申请的方式、知识产权管理策略。

企业在制定知识产权战略时应充分理解专利保护的机制和专利的特性，这些机制和特性将直接决定企业是否要进行知识产权保护并确定保护类型。专利的特性主要有三点：专有性、地域性、时间性。

1）专有性

这是专利权所有人对其发明创造所享有的独占性的权利。如果专利权所有人在所处的商业环境下没有其他有效的竞争对手，或者竞争对手"无意"或不涉及企业欲申请的知识产权相关业务，那么企业可以考虑申请专利的必要性。也就是说，当业务环境"绝对"安全时，主动申请大量专利可能会产生浪费。

2）地域性

依法授予的专利权只在授予国受到授予国法律的保护，换句话说，在中国申请的专利在默认情况下只受到中国法律的保护。如果企业的产品在多个国家销售，想要受到多个国家的保护，企业就要考虑在多个国家申请专利的可能性。这种申请涉及专利布局，不当的布局可能使企业面对不必要的专利维护费用。

3）时间性

专利权所有人对其发明创造所享有的独占权只在法律规定的时间内受法律保护。过了保护期后，专利则变为人类的共有财富。通常，专利的保护期为 20 年。企业也可以选择更短的保护期，因为有些产品的生命周期只有几年，或者因为科学技术的高速发展，专利的有效生命周期达不到 20 年，所以企业只需在必要的保护期限或者期望保护的时间范围内申请并且缴纳专利保护年费即可。需要注意的是，即使在同一个国家，申请专利和授予专利权的时间跨度变化也很大。

鉴于专利的特性，企业知识产权战略要通过企业可承受的相关费用和产品保护范围来确定知识产权申请保护的时间和地域范围。如果企业不对知识产权的机会进行鉴别和筛选，就可能导致大量的浪费。从另一个角度来说，如果企业的核心技术没有被保护，知识产权管理就是失败的。

很多企业成立了专门的知识产权评审委员会（Patent Review Board，PRB）进行专利的评审和管理，这是非常好的应用实践。PRB 一方面可以筛选组织的知识产权机会，另一方面可以将这些知识产权与企业的业务结合在一起，将专利的价值发挥至最大。从经济性上，PRB 可以将企业花在知识产权上的成本降至最低或控制在最合理的水平。从保护的效果上，PRB 可以鉴别企业的核心技术并对其进行保护，而且对于那些不适合进行专利保护的重要信息（创意），可将其作为企业的商业秘密进行管理。

2. 知识产权申请步骤

企业在管理知识产权时需要注意专利申请的合理步骤，因为大多数知识产权在企业内部诞生，可能仅在企业内部管理，也可能向国家知识产权管理机构申请保护，所以规范知识产权的鉴别和专利申请的步骤是非常必要的。

专利申请是企业与国家知识产权管理机构之间的对话过程。虽然不同国家的申请步骤略有不同，但大同小异。企业在正式递交专利申请时，需要做好必要的"功课"以提升申请的效率。绝大多数的专利申请都会经历类似下列步骤。

1）知识产权机会鉴别

这是产生知识产权的关键阶段。开发团队或发明人需要发挥想象力和创造力寻找可以形成知识产权的机会，这些机会可能隐藏在产品或流程中的任何一个环节中。这一步也被称为专利挖掘阶段，企业知识产权的价值主要取决于这一步的知识产权数量和质量。

2）寻找解决方案

这是开发团队或发明人运用各种创新工具（如 TRIZ 等）寻找解决方案的主体部分。不具备解决方案的知识产权机会不能被称为真正的知识产权机会。发明人需要提供必要的测试数据（计算机模拟数据）或实物类产品来证明解决方案的有效性。

3）独特性和新颖性声明

知识产权具有排他性，所以每个知识产权需要提供必要的独特性和新颖性声明。其中，独特性是指这个知识产权机会对应的解决方案是独一无二的，至少在已知范围内是没有重复的，因此需要发明人提供必要的证据来证明其独特性。新颖性是指该知识产权机会对应的解决方案不是常见的，或者不是显而易见的，应具有一定的创新成分。新颖性考察避免了那些低级和低价值的专利申请。

4）先有技术鉴别

先有技术（Prior Art）鉴别与该技术的独特性强相关。要证明本知识产权的独特性，就需要对先有技术进行扫描，查看是否已经存在相关的技术或解决方案，尤其是竞争对手是否已经存在解决方案，或者对方是否已经完成了专利申请。只有在满足排他性的情况下，知识产权申请才可能进行到下一步，否则开发团队或发明人应先完成专利规避（修改解决方案或寻求其他商务手段）后再进行专利申请。

5）披露声明

披露声明包括两方面的含义：一方面，企业要将自身的知识产权机会形成必要的说明，即技术披露书；另一方面，企业要审查到目前为止，是否存在知识产权泄露的情况。技术披露书是专利正式申请的前期文件，与前文提到的专利说明书类似。技术披露书有两个作用：一是在企业内部供知识产权评审委员会审查时使用；二是如果企业决定正式申请该专利，那么该披露书可作为申请文件使用。技术披露是专利正式申请过程中的必要动作，是指向没有保守发明秘密义务的群体描述该发明，以获得相应的保护声明。法律也应知道具体保护的对象是什么。企业在披露过程中，应做好相关的保护，以免知识产权在正式申请前就被泄露，如测试服务的供应商泄露测试数据等。注意，有些泄露是无意的，但不排除有"恶意"泄露。

6）知识产权审查

知识产权申请被分为两部分：一是企业内审查；二是国家知识产权管理机构审查。企业内审查，即知识产权评审委员会对知识产权机会的审查，其根据企业的知识产权战略确定是否要继续知识产权的申请。其中，一部分不适合申请的关键技术由此变成企业的商业秘密，由企业单独管理；一部分申请可能被拒绝（低价值或独特性/新颖性不足）；一部分可能被决定进行正式的知识产权（通常是专利）申请。凡是被决定正式申请专利的机会，将遵循国家知识产权管理机构的相关流程申请专利保护。在中国，管理该申请活动的机构是国家知识产权局。

19.4 管理知识产权与常见问题的规避方式

1. 管理知识产权

知识产权在企业的全生命周期内都可能发生，但新产品开发过程是知识产权集中爆发的典型阶段。为了保证在新产品开发过程中开发团队有效管理知识产权，企业需要在该过程中加入强制评审知识产权的评审节点，而且要将评审活动制度化和结构化。这些评审节点可以有效实现两个目的，分别是保证企业在开发过程中不对其他企业构成侵权，以及有效鉴别自身开发产品的核心技术并尝试保护。图 19-4 是从图 4-6 中截取的一部分，这是产品开发过程中典型的知识产权审查点规划。

图 19-4　知识产权审查的节点

在概念设计和详细设计两个阶段中设立了知识产权审查，并在量产之前再次进行审查，这符合产品开发的一般规律。

1）概念设计

概念设计是产品开发的早期阶段。当概念设计（包括原始概念设计）形成的时候，知识产权机会（如外观设计）就可能已经出现。从概念设计向架构设计演化的过程中，大量与技术和方法有关的创意会不断涌现出来，为鉴别知识产权提供了更多机会。在此阶段的知识产权审查主要是为了规避先有技术的侵权问题。知识产权评审委员会应查看当前阶段的设计是否与竞争对手或市场普遍认知的先有技术相冲突，是否存在已知的侵权风险。同时，开发团队要考虑防御性的专利申请，将潜在的核心技术保护起来。

2）详细设计

详细设计是产品设计被细化和具象化的过程。此时产品的设计细节被逐渐固化，各种技术方案也逐步被验证。此阶段的知识产权审查对象主要是企业的各种商业秘密和专利申请。此阶段也是产生专利最多的阶段。企业应根据战略意图利用专利来构建技术壁垒。知识产权审查应再次审查潜在的侵权行为。

3）量产之前

量产之前的知识产权审查主要针对产品的生产加工和交付过程中产生的知识产权机会和潜在侵权行为。这些知识产权机会很多都是企业生产运行的关键诀窍，多数偏向于企业的商业秘密。有一部分与过程开发和参数优化有关的技术方案也可能成为专利。此阶段是产品开发的主体阶段中最后一次审查整个产品的知识产权机会，如果错过本阶段的审查并在后续阶段中再次发现知识产权风险，则很可能对企业带来毁灭性灾难。

企业应辩证地看待知识产权审查的结果。因为知识产权的种类众多，无论开发团队、发明人、知识产权评审委员会甚至知识产权代理机构如何细致地查询先有技术，都有可能遗漏或者评审错误，也就是说，知识产权审查的结果存在较高不确定性，审查只是降低了侵权的风险而不可能完全规避风险。

2. 常见问题的规避方式

开发过程中的知识产权审查是企业对知识产权的主动管理行为，此时企业所发现的知识产权问题基本上属于产品开发的高风险问题。开发团队需要对这些当下高风险项进行处理后方可进入下一阶段。知识产权审查发现的风险主要是企业的潜在侵权问题。如果企业鉴别到企业在产品开发时可能触及知识产权（主要是专利）侵权，就要采取必要的知识产权规避措施。实施规避的常见方式为修改当前设计和购买专利。

修改当前设计是最稳妥的知识产权规避方式，也是在专利规避时最常用的方式。开发团队需要仔细研究潜在的侵权对象，寻找其解决方案和权利声明之间的"漏洞"，并利用这些"漏洞"形成自己新的解决方案。有些创新力较强的企业甚至可能放弃当前方案，直接寻找全新的解决方案。例如，人们输入计算机信息时常使用键盘，为了提高效率，设计师在不断优化键盘的布局，相关专利已经几乎覆盖了键盘布局设计的方方面面，此时与其在各种专利的"夹缝"中求生存，不如直接换一种输入形式，如语音输入。通常，研究竞争对手的专利并修改当前设计的做法，在很大程度上取决于对方既有专利的权利要求覆盖度和完整度。有些质量较高的专利说明书可以很好地挡住竞争对手，使其他企业无法找到"漏洞"并形成类似设计。反之，有些企业虽然申请了专利，但由于专利说明书的质量不佳，如权利要求描述不清或覆盖面不足，使得该专利形同虚设，可被其他企业轻松绕开该专利的权利要求，此时这种专利的保护作用就非常差。

如果企业因技术、资金、时间等各种原因导致企业无法规避已知的专利，那么只有两种选择，放弃开发（显然，我们不能有意触犯法律）或者购买专利。放弃开发是企业最不愿意选择的结果，一旦放弃就意味着整个产品开发的失败，并伴随着大量的沉没成本。如果企业依然坚持开发该产品，唯一的方式就是购买专利。由于专利是一种资产，具有商品属性，因此如果企业通过交易的形式获得了该专利的所有权，就可以继续利用该专利来开发产品。理论上，企业可以接受既有的专利所有人（或企业）的赠予而无偿使用专利，但事实上几乎没有人（专利所有人或企业）会这么做，企业并不能假想这些专利所有人或企业不会起诉自己的侵权行为，所以企业不可在获得专利所有权之前进行任何具有潜在侵权风险的活动。

3. 管理知识产权的重要话题

企业在管理知识产权的过程中应关注两个重要话题，分别是知识产权管理的可持续性和企业内部的保护形式。这两点决定了企业知识产权管理的有效性。

1）知识产权管理的可持续性

知识产权的产生并不是一次性的。即便在同一个产品的开发过程中，也不只在审查节点才进行鉴别和管理，因此知识产权管理要求在企业内部形成一种组织文化或氛围来持续进行知识产权管理活动。不少企业将知识产权的申请数量作为组织或开发团队的年度绩效指标之一，要求每个组织或开发团队定期持续地鉴别知识产权机会，并将部分符合知识产权战略的机会转化成正式的知识产权。由于并非所有的知识产权机会都会变成正式的知识产权，因此有些企业会将这个指标分解成知识产权机会数（鉴别数）和正式的知识产权数。前者用于激发组织的创新能力和创新欲望（显然越多越好），后者用于衡量组织的知识产权价值（与战略保持一致）。

2）企业内部的保护形式

知识产权起源于企业内部，所以像专利之类的申请，在申请国家法律保护之前，都由企业自行管理，而像商业秘密则自始至终都由企业自行管控。因此，企业在内部管理时就要保护好这些信息。这里比较常见的手段有两种：一种是员工的保密协议，另一种是企业机密信息的分级管理。员工的保密协议是企业最常见也是最基本的内部协议，在指定条件下也具备法律效力。员工需要对企业的关键信息（包括知识产权信息）进行保密。该保密行为不仅在员工在职时有效，即便员工离开企业（离职）之后，在某些指定的保密协议条件下，员工依然有保密的义务，如果违规透露企业机密，依然会受到法律的制裁。需要注意的是，员工在企业任职期间所创造的知识产权的所有权归企业所有，创造者（发明人）仅拥有署名权，所以即便创造知识产权的原作者，也不得在保密协议的规定范围内泄露保密信息。而企业机密信息的分级管理，是有效管理机密和降低不必要管理成本的重要手段。分级管理将企业认为需要保密的信息根据不同等级分别对待，分级依据主要是这些信息的用途和使用者的身份。例如，像普通图纸类的信息，员工必须对其进行解读并且按其要求制作产品，那么相关员工（如设计师、制造工程师等）就有权获取图纸信息，但可能被要求不得将这些信息泄露到企业外部。再如，一些产品的机密技术或配方，此类信息并不需要多数员工知道，仅核心研发人员才可能触及，那么仅有被授权的员工方可有限地获取这些资料。为了实现信息保密，封闭的管理系统是常用手段，如核心信息被保存在不联网的独立空间内（物理隔离）。

知识产权是企业形成自身知识库的基础，是产品开发的重要组成部分，是产品开发的输出之一，同时也是企业重要的组织过程资产。如果企业疏于对知识产权的管理，那么迟早会被知识产权所管理。

案例展示

星彗科技在产品开发过程中考虑了产品知识产权方面的影响。项目团队不仅在设计之前对现有专利技术进行了检索查重，而且在设计过程中考虑了产品的独特性，并尝试申请相应的知识产权保护。表19-2是项目团队对先有技术或专利的检索结果，查询到一些同类产品的相关专利，并进行了研究和规避。表19-3是发明披露，该披露是设计过程中项目团队提出的专利机会。项目团队尝试申请必要的专利来保护自己的产品设计。由于篇幅限制，这里仅显示发明披露的部内内容，相关测试数据及报告等内容未显示，读者可参考其他章节的内容来获取相应信息。

表 19-2 先有技术或专利的检索结果

检索结果

文献号（公告号）	文献标题	概念对比
CN212397480U	一种门诊口腔科用的清洗装置	增加滤网，可以直接将清洗物取出
CN211464119U	一种工业玻璃制品的清洗台	水泵排水加水，水循环利用
CN210647526U	一种智能清洗机	有蓄水池，可以排水
CN210474826U	带脱水装置的超声波清洗机	水泵排水加水，水循环利用
CN207370879U	一种眼科护理用冲洗器	清洗后手动拿出放入吹干、消毒区域
CN206643077U	一种小型超声波清洗机	清洗后手动拿出放入吹干区域
CN200974068Y	一种小型超声波清洗器	底座与清洗槽可分离
CN211679073U	一种小型超声波清洗紫外线杀菌仪	上下升降物品，清洗消毒
CN205393092U	一种家用小型超声波清洗机	清洗后手动拿出放入吹干区域

检索结论

经检索，我司的概念设计通过水槽自动旋转排水，排水后自动启动风扇吹干，可抽出式蓄水槽排水等设计具有独特的创造性，尚无类似设计。另外，半圆形水槽、滤网、苹果手机式外观等特征在现有同类产品中仅查见类似理念，故具有新颖性

表 19-3 桌面便携清洗机的发明披露

发明披露（部分）

1. 发明名称

桌面便携清洗机

2. 发明摘要

本产品使家用桌面便携清洗机的清洗、排水、吹干、消毒等功能一体自动化实现，能够清洗眼镜、珠宝、首饰、化妆用品、玩具、奶瓶、水果等多种物品。此外，本产品具有外观造型新颖、使用方便、清洗容量大、不湿手等特点，使清洗更舒适、更方便、更快捷、更干净、更健康

3. 发明人

哲彬、小新、Justin、Lyn、阳光明、十字路、Ray、上官

4. 发明具体内容

（1）本发明是什么？何种用途或服务？

　　本发明是一种具有自动排水、吹干、消毒功能的桌面便携清洗机。适用于办公室和家里的日常小型物品和水果的清洗消毒。

（2）相对于现有技术，本产品有何竞争优势？

　　本产品比市场现有产品多出了自动排水、吹干、消毒等功能，将物品清洗得更干净、更健康。具有自动排水、吹干功能，让物品在清洗过程中可以不湿手，使用舒适、快捷。本产品清洗容量大，使用食品级材料，能够清洗更多种类产品。

（3）请举例与本发明类似的竞争技术。

清洗机+消毒机两台机器一起使用。

（4）请总结主要实验结果，并指出实验结果验证程度。

- 清洗效果实验——清洗效果能够达到残留污染物小于 0.0001mg。

- 倒水功能实验——倒水、吹干步骤后清洗槽内残留清洗液小于 1g。

- 吹干效果实验——吹干效果能够达到吹干后物品表面无水分残留。

- 消毒效果实验——消毒效果能够达到杀灭 98%细菌。

（5）是否已经做出样本或样机?

　　是 ☒　　　　　　　　　　否 □

5. 未来发展计划

接下来本产品将进入测试验证、试生产和量产上市阶段。产品计划的生命周期大约五年，最短市场生命目标为三年，销量预估最少为 100 万件，目标为 200 万件。销售以电商和渠道分销商为主。产品主要销售地为国内二、三线城市，有计划进入东南亚其他地区，视上市后市场反馈决定后续拓展计划。营销计划中的内容由本公司和其他代理公司共同完成。产品为低值易耗品，不含有毒有害物质，不设回收计划

6. 请提供本发明相关支持材料

（1）请提供与发明相关的所有实验步骤和数据

测试号	需求序号	需求名称	测试项目	测试要求	测试方法	参考标准
1	1.1	清洗干净物品	物品清洁度	与竞品相当	对比试验	VDA19.1，VDA19.2
2	1.2	去水功能	残余水分	<10mg	称重法	N/A
3	1.4	工作噪声	噪声分贝值	<55dB	直接法、比较法	GB/T 4214.1—2000
4	1.7	清洗除水时间	时间	3+/−0.5min	计时法	N/A
5	1.10	产品重量轻	重量	<500g	称重法	N/A
6	3.1，5.2	产品可靠，3 年储存取出后可正常工作	可靠性、耐久性	>1500 循环	高温、低温、温度冲击、交变湿热、盐雾、跌落、振动	JB/T 9091，IEC 60068，JB 3284 1983
7	4.1	产品满足 ROHS 要求	安全、环保	ROHS 限定值	第三方送检	IEC 62321
8	4.2	满足包装标准	包装质量	满足标准	进行标准试验	GB 1019—2008
9	5.1	外观塑料抗老化	色差	表面误差 $\Delta E \leqslant 1.0$	紫外线照射	GB/T 16422.2
10	9.3	3C 认证	安全、合规	符合 3C 标准	第三方送检	3C 中国强制性产品认证，GB 4706

试验数据及报告参见附件。

（2）请附上草图、图示、照片等

产品示意图与架构图如下（部分），详细结构说明请参见附件图纸。

续表

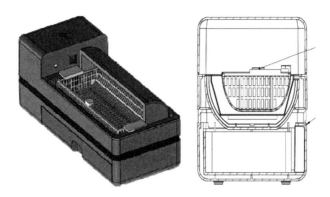

（3）请附上与发明直接相关的参考文献，包括原稿、公开发表的文章和摘要等，尤其是发明人本人发表的与本发明相关的参考文献或专利的全文

产品涉及的主要参考文献和技术资料请参考附件，文件清单如下：

- 2020203402375 竞品专利分析.pdf

- 2020203227658 槽体技术.pdf

- 2020102243361 陶瓷片技术 1.pdf

- 2020100181801 陶瓷片技术 2.pdf

- 2019208409518 超声波清洗机（带消毒）.pdf

- 2019205688853 超声波清洗机（防掉头）.pdf

发明披露完整性确认日期

2021 年 3 月 19 日

第20章

产品的生命周期管理

20.1 产品生命周期管理与可靠性管理

产品的生命周期有多久？这是一个非常难回答的问题。它不仅取决于产品生命周期的定义，而且受到企业产品战略的影响。有一点可以肯定的是，产品生命周期管理直接影响企业的收益，而且产品生命周期并非越长越好。

产品生命周期（Product Life Cycle，PLC）是指产品从原始需求开始，逐步经历具体实现、应用磨损直至彻底消亡的全过程。产品生命周期有广义与狭义之分，两者有重叠的部分，但涉及的范围不同，对应的关注点和考量的出发点也不同。

狭义的产品生命周期关注产品本身，是指产品从自然中来，最后归到自然中去的全过程。相对于产品的商业价值，狭义的产品生命周期更关心产品的寿命以及产品与用户之间的关系。产品设计与开发过程也是狭义的产品生命周期的重要组成部分。

广义的产品生命周期关注产品在企业内部的生存全过程，该生命周期不关注单个产品，而关注整个产品甚至产品家族的发展与规划。该生命周期管理以产品的商业价值为主要关注对象。

注：为了与狭义的产品生命周期有所区别，本章使用产品全生命周期来指代广义的产品生命周期，使用产品生命周期（如无特别说明）来指代狭义的产品生命周期。

产品生命周期则主要被分成四个阶段，分别是策划阶段、开发阶段、市场表现阶段、退市阶段。

1. 策划阶段

该阶段为产品开发的前期阶段，包括企业要开发什么产品、在哪里开发、需要多少投资等一系列前期准备工作。业务团队在此阶段会与客户和市场产生大量接触，获得产品开发的原始需求，并确定这些开发需求是否可以满足企业的盈利目标。

2. 开发阶段

这是产品开发的具体阶段，是产品从无到有的基础阶段。本书前文大多数的产品设计与开发方法都应用于该阶段。产品在这个阶段诞生，并经历设计、开发、验证、制造等一系列活动，最终开始交付客户或市场。

3. 市场表现阶段

这是在产品诞生后，企业开始向客户或市场交付产品，并从该过程中获取相应收益的阶段，是企业生存和盈利的主要阶段。在本阶段，产品持续发挥其预期价值并为企业带来利润。该阶段的长度和产品的质量与可靠性强相关，产品自身的寿命直接决定了该阶段的时间跨度。用户的使用习惯和方式也强烈影响着这个阶段的企业收益，但企业对此能采取的措施非常有限。

4. 退市阶段

企业开始考虑产品的更新换代等一系列业务问题，尤其要妥善处理产品在生命周期尾端可能出现的各种失效问题。此时，产品进入其生命周期尾端，企业需要考虑产品的最终去向。一方面，企业要考虑产品与环境之间的关系。在产品走向终结的时刻，如何回收产品并实现材料的循环利用是企业必须考虑的。虽然很多小型产品（尤其是低值易耗产品）无须企业进行回收，但并不代表企业无须对这些产品负责。另一方面，在退市阶段，企业的收益大幅下降，甚至可能因维持产品销售或运维而产生高额费用甚至亏损，此时企业需要考虑产品的退市计划。

在这些阶段中，不同团队的资源投入量存在显著差异，这些差异与产品在不同阶段的发展特点有关。图 20-1 显示了在这几个阶段中，开发、业务、运维这三个团队的资源投入量对比。

业务团队在策划阶段有大量的市场信息收集活动，以及与客户/用户/市场有大量的交互活动。在进入开发阶段后，业务团队将明确客户需求并将产品开发需求传递至企业内部，之后业务团队的资源消耗量迅速减少。随着产品上市，在产品的市场表现阶段，业务团队的资源投入会上升，因为业务团队需要完成必要的市场营销活动以及与客户的交付活动，随后资源消耗相对平稳。在进入退市阶段之后，业务团队会增加与客户/用户之间的对话，妥善解决产品的处置问题。

开发团队在策划阶段的资源投入量并不大，前期资源增长较为平缓，资源主要用于配合业务团队对产品开发的准备工作以及与客户的前期沟通。在进入开发阶段前，开发团队的资源投入量急剧上升，资源主要用于产品设计与开发工作。在产品完成主体开发并将设计发布至制造或运营团队（平稳交接）之后，开发团队的资源迅速退出，此时资源消耗量开始减少。在产品的市场表现阶段，开发团队的资源通常用于应对用户的使用反馈，开发必要的衍生产品，以及优化产品成本和运营效率。此时，开发团队的资源消耗量保持在较低水平，且通常持续下降。在产品退市阶段，开发团队的资源消耗量会增加，因为此时产品进入生命尾端，质量和可靠性问题越来越多，与此同时，开发团队还需要考虑开发未来替代/升级产品的需求。

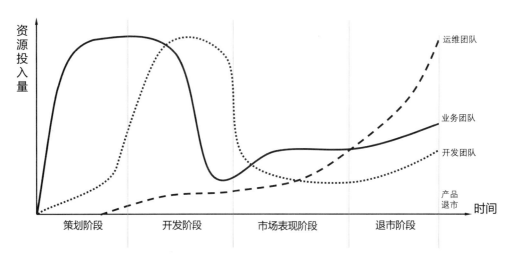

图 20-1　产品生命周期示意图

运维团队在产品策划阶段和开发阶段的介入程度不高，在此过程中提出必要的运维需求并对后续客户支持提出规划。在随后的市场表现和退市阶段，运维团队的投入量逐步升高，这是随着产品生命损耗所产生的自然情况。在退市阶段尾声，运维团队的资源消耗量会急剧上升，这可能是由产品频繁失效从而增加企业与客户/用户之间的交互活动引起的。

从上面的描述不难看出一个特点，虽然企业希望产品生命周期可以久一些，但受到产品开发的自然规律和可靠性等多种因素的影响，在产品生命周期的尾端，企业为了维持业务所需投入的资源消耗量会显著增加，相对地，收益会显著下降，甚至会出现亏损的极端现象。

无论是产品生命周期还是产品全生命周期，都与产品的可靠性强相关。对于产品生命周期，产品的主要价值是在产品使用阶段产生的。显然，在不考虑产品战略意图的前提下，产品的可靠性越高，产品生命周期越长。

尽管客户对不同产品的期望使用时间差异非常大，但对于同类产品的期望使用时间范围是相对固定的。产品的基础寿命决定了产品正常的使用时间，因此在不考虑客户选择意愿的差异性前提下，企业通过简单计算即可获知产品的市场整体容量，而该容量直接决定了产品全生命周期的长度。

在多数情况下，客户总是希望产品的可靠性越高越好，企业也希望产品达到一定的可靠性，否则产品的市场吸引力会下降，企业品牌形象会受损。事实上，对于企业来说，产品的可靠性并非越高越好。产品过高的可靠性不仅意味着开发过程的高成本，也说明产品存在过设计（Over Design，即提供了超越客户希望的性能）。更重要的是，过高的可靠性会使终端用户对新产品的需求下降，总体上相当于降低了市场需求总量。

企业需要合理规划产品的可靠性，并根据该可靠性水平来规划产品生命周期，所以可靠性并非越高越好。在规划产品的可靠性和生命周期的过程中，企业应充分结合产品战略规划。例如，有些家用乘用车生产企业内部规划每两年必须推出一款新车，那么开发团队根据市场需求总量、企业期望份额和乘用车行业可靠性标准等因素就可在开发新车时设定一个合理的可靠性，既可以保证用户在设计的产品生命范围内正常使用车辆，又可以保证用户及时报废车辆并触发购买新车的需求。

20.2　产品全生命周期与市场生命周期

产品全生命周期是产品从最初的原始需求到产品退市的全过程，也经历了策划、开发、市场表现和退市等阶段。企业在这个过程中通过必要的投资实现产品的设计与开发，并使其增值，最终通过市场活动获取剩余价值。全生命周期管理是企业理解产品开发特性，并使企业资源利用最大化的重要手段。如果产品生命周期管理是管理产品开发的合规性和有效性，那么全生命周期管理是管理产品对企业的收益。通过管理手段提升企业收益是全生命周期管理的主要目标。

图 20-2 显示的是产品在全生命周期中的现金流变化，而企业正是通过这样的现金流管理来实现企业增值的。在产品设计与开发阶段，现金流始终是负值，因为在此阶段企业投入资源开发产品但没有收入。产品进入工业化阶段之后，现金流趋近平稳，产品通过持续改进优化来满足大批量生产交付的要求。进入制造与交付阶段之后，随着大量原材料和人力资源的投入，现金流消耗达到顶峰。随着产品的第一批交付，企业开始获取现金收益，但此时的收益仍不足以抵消之前所有的现金和资源投入总量。此时产品进入产能爬升与市场开拓阶段，一方面企业的产能和质量显著提高，另一方面业务团队通过市场活动获取更多的市场份额和客户资源，所以现金流逐渐改善并突破零位变成正值。在市场开拓阶段，企业可能应市场反馈和客户要求进一步开发衍生产品，因此依然将此阶段归入产品开发与设计阶段。随后市场趋于平稳，企业持续从市场活动中获得收益并使现金流平稳增加，直至现金流累计值可以与之前所有的资金投入达到平衡，这也是产品全生命周期中最重要的一个关键点：盈亏平衡点（Break Even Point，BEP）。盈亏平衡点的出现意味着企业进入真正盈利阶段，即净利润阶段。净利润阶段是市场成熟阶段的一部分，但由于该阶段额定情况复杂，企业可能存在多种市场管理策略。企业的盈利程度与净利润阶段的长度有关。通常情况下，我们希望该阶段越长越好，但从持续创新和市场有序发展的角度，单一产品的净利润阶段过久不一定是好事。最后产品终将进入退市阶段。由于产品逐步失去市场吸引力，加上既有产品的生命进入尾端，因此一方面企业的营收开始下滑，另一方面企业要花费大量资源来维护既有产品（包括处理客户抱怨等）。企业应及时处理产品退市的需求，以免出现现金流净负的情况。

假设图 20-2 中的现金流曲线所包含的面积就是现金流累计值，那么在盈亏平衡点之前的现金流负值面积之和应等于正值面积之和，也就是在盈亏平衡点处，现金流的累计和为零，这也就是盈亏平衡点的来历。图 20-2 很好地诠释了企业进行产品开发活动并获取利润的全过程，这与中国传统文化中的"舍得"文化完美匹配，即企业开发产品是"先舍后得"，先投资后收益。

实际上，产品在市场上的表现千差万别，可能与图 20-2 所描述的情况不同。例如，有时市场开拓阶段会拖得很长，企业在整个市场活动阶段都需要持续对市场和客户的反馈做出回应，需要不断推出产品家族的衍生产品。再如，有时企业的盈利状况非常好，可能在第一批客户交付完之后迅速迎来了盈亏平衡点。这些情况都是正常情况。

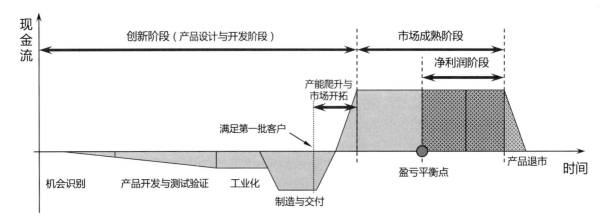

图 20-2　产品在全生命周期中的现金流变化示意图

相比产品生命周期，产品全生命周期更关注业务层面的活动。例如，前期的产品策划活动，产品上市后的市场表现，尤其是市场开拓和市场成熟阶段，这是企业获利的主要阶段。而产品从上市开始到退市又形成了产品市场生命周期。产品市场生命周期也是产品全生命周期中的一部分，主要由引入、成长、成熟和衰退四个阶段组成。图 20-3 显示了产品市场生命周期的示意图。

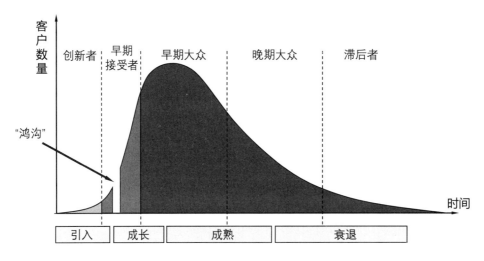

图 20-3　产品市场生命周期示意图
（资料来源：改编自杰弗里·摩尔的《跨越鸿沟》）

在图 20-3 中，在产品刚诞生时，仅有一小群客户（创新者）愿意接受该产品。这个客户群体不太在意产品本身的性能，而对产品的创新性更感兴趣，对产品价格不敏感。产品被市场接受的过程是很缓慢的。随着企业市场活动的开展，越来越多的客户开始接触该产品。此时虽然客户数量在增加，但很快迎来了一个瓶颈，也就是"鸿沟"。在"鸿沟"处，该产品的客户被分成了两大类：一类是接受该产品的客户，另一类则选择观望或放弃购买。此时，两个客户群体在微妙地相互博弈，如果企业无法有效使接受该产品的群体增加，那么可能该产品的市场生命就此结束，企业也可能面对新产品开发失败和企业亏损的结局。反之，如果通过有效的市场活动使接受新产品的客户显著增加，企业就有可能跨越这条"鸿沟"，随后产品可能迅速被大多数其他客户所接受。在"鸿沟"处的前后阶段的客户被称为早期接受者，该群体是敢于接受新事物的群体，但相对创新者更为理性和谨慎。很大程度上，新产品能否取得市场成功就取决于这个群体的意见。在跨越鸿沟之后不久，新产品迎来了主要客户群体，即早期大众和晚期大众。早期大众是易受到市场促销等活动影响的群体，他们有充分的购买力和使用新产品的欲望，是企业获得初期收益的主要来源。很多产品的盈亏平衡点就诞生在这个阶段。晚期大众是相对比较保守的群体，出于各种原因，该群体不愿意在新产品上市的前期购买产品，而是选择产品相对成熟之后再进行购买和应用。该群体依然是市场收益的主体，他们对产品的使用习惯和喜爱程度将极大地影响产品市场生命周期。在产品生命周期的尾端将迎来最后一个客户群体：滞后者。该群体是一群相当保守的客户，他们的购买行为与消费习惯强相关。虽然此时企业已经很难从该产品上获得大幅收益，但事实上这个群体依然可以为企业平衡产品退市所带来的各种成本压力。

对于"跨越鸿沟"理论，有人认为图 20-3 所示的客户数量曲线是正态分布的，尤其是早期大众和晚期大众的数量是一样的，即如果将该客户数量曲线拟合成正态分布的概率密度函数，那么早期大众和晚期大众所占面积各为 34%，两者之和大约为 1 个西格玛水平的概率面积，即 68% 左右。与此同时，创新者与早期接受者之和，与滞后者的数量大致相同，各为 16%。笔者认为，事实上该曲线不应为正态分布曲线（正态分布为对称分布），而是类似泊松分布的非对称左偏峰分布。一方面，在产品上市时，虽然前期进展缓慢，但一旦跨越了"鸿沟"，产品被市场接受的速度就非常快。而另一方面，从早期大众到晚期大众的客户数量变化却是相对平缓的，尤其到了滞后者群体，产品的销售量变得很少，但销售期可能拖得很久。这种客户数量的变化更接近于与时间变化有关的泊松分布。这就是图 20-3 与"跨越鸿沟"理论之间的不同点。

图 20-3 显示的产品市场生命周期与客户对产品的技术接受度强相关。产品市场生命周期也可被认为是客户对产品的技术接受度的变化，故有人将图 20-3 所表述的内容理解为产品技术度的生命周期。

图 20-3 还将产品市场生命周期的四个阶段与客户群体的变化联系起来。显然，引入阶段就是创新者接触产品的阶段，是初步开拓市场时的困难阶段。而"鸿沟"前后所处的阶段是产品的成长阶段，在此阶段企业如何增加市场份额、争取尽快"跨越鸿沟"是该阶段的主要任务。成长阶段会一直延续到早期大众介入时，甚至更久。当早期大众开始接受产品并使产品的数量达到峰值时，企业的短期现金流达到了峰值，盈亏平衡点常出现在这个阶段的尾端。随后的成熟阶段常是企业持续获益的净利润阶段。企业在这个阶段主要关注如何应对客户的各种质量诉求。在产品的成熟阶段，产品销量会持续下降。在产品销量下降到一定程度后，产品进入衰退阶段，此时企业仅将资源用于维持现有市场和客户的关系，并开始考虑最后的退市计划。

1. 引入

这个阶段是企业为产品建立市场知名度和开拓市场的阶段。虽然企业内部在进行产能提升，但此时产品的制造成本高、生产批量小。同时，产品的市场表现不尽如人意，销量低、广告费支出大、利润额较小都是常见现象。

按市场营销 4P 理论（产品—Product、价格—Price、渠道—Place、促销—Promotion），我们的建议如下：

- 产品。建立产品品牌和质量标准，并对专利和商标等知识产权进行保护。
- 价格。可能采用低价位的渗透定价法以获取市场份额，或者采用高价位的撇脂定价法以尽快收回成本。
- 渠道。慎重选择渠道，确保销售渠道的相关人员认可该产品。
- 促销。瞄准早期接受者，通过有效沟通让客户了解产品，催化早期潜在客户。

2. 成长

这是企业最困难的阶段，因为产品必须"跨越鸿沟"，以求得市场的认可。企业要建立品牌效应，尽可能增加市场份额，占领更多的细分市场或毗邻市场。在该阶段，企业或产品品牌的知名度提高，产品成本开始降低，销量迅速提高，利润开始大幅提高，但伴随着的是激烈的市场竞争和早期接受者的质疑。

按 4P 理论，我们的建议如下：

- 产品。提升产品质量，必要时开发产品的新特性和辅助服务以吸引新客户。
- 价格。维持定价，不以纯粹的逐利为目标，以满足不断增长的客户需求为主。
- 渠道。渠道要随着需求的增长以及接受产品的客户数量的增长而拓展。
- 促销。保有现有客户，催化持观望状态的早期接受者，并瞄准潜在更广泛的受众，包括潜在的早期大众。

3. 成熟

成熟期的产品竞争加剧，企业要维持市场份额，实现利润最大化。企业的生产量可能达到极大值，而成本应降到最低程度。通常，利润最大值的状态不会维持太久，随后企业的利润会逐渐下滑。相应地，产品销量缓慢增长，市场趋于饱和，同类竞争对手纷纷涌入，竞争趋于白热化。企业可能面临较高的市场活动费用，以维持市场份额。

按 4P 理论，我们的建议如下：

- 产品。增加产品特性，开发衍生产品，通过产品差异化把竞争对手区分开。
- 价格。考虑价格战，以应对新的竞争对手。
- 渠道。选择更密集的营销渠道，并给渠道更多激励，扩大客户购买产品的机会。
- 促销。强调产品差异化和增加新产品特性，以转化潜在的晚期大众，并争取新的细分市场。

4. 衰退

这是产品生命尾端必然经历的阶段，企业需要对产品该何去何从做出艰难的决策。面对产品在生命周期各种上升的潜在成本，企业需要在产品出现亏损之前做出必要的退市行动。在该阶段，产品销量急剧下降，产品价格降到最低，利润迅速下降，甚至已无利可图。此时大量竞争对手退出市场，而消费者的偏好可能已转移，这意味着虽然产品面对的竞争对手减少，但产品也失去了市场吸引力。

按 4P 理论，我们的建议如下：

- 产品。可以选择继续维护产品以获得最后一批潜在利润，或者重新定位产品，将其作为下一代产品的历史经验。
- 价格。无明确的定价策略，企业以市场活动来"收割"产品。
- 渠道。收缩市场渠道，降低渠道成本，仅将产品投放至忠诚的细分市场。
- 促销。停止当前产品的宣传，但为产品的下一代做好宣传。从促销角度，企业仅保留部分存货，或者将该产品出售给其他企业。

退市看似是一个无奈的举动，但符合市场规律，也是推动产品持续开发的重要举措。企业在产品生命周期尾端会面临图 20-1 所示的各种上升的运营成本，而滞后者所带来的收益可能远不能平衡这些成本，因此相对于继续艰难地维持产品生命，企业及时对产品进行"收割"、结束产品生命、及时止损往往是更好的选择。

注："收割"产品指企业一次性赚取产品最后的商业价值，并结束产品生命周期的行为。

通过增加产品特性和发布新的型号（衍生产品）可以延长产品的市场生命，这种做法已经成为大多数企业开发产品和制定开发组合战略的重要组成部分。即便如此，我们依然要意识到现在的产品改进和性能提升的频率越来越高，特别是电子、软件和互联网行业。要求这些产品的上市速度更快，也就意味着产品全生命周期越来越短。图 20-4 显示的是现代产品不断缩短的产品全生命周期的示意图。在该图上没有明确标出产品开发阶段和市场表现阶段（产品上市后的盈利阶段），但几乎所有的产品生命周期都服从类似的曲线。之所以没有将产品最后的退市阶段绘出，是因为多数企业并不会真的任由某个产品延续到最后自然消亡，而会主动做出退市行为来推进新一轮产品开发。

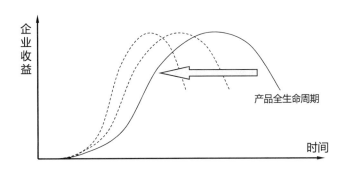

图 20-4　现代产品不断缩短的产品全生命周期的示意图

产品全生命周期变短是大势所趋，因为同行业的竞争日益加剧，全球化的技术交流日益频繁，这些都使得产品开发的技术在不断进步。即便抛开市场活动的因素，原有技术也不可能延续很长时间，新技术的出现将使老产品和老技术被强制淘汰，所以企业必须持续不断地探索新产品和新技术，以确保自身在市场上的优势和地位。

20.3 企业在产品生命周期中的责任与应对

准确地说，产品生命周期被包含在产品全生命周期之中，两者有大量重叠的部分，仅仅是关注点不同。产品生命周期相对于产品全生命周期来说更关注产品本身。企业虽然需要利用产品的商业价值来为企业获取利益，但这个过程仍然需要满足可持续发展的要求，并且企业的产品开发行为不可对环境或用户产生过度的负面影响。所以，产品生命周期关注产品如何诞生、如何从无到有、如何与人类发生交互作用（产品发挥其使用价值的过程）、如何退出应用的过程。

在产品生命周期中，产品的开发活动是最主要的组成部分，本书前文大多数章节都在介绍这些开发活动。之所以将产品生命周期单独强调，是因为产品在开发、制造和应用过程中可能对用户和环境产生额外的影响。这些影响是产品开发活动的产物，是产品开发关注的对象之一。另外，由于产品的质量问题会引起客户的不满和抱怨，因此妥善处理客户的投诉、解决质量问题带来的负面影响也是产品生命周期中的重点关注对象。

人类所有的产品开发活动都会影响到环境，其中绝大多数的影响都是负面的。例如，人们在开发产品时所使用的物料通常从自然界索取，而开发活动所消耗的能源也来自自然界，人类索取这些资源的过程就是一种负面影响。尽管自然界有一定的自我修复能力，如树木被砍伐后可以再生，但这种自我修复能力是有限的，如石油虽然可以持续再生，但再生过程需要几十万年甚至更久。因此企业在产品开发的过程中，如果索取资源或开发活动导致的资源消耗超过了自然环境所能承受的极限，那么这样的开发活动是不可持续的。为了避免这种情况的发生，企业在产品生命周期中应承担必要的责任并做出必要的应对。事实上，保护环境发展的可持续性仅是企业所需承担的诸多责任中的一小部分。本节和下节的内容与之前介绍的面向环境的设计强相关。

通常，产品对环境或用户产生影响是在产品被使用的阶段，但不难发现，如果等到产品的使用阶段再来研究如何减少其负面影响，就太晚了，不仅很难从根源上消除这些影响，而且所花费的代价是巨大的。如果企业在产品开发阶段就充分考虑这些负面影响及其产生的原因，就会轻松得多。

产品对人（用户）的负面影响主要是产品是否存在有毒有害的物质，或者产品在使用过程中是否产生对人体有害的物质。产品对环境的影响主要是产品中有毒有害的物质是否会污染环境，产品在生产和使用过程中是否消耗了过多的能源或者破坏了环境的平衡。这些因素都需要在开发过程中被充分考虑，简单地说，就是在产品生命周期中尽可能不采用有毒有害的物质，并且在产品的生产和使用过程中尽可能减少能源消耗与对环境和用户的影响和冲击。

1. 策划阶段

企业的产品开发目标具有良好的一致性，也就是说，企业在一段时期内所开发的产品不会频繁发生变动。因此企业在产品规划时应尽可能考虑产品的能耗，包含物质的属性和使用过程中的环境影响，从而规划更为清洁、安全和稳定的产品，同时技术开发应朝着更为环保和安全的方向推进。

例如，汽车行业在开发新型车辆时，应充分认识到传统燃油汽车对资源的消耗量是巨大的，而且燃油的再生过于漫长，属于不可再生资源，因此企业应尽可能开发更节油的车型。如果要从根本上解决燃油的问题，新型车辆就应该使用替代能源来彻底解决燃油的问题，如开发新型电能驱动的车辆。因为相对于燃油，电能的获取更为便利，而且新能源（如风能、太阳能等）属于可再生的清洁能源。

传统高能耗高污染产品的升级转型是大势所趋，所以企业在规划产品未来市场和开发计划时，应及时从技术转型入手，推进产品的进化。有时，这种转型会给企业带来短时间的成本提升和利润下降，但对于企业长期发展来说是值得的。

2. 开发阶段

开发阶段是产品被设计和开发并且实现和交付的阶段。开发团队不仅要实现客户的原始需求，也要考虑产品实现过程中的各种影响。绝大多数客户对产品的需求集中在产品的使用价值上，而很少有客户将产品的安全作为明示需求，因为客户认为这是企业理所应当满足的默认需求。因此开发团队在开发产品时，应充分理解产品的特性，并减少有毒有害物质的使用，如重金属铅、汞、镉等元素。很多时候，开发团队并非有意使用这些有毒有害物质，而是因为在很多常见的加工工艺中都涉及了这些元素，如表面处理（电泳、喷涂等）工艺等。如果客户对于表面质量要求不是那么严苛，那么开发团队可以考虑使用可替代的工艺或者其他设计来满足客户需求。例如，使用铝合金材料替代铁质材料，不仅可以使材料更轻盈，而且可以利用铝合金表面自然形成的氧化层来替代铁质材料表面的油漆和喷涂层。开发团队在设计产品时，应注意产品在使用过程中对人体和环境的负面影响。例如，设计吸尘器时要尽可能减少吸尘器产生的噪声，设计洗衣机时要尽可能减少其振动，设计电子产品时应尽可能减少这些产品产生的电离辐射等。

3. 市场表现阶段

市场表现阶段是企业交付产品并获取利益的主要阶段，整体被分成前、中、后三个时期。在前期，产品初步进入市场。此时在企业内部，产品正处于产能提升、质量和可靠性优化的阶段，而在企业外部，业务团队（含销售、市场等）正积极与客户进行交互活动以提升产品的市场占有率。中期是企业盈利的主要阶段。此时企业更关注客户满意度、售后服务、品质稳定性和产品衍生（客户需求变化）等。企业也可能开发出低成本或具有衍生功能的家族产品，以延长市场表现阶段或提升企业收益。在后期，产品逐步进入生命尾端，不可修复的问题逐渐增多，客户和企业都开始考虑产品未来去向。该时期与退市阶段紧密相连且没有明确的时间分界线。

在产品的市场表现阶段，随着产品的应用，产品开始接受可靠性的考验，在整个使用阶段内可能出现各种问题。当面对产品失效等问题时，客户必然产生负面情绪，企业则需要积极配合解决产品的质量问题，维护企业与客户之间的相互关系。例如，加工设备类产品在出现质量问题而停机时，设备供应企业有责任和义务在第一时间修复产品并帮助客户恢复生产。尽管有很多产品属于低值易耗品，这类产品一旦流入市场，即便出现了质量问题，也无须生产企业直接面对客户，但企业依然要对这些产品负责。例如，墨水笔类的产品上市后由于质量低下，导致该墨水笔经常漏液，以致将客户的手弄脏。虽然客户不会直接向企业发起索赔，但这会严重影响企业的声誉。如果墨水笔漏液导致更严重的后果，则不排除企业会受到相应的处罚。

4. 退市阶段

这是产品生命终结的阶段。产品在此阶段完成其主要使命之后被废弃。这个阶段与市场表现阶段没有明确的分界线，因为产品在最终被废弃前多数仍在被正常使用。企业是产品的制造者，最了解产品的设计、构造、材料等关键信息，因此在产品被终结时，企业对于产品可能对环境产生的影响也是最清楚的。企业有义务确保产品在废弃之后不对环境产生不可接受的负面影响。企业在产品上市之前就应规划产品必要的回收和处置计划，并在产品废弃后立即执行。例如，电池类产品往往含有汞或铅等重金属物质，随意废弃将导致严重污染，因此电池生产企业应在电池废弃之后及时回收。一个比较现实的情况是，对于大型电池产品，如新能源汽车的电池产品已经逐步出台相应的废弃管理办法，而对于小型电池类产品，如一次性干电池，则很难做到由企业回收处置，这已经成为一个社会性问题。但无论回收和处置问题多么困难，对于生产产品的企业来说，妥善处理产品的有毒有害物质和保护环境都是企业的社会责任。

企业应开发满足可持续发展理念的产品，这使得产品的开发具备可持续性，使得企业的发展具备足够的可持续性。为了满足产品生命周期的可持续性，企业需要理解其使命和责任，并做出有针对性的承诺和规划。

20.4 实现可持续发展的生命周期管理与产品开发

企业通过产品设计与开发活动来获取收益，可持续的产品开发实现企业的可持续发展，所以企业在产品开发的过程中，应尊重自然与环境，维持产品开发、企业生存与和谐环境三者之间的平衡，实现三者的可持续发展。

在面向环境的设计理念中，在产品设计之初企业就应考虑产品对环境的负面影响。企业在考虑产品生命周期的特点的基础上，可以形成具有企业特色的产品设计与开发理念。这种理念并不是一种口号，而是在企业发展的进程中影响企业整个产品平台的规划。面向环境的设计提出当今社会生态经济日益凸显，所以产品的可持续开发逐渐成为一个社会性话题。而推行产品开发的可持续性，让消费者参与其中，是企业的基本责任。因此企业在产品设计与开发过程中应积极面对这个现实，将可持续性作为其中的一部分。

企业必须实现产品的可持续开发。简单地说，可持续开发是指在满足当下市场或客户需求的同时，不以损害未来生态环境为代价的开发模式。这种开发模式要求企业在新产品/服务的开发和商业化的产品生命周期内，从经济、环境和社会角度强调可持续发展的重要性，并在采购、生产和服务结束的若干阶段遵循可持续发展的模式。不难理解，这种可持续开发的理念并不是个别企业的诉求，而是一种全球化的普遍诉求，几乎每个自然人都是利益关系人。

为了更好地实现产品的可持续开发和企业的可持续发展，企业应将可持续性的理念融入企业的日常运营中，甚至纳入企业的使命与价值观中。企业获取商业利益的前提是遵守必要的"底线"原则。所谓"底线"，是指企业的基本责任。英国学者提出了三重底线的概念，并将企业的基本责任分成了经济责任、环境责任和社会责任。这些责任使消费者对企业的考量也从单纯的经济责任扩展到环境责任和社会责任上。企业可以遵循三重底线（人、行星、利润或者经济、环境、社会）的概念来构建可持续的产品开发计划，将三重底线内部的微妙平衡作为创新和开发新产品的驱动力。在可持续开发的驱动下，企业可能获得新的竞争优势，即以可持续发展为目标的"绿色设计"或"绿色开发"。

企业的管理团队可以针对可持续性设置并追踪相应的绩效指标，这些指标和追踪体系构成了可持续发展的成熟度模型。一个持续有效运作的成熟度模型是实现循环经济的基础，而循环经济的目标是在产品生命周期中创造闭环。这个过程基于以下三个原则：

- 原则 1：通过控制库存产品以及平衡可再生资源的流动，提升资源的有效使用率，保护并增加自然资源。例如，应控制木制品的在库数量，仅在有市场需求的时候进行树木砍伐，其余时间应保证树木的自然生长。

- 原则 2：通过循环利用产品（包括其零部件和原材料）来实现资源产出的优化，使产品生命周期与技术和生物周期保持相对同步，以实现资源利用率的最大化。例如，应尽可能回收产品中的木制品并再利用，使在一定时间范围内，这些木制品的消耗量与树木成长的时间同步。

- 原则 3：通过揭露和消除负面的外部影响来提升系统效率。例如，企业主动识别发现造纸过程中对水资源的污染，借此改善造纸工艺，减少对水资源的依赖或者减少不必要的污染，以达到提升生产效率和保护水资源的目的。

循环经济是企业追求的目标，也是实现可持续发展的重要手段。循环经济与产品生命周期有关，甚至考虑了产品设计与开发过程之前和之后的部分，包括资源开采、材料生产、产品制造、产品使用、产品生命结束后的处置，以及所有这些阶段之间发生的运输传递。企业和各种全球性专业组织会追踪一些标志性的指标来检查循环经济的有效性，如碳足迹（二氧化碳生成的轨迹）和水足迹（水资源的消耗量、消耗途径和利用率等）。减少碳排放和水污染已经是世界各国的共识，并且已经成为企业开发行为的基本要求。

现代企业为了贯彻绿色设计和循环经济，往往会公布一些"绿色宣言"。这种宣言是企业对可持续发展的一种承诺，可以成为企业愿景或使命的一部分。这种宣言对企业的产品战略规划有指导意义，相应地，企业在其产品上可能添加绿色环保标志等以示产品符合相应的环保要求。而如果企业做出虚假的"绿色宣言"或承诺（"漂绿"行为），不仅将受到社会的谴责，而且极有可能迅速被市场淘汰。

开发环保、绿色的产品，构建可持续发展的产品开发体系是每个现代企业的基本义务。

 ## 案例展示

星彗科技对桌面便携清洗机进行了生命周期的规划。在设计阶段，产品的使用寿命被定义为 3 年，可满足至少 1500 次以上的使用寿命（耐久性），以及自然环境下 2000 小时以上的工作寿命。而产品全生命周期在产品最早立项时就已经被考虑，该产品期望在 3 年内实现 200 万台以上的销售数量。为满足这个要求，业务团队规划了产品生命周期各阶段的主要工作和使命。

表 20-1 是产品生命周期历程表。第一列是星彗科技的产品开发流程，与第二列的产品生命周期阶段略有差异。通常新产品导入阶段会延伸到量产阶段，很多企业会在产品完成前几批量产交付之后再退出导入阶段，星彗科技也如此。右侧的内容是项目团队为产品生命周期各阶段所规划的主要工作和任务，这里的规划属于高水平规划，相比于详细的项目计划显得非常粗略。

表 20-1 产品生命周期历程表

开发阶段	生命周期阶段	目的/特征	主要工作
定义	导入	定义需求	客户访谈、市场调研、产品功能需求及应用分析、成本预估、技术可行性分析
概念		概念设计	多概念生成、概念设计、概念选择、设计评审、综合项目计划、客户报价、产品验证计划、采购计划、成本预估
设计		产品设计	详细设计、设计评审、综合项目计划、模型与图纸、客户报价、产品验证计划、DFMEA、成本预估
验证		产品验证	原材料采购、产品制造、测试验证、供应商管理、APQP、PPAP、成本分析
工业化		产线验证、小批量试产	黄金样品、小批量试生产、工艺评估、设计评审、APQP、PPAP、成本分析
		量产提升	流程图、PFMEA、控制计划、SOP、过程能力、设计移交/安全量产、项目总结
量产	成长	产量增加	控制计划、统计过程控制、成本优化、循环时间缩短
	成熟	稳定量产	控制计划、统计过程控制、持续改善、问题解决
	衰退	产品逐步退出市场	退出战略、成本分析、（回收计划）

表 20-2 是产品生命周期与市场战略规划，展示了业务团队对本产品的市场表现期望。这也是非常粗略的高阶规划，是业务团队指导市场活动以及与客户沟通的基本原则。不同阶段的规划决定了业务团队在相应阶段的主要工作内容。

表 20-2 产品生命周期与市场战略规划

市场战略规划	导 入	成 长	成 熟	衰 退
市场发展	缓慢	快速	饱和	亏损
市场结构	凌乱	竞争较少	垄断	垄断或退出
研发投入	多	继续投入	维持投入，尽量减少新投入	不投入
财务战略	快速扩张	稳健发展	防御维护	收缩转移
财务特征	投资大，启动成本高	投资持续进行	利润多，投资减少	保持现金流与投资回撤
现金流量	现金流出高	现金流出入均衡	现金稳定流入	维持现金流入
主要工作	投资风险控制	经营风险控制	技术改进与新产品开发，现金收入管理	监控现金回收、现金预算、转产与回撤政策

表 20-3 是产品生命周期和营销规划，根据市场营销的 4P 理论，在不同阶段，产品、价格、渠

道和促销（营销方式）都显著不同。该表将作为业务团队实施市场活动的基本指导原则。

表 20-3　产品生命周期与产品营销规划

营销组合	生命周期阶段			
	导　入	成　长	成　熟	衰　退
产品 Product	建立品牌与质量标准，对专利、商标等知识产权进行保护	维持产品质量，可能需要增加产品特性和辅助服务	需要增加产品特性，通过产品差异化与竞争对手区分	维护产品，通过增加新特性和发现新用途重新定位该产品
价格 Price	采用低价位的渗透定价法以获取市场份额，或采取高价位的撇脂定价法以尽快收回开发成本。 定价：158 元	维持定价，此时竞争较少，公司能够满足不断增长的需求。 定价：153.26 元	由于出现了新的竞争对手，价格可能有所降低。 定价：145.6 元	降低成本，收割产品。 定价：135 元
渠道 Place	慎重选择渠道，直到消费者已认可该产品。 渠道：线上（淘宝、京东、拼多多、公众号推广等），线下（超市、家电卖场）	渠道要随着需求的增加以及接受产品的客户数量的增长而增加。 渠道：除线上电商外，增加线下渠道（超市、家电卖场）	强化分销渠道，给分销商更多激励，从而扩大客户购买产品的机会。 渠道：强化线上电商和线下体验渠道	让产品退出市场，仅保留部分存货，或者将该产品卖给别的公司。 渠道：保留线上电商渠道
促销 Promotion	应瞄准早期采用者，通过有效沟通让客户了解产品，教育早期潜在客户。 预估销量：30 万件	瞄准更为广泛的客户群。 预估销量：80 万件	强调产品差异化和增加的新产品特性。 预估销量：100 万件	持续提供产品，只投放给忠诚的利基细分市场。 预估销量：5 万件

　　为了配合上市，业务团队还设计了产品说明书和市场宣传资料。图 20-5 是业务团队准备的营销资料截图，被用于拜访客户和获取订单。

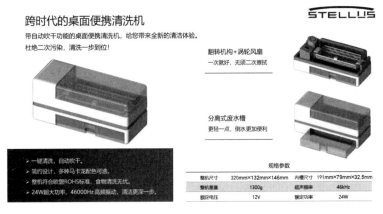

图 20-5　市场营销资料（部分）

　　星彗科技的产品不含任何有毒有害的物质，在设计阶段针对DFE就已经思考了环保的相应理念，其产品还具有消毒清洁的功能，符合市场消费者的需求。

第 **21** 章

六西格玛设计

21.1 关于六西格玛与六西格玛设计

六西格玛设计（Design for Six Sigma，DFSS），也称面向六西格玛的设计，是著名的产品设计方法，也是六西格玛方法中的一个重要分支。DFSS 在之前章节中已经提及，之所以在本书特别篇中再次介绍，是因为全书的知识点正是以 DFSS 为基础的，或者说本书所涉及的工具与 DFSS 中的工具集高度一致。

六西格玛诞生于 20 世纪 80 年代的摩托罗拉，在当时的质量管理领域中是一种突破性的改善方法论，其前身与全面质量管理有千丝万缕的关系，通常也被视为全面质量管理的一种新形式。

六西格玛的名字源自统计学中的"标准差"，即小写希腊字母"σ"。该统计量主要用于衡量任意一组数据的离散程度。20 世纪 80 年代摩托罗拉的比尔·史密斯在现场质量研究工作中发现，当产品的设计规格限与目标值之间的范围包含六倍标准差的时候，产品几乎不会发生缺陷（大约为每百万个产品中仅存在 3.4 个缺陷），故将这套方法论命名为六西格玛。

经过数十年的发展和演化，六西格玛已经形成了自己完整的理论工具体系，并且依然在高速发展过程中。它不仅在传统质量领域积极地发挥作用，也延伸到了几乎全行业全领域，成为各行各业改善和企业发展的重要方法论之一。

六西格玛对数据统计非常敏感，通过对事实数据的研究，利用描述性统计和推断性统计对目标的现状进行客观评价。由于六西格玛方法需要构建相应的数学模型，因此六西格玛对推行者的个人能力有一定要求，推行者需要经过很严格的培训和实践才能熟练地运用该方法。

六西格玛通常被分成传统六西格玛和六西格玛设计（DFSS），具体分类如图 21-1 所示。传统六西格玛关注既有过程的改善，常应用于产品和过程中的问题解决。与传统六西格玛相关的具体介绍请参见作者的另一本书《六西格玛实施指南》。DFSS 与产品设计与开发的过程有关，它基于需求管理、创新理论、基本统计和可靠性研究等工具来确定客户和业务的需求，进而寻找满足这些需求的解决方案（产品开发）。DFSS 几乎被应用于所有领域，如金融、医疗、电子消费品、电信和能源等。

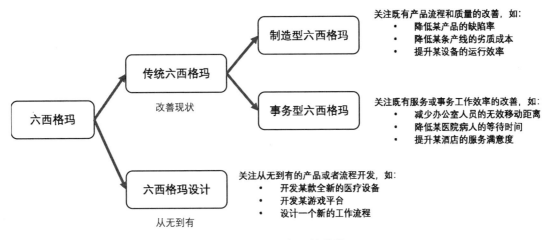

图 21-1 六西格玛的分类

传统六西格玛针对现状改善，其阶段划分较为固定，通常分成五个阶段，即定义（Define）、测量（Measure）、分析（Analyze）、改进（Improve）、控制（Control），简称 DMAIC。

DFSS 主要面向从无到有的产品设计与开发。由于其面向的产品本身具有不确定性，且产品之间存在巨大差异，因此 DFSS 的阶段划分并不统一。不少企业都发展出了符合自身产品特点的 DFSS 阶段划分方式。前文已经介绍过，目前比较常见的阶段划分方式有：定义（Define）、测量（Measure）、分析（Analyze）、设计（Design）、验证（Verify），简称 DMADV；或者鉴别（Identify）、设计（Design）、优化（Optimize）、验证（Verify），简称 IDOV。还有些企业结合这两者的特点，演化出 DMADV（OV）、IDDOV 等各种方式，此处不再一一列举。图 21-2 显示了传统六西格玛和六西格玛设计之间的路径差异。该图为了更好地显示两者的异同点，前者选用了 DMAIC，后者选用了 DMADV（OV），两者前三个阶段是一致的。分析阶段是六西格玛的重点阶段，大量的数理统计分析在此阶段帮助团队寻找目标（y）与因子（x）之间的关系，即寻找 $y=f(x)$ 的数学模型。如果团队未找到相应关系，则应返回最初的定义阶段，重新开始。

作为一种产品设计的方法，DFSS 旨在通过在设计过程中应用先进技术来尽可能避免制造/服务流程问题，从新产品设计的一开始就避免后期可能存在的过程问题。在满足客户需求的过程中，DFSS 会尝试获得新产品相关的系统参数，并通过数学建模和模拟来优化和预测这些参数，最终实现企业和客户的利益最大化。

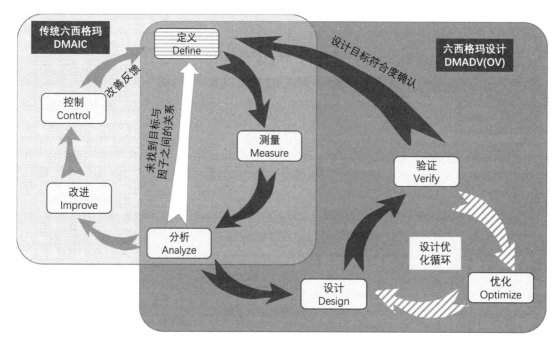

图 21-2　六西格玛的路径图

与普通的产品设计方法相比，DFSS 强调对客户需求的解读、分解与传递，强调设计过程的逻辑性，强调设计的简化与合理性，强调产品参数的验证与优化，强调产品的可靠性。这些重点帮助开发团队把产品设计变得更简单，把过程设计变得更高效，同时大幅度提升产品的稳健性，使产品的生产交付过程变得稳定。

DFSS 不同于传统的指标改善，其主要目的是充分响应客户的需求，以更好地满足客户需求、降低企业的成本、一次就设计出高质量的产品、提升产品可制造性以及控制产品可靠性为目标。

更好的设计需要更好地理解客户需求。DFSS 对客户需求有深刻的理解，强调企业与客户之间的沟通渠道和有效性，并且尝试收集和分解客户的需求，保证这些需求在企业内部流转时不会失真。DFSS 帮助开发团队应用富有想象力的创新工具，找出解决方案，并鉴别出满足这些需求所需实现的特性指标。

设计的稳健性是 DFSS 的主要目标之一。DFSS 所关心的产品特性指标基本都是产品的关键特性，而这些特性往往与后期的加工制造有关。DFSS 充分体现了"产品质量是被设计出来的"这种理念，希望开发团队在设计产品的过程中，直接设计出对生产加工过程的波动不敏感的产品，以此大幅度提升产品质量的稳定性。与此同时，DFSS 还致力于提升产品的可靠性，通过对历史数据的研究和系统科学的试验，得出产品可靠性的分布特性，并由此规划、管理和提升产品的可靠性。

DFSS 是 DFX 家族的一个分支。如果把普通产品设计当作产品设计的基础方法，DFSS 就是一种面向六西格玛（或面向高质量、高稳健性）的专项设计。之所以认为 DFSS 在 DFX 家族中很特殊，是因为其涵盖的范围实在太大，远超过 DFX 家族中其他任何一个分类。DFSS 与 DFX 家族的其他分类都具有紧密联系，几乎 DFX 家族的其他分类都可以在 DFSS 中找到相应的位置，所以有学者认为 DFSS 涵盖了整个 DFX 家族，是 DFX 的中心思想。

21.2　六西格玛设计的主要模块

几乎所有产品设计方法都经历了需求分析、概念设计、验证优化等过程，DFSS 也如此。根据 DFSS 的阶段划分，各个阶段都会拥有自己独特的模块和相应的工具集。由于六西格玛是在高速发展的方法，因此 DFSS 的模块和相应的工具集也在急速发展。

目前，DFSS 的模块主要分成产品平台规划、客户需求管理、创意管理、统计学基础、生产运营工具集、试验设计、可靠性设计、稳健性设计等。各个模块各自拥有自己的工具集。这些模块和工具集根据 DFSS 的阶段划分不同而分布在相应的阶段中。

1. 产品平台规划

从客户需求出发，寻找满足客户需求的原型产品，充分考虑产品设计的基本要素，并通过对产品功能（包括当前功能和未来可能存在的功能）的梳理，结合既有产品的经验，寻找新开发产品可能存在的公共模块，形成模块化设计。根据已经规划的模块，将产品实际使用的零部件数量降至最低，以减少零部件发生失效的可能性（按照 DFM/DFA 理念，产品质量和可靠性与零部件的数量强相关）。

在确定优化后的模块化设计之后，创建新产品的原型。同时，以该原型为基础，创建一系列产品家族—— 一些具有类似特征、性能和外观等特质的产品系列，即产品平台。产品平台规划的直接收益是直接把产品的使用特征与应用环境用量化的方式展现出来，不仅极大地丰富了产品的应用覆盖范围，也大幅压缩了系统产品开发的周期与成本。

2. 客户需求管理

DFSS 对早期客户之声的研究发现，客户原始的需求或声音，在企业内部经过各个职能团队的流转之后，往往会变得面目全非。需求管理包括最原始的需求收集和分类技术，如卡诺模型、亲和图等；质量功能展开帮助企业把客户需求逐层展开，从需求到功能，从功能到设计，从设计到过程，从过程到控制计划，保证全过程中客户需求不发生偏移，最终完成交付。如前文所述，需求管理经过多年的发展已经逐渐成为一个独立的方法论。

3. 创意管理

创意管理与创新工具息息相关，但并不是创新工具的简单集合。创意管理从客户需求出发，要求使用者针对客户需求的特点，选择适用的创意工具，在一定程度上对每个需求寻找所有可能的解决方案，要求创意和方案足够多，可以包含一些看似天马行空甚至不可思议的想法。然后开发团队将所有需求对应的创意想法放在一起，根据产品战略的规划，设计出产品的概念，即满足客户所有需求的方案组合。最后开发团队通过方案筛选技术（如概念选择矩阵）进行产品概念的筛选，最终确定产品的设计方案。

4. 统计学基础

尽管六西格玛中多数工具都与统计有一定关联，但这些只是统计学的冰山一角。DFSS 中所涉及的统计都属于初级统计，其主要目的是为设计改善优化提供必要的证据，以构建优化与预测模型或验证设计的有效性。DFSS 的常见统计工具包括基础统计量分析、假设检验（含常见分布检验，通常以正态分布、t 分布、卡方分布、F 分布居多，与质量相关的多为二项式分布和泊松分布，其他分布也会在特定场合用到）、非参数检验、相关性分析、回归等。统计工具会帮助开发团队构建 $y=f(x)$ 的数学模型，并且通过对输入因子的研究来实现产品特性的优化和改善。

5. 生产运营工具集

DFSS 不要求所有人都是运营专家，但产品最终要由运营团队来实施。所以与运营有关的一些常用工具，尤其是涉及统计理念的部分工具也是 DFSS 不可或缺的部分，主要包括测量系统分析、统计过程控制、过程能力分析、控制计划等。另外，应用 DFSS 还需要掌握一些行业特定流程体系的基本知识，如 IATF 16949 等，此处不再一一罗列。

6. 试验设计

试验设计是 DFSS 的主要模块之一。该工具通过多元回归的方法，充分考虑所有输入因子对研究对象的影响，通过独特的编码方式，构建研究对象和输入因子之间的数学模型，即 $y=f(x)$ 的数学模型。从该数学模型中可以看出，各因子对产品特性的影响力权重，以及与响应之间的动态关系，为产品特性的改善指明了方向。同时，该数学模型是可以被计算的，在合理的边界条件范围内，可以借由计算机帮助使用者进行优化求解，以找到产品特性与输入因子之间最佳的组合方式。

7. 可靠性设计

可靠性是新产品开发的关注点之一，也是 DFSS 的关注方向。这里的产品可靠性设计一般针对实物类产品的可靠性设计（这由实物类产品的可靠性规律决定），非实物类产品的可靠性目前并没有确切成形的方法来匹配（但非实物类产品的可靠性数据可以使用其他常用统计工具来研究）。

可靠性设计的本意是为了提升产品有效工作的时间，使单个产品的使用寿命延长，既实现客户的利益最大化，也降低企业可能面临的劣质成本。实物类产品的可靠性数据特性，通常满足威布尔分布、指数分布或对数正态分布（小概率情况下服从其他分布）。因其数据的特征明显，故可靠性设计有自己的数学模型，如著名的生命曲线，也称浴盆曲线。另外，可靠性是与时间有关的特性，由于多数产品的可靠性较高，如何在短时间内实施可靠性试验并且获得可靠性数据是一个长期课题，因此衍生出了加速寿命试验、高加速寿命试验等。

8. 稳健性设计

稳健性设计是日本质量专家田口玄一先生提出的设计与改进方法，主要关注现场过程的参数改善，也用于产品特性的改善。田口玄一先生的理念是，即便产品在生产加工过程中存在各种不可消除的噪声（以及该噪声引发的过程波动），产品特性依然满足客户的需求，那么这种产品设计就是稳健的。田口玄一先生开创性地找到信噪比（S/N）来描述产品稳健性，并据此设计出了著名的田口试验。田口玄一先生的方法虽然借用了一定的数学模型，但本身并不过于强调数学模型的精确性，取而代之的是使用信噪比来帮助开发团队找到产品特性的最优设置。大量实践证明，田口玄一先生的稳健性设计是卓有成效的。

图 21-3 是一个 DFSS 项目的模块规划。由于 DFSS 要求产品开发人员具备足够多的相关知识，因此企业通常需要对相关人员进行培训。图 21-3 中的箭头并非项目的执行顺序，而是培训 DFSS 相关知识的推荐顺序。虽然这个顺序与具体的项目执行有所差异，但大体上该箭头走向与 DFSS 项目的总体推进阶段是一致的。由于 DFSS 所含内容过多，因此目前世界范围内并没有统一的 DFSS 模块和工具集。

DFSS 是目前六西格玛领域中，工具使用量最大、技术领域最宽、理论深度最深的方法，所以很多企业将 DFSS 的知识体系作为最完整的六西格玛知识体系。同理，DFSS 是目前主流的产品设计方法，比绝大多数普通产品开发方法更完整、开发过程更系统，这也是本书依据 DFSS 介绍产品设计与开发的原因。

21.3　六西格玛设计的应用流程

DFSS 的应用领域几乎没有限制，典型的应用领域是新产品开发项目。

在实物类新产品开发项目中，几乎所有项目都可以被定义或转化成 DFSS 项目；而在非实物类产品（如软件类产品）或服务类产品的设计与开发过程中，如果该产品的特征属性可以被提炼或归纳出来，那么开发团队可以把这些产品特性作为研究对象，从而应用 DFSS。

在实际应用时。DFSS 项目可能会与传统项目管理出现兼容性问题，因为两者都有常用的阶段和特征，但目前很多企业都通过对门径管理的研究，结合集成产品开发的特征与优点，将 DFSS 项目和传统项目管理结合在一起，开发出符合企业特点的项目管理体系，从而把 DFSS 变成企业新产品开发的一个常态化应用。在这种应用下，新产品开发项目的各个阶段交付物中都会有六西格玛的输出交付物，如测量系统分析、过程能力分析等。图 21-4 是一张以 IDDOV 为框架的 DFSS 项目流程图。图中显示了各个阶段常见的应用工具以及这些工具前后的逻辑关系。这些逻辑关系不是绝对固化的，在某些场合下，其相互关系可能发生变化，但大体上不会发生根本性的变化。

读者可以将图 21-4 的内容与第 4 章（4.5 节）中的图 4-6 进行对比，查找它们的异同点；也可与图 21-3 对比，查看各工具的学习与应用逻辑；还可对照本书的目录来理解 DFSS 的运作机理。针对图 21-3 和图 21-4 中的工具，开发团队可以根据实际情况进行选择，尤其是在统计分析等环节仅使用合适的分析工具即可。

完整的 DFSS 较为复杂，所以不建议对小型新产品开发项目应用完整的 DFSS。企业应对其框架进行必要剪裁，根据新产品类型的特征进行分类，构建不同的开发流程，适当选用必要的工具，并且控制相应的交付物数量。

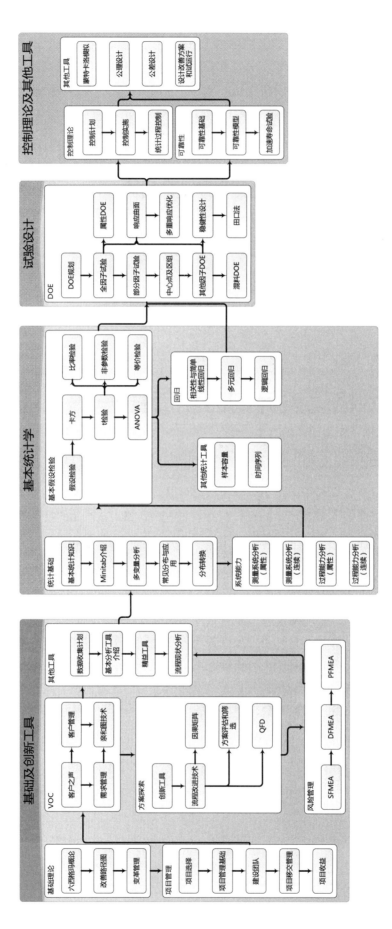

图 21-3 DFSS 模块规划和培训逻辑

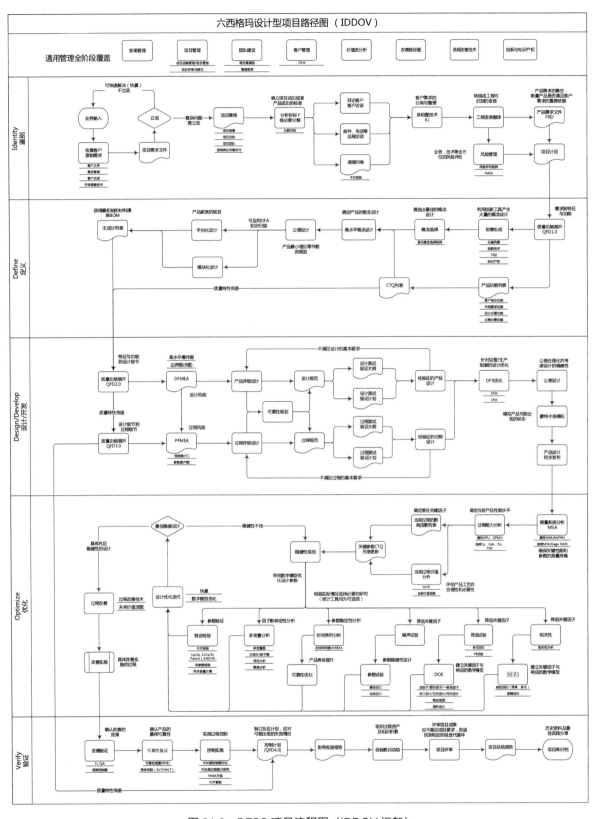

图 21-3　DFSS 项目流程图（IDDOV 框架）

21.4　六西格玛设计的发展趋势

在产品设计与开发领域，长期以来，多数开发团队都认为既往的产品开发经验是指导新产品开发的最主要依据。我们不能否认历史开发经验的重要性，但过度依赖历史开发经验会导致产品创新能力不足。在当今社会，产品生命周期越来越短，而产品开发需求越来越复杂，在此背景下，纯粹的产品历史开发经验已经不能满足新产品开发的诉求。

DFSS 的理念很早就已经成形，在 2000 年前后就已经在一些企业内部开始推行。在早些年的推行过程中，由于 DFSS 对使用者的知识量要求较高，因此其推行速度很慢。近些年，在市场和客户的双重压力之下，企业越来越意识到 DFSS 的重要性。目前，DFSS 已经普遍被多数企业接受，也有不少企业在调整自身的产品开发流程来匹配 DFSS 的特点。

在应用 DFSS 的过程中，一些问题被暴露出来，而这些问题也成为 DFSS 下一阶段发展所需克服的障碍。

1. 客户需求

DFSS 不仅要面对外部客户，也将企业内部的后道工序视为内部客户。DFSS 不仅针对全新产品的设计，也被用于降低量产风险。在识别产品开发需求时，由于客户需求日益复杂，开发团队需要更加严谨地对待客户需求的解读工作。大量频繁的需求变更会导致开发进度受阻，而且很多参数目标无法确定。这使得开发团队需要主动承担更高的风险，在不确定的环境下开发产品。为应对需求变更带来的影响，开发团队需要进一步提升参数设计的稳健性，以保证减少系统波动带来的影响。测试验证工作也因此变得更为复杂。

2. 样本数量

随着产品类型的极度复杂化，产品总量开始变小，这使得企业的开发项目收益变得更少，从而使得开发过程中的样本数量受到更多限制。如果开发团队无法获得足够多的样本，或者无法获得具有统计意义的样本数量，那么 DFSS 的很多工具将无法使用。与此同时，测试验证的有效性会受到影响。DFSS 一直在研究应对多品种小批量的样品验证模式。如何在小样本数量下找到合适有效的验证方法是 DFSS 的一大课题。

3. 测量系统

DFSS 要求开发过程中的决策尽可能采用数字化分析的方式获得，这使得开发过程中要测量（获得）足够多的相关数据。与正式量产的环境不同，开发过程中的测量系统很可能无法严格受控。虽然几乎所有大型企业都被要求使用符合一定标准（如 ISO 17025）的实验室进行测试，但事实上由于各种验证活动数量太多，开发团队很难保证所有测试都在完美的测量环境下获得。尤其是一些前期的功能性验证（如尝试性试验或预试验），往往由设计团队自行快速完成。如果开发团队无法确定数据来源的可靠性，那么在开发过程中容易出现失误。随着测量技术的发展，测量系统标准化和自动化是大势所趋，这对应用 DFSS 极为有利。

4 数据质量

通常情况下，DFSS 更倾向于对可量化参数（连续数据）进行研究和分析，但在非实物类新产品设计的案例中，很多参数都不可量化（如属性数据）。此时，虽然 DFSS 工具可用于定性分析，但分析的准确性会大大降低（属性数据分析精度较低），其优化结果和建议仅供使用者参考。另外，由于测量系统和系统波动等多种因素的影响，在开发过程中获取的很多数据可能存在"杂音"，因此 DFSS 需要谨慎对待这些异常数据，不可轻易剔除。如果数据量足够大，那么必要时团队可借助大数据分析，以达到数据清洗的目的。

5. 大数据融合

六西格玛和大数据都可以实现产品开发的过程改善，DFSS 也如此。六西格玛和大数据都是应用了统计的方式，但两者分析问题的角度略有差异。六西格玛侧重于精确的数学模型，DFSS 希望洞悉产品参数与影响因子之间的确定关系，并借此实现产品参数的优化。大数据则相对模糊，通过大量的历史数据，推测出参数变化的潜在趋势。虽然分析方法有差异，但两者在改善产品开发的形式上有很多共同点。大数据可应用 DFSS 的思考逻辑来实现设计改善，而 DFSS 也可借用大数据来完成必要的数据分析。

6. DFSS 文化

DFSS 不仅是产品设计方法，也是一种文化。企业在推进 DFSS 时，也是对全体设计与开发人员能力的培养。借助 DFSS 项目，企业可获得更多的知识积累，并且提升企业的产品开发能力。进行必要的内部对标和业务评比，不仅可以促进员工的成长，也可建设以数据分析为基础的 DFSS 文化，使企业内部活动（如产品开发活动、企业管理活动等）变得更加科学。凡事都让数据来"说话"，可以有效避免"拍脑袋"的决策行为。长期实施 DFSS 有助于企业形成可持续的改善机制，实现产品开发过程的自适应、自发展、自改善。

以上仅仅是在推行 DFSS 过程中的一些典型问题，企业通过解决这些问题将使企业开发产品的能力不断加强。把大量企业应用 DFSS 的案例汇聚在一起，并通过各种企业间和行业间的交流活动将 DFSS 带给更多企业，以形成一条良好的传播链。

我们相信，DFSS 不仅会成为企业开发新产品的主流方法，而且会成为提升产品效率和产品质量及稳健性的最佳实践方式。

第 **22** 章

服务类产品设计

22.1 服务类产品的特征

服务是指不以实物形式而提供劳动形式或同等价值的过程，以满足客户某种特定需求的活动总和。从这个描述中不难看出，服务没有物理实体，即没有实物，或者有时实物只是服务类产品的载体，而非核心功能。由于服务的对象通常是客户，而客户的特定需求种类繁多，因此服务是五花八门的，没有统一的分类。基本上可以认为，凡是为客户的需求做出积极贡献的有价值活动都可认为是服务。常见的服务有餐饮、会务、住宿、向导、解说等。

服务类产品是以服务为基础和价值载体的特殊产品，具备产品的一切价值属性和市场属性。人们认为服务类产品是企业（或个人）通过各种资源（人力、财力、物力和自然资源等）组成的产品结构，该产品结构可以被客户购买、接受和消费。服务类产品虽然不具备实体，但可能通过某些实体传达服务类产品的价值，或者以某些实体为载体来实现交付。常见的服务产品有旅游度假产品、投资理财产品、医疗诊治等。

虽然服务类产品不具备实体，但其产品特性非常显著，通常包括以下特征。

1. 无实体性

由于没有实体，服务通常由服务的提供者向客户提供。提供服务的过程就是产品交付的过程，在这个过程中产品无实体载体。虽然服务产品的交付过程可以被记录，但这种记录只针对过程，并不能准确描述交付内容。例如，宾馆向住宿的客人提供住宿的服务，宾馆可以记录客人入住的过程信息甚至必要的住宿证据，但该记录不代表客人接受了服务或该服务满足了客人的住宿需求。列举一个很简单的例子。虽然客人按预期在宾馆住了一晚，但由于客人对住宿条件不满，因此实际上宾馆并没有完全满足客人的特定需求，那么这种服务就是失败的。客户产生不满或者客户的需求没有被满足通常无法用实体形式来衡量。但如果由客户提出不满，就可视作客户投诉或者交付后的产品质量出现了问题。

2. 直接消费

服务通常在服务的提供者和客户之间直接发生。例如，对于旅游产品，旅行社直接提供旅游服务，游客（客户）亲身参加旅游活动。这之间很少出现中间环节，除非包括一些代理角色。例如，孩子替父母预订了一次旅游，但这种情况依然可将孩子和父母视为客户整体。再如，游客向 A 旅行社预订了旅游服务，但 A 旅行社将业务转包给了 B 旅行社，此时 A 旅行社则为代理，而代理服务也可视作服务产品的一部分。直接消费体现了服务类产品交付的及时性。当服务发生时，该服务所承载的价值就已经开始交付，一旦这些服务完成，其交付价值就完结了。

3. 阶段性

服务类产品与实物类产品一样具有生命周期，相比之下，服务类产品的寿命更短，而且具有一定的季节性或者受其他环境因素影响较大。例如，某酒店提供夏日沙滩烧烤服务，该服务仅在夏季提供，而在非夏季时间，该服务是不存在的。随着时代的发展，如果人们对沙滩烧烤不再感兴趣，这样的服务就会退出市场。

4. 边界模糊

服务类产品往往由一系列有价值的服务活动组成。客户在感知服务品质时，很难清晰地意识到哪些是正常的服务范围，而哪些不是。企业或服务提供者会受到同样的困扰。尽管企业或服务提供者会界定服务范围，但通常很难左右客户的想法。例如，快递到家是一种典型的服务，但快递员送完快递之后是否应该替客户顺手扔一下垃圾，或者扔垃圾是不是快递服务的一部分？显然，从送快递的价值本身来说，扔垃圾并不是服务范围内的活动，但当下很多客户都将其认为是快递服务的一部分。在日本，如果车主去加油站加油，很多加油站就把帮车主扔垃圾当作加油站服务的一部分，这已经成为约定俗成的做法。边界模糊会导致企业的服务产品范围蔓延和一些不必要的客户投诉。

5. 价值难以量化

与实物类产品不同，服务类产品的价值非常难量化，这与服务类产品的不可见性有关。由于评价服务类产品主要依靠客户的主观感受，因此产品的价值就主要由客户的主观感受来决定。例如，对于同一条旅游路线的旅游产品，两家旅行社提供的服务内容几乎一模一样，但可能两家旅行社的报价差异很大，甚至数以倍计。客户无法直接从旅行社提供的书面信息来判断哪家旅行社的产品更好，而只能通过自己的亲身感受来事后评价。即便如此，参加其中一家旅行社产品的客户也只可评价参与的这个产品价值，而无法对另一家的产品做出评价。所以在研究服务类产品价值时，客户往往只依据自己的经验或主观感受来做粗略判断，这导致服务类产品的价值差异非常大，而且无法有效评估其合理性。

6. 质量难以评价

服务类产品的质量也难以衡量，且很难事先评价。由于服务类产品的质量以感知质量为主，不同的客户对同一事物的感知评价可能天差地别，这与客户的个体差异有关，不仅会受到客户认知、习惯、喜好、素养的影响，也会受到当下服务环境的影响。例如，某酒店承办大型露天会务活动，参与该活动的群体主要是年轻人，其中一部分人喜欢高档酒店这种正式的服务氛围，而一部分人追求时尚，认为酒店的服务风格过于刻板和拘谨。在该活动进行的过程中，天突然下起雨来，酒店虽然紧急进行了妥善的安排，但多数与会者依然感到不满（在感知评价中，评价人员不一定是理智的）。

服务类产品是目前社会产品体系中的重要组成部分，是构成人类社交活动的基础。可以预见，服务类产品在未来社会的发展速度和拓展趋势甚至可能超过实物类产品。

22.2 客户需求与开发理念

服务类产品的诞生是因为客户需求的延伸。当无法通过既有实物类产品或其自身资源和能力来满足其需求时，客户就会寻找服务类产品来补足。例如，客户有在家中饮食的需求，但由于客户过于忙碌没有时间来完成料理，客户就会寻找餐饮外卖的服务来满足其需求。

服务类产品与实物类产品一样，都要紧密贴合客户的需求。"凡是具有客户需求的地方，就可能有业务机会。"这句话就是开发服务类产品的基础理念。

由于服务类产品通过服务过程来满足客户需求，因此开发服务类产品就是在设计一个服务过程，并在该过程的各个环节分别或整体地满足客户需求或实现服务目的。客户需求可以逐个满足，也可以整体满足。

在设计服务的过程中，开发团队要注意以下要点。

1. 需求的满足方式

相比实物类产品可以用多种形式满足客户需求，服务类产品满足客户需求的形式更为复杂。以餐饮为例。中华饮食文化博大精深，餐饮行业有无数种产品可以满足人们对于饮食的需求，即便单个菜品，也可能具有无数种烹制方法。在设计与开发服务类产品时，企业需要与客户确认其接受产品的形式，否则即便产品可满足客户需求，也可能不被客户接受。例如，酒店提供早晨叫醒服务，有一部分客人认为在预订时间提供一次叫醒电话即可，如果自己没有接起该电话，也不会责怪酒店。有的酒店在提供叫醒服务而电话未被接通时，会持续拨打，此时上述提到的这类客人就会感到厌烦。从结果来说，酒店提供了满足客户需求的所有服务，但客户满意度截然不同。正确的做法可参考航空行业，空乘服务人员会和乘客确认，如果空中服务时乘客睡着了，那么是否需要叫醒乘客。这就是需求满足方式的确认。

2. 需求的满足程度

通常，当客户提出需求时，服务提供者会尽可能满足客户需求，但有时满足的程度很难把握。开发团队要事先制定出标准，与客户达成一致，以确定需求满足的标准，尽管这很难做到。例如，客户去理发店修剪头发，修剪头发的目的是将头发修剪至客户满意的长度，但理发师在面对客户时，并不知道客户希望修剪到什么程度。此时合适的做法就是和客户确认修剪的程度。另外，即便确认修剪的程度之后，理发师依然要在过程中反复确认，以免超出客户的接受程度。笔者就曾经碰到过与理发师再三确认修剪长度而最后出现修剪过度的情况。需求满足不充分或需求过度满足都可能导致客户的不满。在产品设计之初就应建立相应的标准，如不少理发店准备了足够多的样本照片供客户提前确认，这就是确认需求满足程度的方式之一。

3. 服务风格的一致性

由于服务的对象不止一个需求，而是一系列需求的集合，因此在多数情况下，开发团队在设计服务类产品时应保证服务风格的一致性，即在同一个服务类产品内，满足不同需求的方式方法应保持一致。所谓服务风格，包括服务的标准、服务的形式和需求满足的程度等多个维度。例如，某旅游产品的线路包括多个城市，在安排住宿的过程中，有的城市安排高档酒店，有的城市则安排低档酒店，这是不合适的。如果该旅游产品注明是低价旅游，那么客户对低档酒店有足够的心理预期；反之，客户默认应入住高档酒店。如果旅游产品未对酒店的档次做预期，则应保持前后一致，始终入住标准较为统一的酒店。

4. 服务的连贯性

服务类产品的交付是连贯的。虽然有些大型服务活动可以分段交付，但在同一个阶段内的交付应保持连续。例如，餐馆在提供餐饮服务时，由于就餐是一个短时间内的连续过程，因此在就餐过程中，餐馆应注意上菜的时间和顺序，不能让客户长时间等待，当然不建议在短时间内连续上菜。这一点可以参考西餐厅的上菜管理。在标准的西餐厅上菜程序中，两道菜品的间隔时间都被严格计算，以确保客户不仅可以充分品尝上一道美食，又可以及时品尝下一道菜品。西餐厅已经将这种定时上菜的服务作为标准的服务内容，这是体现服务连贯性的实践之一。

5. 明确的验收标准

由于客户需求的种类繁多，因此在设计某个服务类产品时，企业应针对客户需求做出明确的验收标准，以免服务范围蔓延，或者在正常的服务结束之后，客户依然提出新的服务要求。虽然明确服务验收标准很难，但企业依然要将其量化并且明示。验收标准与产品范围强相关。例如，餐饮公司提供企业的午餐服务，由于企业员工的午餐就餐时间不固定，时间离散程度很大，前后相差两小时以上，因此餐饮公司事先应与企业达成协议，规定提供午餐的时间范围。例如，每天 11:30—13:00，在此时间段内，餐饮公司应备足菜品保证午餐供应，而超过该时间段，即便企业有员工需用餐，餐饮公司也不再提供。

6. 必要的反馈机制和后续服务

服务行业以人为本，所以企业看重服务后的反馈和改进机制。在设计服务类产品时，企业应准备反馈机制，并尝试构建后续服务的基础，以保证服务的连续性。例如，提供培训类产品的机构在提供培训之后，及时提供反馈通道收集学员对培训的意见和改进建议。再如，咨询机构在完成对某企业的咨询服务项目之后，与企业约定后续约谈和持续改善的计划。这些活动是保证服务类产品长久生命力的重要保障。

以上要点决定了服务类产品在具体开发过程中的细节设置，也是形成服务类产品设计的基本元素。服务类产品开发的过程仅缺少了实物设计和验证环节，其他理念和环节与实物类产品开发并无本质差异。另外，服务类产品设计对传播设计很敏感，所以广告宣传和形象设计等形式对推广该类产品有极大帮助。

22.3　服务类产品的开发过程

服务类产品虽然与实物类产品在载体和表现形式上有巨大差异，但从产品属性来说，二者依然有很多共同点。因此，虽然服务类产品不能完全套用实物类产品开发的方法和工具，但依然可以从产品设计与开发的过程中提炼出共性的流程步骤和相应的开发工具。虽然产品测试验证的方式不同，但设计理念几乎没有差别。

服务类产品开发过程不像实物类产品那么复杂，但经历的步骤并不少，只是侧重点不同而已。通常，其开发过程分成以下几个阶段。

1. 需求管理

服务类产品在开发初期也要先经历客户之声阶段。本质上，该阶段与实物类产品开发完全相同。在识别客户的基本需求之后，企业应形成产品开发需求。不同的是，服务类产品在早期阶段即便不通过复杂的客户调研或需求分析，也可以获得较为清晰的关键特性，即关键客户需求，因为很多客户在表达其整体需求时经常会有意强调其购买服务的主要目的。需要注意的是，客户通常不会明示所有需求，所以开发团队需要仔细揣摩和提炼客户的潜在需求。

与实物类产品开发的主要差异在于，服务类产品的需求具有明确的前后顺序，即需求链。开发团队需要将客户需求整理成合适的需求链，因为后续产品开发往往与这个需求链有关。

2. 概念设计

企业在设计服务类产品时没有太多的层级概念，即很少区分高水平或低水平设计。实际上，开发团队成员在梳理思路时，脑海中依然存在着概念设计、框架设计、细节设计等影子，只是在设计服务类产品时，很多设计被简化或合并了。从需求管理到概念设计，开发团队利用必要的创新工具来寻找满足客户需求的方案，并且依据相关方案形成概念设计。服务类产品的概念设计类似于实物类产品的架构设计，描绘了服务应涉及的主要模块，以及各个模块之间如何相互作用。因为概念设计是粗糙的，所以开发团队需要使用概念选择矩阵等专业工具对多个概念进行遴选，最后确定服务类产品的大致框架和服务内容。

3. 过程设计

服务类产品的过程设计相当于实物类产品的细节设计，主要区别在于，实物类产品要完成产品图纸等具体设计，而服务类产品的交付则是服务的过程。服务类产品通常不能分割，除非客户需求是不连续的。例如，客户要求培训机构提供新产品开发的培训服务，要求每月一次、每次两天。而在其他情况下，该服务过程应不间断，且服务过程的活动都与客户需求一一对应。例如，餐厅提供就餐服务，那么从客人进入餐厅开始，领位、就座、点餐、上菜、摆盘、清理、结账等一系列活动就应一气呵成，缺一不可。

就过程设计本身来说，服务类产品并无特殊之处，所有过程都经历了典型的 IPO 过程，即输入（Input）、过程（Process）、输出（Output）。开发团队需要寻找过程的关键参数和测量方式。例如，提供婚庆服务的企业应意识到婚礼的现场氛围可能远远比婚宴的菜品口感更重要。

4. 测试验证

测试验证是指试运行过程。服务类产品不具备实体，所以不需要制作原型或样品。开发团队在规划好详细的服务过程后，可以对该过程进行测试验证。测试验证方式很简单，即寻找"客户"来体验服务过程，并确定服务的有效性，最后根据"客户"的反馈来优化和调整过程设计。测试验证所邀请的体验客户有两个来源：一是专业机构或专家，二是普通客户。专业机构或专家可以从服务的成熟度和专业程度上来评价服务的有效性，而普通客户可以提供真实的体验感受，两者的意见有时可能有冲突，但这并不重要。企业应根据测试验证的结果，确定改善和调整的方向。另外，企业应在测试验证的过程中做好风险管理，即针对服务的意外事件提前准备应对措施。

5. 交付运营

服务类产品完成测试验证后，即可交付运营团队。与实物类产品不同的是，服务类产品不存在生存一说，所以不存在库存或仓库，甚至没有生产现场。服务类产品的交付是在与客户交互的过程中完成的，交付现场随服务内容的不同而变化。在正式运营之前，运营团队要做好必要的宣传工作，通过必要的传播设计将产品广而告之。同时，运营团队要对服务的提供者进行必要的培训，以保证提供准确和满足预期要求的服务。服务行业对服务过程的标准化要求很高，保证服务在多次或重复服务的过程中不走样是交付服务类产品的重点。服务类产品没有明确的起止时间。如果环境允许，服务类产品可能持续很久，但如果受到季节或潮流影响，其生命周期就可能很短暂。有些特殊服务可能仅交付一次。

图 22-1 显示了服务类产品的开发过程，以及各阶段的主要任务。在需求管理阶段，开发团队应注重需求的解读和分解，在概念设计阶段应开发多种产品概念，这些概念与服务的过程与顺序有关。多个概念在过程设计阶段被整合成一个服务过程，这个过程并非一定是单线程的，可以与实物类产品开发过程一样，存在多线程或循环结构。无论哪种形式，过程设计的输出是一个可以满足客户需求的服务过程，即产品主体。在测试验证阶段，运营团队通过试运行来收集服务过程的反馈，并借

此来优化过程设计。当过程优化至满足产品预期时，运营团队执行类似于实物开发的产品发布过程。在交付运营阶段，运营团队对服务过程进行标准化管理，并对相关人员进行培训和监督。最后运营团队向客户交付产品，即提供服务。伴随着整个交付过程，或者在服务类产品的生命周期中，运营团队应不断通过客户反馈来实现产品（服务）的持续改进。

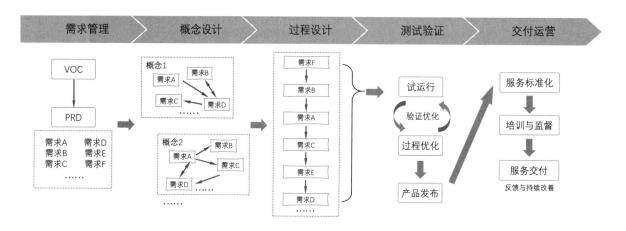

图 22-1　服务类产品的开发过程

虽然服务类产品与实物类产品在产品形态上有巨大差异，但在开发过程中，不应过度强调服务类产品的独特性。大量实践证明，服务类产品在很多开发环节都与实物类产品有高度类似的地方，二者可共用很多开发工具或模块。在图 22-1 上没有显示的工具和开发环节都可以参考实物类产品并找到相应的解决方案。

22.4　服务类产品的评价标准

如前文所述，服务类产品的评价主要依靠客户的感知。感知评价非常模糊，且可能非理性，所以这对服务类产品评价的合理性提出了挑战。

客户满意度依然是评价服务类产品的最佳标准，因为客户在接受服务之后的第一评价就是自己的主观感受。如果单一查看客户满意度，就会使企业无法鉴别改进的机会，也会使服务过程难以控制。企业可以制定各种指标来作为衡量服务类产品的过程指标和结果指标。这些指标是由企业根据自身服务类产品的特点来定制的，如有效的客户沟通次数、及时反馈客户的时间、应答客户电话的速度等。无论什么指标，都应与客户满意度有关。在评价服务质量时，企业应考虑以下维度。

1. 及时性

企业最好在服务后立刻收集服务反馈，因为多数客户事后很快就会淡忘服务过程，如培训反馈建议在培训后当场收集。反馈意见应第一时间反馈给服务提供者，以帮助其改善。

2. 客观性

服务评价很难准确和客观，但不妨碍企业追求客观的服务评价。以餐饮行业为例，即便很多餐厅知道客户不愿意提供反馈，但依然会设计一些意见反馈表，以收集客户反馈。这些意见反馈表都经过精心设计，尽可能让客户给出中肯的意见。

3. 标准化

多数服务类产品都是由多人提供服务的，因此企业需要对所有提供服务者进行标准化的培训。在评价服务时，企业也应采用同样的标准来评价服务提供者的服务水平和质量。这种做法虽然不是非常人性化，却是最有效的统一服务质量的方法。

4. 一致性

由于服务类产品经常需要反复实施，甚至已经成为某些企业的日常运作模式，如酒店行业，因此不仅要强调服务的标准化，还要评价服务的一致性。服务的内容和标准不可随着时间的变化而降低要求。有些服务特质，如礼貌、恭敬、谦逊等，不会随着时间或潮流而变化。

5. 可追踪性

企业对服务品质应建立追溯机制，以查看服务品质的变化和改善成果。例如，餐饮行业的卫生检查结果需要强制明示给客户，而且企业还需要展示近期的检查结果，以显示其保持状态或改进变化。

6. 可持续性

企业也需要考虑服务类产品对环境的影响，任何对环境具有破坏性的服务活动都应禁止。例如，在受到保护限制的自然风景区就不适合提供具有污染性的餐饮服务或大型会议活动。企业在提供服务类产品时也应考虑企业、产品、自然的可持续发展。

服务类产品的过程参数往往都是离散数据或属性数据，这就要求评价人员采用与属性数据相关的统计工具进行评价，如卡方检验、属性 Kappa 一致性检验、逻辑回归等。这些工具相对连续数据的分析更为复杂，要求使用者具有丰富的统计经验和扎实的统计功底。从结果指标来看，各种指标以达成率（百分比）居多，对这类分析使用描述性统计即可。少数指标可能需要应用时间序列来预测未来的发展趋势。例如，企业研究客户满意度时可能需要根据历史经验来推测未来一段时间的客户满意度变化。

与实物类产品类似，企业和客户之间可以约定使用类似检查表的评估标准来减少人为的主观评价，但在实操过程中，这种做法收效甚微。因为大多数客户认为刻板的评估标准无法有效评估服务过程，认为自己所接受的服务具有独特性，因此此时的打分随意性较强，结果往往仅供参考而不能反映真实情况。有时，企业为了准确获得客户对服务类产品的评价，会邀请专业的第三方进行评价，这种做法相对较为客观。

服务类产品以人为本，以人为最终的服务对象，而服务提供者也是人，所以可以把该产品视为人本主义的最佳实践。

第23章

软件类产品设计

23.1 软件类产品的特征

软件（Software）是一系列按照特定顺序组织的计算机数据和指令的集合。软件类产品是利用该特定的集合来实现客户特定需求的无形产品。

软件类产品是产品诸多类型中的特殊分类。从产品形态上，由于软件类产品没有真正意义上的物理实体，因此不少理论认为软件类产品属于服务类产品，是服务类产品的特殊形式。实际上，软件类产品的属性和特征比普通服务类产品更接近于实物类产品，其开发流程更是如此。

软件是计算机发展的产物。自从计算机诞生，软件就随之诞生了。最初的软件仅仅是为了实现计算机控制而产生的指令集合，加上计算机是极少数组织拥有的稀有资源，所以此时的软件不能称为产品。软件类产品（简称软件产品）是在计算机开始普及之后才出现的。随着计算机的普及，人们对软件的应用需求开始集中。为了让人们在不同的计算机上使用统一的软件产品来实现相同的目的，软件产品开始具备产品属性。例如，银行采用统一的出纳软件管理现金。随着时代的发展，人们对软件产品的应用需求日益复杂，软件产品出现了大量的定制化现象，这使得软件产品变成了社会产品体系中的大家族。以目前的流行趋势，软件产品即便在未来的很多年里都可能是产品设计与开发的重点对象。

计算机语言是构成软件产品的基础，所有的软件代码都是依据某种计算机语言来编写的。计算机语言随着计算机的发展，也演化出了很多种类和版本。比较常见的计算机语言包括Java、C/C++、

Basic、PHP、Perl、Python、C#、JavaScript、Ruby、Fortran、Pascal、Swift、R 等种类。

随着时代的变化，计算机语言的发展和变化速度非常快。例如，像 Basic 这种早期的计算机语言，已经逐渐退出了历史舞台；Java 等曾经红极一时的跨平台语言逐渐没落；C/C++作为传统计算机语言，至今依然活跃在各种应用场景；而像 Python 这种具有丰富的脚本语言和强大的类库的计算机语言开始逐渐成为主流。

不管软件使用的是何种语言，最终的软件产品都是这些语言的代码组合。通常，同一个软件产品内只使用一种计算机语言，并且保证客户的运行环境支持这个软件产品的正常运行。软件产品通过执行这些计算机代码组合来满足客户需求。

与实物类产品有所区别，软件产品从表现形式上和开发流程上都具有显著的特征。

1. 无实体性

软件产品没有物理形态，通常是依据某些计算机语言的逻辑和规则，构建起来的代码组合。虽然有人认为代码是可见的符号，认为代码是某种形式的物理载体，本质上，软件产品在没有运行的状态下，只是这些代码的组合，不存在真正的物理实体。评价软件，只能通过软件运行的状态和输出结果来了解其功能、特性和质量的满足程度。

2. 创造性

软件产品都是创造性劳动的产物。虽然软件代码可以复用，但作为软件产品，几乎每个软件产品都具有独特的创意。设计与开发软件产品集成了大量的脑力劳动、智力活动、逻辑思维和各种科学技术。

3. 一致性

软件产品不会像实物类产品一样出现功能或性能退化的现象。在软件产品的运行环境（如硬件和系统平台）不发生变化的前提下，软件产品始终可以实现预定功能，而不会出现任何功能缺失或性能损失。与此同时，无论执行多少次软件产品，其输出结果是稳定且一致的。

4. 可复用性

软件具有很强的可复用性（或可复制性），每一次复用都可视作产品的一次生产过程。软件产品通过这样的复用行为，来实现产品的商业传播价值。通过产品复用，产品可以实现从开发到交付的过程。注意，软件产品易于复用会带来知识产权方面的潜在风险。

5. 可移植性

软件产品的运行性能很大程度上与系统环境和硬件配置有关，开发团队不能保证某个软件适用于所有的终端运行环境。即便在同样的操作系统下，由于硬件性能的差异，软件的输出表现可能受到影响。软件产品可增加其可移植性，以实现产品在多个系统平台或多种硬件组合的条件下，实现其预期功能。

软件产品的设计与开发原则上可参考实物类产品开发，经历大致相似的阶段，但软件产品的特性使其在具体实施过程中形成了一些独特的开发过程。我们会在后续章节中分享这些过程的独特性，因为了解这些独特性可以帮助开发团队更好地开发软件产品。但与普通服务类产品类似，我们不应过于强调这些独特过程，因为本质上软件产品的设计与开发理念和框架与实物类产品基本一致。

23.2　与实物类产品开发的差异

软件产品的开发可以分为三个阶段，分别是计划阶段、开发阶段和维护阶段。这个划分是实物类产品开发过程的精简版。由于软件产品具有可见的代码，没有产品实体，这使得软件产品开发过程的某些环节（与实物类产品开发过程相比）被简化，因此形成软件产品特有的开发形式。与实物类产品开发的差异也分布在产品开发的整个过程中。

1. 计划阶段

软件产品开发的组织和实物类产品开发的组织极为类似，并无特殊之处（除了项目管理方法的差异导致的个别角色的差异）。其产品规划、产品需求的管理也高度类似，故读者可参考本书第 2~3 章和第 6~7 章的相关内容。在软件产品规划早期，开发团队需要深入探究客户的潜在需求，这里会出现两种截然不同的情况。第一种是开发团队自主开发产品，此时产品开发需求较为明确，即便开发团队在短期内无法确定部分产品功能或某些功能具有较高的不确定性，开发团队也可制定产品开发需求说明书并通过持续改进的方式逐步修正。第二种是开发团队从客户处获得了相应的开发需求，此种情况相对较为复杂。根据大量的经验，绝大多数客户在描述软件产品的需求时都很难准确描述产品的功能，或者在描述时遗漏重要信息。开发团队需要花费相当多的时间和精力来解读产品的潜在（关键）需求。前期的解读失误将严重影响开发进度和软件质量。由于客户对产品质量有解读权，如果客户发现软件产品与其开发原意有所差异，那么不仅客户满意度会大幅度下降，开发团队也可能面临大幅度返工的情况。

由于软件产品在开发过程中形成了自己的一些特色，因此目前软件产品的开发流程和项目管理形式与实物类产品开发略有不同，这些差异将在下一节介绍。实际上，软件产品也可参考本书第 4~5 章的介绍进行产品开发，并无不妥之处。

在计划阶段，开发团队需要准备相对明确的产品开发需求说明书以及必要的开发资源和计划。该计划应考虑开发后期必要的测试资源和交付客户后的运维计划，甚至包括产品出现异常情况时的应对措施。

2. 开发阶段

软件产品在开发阶段与实物类产品的步骤类似，但部分存在显著差异。

在开发前期，软件产品很少存在概念设计一说，或者可认为软件产品将概念设计淡化而直接应用架构设计，这对应的是本书第 8~9 章的内容。软件架构师是架构设计的主要负责人，他们将决定软件产品中的数据类型、数据流向、处理方式和输出形式。就像达成统一目的的软件程序可以有多种不同的编写方式一样，这种设计也不是唯一的。概念选择矩阵依然是适用的方法。另外，逆向工程的理念同样常用于软件产品开发，企业通过对竞争对手、历史程序、行业标杆的研究，可以快速找到满足客户需求的架构形式（注意知识产权的问题）。

在确定软件产品的架构设计之后，开发团队开始软件本体的实质性开发，这对应本书第 10 章的内容。软件通过模块化的语言来实现产品功能，这完全符合公理设计的理念，即充分解耦使得模块与功能一一对应，并介绍程序出错的可能性。失效模式的研究可以使得软件增加必要的防错功能，以应对客户复杂的使用场景。软件产品的详细设计是代码工程师（软件代码开发团队）进行编码并实现产品主体的过程。软件产品不存在 BOM 清单，但软件产品的载体在销售时可能与相关附件形成产品包和相应的物料清单。例如，刻录软件的光盘、使用说明书、客户服务手册、故障代码手册等。

软件产品有原型，但原型很难界定，也很难区分非功能原型和功能原型。有些软件采用原型为基础的开发模式来完成开发过程。由于没有实体，非功能原型对软件产品通常没有意义，但有时可用于向客户展示软件架构，以取得客户信任，或者用于统一团队意见并为下一个版本的产品开发指明方向。软件产品往往采用增量式开发模式，其功能是逐步实现的。在此过程中，软件可能存在很多中间版本，可能不满足全部的预期功能，也可能满足全部功能但出于某些特殊用途不能作为最终产品。很难说，这些版本的软件是不是功能原型，所以软件产品在开发时会使用较为独特的版本控制，如 Build（测试版本）来演绎软件原型的功能。软件产品的原型与实物类产品的原型有较大差别，本书第 11 章的原型以实物类产品的原型为阐述目标，故软件产品的原型可能无法直接套用本书第 11 章的部分内容。这些差别主要在于软件产品很难像实物类产品一样区分完全非功能原型或部分功能原型。但 MVP 的概念依然适用于软件产品的开发，在开发过程中，团队尽快拿出向客户展示的中间版本（如某个较为成熟的 Build）对产品开发项目至关重要。

软件产品的测试验证是开发阶段的主要工作之一。软件测试团队往往独立于设计团队。本书第 12 章的 V 模型也适用于软件产品，虽然软件产品的 V 模型与实物类产品有所差异，但整体思路一致。软件测试的主要目的是寻找软件产品的漏洞（Bug），测试团队将测试中发现的漏洞反馈给设计团队并进行修正。统计学和大数据分析等工具都可以为修正和优化软件做出贡献。

由于没有实体，试验设计对软件产品的直接帮助并不大。但如果开发团队希望寻找软件中某些变量之间的关系并且希望对其水平进行优化，那么也可使用试验设计。因为没有实体，所以软件产品对稳健性设计和可靠性设计不敏感。实际上，软件产品也存在稳健性和可靠性，只是其表现形式与实物类产品不同，其主要工作均在测试验证环节完成。故本书第 13~14 章内容对软件产品的适用性不高，但在解决特定问题时可参考。

软件产品与工业设计也有关，主要是产品的界面设计。软件产品强调人机交互界面的有效性，所以自成一脉。本书第 15 章的内容仅供参考，而软件的界面设计将在本章后面单独介绍。

鉴于软件产品的可复用性，软件产品极易被复制，不存在量产一说。所以本书第 16~18 章的内容与软件产品匹配度不高，但产品交付后的性能提升依然是开发团队的工作内容。

本书第 19~20 章是全行业产品通用的内容,也可应用于软件产品的开发。软件产品对于知识产权更为敏感,因为几乎所有的软件开发都是极具创造性的工作,很多软件产品的核心算法或架构设计都被企业定义为商业秘密,这是出于软件可复用性(容易被盗版)的原因。而软件产品生命周期与实物类产品开发类似,具有相似的市场生命周期和商业表现。唯一不同的是,软件产品没有实体,故不可能存在有毒有害物质,通常不会对环境产生负面影响。如果不合理的程序代码导致计算机低效运作,或者控制实物类产品产生有害作用(如额外的噪声和电离辐射等),那么也可视作对生态环境的负面影响。

如上所述,软件产品仅在测试验证和优化等少数领域与实物类产品开发存在较大差异,其他绝大多数工具和方法都有高度的通用性。

3. 维护阶段

由于产品形态上的差异,在软件产品完成交付后,企业依然要对其性能进行持续优化。例如,微软操作系统在上市很长一段时间内,微软公司都会对其操作系统进行优化和维护,不断推出补丁或者更新版来使产品更加稳定。本质上,软件产品在维护阶段与实物类产品极为类似,一方面企业应致力于提高客户满意度,根据客户的反馈来调整产品,并做出必要更新;另一方面企业应更为积极地响应和处理产品的质量问题。因为软件产品在其使用范围内,不存在报废一说,而且软件产品的输出一致性通常非常好,所以如果产品出现问题,那么几乎可以肯定是软件设计与开发的问题。企业应在第一时间协助客户解决软件的使用问题,并且尽可能减少损失。由于软件问题通常导致数据受损(往往数据比软件产品更有价值),因此如何保证数据不丢失、数据如何回溯是在开发前期就要思考的问题。软件的稳定性和客户满意度是评价软件产品质量的重要指标。

23.3 开发模型和敏捷方法

如前文所述,软件产品开发与实物类产品开发高度类似,只是产品的特征和参数有所区别,所以软件产品开发可参考实物类产品开发过程。针对软件产品的特点,有些针对软件产品的开发流程。

1. 开发模型

产品软件开发主要经历定义、开发、使用、维护和报废整个过程。这个过程一般包括项目定义、可行性分析、需求分析、架构设计、详细设计(编码)、测试验证和维护等模块。目前软件开发主要采用的流程包括瀑布模型、原型模型、螺旋模型、增量模型、喷泉模型和快速原型模型等,这些都是很成熟的模型并且流传度和应用非常广泛。这里介绍最常见的几个模型。

1)瀑布模型

瀑布模型(Waterfall Model)是一个线性的产品开发模型,诞生于 20 世纪 70 年代,是广泛被使用的经典模型。在瀑布模型中,软件产品的开发活动按固定顺序相互连接,并形成若干个阶段,整个活动在各个阶段中的推进过程形如瀑布流水,故得名瀑布模型。

瀑布模型是一种结构化的、自上向下的软件开发方法，每个阶段的主要工作成果从一个阶段传递到下一个阶段。在每个阶段中，开发活动的输出必须经过严格的评审或测试，以判定是否可以开始下一个阶段的工作。如果某个阶段内的开发活动不满足当前阶段的要求，该阶段就会产生循环迭代。开发团队需要反复修正产品，直到产品或输出满足当前阶段的要求。瀑布模型中的各阶段相互独立、不重叠。一般认为，瀑布模型是所有软件产品开发的基础模型。

通常，瀑布模型分成六个阶段，分别是制订计划、需求分析、软件设计、程序编写、软件测试和运行维护。图 23-1 显示了这几个阶段，它们形同瀑布一般串行，最终实现软件产品的交付。

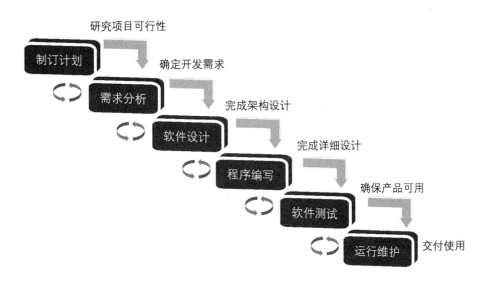

图 23-1　瀑布模型示意图

瀑布模型被应用了很多年，即便现在依然是很多软件开发的主要模型。但当下的软件开发理论认为瀑布模型过于迂腐，难以适应客户频繁的需求变更。不少当下的软件开发设计师认为瀑布模型这种按部就班的开发模式跟不上时代的潮流，而倾向于较为激进的快速的开发流程。事实上，本书并不认为瀑布模型过时或不符合时代潮流，因为产品开发有既定的规律和特点，激进冒险的开发模式可能给客户带来灾难性的影响，在现实产品开发的实例中已经出现过多起这样的案例。

2）增量模型

增量模型，也称渐增模型，是以常规产品开发流程为基础，细化架构设计到详细设计之间的过程，使开发活动更加有序和平稳。在增量模型中，开发团队每次完成一个被细化的子任务（每个子任务对应软件产品的一个功能），在验证该子任务满足产品功能要求后，就将其整合进产品。最后，在所有子任务都完成后，产品开发活动就完成了。

增量模型通过构造一系列可执行中间版本来实施开发活动，每个开发活动都需要执行必需的过程和任务，如设计、验证和优化。

增量模型是瀑布模型的改进形式。它使产品不是一次性完成的，而是分阶段完成的。这使得项目管理变得有效。开发团队可以更好地分配资源，减少开发的风险。对于有难度的开发任务，开发团队不仅可以集中优势资源，甚至可以采取外包的形式来解决。

在增量模型中，开发团队强调架构设计的作用。架构设计师需要合理拆分产品，将其模块化并且形成一系列开发子任务，这就要求架构设计师具有非常丰富的开发经验。图23-2显示了增量模型的构建方式，从架构设计中分解出恰当的增量构件，由设计团队完成每个增量构件并逐一交付，最后集成产品和集成验证。

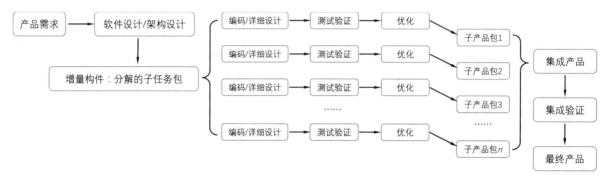

图 23-2　增量模型示意图

本质上，增量模型依然采用的是瀑布模型的理念，但该模型使得开发活动变得更为灵活，客户可能在产品开发过程中看到部分产品开发的成果。如果架构设计师规划得当，那么软件产品即便在开发后期也可增加新的功能以满足客户变化的需求，这是对瀑布模型的重要突破。

3）迭代模型

迭代模型在软件产品诞生不久就出现了。所谓迭代，就是指当前开发活动不满足预期要求，开发团队退回到该开发活动之前，反复实施该开发活动直至获得满意的交付。严格来说，迭代模型并不是一个模型，而是一种开发活动的执行方式。

最早的迭代过程可能被描述为"分段模型"，即一步步地完成开发的每个子活动。在某种程度上，迭代是一次完整的经过所有开发活动的过程。例如，一次通过需求工作、分析设计工作、实施软件设计和测试验证工作，一旦失败，即从头再来。实质上，迭代模型类似小型的瀑布模型，所有阶段都可以细分并应用迭代模式。每次迭代都会产生一个可以发布的产品，而这个产品是最终产品的一个子集。

以上是软件产品开发的常见模型，它们的思想对于软件开发的影响非常大。目前软件产品日益复杂，开发周期不断延长，这大大影响了客户的满意度。快速迭代、增量开发与传统瀑布模型相互结合，取长补短，形成新的开发方法。在这几个模型的基础上，一些新的项目管理方法涌现出来，其中知名度最高的方法是敏捷方法。

2. 敏捷方法

敏捷（Agile）方法以客户的需求进化为核心，采用迭代、循序渐进的方式进行软件开发。它集中多种开发模型的优点，强调开发团队的快速响应。敏捷方法既是一种软件产品的开发模型，也是一种特定的项目管理方法。在敏捷方法中，开发团队既是一个整体，又是一个可分割的可独立作战的多个小团队。开发团队在分配任务时采用具有增量模型特征的任务构成模式，在执行软件设计时则采用迭代开发的形式。

敏捷方法的核心与著名的敏捷宣言有关，敏捷宣言的核心思想如下：

- 个体和互动高于流程和工具；
- 工作的软件高于详尽的文档；
- 客户合作高于合同谈判；
- 响应变化高于遵循计划。

尽管"右侧"的事项确有价值，但敏捷宣言认为"左侧"的事项更重要且价值更高。

敏捷方法通过一些特定的角色和活动来实现产品的开发。这些角色和活动包括以下内容。

1）产品待办列表

产品待办列表（Product Backlog）是增量模型中的增量构件。该表是一份包含系统所需的一系列事项要求并将它们按优先级次序排列的清单，包括功能性和非功能性的客户需求，以及技术团队产生的需求。该表中的每个待办项都是一个足够小的工作单元，以确保团队在一次冲刺迭代周期中完成。

2）冲刺

冲刺（Sprint）是敏捷流程中的一个特定活动，以完成单个的特定任务为目标并使开发进程推至下一个审查点。冲刺的周期由敏捷教练决定。每次冲刺以一个特定的冲刺会议为起点。在会议上，产品负责人和开发团队商讨并确定此次冲刺所要完成的任务，会后即开始冲刺活动。冲刺开始后，产品负责人不再介入，而由敏捷团队自行管理冲刺进程。冲刺结束后，敏捷团队将已经完成的工作提交给产品负责人，并由产品负责人依照冲刺会议上设定的标准，决定接受或否决本次冲刺活动的成果。

3）产品负责人

产品负责人（Product Owner）代表客户利益，是分配工作任务的角色，并拥有判断冲刺活动成果是否符合要求的权力。产品负责人在冲刺活动前划分产品待办列表的优先级并界定冲刺的目标。敏捷团队必须随时联系产品负责人。冲刺结束后，产品负责人等待接收冲刺活动的成果并对该成果进行评价。

4）敏捷教练

敏捷教练（Scrum Master）是敏捷团队和产品负责人之间的协调者。该角色的工作职责不是管理团队，而是协调敏捷团队和产品负责人之间的交流和问题解决，通常需要完成以下任务：

- 消除敏捷团队和产品负责人之间的障碍；
- 激发敏捷团队的创造力，并给予相应角色的授权；
- 致力于提升敏捷团队的效率；
- 改进敏捷活动过程中的工具应用和实践；
- 确保敏捷团队内部的信息畅通，所有敏捷团队成员都可获得实时信息。

5）敏捷团队

敏捷团队（Scrum Team）是负责冲刺活动的开发团队，是一个具有特定组合的团队。通常，敏捷团队由 7 人组成，也可适当增加或减少 2 人。为实现冲刺目标，敏捷团队通常由跨职能团队的人员组成。在软件产品开发过程中，常见的敏捷团队的成员包括软件工程师（编码/详细设计）、架构设计师、需求分析员、软件质量专家、测试工程师和 UI 设计师等。在冲刺期间，敏捷团队通过自我管理的方式实现冲刺目标。敏捷团队在实现目标的方法上有自主选择权，并对这些冲刺目标负责。

如果把敏捷方法中的这些角色有机地组合起来，并根据敏捷管理的流程来规划软件产品的设计与开发，那么可以参考图 23-3 所示的敏捷流程。该图显示了敏捷流程下，产品如何通过冲刺活动来实现既定目标。产品负责人规划好每次冲刺，而敏捷团队通过每次冲刺活动获得软件产品的功能增量，在这样的反复迭代过程中逐步实现软件产品。

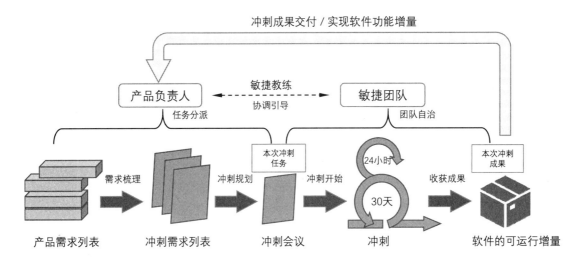

图 23-3　敏捷流程示意图

尽管软件产品与实物类产品在形态上有所区别，但实际上，软件产品完全可以应用实物类产品的开发流程，也就是说，本书第 3 章所介绍的各种开发流程也适用于软件产品。以瀑布模型为例，不管各阶段的定义（包括交付内容）有何不同，本质上瀑布模型的形式和理念与门径管理并无区别。而集成产品开发流程无论对于实物类产品还是软件产品都有着非常优秀的应用实例。软件设计与开发不应过于强调自身与实物类产品的独特性，应积极学习和借鉴实物类产品开发流程的优点，取长补短，寻找并应用符合自身特点的开发流程。

软件产品的测试验证也是产品开发过程中的重点，其测试验证的基础理念也采用 V 模型，其测试过程可参考本书第 12 章的内容。

23.4　软件或系统的界面设计

界面设计在之前的章节中已经介绍，是工业设计中的一个重要分类。由于产品形态的差异，软件或系统的界面设计与实物类产品有显著差异，故单独对其进行介绍。

软件或系统的界面，或称为人机交互界面（User Interface，UI），是软件或软件系统与用户之间的桥梁，是用户信息与软件产品发生交换的通道。界面设计（本节中界面设计特指软件或系统的界面设计）即设计用户与软件或软件系统交互的形式，其目的是使用户与软件或软件系统的交互活动变得更为有效。

界面设计主要包括界面美观性、信息交互的有效性、数据交互的稳定性和系统的效率等。

1. 界面美观性

界面美观性是用户评价一个界面的第一感受。该感受与该界面所承载的信息传递等功能无关，仅仅与用户的主观审美感受有关。显然，一个界面是否美观不存在统一的标准，因用户个体的差异而千差万别。我们很难定义用户的审美标准应该是什么样子的，但以下因素可以作为参考。

1）常规认知

在通常情况下，无论是在东方还是在西方，人们对于美与丑的普世概念差异并不会很大。例如，绝大多数用户都会追求简洁、清晰、实用的界面设计，而不会喜欢凌乱、繁杂、逻辑混乱的界面设计。虽然不同的人对上述这些关键词的理解有所不同，但在某种程度上会保持一致。

图 23-4 显示了两个界面对比图。我们相信大多数读者能够判断在这两个界面中哪个界面是杂乱无章的，哪个界面是简洁清晰的。

图 23-4　杂乱无章与简洁清晰的界面对比

2）色彩心理

在选择界面设计的主题色彩时，设计师应充分考虑产品的特性、应用的场合和色彩心理的结合应用。不同的色彩给用户的感官冲击各不相同。表 23-1 显示了几种常见的颜色可能带给用户的主观感受，以及人们常常通过这些颜色联想到某些常见事物，而他们的感受可能与这些联想到的事物相关。

表 23-1　常见色彩与用户感受

颜　色	心理联想	主观感受（关键词）
红色	血液、（红）旗帜	热烈、奔放、主动、斗争、富有攻击性、不认输、征服欲、亢奋……
黄色	黄金、太阳、柠檬	愉快、活泼、开放、温暖、值得尝试、舒适、欣慰、轻松……
蓝色	水流、海洋、天空	稳重、冷静、安全、秩序、有礼貌、环境和谐、忧郁、缓慢……
绿色	萌芽、森林、草坪	富有活力、成长、生命、创意、活跃、轻快、灵活……
白色	医院、报告、纸	干净、安静、沉默、冷漠、刻板、纯洁、抗拒、不近人情……
黑色	幕布、黑夜、洞	严肃、怀疑、恐惧、未知、探索、拒绝、放弃、悲观、屈服……
紫色	服饰、花朵、礼物	显眼、刻意、不安分、标新立异、神秘、个性、刺激、感性……
灰色	回忆、建筑、战争	慎重、沉重、拖沓、模糊、优雅、不起眼、中性、普通……

从色彩分类上，颜色主要分成冷色系、暖色系和中性色系。对于用户日常生活常涉及的产品来说，实物类产品常使用暖色系的外观设计，而软件产品在界面设计时也常用暖色系。而对于专业软件、工程软件、商业软件等产品界面常使用冷色系或中性色系，尤其是一些政府性质的系统界面。

不同的色彩运用会对用户产生潜在的心理暗示，或者加深用户对界面的理解和印象。负面的色彩运用会导致用户强烈的厌恶心理，进而产生对产品的抗拒。

3）流行趋势

用户对于审美的判断会随着时代的变化而产生显著变化。这与时代的发展与变化有关，也与当地的流行趋势有关。例如，20 世纪 90 年代软件行业刚刚兴起，由于计算机能力的限制和软件种类的限制，当时很多软件的界面设计以实用为最优指导原则，色彩上大量使用单色系，界面图案简单明了。这种设计不仅有利于界面设计，同时使系统的资源消耗更少，也不会显著影响软件产品的运行。2000 年后，随着计算机能力的不断提升，软件界面可以占用更多的系统资源而不影响产品的运行，此时界面设计不断复杂化，图案和色彩日益丰富，大量富有创意和复杂的界面设计出现在各类软件产品和系统界面上。随着信息爆炸时代的影响，人们逐渐开始对各种花里胡哨的界面产生厌倦，此时人们又开始追求更为简洁和清晰的界面。近年来，软件界面的流行趋势又以简单和明快的风格为主，同时由于计算机和系统的能力显著提升，界面虽然更简单但也可以有更多的自主创意，所以现在的界面设计与早些年简陋的界面设计是有天壤之别的。

图 23-5 显示了界面设计在不同时代的显著变化。图中左上方的界面设计在互联网时代的早期很常见。此阶段的界面以实用性和信息量为主要考虑方向，同时受到网络资源（包括网络传输速度等）的限制，所以在界面中往往以文字的形式展示信息，图片偏少且图片质量较低。图中右上方的界面设计是在互联网时代度过婴儿期之后的主流设计，此时界面设计不断展现设计师或企业的自我风格，形式多样且大量信息可能混杂在同一界面中。图中下方的界面设计在近几年颇为流行，因为人们的审美开始返璞归真，在同一个界面中，信息被极度简化，只留下当下界面的基础功能，并配以大量图片或视频作为背景，以突出界面的使用意图。

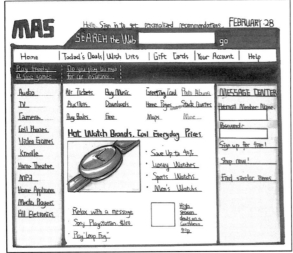
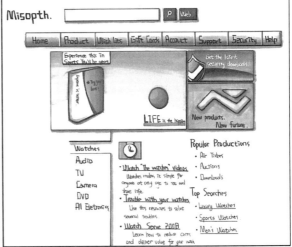

图 23-5　界面设计的变化趋势

影响界面美观的因素非常多，除了上述因素，人种差异、地域差异、文化背景差异、风俗差异等都会影响界面设计。总体来说，美观的界面是用户接受产品或者进一步应用软件或系统的第一步。如果用户难以接受界面的设计风格，则很可能直接放弃软件产品。在软件产品的销售和应用过程中，这类情况时有发生。

2. 信息交互的有效性

软件或系统是无形产品，其原始代码仅仅是构成产品的元素，而用户无法直接通过软件代码来操作软件或实现数据交互。软件或系统需要借助其界面来实现信息交互的目的。信息交互分成两部分，一是用户从界面获取信息，二是软件或系统从界面获取用户的输入，这两部分都涉及信息交互的有效性。

首先，当用户从界面获取信息时，软件或系统的界面设计应考虑用户获取信息的便利性。界面不应过于复杂，以避免用户在获取界面信息时失去焦点。当同一个界面内的信息太多时，用户很可能无法在短时间内寻找到所需获取的信息，甚至有的用户会因此产生对软件或系统的厌恶感。如果界面本身有想要主动表达的信息，那么应尽可能将这些信息凸显出来，同时尽可能弱化其他信息，甚至不显示其他信息。在表现这些关键信息时，界面应考虑必要的美观性，使用大小适宜的字体和不刺眼的颜色来呈现这些信息。

其次，界面在获取用户输入信息时，应充分考虑信息输入的便利性。用户输入信息的位置是界面所需表达的关键信息，所以界面设计时应保证用户在最短时间内找到输入信息的位置，而且该位置应便于输入，如避免将输入位置设计在界面的边边角角。另外，绝大多数用户在输入信息时都会产生厌烦的情绪，尤其是在短时间内输入大量信息时。所以，在界面设计时，设计团队不应在同一个界面里让用户输入太多信息。如果确定需要用户大量输入信息，那么软件或系统应考虑采用多界面和分段式获取用户信息的方式来提升用户的体验感。不过，过多的界面同样会让用户产生负面情绪。

3. 数据交互的稳定性

在通过界面输入信息时，很多信息同时在被处理。这种处理方式对信息交互的稳定性会产生一些影响。例如，信息在不同界面流转时可能出现信息丢失、错误的现象。当某些界面在短时间内接收大量用户信息时，可能出现界面崩溃甚至系统失效的现象。当界面在反馈用户所需的关键信息时，经常会出现字体、颜色异常或者格式混乱等现象。这些都是因为在界面设计时，没有充分考虑信息交互的复杂场景而导致的。优秀的界面设计不仅可以提升用户信息输入的效率，而且可以稳定接收用户信息，并在界面上做出正确反馈。为提升信息交互的稳定性，软件或系统在同一个界面内的功能不应过多，仅实现必要的功能即可。例如，对于一些具有信息处理功能的软件，不要在同一个界面既完成用户的信息输入又实现信息处理，因为用户有时输入的信息可能不正确，而直接导致信息处理失败，甚至丢失用户的原始信息。推荐的做法是，先在信息输入界面实现用户输入信息的存储，然后在信息处理界面处理信息，此时即便出现信息无法处理的情况，也不至于出现用户信息损坏或丢失的现象。

4. 系统的效率

用户通过界面实现与软件或系统的对话，界面设计应考虑这种对话的效率。评价界面信息交互效率的维度有很多，如快速访问能力、界面响应速度等。效率，一定与信息处理的速度有关。处理信息的速度一方面受计算机硬件能力的影响，另一方面受软件架构和代码设计的影响。软件设计时，应尽可能采用简洁的数据逻辑结构和数据处理流程。同时，软件程序在接受和处理界面的交互信息时，要尽可能考虑实际的应用场景，如多用户同时输入信息对系统的影响。很多系统的低效率都是在同一个界面处理过多过复杂的信息导致的。

界面设计在软件或系统的开发团队中是一个独立职能，该职能需要充分考虑架构设计师与编码设计团队的诉求，并结合工业设计的基础理念，设计出具有美感且高效稳定的软件界面或系统界面。需要注意的是，界面设计是提升软件或系统效率的重要方法，但不能因界面设计的需求而影响软件或系统原本应有的功能。

23.5　嵌入式软件与整合的开发模式

软件产品从形式上有不同的分类。有些软件产品是纯粹的代码组合，这些软件以信息处理或管理为主要目标，通过执行软件即可实现其原本的产品功能，这类软件为纯软件。而有些软件产品没有独立存在的意义，它们通过硬件系统与实物类产品相结合，共同发挥作用，这类软件通常为嵌入式软件。

嵌入式软件（Embedded Software，ES），顾名思义，就是嵌入硬件系统的软件，包括嵌入硬件中的操作系统、开发工具、控制模块和信息处理软件。嵌入式软件的主要目的是驱动实物类产品使其实现复杂功能。硬件系统（Hardware System，HS）是承载嵌入式软件的主要平台，是嵌入式系统的核心部分。

嵌入式软件与嵌入式系统是密不可分的，嵌入式系统一般由嵌入式微处理器（芯片）、外围硬件设备、嵌入式操作系统和用户的应用程序（信息处理软件）四部分组成。这个系统可用于实现对其他设备的控制和管理等功能。嵌入式软件是基于嵌入式系统设计的软件，主要是指嵌入的操作系统、用户应用程序以及相应的应用与说明文档。

嵌入式软件（本节后续如无特别说明，软件即嵌入式软件）具有如下一些典型特征。

- 独特的实用性。嵌入式软件以应用为中心，往往根据客户独特的应用需求而定向开发，其用途有非常明确的范围和目的，所以每种嵌入式软件都有自己独特的应用环境和实用价值。

- 灵活的适用性。嵌入式软件通常是一种模块化软件，可以方便灵活地整合到不同的嵌入式系统中，既可以适应不同的硬件环境，又不影响或更改原有的系统特性和功能。模块化的软件形式有利于产品的升级和维护。

- 程序代码精简。嵌入式系统受到硬件系统的限制，所以整个系统具有体积小、存储空间小、功耗低等特点，因此嵌入式软件同样具有代码精简、高效执行等特点 。

- 稳定性高。嵌入式系统的结构简单，这使得嵌入式软件的运行环境变得简单和稳定，因此嵌入式软件的稳定性显著优于普通软件。另外，在设计与开发过程中，嵌入式软件会加入错误处理、故障恢复等功能进一步提升其稳定性。

对于纯软件类的产品开发，开发团队可采用任意一种软件开发流程来实现。但对于嵌入式软件来说，由于其产品往往是软件和硬件的相互结合，因此其开发流程需要具备软件产品和实物类产品两者的开发特征。

嵌入式软件的开发过程需要同时考虑软件开发和硬件性能，这对开发团队带来了极大的困难。因为很多软件功能与硬件性能之间存在紧密耦合，这使得产品开发过程的灵活性受阻。这种耦合会带来以下几个显著的问题：第一，开发团队频繁受制于硬件的性能，使得软件开发在有限制（甚至极端困难）的环境下进行，给软件的开发和调试都带来了很多不便；第二，软件开发依赖于硬件系统的平台，很多开发活动需要硬件系统稳定后才可进行，这导致整个软件及系统的开发周期变长；第三，软件开发团队的流程难以融入实物类产品开发中。这些问题都是嵌入式软件产品的特点导致的，所以嵌入式软件开发的难点主要是要解决软件和硬件开发过程中的矛盾。以下几个建议有助于帮助开发团队解决这些矛盾。

1. 软件与硬件解耦

产品组件（包括软件）与功能之间的解耦是公理设计的基本原则，也是所有产品开发的基本指导原则，软件开发也是如此。软件与硬件的开发需求解耦，可实现软件开发与硬件开发的功能解耦，因此开发团队可以更加有效地解决其各自的技术问题。另外，环境解耦可使得软件不再过多地受制于硬件系统，而硬件系统也可以兼容更多的软件。

2. 采用整合的产品开发模式

开发团队使用恰当的开发模式或方法可以改进和缓解软件和硬件在开发过程中的矛盾。如本书前文介绍的集成产品开发就是一种优秀的产品开发流程，可同时应用于软件和硬件产品开发，包括其他类型的实物类产品开发。另外，前文介绍的并行工程，也有利于软件开发团队和硬件开发团队在设计早期就互相交流，将彼此的开发诉求纳入对方的开发需求中，以避免出现后期冲突。

3. 不要孤立软件开发

孤立软件开发是典型的开发问题。软件开发团队往往有意强调软件开发的自身特点，"故意"采用区别于实物类产品开发流程的方法，或者"有意"将软件开发的过程与实物类产品开发（包括硬件系统的开发）隔离开。这种做法不仅使得企业资源不得不成倍增加，而且开发效率大大降低。例如，很多复杂产品（含嵌入式软件）开发时，不仅有项目经理管理项目活动，而且在软件开发的范围内还增设了一个软件项目经理专管软件开发的活动；不仅项目团队有质量专家，软件开发团队还增设软件质量专家等。而实物类产品开发团队往往由于行业壁垒的问题，无法洞悉软件开发的基本诉求，可能有意区别对待软件开发团队，或者默许软件开发团队的"任性"行为。这种孤立现象是开发团队的知识匮乏或思维固化导致的。如前文所述，软件开发并没有过多特殊性，传统的瀑布模型与实物类产品开发的传统模型几无差别，仅是阶段任务的定义不同而已。如果采用实物类产品开发模型，加之优秀的项目管理，同样可以高效率、高质量地完成软件产品的开发任务。思维固化更是软件开发团队和实物类产品开发团队之间存在隔阂而产生的人为障碍。开发团队内部应相互理解，用包容的心态接纳对方，尽可能采用同一套开发流程或开发模式来实现产品的设计与开发。本条建议对于纯软件产品的开发同样适用。

整合产品开发或嵌入式系统/嵌入式软件产品的高度集成开发是社会产品体系进化的大趋势，是推动产品设计与开发发展的原动力。

关键术语表

注：本书涉及很多工具和方法，故无法一一罗列所有的相关术语。本表仅罗列了一部分和产品设计与开发紧密相关的关键术语。这并不意味着其他术语不重要，请读者另行查阅相应资料。

- 上市时间（Time to Market，TTM）——从业务机会输入开始，到产品完成初步功能，可以进行客户试用或市场测试为止的项目周期长度。

- 生产验证时间（Time to Volume，TTV）——从业务机会输入开始，到产品可以通过小批量试制所经历的时间。

- 项目管理办公室（Project Management Office，PMO）——负责对所辖各项目进行集中协调管理的一个组织部门。项目管理办公室的职责可以涵盖从提供项目管理支持到直接管理项目。

- 项目经理（Project Manager，PM）——由执行组织委派实现项目目标，并对项目结果负责的个人。

- 架构设计（Architecture Design）——将产品从整体到局部的规划，定义了产品内部组件之间的逻辑结构和相互关系。

- 门径管理系统（Stage-Gate System，SGS）——一种新产品开发流程管理技术。这一技术广泛应用于新产品开发，被视为新产品开发流程中的一项基础程序和产品创新的过程管理工具。

- 阶段（Stage）——门径管理系统中的"径"，指产品开发流程被划分后的各个阶段。

- 关卡（Gate）——门径管理系统中的"门"，指在产品开发流程各个阶段的尾端对该项目的可交付成果的评审活动。

- 产品及周期优化法（Product and Cycle-time Excellence，PACE）——一个综合流程，在这个流程中，子流程、组织结构、开发活动、技术和工具共同运作在一个单一的总体框架中。

- 计划评审技术（Program Evaluation and Review Technique，PERT）——对单个活动无法进行确定估算时，就其乐观、悲观和最可能的估算进行加权平均的一种估算技术。

- 关键路径方法（Critical Path Method，CPM）—— 一种进度网络分析技术，用来确定项目进度网络中各条逻辑路径的灵活性大小（浮动时间大小），进而确定整个项目的最短工期。

- 工作分解结构（Work Breakdown Structure，WBS）——以可交付成果为导向的工作层级分解。其分解对象是项目团队为实现项目目标、提交所需可交付成果而实施的工作。工作分解结构组织并定义了项目的全部范围。

- RACI 矩阵（Responsibility，Accountability，Consultant，Inform）——责任分配矩阵的一种常见类型，使用执行、负责、咨询和知情等来定义相关方在项目活动中的参与状态。

- 核心团队（Core Team，CT）——也称产品开发团队（Product Development Team，PDT），是产品开发项目团队中的核心小团队。

- 开发扩展团队（Extend Team，ET）——项目团队中除去核心团队成员之外的其他相关人员或团队的统称，多数来自不同的职能团队，分别都在产品开发过程中扮演相应的角色。

- 集成产品开发（Integrated Product Development，IPD）—— 一套产品开发的模式、理念与方法，是结合门径管理系统和 PACE 系统核心理念的开发管理方法。

- 集成组合管理团队（Integrated Portfolio Management Team，IPMT）——实现产品组合的综合治理，对开发项目的阶段成果进行评价与决策，同时管理产品/项目的组合管理战略。

- 产品管理团队（Product/Portfolio Management Team，PMT）——企业内对产品发展进行规划和管理的团队，通常由面向客户或市场的相关团队核心成员组成，如市场、销售、产品、服务等团队。

- 产品开发团队（Product Development Team，PDT）——由各职能团队的指定项目参与者构成，是承接项目任务并指导产品开发团队完成具体开发细节的管理团队。

- 技术开发团队（Technology Development Team，TDT）——开发产品相关技术的团队，通常负责前期技术开发和解决开发过程中的技术问题，是产品开发的前期开拓者。

- 市场管理过程（Market Management Process，MMP）——产品管理团队对市场需求或客户需求管理的过程，这个过程贯穿企业整个产品开发生命周期，远长于单个产品开发过程。

- 产品开发过程（Product Development Process，PDP）——产品开发的核心过程，即具体实现产品功能、满足客户需求的过程。

- 技术开发过程（Technology Development Process，TDP）——产品前期的技术开发过程，通常早于产品开发过程。

- 公用模块（Common Building Block，CBB）——多个产品可共用的设计模块。

- 鱼骨图（Fishbone Chart）——又名因果图、石川图，指一种发现问题"根本原因"的分析方法，可将其划分为问题型、原因型和对策型鱼骨图等几类。

- 甘特图（Gantt Chart）——用图形展示与进度有关的信息，常用于管理项目的进度。进度活动、工作分解结构、日期、活动时间等对象是该图的核心元素。

- 项目档案（Profile）——在项目活动中产生的各种文件。例如，项目管理计划、范围计划、成本计划、进度计划、项目日历、风险登记册、变更管理文件、风险应对计划和风险影响评价。

- 变更评审委员会（Change Review Board，CRB）——由干系人正式组成的团体，负责审议、评价、批准、推迟或否决项目变更，所有决定和建议均应记录在案。

- 需求（Requirement）——客户对产品应承载或表现出的特征，应达到或满足的预期要求的总和，是对产品功能与特征的一种期望。

- 市场需求（Demand）——在一定时间内和一定价格条件下，针对某种产品或服务，消费者愿意且有能力购买的数量。

- 需求管理（Requirement Management）——企业收集、整理、传递，并最终实现客户需求的全过程。

- 卡诺模型（KANO 模型）——一种需求分类工具，该工具在双因素理论基础上结合了满意度的理念，体现了产品性能和客户满意之间的非线性关系。

- 亲和图（Affinity Diagrams）——一种挖掘具有层次结构特征的客户需求的方法。

- 关系图（Relations Diagrams）——一种用来确定需求的重要程度，并发现沉默客户的需求的方法。

- 结构树图（Hierarchy Trees）——一种用来寻找需求列表中的缺陷和遗漏的方法。

- 流程决策程序图（Process Decision Program Diagrams）——一种用来分析可能造成新产品失败的潜在因素的方法。

- 价值流图（Value Stream Mapping，VSM）——一种进行产品实现过程的增值分析的方法。

- 市场细分（Market Segmentation）——企业按照某种标准将市场上的客户划分成若干个客户群，每个客户群构成一个子市场。

- 定性分析（Qualitative）——对市场信息进行类别化处理，然后做出指定属性决策的分析方式，其分析结果只是对数据进行属性判断。

- 定量分析（Quantitative）——基于数据分析的分析方式，强调用数据说话。

- 发明问题解决理论（Theory of Inventive Problem Solving，TRIZ）——一种极富创意的创新方法，它通过对既有发明创造进行归纳总结，尝试提炼发明创造的内在规律，并使用技术推演的方式，来实现新的发明创造。

- 因果矩阵（Cause & Effect Matrix）——一种基于鱼骨图的应用工具，利用矩阵的形式处理一些鱼骨图不方便处理的复杂问题的分析工具。

- 质量功能展开（Quality Function Deployment，QFD）——也称质量屋，是一种传递客户需求的工具，用以保证客户需求在企业内部各职能团队间传递的过程中不发生偏移。

- 是非矩阵（Is-Is Matrix）——一种用于确定从哪里开始查找原因，以及找出真因的管理工具。

- 普氏概念选择矩阵（Pugh Concept Selection Matrix）——一种基于标准矩阵方法改进而来的决策工具。该矩阵可以帮助开发团队从各种概念组合中得出最佳的设计概念，达到强化和优化设计的目的。

- 层级分析法（Analytic Hierarchy Process，AHP）——一种将与决策有关的元素分解成目标、准则、方案等层次，在此基础之上进行定性和定量分析的决策方法。

- 高水平概念设计（High Level Concept Design）——一种高度抽象的设计，仅规划了产品功能与应用场景的大致适用范围。

- 低水平概念设计（Low Level Concept Design）——一种细化的概念设计，很多产品细节逐步被显现出来（但没有达到完全细化和可实现的程度），此时的产品设计可以被具体描述。

- 高水平详细设计（High Level Detail Design）——也称高阶详细设计，是针对产品功能级需求的设计。

- 低水平详细设计（Low Level Detail Design）——也称低阶详细设计，此时由于系统设计已经将设计分解至最小模块级别，所以开发团队直接根据这些模块构建底层的零部件设计。

- 逆向工程（Reverse Engineering）——又称反向工程，是一种产品设计技术的再现过程，即获取对标产品的开发、生产、运行等各方面的技术并将其重现的过程。

- 正向开发（Forward Engineering）——从客户需求开始，沿着需求管理的链路，逐步实现产品的开发过程。

- 产品需求文件（Product Requirement Document，PRD）——需求管理过程中的核心文件，描述了产品开发的所有需求。该文件是开发团队实际用于产品开发的导向性目标文件，也可以认为产品开发的最高标准。

- 关键特性（Critical to Quality，CTQ）——从产品功能列表中识别出的产品核心功能所对应的特征或参数。

- 产品原型（Prototype）——简称原型，是在产品详细设计初期所制作出来的一种特殊样品。

- 最小可行产品（Minimum Viable Product，MVP）——也称最简化可用产品，是产品开发早期用于与客户进行沟通交流的特殊样品。

- 公理设计（Axiomatic Design）——一种建立在数学模型基础上的功能分析法，可以有效地提高设计效率，有助于找到最佳设计解（将产品最简化）。

- 独立性公理（The Independence Axiom）——在一个可接受的设计中，从功能需求到设计参数的映射过程中，保证每个功能需求不影响其他功能需求。

- 信息公理（The Information Axiom）——在所有满足独立性公理的有效解中，最好的设计方案应使所包含的设计信息最少。

- 失效模式与效果分析（Failure Mode & Effect Analysis，FMEA）——在产品设计阶段和过程设计阶段，对产品的子系统、零件的构成与实现过程逐一进行分析，找出所有潜在的失效模式，并分析其可能的后果，从而预先采取必要的措施，以提高产品的质量和可靠性的一种系统化活动。

- 物料清单（Bill of Material，BOM）——产品涉及的所有物料的总和。

- 过程清单（Bill of Process，BOP）——该清单与 BOM 紧密相关。除外购件外，BOM 上的其他自制零件都要与过程清单中的过程一一对应，以保证相关零部件在企业内有效生产出来。

- 设计验证（Design Verification，DV）——用于验证产品的功能与性能，以确定产品是否满足预期开发需求的特定测试活动。

- 生产验证（Production Validation，PV）——用于验证产品是否满足批量生产需求的特定测试活动。

- V&V 模型（Verification & Validation）——验证（Verification）和确认（Validation）两个过程的结合体。验证是对产品功能的验证，是实现产品核心价值的先期验证过程。确认是对产品满足批量生产、上市、性能提升、法规合规性等一系列指标或性能的验证过程。

- 并行工程（Concurrent Engineering）——也称同步工程，是对产品及其相关过程（包括制造过程和支持过程）进行并行、集成化处理的系统方法和综合技术。

- 试验设计（Design of Experiment，DOE）——一种研究事物潜在数理关系的重要手段。该方法基于数理统计原理，建立科学的试验方式，寻找试验对象与输入因子之间的数理模型，并据此寻找关键因子和实施响应优化。

- 最速上升法（Steepest Ascent）——一种在既有解决方案中寻找最快达成目标的方案的方法，该方法是逐步实施试验并且逼近最理想目标的过程。

- 调优操作（Evolutionary Operation，EVOP）——一种在维持正常生产的同时寻求最佳操作条件的方法。

- 稳健性（Robustness）——目标特性在受到条件干扰或环境变化的情况下所表现出的波动变化，也译为鲁棒性。

- 参数诊断图（Parameter Diagram，P-Diagram）——一种分析过程的输入输出与过程噪声间关系的诊断工具。

- 可靠性（Reliability）——一个产品或系统在指定的时间内，在预期的条件下实现指定功能的能力或可能性。

- 耐久性（Durability）——产品抵抗自身、应用条件、自然环境、使用频率等多重因素长期破坏作用的能力。

- 平均失效前时间（Mean Time to Failure，MTTF）——产品失效前时间的期望值，对于不可修复的产品或系统，该指标认同为产品的寿命（时间）。

- 平均故障间隔时间（Mean Time Between Failure，MTBF）——可修复系统在两次失效之间的时间的期望值。

- 失效率（Failure Rate，λ）——产品在未来出现失效的可能性。

- 可靠度（Reliability，R）——产品在规定条件下和规定时间内，可完成规定功能的概率。

- 可靠性框图（Reliability Block Diagram，RBD）——一种用于展示产品内部组件之间的构造关系及产品单元间的组合形式，以帮助评估可靠性的工具。

- 加速寿命/老化试验（Accelerated Life Test，ALT）——一种在有效的可靠性模型基础上，采用超出常规水平的应力来模拟产品加速应用的环境，以获得可靠性验证数据的试验。

- 高加速寿命/老化试验（High Accelerated Life Test，HALT）——一种基于可靠性模型，采用远远超出常规水平的应力来模拟产品加速应用环境的验证试验。

- 设计成熟度试验（Design Maturity Test，DMT）——一种采用既有验证模型评估产品可靠性的试验方法。

- 时间序列（Time Series）——一种建立在历史数据自回归模型基础上的预测分析。

- 工业设计（Industrial Design，ID）——以产品工程学、美学、经济学等多种学科为基础对工业产品进行设计的方法。

- 知识产权（Intellectual Property，IP）——权利人对其所创作的智力劳动成果所享有的专有权利，该权利只在有限的时间内和有效声明的区域内有效。

- 产品生命周期（Product Life Cycle，PLC）——产品从原始需求开始，逐步经历具体实现、应用磨损，直至彻底消亡的全过程。

- 盈亏平衡点（Break Even Point，BEP）——又称零利润点、保本点、盈亏临界点、损益分歧点、收益转折点。

- 面向环境的设计（Design for Environment）——一种最小化产品对环境的影响的设计方法。

- 面向六西格玛的设计/六西格玛设计（Design for Six Sigma，DFSS）——一种产品设计的方法论，包含了一整套工具集，其本意是希望开发团队在设计之初就考虑产品的稳健性设计，仅通过一次设计就解决设计中的大多数质量问题，直接设计出符合六西格玛品质要求的产品。

- 面向 X 的设计（Design for X，DFX）——一种产品设计与开发过程中的特别设计，即为了某个特定的目标（X）所实施的专项设计。

- 面向装配的设计（Design for Assembly，DFA）——一种在设计开发的早期将产品的组装成本降至最低，从而降低制造成本的设计方法。

- 面向制造的设计（Design for Manufacturability，DFM）——一种降低生产制造成本、降低生产制造过程的复杂度、减少工具成本的设计方法。

- 一次性通过率（Rolled Throughput Yield，RTY）——产品在加工过程中，一次就通过每一个工艺步骤且无返工的比率。

- 面向测试的设计（Design for Test，DFT）——一种针对测试便利性所做的设计方法。

- 黄金样品（Golden Sample）——标准样品或最佳样品。

- 封样（Sample Sealing）——保存标准样品的动作过程。

- 设计发布（Design Release）——设计团队通过一个正式的开发节点将产品设计交付到运营团队中的过程。

- 资质验证试验（Qualification Test）——一种全面试验，测试项包括产品的所有功能与特征，用于确认产品是否符合设计发布的标准。

- 过程能力研究（Process Capability Study）——用于评估产品加工过程稳定性的研究。

- 供应链（Supply chain）——一种产品从设计开发、生产交付乃至客户服务等产品生命周期范围内所有物料和信息流转的网状链路。

- 自制外购分析（Make & Buy Decision）——用来确定哪些组成部分由企业自己生产（自制）、哪些组成部分从外部供应商处采购（外购）的分析。

- 先期寻源（Advance Sourcing）——在完成自制外购分析之后，供应链需要协助开发团队寻找外购供应商的过程。

- 单一采购（Single Source）——某个采购行为仅存在唯一的供应商。

- 生产件批准程序（Production Part Approval Process，PPAP）——用于确定供方是否已经正确理解了产品规范（包括设计）的所有要求，确定其生产过程是否具有充分的潜在交付能力，确定供方在实际交付过程中按期望的数量、品质和指定时间交付产品的标准程序。

- 量产（Mass Production，MP）——产品进入批量生产或批量交付的阶段。

- 标准作业指导书/操作指南（Standard Operation Process，SOP/Working Instruction，WI）——根据产品特点制定的用来标准化产品批量生产过程的文件。

- 爬坡（Ramp up）——也称产能提升，是产品在量产阶段逐渐提升产能和产品质量的过程。

- 维持工程（Sustaining Engineering）——也称支持工程，是产品进入量产后的工程阶段。

- 平衡计分卡（Balanced Score Card，BSC）——一种从财务、客户、内部运营、学习与成长四个维度，来衡量企业战略目标与执行结果一致性的工具。

反侵权盗版声明